TRAITÉ

DE LA

FABRICATION DU SUCRE

DE BETTERAVE ET DE CANNE

PAR MM.

L. BEAUDET, H. PELLET

ET

Ch. SAILLARD

INGÉNIEURS-CHIMISTES DE SUCRERIE

TOME DEUXIÈME

217 FIGURES DANS LE TEXTE

PARIS

LIBRAIRIE GÉNÉRALE SCIENTIFIQUE & INDUSTRIELLE

H. DESFORGES

ACQUÉREUR DE LA LIBRAIRIE INDUSTRIELLE J. FRITSCH

39, Quai des Grands-Augustins, 39

—

1894

TRAITÉ

DE LA

FABRICATION DU SUCRE

TYPOGRAPHIE

EDMOND MONNOYER

AU MANS (Sarthe)

TRAITÉ

DE LA

FABRICATION DU SUCRE

DE BETTERAVE ET DE CANNE

PAR MM.

L. BEAUDET, H. PELLET

Ch. SAILLARD

INGÉNIEURS – CHIMISTES DE SUCRERIE

—————

TOME DEUXIÈME

217 FIGURES DANS LE TEXTE

—————

PARIS

LIBRAIRIE GÉNÉRALE SCIENTIFIQUE & INDUSTRIELLE

H. DESFORGES

ACQUÉREUR DE LA LIBRAIRIE INDUSTRIELLE J. FRITSCH

39, Quai des Grands-Augustins, 39

—

1894

CHAPITRE XIII

PROCÉDÉS SPÉCIAUX DE TRAVAIL DES MÉLASSES

La mélasse provenant du turbinage soit des 3° jets, soit des 4° jets a une composition différente suivant la nature des betteraves travaillées et les procédés d'épuration employés ; elle contient du sucre, des sels, des matières organiques et de l'eau. Ci-dessous quelques exemples :

Mélasses de différentes usines provenant du turbinage des 3° jets

Degré Baumé..............	41.5	42.8	41.7	39.9	»
Polarisation directe.........	50.50	52.	49.90	46.15	52.50
Cendres....................	10.65	10.59	10.80	10.51	10.65
Alcalinité	»	»	0.30	0.25	»
Chaux	0.0057	0.022	0.16	0.09	»
Coeff. salin.................	4.74	4.91	4.28	4.39	4.93
Pureté apparente...........	»	»	63.90	61.4	»
Coeff. calcique	0.05	0.22	1.48	0.86	»
Eau.......................	»	»	»	»	19.75
Matières organiques........	»	»	»	»	17.10

Mélasse provenant du turbinage des 4° jets

Sucre (Méthode Clerget).................... 44,66
Cendres.............................. ... 10,37

Ci-dessous une analyse de mélasse faite par Leplay (1).

Densité au pèse-sirop Baumé à 15° de température.............	41°2
Densité de la dissolution au 1/10, densimètre Gay-Lussac......	1032,0
Eau p. 100..	24,39
Matière sèche..	75,61
Caractère de la matière sèche.............................	mousse légère
Sucre cristallisable dosé par rotation.........................	46,761
Sucre cristallisable dosé par inversion et méthode cuprique....	50,000
Sucre réducteur par la méthode cuprique.....................	0,870
Sucre glucose fermentescible................................	0,600
Dérivés du glucose..	0,270
Cendres sulfuriques corrigées par 0,9.......................	11,880
Matières organiques totales.................................	16,099
Titre alcali libre p. 100 gr..................................	5°
Titre soluble du résidu charbonneux après incinération........	100°
Titre insoluble du résidu charbonneux de l'incinération........	12°
Chaux et magnésie dosées ensemble.........................	0,512
Chaux dosée séparément.....................................	0.342
Magnésie dosée séparément..................................	0,170
Chlore dans le chlorure de potassium.......................	0,900
Acide sulfurique à l'état de sulfate de potasse...............	0,074
Acide phosphorique dans les phosphates.....................	0,20
Azote totale..	0,714
Azote à l'état de nitrate de potasse.........................	0,392

D'après M. Laugier les produits sucrés, tels que la mélasse, contiendraient comme matières organiques :

1° Composés organiques azotés : Albumine, caséine végétale ou légumine ; divers dérivés des albuminoïdes (tyrosine, leucine, etc.) ferments et corps extractifs azotés. Asparagine, bétaïne, trimétylamine.

2° Composés organiques non azotés : Substances gommeuses, glaireuses, colorantes, grasses, huiles essentielles, mannite ; alcools, pectose, pectine, parapectine. Cellulose. Amidon.

3° Composés organiques acides : Acide oxalique, citrique, malique, pectique, parapectique, métapectique, aspartique, glucique, apoglucique, mélassique, ulmique, succinique, acétique, butyrique, formique, propionique, caprique, valérianique et lactique.

Les matières organiques se composent des matières organiques

(1) Dict. encyclopédique de l'Industrie et des arts industriels. O. Lami.

qui étaient contenues dans la betterave et qui n'ont pas été éliminées par l'épuration, et de celles provenant de la décomposition du sucre et d'autres substances organiques transformées en cours de travail.

Les sels minéraux proviennent aussi des betteraves, ils s'accumulent à chaque turbinage puisque cette opération n'en élimine que la petite quantité d'égout de la forte proportion de sucre extraite.

On peut se demander pourquoi le sucre, qui se trouve en proportion relativement grande dans les mélasses n'a pas cristallisé et pourquoi, si l'on voulait faire des 5e jets, on obtiendrait un résultat à peu près négatif. On attribue cette impuissance de cristallisation à la présence des sels ; on a dit tour à tour que 1 de sel entravait la cristallisation de 5 de sucre, puis de 4 puis de 3,75, le coefficient 4 est admis en France par les raffineurs pour l'établissement du prix de vente des sucres.

D'après une série d'expériences dues à un assez grand nombre de chimistes éminents, il est absolument faux que les sels contenus dans la mélasse possèdent le pouvoir mélassigène qu'on leur attribue ; ce sont les substances organiques dont ils sont accompagnés qui sont mélassigènes. MM. Pésier et Feltz avaient il y a déjà longtemps pressenti ces faits. D'après M. Durin, ces matières organiques seraient mélassigènes parcequ'elles rendent l'égout visqueux, et tout en reconnaissant que les sels n'ont pas un coefficient mélassigène de 4 on pourrait cependant admettre pratiquement ce dernier parcequ'ils se trouvent presque toujours en proportion à peu près constante avec les matières organiques mélassigènes.

Donc lorsqu'on dira : « 1 de sel empêche la cristallisation de 4 de sucre » il faudra comprendre « 1 de sel est accompagné d'une quantité de matières organiques mélassigènes qui empêchent la cristallisation de 4 de sucre. »

M. Nugues a publié (1) un intéressant travail sur le pouvoir mélassigène et anti-mélassigène des sels ; nous en extrayons les conclusions :

(1) *Bulletin de l'Association des chimistes.*

Sels classés par ordre d'influence mélassigène et anti-mélassigène
d'aprés M. Nugues.

NOMS DES SELS	SIROP D'ÉGOUT DE 1ᵉʳ JET		SIROP D'ÉGOUT DE 2ᵉ JET	
	Coefficient		Coefficient	
	Mélassigène	Anti-mélassigène	Mélassigène	Anti-mélassigène
Chlorure de sodium	»	7.666	»	3.693
Acétate de chaux............	»	2.244	»	1.868
Glucate —	»	1.789	»	1.466
Lactate —	»	1.525	»	0.616
Nitrate —	»	1.349	»	1.687
Acétate de soude............	»	1.272	»	1.264
Glucate —	»	1.161	»	1.241
Sulfate —	»	1.580	»	1.580
Lactate —	»	1.050	»	0.726
Glucate de potasse	»	0.941	»	1.112
Chlorure de sodium.........	»	0.840	»	0.513
Lactate de potasse	»	0.733	»	0.515
Nitrate de soude	»	0.653	»	0.624
Sulfate de potasse..........	»	0.455	»	1.040
Acétate —	»	0.410	»	0.386
Chlorure de potassium	»	0.280	»	0.200
Nitrate de potasse	0.072	»	»	0.060
Carbonate de soude..........	0.738	»	0.182	»
— de potasse.........	1.273	»	0.861	»
Hydrate —	6.120	»	5.666	»
— de soude	7.404	»	8.140	»

Différents procédés ont été appliqués, et quelques-uns le sont encore pour extraire des mélasses le sucre qu'on ne peut plus en obtenir par simple cristallisation; nous nous occuperons d'abord d'un des plus répandus.

OSMOSE

Ce procédé a pour but d'augmenter le coefficient salin des mélasses, c'est-à-dire le rapport du sucre aux cendres; la cristallisation d'une partie de la saccharose devient alors possible. Comme nous l'avons vu plus haut, ce n'est pas l'élimination d'une partie des sels qui produirait ce phénomène, mais bien celle d'une quantité des matières organiques éliminées en même temps que ceux-ci. Peu importe, du reste, en pratique, puisque la même quantité de sucre devient cristallisable par l'élimination de la même quantité de sels.

En décrivant les phénomènes de la diffusion nous avons indiqué ce que c'est que l'osmose ; il est donc inutile d'entrer maintenant dans beaucoup de détails : disons seulement que la mélasse se trouvant séparée d'une couche d'eau par une membrane en papier parchemin, par exemple, il y aura osmose entre les deux liquides c'est-à-dire qu'il se produira un courant de la mélasse vers l'eau et de l'eau vers la mélasse. Au bout de quelque temps l'eau contiendra du sucre et des sels et la mélasse sera plus diluée ; mais, comme les sels osmosent plus vite que le sucre, le coefficient salin du liquide situé du côté mélasse sera au bout de quelque temps plus élevé que celui de la mélasse initiale et celui du liquide situé du coté eau sera plus bas que celui de la mélasse. Il deviendra alors possible de faire cristalliser une partie du sucre de la mélasse qui aura été soumise à l'osmose,

Examinons maintenant quelles sont les conditions les plus favorables à une augmentation rapide du coefficient salin de la mélasse.

Il est évident que plus sera grande la surface de contact du papier, d'un côté avec la mélasse, de l'autre coté avec l'eau plus rapide sera le travail osmotique. La température est aussi un facteur qui favorise la rapidité de l'osmose. L'épuration produite sera d'autant plus grande que l'écart de densité entre la mélasse avant et après osmose sera plus grand et que la densité de l'eau située du côté du parchemin opposé à la mélasse sera plus élevée. Cette eau est appelée eau d'exosmose.

L'augmentation du coefficient salin de cette eau sera d'autant plus rapide que la mélasse avant osmose aura elle-même un coefficient salin plus élevé et que le papier parchemin sera plus usé et à pores plus larges.

Revenons sur ces faits et expliquons-les :

L'influence de la surface de contact se conçoit sans commentaires ; celle de la température peut s'expliquer : la viscosité du liquide diminuant, le déplacement des molécules devient plus facile. Plus l'écart de densité entre la mélasse avant et après sera grand, plus il y aura eu d'échange de molécules entre la mélasse et l'eau, plus le rapport des molécules de sels aux molécules de sucre passées du coté de l'eau sera élevé. Plus le coefficient salin de la mélasse avant osmose sera élevé, plus le rapport des molécules de sucre aux molécules de cendres le sera, et plus aussi celui des molécules de sucre aux molécules de cendres qui traverseront le tissu ; donc plus le coefficient salin des eaux d'exosmose sera élevé.

Les corps qui osmosent rapidement sont ceux qui sont composés de petites molécules, le contraire a lieu pour ceux qui osmosent lentement. Ainsi les molécules de sucre sont plus grosses que celles des sels ; on conçoit donc que si on osmose avec un papier à larges pores ou avec un papier à pores élargis par l'usage, il passera plus de sucre qu'avec un papier à pores serrés, le coefficient salin des eaux d'exosmose sera plus élevé dans le premier cas que dans le second.

C'est Dubrunfaut qui a découvert les principes de l'osmose et les a appliqués au travail des mélasses. Pour arriver à cette application, il fallait imaginer un appareil offrant une grande surface à l'osmose et tenant une place relativement restreinte ; le premier appareil de ce genre, appelé *Osmogène* a été imaginé de même par Dubrunfaut. Nous allons le décrire tel qu'il se rencontre dans la plupart des sucreries.

Entre deux sommiers en fonte l'un fixe, l'autre mobile, sont serrés des cadres en bois de deux espèces ; ils portent tous quatre trous circulaires ABCD, A′B′C′D′ (fig. 213), mais le cadre à eau porte deux petits conduits a et c qui font communiquer A et C avec l'intérieur du cadre ; tandis que pour le cadre à mélasse c'est B′ et D′ qui communiquent avec l'intérieur du cadre par les conduits $d′$ et $b′$. Si dès lors nous plaçons l'un contre l'autre alternativement un cadre à eau et un cadre à mélasse, un cadre à eau, etc, et si entre chacun de ces cadres se trouve une membrane de papier parchemin percée de trous à l'endroit des ouvertures ABCD, A′B′C′D′, nous aurons une série de chambres séparées les unes des autres par le papier ; faisant alors entrer de l'eau par l'ouverture A du premier cadre et de la mélasse par l'ouverture D de ce cadre l'eau se répandra dans le canal formé par les ouvertures A et dans les cadres à eau par les conduits a, et la mélasse dans le canal formé par les ouvertures D et dans les cadres à mélasse par les conduits *d'*. Il y aura osmose entre la mélasse de chaque chambre et l'eau des deux chambres voisines ; la mélasse osmosée se rendra par les conduits

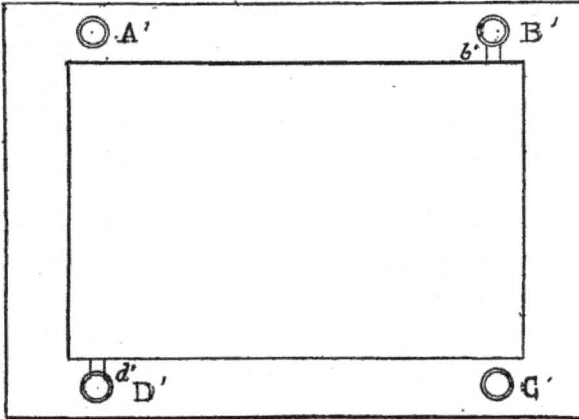

Fig. 213. — Cadre à mélasse.

b dans le canal B' et sortira par le dernier cadre, tandis que l'eau d'exosmose se rendra dans le canal C par les conduits *c* et sortira par le dernier cadre.

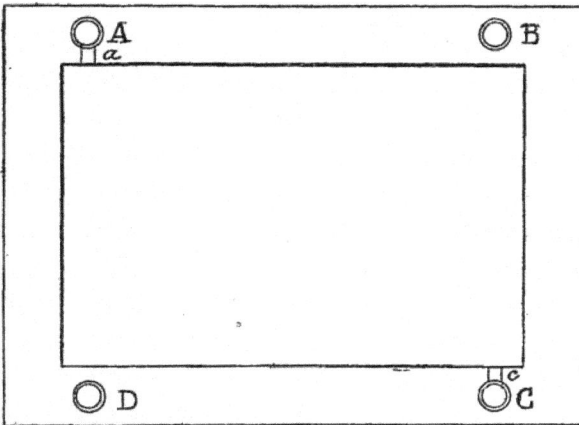

Fig. 214. — Cadre à eau.

On s'arrange pour qu'à chacune des extrémités de la série des cadres se trouve un cadre à eau.

La figure 215 représente l'osmogène Dubrunfaut : l'eau est introduite par les entonnoirs *b* et *b'* ; la mélasse osmosée est éliminée par l'éprouvette *c* et l'eau d'exosmose par les éprouvettes *d*, et *d'* ; la mélasse à osmoser est introduite par les entonnoirs *a, a'* ; dans la marche telle que nous l'indiquons les entrées d'eau et de mélasse se font par les deux extrémités des caneaux ; les petits tubes en verre *h h* sont destinés à éliminer l'air qui se trouve dans les cadres ; ceux-ci sont munis de ficelles et de barres en bois destinées à soutenir les feuilles de papier parchemin qui sont doubles et sont placées à cheval sur les cadres, tous les deux cadres ; généralement on peint les cadres à eau et les cadres à mélasse en deux couleurs différentes.

L'éprouvette *d* doit être suffisamment élevée pour que les cadres à eau soient toujours pleins, si elle était basse cela n'aurait pas lieu, puisque l'eau entre par le haut des cadres.

Dans les éprouvettes de sortie d'eau et de mélasse on place un densimètre destiné à renseigner sur la marche de l'appareil ; pour empêcher que ce densimètre ne danse dans l'éprouvette, on introduit dans celle-ci une gaîne perforée suspendue par trois pattes ; c'est dans cette gaîne que se meut le densimètre qui de cette manière n'est pas influencé par le courant.

Les conduites de mélasse et d'eau à introduire dans les osmogènes courent au-dessus de ceux-ci, une tubulure munie d'un robinet est ménagée au-dessus de chaque entonnoir ; on règle quelquefois le débit au moyen des robinets, mais nous trouvons plus facile de faire usage d'un tube de verre calibré emmanché dans un bouchon de caoutchouc ou de liège, lequel est fixé lui-même dans la tubulure du robinet d'alimentation. La section circulaire du tube (3 à 4 $^{m/m}$ généralement pour la mélasse) laisse passer plus librement le liquide que la section rectangulaire du robinet sur laquelle se dépose une foule d'impuretés ; on peut sans changer le tube en verre diminuer le passage de la mélasse ou de l'eau en y introduisant des petits morceaux de fil de laiton qui en même temps pourraient servir à déboucher le tube au cas où il viendrait à s'obstruer.

Au lieu de donner aux tuyaux des entonnoirs à eau la forme qn'ils ont sur la figure il est préférable de les recourber en siphon afin d'éviter l'entrée de l'air dans les cadres.

Fig. 215 — Osmogène Dubrunfaut.

Un osmogène Dubrunfaut à cent cadres présente 43^{m2} de surface utile ; d'après M. Leplay il peut osmoser 3,000 kilog. de mélasse en 24 heures, de manière à relever le coefficient salin de 2,50à3,0.

Certains fabricants marchent avec une seule entrée de mélasse ; dans ce cas la mélasse et l'eau entrent à l'extrémité opposée à la sortie de mélasse osmosée ; le débit d'eau et de mélasse est alors augmenté et les entonnoirs de sortie d'eaux d'exosmose sont remontés afin de ne plus les évacuer que par le côté opposé à l'arrivée.

Les égouts sortant des turbines sont chauffés à l'ébullition dans des bacs réchauffeurs d'où ils se rendent dans la conduite qui alimente les osmogènes, cette conduite est munie d'un thermomètre ; un bac sert également au chauffage de l'eau à 100° d'où elle se rend dans la conduite d'alimentation d'eau qui est placée au-dessus des osmogènes. Plus la température de l'eau et de la mélasse est élevée, plus on fait de travail, mais plus il passe de sucre dans les eaux d'exosmose, ce qui est un inconvénient quand on ne réosmose pas ces dernières.

Mise en route d'un osmogène. — L'appareil étant monté comme il a été dit, on commence par emplir d'eau tous les cadres, aussi bien ceux à mélasse que ceux à eau, et on laisse couler de l'eau jusqu'à ce que l'on ne remarque plus de fuites entre les cadres, ce qui doit arriver rapidement, car avant de monter les papiers on a dû faire circuler de l'eau dans les cadres afin d'en gonfler le bois ; l'emplissage d'eau a lieu en ouvrant le robinet placé sur la conduite qui fait communiquer les canaux C D, de cette manière l'eau remplit toutes les chambres. Le moment venu, on ferme ce robinet et on commence à introduire lentement la mélasse par les entonnoirs *a a'* ; peu à peu les liquides sortant par les entonnoirs de sortie de mélasse osmosée et d'eau d'exosmose augmentent de densité ; quand les densités désirées sont atteintes on règle les entrées de mélasse et d'eau de manière à les maintenir, l'appareil est alors en régime ; il ne reste plus qu'à le surveiller. Si la densité de la mélasse osmosée est jugée trop forte, on diminue l'entrée de mélasse, dans le cas contraire on l'augmente ; si la densité de l'eau d'exosmose est trop forte on augmente l'arrivée d'eau, dans le cas contraire on la diminue.

Les densimètres placés dans les éprouvettes diminuent rapidement de poids, aussi doit-on les vérifier souvent et les rendre exacts en adaptant entre le réservoir et la boule qui contient le plomb ou le mercure un petit morceau de fil de laiton du poids qu'a perdu l'instrument. On se sert généralement de densimètres gradués à 85° qui indiquent approximativement sans correction la densité des liquides : mélasse osmosée et eau d'exosmose.

Tous les deux ou trois jours, suivant les dépôts contenus dans l'eau et l'égout, on procède au lavage de l'osmogène. Pour cela, on vidange l'eau et la mélasse par des robinets établis à cet effet et on fait circuler de l'eau dans tous les cadres ; le lavage terminé, on procède de nouveau à la mise en route comme il a été dit.

Pour retarder autant que possible la nécessité de ces lavages, on place sur les entonnoirs des paniers en toile métallique qui retiennent les plus grosses impuretés ; certains fabricants filtrent en outre la mélasse et épurent l'eau soit dans des épurateurs spéciaux, soit dans les chaudières à carbonater ou les décanteurs.

Les papiers parchemins conservent plus ou moins longtemps leur activité suivant leur qualité ; on peut compter en moyenne six à sept jours ; avec une marque appelée O spécial, papier très épais, on peut aller jusqu'à douze jours, mais alors on fait peu d'ouvrage. Lorsque le papier commence à s'user, on osmose plus de mélasse dans le même temps, mais le coefficient salin des eaux augmente ; donc le sucre entraîné par celles-ci augmente, comme nous l'avons expliqué plus haut.

Généralement, lorsqu'on juge que le papier a fourni la moitié du travail qu'on lui demande, on renverse les courants, c'est-à-dire que, au lieu de faire entrer la mélasse par D on la fait entrer par C, et au lieu de faire entrer l'eau par A on la fait entrer par B ; les chambres à eau deviennent chambres à mélasse et réciproquement ; la sortie d'eau devient entrée de mélasse, et la sortie de mélasse devient entrée d'eau. Ce renversement de courant a pour but de débarasser le papier des dépôts qui s'y sont fixés et de diriger les courants de mélasse et d'eau d'abord suivant une diagonale du rectangle A B C D, puis suivant l'autre afin d'user le papier autant que possible sur toute sa surface.

Si on se trouve en présence de mélasses contenant beaucoup de sels de chaux, on devra éliminer ceux-ci avec du carbonate de soude, car d'après Leplay le rapport de diffusibilité entre les sels alcalins et les sels de chaux est de de 100 à 40.

On applique généralement l'osmose aux égouts de 3ᵉ jet, qui sont ensuite concentrés dans l'appareil à cuire, puis envoyés à l'empli ; on procède plus tard au turbinage de ce produit qui est de la masse cuite de 3ᵉ jet osmosée ; l'égout de 3ᵉ jet est à son tour osmosé et cuit, envoyé à l'empli, puis turbiné. La plupart du temps l'égout provenant du turbinage de la masse cuite de 4ᵉ jet est vendu comme mélasse ; mais assez souvent il est encore osmosé, cuit, envoyé à l'empli sous le nom de masse cuite de 5ᵉ jet osmosée ; l'égout de turbinage sert alors à faire de l'alcool en distillerie ou du sucre en sucraterie.

Les eaux d'exosmose sont généralement concentrées dans le triple effet à 40° Baumé environ et vendues au distillateur qui en retire de l'alcool et des salins de potasse ; elles peuvent aussi très bien se travailler en sucraterie.

Certaines usines ont pratiqué l'osmose sur les égouts de 2ᵉ jet et même de 1ᵉʳ jet ; mais ce mode de travail présente des inconvénients parce qu'il doit avoir lieu pendant le travail des betteraves et qu'alors on ne peut pas disposer du triple-effet pour l'évaporation des eaux d'exosmose, et que souvent on manque d'appareil à cuire pour la concentration des produits osmosés.

Pour conduire convenablement le travail d'osmose il faut faire des analyses répétées des produits avant et après osmose et se baser sur les coefficients salins pour la marche à imprimer au travail ; la prise de densité ne peut servir que d'indication pour l'ouvrier, mais c'est une indication commode. Supposons, par exemple, que la mélasse avant osmose ait un coefficient salin de 4 et que nous voulions le remonter à 8 ; mais qu'au lieu de cela il n'est remonté qu'à 7, la mélasse osmosée marquant 15° Bᵉ : nous diminuerons l'entrée de la mélasse, le degré Baumé descendra de 15° à 14°, par exemple, la mélasse traversant moins vite l'osmogène et se trouvant additionnée de plus d'eau par l'osmose. Mais en même temps l'osmose sera plus profonde et le coefficient salin dépassera 7 ; s'il n'atteint que 7,75 par exemple, on diminuera encore le débit du robinet à mélasse. Si au contraire le coefficient salin est jugé trop élevé, on augmentera le débit de la mélasse avant osmose, le degré Baumé de la mélasse osmosée augmentera aussi et le coefficient salin diminuera, mais on fera plus de travail.

Le coefficient salin des eaux d'exosmose doit être aussi voisin que possible de 1 dans le cas où l'on vend les eaux d'exosmose sans les réosmoser, afin d'éliminer le moins de sucre possible par ces eaux ; si le coefficient salin est trop élevé, on fait passer plus d'eau dans l'osmogène, la densité de l'eau d'exosmose diminuera ainsi que le coefficient salin. On comprend donc qu'en faisant des analyses assez répétées de mélasse osmosée et d'eau d'exosmose on puisse dire à l'ouvrier osmoseur à quel degré Baumé et à quelle densité il doit marcher.

Ci-dessous les résultats obtenus et la marche moyenne d'une usine travaillant comme il vient d'être dit :

Turbinage des masses cuites de 4e jet.

Rendement moyen par hectolitre........................ 32k,674
— par 100 kil. de betteraves (régie).... 0k,5007

Turbinage des masses cuites de 5e jet.

Rendement moyen par hectolitre..................... 26k,202
— par 100 kil. de betteraves (régie).... 0k,2434

Turbinage des masses cuites de 6e jet.

Rendement moyen par hectolitre.................... 22k,978
— par 100 kil. de betteraves (régie).... 0k,1394

Moyennes de la 1re Osmose — Osmose des égouts de 3e jet

	Densité et Degré Baumé	Sucre	Cendres	Coef. salin	Alcalinité	Chaux	Pureté	Gain
Mélasse avant osmose	42°9	48.99	10.93	4.48	0.25	0.077	60.33	3.34
— après —	15°7	20.42	2.61	7.82	»	»	»	Valeur
Eaux d'Exosmose	1015	12.96	10.53	1.23	»	»	»	d'osmose
Eaux concentrées.....	42°3	28.90	21.71	1.33	»	»	»	$\frac{3.34}{1.23}=2.71$
Masse cuite osmosée..	1522	62.99	8.31	7.58	0.20	0.14	66.23	

Moyenne de la 2e Osmose — Osmose des égouts de 4e jet

	Densité et Degré Baumé	Sucre	Cendres	Coef. salin	Alcalinité	Chaux	Pureté	Gain
Mélasse avant osmose	41°9	49.74	9.20	5.40	0.21	0.15	62.88	3.00
— après —	17°5	22.60	2.69	8.40	»	»	»	Valeur
Eaux d'exosmose.....	1010	8.90	6.23	1.42	»	»	»	d'osmose
Eaux concentrées.....	41°9	28.20	19.80	1.42	»	»	»	$\frac{1.00}{142}$=2.11
Masse cuite osmosée..	1504	63.60	7.62	8.34	0.18	0.22	68.60	

Moyenne de la 3e Osmose — Osmose des égouts de 5e jet

	Densité et Degré Baumé	Sucre	Cendres	Coef. salin	Alcalinité	Chaux	Pureté	Gain
Mélasse avant osmose	41°0	49.23	7.86	6.26	0.17	0.24	63.70	2.84
— après —	17°8	23.20	2.55	9.10	»	»	»	Valeur
Eaux d'exosmose.....	1011	11.41	6.19	1.84	»	»	»	d'osmose
Eaux concentrées.....	41°4	31.30	16.22	1.92	»	»	»	$\frac{2.84}{1.92}$=1.54
Masse cuite osmosée .	1502	60.80	6.83	8.90	0.17	0.27	65.80	

Une autre manière de conduire l'osmose et qui a notre préférence consiste à relever le coefficient salin de la mélasse en deux fois ; elle permet de produire les eaux d'exosmose à un coefficient salin beaucoup moins élevé et de faire plus de travail avec le même appareil ; pour cela les égouts sortant de la turbine sont chauffés et passés dans une première batterie d'osmogènes où le coefficient salin est relevé de 2, par exemple, si on désire un relèvement total de 4 ; la mélasse osmosée en provenant est concentrée vers 40° Baumé, puis passée dans une nouvelle batterie d'osmogènes qui relève encore le coefficient salin de 2.

Nous extrayons au hasard quelques résultats du cahier de laboratoire d'une usine travaillant de cette façon.

OBSERVATIONS	EAUX D'EXOSMOSE				MÉLASSE OSMOSÉE							MÉLASSE AVANT OSMOSE					
	COEFFICIENT salin	CENDRES par litre	SUCRE par litre	DENSITÉ	GAIN	COEFFICIENT calcique	COEFFICIENT salin	CHAUX	CENDRES	SUCRE	DEGRÉ Baumé	COEFFICIENT calcique	COEFFICIENT salin	CHAUX	CENDRES	SUCRE	Baumé
Osmose des égouts de 3e jet. 1re Batterie.	1.15	23.40	27.05	1031	1.98	0.12	6.86	0.0057	4.59	31.50	24.5	0.05	4.88	0.0057	10.23	49.95	41.2
2e —	2.11	12.05	25.50	1021	1.12	0.28	8.22	0.0114	3.99	32.80	24.1	0.08	7.10	0.0114	8.52	60.50	42.1
Osmose des égouts de 2e jet. 1re Batterie.	1.38	14.13	19.50	1022	1.20	0.84	6.60	0.039	4.50	30.20	24.6	0.30	5.40	0.028	9.30	50.30	42.1
2e —	2.06	12.08	24.90	1020	1.16	0.49	8.74	0.017	3.81	33.30	24.8	0.40	7.58	0.029	7.32	55.50	43.6
Osmose des égouts de 5e jet. 1re Batterie.	1.96	8.01	15.70	1012	1.27	1.34	7.96	0.057	4.23	33.70	25.1	0.99	6.69	0.079	7.92	53.00	41.4
2e —	2.43	5.54	13.50	1009	1.33	1.30	8.53	0.057	4.37	37.70	28.0	1.07	7.30	0.080	7.47	54.50	42.9
Osmose des mélasses d'exosmose provenant de l'osmose des égouts de 3e jet. 1re Batterie.	0.31	26.55	8.10	1025	0.49	0.19	2.45	0.017	8.79	21.50	24.4	0.18	1.96	0.029	16.23	31.80	37.8
2e —	0.29	22.41	6.40	1024	0.78	0.44	3.00	0.034	7.74	23.20	23.9	0.39	2.22	0.059	17.91	39.80	44.2
3e —	0.67	13.86	9.25	1013	1.62	0.44	4.60	0.022	4.98	22.90	19.8	0.31	2.98	0.046	14.85	44.34	43.3
4e —	0.76	10.89	8.30	1015	1.48	0.90	5.27	0.037	4.08	21.50	18.1	0.64	3.79	0.085	13.20	50.10	45.0
Osmose des mélasses d'exosmose provenant de l'osmose des égouts de 4e jet. 1re Batterie.	0.34	13.68	4.70	1013	0.90	0.75	3.08	0.045	5.94	18.30	19.10	0.59	2.18	0.091	15.54	33.90	40.10
2e —	0.73	11.16	8.20	1012	1.49	1.38	4.91	0.057	4.11	20.20	18.00	0.84	3.42	0.114	13.20	45.20	43.10
Osmose des égouts des masses cuites d'exosmose provenant de l'osmose des égouts de 4e jet. 1re Batterie.	1.25	10.47	13.10	1014	1.35	0.85	6.80	0.040	4.72	32.10	24.7	0.69	5.44	0.063	9.47	49.90	40.2
2e —	1.87	13.86	25.90	1027	0.64	1.06	7.58	0.045	4.25	32.00	25.0	0.96	6.94	0.074	7.68	53.30	40.6
Osmose des égouts des masses cuites d'exosmose provenant de l'osmose des égouts de 5e jet. 1re Batterie.	0.32	17.66	5.70	1019	0.99	0.66	2.85	0.040	6.04	17.20	19.0	0.30	1.86	0.051	17.07	31.70	40.5
2e —	0.56	16.58	9.30	1019	1.37	1.10	4.01	0.051	4.63	18.60	18.0	0.46	2.64	0.068	14.84	39.10	42.4
3e —	1.12	11.56	12.90	1013	1.17	1.45	5.15	0.063	4.33	22.30	19.6	0.85	3.98	0.097	11.46	45.60	41.5
4e —	1.27	14.27	18.20	1019	1.90	2.32	7.51	0.068	2.93	22.00	16.9	1.10	5.61	0.103	9.31	52.40	42.4

OBSERVATIONS	Osmose des mélasses provenant de l'exosmose de l'osmose des égouts de 5e jet.				Eaux régénérées de 2e osmose 2e jet.		Eaux régénérées de 1re osmose 3e jet.		Osmose des égouts de 6e jet.		Eaux régénérées de 3e osmose 2e jet.		Eaux régénérées de 2e osmose 3e jet.		Eaux régénérées de 1re osmose 4e jet.	
	1re Batterie	2e	3e	4e	1re Batterie	2e	1re Batterie	2e	1re Batterie	2e	1re Batterie	2e	1re Batterie	2e	1re Batterie	2e
EAUX D'EXOSMOSE																
COEFFICIENT salin	0.30	0.48	1.04	1.50	1.42	1.75	1.75	2.01	2.05	2.49	1.82	2.27	1.65	1.95	1.86	2.40
CENDRES par litre	14.03	9.45	10.26	6.08	7.26	5.76	7.31	5.85	5.02	4.90	6.32	5.76	7.10	6.97	6.65	6.21
SUCRE par litre	4.20	4.50	10.70	9.10	10.30	10.10	12.80	11.80	10.30	12.20	11.50	13.10	11.70	13.60	12.40	14.90
DENSITÉ	1015	1011	1014	1007	0.9	0.8	1011	1008	1007	1007	1008	1009	1009	1012	1010	1010
GAIN	0.62	1.06	1.44	1.48	0.86	1.04	0.76	0.90	1.18	1.00	1.40	1.18	0.52	1.04	1.11	1.17
MÉLASSE OSMOSÉE																
COEFFICIENT calcique	0.80	1.27	1.70	1.54	2.48	2.93	2.02	2.11	1.71	1.71	1.92	2.40	2.65	3.03	2.55	2.59
COEFFICIENT salin	2.71	4.30	5.81	7.13	6.27	7.34	6.89	7.73	7.72	8.89	7.52	8.76	6.53	8.03	7.32	8.37
CHAUX	0.046	0.057	0.068	0.057	0.120	0.131	0.091	0.091	0.068	0.057	0.068	0.091	0.120	0.125	0.108	0.097
CENDRES	5.75	4.53	3.99	3.70	4.85	4.47	4.50	4.29	3.98	3.34	3.55	3.78	4.53	4.12	4.23	3.74
SUCRE	15.60	19.50	23.20	26.40	30.40	32.80	31.00	33.20	30.70	29.70	26.70	33.10	29.60	33.10	31.00	31.30
DEGRÉ Baumé	17.8	19.0	20.2	20.7	25.0	25.3	25.5	26.0	23.8	23.0	21.1	25.0	23.5	25.8	23.6	23.7
MÉLASSE AVANT OSMOSE																
COEFFICIENT calcique	0.37	0.52	0.81	1.01	1.56	1.82	1.31	1.46	1.10	1.18	1.07	1.64	1.99	1.95	1.75	1.76
COEFFICIENT salin	2.09	3.24	4.37	5.66	5.41	6.30	6.13	6.83	6.54	7.89	6.12	7.58	6.01	6.99	6.21	7.20
CHAUX	0.057	0.068	0.085	0.091	0.143	0.160	0.108	0.149	0.086	0.086	0.086	0.119	0.171	0.154	0.148	0.137
CENDRES	15.26	13.08	10.44	9.00	9.12	8.78	8.26	8.10	7.86	7.26	8.00	7.25	8.58	7.88	8.44	7.78
SUCRE	31.80	42.30	45.70	50.90	49.30	55.30	50.60	55.40	51.40	57.30	49.00	55.00	51.55	54.10	52.40	56.00
DEGRÉ Baumé	40.2	42.6	41.0	43.1	41.2	43.4	41.6	43.1	41.0	44.6	39.5	42.0	41.0	43.0	42.4	42.0

Comme on le voit d'après ces tableaux, les eaux d'exosmose qui ne devaient plus être régénérées ont un coefficient salin très bas ; l'usine en question a osmosé 4 fois les eaux d'exosmose provenant de l'osmose des égouts de 3ᵉ jet, 3 fois celles provenant de l'osmose des égouts de 4ᵉ jet et 2 fois celles provenant de l'osmose des égouts de 5ᵉ jet ; les eaux non régénérées ont été concentrées et vendues au distillateur.

Dans certains cas on a osmosé avec 4 batteries,

Au lieu d'opérer de cette façon certains fabricants ont évaporé les eaux d'exosmose dans le triple-effet, afin d'obtenir par cristallisation un sel d'exosmose contenant en grande partie du nitrate de potasse et du chlorure de potassium.

Voici, du reste, d'après M. Leplay, la composition de ces sels pour une même fabrique pendant une même campagne (1).

Composants par cent	Sels de 1ʳᵉ osmose	Sels de 2ᵉ réosmose	Sels de 3ᵉ réosmose
Nitrate de potasse..............	76.080	67.890	28.060
Chlorure de potassium	8.956	17.374	51.070
Sulfate de potasse..............	1.340	1.050	2.100
Sucre.......................	4.210	2.670	3.480
Eau.........................	3.100	3.500	6.500
Matières insolubles........... Matières non dosées............	6.314	7.516	8.790

Ces sels ont généralement été livrés à la culture qui les a employés comme engrais ; on a cependant tenté de les raffiner, et on est arrivé à obtenir un produit contenant 90 à 95 0/0 de salpêtre par clairçage avec des solutions de nitrate pur et par turbinage.

Donnons enfin un modèle des analyses d'osmose telles que les effectuait M. Leplay.

Composition	Mélasse à osmoser	Mélasse osmosée	Eaux d'exosmose	Masse cuite osmosée	Mélasse d'exosmose
Degré Baumé..................	42.0	12°.5	1°.4		43°
Cristallisable par rotation........	49.80	17.80	1.069	69.40	31.0
— par le cuivre après...	54.00			70.50	39.00
— inversion........					
Sucre à l'état de glucose.........	0.00			Traces	0.00
Sucre à l'état de dérivé du glucose	0.60			1.10	Traces
Sucre optiquement neutre........	3.60			3.10	8.00

(1) Suppression de la mélasse par l'osmose perfectionnée.

II

2

Composition	Mélasse à osmoser	Mélasse osmosée	Eaux d'exosmose	Masse cuite osmosée	Mélasse d'exosmose
Cendres sulfur. corrigées par 0.9..	11.70	2.10	0.90	8.60	23.20
Alcali libre en degrés Gay-Lussac	9°			7°	14°
Chlorure de potassium.	2.00			0.60	4.50
Nitrate de potasse	0.50			Traces	0.70
Chaux dans les sels	0.02			0.10	0.04
Eau.............................	25.00			9.00	25.00
Caractères de dessiccation........	Sans mousse			Sans mousse	Sans mousse
Matières organiques.............	13.50			13.0	20.80
Coefficient salin	4.25	8.47	1.18	8.06	1.33
Cendres 0/0 de sucre	23.49			12.39	74.63
Matières organiques 0/0 de sucre	27.10			18.73	67.09
— 0/0 de cendres	1.15			1.51	0.89
Sucre libre cristallisable 0/0 kilog				34kg400	

Différents types d'osmogènes

Les constructeurs, en assez grand nombre, ont modifié l'osmo-géne Dubrunfaut ; nous allons décrire succinctement quelques-uns des appareils qui se rencontrent le plus généralement en sucrerie.

Osmogène Daix. — L'inventeur de cet appareil s'est attaché à rendre rationnelle la circulation des courants d'eau et de mélasse, pour cela l'entrée d'eau se trouve en a (fig. 216) à côté de la sortie de mélasse osmosée ; l'entrée de mélasse se trouve alors en m et la sortie d'eau en d ; l'augmentation de coefficient salin de la mélasse

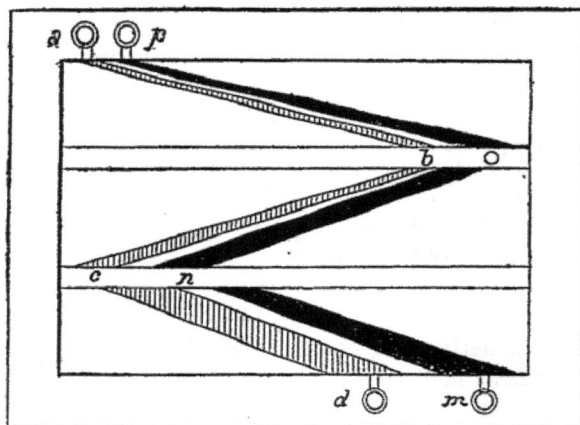

Fig. 216. — Cadre de l'Osmogène Daix.

croit avec la diminution de largeur du trait noir, tandis que l'eau est de plus en plus saline de *a* en *d*; l'eau la moins chargée de sels est donc en contact avec la mélasse la plus osmosée et l'eau la plus chargée de sels avec la mélasse la moins osmosée, ce qui est rationnel. Il est facile de se rendre compte que dans les autres types d'osmogènes à cadres, avec ou sans traverse, il n'en est pas ainsi.

En outre, dans l'osmogène Daix l'alimentation est faite par trois canaux alimentant chacun 1/3 des cadres et dont les petits conduits introducteurs de liquide dans les cadres, ainsi que les conduits de sortie, ont des sections déterminées d'après celles des canaux pour que la répartition soit régulière dans les cadres.

Le changement des courants s'opère par la seule manœuvre de deux robinets représentés sur la figure.

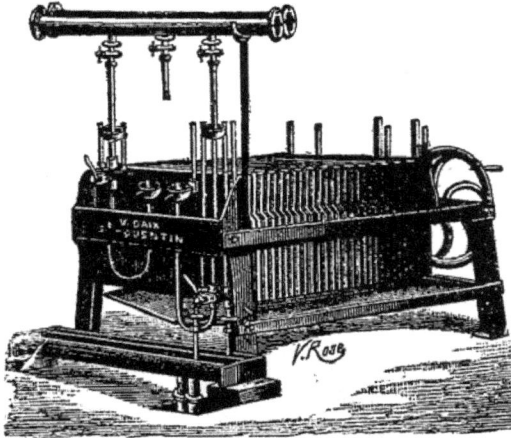

Fig. 217. — Osmogène Daix.

Osmogène Selwig et Lange. — Les cadres de cet appareil ne portent pas de traverses et les ficelles sont remplacées par des fils de laiton contournés en spirale et horizontaux; le changement de marche se fait par la simple manœuvre d'un robinet; sur le sommier fixe sont ménagés, en dehors des entonnoirs destinés à l'entrée et à la sortie de l'eau et de la mélasse, des tubes destinés au dégagement de l'air et d'autres tubes indiquant le niveau de liquide dans les cadres à eau et à mélasse.

Dans cet appareil la mélasse et l'eau se rendent chacune par un canal respectif à l'extrémité de l'osmogène opposée aux entrées, puis reviennent en avant par deux autres canaux et se distribuent alors dans les cadres ; de cette manière la somme des chemins parcourus par la mélasse avant et après osmose est la même, quel que soit le cadre considéré ; il en est de même pour l'eau. Cette disposition assurerait une égale répartition des deux liquides.

Osmogène Dehne. — Cet appareil n'offre rien de bien particulier, si ce n'est que le changement de courant s'opère au moyen d'un robinet.

Osmogène Märky, Bromowski et Schulz. — Le renversement des courants s'effectue au moyen de cuvettes distributrices destinées aux entrées et aux sorties d'eau et de mélasse ; il suffit pour obtenir le résultat cherché de leur faire subir une rotation à 180°.

Osmogène rotatif. — Cet appareil permet, tout en n'ayant qu'une seule conduite de mélasse avant osmose et une seule conduite

Fig. 218. — Osmogène Mathée et Scheïbler.

d'eau, d'introduire ces deux liquides pendant la première période d'usure des papiers par un sommier et pendant la 2° période par l'autre ; ce résultat est obtenu au moyen d'une rotation de l'osmogène de 180°, le courant de mélasse qui se faisait d'abord suivant la diagonale d'un cadre se fait ensuite suivant l'autre diagonale, ce qui assure une usure à peu près uniforme des papiers.

On devra avec cet appareil opérer le renversement avec précaution, car si on n'évite pas une secousse qui peut se produire au moment de la 1/2 rotation complète, les dépôts qui se trouvaient primitivement à la partie basse des cadres tombent brusquement et crèvent les papiers parchemins.

Tel est l'osmogène de Mathée et Scheibler.

Passons maintenant à la description de quelques osmogènes spéciaux imaginés par M. Leplay.

Osmogène évaporateur à double osmose, système Leplay. — Voici la légende de la figure 219 telle qu'elle est donnée par l'inventeur :

A Partie de l'osmogène désignée sous le non d'osmogène évaporateur.

A'   —   désignée sous le nom de double osmose.

B Cadres à mélasse.

B' Cadres à eau.

C Cadre séparateur et alimentateur placé entre A et A'.

D Réservoir de mélasse osmosée placé au-dessus des cadres à mélasse et à eau, formé par le prolongement des côtés verticaux des cadres.

E Conduits pratiqués dans la partie supérieure des cadres à mélasse mettant en communication l'intérieur des cadres avec le réservoir D.

G Robinet d'introduction de vapeur dans le serpentin F.

G' Robinet de sortie de vapeur condensée dans le serpentin F.

H Tubes d'air placés sur un conduit collecteur horizontal des cadres à eau.

I   Conduits placés à la partie supérieure du cadre séparateur C, destiné à servir de trop plein au réservoir D.

K Conduit alimentateur pratiqué à la partie inférieure du cadre séparateur C, destiné à alimenter la partie A' de l'osmogène à double osmose avec la mélasse osmosée dans la partie A de l'osmogène évaporateur.

L Tubes indicateurs en verre, destinés à indiquer le niveau des liquides dans les cadres à eau et dans les cadres à mélasse renfermés en A et A'.

M Tuyau et entonnoir d'alimentation de la mélasse dans l'osmogène évaporateur.

N Tuyau et entonnoir d'alimentation d'eau.

O Éprouvette des eaux d'exosmose de l'osmogène évaporateur.

P Tuyau mettant en communication les cadres à eaux et les cadres à mélasse.

P' Robinet destiné à intercepter cette communication.

Fig. 291. — Osmogène évaporateur à double osmose, système Leplay.

Q Robinet de vidange des cadres à eau.
Q' Robinet de vidange des cadres à mélasse.
R Éprouvette de la mélasse osmosée à double osmose.
S Éprouvette à eau d'exosmose de la double osmose.
T Entonnoir à eau double osmose.
U Tuyau destiné à établir la communication entre les cadres à eau et les
   cadres à mélasse situés en A'.
U' Robinet destiné à intercepter la communication en U.
V Robinet de vidange des cadres à eau.
V' Robinet de vidange des cadres à mélasse.
X Vis de serrage des cadres réunis.
Y Fers double T sur lesquels sont placés tous les cadres de l'osmogène.
Z Bande de fer méplat placée de chaque côté de l'osmogène, faisant corps
   avec les bâtis en fonte des deux extrémités et maintenant les cadres
   à leur place.

Comme on le voit d'après cette légende, la mélasse est osmosée une première fois en A et une deuxième en A'; la partie A est composée ainsi que la partie A', de cadres analogues à ceux de l'osmogène Dubrunfaut ; la mélasse est introduite dans les cadres de la partie A par l'entonnoir M et elle remplit non seulement les cadres à mélasse, mais encore le réservoir D au moyen des conduits E ; si on fait passer la vapeur dans le serpentin F la mélasse qui se trouve en D se concentre et augmente de densité, il s'établit alors avec celle qui se trouve dans les cadres deux courants : l'un de la mélasse dense du réservoir vers la mélasse diluée par l'osmose des cadres, et l'autre de la mélasse diluée des cadres vers la mélasse dense du réservoir. L'osmose est ainsi pratiquée dans cette partie de l'osmogène à une haute densité et la mélasse osmosée en sort à une densité égale à celle de la mélasse avant osmose. Il suffit, pour arriver à ce résultat, de régler convenablement l'entrée de vapeur dans le serpentin F. La mélasse osmosée dans la partie A de l'osmogène est alors introduite dans les cadres à mélasse de la partie A' où l'osmose se fait à la manière ordinaire ; la mélasse osmosée sort par l'éprouvette à un degré Baumé voisin de 15.

La surface active de parchemin des parties A et A' totalisées est de 86 m2.

Osmogène évaporateur à osmose forte et à haute densité. — Dans cet appareil M. Leplay obtenait la mélasse osmosée à la même densité que la mélasse avant osmose, le cadre séparateur ou l'osmo-

Fig. 220 — Osmogène à vapeur à triple-effet, système Leplay.

gène à double osmose est supprimé et la partie A est semblable à la partie A′ ; de plus le serpentin est calculé pour chauffer une quantité de mélasse plus grande que dans le précédent appareil ; la difficulté est dans le réglage de l'osmogène puisqu'on ne peut plus se baser sur la densité de la mélasse osmosée. M. Leplay conseille alors de conjuguer l'osmogène qui nous occupe à un ou plusieurs autres osmogènes ordinaires ; de manière à ce que les 86^{m2} de parchemin de l'osmogène évaporateur correspondent à 86^{m2} de parchemin des osmogènes ordinaires ; on se basera alors pour régler l'appareil sur la densité de la mélasse osmosée sortant des osmogènes non évaporateurs.

Osmose calcique

Ce procédé imaginé par Dubrunfaut est basé sur les principes suivants :

Chaulage des égouts de premier jet dans le but de former un sucrate de chaux qui jouit d'un pouvoir osmotique moindre que le sucre, et substitution de la chaux à la potasse et à la soude dans les composés organiques contenus dans la mélasse avant osmose ; d'où élimination par ce travail des alcalis, potasse et soude.

A la sortie de l'osmogène, la mélasse était refroidie et mélangée au jus de betterave qui était alors carbonaté à froid, les organates de chaux introduits par l'égout osmosé étaient en partie éliminés à la carbonatation et en partie par une filtration sur le noir.

On a ensuite substitué le chlorure de calcium à la chaux, cette base présentant l'inconvénient, par la décomposition des organates dans l'osmogène, de ralentir l'osmose d'une manière très sensible ; la potasse et la soude sont alors éliminées par l'osmose sous forme de chlorures de potassium et de sodium.

Avant de passer à un autre procédé de travail des mélasses, disons que depuis trois ou quatre ans, bien peu de fabricants de sucre osmosent encore leurs bas produits ; cela vient de ce que les sucres vraiement exempts de droits, qui valaient pour le fabricant leur prix de vente plus 60 fr. à l'origine de la loi de 1884, ne valaient plus lors de l'application de la première surtaxe que leur prix de vente plus 50 fr. ; puis 40 fr. seulement lors de la 2e, et maintenant que cette surtaxe est de 30 fr. les sucres soi-disant indemmes de droits payent un droit de 30 fr., ils valent donc pour le fabricant 30 fr. de moins qu'en 1884 ; dans ces conditions la plupart des fabricants de sucre préfèrent ne pas travailler leurs mélasses et jouir de la décharge de 14 0/0 dont nous parlerons au chapitre relatif à la législation.

Disons cependant que quelques rares fabricants ont encore appliqué l'osmose dans les trois ou quatre dernières années et que certains d'entre eux, sinon tous, n'ont eu qu'à se louer de ce qu'ils avaient fait.

AUTRES PROCÉDÉS DE TRAVAIL DES MÉLASSES

Procédé à l'alcool

Procédé Margueritte. — Voici en quoi consiste ce procédé : La mélasse à travailler est diluée avec de l'alcool à 85°-90° à raison de 1 litre d'alcool par kilogramme de mélasse, on y ajoute ensuite de l'acide sulfurique en quantité suffisante pour former du sulfate de potasse et de soude avec toute la potasse et la soude contenue dans la mélasse ; ces sulfates, qui sont insolubles dans l'alcool, pré-cipitent et sont éliminés par filtration. Dans le liquide filtré se trouvent le sucre et des acides minéraux et organiques que l'on neutralise par la chaux. On peut ensuite faire cristalliser le sucre de deux façons : 1° en ajoutant une nouvelle quantité d'alcool à 95°, environ 1 litre par kilog. de mélasse et en amorçant la cristallisation au moyen d'un peu de sucre ; une fois la cristalli-sation terminée le sucre est épuré au moyen d'un clairçage à l'alcool. — 2° en débarrassant le produit de l'alcool et en cuisant en grain. Ce procédé imaginé en 1868 par M. Margueritte a été modifié par MM. Nugues et Vivien.

Procédés à la chaux et à l'alcool

Procédés d'élution.

Tous ces procédés sont basés sur la formation d'un sucrate de chaux et sur son épuration au moyen de l'alcool qui entraîne les impuretés.

Procédé Scheibler. — En 1865 Scheibler eut l'idée de faire entrer le sucre en combinaison avec la chaux et d'employer l'alcool pour débarrasser le saccharate formé des impuretés et enfin de décomposer ledit saccharate par l'acide carbonique afin d'en extraire le sucre. Pour arriver à ce résultat, il mélangeait de la chaux récemment hydratée à de la mélasse dans la proportion de 45 de chaux pour 100 de sucre contenu dans la mélasse ; au bout de quelque temps le mélange se refroidissait et se prenait en masse compacte que l'on desséchait en la portant à 100°, on triturait cette masse avec de l'alcool à 35° qui s'emparait des sels et des impuretés organiques, on le séparait du saccharate et on décomposait ce dernier par l'acide carbonique pour en extraire le sucre.

Procédé Seyferth. — Malheureusement dans le procédé Scheibler la dessiccation du saccharate est très difficile pour ne pas dire impossible.

En 1872, Seyferth eut l'idée de remplacer la chaux hydratée par la chaux caustique, il obtint de cette façon un saccharate qui ne présentait pas l'inconvénient du saccharate incomplètement séché de Scheibler d'être peu propre à l'ébullition ; au contraire la séparation des impuretés par l'alcool se faisait très bien, parce que le saccharate était très poreux et cette porosité était due au dégagement d'une grande quantité de bulles de vapeur d'eau produite par la température élevée qui prend naissance pendant le mélange de la mélasse avec la chaux caustique.

Ce mélange est effectué au moyen d'un appareil composé de deux meules verticales qui tournent dans un entonnoir autour d'un arbre également vertical ; celles-ci peuvent être plus ou moins rapprochées d'une plaque annulaire horizontale sur laquelle est répandue la mélasse qui tombe d'un mesureur placé au-dessus de l'appareil en même temps que la chaux qui est déversée par un distributeur également placé au-dessus du mélangeur ; des couteaux horizontaux ramassent le magma sur lequel vient de passer une meule et débarrasser les meules de la matière qu'elles entraîneraient dans leur rotation ; la vidange est opérée en ouvrant une trappe ménagée dans l'entonnoir ; le saccharate tombe alors dans des vases où il se solidifie ; il est ensuite divisé d'abord grossièrement à la main, puis finement dans un appareil muni de couteaux circulaires qui tournent autour de deux axes horizontaux ; il ne reste plus qu'à l'introduire dans des appareils appelés éluteurs où il est lessivé avec de l'alcool, ces éluteurs sont disposés de manière à éviter les pertes en alcool. Le saccharate débarrassé de ses impuretés et de l'alcool est alors ajouté au jus de betteraves, puis le tout est carbonaté ; il est décomposé par l'acide carbonique et remplace la chaux qu'on aurait dû ajouter au jus pour le déféquer.

Procédé Scheibler-Seyferth modifié par Bodanbænder (1)

Le travail du mélassate poreux formé avec le procédé Seyferth présentant certaines difficultés, Bodenbänder trouva le moyen de produire un mélassate en pâte susceptible de se durcir par refroidissement et découpable ensuite en lamelles de dimensions uniformes. Cette préparation du mélassate facilite le traitement par l'alcool. Aussi a-t-elle remplacé partout ou à peu près, le mode de travail primitivement employé.

Le procédé Bodenbänder est employé à l'usine de Nord-Stemm près Hildesheim (Allemagne) pour un travail journalier de 250 à 275,000 kg. de betteraves et 17 à 18.000 kg. de mélasse, et comporte les opérations suivantes :

1º Formation du mélassate de chaux, à l'état pâteux.

2º Mise en boîte de la pâte de mélassate et découpage des blocs savonneux produits.

3º Elution du mélassate découpé.

4º Extraction du lait de sucrate de chaux.

5º Rectification de l'alcool.

1ʳᵉ *Opération. Formation du mélassate de chaux pâteux.* — Le mélassate de chaux se prépare dans un moulin malaxeur composé d'une cuve conique A, de 2ᵐ 300 de diamètre en haut et de 0ᵐ 500 de hauteur, sur le fond de laquelle peuvent tourner des meules cylindriques en fonte de 1ᵐ 200 de diamètre et de 350 d'épaisseur. Ces meules forment un système mécanique tournant autour d'un axe vertical placé au centre de la cuve et faisant 10 à 12 tours par minute.

Le moulin malaxeur reçoit d'abord 150 litres d'eau venue du bac B à une température de 75º C.

---

(1) Nous empruntons cette description et les suivantes, ainsi que les croquis qui les accompagnent, aux notes inédites recueillies en Allemagne par un groupe de fabricants de sucre accompagnés de notre collaborateur M. Pellet et de M. Choquet ingénieur attaché aux anciens Établissements Cail (service des sucreries).

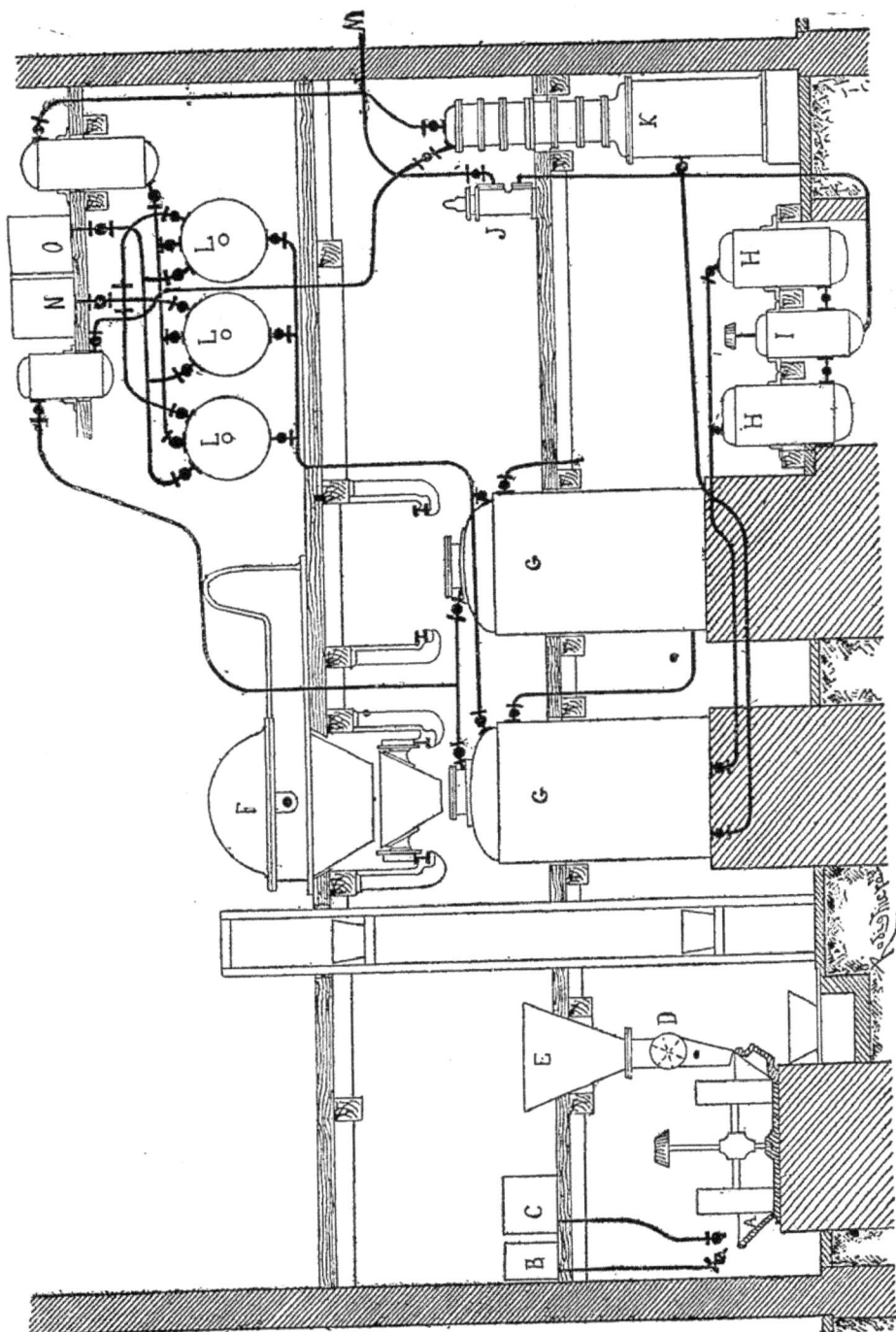

Fig. 221. — Sucrerie de Nordstemm. Disposition de la sucraterie (plan descriptif).

A Malaxeur de mélasse et de chaux. — B Bac à eau. — C Bac à mélasse fraîche. — D Mesureur de chaux. — E Trémie d'arrivée de la chaux. — F Machine à découper les savons. — G Eluteurs. — H Premiers réservoirs pour le lait de sucrate. — I Deuxièmes réservoirs pour le lait de sucrate. — J Pompe à lait de sucrate. — K Appareil à rectifier. — L Réservoirs d'alcool rectifié. — M Conduit refoulant le lait de sucrate à la saturation. — N Bac à eau. — O Bac à alcool pur.

Fig. 122, 123 et 124. — Sucrerie de Nordstemm. Disposition de la sucraterie (plan réel).

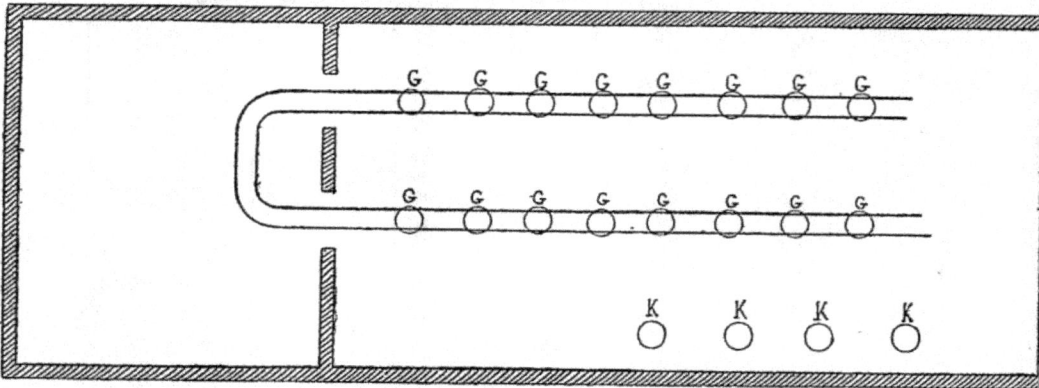

Élution. Plan 1er Étage.

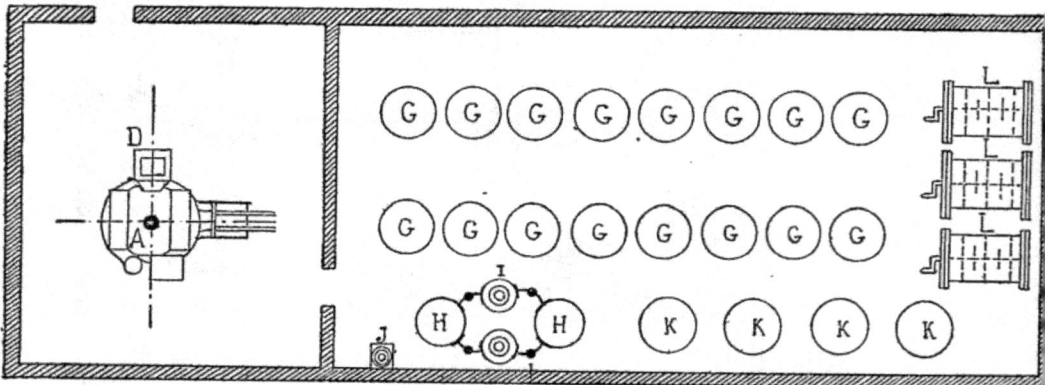

Plan 2e Étage.

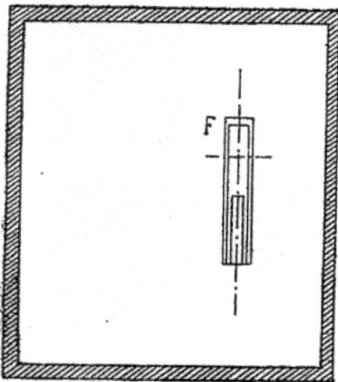

A Malaxeur de mélasse et de chaux. — D Mesureur de chaux. — F Machine à découper les savons. — G Eluteurs. — H Premiers réservoirs pour le lait de sucrate. — I Deuxièmes réservoirs pour le lait de sucrate. — J Pompe à lait de sucrate. — K Appareils à rectifier. — L Réservoirs d'alcool rectifié.

On fait ensuite arriver du bac C 350 kg de mélasse fraîche, à environ 50 0/0 de sucre et pesant 75 à 80° Brix (40 à 43° Baumé).

On mélange le tout à l'aide du moulin, de façon à produire une dilution à peu près uniforme de la mélasse, et on laisse ensuite tomber dans la cuve du malaxeur, par petites doses, 108 kg. de chaux en poudre venant de la trémie E et mesurée par l'appareil D à 6 crans de 18 kg chacun. Cette chaux en poudre est préparée comme celle nécessitée par la substitution Steffen que nous décrirons plus loin.

On malaxe tout en introduisant la chaux en poudre et l'opération dure environ 15 minutes. Au bout de ce temps, il s'est produit un mélassate pâteux, de couleur jaunâtre, assez liquide pour s'écouler par une porte placée sur le côté de la cuve.

Quelle que soit la quantité de mélasse travaillée, on en envoie toujours au malaxeur une même quantité, c'est-à-dire 30 kg. On fait varier seulement suivant les cas, la quantité d'eau et de chaux en poudre; on doit déterminer les proportions d'eau et de chaux d'après la quantité de la mélasse, de façon à produire un mélassate de chaux subissant convenablement les opérations ultérieures nécessitées par le travail.

2ᵐᵉ *opération. Mise en bacs du mélassate et découpage des blocs ou savons produits.*— Quand le mélassate est formé, on le recueille par la porte de vidange de la cuve du malaxeur dans six bacs en tôle de 340 de hauteur, 650 de longueur et 450 de largeur à la base, 770 de longueur et 620 de largeur aux bords.

On met dans ces bacs une quantité de mélassate de chaux suffisante pour produire, après refroidissement, des pains de 240 $^{m/m}$ de hauteur.

On introduit ensuite dans la masse pâteuse, dans le sens de la longueur des boîtes et dans leur milieu, une tôle qui permet plus tard de diviser facilement les blocs de mélassate en deux parties à peu près égales.

Chaque morceau de sucrate pèse donc environ :

$$\frac{150+550+108}{6\times2} = 50 \text{ kg.}$$

Les bacs ayant reçu le mélassate en pâte subissent un refroidissement lent, pendant lequel la masse prend de la consistance tout en diminuant de volume.

Ces bacs sont placés les uns sur les autres, dans la salle où se trouve le broyeur malaxeur. Lorsque le refroidissement et la combinaison sont suffisants pour introduire la plaque séparatrice (2 à 3 heures), on transporte les bacs dans une salle spéciale d'où on les reprend après environ 24 heures.

Au bout de ces 24 heures, le mélassate est solide, et les morceaux de savons sont conduits à la machine F qui les découpe en lamelles papillotées, ayant 15 $^{m}/_{m}$ de largeur sur 2 $^{m}/_{m}$ d'épaisseur environ.

Ces lamelles sont recueillies dans une trémie placée en dessous de la coupeuse F d'où on les charge dans des wagonnets suspendus pour les envoyer aux éluteurs G.

Le coupe-mélassate de la sucrerie de Nordstemm est placé au 2e étage. Il se compose d'un tambour cylindrique de 1 m. 900 de diamètre, 450 de largeur, tournant autour d'un axe horizontal et armé sur sa partie cylindrique de 24 couteaux portant chacun 15 doigts tranchants disposés de façon à attaquer successivement toutes les parties de la surface du savon qu'on leur présente. Le nombre des tours est de 30 par minute, et la durée du découpage d'un demi-pain est d'une minute.

A l'avant du tambour se trouve son canal d'arrivée des pains, dans lequel se meut un pousseur agissant dans des conditions analogues à celles des pousseurs de la râpe à betteraves. Le pain de mélasse introduit dans le canal d'arrivée précité se trouve poussé contre le tambour dont les couteaux agissent successivement sur toutes les parties de la masse pour le découpage en lamelles comme il est dit plus haut.

3me *Opération. Elution du mélassate découpé en lamelles.* — Le mélassate de chaux découpé en lamelles est versé dans des wagonnets qui circulent sur des voies suspendues régnant au-dessus de tous les éluteurs pour en faciliter le chargement.

Chacun de ces éluteurs se compose d'un vase cylindrique en tôle, muni d'un double fond en tôle perforée et d'un serpentin barbotteur placé en dessous du double fond. Ces éluteurs sont disposés en batterie comme des diffuseurs. Ils sont au nombre de 16, placés sur deux lignes. Chaque appareil, d'une contenance de 15000 litres, peut recevoir 11.400 kg. de mélassate représentant le produit d'environ 20 malaxages dans la cuve A et le traitement d'environ 7000 kg. de mélasse fraîche.

Puisque l'usine en question travaille journellement de 17 à 18000 kg de mélasse, on est donc amené à remplir 2 1/2 élucteurs par 24 heures.

Sur les 16 éluteurs qui composent la batterie, il n'y en a que 12 en travail, 4 se trouvent constamment en vidange, en nettoyage ou en chargement.

Ceci posé, voici comment on conduit l'opération :

Prenons l'éluteur de queue n° 12, c'est-à-dire celui qui vient de recevoir sa charge. On fait d'abord arriver, en dessous du faux fond, de l'alcool pur à 40° qui a pour objet de débarrasser la charge de mélassate des grosses impuretés qu'elle contient.

Après 24 heures de macération, on enlève l'alcool ayant servi à l'opération et on l'envoie dans un appareil à rectifier.

On remplace l'alcool expulsé par celui provenant de l'éluteur précédent, de la batterie, et l'appareil que nous avons pris comme éluteur de queue, se trouve alors introduit dans le travail, où il prendra successivement tous les numéros d'ordre jusques y compris le n° 1, qui est celui de l'éluteur de tête.

A ce moment, il recevra directement de l'alcool pur à 40° qui aura pour but de parfaire le lessivage progressif déjà produit.

Quand ce lessivage est complet, ce qui arrive après 134 heures de marche, la 3ᵉ opération se trouve terminée et on sépare de la batterie l'éluteur en question.

4ᵐᵉ *Opération : Extraction du lait de sucrate de chaux.* — L'éluteur ainsi mis de côté contient un sucrate de chaux à peu près pur, toujours en lamelles, et une certaine quantité d'alcool.

On chauffe alors à l'aide du serpentin barbotteur placé au dessous du faux fond, et on produit pendant cette opération qui dure environ 8 heures, des vapeurs d'alcool que l'on condense pour l'envoyer à la rectification, et du lait de sucrate de chaux débarrassé d'alcool.

On recueille ce lait de sucrate dans deux vases d'attente H, de 12,600 litres de contenance chacun, alimentant deux vases plus petits I, à malaxeurs, où aspire une pompe J qui prend le produit pour l'envoyer à la saturation.

5ᵐᵉ *Opération : Rectification de l'alcool.* — L'alcool recueilli pen-

dant l'élution se divise en 3 catégories : *a*) l'alcool de premier lessivage de l'éluteur de queue, après chargement ; *b*) celui venant de
la batterie en marche ; *c*) celui provenant de la distillation du lait
de sucrate.

On recueille ces 3 catégories d'alcool dans un même bac K, en
charge sur 4 chaudières à rectifier de 7300 litres chacun, où l'on
fait subir à l'alcool une rectification ayant pour but de le débarrasser des impuretés qu'il a entraînées pendant l'élution.

L'alcool rectifié est envoyé dans 3 réservoirs cylindriques horizontaux, à malaxeurs mûs à la main, et d'une contenance de 7300
litres ; on a ajouté dans ces bacs la quantité d'alcool pur nécessaire
pour compenser les pertes, et une quantité d'eau suffisante pour
ramener le liquide à 40° Baumé ; on l'emploie dans cet état à de
nouvelles élutions.

La vinasse provenant de la distillation de l'alcool impur est
recueillie dans un bac réservoir d'où on l'extrait pour l'envoyer
dans les terres.

Procédé Manoury.

L'inventeur se sert comme Scheibler de chaux hydratée,
mais son procédé diffère de celui décrit ci-dessus par le mode
de préparation du mélassate de chaux. Manoury prépare la
chaux en l'imbibant d'eau à sa sortie du four à chaux, il l'obtient bientôt en poussière, puis l'ajoute à la mélasse concentrée
à 42°-43° Bᵉ dans la proportion d'environ 30 pour 100 dans un
appareil clos muni d'un agitateur qui a pour but de projeter de
tous cotés la mélasse en gouttelettes, afin d'obtenir un saccharate présentant l'aspect d'une masse sablonneuse delaquelle
on sépare au moyen d'un appareil spécial la poussière qui est
renvoyée au mélangeur : les grains sont lessivés à l'alcool à 45°
dans des éluteurs ; la séparation des sels et des matières organiques entraînés par l'alcool s'effectue d'autant mieux que la
chaux n'ayant pas été complètement éteinte se fendille encore
pendant l'élution. Le saccharate est comme dans le procédé Seyf-
ferth rentré à la carbonatation. M. Manoury ajoutait à la mélasse
une certaine quantité de carbonate de soude afin de décomposer
les organates de chaux qui, n'étant pas solubles dans l'alcool, res-
teraient comme impureté avec le sucrate de chaux. Les frais de

travail avec le procédé Seyferth, seraient d'environ 4 fr. à 4 fr. 25 pour 100 kg. de mélasse (abstraction faite de la valeur de la mélasse) et de 3 fr. 25 par le procédé Manoury.

Voici, après cet exposé quelques détails sur l'application de ce procédé à la sucrerie de Trotha. Il comporte les opérations suivantes :

1° Préparation de la chaux.
2° Formation du mélassate de chaux.
3° Elution du mélassate.
4° Extraction du lait de sucrate.
5° Rectification de l'alcool employé.

1re *Opération* : *Préparation de la chaux*. — Au lieu d'employer de la chaux vive en poudre, on se sert de chaux demi-éteinte, obtenue de la manière suivante :

On met la chaux sortant du four dans des paniers en fer que l'on plonge dans l'eau, d'où on les retire assez vite pour que la chaux soit simplement imprégnée d'eau. On vide ensuite cette chaux, on la dispose en tas ; elle ne tarde pas alors de s'échauffer et de se réduire en poudre.

Avec une bonne pierre à chaux, la durée de l'opération est d'environ 1/2 heure.

On est toutefois obligé de continuer quelquefois l'hydratation à l'aide d'un arrosage partiel sur les endroits où restent des morceaux de chaux paraissant inattaqués lors de la première immersion dans l'eau.

Il faut que la chaux soit bien divisée ; à cet effet, on en prépare toujours à l'avance, car alors il n'y à pas à craindre le commencement de carbonatation que produit l'air.

2me *opération* : *Formation du mélassate de chaux*. — Dans un bac muni d'un serpentin, on commence par dissoudre dans un peu d'eau environ 1/2 kg. de carbonate de soude par 100 kg. de mélasse à traiter.

On ajoute ensuite la mélasse fraîche correspondant à la soude dissoute, et on chauffe le mélange jusqu'à 65°, ce qui a pour effet de transformer les sels de chaux contenus dans la mélasse en sels de soude facilement enlevables par lessivage. On s'arrange de façon à ce que la mélasse ainsi préparée pèse 43 Baumé, et on mélange 150 kg. de cette mélasse avec 4 ou 5 fois son volume de chaux en poudre, préparée comme il est dit plus haut.

Cette opération se fait alors dans un malaxeur cylindrique horizontal, muni à la partie supérieure d'une arrivée de mélasse en même temps que d'une trémie de chargement de la chaux, et à la partie inférieure, d'une trappe de vidange.

Cet appareil est en fonte, et porte en son milieu un agitateur à bras en forme de crochets, croissant dans leur mouvement de rotation ; des bras semblables sont fixés à la paroi du malaxeur.

L'arbre de malaxeur fait 70 à 100 tours par minute, et la formation du mélassate demande de 3 à 5 minutes.

Après ce temps de brassage dans l'appareil, on recueille du mélassate en grains dont la grosseur varie de 1 à 6 $^{m/m}$, et contenant encore une certaine quantité de chaux en excès : on l'en débarrasse par un bluttage convenable et la poudre de chaux retirée par ce moyen rentre dans le travail ; tandis que les morceaux de mélassate sont envoyés à l'élution. — Il y a parfois de gros grains de mélassate de chaux ; on les divise à l'aide d'un broyeur Carr.

3me *opération : Elution du mélassate.* — L'élution du mélassate en grains se fait de la même manière que dans le procédé Scheibler-Seyferth-Bodenbänder ; seulement comme les grains en se gonflant et en se fendillant au contact de l'alcool, se laissent bien plus facilement pénétrer par le liquide, le lessivage du mélassate ainsi préparé est beaucoup plus rapide ; il exige beaucoup moins d'éluteurs et une quantité d'alcool relativement faible.

A Trotha, la batterie d'élution se compose de 5 appareils ayant chacun 2^m 400 de diamètre $\times$ 2^m 800 de hauteur, et pouvant recevoir le mélassate fourni par 5000 à 6000 kg. de mélasse fraîche.

Le mélassate en grains est emmagasiné sur un plancher régnant au-dessus de la batterie d'élution ; et on l'introduit dans les appareils en le faisant tomber par des trappes placées au-dessus de chacun d'eux.

On charge deux éluteurs par 24 heures. Nous ferons observer à cette occasion qu'on peut préparer du sucrate longtemps à l'avance, sans crainte d'altération.

La première macération dans l'éluteur de queue se fait avec de

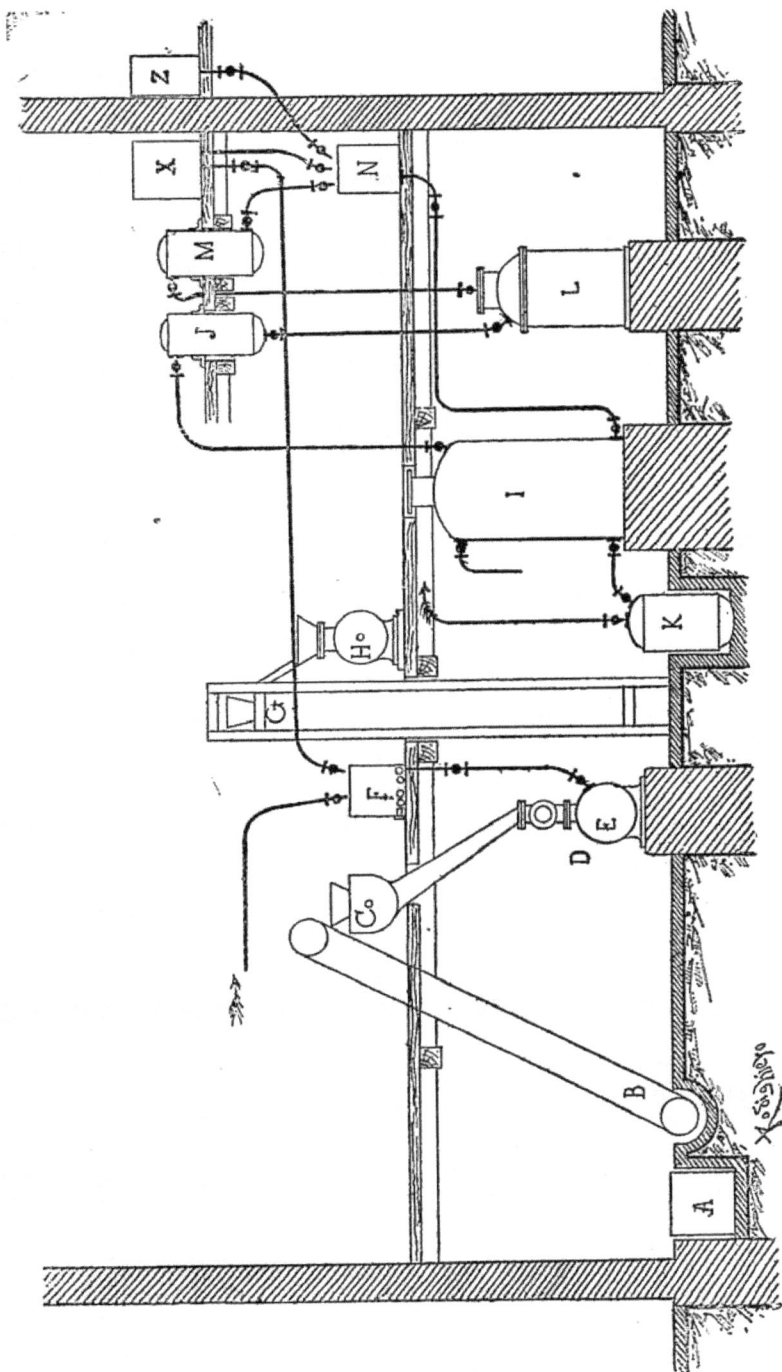

Fig. 225. — Extraction du sucre par le procédé Manoury. Disposition de la Sucraterie de Trotha (plan descriptif).

A Bac à eau pour éteindre la chaux. — B Monte-chaux. — C Blutoir de chaux. — D Mesureur de chaux. — E Malaxeur de mélassate. — F Bac à mélasse diluée. — G Monte-mélasse. — H Blutoir de mélassate. — I Réfrigérant pour la distillation. — J Eluteurs. — K Monte-jus de vidange des éluteurs. — L Chaudière à rectifier. — M Réfrigérant de la chaudière à rectifier. — N Bac à alcool rectifié. X Bac à eau. — Z Bac à alcool neuf.

l'alcool à 50° que l'on introduit dans l'appareil avant d'y jeter les grains de mélassate de chaux ; on évite ainsi la formation de courants dans la masse reçue par les éluteurs.

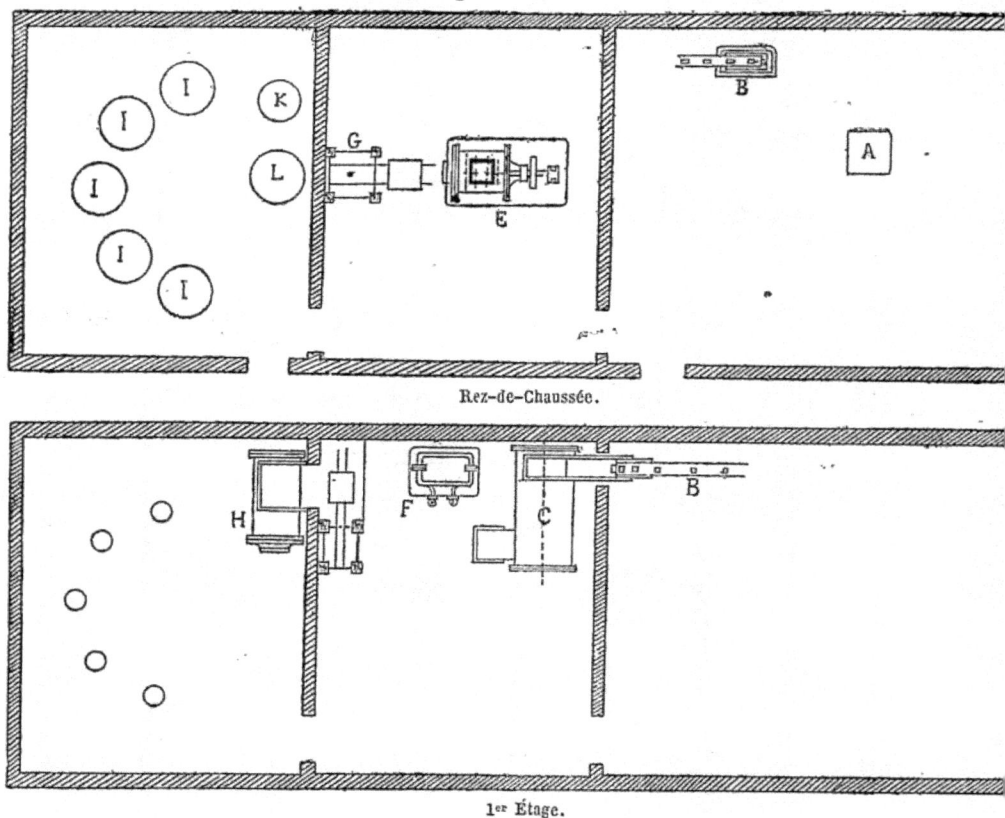

Rez-de-Chaussée.

1er Étage.

Fig. 226 et 227. — Sucrerie de Trotha. Disposition de la Sucraterie (plan réel).

La durée d'une macération est d'environ 7 à 8 heures, et quand elle est terminée, on soutire environ 180 hectol. d'alcool que l'on envoie à la rectification. On introduit ensuite l'éluteur dans la batterie, où il reçoit l'alcool en circulation reçu à 42° par l'éluteur de tête. Le reste de l'opération est absolument le même que dans l'élution Bodenbänder.

A Bac à eau pour éteindre la chaux. — B Monte-chaux éteinte. — C Blutoir de chaux éteinte. — E Malaxeur de mélassate. — F Bac à mélasse diluée. — G Monte-mélassate. — H Blutoir de mélassate. — I Eluteurs. — K Monte-jus de vidange des éluteurs. — L Chaudière à rectifier l'alcool ayant servi à l'élution.

4me Opération: *Extraction du lait de sucrate de chaux*. — Ce travail se fait de la même manière que dans le procédé Scheibler-Seyferth-Bodenbänder.

5me opération: *La rectification de l'alcool* se fait également de la même manière.

Notes pratiques sur le travail des mélasses

A l'usine de Trotha on travaille 7 kg. de mélasse à 50 0/0 de sucre par 100 kg. de betteraves; comme on traite 180.000 kg. de betteraves par jour, cela correspond à environ 12.000 kg. de mélasse.

Il faut 24 ouvriers, dont 12 par poste.

Le traitement de la mélasse coûte 5 fr. par 100 kg. de mélasse.

On perd 7 kg. de sucre par 100 kg. de sucre contenu dans la mélasse, ce qui équivaut à une perte de 3 kg. 500 par 100 kg. de mélasse.

L'installation coûte 150.000 fr. bâtiments et prime de brevet compris.

Il y a 10.000 fr. d'alcool en circulation dans le travail, en marche normale.

Pour se dispenser de payer les droits sur l'alcool on le dénature en y ajoutant 2 0/0 d'alcool amylique.

Notes sur l'emploi du lait de sucrate.

Les jus sortant de la diffusion sont chauffés à 75° C, puis conduits à la première saturation; 30 hectol. de ce jus reçoivent 375 litres de lait de sucrate à 24° Baumé, provenant de la sucraterie travaillant par le procédé Manoury ci-dessus.

Ce sucrate contient 95 de chaux pour 100 de sucre.

Chaque chaudière de 1re saturation est munie d'agitateurs destinés à faciliter la carbonatation, surtout lorsque l'on traite le sucrate seul.

La carbonatation s'opère sans chauffer et dure de 7 à 9 minutes quand les agitateurs fonctionnent, et de 15 à 18 minutes quand on ne les fait pas marcher.

On pousse l'alcalinité jusqu'à 0,13 ou 0,11 et on sature une seconde fois sans addition nouvelle de sucrate de chaux, en faisant bouillir avant et après l'introduction de l'acide carbonique.

L'opération dure 3 à 4 minutes et on pousse l'alcalinité jusqu'à 0,06 ou 0,08.

Enfin, on fait subir encore au jus une 3e saturation à l'acide sulfureux dans des bacs ayant une hauteur de liquide de 1 m.

L'alcalinité est poussée dans cette dernière opération à 0, 015 environ.

On emploie 45 kg. de soufre en 4 charges, par 24 heures.

Les écumes de 1re carbonatation sont passées dans les filtres-presses à 24 cadres ; celles de 2e carbonatation dans deux filtres-presses à 18 cadres et celles de 3e carbonatation sont passées dans un filtre-presse à 24 cadres. Les eaux de lavage rentrent à la 1re carbonatation.

Les jus sont filtrés sur le sable, et concentrés ensuite jusqu'à 20° Baumé ; les sirops ainsi produits sont neutres, et on les filtre sur le sable comme le jus.

Le sirop a la composition suivante :

Densité..	11.75
Degrés Brix..	39.20
Degrés Baumé......................................	21.90
Sucre...	34.90
Pureté...	89.30

Masse cuite. — En traitant 7 kg. 500 de mélasse par 100 kg. de betteraves, on a obtenu la 3e semaine de fabrication 20 kg. 700 de masse cuite par 100 kg. de betteraves.

En traitant 6 kg. 400 de mélasse pour 100 kg. de betteraves, on a obtenu la 16e semaine de fabrication 15 kg. 8 de masse cuite par 100 kg. de betteraves.

Les masses cuites avaient la composition suivante :

		Du 17 au 23 septembre.	Du 21 janvier.
Sucre..............................		83.30	83.40
Eau................................		8.20	8.36
Cendres { Alcalis		2.76	2.73
{ Sels de chaux...........		0.10	0.12
Matières organiques..............		5.75	5.24
Pureté,............................		90.07	91.06

Inventaire après la 13ᵉ semaine de fabrication

Moyenne des résultats obtenus :
Sucre dans les cossettes (opération au hache-viande).. 14 kg. 54
Mélasses introduites   º/₀ de betteraves............ 7 kg.
Masse cuite   º/₀ de betteraves.................... 17 kg. 90
Rendement en 1ᵉʳ jet de la betterave................ 9 kg.
Rendement en 1ᵉʳ jet de la mélasse.................. 2 kg. 30
Rendement total en 1ᵉʳ jet........................ 11 kg. 30

On calcule que 200 kg. de mélasse ordinaire donnent environ 110 kg. de masse cuite rendant environ 67 0/0 de sucre.

Les mélasses travaillées à la sucraterie, achetées au dehors et provenant d'un travail à l'acide sulfureux avaient la composition suivante :

Densité................................. 13.68
Degrés Brix.......................... 72.8
Degrés Baumé....................... 39.54
Sucre................................ 45.50
Pureté.............................. 61.50

Les mélasses provenant d'un travail à l'acide sulfureux indiquent généralement au saccharimètre moins de sucre qu'elles n'en contiennent réellement.

Procédé Weinrich. — Cet inventeur se sert de poudre de chaux complètement hydratée et tamisée, il la mélange avec la mélasse chauffée à 100° dans la proportion de 55 de chaux pour 100 de sucre contenu dans la mélasse ; cette quantité de chaux, qui est un peu supérieure à la quantité théorique nécessaire pour former le sucrate tribasique, doit cependant être augmentée si la chaux est impure. Le mélangeur est muni d'un agitateur et la masse est réchauffée par une circulation de vapeur ; elle est ensuite coulée dans des caisses où elle se refroidit lentement, elle devient d'autant plus dure et d'autant plus sèche que le refroidissement est plus lent : elle est ensuite cassée à la main d'abord en gros morceaux, puis par un concasseur en morceaux de la grosseur d'une noix ; ces morceaux sont ou passés dans cet état, ou préalablement réduits en poudre (dans le deuxième cas l'élution est un peu plus profonde, mais plus lente) dans un appareil où ils se trouvent en présence d'alcool impur pendant environ une demi-heure. On obtient alors une masse sableuse qui est introduite dans un éluteur horizontal, duquel l'alcool s'échappe au travers d'une toile lorsqu'il est devenu suffisamment impur; il est alors régénéré par distillation, on continue l'épuration du sucrate dans l'éluteur avec de l'alcool de moins en moins concentré, on va de 70° à 40°, et le dernier alcool qui s'écoule va au mélangeur. Le saccharate est ensuite débarrassé complétement d'alcool et décomposé par l'acide carbonique.

Les frais de travail avec le procédé Weinrich peuvent être estimés à 4 fr. pour 100 kg. de mélasse avec un rendement en sucre de 35 0/0.

Procédé Drévermann.— Dans ce procédé on ne se sert pas d'éluteurs, on forme le saccharate tribasique et on le lave à l'alcool. On introduit dans un mélangeur la mélasse diluée dans l'alcool de manière à ce que l'alcool ajouté et l'eau contenue dans la mélasse fasse un mélange à 36 0/0, avec de la chaux caustique pulvérisée humectée d'alcool; l'élévation de température est peu considérable, on laisse refroidir le mélange en l'agitant continuellement afin d'avoir un sucrate granulé finement; on passe aux filtres-presses à lavage et on lave le saccharate avec de l'alcool en ayant soin d'éviter autant que possible pour celui-ci le contact de l'air, ce qui est facile avec des conduites bien closes. L'alcool qui a servi au lavage est utilisé à la dissolution de nouvelle mélasse ou au lavage d'un autre filtre; dans ce cas on dispose ceux-ci en batterie comme dans les procédés de lavage Brunet ou Bouvier.

On dissout ensuite le saccharate dans l'eau, on le débarasse par chauffage à la vapeur de l'alcool qu'il contient encore, et on se sert du lait de sucrate de chaux au lieu de lait de chaux à la carbonatation.

On a encore décomposé le sucrate par le sulfate de magnésie ou autres sulfates à bases insolubles et on a proposé d'employer les résidus à la fabrication du béton; on a aussi remplacé la chaux par la baryte ou la strontiane.

Procédé Pieper. — Dans ce procédé la chaux hydratée est mélangée non directement à la mélasse, mais aussi à du sucrate qui pro-

vient d'une opération précédente, on obtient une masse compacte
qui est brisée et séchée par un courant d'air. Le produit obtenu
est divisé en deux parties : l'une est mélangée à de l'alcool et filtrée
dans des filtres presses à lavage, l'autre est envoyée au mélangeur
avec la chaux et la mélasse d'une nouvelle opération.

Procédé Riedel. — Le mélange de chaux hydratée et de mélasse
se fait à 80° puis est refroidi à 25°, il est alors mélangé à de l'alcool
à 90° en le projetant dans cet alcool au moyen d'un disque tournant sur lequel on le fait couler ; le sucrate obtenu de cette manière
a la forme d'aiguilles très favorables à l'élution.

Procédé Eissfeldt. — Cet inventeur ajoute l'eau à la chaux caustique au moment du mélange afin d'éviter une élévation de température considérable ; il obtient un saccharate impur qui est
coupé en lamelles par un appareil spécial ; la forme de ces
lamelles est très propre à l'élution·qui est pratiquée avec de l'alcool
à 40°.

Précipitation Sostmann

Ce procédé imaginé par Sostmann se rattache à la fois aux
méthodes d'élution et aux procédés de substitution, séparation
et strontiane ; ce procédé a été légèrement modifié ensuite par
l'inventeur et par Drévermann et Gunderman ; il est basé sur la
transformation des sels de potasse et de soude en sels de chaux
insolubles dans l'alcool, transformation obtenue au moyen de
chlorure de calcium.

On mélange dans un appareil approprié 5000 kg. de mélasse avec
100 kg. de chlorure de calcium en solution aqueuse et 50 hectolitres d'alcool à 80 0/0, on sature par l'acide carbonique jusqu'à
filtration facile d'un liquide clair et on passe aux filtres-presses à
lavage, puis on lave les tourteaux à l'alcool afin de les désucrer ;
il reste dans les filtres des gateaux composés de carbonate de chaux,
de gommes et de sels rendus insolubles dans l'alcool, grâce au
traitement au chlorure de calcium.

On met dans un appareil clos de la chaux en morceaux avec de
l'alcool à 35 0/0 de manière à préparer un lait de chaux alcoolique,
on y ajoute la mélasse épurée sortant des filtres-presses dans la

proportion de 33 kg. de chaux pour 100 kg. de mélasse ; l'alcool volatilisé est réintroduit dans l'appareil et on fait circuler le mélange au moyen d'une pompe pendant 4 heures environ dans un circuit qui va du mélangeur dans un refroidisseur et du refroidisseur au mélangeur, et ainsi de suite. Finalement le sucrate est presque complètement précipité ; on passe aux filtres-presses dans lesquels on lave le sucrate à l'alcool à 15 0/0 d'abord, puis à 35, on le débarasse de l'alcool restant après le lavage par l'air comprimé et on l'envoie aux chaudières à carbonater.

Après cet exposé, revenons avec plus de détails sur les différentes opérations auxquelles donne lieu ce procédé. Pour cela, nous nous contenterons de décrire le mode de travail suivi dans la sucrerie de Minsleben, pour un travail journalier de 250.000 kg. de betteraves et 20.000 kilog. de mélasses.

Comme dans l'élution on se sert d'alcool plus ou moins concentré pour lessiver les composés calciques formés ; comme dans les autres procédés, on produit un sucrate de chaux impur qu'on lave ensuite. La précipitation comporte les opérations suivantes :

1º Formation d'un lait de chaux à l'alcool.
2º Formation du sucrate de chaux.
3º Epuration du sucrate.
4º Transformation du sucrate en lait de sucrate utilisable à la saturation.
5º Rectification de l'alcool.

1re *opération : Formation d'un lait de chaux à l'alcool.* — Dans un vase A muni de deux agitateurs horizontaux marchant à des vitesses différentes, et dans des chambres séparées par une tôle perforée, on fait arriver d'abord 50 hectolitres d'alcool à 35° ou 40°, ce qui remplit l'appareil jusqu'à environ 20 cent. au-dessus de l'axe de l'agitateur supérieur.

On met le système en mouvement et on introduit ensuite dans le malaxeur, par une trémie spéciale, de 1500 à 1700 kilog. de chaux vive en morceaux gros comme le poing. Pour perdre le moins d'alcool possible, la trémie de chargement de la chaux se ferme par un mouvement de baïonnette qui assure une jointure convenable.

On malaxe pendant 4 ou 5 heures, à la température ordinaire ;

A Mélangeur d'alcool et de lait d'alcool et de chaux. — B Pompe à lait d'alcool et de chaux. — C vase — D Réfrigérant accidentel de sucrate. — E Pompe refoulant le sucrate aux filtres-presses, et accidentellement au réfrigérant D. — F Filtres-presses. — G Pompes à alcool de premier lavage. — H Bac Condenrecueillant l'alcool à rectifier. — I Pompe à alcool de deuxième lavage. — J Pompe à air. — K Réserseur de l'alcool entraîné par l'air comprimé. — L Vis de décharge des filtres-presses F. — M Réservoir distributeur des tourteaux. — N Chaudières à préparer le lait de sucrate. — O Condenseur de l'alcool évaporé dans les chaudières N. — P Bac recevant le lait de sucrate. — Q Pompe envoyant le lait de sucrate à la saturation. — R Appareil à rectifier. — S Condenseur réfrigérant. — T Bac à alcool de deuxième lavage. — U Bac à alcool à 80° pour la formation du sucrate. — V Bac à alcool impur de premier lessivage. — X Bacs à alcool. — Y Bac à mélasse. — Z Bac d'eau.

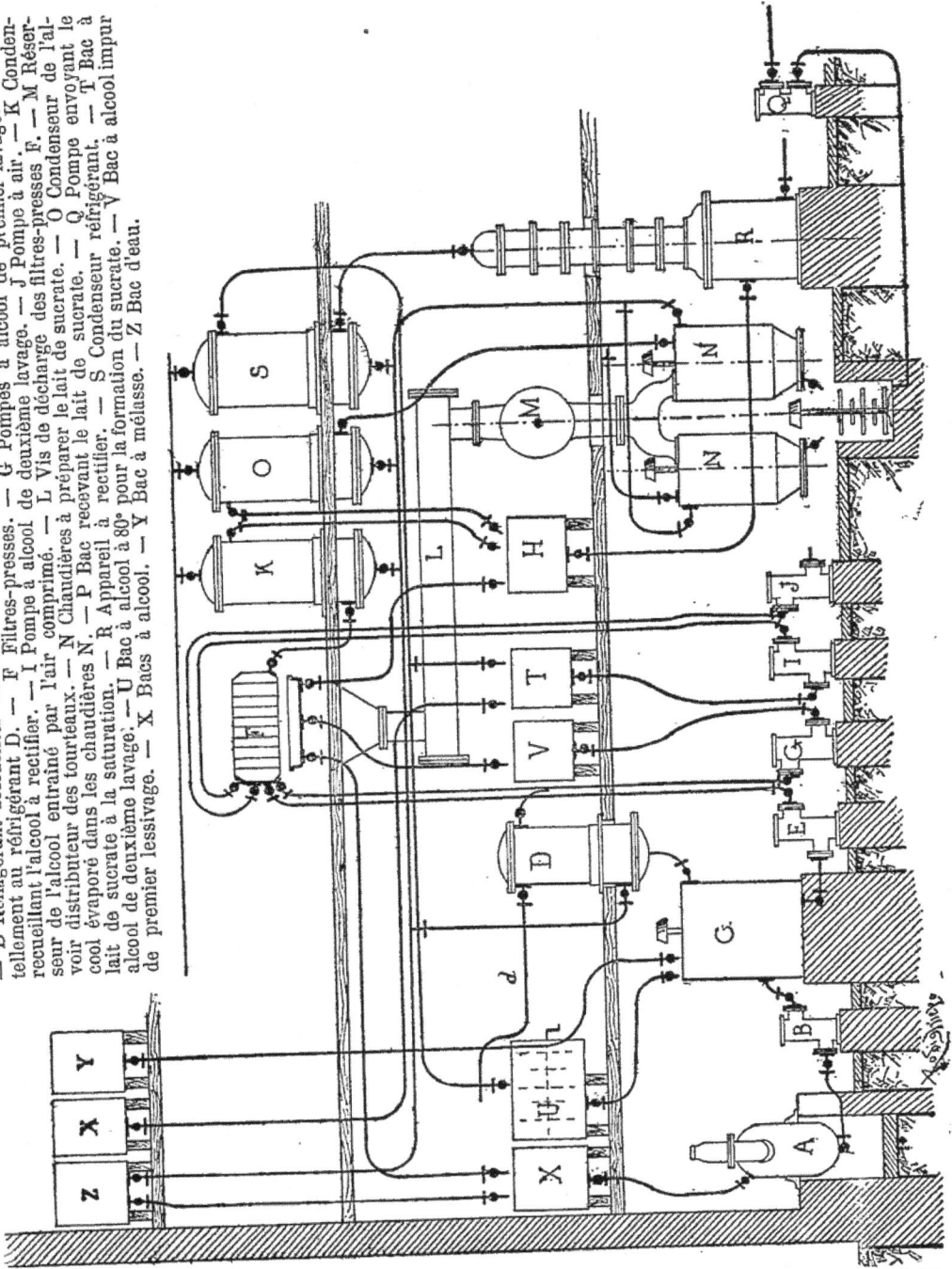

Fig. 228. — Extraction du sucre des mélasses par la précipitation Sostmann. Disposition de la Sucraterie (plan descriptif).
Sucrerie de Minsleben (Allemagne).

il se forme alors un lait de chaux à l'alcool, dont les parties insolubles, incuits et matières étrangères, sont retenues par la tôle
perforée dont nous avons parlé tout à l'heure ; on les recueille

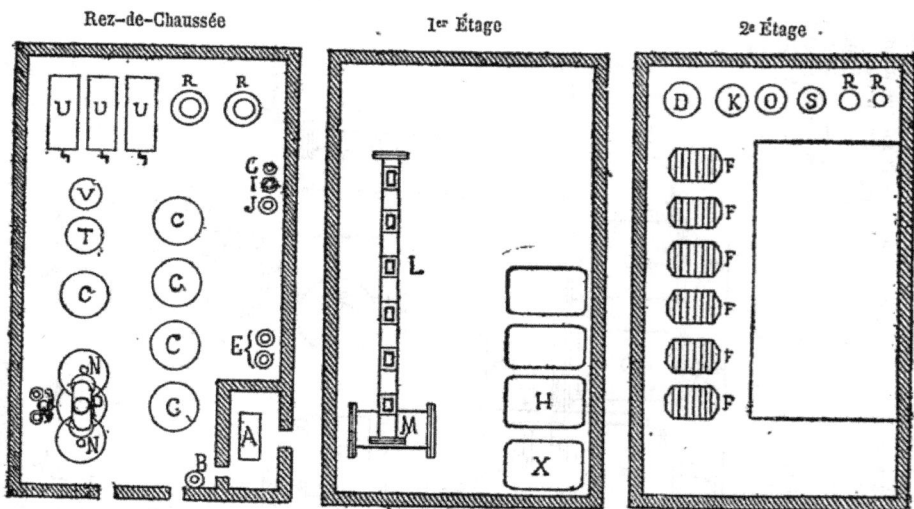

Fig. 229. — Sucrerie de Minsleben. Disposition de la Sucraterie (plan réel).

après chaque opération pour en retirer par distillation l'alcool
qu'elles tiennent en suspension. ·

2me *opération : Formation du sucrate de chaux.* — Le lait de
chaux, obtenu comme il est dit plus haut, dans le vase A, est
aspiré par une pompe B et envoyé dans l'un des appareils à sucrate C, cylindriques, verticaux, munis d'agitateur dont les bras
mobiles s'entrecroisent avec des bras fixés à la paroi, de façon à
produire un effet analogue à celui du broyeur Carr.

On introduit ensuite et succéssivement dans le vase C en char-

A Mélangeur d'alcool et de chaux. — B Pompe à lait d'alcool et de chaux. —
C Vases à sucrate. — D Réfrigérant accidentel de sucrate. — E Pompe refoulant
le sucrate aux filtres-presses F et accidentellement au réfrigérant D. — F Filtres-
presses. — G Pompe à alcool de premier lavage. — J Pompe à air. — K Condenseur de l'alcool entraîné par l'air comprimé. — L Vis de décharge des filtres-
presses F. — M Réservoir distributeur des tourteaux. — N Chaudières à préparer
le lait de sucrate. — O Condenseur de l'alcool évaporé dans les chaudières N. —
P Bac recevant le lait de sucrate. — Q Pompe envoyant le lait de sucrate à la
saturation. — R Appareil à rectifier. — S Condenseur réfrigérant. — T Bac à
alcool de deuxième lavage. — U Bac à alcool à 80° pour la formation du sucrate.
— V Bac à alcool impur de premier lessivage. — X Bac à alcool à 35° ou 40° pour
préparer le lait de chaux.

gement : 5000 kilog. de mélasse fraîche, à 80° Brix, correspondant à une teneur en sucre de 50 0/0, et 50 hectolitres d'alcool à 80 0/0. On malaxe pendant 12 heures et on laisse refroidir jusqu'à une température de 25 à 31° C. ·

A la sucrerie de Minsleben, on fait 4 opérations par 24 heures, ce qui correspond au travail normal de 20.000 kilog de mélasses. Le sucrate de chaux se forme pendant le malaxage et se trouve précipité sous forme de pâte, dans une eau-mère contenant le non-sucre, et l'alcool ayant servi dans les deux premières opérations.

Quand le refroidissement ne se produit pas assez vite dans les vases C, on fait passer le mélange dans les refroidisseurs D, tubulaires et à courant d'eau.

3me *opération : Epuration du sucrate.* — Le mélange d'alcool, de non-sucre et de sucrate produit dans les vases C, après refroidissement, est envoyé par des pompes E dans 6 filtres-presses F, et 15 cadres de 640 $^{m/m}$ de côté et 120 $^{m/m}$ d'épaisseur. Ces filtres-presses sont disposés de façon à pouvoir recevoir successivement : 1° le mélange refoulé par la pompe E ; 2° de l'alcool de lavage provenant des opérations antérieures (par conséquent impur) et refoulé par la pompe G ; cet alcool doit être rehaussé à 10° ou 12° Gay-Lussac, et on recueille dans le bac H après son passage à travers les tourteaux ; 3° de l'alcool pur à 35° Gay-Lussac, envoyé par la pompe I pour opérer le lavage définitif (1) ; 4° de l'air comprimé envoyé par une pompe J et destiné à chasser l'alcool en excès retenu par les tourteaux.

Cet air comprimé est recueilli dans un réfrigérant K où il abandonne l'alcool qu'il a entraîné. On recueille cet alcool dans un bac H pour la revivification. — Les tourteaux restant dans les filtres-presses F, constituent un mélange de sucrate de chaux et d'alcool suffisamment pur.

4me *opération : Transformation du sucrate de chaux en lait de sucrate pouvant servir à la saturation.* — Les tourteaux de sucrate recueillis dans les trémies placées en dessous du filtre-presse F, sont conduits par une vis L dans un vase M qui les distribue

---

(1) Le premier égoût de ce 2me lavage sert à rehausser les eaux-mères servant au 1er lavage ; le second égout sert à la production du lait de chaux .

dans l'une ou l'autre des chaudières N, ou ils subissent, après une légère addition d'eau, une distillation ayant pour objet de les débarrasser de l'alcool qu'ils contiennent encore.

L'alcool est recueilli dans un réfrigérant O, et de là dans le bac I où on le prend pour le rectifier. L'opération de la distillation dure environ 2 à 3 heures ; le lait de sucrate épuré est reçu dans un réservoir P, où deux pompes Q le prennent pour l'envoyer à la saturation ; il a la pureté, après saturation, qu'ont en général les sucrates de chaux des élutions alcooliques : 89 à 91°. Mais il y a moins de chaux par 100 kilog. de sucre, ce qui permet de travailler quelque peu de mélasse en plus par 100 kg. de betteraves.

5me *opération : Rectification de l'alcool.* — On a recueilli dans le bac H :

1° L'alcool de premier lessivage des tourteaux de sucrate dans les filtres-presses F ; 2° l'alcool formé par le passage de l'air comprimé dans le réfrigérant R ; de l'alcool produit dans la distillation du sucrate dans les chaudières N.

Toutes ces solutions alcooliques sont envoyées au rectificateur R, et les bacs T et V reçoivent l'alcool pur produit par cette distillation.

Cet alcool peut rentrer dans le travail, et on n'a plus à ajouter que la quantité d'alcool neuf nécessaire pour compenser les pertes.

Cet alcool neuf s'introduit dans le travail lors du lavage à l'alcool pur des tourteaux de sucrate de chaux formés dans les filtres-presses F.

Procédés à la chaux

Substitution Steffen.

Le procédé de substitution est l'objet d'un brevet pris par Buonaccosi, Steffen et Drucker ; il est basé sur la formation à froid des sucrates de chaux monobasique et bibasique et sur leur transformation à chaud en sucrate tribasique et sucre; sur la filtration du produit ainsi obtenu, qui donne d'une part le sucrate tribasique et de l'autre une solution de sucre et de chaux qui ne peut plus précipiter dans les conditions où elle se trouve ; sur le fait d'ajouter à cette solution de sucre et de la chaux de manière à former de nouveau les sucrates monobasique et bibasique et par la chaleur une deuxième fois du saccharate tribasique, ainsi de suite ; au bout de 20 ou 25 opérations il n'est plus avantageux de continuer à travailler les eaux-mères, on les élimine alors du travail après précipitation par la chaux de la plus grande quantité possible de sucre.

Pour appliquer le procédé, on ajoute à de la mélasse froide un lait de chaux à 30° Be dans la proportion de 28 kg. de chaux pour 100 kg. de sucre contenu dans la mélasse ; le mélange doit être maintenu au-dessous de 15°, artificiellement si cela est utile, et malaxé pendant environ huit heures ; la masse est ensuite coulée dans des récipients spéciaux dans lesquels elle est chauffée au-dessus de 100° ; le sucrate tribasique précipite, on passe aux filtres-presses et il est dilué à 10° Be, puis décomposé par l'acide carbonique ; on obtient ainsi du carbonate de chaux et de l'eau sucrée qu'il suffit d'évaporer et de turbiner pour en extraire le sucre. L'eau mère qui s'écoule des filtres-presses revient dans les vases mélangeurs dans lesquels on ajoute la chaux nécessaire et la mélasse représentant la quantité de sucre nécessaire à la formation des sucrates monobasique et bibasique, puis tribasique par chauffage au-dessus de 100°.

Le lait de chaux a été remplacé par de la poudre hydratée, puis par de la poudre de chaux caustique.

L'application de ce procédé comporte les opérations suivantes que nous décrirons telles qu'elles se pratiquent dans l'usine de Gandersheim (Allemagne), pour un travail journalier de 250.000 kg. de betteraves et 17.000 kilog. de mélasses.

1° Formation d'un sucrate basique soluble à froid.

2° Transformation du sucrate basique soluble en sucrate tribasique insoluble à 105° C.

3° Extraction et épuration du sucrate tribasique formé.

4° Régénération des eaux-mères par une nouvelle addition de mélasse fraiche, permettant de les réintroduire dans le travail pour produire une nouvelle quantité de sucrate tribasique.

5° Réduction périodique des eaux-mères.

1ʳᵉ opération : Formation du sucrate basique soluble à froid. —

Nous avons exposé sommairement au chapitre I le mode de forma·
tion des sucrates. Au point de vue de l'extraction du sucre des
mélasses cette question prend un intérèt tout particulier ; nous
croyons donc devoir y revenir avec plus de détail. Comme nous
l'avons vu, la chaux peut former avec le sucre trois combinaisons
différentes qui sont :

a) Le sucrate monobasique. — Ce sucrate, qui se forme très
facilement, aussi bien à chaud qu'à froid, et aussi bien avec un
lait de chaux qu'avec de la chaux en poudre, a pour composition
chimique à l'état sec :

Sucre..... 100.
Chaux.... 16 combinés.
Chaux.... 4 libres, mais solubles dans le sucrate monobasique. Ce
sucrate est soluble dans l'eau.

b) Le sucrate bibasique. — Ce sucrate a pour composition :

Sucre..... 100.
Chaux.... 32 combinés.
Chaux.... 8 libres, mais solubles dans le sucrate. Ce sucrate bibasique est l'intermédiaire entre le sucrate monobasique et le sucrate tribasique ; il ne peut s'obtenir que par l'addition de chaux en poudre à un
sucrate monobasique. Il est formé à froid, très pur, stable, et un peu soluble dans l'eau.

c) Le sucrate tribasique. — Le sucrate tribasique de chaux a
pour composition :

Sucre..... 100.
Chaux.... 48 combinés.
Chaux.... 12 libres, mais solubles dans le sucrate.

A Mélangeur de mélasse et d'eau. — B Pompe centrifuge desservant le bac A.
— C Refroidissement de mélasse diluée. — D Malaxeurs de mélasse diluée et de
chaux vive. — E Bac à mélasse fraîche. — F Bacs recevant l'eau et les eaux-mères
provenant de la fabrication. — G Bacs recevant le sucrate en dissolution. —
H Pompe centrifuge refoulant le sucrate en dissolution dans le réchauffeur J. —
I Pompes refoulant la dissolution de sucrate aux filtres Q. — J Réchauffeur préparatoire. — K Chaudières à former le sucrate tribasique. — L Filtres-presses à
sucrate brut. — M Filtres-presses à sucrate épuré. — N Malaxeur de sucrate brut.
— O Malaxeur de sucrate épuré. — P Chaudière à eau chaude. — Q Filtres-presses
à solution de sucrate. — R Arrivée de jus de deuxième saturation. — S Refoulement du sucrate à la saturation. — V Vidange des eaux-mères réduites pour la
deuxième fois.

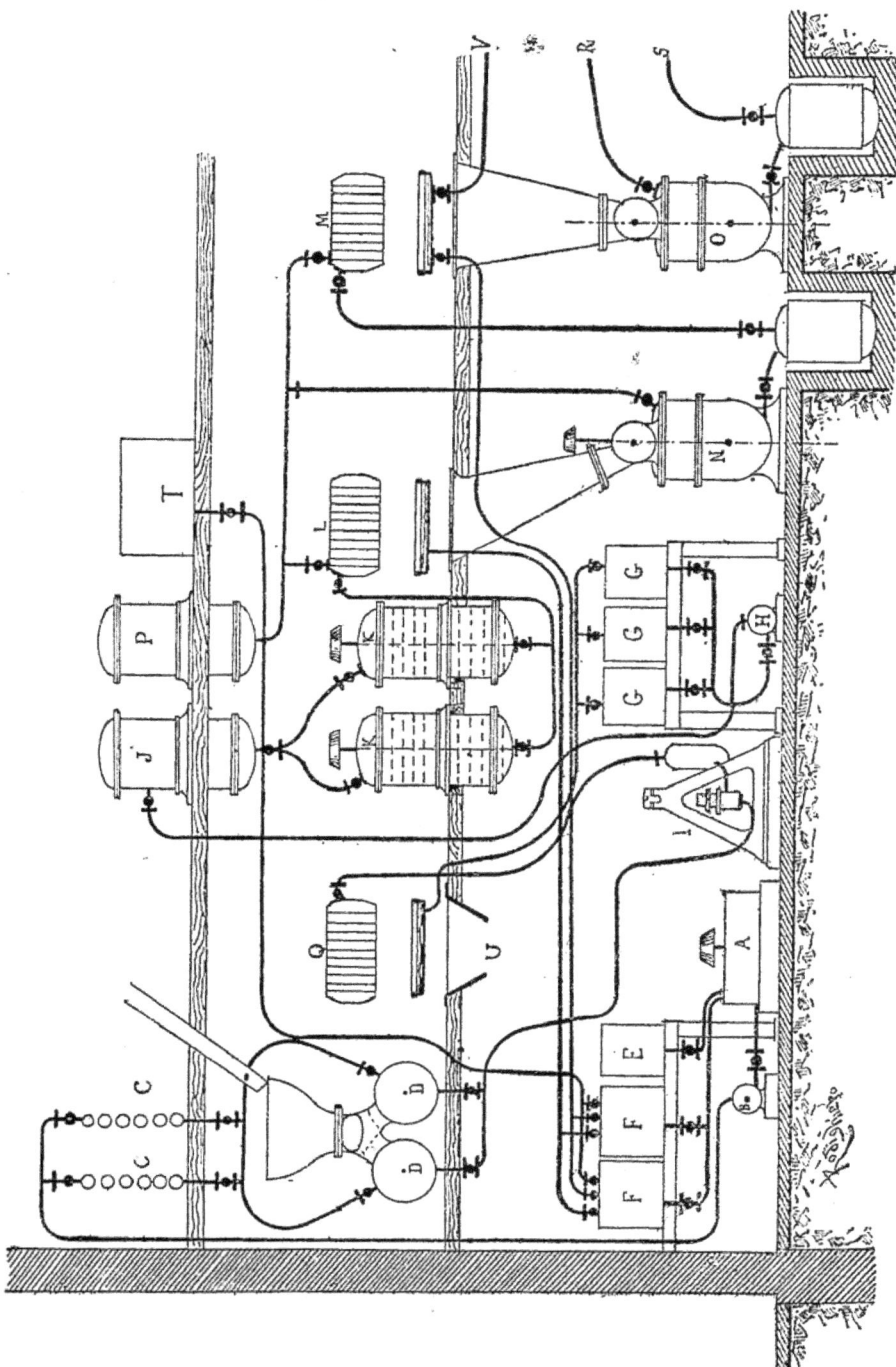

Fig 230. — Extraction du sucre des mélasses par la substitution Steffen. — Sucrerie de Gandersheim.
Disposition de la sucraterie (plan réel).

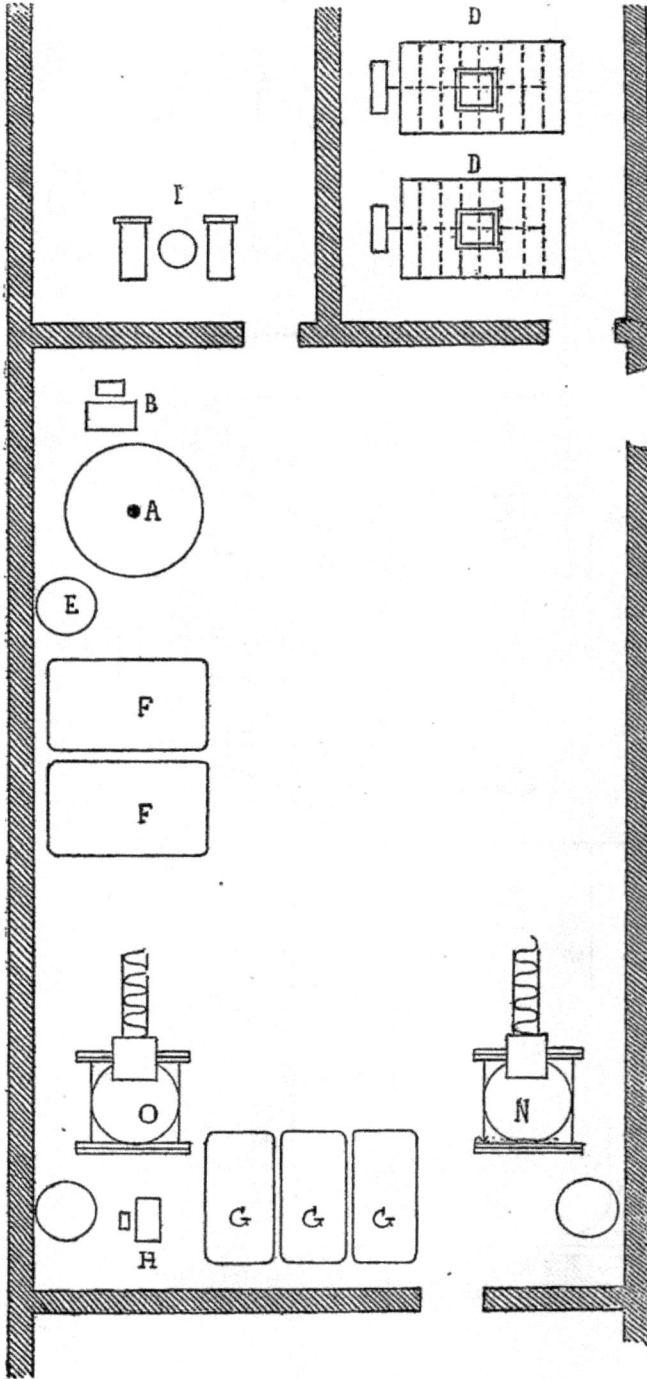

Rez-de-Chaussée.

Fig. 231. — Sucrerie de Gandersheim. Disposition de la Sucraterie (plan réel).

A Mélangeur de mélasse et d'eau. — B Pompe centrifuge desservant le bac A. — C Refroidisseur de mélasse diluée. — D Malaxeurs de mélasse diluée et de chaux vive. — E Bac à mélasse fraîche. — F Bac recevant l'eau nécessaire à la sucraterie et les eaux-mères provenant de la fabrication. — G Bacs recevant la dissolution de sucrate. — H Pompe centrifuge refoulant la dissolution de sucrate dans le réchauffeur J.

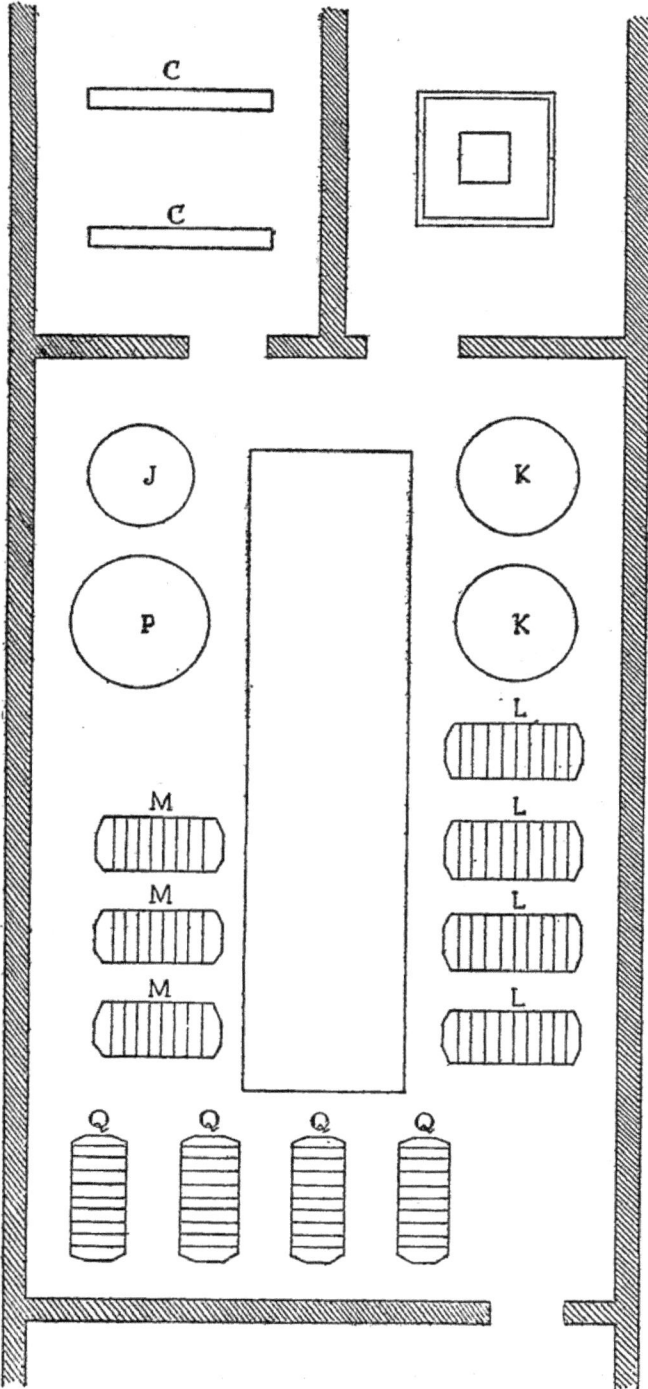

1er Étage.

Fig. 282. — Sucrerie de Gandersheim. Disposition de la Sucraterie (plan réel).

I Pompes refoulant la dissolution de sucrate aux filtres-presses Q. — J Réchauffeur préparatoire. — K Chaudières à former le sucrate tribasique. — L Filtres-presses à sucrate brut. — M Filtres-presses à sucrate brut. — N Malaxeur de sucrate épuré. — O Malaxeur de sucrate épuré. — P Chaudière à eau chaude. — Q Filtres-presses à solution de sucrate.

Il y a trois sortes de sucrates tribasiques :

1° Un sucrate tribasique qui se forme à plus de 100° C ;

2° Un sucrate tribasique qui se forme à 52° et qu'on peut récupérer des eaux-mères, qui en dissolvent un peu ;

3° Un sucrate tribasique (sucrate Steffen) qui se forme à froid, au-dessous de 15° C, soit en ajoutant de la chaux en poudre en quantité nécessaire pour le former à une solution de sucre pesant moins de 25° Brix, soit à une solution de sucrate monobasique obtenue à l'aide de lait de chaux.

Ce sucrate peut toujours être obtenu du moment où la température ne dépasse pas 15°, soit dans une solution de sucre, soit dans une solution de sucrate monobasique contenant de la chaux qui n'aurait pas, pour une cause quelconque, agi la première fois, ou qui aurait été par inadvertance précipitée de la combinaison bibasique qu'elle avait formée avec le sucre.

On voit par cette propriété que l'on peut toujours réussir les opérations ou corriger les fautes qui auraient pu être commises pendant le travail.

Ce sucrate est soluble à raison de 8 0/0 dans l'eau et ces 8 0/0 restent dans les eaux-mères.

Mais si l'on chauffe ces eaux-mères à une température de 52° C, il se dépose 7 0/0 de sucrate des 8 que contenaient les eaux ; mais, ce sucrate est moins pur que celui de Steffen, car il contient des sels de chaux qui étaient solubles à froid ; on le filtre à une température de 52° C et on peut l'ajouter au sucrate obtenu directement, ou mieux à la mélasse qui est préparée pour une opération suivante, car si l'on ajoute à un sucrate tribasique une quantité de sucre suffisante pour saturer l'excès de chaux, c'est-à-dire deux équivalents d'eau, le sucrate tribasique est décomposé et il donne un sucrate monobasique soluble, et dans le cas qui nous occupe, les sels de chaux qui se redissolvent dans le liquide à froid.

Le sucrate de Steffen est aussi décomposé par la chaleur, le frottement et l'air, à cause de l'acide carbonique qu'il contient.

Il pèse 130 kilog. l'hectolitre, il forme une masse blanche assez compacte, qui lorsqu'on emploie 100 de chaux et 100 de sucre, est composé de :

Sucre	20
Chaux	20
Eau	60
	100

La dissolution sucrée qui permet d'obtenir le meilleur résultat au point de vue de la séparation du sucrate des eaux-mères et de son lavage est celle qui ne pèse pas plus de 12° Brix.

Si l'on opère sur une solution de cette nature et si après chaque addition nouvelle de chaux on prélève un échantillon qu'on filtre, on obtient un liquide dont le degré Brix va en diminuant jusqu'à la moitié du degré initial, ce qui indique la fin de l'opération. C'est là un point de contrôle très important et très simple.

Voici maintenant comment on procède pour former le sucrate basique soluble à froid :

Dans un vase A cylindrique, vertical, d'une contenance utile de 50 hectolitres, et muni d'un agitateur, on dilue la mélasse à traiter jusqu'à ce qu'elle ne pèse plus que 11 à 12° Brix et ne contienne plus par conséquent, que 6 0/0 de sucre (en poids).

A l'aide d'une pompe centrifuge B, on envoie le mélange dilué dans deux refroidisseurs C analogues à ceux que l'on emploie en brasserie pour refroidir les bières.

On règle ces appareils de façon à ce que la mélasse diluée ne dépasse pas une température de 12° centigrades.

Quand ce point est obtenu, on introduit le liquide dans l'un ou l'autre des vases D, cylindriques, horizontaux, muni d'agitateurs mécaniques, où on envoie en même temps de la chaux vive en poudre, produite par des concasseurs et par un moulin Excelsior.

Pour 20 hectolitres de mélasse diluée, on doit ajouter 120 kilog. de chaux vive, soit environ 100 de sucre pour 100 de chaux.

On a produit ainsi un mélange de sucrate de chaux monobasique soluble, et de chaux en excès que l'on enlève en faisant passer toute la masse dans quatre filtres-presses Q à 14 chambres de 80 $^m/_m$ d'épaisseur.

On se sert pour cette opération de deux pompes horizontales I, à distribution automatique, commandées par le réservoir de refoulement.

Quand le liquide cesse de couler des filtres-presses Q, on lave les écumes avec 150 litres environ d'eau froide par appareil ; ces écumes sont ensuite utilisées comme engrais.

Elles contiennent généralement en cet état :

Sucre.. 0,3 0/0
Eau... 50, 0/0

2° *Transformation de sucrate de chaux basique en sucrate tribasique insoluble à 105° C.* — Le liquide sorti des filtres-presses Q soit par l'action directe, des pompes I, soit par le lavage, est recueilli et envoyé dans un vase J servant de réchauffeur, et on l'amène à une température de 65° C. On l'envoie ensuite dans l'un ou l'autre des vases K, cylindriques, verticaux, munis d'agitateurs et d'organes de chauffage. Dans ces appareils, le mélange est amené à une température de 105° C, à laquelle se transforme le sucrate de chaux monobasique, en sucrate tribasique insoluble à cette température ; la décomposition se produit au bout de 10 minutes environ.

3° *Extraction et épuration du sucrate tribasique formé.* — A la fin de l'opération faite dans le vase K, on envoie tout le mélange dans 4 filtres-presses L, semblables aux premiers ; le sucrate reste à l'état de tourteaux, et les mélasses appauvries s'écoulent.

On lave les tourteaux avec de l'eau à 105° C. amenée à cette température dans le vase P, et on emploie pour cette opération environ 150 litres d'eau par filtre-presse.

Les eaux-mères formées par les mélasses écoulées directement des appareils et par les eaux de lavage, sont recueillies dans les bacs F, de 110 hectolitres chacun, où on les prendra tout à l'heure pour les réintroduire dans le travail après régénération.

Les tourteaux de sucrate sortant des filtres-presses L sont pris par une vis sans fin qui les conduit dans un malaxeur N à double action, où on les délaie avec de l'eau à 105° C, cette eau étant fournie comme la précédente par le réservoir P.

On met environ 800 litres d'eau pour une charge de filtre-presse.

Le délayage étant opéré, on envoie le mélange dans 3 filtres-presses M, semblable aux précédents, et dans lesquels on lave les écumes avec de l'eau qui, comme précédemment, est amenée à 105° C. ; on emploie, comme pour les opérations antérieures, 150 litres d'eau par filtre-presse.

Les eaux-mères provenant de ce passage des tourteaux malaxés aux filtres-presses M, sont comme les premières recueillies dans les bacs F où on les prendra pour les régénérer.

Quant aux tourteaux, ils constituent du sucrate de chaux tribasique à peu près pur, et il ne reste plus qu'à les délayer dans un malaxeur N qui les reçoit en même temps que du jus de deuxième saturation, et à les envoyer sous forme de lait de sucrate à la première saturation.

Ce lait de sucrate pèse 35° Baumé, il contient 16 à 17 0/0 de sucre et de 12 à 13 0/0 de chaux.

4° *Régénération des eaux-mères.* — Les eaux-mères provenant du passage aux filtres-presses L du mélange de mélasse diluée et de sucrate tribasique ainsi que celles fournies par l'envoi aux filtres-presses M du sucrate malaxé, ont été recueillies dans le bac F, en charge sur le mélangeur A.

On les mélange dans le bac A avec une quantité de mélasse fraîche suffisante pour ramener la teneur en sucre de l'ensemble à 6 0/0.

On traite ce nouveau mélange comme le premier, ce qui fournit une nouvelle quantité de sucrate tribasique utilisé en fabrication, et une nouvelle quantité d'eaux-mères que l'on régénère comme les précédentes, et ainsi de suite.

5° *Réduction des eaux-mères.* — En opérant comme il est dit plus haut, le travail pourrait être conduit indéfiniment s'il ne se produisait pas les deux effets suivants :

1° L'eau dont on s'est servi pour laver les tourteaux dans les filtres-presses, ainsi que les non-sucres introduits dans le travail par les additions successives de mélasse augmentent considérablement le volume des eaux-mères.

2° Les eaux-mères se chargent de tous les sels et impuretés organiques contenues dans les mélasses successivement introduites dans le travail ; la présence de ces matières étrangères finit par rendre difficile la formation du sucrate et nécessiterait de nombreux lessivages pour sa purification.

Pour ces diverses raisons, on a été amené à liquider la situation de temps à autre ; c'est ce qu'on appelle « faire des réductions ».

Voici comment on procède : Au lieu d'ajouter de la mélasse fraîche aux eaux-mères fournies par le travail et recueillies dans les bacs F, on traite ces eaux-mères directement ; mais comme elles ne contiennent plus que 2,8 à 3,5 0/0 de sucre, on n'ajoute dans les vases D que 60 kilog. de chaux vive par 20 hectolitres, au lieu de 120 kilog.

On travaille le mélange obtenu comme les précédents et on en retire : 1° une certaine quantité de sucrate tribasique utilisable à la saturation ; 2° de nouvelles eaux-mères à 1,6 ou 2 0/0 de sucre.

Cela constitue une première réduction. On en fait une seconde en traitant directement ces eaux-mères, mais en n'y ajoutant que 40 kilog. de chaux par 20 hectolitres ; on obtient encore un nouveau sucrate tribasique et des eaux-mères qui n'ont plus environ que 0,6 0/0 de sucre, et qu'on utilise comme engrais. La liquidation de toutes les eaux-mères en travail une fois opérée, on recommence avec la mélasse fraîche, comme précédemment et ainsi de suite. A la fabrique de Gandersheim, on faisait la réduction des eaux-mères après la 25e opération dans le mélangeur A.

Quantité de mélasses travaillées. — Dans cette même usine on a travailté en une semaine 1.300 000 kilog. de betteraves qui ont nécessité la rentrée de 102.100 kilog. de mélasses contenant 50,9 0/0 de sucre, soit 7 k. 37 de mélasse par 100 kilog, de betteraves travaillées.

On a donc en somme, réintroduit dans le travail une quantité de sucre de 51.969 kilog. On a rejeté en dehors 400 0/0 d'eaux-mères contenant encore 0 gr. 6 par 100 cm³.

On a obtenu 278 charges de filtre-presse contenant 0,35 0/0 de sucre après lavage, soit par appareil 0 k. 875 en comptant sur 250 kilog. comme poids moyen de la pressée, et par suite pour l'ensemble une perte totale de 244 kilog.

On a perdu par les eaux-mères environ 2460 kilog., ce qui constitue une perte totale d'environ 5 k. 19 pour 100 kilog. de sucre contenu dans la mélasse, ou 2 k. 65 pour 100 kilog. de mélasse.

Moyenne des analyses et compositions de divers produits travaillés
jusqu'au 1ᵉʳ janvier 188...

Désignation	Degré Brix	Degré Baumé	Pureté	Alcalinité	Sucre	Chaux
Mélasses actuelles.....	79.3	42	6.4	»	50.9	»
Mélasses mélangées avec eau et chaux...	16.4	9.1	32.1	1.89	5.15	36.7
Eaux-mères..........	10.44	5.8	27.5	0.60	2.87	»
1ʳᵉ réduction..	11.93	6.6	23.4	1.44	2.78	»
2ᵉ réduction........	9.50	5.3	17.6	1.14	1.67	»
Eaux perdues........	6.30	3.5	9.5	0.47	0.60	»
Sucrates de chaux....	»	»	90.2	»	14.80	»
Ecumes.............	»	»	»	»	0.33	»

L'usine de Gandersheim travaille 7 kg. de mélasse par 100 kg. de betteraves, soit 3 kg. 500 fournis par la fabrique et 3 kg. 500 achetés au dehors.

Frais d'installation pour un travail de 15 à 18,000 kilogrammes
de mélasse par jour.

Bâtiments, machines, installation...........	187.500 fr.
Brevets.................................	30.000 fr.
Total..........	225.000 fr.

On emploie 15 ouvriers pour 12 heures, soit 30 ouvriers pour 24 heures.

Frais de fabrication par 100 kilog. de mélasse.

Charbon....................................	0 fr. 78
Toiles filtres....................................	0 fr. 43
Chaux....................................	0 fr. 35
Réparations	» »
Intérêts et amortissement......................	0 fr. 95
Total..........	2 fr. 49

Tableau donnant le travail de l'usine de Gandersheim pendant le mois de Décembre, et les 18 et 19 Novembre 188..

Désignation.	Travail total de Décembre.	Travail des 18 et 19 Novembre.
Betteraves travaillées...............	5.500.000	477.250
Sucre obtenu dans 100 kilog. de betteraves...........................	11. 30	12. 06
Mélasses rentrées dans le travail de la sucraterie.........................	425.100	32.550
Sucre contenu dans les mélasses......	50. 70 0/0	51. 26 0/0
Sucre total entré dans l'usine........	837.750	74.300
Masse cuite.........................	901 350	84.350
Sucre obtenu par 100 kilog. de masse cuite...............................	85. 7	85. 3
Sucre total de la masse cuite.........	783.250	71.900
Sucre obtenu par 100 kilog. de betteraves..............................	9. 20 0/0	9. 67 0/0
Pertes totales en sucre..............	1. 16	0. 50
Pertes pour 100 kilog. de betteraves...	0. 96	0. 39
Pertes pour 7 de mélasse (soit la partie ajoutée dans le travail de 100 kilog. de betteraves).....................	0. 20	0. 11
Masse cuite totale...................	16. 4	17. 7
Masse cuite par 7 kilog. de mélasse...	4. 15	4. 00
Masse cuite par 100 kilog. de betteraves..............................	12. 25	13. 7
Sucre total premier jet...............	599.000	57.500
Rendement total premier jet..........	11	12
Rendement provenant de 100 kilog. de betteraves.............	8. 20	9. 30
Rendement provenant de 7 kilog. de mélasse............................	2. 80	2. 70
Rendement total 2e jet...............	»	0. 90
Sucre total 2e jet....................	»	4.900
Rendement provenant de 100 kilog. de betteraves	»	0. 25
Rendement provenant de 7 kilog. de mélasse............................	»	1. 15
Rendement total de sucre 1er et 2e jet, par 100 kilog. de betteraves et 7 % de mélasse.........................	»	13. 15

Analyses des jus

Désignation	Degré Brix	Degré Baumé	Sucre	Pureté	Observations
Jus de diffusion..... .	12.3	»	10.52	85.	Opérant
Jus de 1ʳᵉ saturation..	11.3	»	10.66	87.4	par densité
Jus de 2ᵉ saturation..	11.8	»	10.43	88.3	
3ᵉ saturation	12.2	»	10.98	90.0	Réel
Sirop...............	41.1	22	38.91	94.5	extrait
Masse cuite..........	»	»	86.	94.2	sec

Analyse de masse cuite

Cendres..	3.28
Sucre...	86.00
Matières organiques.......................................	2.02
Eau	8.70
	100.00
Pureté..	94.02

Frais de Fabrication

. On emploie dans l'usine environ 180 ouvriers par 24 heures, dont 150 pour la fabrique proprement dite et 30 pour la sucraterie.

On consomme 250 kg. de charbon pour le travail correspondant à 1,000 kg. de betteraves, soit 180 kg. pour le travail direct de 1,000 kg. de betteraves et 70 kg. pour les 70 kg. de mélasse traitées pendant le même temps à la sucraterie.

Séparation Steffen

Steffen imagina après la substitution un autre procédé appelé séparation, plus simple et plus avantageux que le précédent ; il consiste à former à froid du saccharate tricalcique insoluble et à le séparer mécaniquement de l'eau et du non-sucre qui le tiennent en suspension après sa formation.

Ce procédé comporte les opérations suivantes :

1º Production de la chaux-vive en poudre ;
2º Formation à froid de sucrate tribasique insoluble ;
3º Extraction et épuration du sucrate tribasique formé.

1re Opération : Production de la chaux vive en poudre. — La quantité de chaux nécessaire à la formation du sucrate et la qualité de ce sucrate dépendent de l'état et de la nature de la chaux employée. Nous commencerons donc par dire quelques mots de la façon dont on l'obtient.

Il importe avant tout d'employer de la pierre calcaire très pure et de la traiter dans des fours où elle ne se trouve pas en contact avec le coke ; quand on l'emploie de cette façon, ce dernier forme généralement, en effet, des couches siliceuses autour des morceaux.

Il faut, en outre, choisir la chaux la plus cuite et la plus fraîche, et veiller surtout à ce qu'elle ne soit pas hydratée.

Les morceaux de chaux vive obtenus avec le soin nécessaire et reconnus bons pour la fabrication, sont concassés à l'aide d'un appareil quelconque, de façon à les amener en moyenne à la grosseur d'une noix, et conduits ensuite dans un moulin à meules en silex de 1^m,250 de diamètre.

Cet appareil est semblable aux moulins à blé ordinaires, le seul point qui le distingue de ceux-ci est le suivant : dans le moulin à chaux, la meule inférieure est mobile et celle supérieure est dormante ; c'est le contraire dans les moulins à blé.

Ce moulin réduit la chaux concassée en poudre très fine qui tombe dans une bluterie où, après l'avoir fait passer sur un appareil magnétique pour en retirer les morceaux de fer qui pourraient s'y trouver accidentellement, on la conduit successivement dans deux bluttoirs de dimensions différentes (1).

Le second blutoir est formé par un tambour entouré d'une gaze métallique d'une finesse telle qu'il y a 2,000 mailles dans un centimètre carré.

A Bac à eau et à eaux-mères destinées à être rentrées dans le travail. — B Bac préparateur de mélasse diluée. — C Bac à mélasse fraîche. — D Pompe centrifuge envoyant la mélasse diluée au bac E. — E Bac à mélasse diluée. — F Refroidisseurs où se forme le sucrate insoluble à froid. — G H I Gouttière trémie et mesureur de chaux en poudre. — K Pompe refoulant le mélange d'eaux-mères et de sucrate aux filtres. — L Filtres-presses. — M N Trémies et vis de vidange des filtres-presses. — O Délayeur de sucrate épuré. — P Monte-jus envoyant le sucrate délayé à la saturation. — X Bac à eau desservant l'usine.

(1) A la sucrerie-sucraterie de Souppes, les meules sont avantageusement remplacées par un broyeur Hignette qui désagrège 16 à 17,000 kg. de chaux par vingt-quatre heures.

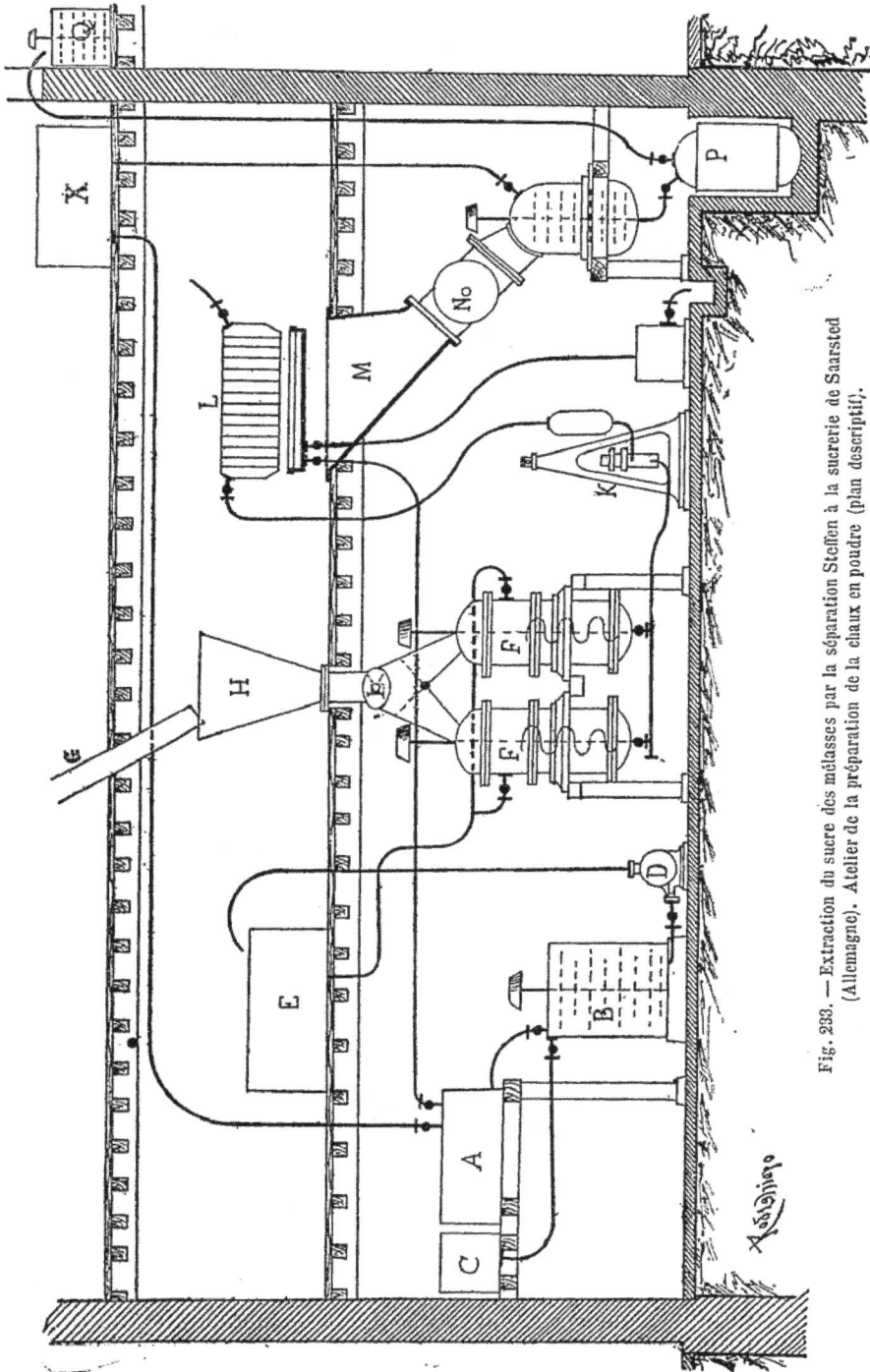

Fig. 283. — Extraction du sucre des mélasses par la séparation Steffen à la sucrerie de Saarsted (Allemagne). Atelier de la préparation de la chaux en poudre (plan descriptif).

Pour que la poudre de chaux puisse traverser cette gaze, on la projette contre le tambour à l'aide de bras se mouvant en sens contraire de celui-ci ; à cause de cette particularité, cet appareil a été nommé « tamiseur à force centrifuge ».

Les deux blutoirs sont disposés de telle sorte que leurs toiles mécaniques soient renouvelables sans qu'il soit nécessaire de démonter aucun des organes métalliques.

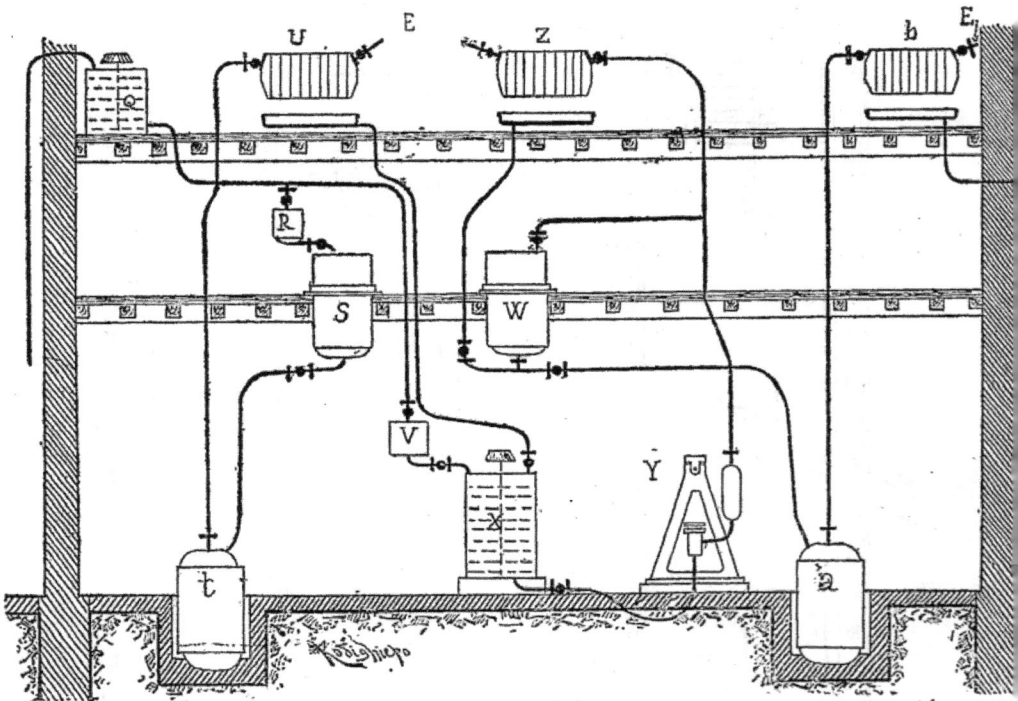

Fig. 234. — Sucrerie de Saarstedt. Disposition de la saturation (plan descriptif).

Tous les appareils servant à concasser, à moudre et à bluter la chaux sont entourés de bois pour empêcher autant que possible la sortie des poussières de chaux ; un ventilateur est, en outre, chargé de renouveler l'air de l'atelier où se font ces opérations.

Q Bac mélangeur recevant le sucrate. — R Bac jauge de première saturation. — S Bacs de première saturation. — T Monte-jus de première saturation. — U Filtres-presses de première saturation. — V Bac jauge pour la deuxième saturation. — W Bacs de deuxième saturation. — X Mélangeur pour la deuxième saturation. — Y Pompes refoulant aux filtres-presses Z. — Z Filtres-presses pour enlever l'excès de chaux dans les jus de deuxième saturation. — a Monte-jus de deuxième saturation. — b Filtres-presses de deuxième saturation.

En sortant du second blutoir, la poudre de chaux est à l'état de poudre presque impalpable, et elle tombe dans la trémie H qui est chargée d'alimenter le mesureur I en charge sur les refroidisseurs F où doit se former le sucrate.

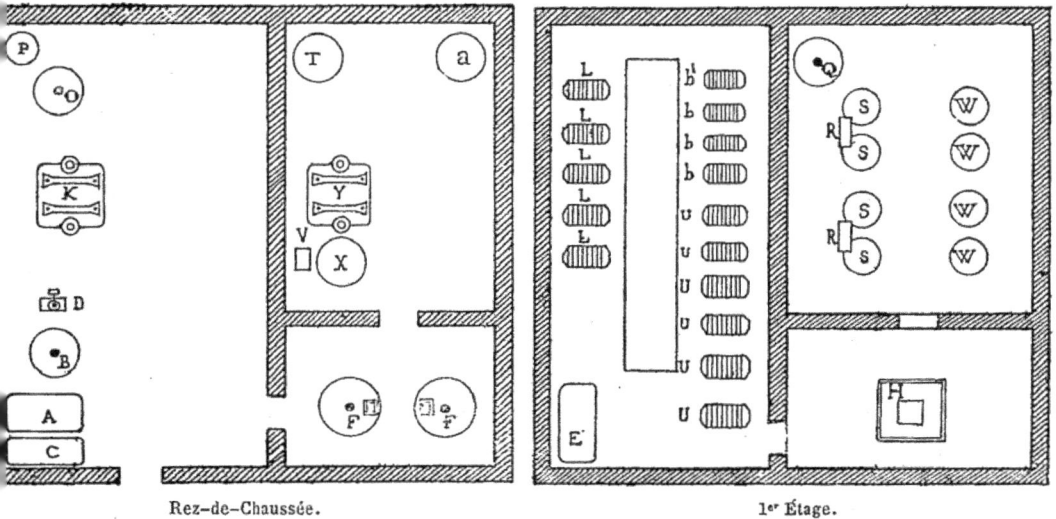

Rez-de-Chaussée.   1er Étage.

Fig. 235. — Disposition de la sucraterie et de la saturation.

Ce mesureur a la forme d'un cylindre plat, à l'intérieur duquel se meut un tourniquet à palettes pouvant contenir 5 kg. entre deux ailes consécutives. La chaux en poudre emplit successivement les chambres du mesureur par un orifice placé à la partie supérieure et ouvrant sur la trémie H; ces chambres se vident encore par l'orifice inférieur débouchant sur les refroidisseurs F.

L'axe du mesureur porte quatre ailes; une rotation complète de cet axe représente donc le mesurage de 20 kg. de chaux en poudre.

A Bac à eau et à eaux-mères. — B Bac préparateur de mélasse diluée. — C Bac à mélasse fraîche. — D Pompe centrifuge envoyant la mélasse diluée au bac E. — E Bac à mélasse diluée. — F Refroidisseurs où se forme le sucrate tribasique insoluble à froid. — H Trémie de chargement de la chaux. — K Pompes refoulant le mélange d'eaux-mères et de sucrates aux filtres-presses L. — L Filtres-presses à sucrate. — O Délayeur de sucrate épuré. — P Monte-jus envoyant le sucrate délayé à la saturation. — Q Bac mélangeur recevant le sucrate. — R Bacs-jauge de première saturation. — S Chaudières de première saturation. — T Monte-jus de première saturation. — U Filtres-presses de première saturation. — V Bac-jauge de deuxième saturation. — X Mélangeur pour deuxième saturation. — W Chaudières de deuxième saturation. — Y Pompe refoulant à la deuxième saturation. — a Monte-jus de deuxième saturation. — b Filtres-presses de deuxième saturation.

2ᵉ *Opération : Formation du sucrate tribasique de chaux*, — L'eau venant d'un bac A, arrive dans un vase cylindrique B muni d'un agitateur, où elle est mélangée avec de la mélasse fraîche fournie par le bac C (1). On met environ 600 à 630 kg. de mélasse fraîche pour une contenance de 50 hectolitres, et l'on obtient ainsi une mélasse diluée à 10 — 12° Brix et ne contenant pas plus de 6 à 7 0/0 de sucre.

Une pompe centrifuge D envoie cette mélasse diluée dans un bac en charge E, d'où on l'amène dans l'un ou l'autre des refroidisseurs cylindriques verticaux F, analogues aux chaudières du triple-effet, munis chacun d'un agitateur central à vis, chargé de remuer continuellement la masse, et d'une surface tubulaire de 60ᵐ,2 de surface de chauffe destinée au refroidissement du liquide.

Chacun des appareils F reçoit par opération 25 hectolitres de mélasse diluée, représentant 300 à 315 kg. de mélasse fraîche et environ 210 kg. de chaux pour 100 kg. de sucre.

On fait d'abord arriver la mélasse diluée qui finit par remplir la caisse tubulaire de l'appareil, et on fait en même temps circuler de l'eau froide autour des tubes de façon à amener le liquide à une température voisine de 5 à 6°,5 C. au-dessus de 0°. Cette température peut varier, mais, dans aucun cas, elle ne doit dépasser 13°,5 au-dessus de 0.

Quand la mélasse diluée est arrivée à une température convenable, on fait tomber la chaux en poudre, mais en petite quantité, pour assurer la bonne qualité du mélange, et en même temps pour ne pas augmenter sensiblement la température de la masse.

On laisse généralement tomber 5 kg. de chaux vive à la fois, ce qui correspond à 1/4 de tour du tourniquet, et comme la saccharification dure environ 45 minutes, on voit qu'il y a lieu d'agir environ une fois par minute sur l'axe du malaxeur. Au fur et à mesure que l'on introduit la charge, il se forme un sucrate tribasique et quand, au bout d'environ 45 minutes, l'opération est terminée, on a obtenu un mélange pâteux de sucrate tribasique insoluble à froid, de chaux hydratée également insoluble et de non-

---

(1) En marche normale, on se sert pour diluer la mélasse de celles des eaux de lavage du sucrate qui ne pèsent pas plus de 5 à 7° Brix.

sucre ; nous verrons à la troisième opération comment on traitera ce mélange.

Terminons cette partie par quelques remarques sur l'eau nécessitée par le refroidissement dans les vases F.

Si l'on se sert d'eau de puits ordinaire, il faut environ un poids d'eau vingt fois plus grand que celui de la mélasse traitée. Ainsi, 100 kg. de mélasse fraîche demanderaient 2,000 litres d'eau.

Pendant le passage de l'eau de refroidissement, sa température augmente de 3 à 4 0/0 C, et cette eau, aussi pure après l'opération qu'avant, peut être utilisée pour les besoins de l'usine.

3e Opération : Extraction et épuration de sucrate formé. — Quand le sucrate est bien formé dans les refroidisseurs F, un système de pompes verticales foulantes K, envoie le mélange dans 5 filtres-presses L à 26 cadres et à lavage. On emploie une pompe pour cette opération, de préférence à des monte-jus, car ces appareils donnent dans ce genre de travail des tourteaux très irréguliers.

Au bout d'un certain temps, quand l'écoulement des liquides sous l'action des pompes K vient à diminuer, on introduit de l'eau froide pour laver les tourteaux tout en laissant les pompes K refouler tout ce qui peut entrer dans les appareils. Quand il n'entre plus rien sous l'action des pompes, on continue le lavage à l'eau froide jusqu'à ce que le liquide qui s'écoule ne marque plus que 2° Brix.

Quand on est arrivé à ce point, les tourteaux qui ont l'apparence d'une masse blanche sablonneuse sont suffisamment épurés et contiennent :

Sucre... 11 0/0
Chaux.. 16 0/0
Humidité....................................... 70 0/0

La composition granulée et cristallisée du sucrate se prête très bien au lavage des tourteaux ; mais il est néanmoins nécessaire de ne pas les comprimer trop pour permettre à l'eau de les traverser.

Ainsi, les pompes K et la pompe à eau froide ne refoulent qu'à 1 1/2 atm.

On laisse tomber les tourteaux par les trémies M dans une gouttière à vis sans fin N qui les conduit dans un malaxeur vertical O à agitateur, et d'une contenance de 6 hectolitres.

On les mélange là avec un peu d'eau, le moins possible, et un monte-jus P de 12 hectolitres prend la pâte de sucrate ainsi formée et l'envoie dans un bac Q de 50 hectolitres, muni d'agitateur et en charge sur la saturation.

Si l'on carbonatait le sucrate formé sans le mélanger avec le jus provenant de la fabrication courante, on obtiendrait un jus ayant un coefficient de pureté de 96 environ.

Les eaux-mères qui s'écoulent des filtres-presses L se divisent en deux catégories.

1° Celles qui s'écoulent avant le lavage et dont la densité est supérieure à 5 — 7° Brix, qui ne polarisent que 0,5 à 0,6 et qui contiennent beaucoup d'impuretés. On ne les utilise pour cette raison que comme engrais ;

2° Celles qui s'écoulent pendant le lavage et dont la densité varie entre 5 et 2° Brix; comme elles sont moins impures que les premières, on en envoie une partie au bac A où elle est utilisée à la formation de la mélasse diluée, en remplacement de l'eau employée au commencement de l'opération ; l'autre partie est expulsée ou employée comme engrais.

M. Steffen se propose de supprimer le bac mélangeur B, la pompe centrifuge D et le bac d'attente E, en diluant directement la mélasse dans les refroidisseurs F avant l'introduction de la chaux vive.

Observations sur le mode d'emploi du saccharate tribasique dans la saturation des jus.

Nous compléterons cette courte description de la séparation Steffen en donnant quelques explications sur le mode d'emploi du sucrate à la saturation.

Les tourteaux sortant des filtres-presses ne sont pas composés uniquement de sucrate tribasique, mais ils contiennent, en outre, de la chaux hydratée provenant de la chaux vive mise en excès dans les refroidisseurs.

Le mode de travail doit varier suivant que la quantité de chaux contenue dans les tourteaux fournis par la sucraterie est égale ou supérieure à celle nécessitée par les besoins de la saturation.

1er *Cas.* — *La quantité de chaux contenue dans les tourteaux est égale à celle nécessitée par les besoins de la saturation.* — Le lait de sucrate et de chaux, envoyé dans un bac, est partagé entre la première saturation et un bac mélangeur qui reçoit les jus clairs de cette première opération et dans lequel aspire une pompe chargée de refouler le mélange obtenu à la deuxième saturation.

Les deux saturations se font donc dans des conditions absolument ordinaires, sauf la particularité du passage des jus de première carbonatation dans le récipient N avant son envoi à la deuxième carbonatation.

Il y a aussi à noter que les jus troubles provenant de ces deux opérations sont envoyés directement aux filtres-presses, parce que les décantations en seraient difficiles à cause de la nature particulière des dépôts.

A la sucrerie de S..., on met en totalité environ 2 0/0 de chaux à la première saturation et 0,3 0/0 à la deuxième.

Il y a 6 filtres-presses à 26 cadres pour la première carbonatation et 4 filtres à 18 cadres pour la seconde.

Le jus de la première carbonatation est porté à l'ébullition avant l'introduction de l'acide carbonique (richesse du gaz : 20 à 21 0/0). On les sature à 1 gr. — 1 gr., 3 par litre et l'on constate ce degré avec le compte-goutte Hodeck à base de tournesol.

On pousse la deuxième carbonatation jusqu'à une alcanité de 0 gr. 35 à 0 gr. 40 par litre.

2e *Cas.* — *La quantité de chaux contenue dans les tourteaux est plus grande que celle nécessitée par les besoins du travail.* — Quand la quantité de chaux contenue dans les tourteaux de sucrate tribasique sorti des filtres-presses E est plus grande que celle nécessitée par les besoins de la saturation, on élimine la quantité de chaux qui s'y trouve en excès en délayant une partie de ces tourteaux dans du jus sucré chaud et en envoyant le mélange aux filtres-presses O.

Si l'on mélange avec le jus sucré chaud du sucrate tribasique formé à froid, il a en effet la propriété de se décomposer en sucrate monobasique soluble et en chaux hydratée ; en opérant comme il est dit ci-dessus on recueille donc par le passage de l'ensemble aux filtres-presses O :

1° Du jus contenant en dissolution du sucrate monobasique de chaux;

2° Des écumes de chaux hydratée provenant de la chaux en excès contenue dans les tourteaux traités, et de celle abandonnée par le sucrate tribasique lors de sa décomposition dans le jus chaud.

On expulse la chaux hydratée ainsi éliminée et l'on n'utilise à la saturation que celle entrant dans la composition du sucrate monobasique.

Pour régler le travail de l'usine, il convient donc d'opérer sur une quantité convenable de tourteaux de sucrate tribasique. Pour évaluer cette quantité, il suffit de pouvoir résoudre les deux problèmes suivants :

1er Problème. — *Des tourteaux de sucrate tribasique contiennent 100 kg. de sucre, et par suite 100 kg. de chaux. Combien éliminera-t-on de chaux en opérant comme il est dit ci-dessus ?*

On forme ainsi :

1° 130 kilog. de sucrate monobasique de chaux contenant :
 Sucre... 100 kilog.
 Chaux... 30 —
2° Chaux... 100 —

On élimine donc 100 kg. de chaux pour 100 kg. de sucre.

2e Problème. — *Une fabrique travaille par jour 250,000 kg. de betteraves et 15,000 kg. de mélasse à 50 0/0 de sucre. Comment régler le travail si l'on emploie 2 kg. 50 de chaux vive à la saturation ?*

Chaux nécessaire à la saturation $\frac{250.000}{100} \times 25$ $= 6.250$ kilog.
Sucre contenu dans les mélasses en comptant sur 50 0/0 $= 7.500$ —
Chaux employée à la formation du sucrate tribasique :
 $\frac{7.500 \times 130}{100} =$ .... 9.750 kilog.
 Chaux en trop : $9.750 - 6.250 =$ .... 3.500 —

On devra donc traiter, comme nous l'avons dit, une quantité de tourteaux de sucrate tribasique représentant une teneur en sucre de 3,500 kg. et correspondant, par conséquent, à un travail de 7,000 kg. de mélasse.

Pertes en sucre. — Ces pertes dépendent du mode d'utilisation à la saturation du mélange de sucrate tribasique et de chaux hydratée fournie par les filtres-presses.

Si l'on emploie ce mélange en entier, en utilisant pour la saturation toute la chaux qu'il contient (observations ci-dessus, 1ᵉʳ cas), on ne perd que le sucre entraîné par les vinasses et les lessives non utilisées. On doit compter, dans ce cas, pour 100 kg. de mélasse sur 100 kg. de vinasses et de lessives mélangées polarisant en moyenne 0,6.

On perd donc de ce chef $0,6 \times 6 = 3$ kg. 6 de sucre 0/0 kg. de mélasse, ou 7 kg. 2 0/0 kg. de sucre.

Si l'on retire une partie de la chaux contenue dans le mélange précité, il y a lieu d'ajouter à la perte ci-dessus celle résultant de l'expulsion des tourteaux de chaux hydratée recueillie dans les filtres-presses O, perte qui est de 0 kg. 9 par 100 kg. d'écumes. Si l'on travaillait le sucre directement, il y aurait naturellement d'autres pertes à ajouter à celles-ci.

En résumé, l'inventeur pense pouvoir obtenir, dans un travail ordinaire de fabrique, un rendement de 44 kg. de sucre vendable par 100 kg. de mélasse à 50 0/0 de sucre. La perte moyenne prévue par lui est de 6 0/0 du poids de la mélasse et de 12 0/0 du poids du sucre.

Frais. — Les frais d'installation sont évalués à environ 125,000 francs y compris la prime pour un travail journalier en fabrique de 15,000 kg. de mélasse.

Il faut 28 ouvriers, dont 14 de jour et 14 de nuit.

La consommation de charbon est assez faible, car il n'y a aucun chauffage. Celui nécessité par le travail de la chaux et pour les mouvements mécaniques est d'environ 45 à 50 kg. par 100 kg. de mélasse.

Frais de renouvellement et d'entretien des toiles des filtres-presses par 100 kg. de mélasse.................... 0 fr. 18

Frais divers, éclairage, entretien, réparations, etc.. 0 25

Total............... 0 fr. 43

Procédé Lefranc

Ce procédé appliqué à la sucrerie de Tracy-le-Val a été analysé dans le *Bulletin de l'Association des Chimistes* par MM. Poisson et Dupont, nous résumerons rapidement ces travaux.

Le travail des mélasses par le procédé en question repose : sur la formation d'un sucrate bibasique de chaux par mélange en proportions convenables de mélasse et de chaux vive en poudre et sur sa transformation par la chaleur en sucrate tribasique insoluble ; sur la précipitation du sucre de l'eau-mère, obtenue après extraction du sucrate, par le chlorure de calcium et la soude caustique ; après chaulage $C^{12}H^{11}O^{11}2CaO + CaCl + NaO = C^{12}H^{11}O^{11}3CaO + NaCl$ et sur l'extraction de ce nouveau sucrate.

La chaux à la sortie du four à chaux est triée de manière à éliminer tous les incuits et les impuretés, puis les morceaux choisis séjournent en tas sous un hangar pendant 48 heures, ils sont ensuite concassés à la main ou au moyen d'un concasseur, en morceaux de la grosseur d'un œuf, puis broyés dans un broyeur à meule Carr et la poudre est montée par un élévateur dans un tamis ; la chaux qui sera utilisée doit traverser les trous de 5 $^{m}/^{m}$ d'un cône perforé, puis un bluteur à toile de laiton n° 130 ; tout ce qui ne passe pas au travers de ces deux appareils est renvoyé au broyeur. La poudre de chaux est alors amenée par une hélice dans un récipient qui alimente les mesureurs placés au-dessus des bacs où la chaux est additionnée à la mélasse et aux eaux-mères. Un mesureur de mélasse se trouve également placé au-dessus du bac mélangeur muni d'agitateurs dans lequel on commence par diluer la mélasse de manière à ce qu'elle ne contienne plus que 8 à 9 % de sucre, puis on y ajoute la chaux par portions en quantité suffisante pour avoir 38 à 40 kilog. de chaux combinée par 100 kilog. de sucre ; la mélasse chaulée est alors filtrée pour être débarrassée de l'excès de chaux qu'elle contient, puis elle est chauffée à l'ébullition dans des récipients réchauffeurs, le sucrate tribasique précipite et est retenu par un passage aux filtres-presses. Il a la composition suivante :

Sucre....................	17 à 19 %
Chaux...................	8,5 à 9
Eau	70 environ.
Pureté..................	71 à 75

Tandis que les eaux-mères contiennent 4,5 à 5 % de sucre avec une pureté de 35 à 40 ; elles sont refroidies à 12°-20° par un réfrigérant tubulaire et amenées dans un bac malaxeur dans lequel elles sont additionnées de chaux de manière à obtenir 50 kilog. de chaux dissoute pour 100 kilog. de sucre ; l'excès de chaux est éliminée par un passage aux filtres-presses et l'eau-mère chaulée se rend dans les bacs réchauffeurs où on lui ajoute une solution de chlorure de calcium et une solution de soude venant de bacs mesureurs; on emploie 8 kilog. de chlorure pour 100 kilog. de mélasse et environ 7 kilog. de soude au titre de 72° ; la solution de chlorure est versée la première, puis la température portée à 60°. C'est alors qu'on ajoute la soude, la température de 60° étant toujours maintenue. On retient le sucrate précipité par un passage aux filtres-presses et les eaux-mères contenant 0,30 à 60 °/° de sucre sont éliminées.

Les sucrates des deux opérations sont malaxés avec de l'eau en quantité suffisante pour obtenir une bouillie pesant 6° Bé qui est passée aux filtres-presses ; l'eau de mélange qui s'écoule sert après refroidissement à diluer la mélasse, et on fait avec le sucrate un lait à 30° Bé qui sert au chaulage des jus.

Le procédé a été modifié en ce sens que l'on a fait une première précipitation de sucre de la mélasse par la chaux et la chaleur, et une deuxième précipitation par les mêmes moyens du sucre de l'eau-mère, et enfin une troisième précipitation du sucre de cette dernière eau-mère par le chlorure et la soude.

Avant de passer au travail des mélasses par la baryte et la strontiane, faisons remarquer que l'on a attribué et que certains chimistes attribuent encore la forme pointue qu'affectent généralement les sucres de sucraterie à la présence de la raffinose. D'après MM. Aulard, Pellet, Baudry et autres, la raffinose n'aurait pas l'influence qu'on lui prête, il faudrait attribuer la forme en question à la cristallisation en présence d'une notable quantité d'organates calciques. Pour justifier cette assertion M. Aulard fait remarquer que la sucrerie de Souppes qui applique la séparation Steffen, mais filtre avec soin sur du noir, obtient des sucres analogues aux sucres ordinaires de sucrerie.

Procédés à la Strontiane.

La strontiane a servi dans un assez grand nombre d'usines pour l'extraction du sucre des mélasses.

Dubrunfaut et Leplay eurent les premiers l'idée de l'application de ce procédé (en 1849) ; mais ils furent arrêtés dans la pratique par le prix élevé de la strontiane, ils étaient du reste les inventeurs du travail des mélasses par la baryte et trouvaient cette dernière base plus avantageuse pour la précipitation du sucre.

La découverte de gisements en Wesphalie de strontianite ou carbonate de strontium changea les conditions économiques du procédé qui fut breveté en Allemagne au nom du Dr Scheibler. La strontiane peut encore être extraite de la célestine ou sulfate de strontium.

Il existe deux procédés à la strontiane du Dr Scheibler, l'un par le sucrate bibasique et l'autre par le sucrate monobasique. Le brevet pour le premier a été délivré en Allemagne en 1880 et pour le deuxième en 1882.

Le saccharate monobasique prend naissance si l'on met en présence du sucre et de la strontiane à une température voisine de 15° ; au bout de quelques heures il est complètement formé ; il a l'aspect d'une masse gélatineuse composée de 63,86 % de sucre, 19,33 de strontiane et 16,81 d'eau.

Le saccharate bibasique prend naissance à l'ébullition, il a une forme granuleuse et contient 46,90 % de sucre, 23,30 de strontiane et 24,80 % d'eau.

Procédé au saccharate bibasique. — Dans ce procédé, la précipitation est effectuée à chaud ; mais, comme l'a constaté le Dr Scheibler, il faut employer un excès de strontiane pour avoir le plus de rendement possible ; il faut trois équivalents de strontiane pour 1 de sucre.

Dans une chaudière munie d'un agitateur, d'un barbotteur ou d'un serpentin de chauffage, d'un thermomètre et d'une soupape de vidange on introduit par portions la mélasse et la strontiane nécessaires à une opération.

Dans le cas que nous allons décrire cette strontiane est composée de ce que l'on est convenu d'appeler sels blancs, sels jaunes et sels bruns que nous retrouverons tout à l'heure. D'après M. Dureau (1) il faut pour 100 de mélasse, 100 de ces sels dans la proportion de 3 de blanc, 8 de jaune et 2 de brun, en outre 4 hectolitres d'eaux de lavage provenant du travail antérieur, ce qui donne en tout environ 263 kilog. d'hydrate de strontiane.

A la fin de l'opération l'alcalinité est constatée sur un échantillon filtré ; elle doit être de 12 à 14 % ; on fait alors bouillir et on obtient presque tout le sucre à l'état de sucrate bibasique ; on vidange dans des sucettes munies d'un cadre en toile métallique, à compartiments, et de tissus filtrants ; on fait le vide pour aspirer l'eau-mère, tandis que le sucrate est retenu ; ces sucettes sont sans cesse animées d'un léger mouvement autour d'un axe horizontal.

Les eaux-mères sont alors recueillies et envoyées dans des bacs où elles se refroidissent ; sous l'influence de ce refroidissement elles cristallisent pour donner le sel brun.

Le sucrate est lavé dans les sucettes à trois reprises différentes au moyen d'eau de strontiane à 10 %, le liquide qui s'écoule de cette opération est envoyé aux chaudières à préparation du sucrate. Dans toutes ces opérations les liquides doivent être maintenus chauds afin d'éviter la décomposition du sucrate.

Pour décomposer le sucrate lavé on se base sur la propriété qu'il possède de donner naissance par refroidissement à de l'hydrate de strontium qui cristallise et à de l'eau sucrée. Les cadres sont enlevés des sucettes et portés dans des récipients spéciaux montés en batterie, récipients que l'on peut appeler diffuseurs ; on fait passer dans ces vases de l'eau refroidie entre 4° et 15° et contenant 2 % de strontiane provenant de la cristallisation du sel blanc ; un courant d'eau froide circule autour des diffuseurs ; l'opération demande environ 48 heures. On a alors obtenu une solution sucrée sortant des diffuseurs ; cette solution contient encore de la strontiane plus environ 10 % de sucre. Il reste des cristaux bruns de strontiane dans les diffuseurs, ces cristaux sont turbinés pour donner le sel jaune. Les égouts sont envoyés à la

---

(1) M. Dureau a donné dans le journal des fabricants de sucre une description complète du procédé tel qu'il était appliqué à la raffinerie de Saint-Ouen.

carbonatation avec la solution sucrée provenant de la décomposition du sucrate, l'opération est effectuée à 50° et l'alcalinité finale
doit être d'environ 0,40 exprimée en oxyde de strontium ; on passe
aux filtres-presses et on lave les tourteaux à l'eau chaude, le liquide filtré subit, ainsi que les eaux de lavage, une deuxième
carbonatation qui précipite le reste de strontiane ; on passe encore
aux filtres-presses et on dirige sur le triple-effet.

Les tourteaux de carbonate de strontiane sont mélangés à de la
sciure de bois, moulés en briquettes et introduits dans des fours
où ils sont décomposés en strontiane et acide carbonique qui sert
à la carbonatation.

Les eaux-mères qui s'écoulent des sucettes sont additionnées
de carbonate de soude, carbonatées à fond et filtrées ; le liquide qui
s'écoule est envoyé aux fours à potasse pour donner un salin et le
carbonate de strontiane restant dans les filtres est transformé en
briques et calciné dans le four dont il a déjà été question.

La strontiane sortant du four sert à préparer un lait à 30 % qui
fournit par cristallisation de l'hydrate de strontiane ; on obtient
aussi une certaine quantité de liqueur à 10 % qui sert à la préparation du sucrate.

Au lieu de décomposer le sucrate comme il a été dit, on se contente souvent de le décomposer par carbonatation.

Procédé au saccharate monobasique. — On prépare une solution
de strontiane contenant 1 de strontiane pour 3 d'eau, celle-ci étant
très chaude, puis on mélange peu à peu la mélasse ; la température s'abaisse rapidement et le saccharate monobasique se forme,
on abaisse néanmoins la température à 20° au moyen d'un réfrigérant. Il faut, comme nous avons dit plus haut, employer un
excès de strontiane, soit 1 de cette base pour 1 de sucre contenu
dans la mélasse.

Lorsque l'opération est terminée, on passe aux filtres-presses
la masse qui, après avoir été solide, est devenue liquide et épaisse
par agitation. Les tourteaux de sucrate monobasique sont lavés à
l'eau froide, ils servent ensuite à faire un lait à 25° Bé qui subit
deux carbonatations, la deuxième étant poussée à fond.

Le carbonate de strontiane qui reste sur les filtres est décomposé, comme nous l'avons vu, par le procédé au bisaccharate.

Les eaux qui s'écoulent des filtres à filtration du sucrate et qui contiennent les impuretés sont reprises pour en extraire le sucre qu'elles contiennent.

A cet effet, on les chauffe, puis on y ajoute un excès d'hydrate de strontiane afin de former le sucrate bibasique qui est envoyé dans les bacs de préparation du sucrate monobasique où il se transforme lui-même en sucrate monobasique par abaissement de température.

L'eau-mère qui résulte de la formation du sucrate bibasique est reprise pour en extraire la strontiane par cristallisation et par carbonatation.

Pour faire passer à l'état de carbonate la strontiane des résidus, MM. Sidersky et Probst les réduisent en poudre et les traitent à l'ébullition par l'acide chlorhydrique, puis ils filtrent et transforment les chlorures de strontium et de calcium par l'acide sulfurique en sulfate de strontium et de calcium ; ce dernier qui reste en solution est séparé par décantation, tandis que le premier précipite et est lavé à l'eau chaude ; il est ensuite traité par le carbonate de soude qui donne du carbonate de strontium et du sulfate de soude éliminé par filtration.

Pour terminer ce qui a trait au travail des mélasses par la strontiane, nous décrirons avec détails les opérations telles qu'elles sont pratiquées à la sucrerie de Eisleben (Allemagne).

Dans cette sucrerie, on ajoute 5 de strontiane pour 1 de sucre. Le travail peut être divisé en trois parties :

1° La formation de la strontiane ;
2° Le travail de la mélasse ;
3° La régénération de la strontiane employée dans le travail.

1re Partie : Production de la strontiane

Au commencement du travail, la strontiane ou oxyde de strontiane est obtenue par la calcination de la strontianite ou carbonate de strontiane naturel. En fabrication courante, on se sert, pour produire la strontiane, du carbonate de strontiane retiré des jus sucrés, des eaux-mères et des eaux de lavage, et l'on n'ajoute que la quantité de strontianite nécessaire pour compenser les pertes. On transforme ensuite la strontiane ainsi obtenue en strontiane hydratée, cristallisée, par une dissolution et par un décantage à froid.

Les opérations à effectuer sont les suivantes :

1° Formation et séchage des briquettes de strontianite ;
2° Calcination des briquettes ;
3° Préparation d'une solution de strontiane ;
4° Cristallisation de la strontiane caustique. .

1re Opération : Formation et séchage des briquettes. — A l'aide d'un broyeur quelconque, on réduit la strontianite en poudre que l'on délaie dans un bac mélangeur spécial de façon à former une pâte assez consistante.

En marche normale on se sert, pour la formation de cette pâte, des eaux-mères à 1 0/0 de strontiane, provenant de la fabrication.

Une machine à mouler ordinaire forme ensuite avec la strontianite ainsi préparée, des briquettes que l'on pose sur des étagères installées au-dessus du four à calciner. On laisse les briquettes exposées pendant 3 ou 4 jours à l'action de la chaleur douce qui règne dans le séchoir, et elles sont alors préparées pour la calcination.

2e Opération : Calcination des briquettes. — Le four à strontiane est composé de 12 chambres semblables sur la sole desquelles viennent se placer les briquettes. Des trous débouchant dans cette sole amènent des gaz chauds provenant d'un gazogène spécial. Ils sont disposés de façon à ce que chaque rangée de briquettes

A Chaudière à sucrate. — B Bac à mélasse fraîche. — C Bac à eau et à eaux-mères. — D Trémie de chargement des chaudières A. — E Gouttière à sucre. — F Egoutteurs. — G Gouttière à solution mère de strontiane, — H Gouttière de vidange des eaux de lessivage. — I Gouttière de vidange des vinasses. — J Bacs à décanter les vinasses. — K Turbines à sucrate décomposé. — L Gouttière de vidange de la solution sucrée. — M Gouttière de vidange des eaux de clairçage. — N Chaudière de première carbonatation des jus sucrés. — O Filtres-presses de première carbonatation. — P Chaudières de deuxième carbonatation des jus sucrés. — Q Filtres-presses de deuxième carbonatation. — R R' R'' R''' Bacs où se fait la solution-mere de strontiane. — S Bacs cristallisoirs recevant la solution-mère de strontiane. — U Wagons de chargement. — V Chaudières à saturer les vinasses, les eaux-mères et les eaux de lavage. — W Filtres-presses servant aux incults des bacs R, aux eaux-mères et aux eaux de lavage. — X Bac à laver les cristallisoirs ; — Z Bac où l'on vide les cristallisoirs.

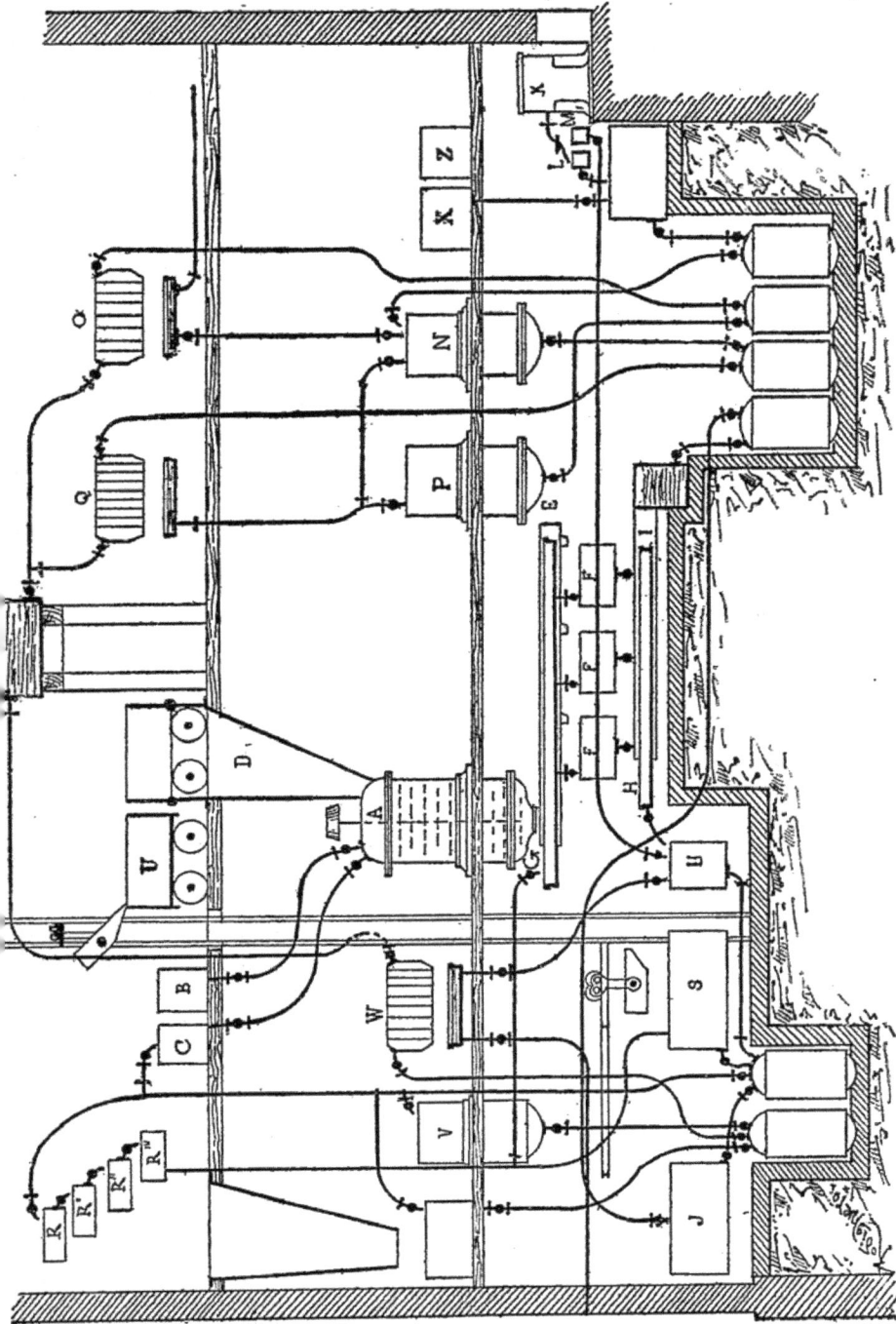

Fig. 235. — Extraction du sucre des mélasses par le procédé à la strontiane. Sucrerie d'Eisleben. Disposition de la sucrerie (plan descriptif).

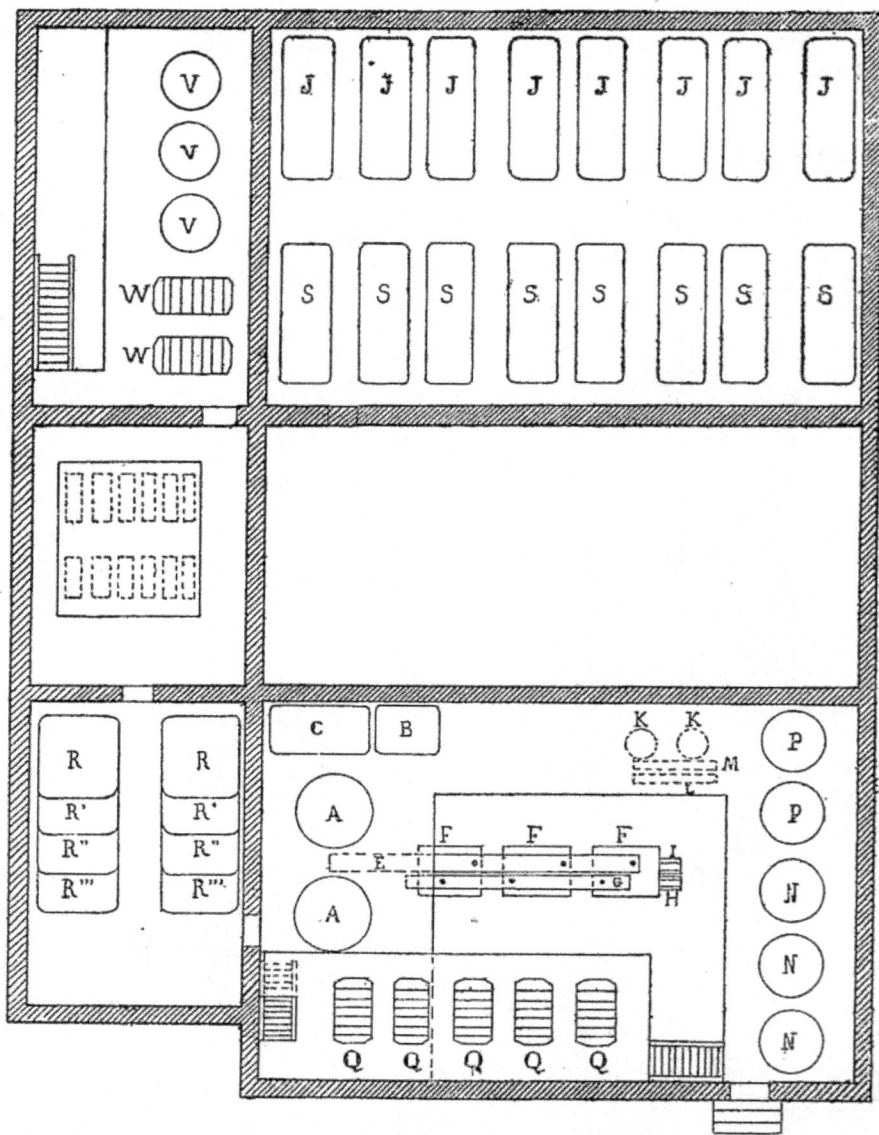

Fig. 237. — Sucrerie d'Eisleben. Disposition de la sucraterie (plan réel).

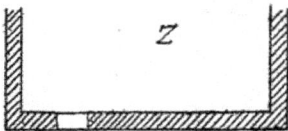

Refroidisseur du sucrate.

A Chaudières à sucrate. — B Bac à mélasse fraîche. — C Bac à eau ou à eaux-mères. — D Trémie de chargement des chaudières A. — E Gouttière à sucrate. — F Egoutteurs. — G Gouttière à solution-mère de strontiane. — H Gouttière de vidange des eaux de lessivage. — I Gouttière de vidange des vinasses. — J Bacs à décanter les vinasses. — K Turbines à sucrate décomposé. — L Gouttière de vidange de la solution sucrée. — M Gouttière de vidange des eaux de clairçage. N Chaudières de première carbonatation des jus sucrés. — O Filtres-presses de première carbonatation. — P Chaudières de deuxième carbonatation des jus sucrés. Q Filtre-presse de deuxième carbonatation. — R R' R" R'' Bacs où se fait la solution-mère de strontiane. — S Bacs cristallisoirs recevant la solution-mère de strontiane. — V Chaudières à saturer les vinasses, les eaux-mères et les eaux de lavage. — W Filtres-presses servant aux incuits des bacs R aux eaux-mères et aux eaux de lavage.

soit séparée par une rangée de trous· Une pompe aspire continuellement les gaz produits, et pour en augmenter la teneur en acide
carbonique, on fait passer ces gaz successivement dans toutes les
chambres du four, établies en batterie pour cette raison, par une
disposition spéciale des carreaux. Malgré les bénéfices de cette
disposition, le gaz en sortant du four n'a qu'environ 7 à 12 0/0
d'acide carbonique pur ; on l'emploie dans les saturations nombreuses nécessitées par le travail.

Pour permettre de vérifier la marche du chauffage dans les
chambres, un regard est placé à la partie supérieure de chacune
d'elles. Sur les 12 chambres composant le four, il n'y en a jamais
que 8 en travail. Il y a constamment en calcination 4,000 briquettes et il faut 15 heures pour que la décomposition de la
strontianite soit faite dans de bonnes conditions.

3e *opération* : *Préparation d'une solution de strontiane.* — Les
briquettes de strontiane retirées du four ci-dessus sont envoyées
dans deux bacs R, à serpentins, qui contiennent déjà de l'eau
chauffée (1).

Sous l'action de la chaleur, il se produit une dissolution de la
strontiane qui, après une série de décantations dans les bacs R', R''
et R''', finit par arriver à un état à peu près absolu de pureté. On
règle ce travail de façon à ce que cette solution-mère renferme
15 kg. de strontiane par 100 litres.

Quand la fabrication est en pleine marche, on utilise une partie
de cette solution chaude de strontiane pour laver les sucrates.
Les incuits qui forment les dépôts que l'on recueille dans les décantations indiquées ci-dessus sont passés dans les filtres-presses W
et lavés.

Les eaux (1 l) qui s'écoulent pendant cette opération, lavage
compris, sont recueillies dans le bac à eau de lavage V pour être
travaillées ultérieurement. Les tourteaux (1 c) formés de strontianite non décomposée et de strontiane non dissoute, sont réintro-
duits dans le travail et entrent dans la confection des briquettes.

4e *opération* : *Cristallisation de la strontiame caustique.* — La

(1) En marche normale, on remplace l'eau par des eaux-mères à 1 0/0 de strontiane, provenant des opérations antérieures.

solution de strontiane fournie par les décantations dans les bacs R, R′, R″, R‴, sauf la partie qui est utilisée en marche pour le lessivage des sucrates, est envoyée dans 8 cristallisoirs S, ayant respectivement $6^m \times 2^m \times 600$, où on lui fait subir un refroidissement à air libre, pendant environ 24 heures.

Il se forme alors des cristaux de strontiane hydratée (1 s) que l'on recueille dans des petits wagonnets suspendus, et qui servent à la préparation du sucrate de strontiane; le reste constitue des eaux-mères renfermant encore environ 1 0/0 de strontiane (2 l).

Ces eaux-mères servent en marche normale à la confection de la pâte à briquettes, à la formation de la solution mère, et à d'autres usages que nous indiquerons plus loin.

2ᵉ Partie. — Travail de la mélasse

Cette seconde partie du travail comporte les opérations suivantes :

1° Formation du sucrate;
2° Egouttage et lessivage du sucrate ;
3° Décomposition du sucrate;
4° Turbinage du produit de cette décomposition;
5° Saturation du liquide obtenu et extraction du jus sucré.

1ʳᵉ *opération : Formation du sucrate.* — Dans les chaudières A, cylindriques, verticales, munie d'agitateurs et chauffée à la vapeur par une double enveloppe, on fait arriver : a) 750 kg. de strontiane hydratée obtenue comme il est dit à la 1ʳᵉ partie, 4ᵉ opération ; b) une quantité suffisante d'eaux-mères pour amener le mélange à 15 0/0 de strontiane. Ces eaux-mères (2 l) sont fournies par la décantation de la dissolution de strontiane (1ʳᵉ partie, 4ᵉ opération).

On chauffe le mélange tout en malaxant jusqu'à complète dissolution de la strontiane. On ajoute alors 300 kg. de mélasse fraîche, élevée au préalable à une température de 65 à 70° C.

B est un bac à mélasses (à serpentin).

C Bac à eaux-mères.

D Trémie double pour le chargement de la strontiane caustique.

Après l'addition de la mélasse, on pousse la température jusqu'à 100° C, tout en continuant à ajouter la masse. Au bout d'une demi-heure environ, le sucrate tribasique de strontiane est formé, et se trouve à l'état pâteux dans une solution mère de non-sucre et de strontiane dissoute.

2ᵉ *opération : Egouttage et lessivage du sucrate.* — Le sucrate ainsi préparé est reçu dans une nochère E, à double enveloppe pour chauffage à la vapeur, et à palettes mobiles destinées à remuer la masse.

Une gouttière G se trouve placée à côté de la nochère E, parallèlement à celle-ci, et elle reçoit une partie de la solution mère à 15 0/0 de strontiane, préparée à chaud dans les bacs R, R′, R′′, R′′′, (1ʳᵉ partie, 3ᵉ opération).

Ces deux gouttières règnent sur toute la longueur d'une batterie de 3 égoutteurs F, sur lesquels elles peuvent verser leur contenu : la première (E) par des tampons de vidange, la deuxième (A) par des robinets. Chacun des égoutteurs F se compose d'une caisse rectangulaire, terminée à la partie inférieure par une partie demi-cylindrique, et portant à 200 ᵐ/ᵐ des bords supérieurs une tôle perforée, sur laquelle on étale un tissu très fin devant former surface filtrante.

> Longueur de l'appareil : 2ᵐ000.
> Largeur de l'appareil : 1ᵐ750.

L'ensemble peut tourner autour d'un axe correspondant à l'axe géométrique de la partie demi-cylindrique inférieure, et l'une des extrémités de cet axe est creux et communique avec le tuyau d'aspiration d'une sucette. Le mouvement d'oscillation est commandé par une vis sans fin actionnée à la main par une petite manivelle placée sur le côté. La partie inférieure de la caisse porte un robinet de vidange, à bec, que le mouvement d'oscillation de l'appareil permet de placer au-dessus de l'une ou l'autre des gouttières H et I. Le sucrate tombant de la gouttière E, est reçu sur la toile filtrante, et on a soin que la hauteur de la pâte ne dépasse pas 100 ᵐ/ᵐ au-dessus de cette toile ; il reste donc 100 ᵐ/ᵐ d'espace libre entre la surface de la pâte et le bord supérieur de la caisse. Quand un égoutteur a reçu sa charge, on fait le vide dans le tambour en ouvrant la communication avec la sucette et la partie liquide contenue dans la masse tombe dans l'intérieur de la caisse.

Cette partie liquide constitue les vinasses; on les recueille par les gouttières I dans les bacs J. L'égouttage des vinasses une fois terminé, la gouttière g laisse tomber sur les égoutteurs la solution à 15 0/0 de strontiane qu'elle a reçue des bacs R''', et on aspire avec la pompe à air jusqu'à ce que le liquide ait suffisamment lessivé la pâte de sucrate.

Les eaux de lessivage (3 l) sont reçues dans la gouttière H qui les envoie au bac U à eaux de lavage, où on les prend ultérieurement pour en extraire la strontiane qu'elles contiennent.

3ᵉ *opération : Décomposition du sucrate*. — Quand l'égouttage et le lessivage du sucrate sont terminés, la·pâte de sucrate de strontiane est débarrassée de la presque totalité des substances étrangères constituant le non-sucre des mélasses. On enlève cette pâte à la pelle et on la distribue dans des petits cristallisoirs recevant chacun environ 25 kg. de sucrate, et ayant 700 de longueur, 500 de largeur et 250 de hauteur. Ces bacs sont au nombre de 900 à la fabrique de E...

Les cristallisoirs chargés de sucrate sont conduits dans un bâtiment spécial, où on les expose sur des étagères à claire–voie et où ils subissent un refroidissement par un moyen quelconque; à la fabrique de E... on se contente de refouler de l'air froid. On doit chercher à avoir toujours une température de 5 à 6° C, mais il est absolument indispensable que cette température ne soit jamais plus élevée que 11° C. Au bout de 24 à 36 heures, le sucrate tribasique de strontiane se décompose en strontiane cristallisée et en jus sucré contenant encore de la strontiane en dissolution.

4ᵉ *opération : Turbinage du produit de cette décomposition*. — Quand la décomposition du sucrate est achevée, on vide les cristallisoirs dans un grand bac où l'on prend le produit pour l'introduire dans deux turbines K.

Il sort alors, sous l'action de la force centrifuge, le jus sucré (1 j) chargé de strontiane dissoute dont il est parlé plus haut; on le recueille dans une gouttière L, d'où il va à la première saturation N.

On lave ensuite la strontiane caustique restant dans les tambours avec de l'eau chargée à 1 0/0 de strontiane et on obtient :

1° de l'eau contenant encore du sucre en quantité suffisante pour qu'on doive l'extraire (2 j) ; on envoie cette eau par la gouttière L à la saturation N.

2° de l'eau ne contenant plus que de la strontiane (4 l) et qui s'en va par la gouttière M au bac à eau de lavage U.

3° La strontiane hydratée (2 s) obtenue ainsi par turbinage est utilisée pour la fabrication du sucrate.

Après avoir été vidés, les cristallisoirs sont lavés dans un bac spécial dont l'eau se charge de sucre et de strontiane. Quand cette eau a atteint 8° Brix on l'envoie à la saturation N avec le jus ordinaire (1 j) et la première eau de clairçage de la strontiane caustique (2 j).

5e *opération : Saturation de la solution et extraction du jus sucré*. — La solution de sucre et de strontiane provenant du turbinage ci-dessus (1 j), les eaux de premier clairçage, de la strontiane caustique restant dans les turbines (2 j) et les eaux de lavage des cristallisoirs (3 j) sont, comme nous l'avons dit, envoyées aux 3 chaudières N de première saturation, où elles sont carbonatées à l'aide du gaz sortant du four à strontiane. On pousse l'opération jusqu'à 0,05 ou même 0,03 d'alcalinité, et on passe le tout dans 4 filtres-presses O à 24 cadres. On lave les tourteaux à l'eau ordinaire, et les jus et les eaux de lavage sont envoyés à la 2e carbonatation, composée de deux chaudières P. On sature jusqu'à neutralité complète et on passe la masse dans un seul filtre-presse Q ; on lave les écumes avec de l'eau froide comme précédemment, et on recueille :

1° Du jus très pur que l'on envoie aux filtres avec le jus provenant du travail de la betterave ;

2° Des eaux de lavage qui retournent à la première carbonatation.

Les résidus de ces deux opérations sont des écumes de 1re saturation (2 c) et des écumes de 2e saturation (3 c), que l'on utilise pour la formation d'une nouvelle quantité de strontiane.

3e Partie. — *Régénération de la strontiane employée dans le travail*

Nous avons déjà recueilli dans le cours du travail une partie de la strontiane fournie par le four, mais il nous en reste encore en dissolution dans les vinasses des bacs J, dans les eaux-mères des bacs S, et dans les eaux de lavage du bac U. Avant de parler de la régénération de la strontiane retirée du travail, nous allons commencer par extraire celle contenue dans les résidus de fabrication énumérés ci-dessus.

Nous avons donc à décrire les opérations suivantes :

1º Extraction de la strontiane des vinasses des bacs I ;
2º Extraction de la strontiane des eaux-mères des bacs S ;
3º Extraction de la strontiane des eaux de lavage du bac U ;
4º Régénération de la strontiane recueillie.

1ʳᵉ *opération* : *Extraction de la strontiane contenue dans les vinasses.* — Les vinasses sorties par égouttage de la pâte de sucrate traitée dans les appareils F sont recueillies par la gouttière I et envoyées, comme nous l'avons dit, dans les bacs J, de $6^m \times 2^m \times 0^m600$, semblables aux cristallisoirs de strontiane. Là, elles abandonnent par décantation un peu plus de la moitié de la strontiane qu'elles contenaient en dissolution, et cela sous forme de dépôt de strontiane caustique (3 s), que l'on recueille pour l'utiliser directement à la formation du sucrate.

De 7 0/0 de strontiane que les vinasses contiennent, il n'en reste que 3 0/0 environ après la cristallisation qui demande un séjour de 24 à 36 heures.

Les eaux restantes sont carbonatées dans les chaudières V, et passées aux filtres-presses W, qui en retiennent des tourteaux de carbonate de strontiane (4 c) que l'on lave à l'eau et que l'on utilise ensuite à la formation des briquettes.

Les eaux d'égouttage sont utilisées comme engrais à la fabrique de sucre de E..., mais elles pourraient être traitées comme les vinasses de distillerie.

2º *opération* : *Extraction de la strontiane contenue dans les eaux-mères des bacs S.* — Celles de ces eaux-mères qui ne sont pas utilisées pour les besoins de la fabrication sont carbonatées dans les chaudières V, puis passées aux filtres-presses W, ce qui donne un nouveau carbonate de strontiane (5 c) et des eaux inutilisables.

3ᵉ *opération* : *Extraction de la strontiane des eaux de lavage des bacs U.* — Ces eaux sont traitées comme les eaux-mères ci-dessus, elles fournissent aussi un nouveau carbonate de strontiane (6 c) et des eaux que l'on expulse.

4ᵉ *opération* : *Régénération de la strontiane.* — La strontiane que nous avons retirée du travail est en partie directement utilisable pour la formation du sucrate.

Nous avons, en effet, retiré des turbines K les cristaux de strontiane cristallisée (2 s), et des bacs à vinasses J d'autres cristaux semblables (3 s). On mélange cette strontiane cristallisée ainsi recueillie avec les cristaux blancs de strontiane (1 s) obtenus dans les cristallisoirs S, (1ʳᵉ partie. 4ᵉ opération) pour former dans la chaudière A le sucrate de strontiane.

Il reste alors sous forme de tourteaux :

1º (1 c) Les dépôts (incuits) des bacs R, R′, R′′, R′′′, (1ʳᵉ partie, 3ᵉ opération).

2º (2 c) Les écumes de première saturation du jus sucré (2ᵉ partie, 5ᵉ opération).

3º (3 c) Les écumes de 2ᵉ saturation du jus sucré (2ᵉ partie, 5ᵉ opération).

4º (4 c) Les écumes de carbonatation des vinasses (3ᵉ partie, 1ʳᵉ opération).

5º (5 c) Les écumes de carbonatation des eaux-mères (3ᵉ partie, 2ᵉ opération).

6º (5 c) Les écumes de carbonatation des eaux de lavage (3ᵉ partie, 3ᵉ opération).

Ces tourteaux sont utilisés pour la confection des briquettes, et on n'ajoute à ces produits que la quantité de strontianite nécessaire pour compenser les pertes de strontiane. Il n'y a rien de changé dans le reste du travail.

Composition des cristaux employés à la formation du sucrate de strontiane

Strontiane cristallisée, blanche provenant de la décantation de la solution mère dans les bacs S : 95 à 96 0/0 de strontiane caustique.

Strontiane cristallisée, brune, provenant du sucrate décomposé dans les turbines K : 85 à 86 0/0 de strontiane caustique.

Strontiane cristallisée, brune, provenant de la décantation des vinasses dans les bacs J : 88 à 92 0/0 de strontiane caustique.

Résumé des marques distinctives employées dans la description ci-dessus pour désigner les différents produits fournis par le travail.

DÉSIGNATION PAR GROUPES	DÉSIGNATIONS ISOLÉES	MARQUES	PARTIE DU TRAVAIL OU L'ON OBTIENT LES PRODUITS	OPÉRATIONS DONNANT NAISSANCE AUX PRODUITS
Strontiane caustique rentrant directement pour la fabrication du sucrate de strontiane.	Strontiane cristallisée formée par la décantation de la solution mère de strontiane sur les bacs S.	1 s	1re	4e
	Strontiane cristallisée recueillie des turbines K.	2 s	2e	4e
	Strontiane cristallisée formée par la décantation des vinasses dans les bacs J.	3 s	3e	1re
Tourteaux réintroduits dans la formation des briquettes.	Tourteaux d'incuits provenant de la décantation de la solution mère de strontiane dans les bacs R, R', R", R"'.	1 c	1re	3e
	Ecumes de 1re saturation du jus sucré.	2 c	2e	5e
	Ecumes de 2me saturation du jus sucré.	3 c	2e	5e
	Ecumes de saturation des vinasses.	4 c	3e	1re
	Ecumes de saturation des eaux-mères.	5 c	3e	2e
	Ecumes de saturation des eaux de lavage.	6 c	3e	3e
Eaux chargées de strontiane.	Eau de lavage des tourteaux d'incuits (1c) dans les filtres A.	1 l	1re	3e
	Eaux-mères à 1 0/0 de strontiane provenant de la décantation dans les bacs S, de la solution mère de strontiane.	2 l	1re	4e
	Eau de lessivage de sucrate.	3 l	2e	2e
	Eau de clairçage de la strontiane recueillie dans les turbines K.	4 l	2e	4e
Jus sucré envoyé à la saturation.	Jus sucré sortant des turbines K.	1 j	2r	4e
	1re eau de clairçage de la strontiane caustique recueillie dans les turbines K.	2 j	2e	4e
	Eau de lavage des cristallisoirs à sucrate.	3 j	2e	4e

Analyse des produits

		Du 6 au 12 janv. 188...	Du 30 sept. au 6 oct. 188...
Mélasse travaillée. Moyenne des essais.	Sucre.............	44.0/0	52.50 0/0
	Pureté.............	56.83	65.35
Sirops des turbines. Moyenne de 16 essais.	Sucre.............	9.87	12.13
	Non-sucre.........	10.25	11.22
	Pureté.............	49.05	51.94
	Alcalinité.........	6.21	7.15
Jus de 1re saturation.	Sucre.............	12.79	10.29
	Non-sucre.........	0.53	0.47
	Pureté.............	96.	95.63
	Alcalinité.........	0.050	0.030
Jus de 2e saturation.	Sucre.............	9.99	8.70
	Non-sucre.........	0.43	0.25
	Pureté.............	95.97	97.20
	Alcalinité.........	0.000	0.000
Ecumes de 1re saturation.	Rotation à gauche..	»	»
Ecumes de 2e saturation.	Rotation à gauche..	»	0.27
Vinasses.	Strontiane.........	6.87	6.25
Ecumes des vinasses.	Sucre.............	0.05	0.15
Vinasses épuisées.	Sucre	0.11	0.15
	Strontiane.........	0.00	0.00
Eau de lavage des sucrates.	Sucre.............	0.111	0.20
	Alcalinité.........	11.42	12.28
Eaux-mères de strontiane.	Strontiane.........	2.70	2.08

Pertes en sucre et en strontiane

On perd de 5 à 10 kilog. de sucre par 100 kilog. de sucre entré dans le travail. Pour des mélasses à 50 0/0 de sucre, cela correspond donc à une perte de 2 1/2 à 5 kg. de sucre par 100 kg. de mélasse.

La perte en strontiane étant aussi en moyenne de 3,75 00/0 du poids de la mélasse, on admet que l'on perd en marche normale 1 de strontiane pour 1 de sucre. Comme la strontiane est fournie par de la strontianite qui n'en donne généralement que 60 0/0 de son poids, la perte ci-dessus en strontianite serait donc de $\frac{10}{6} = 1,7$ pour 1 de sucre, ou 6,25 0/0 du poids de la mélasse travaillée. Coût de la strontianite : 47 fr. 50 les 100 hg.

Renseignemets divers

La fabrique d'Eisleben travaille journellement 10.000 à 12.500 kg de mélasse.

Il faut 80 ouvriers pour le service de la sucraterie.

L'installation, bâtiments compris, a coûté 225.000 à 250.000 fr.

Procédé à la baryte

Ce procédé imaginé vers 1840 par MM. Dubrunfaut et Leplay a été appliqué vers cette époque, puis abandonné. En 1884 il a été repris et appliqué à la sucraterie de Ribécourt où il a fonctionné pendant quatre ou cinq années consécutives, puis il a été abandonné de nouveau après l'application de la surtaxe de 30 francs sur les sucres acquittés.

Pour extraire le sucre des mélasses par ce procédé, il faut chauffer d'une part une solution de baryte et d'autre part la mélasse à travailler ; on mélange le tout dans la proportion de 1 équivalent de baryte pour 1 équivalent de sucre. Il se forme un précipité insoluble de sucrate de baryte, on passe aux filtres-presses pour le retenir et on le lave à l'eau froide dans les filtres eux-mêmes ou par tout autre moyen. Ce sucrate est ensuite envoyé aux chaudières à carbonater où il est décomposé par l'acide carbonique ; on ne ferme la soupape de gaz que lorsqu'un échantillon filtré a une réaction neutre ; on filtre de nouveau le carbonate de baryte resté dans les filtres et l'eau sucrée s'écoule, elle est évaporée, cuite en grains, et la masse cuite turbinée ; l'égout est envoyé à l'empli et est bon à turbiner lui-même au bout de 48 heures environ.

Les eaux-mères sont débarassées de la baryte qu'elles contiennent et sont traitées dans le but de l'obtention d'un salin de potasse.

Le carbonate de baryte est décomposé par la chaleur dans des fours spéciaux, à une température de 1,600 à 1,800°. A la sucraterie de Ribécourt on se servait d'un four imaginé par M. Radot et qui a été chauffé assez longtemps avec du goudron.

CHAPITRE XIV

PROCÉDÉS DIVERS DE FABRICATION DE SUCRES BLANCS ET RAFFINAGE EN FABRIQUE

Nous ne nous occuperons pas dans cet ouvrage du raffinage en raffinerie, car il faudrait pour traiter ce sujet d'une façon intéressante écrire un volume spécial, ce que nous ne voulons pas faire ; nous nous contenterons de parler de quelques procédés qui intéressent directement le fabricant de sucre, pour cette raison qu'ils sont ou peuvent être appliqués dans la sucrerie elle-même.

FABRICATION DES GRANULÉS

On est convenu d'appeler *granulés* des sucres bien blancs, secs, à grains réguliers et fondant rapidement dans l'eau. Comme le fait remarquer M. Bouchon qui a étudié à fond cette question, il est impossible de faire de vrais granulés sans granulateur, car ce n'est qu'avec le secours des ces instruments que l'on peut arriver à produire l'usure de la surface des cristaux, usure qui leur donne la propriété de devenir rapidement solubles dans l'eau, par conséquent de les rendre plus propres que les sucres blancs ordinaires, à la consommation directe sans raffinage.

Pour faire des granulés en sucrerie, il est de première nécessité d'épurer les jus d'une manière parfaite afin d'obtenir des masses cuites susceptibles de fournir des sucres très blancs ; aussi voyons-nous M. Bouchon dont nous venons de parler, filtrer ses jus et ses sirops avec un soin tout particulier et employer l'acide sulfureux qui lui assure la production de sucres très blancs.

Le clairçage doit être ensuite poussé assez loin ; il est, en outre, important de ne pas faire de trop gros grains dans l'appareil à cuire.

Le sucre obtenu est ensuite passé au granulateur qui, comme nous l'avons dit, a pour but de faire rouler les grains les uns sur les autres afin d'user leur surface et en outre de les sécher.

« Le granulateur construit par Langen et Hundhausen comprend un grand cylindre en tôle de 1^m 50 à 2 mètres de diamètre, de 5 mètres à 7 mètres de longueur, tournant autour de son axe, sur des galets, avec une vitesse de 5 tours par minute. L'axe est horizontal, incliné de quelques centimètres. Le sucre introduit à l'extrémité la plus élevée, se trouve ramassé et entraîné à la partie supérieure du granulateur par une série de palettes en tôle, rivées suivant des génératrices du cylindre. Arrivé en haut, le sucre glisse sur la palette et tombe sur un tambour en tôle concentrique au premier et chauffé à la vapeur. Du côté de l'entrée, l'eau évaporée est aspirée par un ventilateur, le même ventilateur aspire par une autre conduite les poussières que produit le sucre sec à l'extrémité opposée, et refoule le mélange dans un appareil nommé cyclone, où la poussière se dépose en perdant sa vitesse.

« Pour produire moins de poussières, Selwig et Lange suppriment le cylindre intérieur et produisent le séchage par un courant d'air chaud, refoulé par un ventilateur du côté de la sortie du sucre ; à l'autre extrémité, en bout du granulateur, est une chambre de dépôt pour les matières solides.

« On emploie encore des granulateurs d'une toute autre forme ; par exemple chez Hennige, raffineur à Magdebourg, le granulateur est un grand cylindre vertical, de 10 mètres de hauteur environ. Ce cylindre est fixe ; à l'intérieur tourne un arbre portant une série de plateaux horizontaux ; entre chaque plateau est une sorte d'entonnoir qui recueille le sucre tombant d'un plateau pour l'amener sur le plateau inférieur. Le sucre entre par le haut et, mû par la force centrifuge, descend successivement de plateau en plateau séché par un courant d'air chaud (1) »

A leur sortie du granulateur les sucres passent sur des tamis secoueurs qui les divisent en produits de deux ou trois grosseurs, plus de la poudre.

Mais, nous dira-t-on, quel avantage a-t-on à produire des granulés ? L'avantage de se créer une marque connue faisant prime

_____

(1) Rapport de M. Bouchon présenté au syndicat des fabricants de sucre.

sur les marchés, et surtout sur le marchés anglais, d'où ils sont
livrés directement à la consommation.

Procédé Weinrich

Ce procédé a été appliqué dans quelques usines pendant plusieurs années ; il est simplement basé sur le clairçage par la vapeur
soit de la masse cuite, soit de sucre roux dans une turbine spéciale
que nous allons décrire et que nous représentons fig. 238.

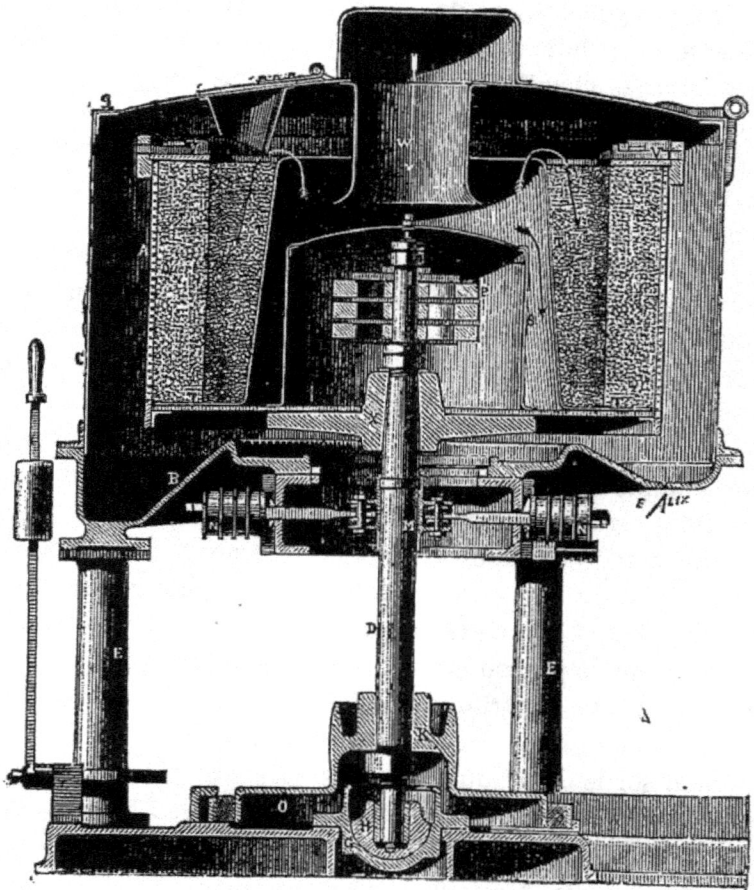

Fig. 238. — Turbine Weinrich.

Un arbre D dont la partie inférieure est engagée dans la crapaudine à rotule H supporte le tambour en tôle perforée A avec

lequel il est assemblé au moyen du moyeu X̂, il est en outre guidé par le collier en bronze M maintenu par des tirants solidaires de tampons en caoutchouc N dont on peut régler à volonté la tension.

Le tambour est entouré par la cuve en fonte P et la calandre C surmontée d'un couvercle étanche, et le tout est supporté par trois colonnes E dont l'une sert à l'écoulement de l'égout.

Le panier est muni d'un cercle mobile formant couvercle maintenu par six verrous V. En P se trouve un régulateur Fesca (déjà décrit au chapitre turbinage) destiné à rétablir l'équilibre du tambour, malgré les inégalités qui peuvent survenir dans le chargement de l'appareil ; malgré ce régulateur, on fera bien cependant de chercher à opérer ce chargement aussi régulièrement que possible.

La vapeur destinée au clairçage entre par W à l'intérieur de l'appareil, elle vient frapper la partie supérieure de la boîte S du régulateur et remonte pour claircer le sucre en suivant la direction des flèches courbes, tandis que l'eau condensée suit la route indiquée par la flèche descendante et est projetée à l'extérieur de l'appareil ; la vapeur peut encore être distribuée à l'extérieur du tambour au moyen de robinets spéciaux.

Une éprouvette placée sur la cuve à la portée de la main de l'ouvrier permet de constater la nature des égouts, par conséquent l'état d'avancement de l'opération.

K est la poulie qui donne le mouvement à l'arbre D et en O est figuré le frein.

Comme nous l'avons dit cette turbine a été employée dans quelques sucreries qui s'en servaient non seulement pour le travail de leurs masses cuites et de leurs sucres, mais encore pour transformer en sucres à hauts titrages les sucres roux d'autres usines.

Procédé Langen

L'appareil employé pour l'application du procédé Langen est la turbine représentée par les figures 239 et 240.

La masse cuite durcie et froide étant placée dans les formes F, on introduit celles-ci dans le panier de la turbine de manière à ce que chacune d'elles corresponde à une boîte à claircie H. ; chacune de ces boîtes porte un recouvrement qui va s'adapter sur la suivante de manière à éviter que la clairce puisse passer entre les boîtes ;

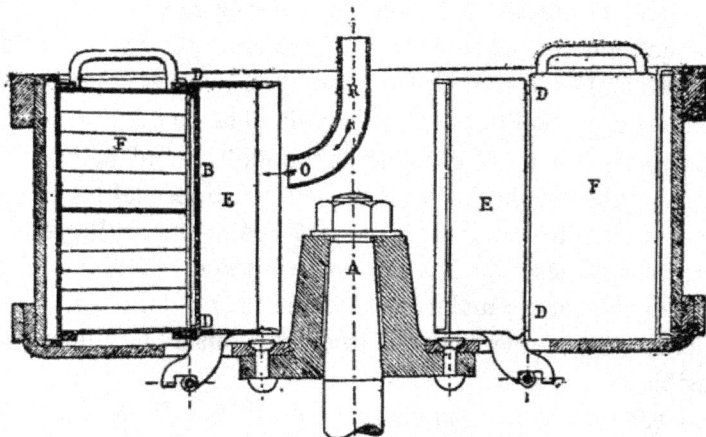

Fig. 239. — Turbine Langen. Coupe verticale.

celle-ci arrive par O et traverse la masse cuite après être passée dans la boîte et avoir été distribuée uniformément au moyen des fonds perforés B.

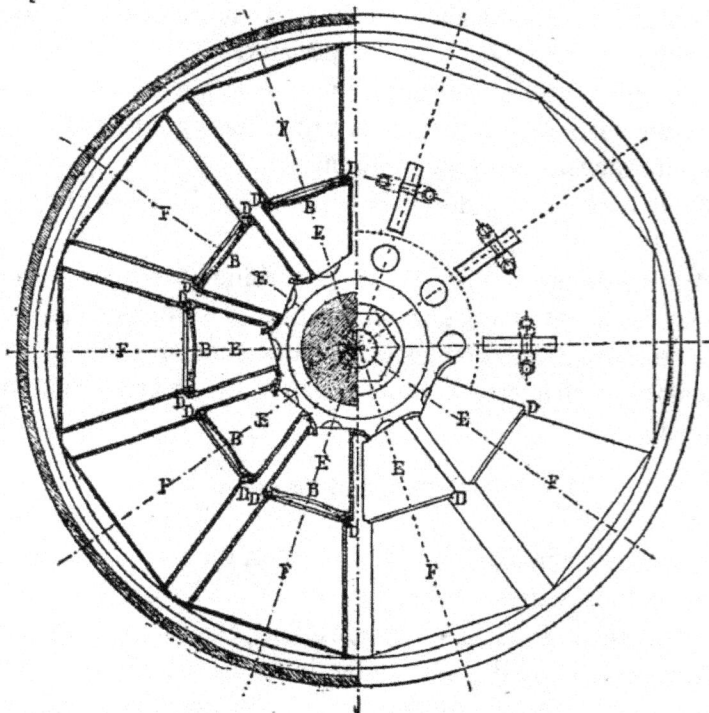

Fig. 240. — Turbine Langen. Vue en plan.

Procédé Tietz, Selwig et Lange pour la fabrication du sucre en morceaux.

La maison Cail est en France concessionnaire des brevets Tietz, Selwig et Lange ; ce mode de raffinage est appliqué dans notre pays à Bresles chez M. Mercier et Cⁱᵉ, à Havrincourt chez M. le marquis d'Havrincourt et à Liez chez MM. Jacquemart et Delamotte.

Dans ce procédé les sucres à raffiner sont refondus, épurés et cuits. La masse cuite est réchauffée, puis distribuée dans des cristallisoirs spéciaux. Ceux-ci sont en tôle galvanisée ; ils sont partagés en huit chambres au moyen de plaques mobiles disposées dans le sens de la largeur, des lames de zinc subdivisent chaque chambre en un certain nombre de compartiments dans lesquels est introduite la masse cuite ; chaque cristallisoir contient 50 litres.

Une fois qu'un cristallisoir est chargé, on le mène à l'empli où il séjourne jusqu'à cristallisation jugée suffisante ; on compte généralement 15 à 16 heures d'empli, au bout de 7 à 8 heures on plamote le dessus de la masse, c'est-à-dire qu'on l'égalise ; à la sortie de l'empli on retourne les cristallisoirs sur une table en bois afin de sortir les blocs, chaque cristallisoir en donne trois qui ont $300 \times 194 \times 100$; ces blocs sont composés de masse cuite et des petites plaques de zinc qui divisent le bloc en tablettes suivant l'épaisseur. On prend chaque bloc dans un étrier pour le placer dans les turbines, où ils subissent l'action de l'essorage jusqu'à ce qu'il ne s'écoule plus de sirops verts, ceux-ci sont mélangés aux mélasses et aux sucres roux ; chaque turbine reçoit huit blocs. On turbine dans le centrifuge n° 1 pendant 15 minutes, puis on passe les huit blocs dans le vase à claircer situé à côté de la turbine (fig. 241) ; on turbine ensuite dans le centrifuge n° 2, toujours pendant 15 minutes et on passe dans le 2ᵉ vase à claircer, puis on turbine dans le centrifuge n° 3 et le sucre est purgé. Le premier clairçage se fait avec l'égouttage de la 3ᵉ turbine et le 2ᵉ avec de la clairce blanche de raffinerie.

Dans les vases à claircer la clairce est aspirée et reste environ 10 minutes en contact avec les blocs.

Les tablettes ont 194 millim. de long, 100 millim. de largeur et une épaisseur variable de 26 à 48 millim.; on fait au moyen de

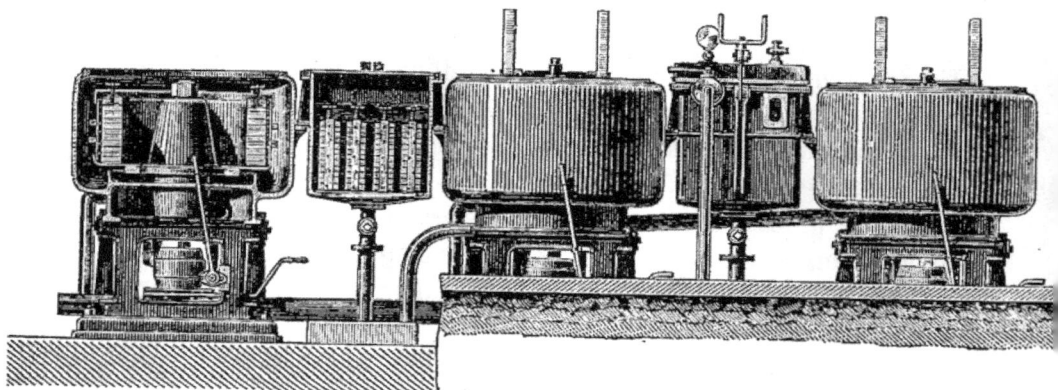

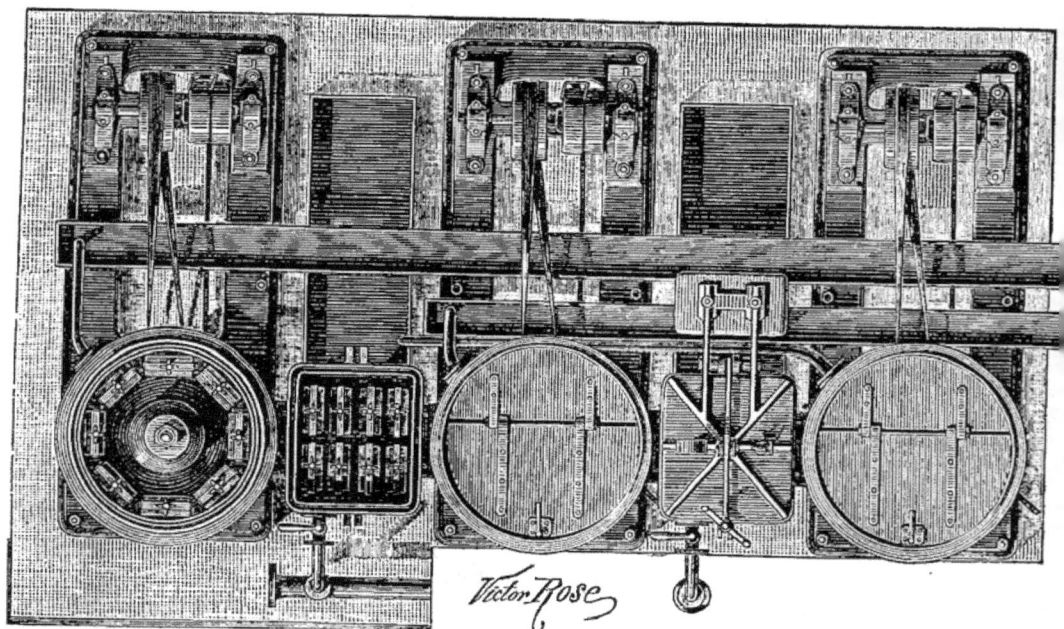

Fig. 241 et 242. — Appareil à force centrifuge, à mouvement en dessous, avec vases à claircer pour le travail du sucre en morce Système Tietz, Selwig et Lange, construction Cail.

scies et de machines à casser des morceaux tels qu'il en faut, de 60 à 120 pour un poids de 0 k. 500.

Quand le travail de turbinage est en train on obtient par le turbinage le produit de 50 kilog. de masse cuite, et si on compte 4 opérations à l'heure, on traite par heure 200 kilog. de masse cuite ou 2400 kilog. par jour de 12 heures.

Obtenant 70 kg. de sucre par 100 kg. de masse cuite, on emploie 30 kilog. de clairce fine par 100 kilog. de masse cuite traitée.

La quantité de cristallisoirs dont on doit disposer dépend du volume de la chaudière à cuire, puisqu'il faut loger toute la cuite, et ensuite du nombre de cuites que l'on veut faire par jour, étant donné que les cristallisoirs restent à l'empli pendant 15 heures.

Chaque turbine demande une force de 5 à 8 chevaux en comprenant le travail nécessaire à toutes les opérations du raffinage.

La masse cuite contenant 10 %. d'eau est réchauffée dans la chaudière ou dans un réchauffeur comme pour les pains de sucre.

Le séchage du sucre se fait dans une étuve chauffée à 40° pendant 24 à 26 heures.

Il faut compter sur une dépense de 6 fr. par 100 kilog. de sucre raffiné, y compris le cassage et l'emballage.

Nous extrayons du bulletin de l'association des chimistes les chiffres suivants rélevés chez MM. Mercier et Cie.

Rendement de la masse cuite :

	Par cristallisoir	Par 100 kil.
Poids de la masse cuite.............	75 k.	100
Déchets, plamatage, lochage........	5	6,66
Masse cuite à turbiner.............	70	93,34
Plaquettes vertes retirées...........	47,5	63,34
Sirop vert écoulé..................	22,5	30,0
Eau perdue à l'étuve...............	1	1,34
Plaquettes sèches à lingotter........	46,5	62 ·
Sciure = 8 0/0	3,5	5
Lingots...........................	42,9	57
Menus déchets	0,9	1
Sucre à livrer.....................	42,0	56
Sucre rangé, morceaux réguliers....	33,0	44
Sucre, morceaux irréguliers........	9	12

PROCÉDÉ ADANT (1)

L'idée fondamentale de l'inventeur a été de faire du tambour rotatif de la turbine le récipient direct de la masse cuite refroidie

(1) D'après la *Sucrerie indigène*, 1892, *passim*.

qui doit former le chargement, et de transformer cette masse cuite en tablettes sans transvasement préalable, sans emploi d'autres appareils et sans beaucoup de main-d'œuvre.

Il est bien entendu que, dans ces conditions, il faut pour chaque turbine plus d'un tambour mobile ; car, pendant qu'un certain nombre de tambours reçoivent le chargement, d'autres sont en train de se refroidir, alors que d'autres sont en rotation ou en vidange. Suivant le nombre ou l'importance des appareils à cuire et suivant le nombre de turbines, on emploie 15 à 20 tambours par turbine, et il faut autant de wagonnets porteurs des tambours.

Le procédé Adant comporte trois appareils principaux qui en sont les points brevetés : le moule, la forme et la turbine.

La masse cuite est coulée dans un moule annulaire composé de 2 cercles en acier, l'un supérieur et l'autre inférieur, reliés entre eux par 8 coins en fonte qui divisent le moule en 8 parties égales : ces plateaux portent des rainures destinées à recevoir les plaques en tôle à talon qui divisent chaque compartiment en 2 ou 3 parties sur la hauteur et dans la largeur en un nombre de parties égales à l'épaisseur de plaquette que l'on veut avoir. Le moule, avant le coulage de la masse cuite, est descendu dans la forme : celle-ci est en tôle galvanisée ; elle est annulaire. Les 2 cylindres en tôle formant l'espace annulaire sont assemblés entre eux par un fond et montés sur des roues de façon à en former un chariot. Chaque compartiment du moule porte un entonnoir mobile par lequel on introduit la masse cuite.

Lorsque la masse cuite coulée dans un moule a été refroidie, environ 10 à 12 heures après remplissage, on retire le moule de la forme au moyen d'une grue hydraulique et en faisant à la partie inférieure de la forme dans une soupape spéciale une introduction d'air comprimé qui décolle le moule. Celui-ci est alors porté dans le tambour de la turbine.

La turbine (fig. 243 et 244) est à commande en dessous ; son panier a 1 m. 150 de diamètre et 750 mm. de hauteur ; elle contient un tambour central portant les bras qui servent à l'arrivée de la clairce sur les plaquettes. Le moule est fixé dans le tambour de la turbine par un cercle à rainure garnie de caoutchouc pour assurer l'étanchéité du joint à la partie supérieure du moule et du tambour : ce cercle est serré par 4 vis. Le fond du panier de la turbine porte également une rainure dans laquelle on loge un caoutchouc sur lequel vient s'appuyer le moule. Le diamètre du tambour intérieur de la turbine est de 15 mm. plus petit que le diamètre intérieur du moule, de sorte qu'il se forme un espace annulaire de 7 mm. 5 entre le moule et le tambour. Cet espace communique avec les bras qui amènent la clairce : ceux-ci se réunissent au centre en une seule ouverture verticale recevant le tuyau d'arrivée de clairce.

Lorsque le moule est fixé dans la turbine on fait tourner celle-ci à sa vitesse normale de 700 tours ; au bout de quelques minutes, le sirop vert étant expulsé, on ralentit la turbine et on introduit la clairce ; celle-ci vient sous pression d'un réservoir placé au-dessus de la turbine à 5 mètres au minimum. Le clairçage terminé, on remet la turbine à sa marche normale. Lorsque rien ne s'écoule plus de la turbine on l'arrête et on retire le moule. Celui-ci est porté sur un charriot de construction spéciale, puis démoulé ; les plaquettes sont ensuite portées à l'étuve.

Un moule contient 475 à 500 kilog. de masse cuite ; une opération dure de 30 à 40 minutes, suivant la nature des masses cuites. La quantité de clairce fine employée est de 75 à 80 litres.

Voici, après cet exposé quelques détails sur la construction et le fonctionnement des wagonnets desservant les turbines et sur lesquels on place les tambours à transporter (1) :

Quand les wagonnets, chargés des tambours tournants, sont prêts en nombre suffisant, on les pousse au-dessous de l'appareil à cuire ; la masse cuite, qui contient environ 10 % d'eau et qui est à la température de 98° C., se déverse, par une disposition appropriée, dans les huit entonnoirs d'emplissage correspondant aux compartiments principaux du tambour cloisonné. Le chargement ou emplissage des compartiments se fait de bas en haut, alors que l'air s'échappe par les entonnoirs et par les fentes ménagées entre l'assemblage des cloisons et la couverture annulaire des espaces cloisonnés.

Une fois chargés, les tambours sur wagonnets sont abandonnés pendant 12 à 16 heures en vue du refroidissement de la masse cuite. On place ensuite le tambour dans la turbine au moyen d'une grue spéciale et l'on ferme le couvercle de la turbine. On turbine

(1) *Sucrerie ind.* Janv. 1892.

d'abord avec 650 à 670 tours par minute ; le sirop vert s'échappe ; on claire ensuite avec 150 à 200 tours par minute en employant le sirop de clairçage d'une opération précédente ; puis on chasse le restant de celui-ci en donnant à la turbine la petite vitesse ; on claire une seconde fois avec de la claire fraîche et en faisant faire à la turbine de nouveau 150 à 200 tours par minute. Finalement on fait prendre à la turbine sa vitesse première pour expulser les derniers restes de sirop.

Le clairçage s'opère dans l'espace annulaire compris entre l'intérieur du tambour de la turbine et l'extérieur du moule à plaquettes, espace hermétiquement clos à la partie inférieure et à la partie supérieure et qui n'a que 9 mm. d'épaisseur surtout son pourtour.

Par une disposition particulière, les deux claires ou sirops d'égoût sont recueillies séparément dans des réservoirs. Les claires viennent de telle façon qu'elles traversent entièrement et sur toute la hauteur la couche du sucre en clairçage.

Sur 480 kilogr. de masse cuite de la meilleure qualité, on emploie 80 à 100 litres de claire fraîche et l'on obtient, après les 20 à 30 minutes que prennent les divers turbinages, environ 335 kilog. de tablettes humides. Comme il y a dans la turbine 8 compartiments à 18 tablettes, on a ainsi 144 tablettes auxquelles on peut donner des dimensions variées, en construisant les organes du cloisonnement en conséquence.

Quand le turbinage est terminé, on enlève le tambour au moyen de la grue déjà mentionnée et l'on retire facilement les tablettes que l'on étuve ensuite. Après la remise en place des organes du cloisonnement, on peut recommencer le turbinage d'un nouveau tambour tenu tout prêt.

On sèche les tablettes pendant 10 à 15 heures en terminant à 50°C. On obtient en moyenne de 100 kilogrammes de masse cuite :

71	kilogrammes de plaquettes sèches	
62 à 63	—	morceaux réguliers
25	—	irréguliers
5	—	poudre de sciage

De 100 kilogrammes de plaquettes sèches on obtient :

83 à 88	kilogrammes, morceaux réguliers	
3 à 4	—	— irréguliers
9 à 7	—	poudre de sciage.

Sur les 83 à 88 kilogrammes de morceaux réguliers on a, suivant le nombre de morceaux à la livre que l'on fait et l'habileté des rangeuses, de 78 à 84 morceaux réguliers rangés.

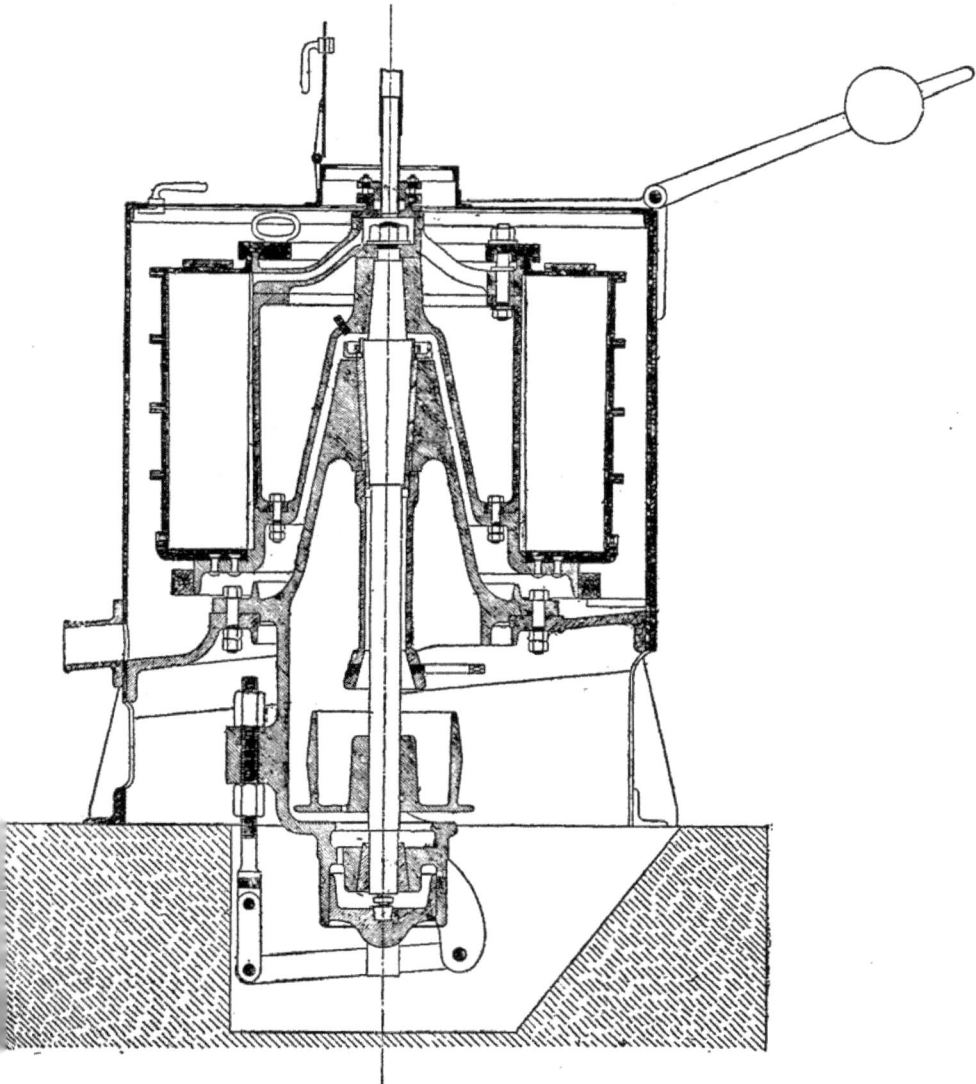

Fig. 243. — Turbine Adant. Vue en coupe verticale.

Le déchet de plamotage, y compris le sirop restant dans la forme, varie de 1 1/2 à 2 1/2 °/₀ du poids de la masse cuite.

La production d'une turbine varie de 6.500 à 7.500 kilogrammes par jour, soit de 13.000 à 15.000 kilogrammes par 24 heures. Le nombre de moules et de formes nécessaires pour une turbine est de 16 à 18 si la turbine ne travaille que de jour et de 24 à 26 si la turbine travaille nuit et jour.

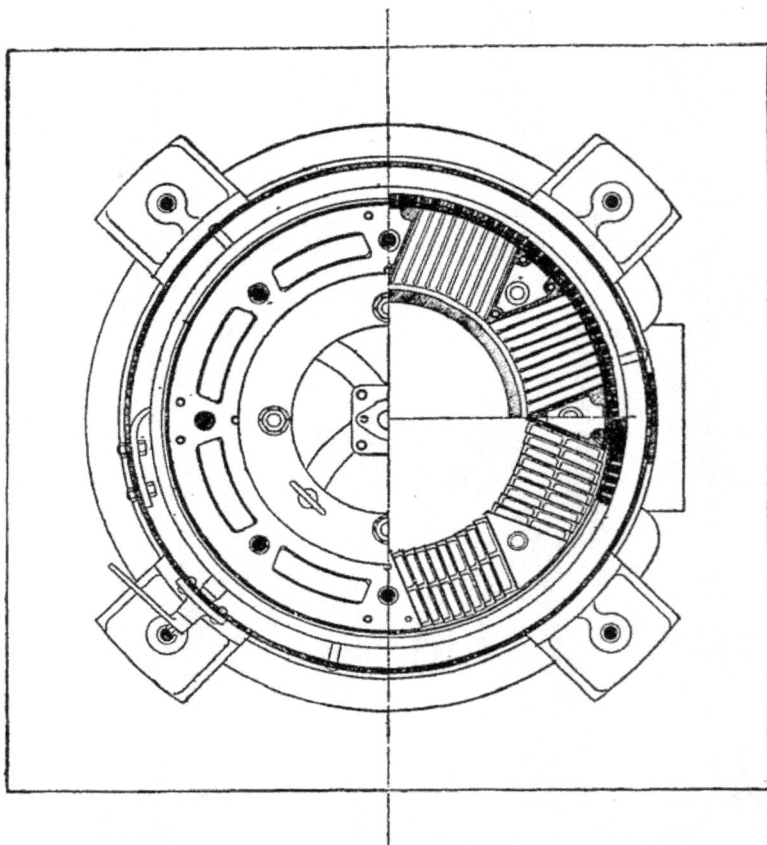

Fig. 244. — Plan et coupe de la turbine Adant.

Les frais de production, depuis l'emplissage jusqu'à l'étuvage s'élèvent, d'après M. Adant, à 23 centimes par 100 kilog. de tablettes. En effet, deux turbines fournissent en 24 heures (20 à 22 heures de travail réel, de 26,000 à 30,000 kilos de tablettes; et, comme les tablettes ne passent qu'une fois par les mains, et ce, lors de leur extraction du tambour de turbine et quand elles sont déjà formées et achevées, il suffit de 7 à 8 hommes pour 2 turbines, y compris le transport dans l'étuve. Avec les procédés ordinaires, qui fournissent de moins beaux produits, il faut environ 20 hommes pour

10,000 kilos. Une turbine Adant exige au début du mouvement une force de 7 chevaux et puis une force de 4 chevaux et puis une force de 4 chevaux et demi, ce qui est peu rapport à la production.

Fabrication du sucre en plaquettes, système Mathée et Scheibler.

La fabrication du sucre en plaquette, *système Mathée et Scheibler*, ou autrement dit le raffinage de sucre en plaquettes, consiste en principe, à agglomérer le sucre sortant de la chaudière à cuire, dans de petits compartiments de dimensions déterminées, et de déplacer au moyen d'une dissolution concentrée du sucre appelée clairce, la quantité de mélasse *sirop vert* entraînée avec la masse cuite et contenue dans ce sucre.

L'économie de ce système, réside en ce que les plaquettes obtenues ayant une forme parallélipipédique, permettent d'obtenir directement et sans déchets des lingots ayant pour dimension l'épaisseur de la plaquette, et comme largeur la largeur de la plaquette divisée en un certain nombre de parties égales.

Comme déchets, il ne doit exister que ceux qui sont formés par la scie pour débiter les lingots et les poussières provenant du cassage.

Le cassage en morceaux est effectué sur les mêmes machines que celles qui servent pour le sucre en pains.

Ces morceaux de sucre ainsi obtenus, ont donc sur leurs 6 faces : 2 faces cassées, 2 faces sciées et 2 face brutes ; ceux provenant des lingots d'extrémité des plaquettes ont 2 faces cassées, 1 face sciée, et 3 faces brutes. Tandis que le sucre en pains donne des morceaux ayant 2 faces cassées et 4 faces sciées.

La masse cuite destinée à la fabrication du sucre en plaquettes, doit avoir le grain très fin, et contenir une grande quantité de grains ; lorsque la masse cuite est arrivée au point voulu, on la fait couler directement dans les caisses d'emplissage, dans lesquelles on a préalablement mis en place les formes munies de leurs tôles de séparation.

Description du matériel.

Caisses. — Les caisses ont intérieurement 436 millim. sur 244 millim, sur 1 m. 060 de hauteur totale, elles contiennent 2 rangées de 6 formes soit 12 formes.

Les formes ont extérieurement 240 millim. sur 215 millim. et 150 millim. de hauteur ; elles contiennent chacune :

Soit : 8 plaquettes de 224 × 150 et 24 millim. d'épaisseur (*Azucarera Espanola*).

Ou : 7 plaquettes de 224 × 150 et 27 $^m/_m$ 06 d'épaisseur.

Chaque caisse contient donc 96 plaquettes de 24 millim. d'épaisseur, ou 84 plaquettes de 26 mil. 06.

Formes. — Les formes sont des boîtes en tôle, sans fond ni couvercle, dans lesquelles les tôles de séparation des plaquettes sont maintenues à écartement convenable par deux autres tôles transversales, avec entailles recevant les premières.

Les formes sont placées dans les caisses, debout les unes sur les autres, en deux rangées de 6 formes, de façon que dans chaque rangée, elles communiquent toutes entre elles ; elles sont cependant séparées en partie l'une de l'autre par des tôles évidées indépendantes, mises en place en même temps qu'elles dans la caisse.

Lorsque plus tard les formes sont sorties des caisses, elles possèdent chacune deux faces formées par le sucre qu'elles contiennent.

L'emplissage des caisses ne doit être fait que très lentement, pour éviter les bulles d'air qui peuvent se trouver emmagasinées dans la masse, et qui donneraient par la suite des déchets dans les plaquettes ou du sucre sans homogénéité.

Emplissage des caisses. — Dans ce but, les caisses sont amenées par des bicycles pour être remplies ; un tréteau en fonte est disposé pour les recevoir et elles sont maintenues inclinées contre ce tréteau pendant l'emplissage.

Le robinet de vidange de la chaudière à cuire, est disposé de façon que la masse cuite tombe à la partie supérieure de la caisse qui répose sur le tréteau, sur laquelle elle coule en chassant devant elle tout l'air qui se trouvait dans la caisse.

Les caisses emplies sont envoyées dans les étuves, où elles restent environ 12 heures, à une température de 50 à 55° C environ.

Pendant l'étuvage, le sucre s'agglomère et continue son travail de cristallisation ; quand on juge qu'il est suffisament étuvé, on démoule les formes des caisses, au moyen d'une démouleuse mécanique tournant à 120 tours et donnant une vitesse de démoulage de 960 millim. à la minute.

Machine à démouler les formes. — En principe, cette machine se compose d'une vis à mouvement alternatif, avec arrêt automatique à chaque fin de course ; cette machine est à double effet, c'est-à-dire, que la vis est utilisée au démoulage par son déplacement dans les deux sens ; des tables sont installées de chaque côté, dans l'axe de la vis, pour recevoir horizontalement les caisses à démouler.

Les extrémités de la vis poussent les formes hors des caisses ; à cet effet, il existe au fond des caisses, un tampon mobile qui reçoit la poussée de la vis et fait sortir de la caisse toutes les formes qu'elle contient.

Les 12 formes sortant de la caisse sont réunies entre elles par le sucre aggloméré dans les orifices qui servent à leur emplissage, et par le sucre qui a rempli le jeu existant entre les formes ; pour les séparer automatiquement en longueur, on a ménagé sur chaque table à la sortie de chaque caisse un plan incliné forçant les deux formes sortant de front à se séparer transversalement des suivantes qui se trouvent encore dans la caisse.

Et pour séparer ces deux formes l'une de l'autre, on a installé un galet qui fait saillie au milieu de la table, qui les sépare longitudinalement.

Les caisses sont fixées sur ces tables par des étriers à charnières.

Les formes ainsi séparées contiennent encore du sucre adhérent sur les parois extérieures ; elles sont grattées et nettoyées sur une table à grilles, les deux faces en sucre de jonction des formes qui ont été cassées par le démoulage, n'étant pas très nettes sont régularisées avec un couteau, à l'affleurement des parois en tôle de la forme ; les déchets recueillis dans des petits wagonnets, sont rentrés dans le travail.

Machine à laver les formes à la vapeur. — Les caisses vides sont lavées à une machine spéciale, avec de la vapeur d'échappement, les eaux provenant du lavage sont recueillies et rentrées dans le travail des sirops.

Cette machine se compose d'une plaque de fondation, sur laquelle on pose la caisse à laver, le fond en haut, la vapeur arrivant par la plaque de fondation, entre dans la caisse et la lave ; une bâche mobile équilibrée vient emprisonner la caisse, et empêche la vapeur de se répandre dans l'atelier, un tuyau avec valve est disposé pour l'échappement des buées au dehors,

Les formes nettoyées sont ensuite claircées, car les plaquettes contiennent encore tout le sirop vert qui existait dans la masse cuite, et qu'il faut enlever.

Appareil à claircer le sucre en formes. — L'appareil à claircer est destiné à simplifier le travail de turbinage, qui généralement est très long, et de remplacer par de la clairce riche, le sirop vert contenu dans les plaquettes.

Cet appareil se compose de 9 plateaux, disposés comme les plateaux de filtres-presses ; dans les 8 intervalles qu'ils forment entre eux, on interpose 16 formes (2 formes superposées par intervalle) en plaçant les formes, de façon que les parois en sucre soient directement appliquées contre les plateaux de l'appareil.

Les plateaux sont de deux systèmes : 4 d'entre eux à double face, servent à l'arrivée de clairce ; les 5 autres, dont 3 à double face et 2 à une face, pour les extrémités, servent au sirop vert sortant des plaquettes.

Les plateaux recevant la clairce sont réunis chacun par un tuyau en caoutchouc, à une conduite de clairce, alimentée par un bac en charge de 10 mètres environ sur l'appareil.

Les plateaux recevant le sirop vert sont réunis chacun par un tuyau en caoutchouc, à une conduite allant à un récipient mesureur.

Ce récipient a pour objet de mesurer le sirop vert sortant des plaquettes, et en même temps de se rendre compte de la quantité de clairce envoyée dans le sucre.

Pour aider la circulation dans l'appareil, la partie supérieure du récipient mesureur de sirop vert peut être mise en communication avec une pompe à vide.

A   Bac à laver les formes.
B   Machine à laver les caisses.
C   Machine à démonter les formes, faisant 120 tours à la minute.
D   Table à nettoyer les formes.
E F Centrifuges faisant 1000 tours par minute.
G   Transmission.
H   Machine à éclaircer.
I   Machine à démouler les plaquettes.

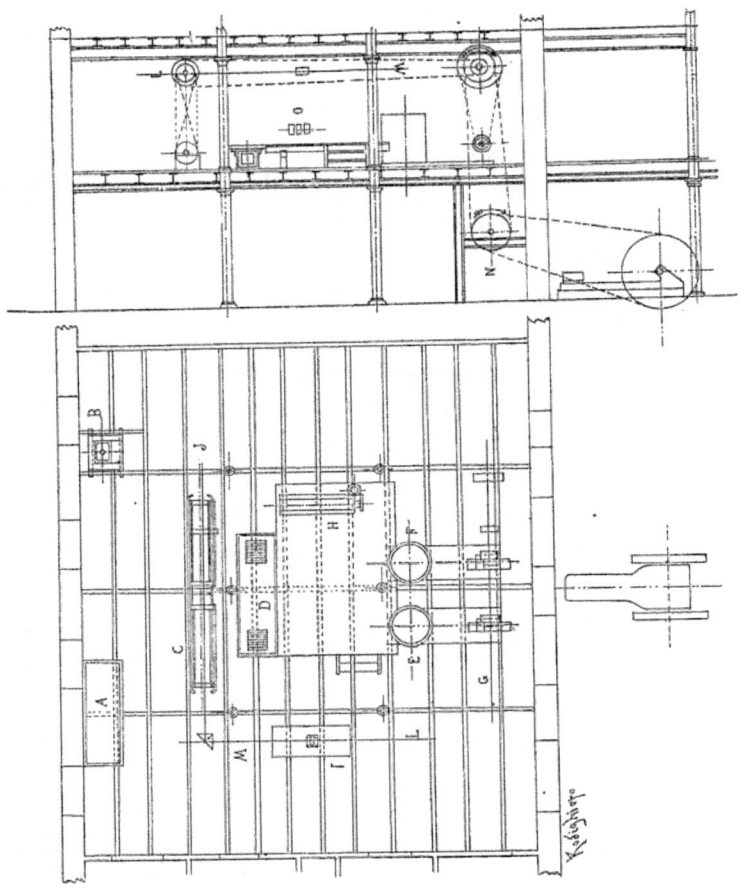

Fig. 246. — Fabrication du sucre en plaquettes, système Mathée et Scheibler. Installation des appareils (p. 109).

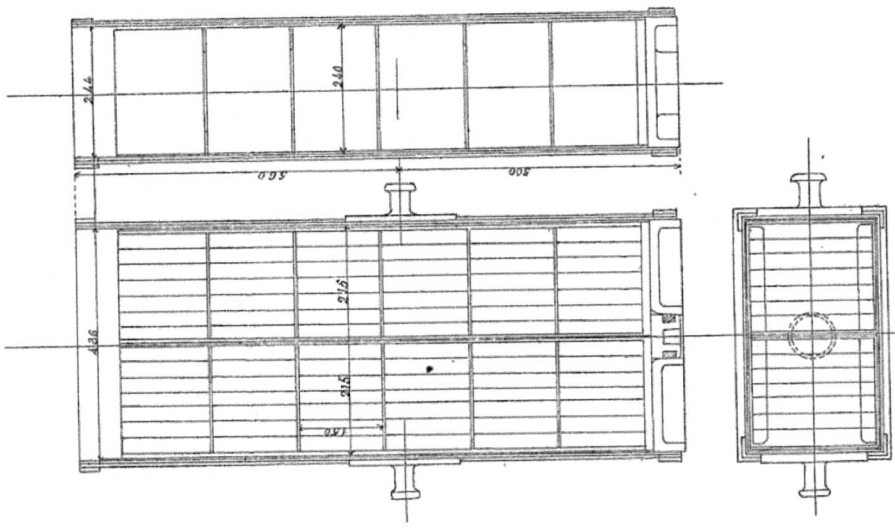

Fig. 245. — Caisse recevant les formes.

Des baguettes en caoutchouc fixées sur les plateaux sont destinées à faire les joints entre les parois en tôle des formes et les plateaux. Une vis de pression manœuvrée par un volant permet d'assurer tous ces points.

Pour faire fonctionner cet appareil, lorsque les 16 formes sont placées entre les plateaux et les joints faits, on ouvre le robinet d'introduction de clairce dans l'appareil, en tenant ouverts les robinets d'air fixés à la partie supérieure des plateaux à clairce. Quand la clairce commence à remplir les entonnoirs de ces robinets, on les ferme, et pour aider le travail de clairçage on ouvre le robinet de vide du récipient mesureur ; la clairce circule alors à travers les plaquettes, en chassant devant elle le sirop vert qui remplit le récipient mesureur jusqu'à un niveau déterminé ; arrivé à ce niveau, l'opération est terminée, on ferme les robinets d'introduction de clairce et de vide, on desserre les plateaux ; l'excédent de clairce non utilisée, tombe dans des gouttières placées sous les plateaux à clairce déversant dans une nochère où elle est recueillie pour être de nouveau utilisée : le sirop vert en excès tombe dans une autre gouttière et on l'envoie au travail des sirops.

Les plaquettes contenues dans les formes sortant de l'appareil à claircer, contiennent encore une certaine quantité de sirop vert, du côté où elles étaient en contact avec les plateaux à sirop vert, tandis que de l'autre côté les mêmes plaquettes contiennent un excès de clairce blanche.

De l'appareil à claircer les formes sont portées à l'appareil centrifuge.

Appareil centrifuge. — L'appareil centrifuge est du système ordinaire, à mouvement en dessous; le tambour a un diamètre de 940 millim. et une hauteur de 470 millim., il contient 2 étages de huit formes, soit 16 formes ; l'appareil est muni d'un frein à vide.

Le travail de turbinage, comme il a été dit plus haut, est bien simplifié, par suite de l'emploi de l'appareil à claircer ; le turbinage consiste donc à enlever les dernières traces de sirop vert qui restent dans les plaquettes et à répartir la clairce.

Dans ce but, la face de la forme qui vient de quitter le plateau à sirop vert, est mise contre la tôle perforée du tambour, de façon que le sirop vert sorte le premier de la masse par la force centrifuge, et aidé par la clairce qui tend à le chasser devant elle, en nettoyant les pores du sucre qui le renfermaient.

Le travail de turbinage s'effectue sans addition de clairce liquide, air ou vapeur dans le tambour du centrifuge.

Lorsque les formes ont été turbinées, elles sont portées sur la table de la machine à démouler les plaquettes.

Machine à démouler les plaquettes. — Cette machine est construite sur le même principe que la machine à démouler les formes ; les plaquettes sortent de leur forme avec les tôles de séparation adhérentes au sucre, elles en sont facilement séparés à la main.

Les plaquettes de sucre obtenues sont portées à l'étuve, d'où elles sortent pour être sciées, cassées et emballées.

Les tôles de séparation des plaquettes et les formes sont ensuite lavées dans un bac à eau chaude ; après égouttage, elles sont remontées dans leur forme, les formes mises en place dans les caisses et peuvent servir pour une opération suivante.

L'installation d'ensemble de ces appareils et leur groupement est déterminé de façon à faciliter la manutention des caisses et formes d'un appareil au suivant, laquelle manutention demande des ouvriers robustes, surtout en ce qui concerne le travail des formes.

PROCÉDÉ DE LESSIVAGE DES MASSES CUITES ET DES SUCRES, DE STEFFEN

Ce procédé a pour but d'obtenir sans refonte du sucre blanc extra, directement consommable ; il peut s'appliquer au sucre brut ou à la masse cuite ; il est basé sur le principe du lessivage méthodique par des clairces de plus en plus pures et de moins en moins denses ; la première clairce qui passe sur le sucre ou la masse cuite a une composition voisine de la mélasse qu'elle déplace, tandis que la dernière est une solution saturée de sucre pur, qui est éliminée comme nous le verrons plus loin, les clairces intermédiaires se substituent les unes aux autres et servent indéfiniment.

Le premier brevet a été pris en Allemagne en juin 1884 par

MM. Steffen et Raeymackers, les inventeurs conseillaient alors comme appareil servant au lessivage une batterie analogue à une batterie de diffusion et composée d'au moins quatre vases ; le sucre brut tamisé devait être placé tel quel dans les diffuseurs ou bien mélangé avec du sirop provenant du vase précédent, la clairce la plus pure passait sur le plus ancien diffuseur et la moins pure sur le plus jeune. Le sucre contenu dans le plus ancien diffuseur était égoutté, puis vidé ; le sucre contenait alors 8 % d'eau environ. On pouvait ensuite, suivant MM. Steffen et Raeymackers, refondre le sucre obtenu ou le transformer en masse fluide par la chaleur et le couler dans des formes.

En juillet 1884 les inventeurs prennent une première addition à leur brevet, addition ayant pour but d'étendre le lessivage des sucres au lessivage des masses cuites ; à cet effet celles-ci sont portées à 110° afin de compléter la cristallisation du sucre libre contenu dans le sirop, puis séchées de manière à ne plus contenir que 3 % d'eau ; elles sont ensuite passées au désintégrateur, puis tamisées et lessivées comme il a été dit dans le brevet de juin 1884.

En avril 1887 M. Steffen et Raeymaeckers prennent en France un brevet pour un procédé de lavage systématique des sucres bruts au moyen de solutions aqueuses, alcooliques ou autres. Ils font remarquer que pendant le lessivage les clairces les plus denses passent moins rapidement que les clairces les moins denses, d'où arrêt des clairces les moins denses par les clairces les plus denses ; les premières restant longtemps en contact avec le sucre se sursaturent, cristallisent et rendent la masse impropre au passage des clairces suivantes.

Les inventeurs proposent plusieurs moyens de remédier à ces inconvénients : adjoindre aux vases lessiveurs d'autres récipients divisés en un certain nombre de cellules, nombre égal à celui des différentes espèces de clairces : ces clairces se rendent dans leurs cellules respectives et servent ensuite au lessivage du sucre contenu dans un nouveau récipient laveur en se succédant toujours dans le même ordre.

Les deux autres moyens consistent : l'un, à chauffer les sucres en lavage ainsi que les clairces afin d'éviter la cristallisation et de diminuer leur viscosité ; l'autre à ajouter à la clairce, pendant le courant du travail, une quantité d'eau suffisante pour dissoudre les petits grains qui pouvaient prendre naissance.

Vient ensuite la description des appareils : Les récipients destinés à recevoir la masse à épurer sont appelés sucettes, ils sont cylindriques et munis d'un double fond formé d'un tissu perforé au-dessous duquel se rend la claire qui est aspirée par une pompe et se rend dans les récipients à cellules ; de ceux-ci la claire est distribuée aux sucettes soit automatiquement, soit à la main.

Les brevetés décrivent ensuite les différents modes de réunion des sucettes et des récipients à claires : Batterie composée de plusieurs récipients laveurs. — Batterie composée de deux laveurs et d'un collecteur. — Batterie composée d'un laveur et d'un collecteur.

En novembre 1888 les inventeurs prennent un nouveau certificat d'addition : on utilise dès lors un seul vase cellulaire central divisé en autant de compartiments que l'on veut utiliser de claires, ce vase doit contenir deux fois et demie la quantité de liquide contenu dans les sucettes.

Supposons toutes les sucettes pleines de sucre, la cellule contenant la première claire à employer est ouverte et son contenu se rend dans une conduite qui dessert toutes les cellules et qui le déverse dans un récipient divisé en un certain nombre de chambres qui recueillent toutes la même quantité de claire et la déverse dans chaque sucette correspondante ; la même opération est répétée avec la deuxième claire contenue dans la deuxième cellule du vase central et ainsi de suite ; on élimine la mélasse chassée par la première claire, et les suivantes reviennent dans le récipient des claires pour servir à une nouvelle opération.

Généralement après le passage de la dernière claire on turbine légèrement le sucre afin d'éliminer le sirop pur qu'il retient, puis on le passe au granulateur.

M. Aulard a eu la bonne fortune de pouvoir étudier le procédé Steffen qui nous occupe, en visitant la sucrerie-raffinerie la Tirlemontoise ; il a bien voulu en entretenir l'association des chimistes ; nous le suivrons rapidement dans sa visite et son rapport :

Il attire d'abord notre attention sur la cuite, qui doit être menée de manière à éviter la formation de petits cristaux qui entraveraient l'opération du lessivage. La mélasse chassée par la première clairce est envoyée à l'atelier de la séparation Steffen ; la composition de cette mélasse B est indiquée dans le tableau des analyses effectuées par M. Aulard sur les différents produits du travail que nous suivons en ce moment ; les clairces suivantes de composition C et D sont envoyées aux malaxeurs réfrigérants de masse cuite afin de fluidifier celle-ci et d'empêcher la formation de nouveaux cristaux ainsi que le soudage des anciens.

Lorsque dans les réfrigérents la masse cuite est arrivée à 36-38°, ce qui a lieu au bout de 24 à 30 heures, elle est coulée dans des wagonnets ayant $2^m30 \times 1^m30 \times 0^m80$. On dispose de 4 vases à clairce contenant chacun 41 cellules de 9 hectolitres de contenance chacune.

Les bâches filtrantes ou sucettes peuvent être placées sur une voie ou une autre au moyen d'un truck, elles sont remplies de 17 hectolitres de masse cuite, laquelle affleure alors à 25 cent. du bord supérieur. Il faut 15 sucettes wagonnets pour un travail de 800,000 kg par 24 heures et 30,000 kg de mélasse. Celles-ci remplies sont roulées sous les vases cellulaires et le lessivage commence comme il a été dit dans le brevet de novembre 1888.

Après le passage de 40 clairces, la sucette wagonnet est poussée sur une plaque mobile et renversée dans une trémie en charge sur un malaxeur à bras en bois. Le sucre y reçoit l'égouttage venant du turbinage qui est effectué afin de chasser la dernière clairce. Il ne reste plus qu'à passer au granulateur.

Il est évident que le procédé Steffen-Raeymaeckers, permettant d'obtenir en premier jet du sucre blanc, laissera dans les mélasses plus de cendres que les procédés ordinaires de fabrication qui entraînent avec le sucre une plus grande quantité de sels ; il y aura donc plus de sucre immobilisé dans la mélasse et plus de mélasse ; le travail de celle-ci par un procédé quelconque s'imposera donc, M. Aulard propose la séparation Steffen.

PROCÉDÉ DROST ET SCHULZ

Ce procédé est basé sur le principe du clairçage dans la turbine, sans vapeur et sans clairce pure. Les inventeurs se servent comme clairce du sirop ordinaire des fabriques de sucre, mais le con-

Produits de la Sucrerie-Sucraterie—
Administrateur-Gérant :

Raffinerie « LA TIRLEMONTOISE » Tirlemont.
Victor Beauduin.

NATURE ET DÉSIGNATION des produits analysés.	Saccharose.	Raffinose.	Sels.	Matières organiques.	Eau.	Alcalinité exprimée en chaux.	Chaux totale combinée.	Pureté apparente.	Pureté réelle.	Coefficient salin.	Coefficient organiques.	Sels p. 100 de saccharose.	Mat. organ. p. 100 de saccharose.	Raffinose p. 100 de saccharose.	Ch. tot. com-biné p. 100 de saccharose.	OBSERVATIONS
A. Masse cuite pure.........	86.40	0.42	3.38	6.40	3.40	0.060	0.118	90.248	89.444	25.562	13.500	3.912	7.408	0.486	0.161	
A'. Masse cuite n° 157 à la sortie du réfrigérant.........	79.45	0.73	4.77	11.15	3.90	0.060	0.287	84.079	82.674	16.656	7.125	9.200	14.034	0.919	0.361	
B. Mélasse allant à la séparation.	51.91	2.26	10.10	22.33	13.80	0.130	1.150	64.733	59.872	5.161	2.311	19.375	43.267	4.379	2.228	
C. Mélasse reprise au réfrigérant	53.50	1.73	9.63	21.24	13.90	0.100	1.150	65.853	62.137	5.504	2.518	18.000	39.701	3.234	2.149	
D. Même produit 1 h. après C.	53.43	1.74	9.65	21.99	13.20	0.070	1.090	65.322	61.429	5.538	2.429	18.064	41.164	3.857	2.044	
E. Claire cellule n° I.	55.90	1.24	6.75	14.61	21.50	0.090	0.803	74.140	71.210	8.281	3.896	12.075	26.136	2.218	1.437	
F. — III.	56.93	1.01	6.48	13.50	23.00	0.080	0.734	75.385	72.974	8.784	4.188	11.384	23.275	1.774	1.289	
G. — V.	57.35	0.83	6.03	13.39	23.40	0.080	0.608	75.902	73.904	9.510	4.283	10.514	23.348	1.447	1.000	
H. — VII.	57.47	0.86	5.94	13.83	22.90	0.080	0.596	76.653	74.539	9.675	4.479	10.336	22.300	1.496	1.037	
I. — IX.	57.35	0.83	5.67	12.85	23.30	0.070	0.642	76.792	74.769	10.114	4.463	9.887	22.406	1.447	1.119	
J. — XI.	57.89	0.76	5.31	12.14	23.90	0.080	0.619	77.924	76.071	10.902	4.768	9.172	20.970	1.312	1.009	
K. — XIII.	58.45	0.78	5.21	11.16	24.00	0.070	0.619	78.815	76.908	11.007	5.100	9.005	19.602	1.334	1.059	
L. — XV.	58.81	0.75	5.13	11.11	24.20	0.060	0.537	79.420	77.586	11.464	5.293	8.723	18.891	1.275	0.896	
M. — XVII.	59.18	0.71	4.86	9.95	25.30	0.060	0.504	80.991	79.223	12.177	5.948	8.212	16.813	1.199	0.852	
N. — XIX.	59.48	0.66	4.59	9.67	25.00	0.060	0.504	81.586	79.946	12.958	6.151	7.719	16.257	1.409	0.817	
O. — XXI.	59.70	0.70	4.93	9.17	25.20	0.060	0.458	82.656	80.894	14.019	6.510	7.085	15.360	1.172	0.767	
P. — XXIII.	00.16	0.62	3.78	0.84	26.00	0.050	0.435	83.515	81.963	15.915	6.805	6.283	14.694	1.090	0.726	
Q. — XXV.	60.53	0.74	3.69	8.44	26.60	0.040	0.424	84.332	82.466	16.404	7.172	6.096	13.943	1.222	0.700	
R. — XXII.	60.90	0.70	3.33	7.67	26.40	0.040	0.413	85.674	83.884	18.288	7.940	5.468	12.594	1.149	0.678	
S. — XXIX.	61.07	0.61	3.24	7.28	27.80	0.040	0.435	86.149	84.584	18.848	8.388	5.385	11.921	0.988	0.712	Analyse du cristallise
T. — XXXI.	61.81	0.53	2.88	6.88	27.90	0.040	0.389	87.101	85.728	21.461	8.984	4.659	11.147	0.857	0.629	Saccharose.... 99.80
V. — XXXIII.	62.23	0.41	3.15	6.21	28.00	0.040	0.367	87.500	86.430	19.755	10.021	5.061	9.979	0.658	0.580	Sels........... 0.03
W. — XXXV.	62.60	0.37	2.34	6.50	28.10	0.040	0.321	88.039	87.065	26.751	9.498	3.738	10.537	0.591	0.512	Eau........... 0.15
X. — XXXVII.	63.68	0.29	1.89	4.94	29.20	0.030	0.275	90.675	89.943	33.093	12.890	2.968	7.757	0.455	0.432	Mat. org...... 0.02
Y. — XXXIX.	64.73	0.31	1.53	3.43	30.00	0.020	0.183	93.285	92.471	42.307	18.889	2.363	5.298	0.479	0.383	_____ 100.00
Z. — XXXXI.	66.32	0.09	0.81	1.27	31.60	0.010	0.092	97.222	96.959	81.876	32.220	1.221	1.914	0.135	0.138	Rend.coefficient 99.65

centrent à 36° Bᵉ pour qu'il ne puisse pas dissoudre de sucre ; ils le fond parvenir à la turbine à une température voisine de 50° après égouttage du sirop vert de la masse sucrée. Il faut compter employer 8,5 % de sirop du poids de la masse cuite ; le turbinage est ensuite continué de manière à ne laisser que 1 % d'eau dans les sucres. Les égouts provenant du clairçage sont envoyés à la première carbonatation, à la deuxième et sirop ; les plus purs aux sirops, les moins purs à la première carbonatation.

Ce procédé supprimant l'usage de la vapeur permettrait de diminuer la freinte au turbinage tout en obtenant des sucres blancs titrant plus de 99.

CHAPITRE I

APPAREILS SERVANT DANS UN LABORATOIRE
DE SUCRERIE. — DESCRIPTION ET USAGE

BALANCE

Le premier instrument de toute nécessité dans un laboratoire de sucrerie est la balance. Il en faut d'abord une de précision pouvant peser 100 ou 200 gr. à un milligramme, demi-milligramme ou 1/10 de milligramme près; puis une pouvant peser 5 kilog. ou 10 kilog. à un gramme près.

Nous allons faire une courte théorie de cet instrument que le chimiste doit savoir vérifier et régler ; nous indiquerons ensuite les différentes manières de faire les pesées.

Balance de précision. — Elle se compose d'une tige horizontale ou fléau, mobile autour d'un axe placé en son centre, cet axe est formé par un couteau reposant sur un plan d'agate ou d'acier; les deux parties égales du fléau qui se trouvent à droite et à gauche de l'axe de suspension s'appellent bras du fléau; à leurs extrémités sont suspendus des plateaux destinés à recevoir les corps à peser et les poids.

Conditions de justesse. — Une balance est juste quand le fléau est en équilibre, les deux plateaux étant vides ou chargés de poids égaux.

Cela exige :

1° Que le centre de gravité de la partie mobile soit sur la verticale du point de suspension quand le fléau est horizontal.

2° Que les deux bras du fléau soient égaux.

3° L'arête du couteau doit être au-dessus du centre de gravité de la partie mobile.

Ce que nous appellerons condition d'usage, car sans elle l'usage de la balance serait très difficile : Si cette condition n'est pas remplie la balance est ce que l'on appelle folle, c'est-à-dire qu'on ne pourrait arriver qu'à un état d'équilibre instable. Dans le cas où l'arête du couteau et le centre de gravité de la partie mobile coïncideraient, la moindre différence entre les poids placés sur les deux plateaux de la balance la ferait trébucher complètement.

Conditions de sensibilité. — La balance sera d'autant plus sensible que :

1º La partie mobile sera plus légère ;

2º Que les bras du fléau seront plus longs ;

3º Que l'arête du couteau sera plus rapprochée du centre de gravité de la partie mobile.

On peut encore ajouter qu'il faut que l'arête du couteau et les points de suspension des plateaux soient dans un même plan, ce qui nécessite un fléau assez rigide pour qu'il ne se produise aucune flexion sous le maximum des poids que doit porter la balance.

Remarque. — Pratiquement, plus les bras du fléau seront longs, plus la partie mobile devra être lourde ; c'est au constructeur à savoir ne pas dépasser une certaine longueur de bras de fléau.

Une balance est d'autant moins sensible qu'elle est plus chargée, parce que plus les charges sont fortes plus elles écartent le centre de gravité de la partie mobile de l'arête du couteau.

Description d'une balance sensible de laboratoire. — Nous allons décrire une balance de laboratoire ; il va sans dire qu'elles ne sont pas forcément toutes absolument semblables à celle dont nous allons parler.

Un ou deux montants cylindriques en fonte supportent un plan d'agate sur lequel repose le fléau. Celui-ci a la forme d'un losange, il est généralement à jour de manière à peser le moins possible tout en gardant suffisamment de rigidité. Ce fléau porte en son milieu un couteau en acier ou en agate ayant la forme d'un prisme triangulaire ; une des arêtes de ce prisme repose sur le plan d'agate. Aux deux extrémités du fléau se trouvent deux autres petits couteaux analogues au précédent, mais renversés par rapport à lui. C'est sur les deux arêtes de ces couteaux que sont suspendus les plateaux au moyen d'une chape en agate.

La suspension des plateaux est faite au moyen de trois fils de
platine ou de deux tiges rigides ; nous préférons cette dernière

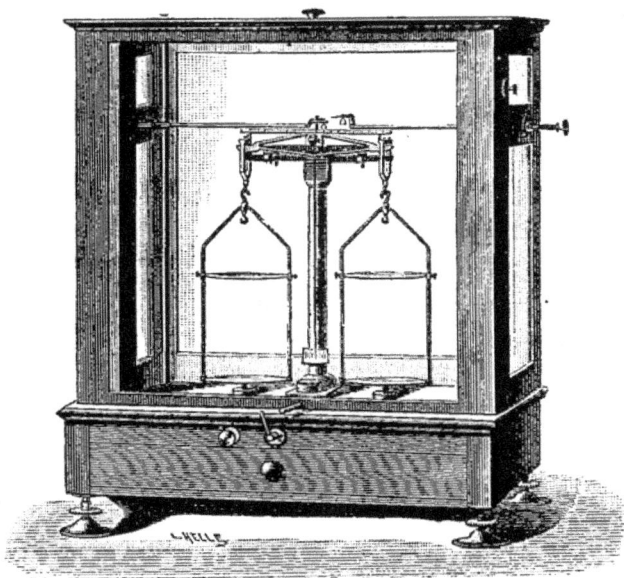

Fig. 247. — Balance de laboratoire.

combinaison qui est plus commode pour l'introduction et l'enlèvement des capsules sur les plateaux.

La balance porte de plus une fourchette qui permet de soulever
le fléau et les étriers, afin que les couteaux ne reposent plus quand
la balance ne sert pas ; sans cette précaution les couteaux en
question s'émousseraient rapidement. La fourchette supporte le
fléau en quatre points, et chaque étrier en deux points ; elle est
mue par une tige verticale qui monte et descend, actionnée par
un levier caché sous la table de la balance qui reçoit lui-même
son mouvement d'une pièce hélicoïdale que l'on peut faire tourner
au moyen d'un bouton apparent placé devant l'appareil.

Une tige fixée au fléau se meut sur un cadran divisé et indique
les oscillations d'une manière d'autant plus nette qu'elle est
plus longue.

Certaines balances sont munies en outre d'un mécanisme qui
supporte les plateaux par le dessous et qui est assez commode
pour faire les pesées ; nous en parlerons plus loin.

Sur le fléau et en son centre est placée une petite tige sur laquelle se meut verticalement un bouton au moyen d'un pas de vis. En levant ou en descendant ce bouton, on hausse ou on abaisse le centre de gravité de la partie mobile de la balance, ce qui permet de régler sa sensibilité.

La balance est généralement placée dans une cage en verre qui l'abrite des courants d'air pendant les pesées et en même temps contribue à sa conservation en la soustrayant à l'action des gaz et vapeurs oxydantes. On place dans cette cage un flacon contenant du chlorure de calcium pour dessécher l'air qui y est contenu. La balance est supportée par trois ou quatre vis calantes qui permettent de placer les arêtes des trois couteaux dans un plan horizontal ; pour constater cet état on se sert d'un niveau à bulle d'air qui fait souvent partie intégrante de l'appareil.

Manière de faire les pesées. — La méthode la plus simple de faire une pesée est la suivante :

Placer le corps à peser sur un des plateaux de la balance et faire équilibre avec des poids qui donneront de suite le poids du corps. Mais cette méthode exige une balance juste (1).

Borda, physicien français, a inventé une méthode dite des doubles pesées qui permet avec une balance non juste de trouver le poids exact d'un corps.

Méthode des doubles pesées de Borda. — On place sur un des plateaux le corps à peser, on fait équilibre avec ce qu'on appelle une tare composée généralement de grenaille de plomb et de petits morceaux de liège placés dans un flacon, on retire alors le corps et on le remplace par des poids marqués, qui représentent exactement son poids, que la balance soit juste ou non : il faut toutefois qu'elle soit sensible.

Voici maintenant la manière pratique d'opérer dans un laboratoire.

Les pesées se font généralement dans des capsules en cuivre, en nickel, en porcelaine et en platine quand celles-ci doivent aller au feu. On se sert encore de verres de montre.

Chaque capsule a une tare correspondante qui lui fait équilibre

(1) Certaines balances portent au-dessus du fleau une tige horizontale filetée sur laquelle on peut faire mouvoir une vis qui, placée à l'endroit voulu, assure la justesse de l'instrument.

plus 5 grammes par exemple. Si alors on veut peser 5 grammes d'une matière, il suffit de mettre une certaine quantité de cette matière dans la capsule jusqu'à ce que la tare soit équilibrée.

Maintenant supposons que la matière pesée soit du sucre, par exemple, que le sucre soit ensuite incinéré, nous voudrons alors connaître le poids des cendres contenues dans la capsule : la tare étant toujours sur le même plateau, la capsule sera replacée sur l'autre, il faudra alors pour faire équilibre placer des poids avec la capsule, 4 gr. 893 par exemple ; le poids des cendres sera 5 gr. — 4 gr. 893. Les deux poids de sucre et de cendres obtenus comme il est dit seront exacts, même si la balance n'est pas juste. Mais les capsules changent souvent de poids sous l'influence du feu et des corps qu'on y incinère ; il faut vérifier fréquemment la tare et la rectifier. On peut encore, en laissant la tare constante, avoir un tableau qui indique le poids qu'il faut mettre à côté de la capsule pour avoir l'équilibre.

Il ne faut jamais peser une capsule quand elle est encore chaude, car on trouverait un poids trop faible parce qu'alors elle ne condense pas la même quantité d'humidité que lorsqu'elle est à la température du laboratoire ; de plus, elle échauffe l'air ambiant, ce qui produit un courant ascendant qui tend à lever le plateau.

Quand on met les poids, la fourchette doit toujours être remontée ; ce n'est que lorsqu'ils sont placés que l'on produit doucement le déclanchement au moyen du bouton placé sur la tablette de la balance ; alors on constate l'existence de l'équilibre en voyant si l'aiguille oscille du même nombre de divisions sur le cadran.

Avec les balances construites avec la modification dont nous avons parlé plus haut, on déclanche d'abord, puis on abaisse au moyen d'un bouton les supports des plateaux qui, de cette façon sont surement rendus libres en même temps sans recevoir de secousses.

Il est cependant préférable à notre avis d'arrêter les oscillations des plateaux au moyen des supports et de déclancher ensuite en abaissant la fourchette.

Pour faire une pesée très exacte, on devra fermer les portes de la cage de la balance pour éviter les courants d'air sur les plateaux et le fléau.

Avant de se servir d'une balance il faut vérifier sa sensibilité, pour cela on opère comme suit :

On charge un des plateaux de 100 gr., par exemple, si la balance est faite pour ce poids ; on équilibre, puis on ajoute ensuite 1 mmg. sur un plateau et on regarde si l'équilibre est rompu ; si oui, la sensibilité est au moins de 1 mmg. ; on opérera d'une manière analogue pour savoir si la sensibilité est de 2 mmg. ou de un demi-milligramme ou encore de 1/10 de mmg.

Poids. — Généralement la boite de poids contient :

1	poids de	100 grammes	2	poids de	10 grammes
1	—	50 —	1	—	5 —
1	—	20 —	2	—	2 —
1	—	1 —	2	—	0 gr. 010
1	—	0 gr. 500	1	—	0 gr. 005
1	—	0 gr. 200	2	—	0 gr. 002
2	—	0 gr. 100	1	—	0 gr. 001
1	—	0 gr. 050	Quelquefois 1	—	0 gr. 0005
1	—	0 gr. 020			

Balance à cavaliers. — Une modification qui permet de peser plus rapidement est la suivante :

Le fléau porte une barre divisée de chaque côté du point de suspension en dix parties égales, la dixième se trouvant juste au-dessous du point de suspension des plateaux. Un petit fil de platine qu'on appelle cavalier et présentant la forme d'un anneau terminé par deux petits bras peut être placé sur une des divisions de la tige ; ce cavalier pèse 10 mmg. ; placé à la division 10 il produira l'effet de 10 mmg. posés sur le plateau correspondant ; placé à la division 1 il produira l'effet de 1 mmg., à la division 2 de 2 mmg. etc.

Une tige mobile horizontalement passe dans la cage de la balance, elle permet de soulever le cavalier et de le placer où l'on désire.

Cette modification évite le maniement des poids de 1 mmg, 2 mmg, 5 mmg ; elle permet de plus, une fois arrivé en pesant à 10 mmg. près, de terminer avec les portes de la balance fermées ; elle est indispensable pour des balances qui pèsent à 1/10 de mmg. près.

Balances à pesées rapides. — On a cherché depuis quelques années à rendre plus rapide l'opération de la pesée, par exemple en construisant des balances à fléau très court, telles que la balance de Sartorius ou en adjoignant aux balances des appareils optiques comme l'ont fait MM. Collot et Curie.

Nous empruntons au premier de ces constructeurs la description de son dispositif.

Fig. 248. — Balance à projection lumineuse Collot et Curie.

« Cet appareil de *projection lumineuse* adapté à une balance de précision, permet d'obtenir des pesées très rapides : pour une même approximation, la vitesse d'oscillation devient cinq ou six fois plus grande et, par la méthode employée, les derniers centigrammes, les milligrammes et leurs fractions s'apprécient directement avec *contrôle immédiat*.

Il est *absolument indépendant des organes de la balance*, c'est-à-dire du fléau, des crochets et des étriers, ce qui est indispensable pour obtenir un bon fonctionnement et un bon résultat sur la régularité et la sincérité desquels l'opérateur puisse compter.

Etant indépendant de la balance, cet appareil possède encore le grand avantage de pouvoir se placer très facilement sur *les balances de précision déjà existantes dans les laboratoires.*

La modification apportée à la balance consiste à déplacer le centre de gravité du fléau, de façon à diminuer la sensibilité et, par suite, à obtenir une vitesse beaucoup plus grande ; puis, par des moyens optiques, on augmente considérablement l'amplitude des oscillations. Au lieu d'obtenir une image amplifiée virtuelle de ces oscillations en regardant dans un microscope, ce qui serait fatigant pour l'opérateur, cette image est projetée sur un écran divisé formant cadran ; la lecture se fait alors très facilement et sans efforts, la division étant vue par transparence.

Description de l'appareil

L'appareil est formé d'un petit objectif achromatique A, qui termine le corps d'un microscope B, dans lequel se trouve l'écran divisé C, qui reçoit l'image amplifiée du réticule a fixé sur l'aiguille. Sur le réticule a sont

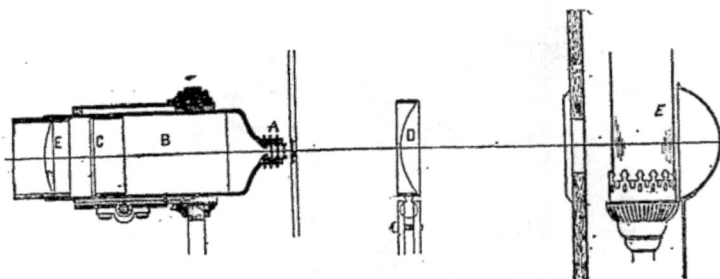

Fig. 249. — Principe de la balance Collot et Curie à projection lumineuse.

projetés les rayons, condensés au moyen d'une forte loupe D, qui proviennent d'une source lumineuse quelconque E, placée derrière la balance. En avant de l'écran divisé C se trouve une lentille E qui grossit les divisions de cet écran et sert en même temps de réflecteur pour les éclairer du côté où elles sont vues. La mise au point se fait au moyen d'un pignon c et d'une crémaillère D.

La source lumineuse actuellement employée consiste : soit en une lampe à gaz, soit une petite lampe électrique, avec réflecteur.

Dans le cas le plus ordinaire d'un bec de gaz, il est placé dans une boîte en noyer, pour éviter toute projection de chaleur sur la balance : ce bec, ainsi isolé, *n'est allumé que pendant une ou deux minutes au maximum à la fin de chaque pesée* : aussi, en fixant un thermomètre dans la cage, on constate qu'il ne se produit aucune variation, même très faible, de température.

Un robinet placé sur la conduite de caoutchouc qui alimente le bec de gaz se trouve près de l'opérateur (voir la figure 248) et est réglé de façon que, dans l'une de ses positions extrêmes, sans éteindre le bec de gaz complètement, il l'établit en veilleuse.

Pour une lampe électrique, ce robinet est remplacé par un commutateur, qui permet également de n'obtenir la lumière qu'au moment déterminé.

Installation de l'appareil

La balance étant montée et prête à fonctionner comme balance ordinaire, il faut :

1° Installer derrière la balance et dans l'intérieur de son enveloppe en bois le bec de gaz avec son réflecteur en réglant sa hauteur de façon que le centre du réflecteur corresponde au centre de l'appareil de projection proprement dit et que l'orifice de la boîte se trouve bien au milieu de la longueur de la cage ; puis, le réunir à la conduite de gaz par un tube en caoutchouc sur lequel on interpose, à portée de l'opérateur, le robinet régleur ;

2° Placer la loupe condensatrice de lumière derrière les deux colonnes de la balance, son centre correspondant, comme hauteur, à celui de l'appareil de projection et la promener avec la main, le gaz étant allumé, jusqu'à ce que le cadran intérieur obtienne son éclairage maximum ;

3° Tourner lentement et avec précaution le pignon de l'appareil de projection pour mettre au point l'image du réticule sur le cadran éclairé. Si la balance est légèrement déréglée et que l'aiguille possède un petit mouvement, lors de la mise en marche : la mise au point se fait lorsque les trois couteaux reposent sur les trois plans, la balance étant prête à osciller ;

4° Dans le cas où l'image du réticule ne correspond pas très exactement au trait milieu du cadran et que l'on désire l'y ramener, il suffit de desserrer l'un des boutons en cuivre verni qui règlent le mouvement latéral de l'appareil et de serrer l'autre en même temps. (Dans les petits modèles, ne pas exercer un fort serrage qui empêcherait le bras de la balance de descendre librement.)

Fonctionnement de la balance. — Ex   io d'une pesée.

Pour exécuter une pesée, le gaz étant établi en veilleuse, on procède comme pour une balance ordinaire, jusqu'à ce que l'extrémité de l'aiguille ne sorte plus du cadran inférieur : on compte alors la différence des nombres des divisions faites par l'aiguille à droite et à gauche du zéro. Cette différence, multipliée par la valeur approchée, en milligrammes, de chaque division de ce cadran (valeur donnée avec l'instrument), donne immédiatement le nombre de centigrammes et de milligrammes qu'il faut ajouter aux poids déjà placés sur le plateau de la balance pour avoir l'équilibre, à une demi-division près du cadran inférieur.

La valeur de chaque division de ce cadran varie de trois à dix milligrammes, suivant que la balance accuse le dixième ou le demi-milligramme. Comme ce cadran comprend 10 divisions de chaque côté du trait-milieu, on apprécie ainsi sans tâtonnements les trois derniers centigrammes ou le dernier décigramme suivant la sensibilité.

A ce moment, on ferme les portes de la cage, pour éviter tout courant d'air ; on ouvre le gaz au moyen du robinet régleur et l'on met la balance en marche en abaissant d'abord le bras, puis l'arrêt des plateaux ; on lit alors la différence des divisions parcourues à gauche et à droite, sur le cadran lumineux, par l'image du réticule. Sur ce cadran, les images sont renversées ; mais la pratique fait rapidement disparaître cette petite difficulté. Ce nombre de divisions indique le nombre des milligrammes et de fractions de milligrammes, dont il faut déplacer le cavalier sur sa règle, pour obtenir l'équilibre parfait, *équilibre que l'on vérifie par une simple lecture*. Chaque demi-division du cadran correspond, comme poids, à la sensibilité indiquée pour l'instrument.

Avec un peu d'habitude, une pesée exécutée suivant les indications précédentes s'effectue en un temps égal au 1/4 ou au 1/5 du temps moyen nécessaire avec une balance ordinaire.

Vérification des poids. — Il est très utile de vérifier de temps en temps les poids dont on se sert : on opérera pour cela de la manière suivante :

On place 1 gramme sur un des plateaux de la balance, on l'équilibre avec une tare ; on lui substitue les poids suivants 0 gr. 500 + 0 gr. 200 + 0 gr. 100 + 0 gr. 100 + 0 gr. 050 + 0 gr. 020 + 0 gr. 010 + 0 gr. 010 + 0 gr. 005 + 0 gr. 002 + 0 gr. 002 + 0 gr. 001 et l'équilibre doit encore exister.

Ensuite laissant sur un des plateaux tous ces petits poids, on y ajoute le poids d'un gramme et on équilibre avec une tare ; on remplace les susdits poids par celui de 2 grammes et l'équilibre doit encore exister, de même quand on remplace le premier poids de 2 grammes par le deuxième.

On équilibre ensuite les deux poids de 2 grammes et de 1 gramme, on les remplace par celui de 5 qui doit produire le même effet qu'eux.

Puis ceux de 10 doivent pouvoir remplacer 1 poids de 5 + 2 de 2 + 1 de 1.

On continuera d'une manière analogue jusqu'au poids de 50 gr. ou de 100 gr.

Mais dans la première opération deux différences égales et de sens contraire sur deux petits poids ne se remarqueront pas ; on fera bien d'équilibrer un poids de 2 mmg., de le remplacer par le 2e poids de 2 mmg ; puis d'équilibrer 2 mmg. + 2 mmg. + 1 mmg. et de les remplacer par le poids de 5 mmg. ; puis d'équilibrer 5 mmg + 2 mmg + 2 mmg + 1 mmg et de les remplacer par un poids de 10 mmg en continuant d'une façon semblable jusqu'au poids de 0 gr. 500.

Comme forte balance sensible à 1 gramme près on rencontre généralement dans les laboratoires la balance de Roberval ou la balance Béranger.

Balance de Roberval.— Elle est composée d'un fléau visible et de deux plateaux placés chacun sur un croisillon fixé à l'extrémité d'une tige se mouvant toujours verticalement.

Le tout repose sur un socle en fonte dans lequel se trouve une barre égale et parallèle au fléau relié aux deux tiges qui supportent les plateaux.

L'ensemble du fléau, de la barre et des deux tiges forme un rectangle quand le fléau est horizontal et dans tous les autres cas un parallélogramme.

Nous renvoyons aux ouvrages de mécanique pour la théorie de cet appareil.

Cette balance est très défectueuse pour plusieurs raisons ; entre autres inconvénients, les tiges ne se meuvent pas absolument verticalement comme nous l'avons dit, de plus les assemblages des diverses pièces sont difficiles.

Balance Béranger. — M. Béranger a inventé une balance bien supérieure à celle dont nous venons de parler qui a aussi ses plateaux au-dessous du fléau.

La balance de ce dernier a été perfectionnée par M. Trayvou de la Mulatière.

INSTRUMENTS ACCESSOIRES POUR PESÉES

Capsules ou creusets. — Ce sont des petits récipients de diverses formes, et de différentes grandeurs. Elles sont en platine quand elles doivent aller au feu ; cependant les incinérations de certains corps produisent l'attaque du platine, on se sert alors de capsules en porcelaine. Pour faire les pesées de sucre, de mélasse, par exemple, on se servait généralement il n'y a pas encore longtemps de capsules en cuivre ; on les remplace souvent maintenant par les capsules en nickel dont l'entretien est beaucoup plus facile.

Spatules. — Les spatules sont en porcelaine, en verre, en laiton, en nickel ou en platine, elles servent à introduire les substances à peser dans les capsules ou creusets.

Brucelles. — Ce sont des petites pinces, en acier, en laiton, en maillechort, ou bien encore en ivoire, qui servent à saisir les poids.

Flacons à dessécher à chlorure de calcium. — Les flacons qui servent à contenir le chlorure de calcium que l'on met dans les balances affectent une forme spéciale : ils se composent de deux parties larges, l'une inférieure et l'autre supérieure ayant une ouverture égale à son plus grand diamètre, et reliées par une partie étranglée.

Verres de montre. — Quand on veut tarer un filtre qui a été desséché à l'étuve, il ne faut pas que celui-ci reprenne pendant la pesée une partie de l'humidité qu'il a perdue, pour cela on le place aussitôt sa sortie de l'étuve entre deux verres de montre de même diamètre qui sont tenus assemblés au moyen d'une pince en cuivre.

On remplace quelquefois ces verres par des petits flacons bouchés à l'émeri appelés pèse-filtres.

Niveau à bulle d'air. — Le niveau à bulle d'air est formé d'un tube fermé en verre un peu cintré ; il a été rempli d'alcool ou d'éther en ménageant une bulle d'air qui tend toujours à se placer le plus haut possible. Le tout est placé dans une gaine en cuivre fixée sur une règle bien dressée. Quand le niveau est sur un plan horizontal, la bulle occupe la place marquée par deux repères. Dès lors, pour placer la balance bien de niveau on agit sur les vis calantes jusqu'à ce que le niveau placé sur la table de l'appareil dans deux positions à peu près perpendiculaires accuse l'horizontalité.

Quelques balances portent leur niveau avec elles, mais alors il est généralement sphérique et indique l'horizontalité sans changement de position.

PRISE DE LA DENSITÉ

La densité d'un corps est le rapport entre le poids d'un certain volume de ce corps et le poids d'un égal volume d'eau distillée, le corps étant à 0° et l'eau à + 4° C.

Le poids spécifique est le poids de l'unité de volume d'un corps.

En France, le même nombre représente le poids spécifique et la densité comme nous allons le voir :

Prenons le mercure, par exemple ; un centimètre cube de ce

corps pèse 13 gr. 6, son poids spécifique est donc 13,6. Maintenant 1^{cc} de mercure pèse 13 gr., 6, 1 centimètre cube d'eau pèse 1 gr., la densité sera donc $\frac{13,6}{1} = 13,6$.

D'après la définition que nous venons de donner la première idée que l'on aura pour prendre une densité sera de se servir d'une balance; on peut en effet opérer de cette manière, mais pas uniquement.

Densité des solides.

Méthode du flacon. — Les flacons dont on se sert affectent des formes très différentes. Si l'on veut prendre la densité d'un corps en gros morceaux, on prend un flacon à large ouverture dont les bords sont usés à l'émeri et sur lesquels on peut faire glisser une plaque de verre; dans le cas d'un corps divisé en petits fragments, on se sert d'un flacon bouché à l'émeri par un bouchon creux terminé par une tige effilée sur laquelle est marqué un trait de repère.

On opère de la manière suivante :

On emplit le flacon d'eau distillée et dans le premier cas on fait glisser la plaque de verre sur les bords; dans le second, on enfonce le bouchon et, avec un morceau de papier à filtrer, on absorbe l'eau jusqu'à ce qu'elle arrive au trait; on sèche bien ensuite l'extérieur du flacon et on le place sur un des plateaux d'une balance à côté du corps en expérience; on tare le tout, puis on enlève le corps et on le remplace par des poids marqués; on a ainsi son poids P par la méthode des doubles pesées. On introduit alors le corps dans le flacon et on le rebouche; dans le cas du petit flacon on réaffleure au trait de repère et on sèche l'instrument que l'on porte de nouveau sur la balance; on doit alors, pour avoir l'équilibre, ajouter un poids P′ qui représente le poids du volume d'eau déplacée par le corps; la densité est alors $D = \dfrac{P}{P'}$.

Maintenant supposons que nous voulions déterminer la densité d'un corps soluble dans l'eau, le sucre par exemple : nous prendrons sa densité par rapport à un liquide dans lequel il est insoluble comme l'essence de térébenthine. Soit $\dfrac{P}{P'}$ cette densité; puis nous cherchons la densité de l'essence par rapport à l'eau $\frac{P}{P''}$. La

densité du corps par rapport à l'eau est alors $\frac{P \times P'}{P' \times P''} = \frac{P}{P'}$; il faut

évidemment que dans les deux expériences le poids P' d'essence
de térébenthine soit le même.

Méthode de la balance hydrostatique. — Placer le corps sur un
des plateaux de la balance et lui faire équilibre au moyen d'une
tare ; enlever le corps et le remplacer par des poids marqués ; on
a ainsi son poids P par la double pesée; suspendre ensuite le susdit corps au crochet placé en dessous du plateau sur lequel il se
trouvait et le plonger dans l'eau distillée. L'équilibre est rompu
et le poids P' qu'il faut ajouter pour le rétablir exprime le poids
de l'eau déplacée par le corps ; on a alors $D = \frac{P}{P'}$.

Méthode de l'aréomètre de Nicholson. — Nous renverrons pour
cet appareil aux traités de physique, car il n'est guère employé
dans les laboratoires de sucrerie.

Densité des liquides.

Méthode du flacon. — On fait généralement usage d'un petit
appareil en verre composé de deux parties cylindriques, dont l'inférieure est beaucoup plus longue que l'autre, et reliées par un tube
effilé sur lequel est marqué un trait de repère ; le cylindre supérieur peut recevoir un bouchon à l'émeri. On détermine par la
double pesée le poids du flacon plein du liquide en expérience
jusqu'au repère; puis le poids du flacon plein d'eau distillée dans
les mêmes conditions. Le rapport des deux poids donne la densité. Mais, comme nous le verrons plus loin, il est important de
tenir compte de la température des liquides pendant l'expérience.
Un petit instrument très commode pour cela est le Picnomètre :
c'est un petit flacon à densité bouché à l'émeri par un bouchon
qui porte un thermomètre dont le réservoir plonge dans le
liquide tandis que la tige est au-dehors ; il est jaugé de manière à
contenir exactement le volume d'eau distillée indiqué sur l'instrument, ce qui évite la première pesée de l'expérience.

On peut encore déterminer la densité des liquides par la balance hydrostatique, mais nous ne décrirons ici que la balance de Mohr beaucoup plus usitée en sucrerie.

Balance de Mohr. — Elle est composée d'un fléau qui repose sur un couteau ; un des bras est divisé par des traits en dix parties égales, l'autre est terminé par un contre-poids muni d'un index qui correspond à un autre index fixe quand le pied de l'appareil est horizontal et que le fléau ne supporte que le flotteur qui sera tout à l'heure plongé dans l'eau et le liquide en expérience.

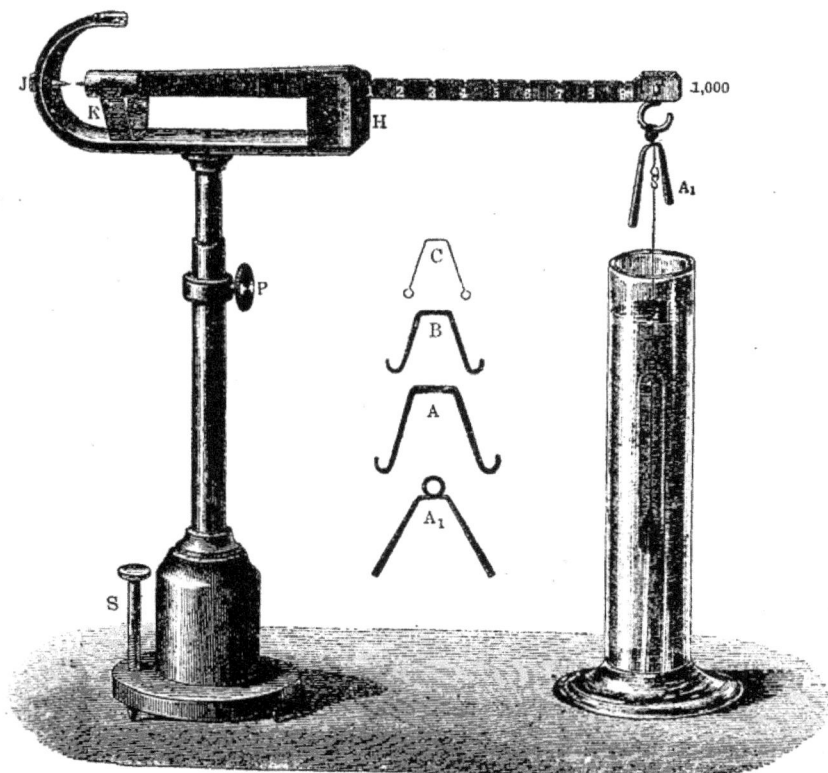

Fig. 250 . — Balance de Mohr.

L'appareil est supporté par une tige qui entre dans une gaine creuse et peut y être fixée en un point quelconque par une vis de pression. Le flotteur est muni d'un thermomètre qui indiquera la température des liquides à essayer. Si l'on fait plonger le flotteur dans l'eau l'équilibre est rompu ; on le rétablit en suspendant au crochet un poids destiné à cet usage et qui représente le poids de l'eau déplacée par le flotteur.

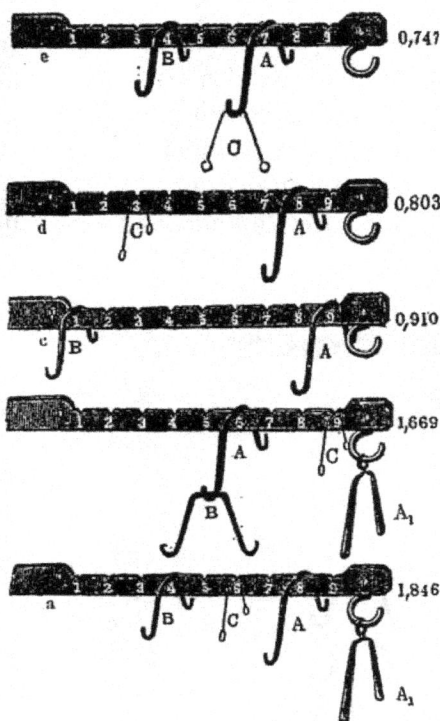

Fig. 251. — Balance de Mohr.

Faisons maintenant plonger le susdit flotteur dans du jus de betteraves, par exemple, l'équilibre est de nouveau rompu et il sera rétabli en plaçant convenablement sur les traits du bras gradué certains poids ou cavaliers qui accompagnent l'instrument. Le premier de ces poids est égal à celui qui représente le poids de l'eau déplacée par le flotteur (poids pris pour unité), le 2° à $\frac{1}{10}$ de ce poids, le 3° à $\frac{1}{100}$ et le 4° à $\frac{1}{1000}$. Si le flotteur avait été plongé dans un liquide moins dense que l'eau, le poids unité placé au crochet aurait dû être supprimé avant de placer les autres.

La fig. 251 fait comprendre, les poids étant placés, comment on lit la densité.

Méthode des aréomètres à poids constant. — Nous ne parlerons pas ici de l'aréomètre de Fahrenheit qui est à poids variable et à volume constant, car il n'est guère usité dans un laboratoire de sucrerie.

Parmi les aréomètres à poids constant nous ne nous occuperons que de l'aréomètre de Baumé, des densimètres et de l'alcoomètre de Gay-Lussac.

Aréomètre de Baumé. — L'appareil est en verre ; il se compose d'une boule dans laquelle se trouve du mercure ou de la grenaille de plomb et reliée par une petite partie évidée à un réservoir d'air surmonté d'une tige graduée fermée à la lampe.

1° *Graduation des instruments pour liquides plus denses que l'eau.* — L'aréomètre s'appelle alors pèse-acides, pèse-sirops ou pèse-sels. Le trait supérieur marqué 0 affleure dans l'eau distillée à 4° C; le trait 15 affleure dans une dissolution de 15 parties de sel marin et de 85 d'eau. 15 divisions égales sont marquées entre 0 et 15 et d'autres encore égales à celles-ci au-dessous du trait 15.

2° *Graduation des instruments pour liquides moins denses que l'eau.* — L'aréomètre s'appelle alors pèse-liqueurs.

Le trait 10 affleure dans l'eau distillée à 4° C et le trait 0 dans une solution de 10 parties de sel marin pour 90 d'eau.

10 divisions égales séparent le trait 0 du trait 10 et d'autres divisions égales à celles-ci sont marquées au-dessus du trait 10.

L'indication donnée par ces instruments est le degré Baumé des liquides.

Densimètres. — Ils sont gradués de manière à donner la densité des liquides dans lesquels on les plonge.

Ceux qui servent dans l'industrie donnent ce résultat par simple lecture du trait correspondant au point d'affleurement.

Le trait 1000 correspond à l'affleurement dans l'eau distillée à 4° ; mais tous ne portent pas ce trait, car suivant que les densimètres doivent servir à un liquide ou à un autre (les traits de la graduation devant pour plus de sensibilité être assez écartés et la tige ne pouvant pas être d'une longueur démesurée), on construit des instruments gradués seulement d'une densité à une autre de 1040 à 1090 par exemple pour

Fig. 252. — Deusimètre thermo-correcteur Pellet. (Voir Saccharomètres, page 134).

des jus de betteraves, de 1100 à 1280 pour des sirops etc. quelquefois au lieu de marquer 1000 on marque 0

Saccharomètres. — Ces appareils spécialement destinés à l'analyse des liquides sucrés, indiquent non seulement leur densité,
mais encore la quantité de matières dissoutes dans 100 cc. (saccharomètre Vivien) ou dans 100 gr. (saccharomètre Brix ou Baling) en
admettant que ces matières agissent sur la densité du liquide comme
le ferait du sucre pur.

Ils sont généralement munis d'un thermomètre et d'une table
de correction.

Alcoomètre de Gay-Lussac. — Le trait inférieur 0 affleure dans
l'eau à 15° C. et le trait supérieur 100 dans l'alcool absolu à cette
même température; la graduation est faite au moyen d'alcool et
d'eau en proportions déterminées; le trait 50 par exemple est
obtenu par le point d'affleurement dans un liquide composé de
50 d'alcool pour 50 d'eau, le trait 90 dans un mélange de 90 d'alcool pour 10 d'eau; les divisions ne sont pas égales et cela à
cause de la contraction qui se produit quand on mélange les deux
liquides : 60 cc. d'alcool mélangés avec 50 cc. d'eau ne donnent
pas 100 cc., de plus cette contraction varie avec les quantités
mélangées.

Gay-Lussac a dressé une table de correction pour le cas où
l'expérience n'est pas faite à 15° C ; on la trouvera dans cet ouvrage
à l'analyse des mélasses par fermentation.

Corrections de températures pour les prises de densité. — Il faut
naturellement dans les prises de densité tenir compte de la température à laquelle on opère ; cela s'explique par la définition elle-
même de la densité. Nous ne parlerons ici que du cas de l'expérience faite avec des densimètres ; on voudra bien se reporter aux
ouvrages de physique pour le cas où on opère soit par la balance
hydrostatique, soit par la méthode du flacon.

On se sert industriellement d'instruments gradués à la température de 15°, parce que la température ambiante est généralement
voisine de celle-ci.

Mais expliquons bien ce que cela veut dire :

La densité d'un corps, avons-nous dit, est le rapport entre le poids d'un certain volume de ce corps et le poids d'un égal volume d'eau distillée, le *corps étant à* 0° *et l'eau à* 4° C.

Ceci est la densité du corps à 0°, elle ne sera pas la même à 15° par exemple parce que son volume varie avec la température et que la densité d'un corps est égale à son poids divisé par son volume.

Un densimètre rationnel tel qu'ils sont admis maintenant, doit donc marquer 1000 dans l'eau à 4° C, et non dans l'eau à 15°, seulement il indiquera la densité du corps à 15° comparée à l'eau à 4°.

C'est du reste de cette façon que sont gradués les densimètres controlés par l'état, qui seuls doivent servir pour les transactions entre fabricants et cultivateurs.

Il est évident que l'expérience devra être faite avec les instruments dont nous venons de parler sur des liquides à 15° C, sauf à faire une correction indiquée par les tables qu'on trouvera dans le courant de cet ouvrage.

POLARIMÈTRES — SACCHARIMÈTRES

Avant de décrire ces appareils, nous allons indiquer rapidement les principes sur lesquels ils sont basés :

Polarisation. — La polarisation est le phénomène par lequel un rayon lumineux perd la propriété de se refléchir dans certaines directions.

Passons en revue quelques-unes des causes qui produisent la polarisation :

Un faisceau lumineux venant se réfléchir sur une lame de verre en formant avec celle-ci un angle de 35° 25′ est polarisé *par réflexion ;* il sera dès lors impossible de le faire se réfléchir de nouveau sur une nouvelle lame de verre perpendiculaire à la première sous le même angle d'incidence. L'angle 35° 25′ est l'angle de polarisation pour le verre, il n'est pas le même pour d'autres matières. Les rayons réfléchis et réfractés sont perpendiculaires entre eux et le plan de polarisation est déterminé par le rayon incident et le rayon réfléchi. L'intensité de la lumière transmise est d'autant plus grande que la deuxième lame de verre tend à devenir parallèle à la première.

Plaçons maintenant sur le trajet d'un faisceau lumineux un spath d'Islande de manière à ce qu'il soit traversé suivant sa section principale : on obtiendra deux rayons polarisés, l'un rayon ordinaire qui suit les lois ordinaires de la réfraction, l'autre extraordinaire.

Remplaçons maintenant le spath par un Nicol, c'est-à-dire par deux moitiés d'un spath découpé suivant un plan perpendiculaire à sa section principale et soudé avec du baume de Canada : nous n'aurons plus que le rayon extraordinaire, l'autre étant rejeté par une réflexion intérieure.

Nous venons de décrire la polarisation par *double réfraction*.

Disons maintenant quelques mots de la *polarisation rotatoire :*

Prenons deux prismes de Nicol, l'un appelé polariseur et l'autre analyseur, et plaçons les de manière que l'analyseur fasse disparaître le faisceau lumineux polarisé par le polariseur. Plaçons maintenant entre les deux une lame de quartz, le faisceau reparaîtra, avec une lumière monochromatique ; on devra faire tourner d'un certain angle l'analyseur pour obtenir de nouveau disparition des rayons. Le susdit angle est l'angle dont le plan de polarisation a tourné. Avec la lumière blanche on obtiendra des rayons de différentes couleurs pour lesquels l'angle de polarisation ne sera pas le même; en se servant de la flamme salée, c'est-à-dire de la lumière jaune, l'angle de polarisation est de 24° 40′ pour une lame de quartz d'un millimètre d'épaisseur.

Si on a dû faire tourner l'analyseur dans le sens des aiguilles d'une montre, la déviation est droite; elle est gauche dans le cas contraire.

C'est Biot qui a trouvé qu'il y a des quartz dextrogyres et des quartz lévogyres; mais pour des lames de même épaisseur coupées sur le même quartz la déviation est la même, de plus elle est proportionnelle à cette épaisseur.

Le *pouvoir rotatoire spécifique* est égal à l'angle de rotation divisé par le produit de l'épaisseur de la lame et de la densité de la substance qui la compose.

Berthelot a donné la formule suivante :

Soit ς le pouvoir rotatoire spécifique, α la rotation polarimétrique, v le volume d'une solution composée d'un poids p de la matière en expérience, l la longueur du tube polarimétrique on aura

$$\varsigma = \frac{\alpha \, v}{p \, l}$$

Les expériences de MM. de Luynes et Girard ont servi de base à la graduation des saccharimètres Soleil, Duboscq et Laurent :

Si on fait une solution de 16 gr. 19 de sucre affleurée à 100 cc. et qu'on observe cette solution au polarimètre dans un tube de 20 centimètres, la rotation obtenue sera de 21° 40′ égale à celle produite par une lame de quartz de 1 millimètre, rotation correspondante à 100 divisions saccharimétriques. Une division saccharimétrique correspond donc a 0 gr. 1619 de sucre pur par 100 cc.

Passons maintenant à la description des différents polarimètres et saccharimètres ; nous nous étendrons plus particulièrement sur les appareils qui sont les plus répandus dans les laboratoires.

Saccharimètre Soleil. — Cet instrument se compose d'un polariseur, d'un tube mobile contenant la solution sucrée et d'un compensateur.

Le polariseur par lequel on fait passer d'abord les rayons lumineux provenant d'un bec de gaz ou d'une lampe est composé comme suit :

Une lentille convexe de Crown est soudée à un prisme de spath à double réfraction, le faisceau ordinaire est dévié et le faisceau extraordinaire arrive sur deux demi-disques de quartz réunis de façon à diviser le faisceau lumineux en deux parties et à les dévier d'une même quantité à droite et à gauche. Ces rayons traversent ensuite la solution sucrée qui les dévie de nouveau ; ils arrivent alors sur le compensateur.

Celui-ci est composé d'une première lame de quartz qui compense au-delà l'effet produit par la solution sucrée d'une lame double constituée par deux prismes aigus qu'on a obtenus en sciant en biseau une lame de quartz taillée perpendiculairement à l'axe ; ces deux prismes peuvent glisser l'un sur l'autre, ce qui permet, vue leur forme, de faire varier l'épaisseur de la lame qu'ils composent ; on peut donc arriver à obtenir l'égalité de teinte.

La manœuvre d'un bouton produit ce glissement et une règle graduée munie d'un vernier indique le mouvement produit.

Avec une solution ne contenant pas de sucre, le repère marquera O sur l'échelle quand on aura deux demi-disques également éclairés, et 1 degré de cette échelle correspond à une solution de 0 gr. 1619 de sucre pur affleurée à 100°, le tube dans lequel on observe ayant vingt centimètres.

Une lunette de Galilée permet d'observer d'une manière plus nette.

Un quartz et un nicol placés entre l'observateur et l'analyseur permettent de choisir la teinte que l'on trouve la plus sensible.

Les pièces mobiles sur lesquelles l'opérateur doit agir sont :

1° Le porte-oculaire contre lequel on applique l'œil et qu'on enfonce ou qu'on retire jusqu'à ce qu'on voit distinctement à travers le liquide ;

2° Le petit bouton fixé à droite sur le compensateur qui sert à régler l'instrument, c'est-à-dire à faire coïncider le zéro de l'échelle avec le 0 de l'indicateur ;

3° Le grand bouton à axe vertical par lequel on rend uniforme la teinte observée ;

4° L'anneau molleté à l'aide duquel on donne à cette même teinte la couleur qui se prête le mieux à une évaluation précise.

5° Enfin la règle divisée sur laquelle on lit le nombre qui donne la richesse en sucre du liquide soumis à l'examen.

Saccharimètre à pénombre de Duboscq. — Cet instrument est basé sur l'obtention de l'égalité de teinte de deux demi-disques éclairés.

Fig. 253. — Saccharimètre à pénombre de Duboscq.

Ce résultat fut d'abord obtenu par le nicol spécial de M. Jellet ; M. Cornu utilisa ensuite ce nicol comme polariseur en employant la lumière jaune, et enfin M. Duboscq reprit le polariseur Soleil coupé comme le Nicol de Jellet.

Nous ne nous étendrons pas plus sur cet instrument afin d'arriver au saccharimètre Laurent de beaucoup le plus répandu maintenant en France.

Saccharimètre Laurent à lumière jaune. — M. Laurent dans les appareils qu'il construit remplace les nicols Jellet et Cornu par un dispositif spécial. Devant le polariseur il place un diaphragme recouvert sur une moitié par une plaque de quartz de l'épaisseur d'une demi-onde. Le polariseur en tournant fait varier l'angle formé avec sa section principale et cette lame. Cette modification permet non seulement d'obtenir l'égalité de teinte mais, encore de faire varier l'éclairement.

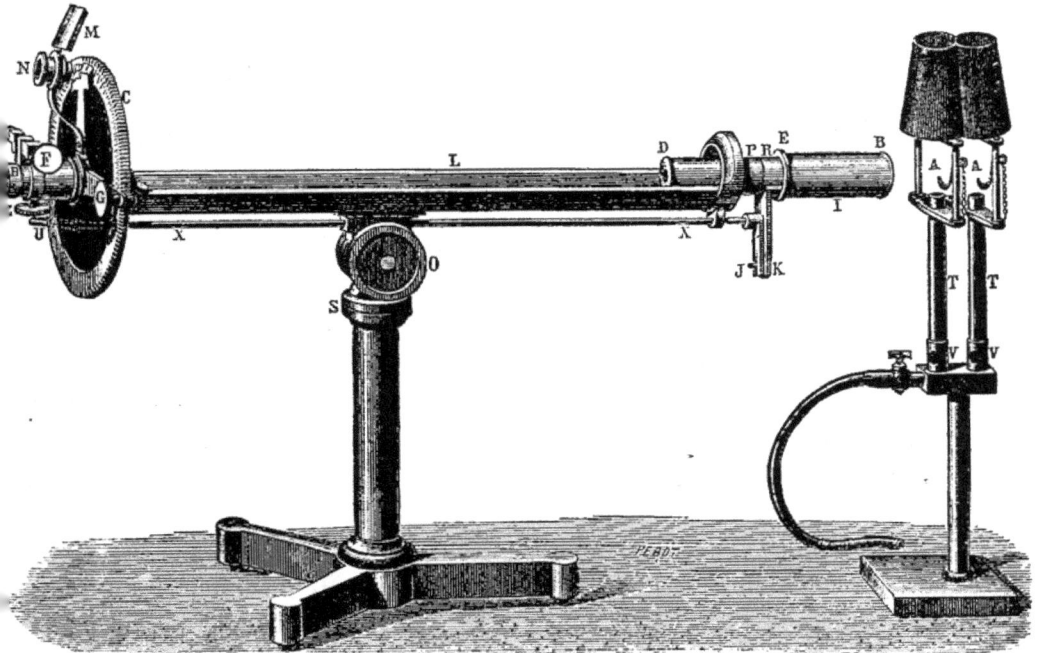

Fig. 254. — Saccharimètre Laurent avec brûleur à basse pression.

Le saccharimètre et polarimètre Laurent grand modèle et son bruleur sont ainsi composés (1) :

(1) Ce qui suit est composé d'extraits pris dans la notice de M. Laurent.

A flammes monochromatiques jaunes: leur milieu est placé à 20 centimètres de B.

B Lentille éclairante, vissée sur le tube I.

I Tube noirci, porte la lentille B et vissé sur E.

E barillet, porte un diaphragme à petit trou, lequel reçoit une bonnette contenant un cristal de bichromate de potasse, destiné à rendre la flamme plus monochromatique. Quand les liquides sont jaunes (mais limpides), on ne met pas le bichromate. Il ne sert que lorsque les li- queurs sont incolores.

R Tube portant le levier R, il entre dans P et porte un tube renfermant le polariseur et une lentille qui se dévisse.

P tube fixé sur la règle L.

D diaphragme recouvert sur une moitié par une plaque de quartz, que l'on vise avec la lunette de Galilée OH.

K levier fixé sur le tube polariseur R et rendu mobile par la manivelle J.

J manivelle fixée sur la tige X.

X tige portant la manivelle J et le levier V.

V levier fixé sur X, fait tourner le polariseur par l'intermédiaire de J et K, afin de donner plus ou moins de lumière.

Si le liquide est peu coloré, le levier est levé jusqu'à l'arrêt. S'il est coloré, on baisse plus ou moins ce levier.

L Règle en bronze en forme de V de 60 centimètres de longueur, rabotée et alésée.

G cadran portant les divisions et l'alidade. Il possède un mouvement angulaire.

F bouton de réglage, pour établir l'égalité de tons, lorsque le 0 du vernier coïncide avec celui de la division correspondante. Il pousse le tube H et un fort ressort antagoniste le ramène.

O bonnette du tube oculaire, mobile dans H sert à mettre au point.

Le cadran porte deux divisions concentriques, celle intérieure qui correspond au vernier gauche est en centièmes de sucre, le vernier donne les dixièmes de division, c'est-à-dire les millièmes de sucre. La seconde division correspondant au vernier de droite est complète et en 360° (demi-degrés), le vernier donne des angles de rotation de 2 minutes (on apprécie la minute).

On se sert à volonté des tubes de 10, 20, 30, 40 et 50 centimètres de longueur.

Le bruleur à gaz ou l'éolipyle étant allumé, on place l'appareil de manière que la bonnette B soit à 20 centimètres du milieu des flammes.

Le levier O étant levé jusqu'à son arrêt et le bouton molleté Q serré modérément, on dirige l'appareil vers la flamme A, aussi bien que possible ; on finira plus tard de déterminer exactement la direction.

Il n'est pas nécessaire dans cet instrument de commencer par un tube rempli d'eau.

On regarde à travers la loupe N, que l'on sort ou rentre, jusqu'à ce que l'on voie nettement les divisions.

Alors on ramène le 0 du vernier sur la 7ᵉ division environ, à droite ou à gauche du zéro de la division en centièmes de sucres (ou sur 1° et demi environ, si l'on agit avec la division en demi-degrés) et cela en tournant le bouton molleté G.

Ensuite on regarde à l'oculaire O et l'on a l'apparence *b* ou *c* de la figure 255, c'est-à-dire un disque divisé en deux moitiés, l'une jaune clair, l'autre gris jaunâtre, et l'on sort ou l'on rentre

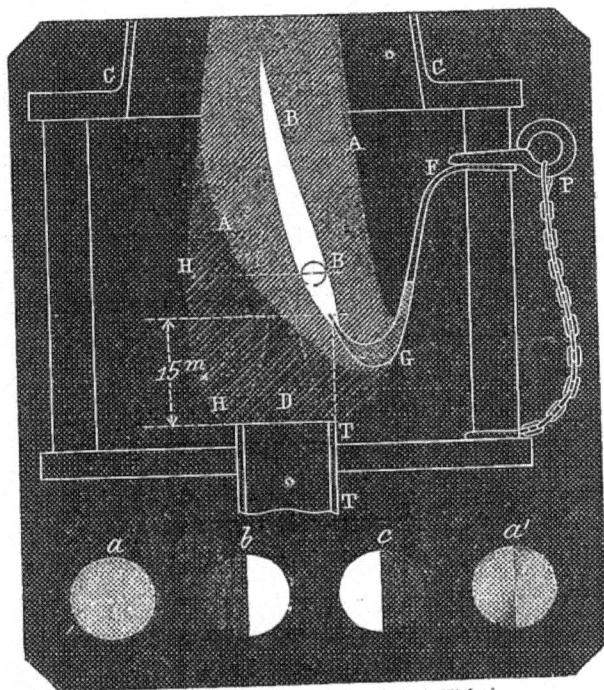

Fig. 255. — Saccharimètre Laurent. Théorie.

le tube O, de manière à avoir leur séparation bien nette, et sans s'occuper des bords du diaphragme. Ce pointé est très important pour bien établir plus tard l'égalité de tons ; mieux il est fait et plus l'appareil est sensible.

On prend alors de la main gauche l'appareil par la règle, en L, par exemple , et de la main droite, on saisit le tube H entre le pouce et l'index et appuyant l'œil sur ces doigts, on dirige (tout en regardant) l'appareil vers l'endroit qui fait paraître le disque le mieux éclairé, par petits mouvements, en haut, en bas, à droite, à gauche etc. L'appareil possède pour cela deux axes de rotation en Q et S, à mouvements gras.

On doit s'assurer de temps en temps, si l'on est toujours bien dirigé vers le maximum de lumière.

On regarde de nouveau à travers la loupe N et on agit sur le bouton G pour faire coïncider, cette fois bien exactement, le zéro du vernier avec celui de la division que l'on a choisie puis on regarde dans l'appareil. S'il est déjà reglé on verra les deux côtés d'un gris jaunâtre sombre et bien égaux en intensité. S'il n'est pas tout à fait réglé on aura l'apparence b ou c; pour ramener à l'égalité de tons, il faudra tourner le bouton F, qui ne sert qu'à cet effet. On tourne dans le bon sens, quand le côté foncé s'éclaircit et que le côté clair s'assombrit.

On est à l'endroit de l'égalité de tons, lorsque en tournant ce bouton F, alternativement à droite et à gauche et par petits mouvements, on passe successivement de l'apparence a à celles b et c, pour s'arrêter définitivement à celle a.

L'appareil est réglé, mais il faut le vérifier. Pour cela on déplace l'alidade par le bouton G et au moyen de ce même bouton, on

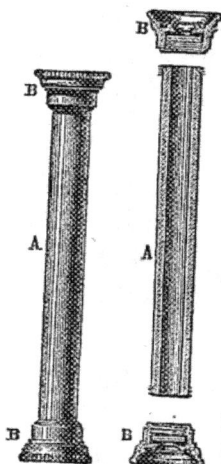

reproduit l'égalité de tons ; si l'on a bien opéré, on doit, en regardant à travers la loupe N, retrouver le zéro du vernier, en coïncidence avec celui de la division. S'il n'y était pas, c'est que l'on n'aurait pas bien opéré, et il faudrait retoucher légèrement au bouton F, dans un sens ou dans l'autre, jusqu'à ce qu'on arrive bien à la coïncidence des zéros en établissant l'égalité de tons, au moyen du bouton G, et alors seulement l'appareil est bien réglé et pour l'opérateur seul.

La dissolution sucrée étant interposée l'image n'est plus nette, il faut sortir l'oculaire de 1 à 2 millimètres et les deux côtés de la figure a sont devenus plus clairs et inégalement. Si l'on in-

Fig. 256 et 256 *bis*.

terpose une matière à pouvoir rotatoire droit, c'est le côté droit qui sera le moins clair et il faudra tourner le bouton G et par suite l'alidade à droite.

Si la substance a un pouvoir rotatoire gauche, comme cela arrive avec le sucre incristallisable, c'est le côté gauche qui sera le moins clair et il faudra tourner le bouton G à gauche.

Revenons au cas d'une liqueur sucrée : on tournera le bouton G à droite jusqu'à ce que le demi-disque de droite devienne noir (gris) ; on poursuit, il s'éclaircit bientôt et c'est l'autre qui devient noir presque immédiatement ; on a alors dépassé, on revient légèrement en arrière, et l'on établit l'égalité de tons, par une série d'oscillations du bouton G de plus en plus petites et faisant passer de l'apparence b à celle c pour s'arrêter enfin à celle a.

Souvent dans l'industrie sucrière on a des jus et des sirops colorés qui, mis dans cet appareil (le levier V étant levé) ou dans tout autre saccharimètre, sont assez foncés pour que l'on ne voie plus rien et qu'il soit impossible de rien lire ; alors, dans ce cas, cet appareil offre une ressource, il permet en abaissant le levier U graduellement et autant que cela est nécessaire, de faire passer plus de lumière dans l'appareil.

On peut toujours avec cet appareil, choisir l'angle qui donnera le meilleur résultat pour un liquide donné, et la pratique montre que cet angle varie avec la coloration du liquide.

M. Laurent construit aussi un instrument analogue au précédent (Petit modèle), mais avec lequel on ne peut employer que des tubes de 20 ou 22 cm.

Nettoyage des cristaux. — Le nettoyage des cristaux est très important dans les instruments de polarisation. Les appareils sont construits de façon à ce qu'on puisse les séparer tous à la main ; on peut alors les essuyer, s'il y a lieu, soit qu'il y ait de la poussière ou de la buée. Pour les lentilles B et N on les essuie facilement. Le diaphragme D porte actuellement une glace extérieure plus grande que le trou du diaphragme ; il suffit de passer un linge fin ou un pinceau sur la glace pour rendre le trou très net. Dans l'oculaire O, le diaphragme a été porté à l'intérieur, le verre qui le couvre est plus grand et facile à essuyer.

Pour ôter ou remettre le bichromate, il suffit de dévisser le tube noir I, on voit sa place dans la pièce E ; le tube I n'a pas besoin d'être revissé dur.

Division Vivien. — Cette division s'emploie quelquefois à la place de celle en centièmes de sucre. La prise d'essai est alors de 10 grammes. 162 divisions Vivien = 100 divisions, centièmes de sucre.

Brûleurs à gaz Laurent à lumière jaune sodique. — Il y a des brûleurs à gaz à haute pression et d'autres à basse pression.

Pour mesurer la pression du gaz, on prend un tube quelconque en verre, recourbé en U et on verse de l'eau à moitié ; l'une des branches est ouverte et l'autre communique par un tube de caoutchouc à un robinet à gaz. On ouvre celui-ci, l'eau descend d'un côté et monte de l'autre, la différence de niveau est la pression du gaz.

Brûleur à haute pression. — On l'emploie quand la pression du gaz est plus grande que 25 millimètres d'eau. Il est à un ou à deux becs.

Le grain de sel ou chlorure de sodium se place dans une nacelle en platine ; on doit obtenir une flamme excessivement brillante. Il vaut mieux mettre peu de sel à la fois (gros comme une lentille) et un peu plus souvent. On prend du chlorure de sodium fondu en plaques que l'on casse en petits morceaux, et que l'on introduit dans la cuiller G au moyen d'une presselle au moment de faire l'observation. Le bord abducteur de la cuiller ou nacelle doit être situé sur le prolongement du tube de gaz et à 15 millimètres au-dessus.

Il se fait sur les bords de la cuiller de petits dépôts blancs lumineux que l'on enlève très facilement, en passant légèrement dessus une lame quelconque ou la presselle.

Quelquefois aussi la nacelle est recouverte d'un dépôt blanchâtre qui gêne la formation de la flamme ; on doit alors sortir la cuiller et la mettre dans l'eau pour enlever ces dépôts.

Brûleur à basse pression. — On l'emploie quand la pression est inférieure à 25 millimètres ; il est à 2 becs.

Le tube abducteur de gaz a un diamètre de 15 millimètres ; il fonctionne avec une pression qui peut descendre à 10 millimètres. Ce brûleur possède deux viroles V, pour ouvrir les trous d'air, proportionnellement à la pression du gaz.

Eolipyle à lumière jaune sodique. — Il donne une lumière jaune intense et remplace le gaz. On l'emploie avec l'alcool ou l'esprit de bois.

L lampe pour chauffer la chaudière H; elle est alimentée par l'alcool ou de l'esprit de bois.

A bouton molleté dans lequel on introduit la mèche; il est vissé à fond sur la lampe L.

B bouton molleté, vissé librement sur A. Il sert à donner plus ou moins de flamme; en marche il est dévissé de 2 ou 3 tours.

N bâti stable, contient la lampe L et supporte la chaudière H.

H chaudière en cuivre rouge, contient soit de l'esprit de bois, soit de l'alcool. Elle entre à frottement dur dans le support N.

TT tube bifurqué, vissé sur I et porte les deux cheminées CC.

I pièce soudée sur la chaudière H, reçoit T.

CC cheminées portant deux cuillers en platine GG et terminées à leur partie inférieure par deux petits tubes entrant à frottement doux dans le tube TT. On peut les changer de côté.

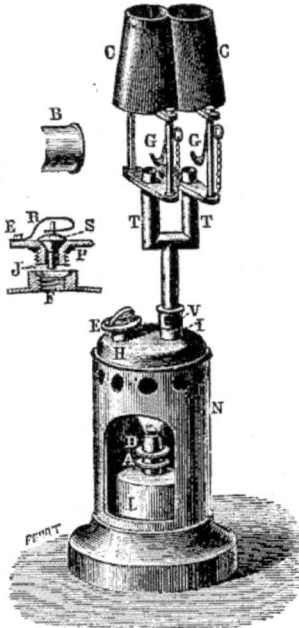

Fig. 257. — Eolipyle.

GG cuillers fixées au moyen de pitons en forme de coins, on peut les remplacer facilement.

V virole pour ouvrir ou fermer complètement les trous d'air.

Détails de la soupape.

E bouton molleté, porte la soupape S et visse dans le cône F.

P anneau de plomb formant joint.

S soupape proprement dite.

J ressort de la soupape S.

R ressort pour fermer la soupape S.

On devra par mesure de sécurité être toujours certain du bon fonctionnement de cette soupape.

Saccharimètre Laurent à lumière blanche. — M. Laurent a fait une modification à ses appareils qui permet d'employer la lumière blanche :

Le cadran divisé et son alidade sont remplacés par un compensateur soleil perfectionné (à lames prismatiques de quartz.) Le cadran C. n'est pas divisé, il sert d'écran et de support au levier

Fig. 258. — Saccharimètre Laurent à lumière blanche.

U. L'une des lames porte une règle divisée R, l'autre un vernier V. On regarde les divisions avec la loupe N. Pour le brûleur, une flamme plate de gaz ou de pétrole, employée dans le sens de la longueur, est beaucoup plus intense qu'un bec rond. On place toujours le milieu de la flamme à 0^m20 de B.

Cet appareil est à pénombres ; quand on regarde à l'oculaire, l'image a la même apparence et la même teinte, gris orangé, que dans le polarimètre à cadran divisé, mais avec plus de lumière. L'obscurité n'est plus indispensable, on peut toujours, au moyen du levier U, donner plus ou moins de lumière suivant les besoins.

On rencontre encore quelquefois d'autres saccharimètres notamment celui de Schmidt et Hœnsch surtout en Belgique.

Saccharimètre à pénombre et à lumière blanche de Schmidt et Hœnsch. Instructions à l'usage du polarimètre à pénombre (1).

Lampes. — Tout appareil d'éclairage, donnant une flamme blanche suffisamment intense et fixe, peut convenir pour l'observation à l'aide du

(1) Description par E. Levasseur, *Sucrerie belge.*

polarimètre à pénombre. Les constructeurs fournissent cependant deux
types de lampes, l'une au gaz, l'autre au pétrole, qui convient spécialement. La lampe à gaz se compose d'un bec d'Argand, pouvant se fixer à
différentes hauteurs, à l'aide d'une douille et d'une vis de pression, sur
une tige en laiton, fixée elle-même sur un pied, lesté de plomb, destiné à

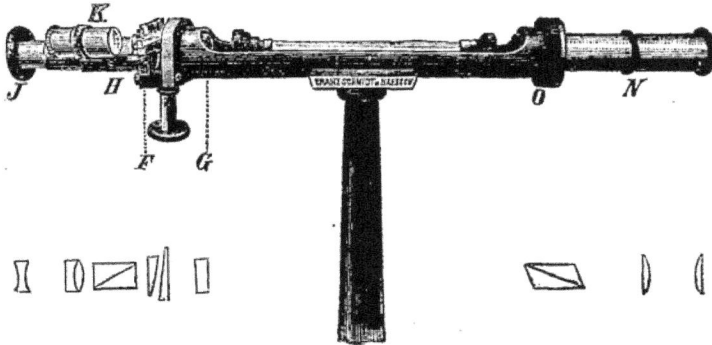

Fig. 239. — Saccharimètre Schmidt et Hœnsch.

assurer une stabilité suffisante à tout l'appareil. Le support porte, outre
le bec à gaz, une pièce annulaire en laiton sur laquelle s'emboîte un manchon en faïence qui enveloppe la flamme. Ce manchon percé d'un trou
circulaire, en regard duquel se trouve le polarimètre, a pour but de réflé-
ter les rayons lumineux dans l'axe de l'appareil tout en s'opposant à une
déperdition inutile de la lumière. Cette lampe se réunit, à l'aide d'un
tuyau en caoutchouc, à la conduite du gaz d'éclairage.

La lampe à pétrole généralement employée est la lampe système Hinks
préconisée par le docteur Stammer. Cette lampe se compose d'un réservoir
à huile supportant un bec garni de deux mèches plates parallèles qui
peuvent s'élever ou s'abaisser par l'action de deux boutons régulateurs.
Tout l'appareil est susceptible d'être disposé à une hauteur telle que la
partie éclairante des flammes se trouve dans l'axe du polarimètre.

Le verre renflé de la lampe est entouré également d'un manchon en porcelaine comme la lampe à gaz. Les deux mèches doivent être soigneusement coupées à l'aide de ciseaux bien tranchants.

Quel que soit le système de lampe dont on fera usage, il est indispensable que la partie la plus brillante de la flamme se trouve en regard du
trou circulaire percé dans le cylindre en porcelaine. On arrivera à ce résultat en réglant convenablement l'arrivée du gaz, dans le cas d'une
lampe à gaz, en élevant ou en abaissant les mèches, dans le cas d'une
lampe au pétrole. Cette prescription doit être soigneusement observée si
l'on veut obtenir des résultats exacts.

Installation du polarimètre. — On choisira de préférence pour faire
les observations au polarimètre, une chambre obscure, ou à défaut de
celle-ci, la partie la moins éclairée du laboratoire. Il ne faut pas que l'ob-

servateur puisse recevoir de face la lumière du jour. On aura soin, au contraire, de faire peindre en noir la partie du mur qu'il regarde afin d'éviter le reflet de la lumière. Lorsque la lampe est bien réglée, on place le polarimètre bien en regard du trou que porte le cylindre en faïence. Le bout du polarimètre doit être éloigné d'environ six centimètres de la flamme afin d'éviter qu'une trop vive chaleur ne vienne détériorer la partie optique de l'instrument. Lorsqu'on regarde dans l'appareil il faut qu'on aperçoive un disque lumineux divisé en deux parties égales par une ligne verticale. Cette ligne verticale doit apparaître nette et claire, et l'observateur doit arriver à ce résultat en retirant ou en repoussant la partie antérieure du polarimètre portant une petite lunette de Galilée. Lorsque le polarimètre est placé *au point* et que le champ de l'appareil se présente sous forme de deux demi-disques inégalement éclairés, l'observateur tourne le bouton régulateur qui se trouve sous l'instrument jusqu'à ce que les deux demi-disques soient également éclairés. Ceci fait, on observe l'échelle par la petite lunette supérieure, et le polarimètre doit marquer exactement 0°.

Si après plusieurs observations concordantes il se trouvait que le 0 s'était déplacé, on rectifierait l'instrument à l'aide d'une clef mobile qui accompagne chaque polarimètre.

Echelle du polarimètre. — L'échelle du polarimètre à pénombre est l'échelle Ventzke. Voici sur quelle base cette échelle repose. Ventzke prit une dissolution de sucre pur possédant, à 14° Réaumur une densité de 1.100. Cette dissolution introduite dans le tube normal de 200 m/m de long et placée dans l'appareil polarimétrique donna lieu à une certaine déviation du rayon polarisé. Pour ramener l'égalité des teintes des demi-disques, il fallait donc tourner le bouton compensateur. Ce point obtenu constitua le degré 100 de l'échelle.

Une dissolution de sucre pur marquant 1.100 au densimètre contient exactement, dans 100 centimètres cubes, 26,048 gr. de sucre. Chaque degré de l'échelle Ventzke correspond à 26,048 gr. de sucre.

Poids normal. — Le poids de 26,048 gr. constitue ce que nomme le poids normal du polarimètre. Lorsqu'on pèse 26,048 gr. de sucre brut, par exemple, et qu'on dissout cette quantité de façon à obtenir 100 cent. cubes, le degré, lu, à l'échelle de l'instrument, après y avoir placé le tube normal de 200 millim. de long, empli de cette liqueur, donne exactement la quantité pour cent, en poids, de sucre pur qui se trouve dans l'échantillon de sucre brut analysé.

Soit, en effet, un sucre brut polarisant 91°7. Chaque degré du polarimètre, correspondant à 0,26048 grammes de sucre, 91°7 correspondront à ;

$$91,7 \times 0,26048 = 23,886016 \text{ gr.}$$

Or, si dans 26,048 gr. de sucre brut, il y a 23,886016 gr. de sucre pur, dans 100 gr. de sucre brut il y aura :

$$\frac{23.886 \times 100}{26.048} = 91.7$$

Au lieu de peser le poids normal d'un sucre quelconque, on peut également peser le demi-poids normal, soit 13,024 grammes et dissoudre cette quantité dans 50 cent. cubes. Dans ce cas la lecture de l'échelle de l'instrument donne également, sans aucun calcul, la quantité du sucre pur contenu dans 100 grammes de sucre analysé.

Il ne nous reste plus que quelques appareils à passer en revue, car nous ne pourrions pas décrire tout ce qui peut se rencontrer dans un laboratoire ; nous ajouterons donc seulement quelques mots sur les instruments plus spéciaux ; pour les autres il n'y a qu'à se reporter aux catalogues des constructeurs.

FOURNEAUX ET ÉTUVES.

Fourneaux à moufle. — Le plus répandu jusqu'à ce jour est celui dit « modèle des Raffineurs, » mais il est à notre avis avantageusement remplacé par le fourneau Adnet qui donne une répartition de chaleur plus égale et qui de plus est muni d'une rampe à gaz dont chaque bec porte souvent un robinet et qui rend

Fig. 260. — Fourneau à moufle de Wiesnegg.

Fig. 261. — Fourneau à moufle de Adnet.

l'opérateur maître de la marche des incinérations en œuvre dans le moufle.

Courtonne a aussi construit un fourneau très pratique pour l'incinération des sucres. Tout en ne prenant pas plus de place

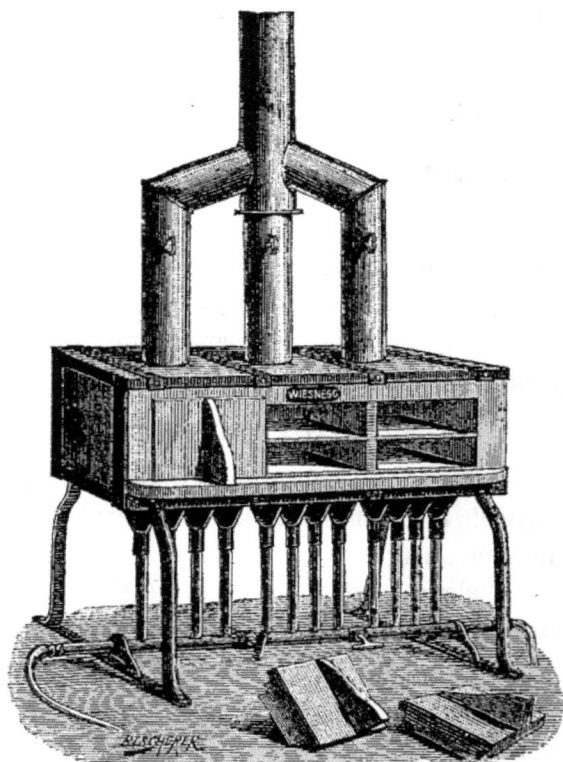

Fig. 262. — Fourneau à moufle de Courtonne, construction Wiesnegg.

qu'un fourneau dit des raffineurs à 6 capsules il permet d'effectuer en même temps 12 à 16 incinérations en ne brûlant pas plus de gaz. La capsule est d'abord placée à un étage supérieur puis descendue pour terminer l'incinération.

Quand on n'a pas le gaz on se sert soit du pétrole, soit de coke avec un fourneau à réverbère.

Étuves. — Parmi les étuves employées on peut citer l'étuve Wiesnegg à air chaud à double paroi et à bain de sable, l'étuve de Gay-Lussac à huile et les étuves simples à air chaud.

On se sert aussi d'étuves à vide, entre autres de celles construites par M. Vivien.

Le dosage de l'eau dans les jus, sirops et masses cuites s'effectue aussi au moyen des dessiccateurs Laugier et Courtonne :

La description de ces appareils se trouve aux analyses de masse cuite.

Fig. 263. — Etuve à air chaud.

On applique généralement aux étuves des appareils régulateurs qui permettent d'obtenir une température constante et déterminée malgré les différences de pression du gaz.

Vérification des instruments gradués. — Nous allons commencer par donner quelques extraits d'une note de M. Dupont publiée à ce sujet dans le *Bulletin de l'Association des Chimistes.*

Un ballon jaugé, contenant par exemple 101cc. ou 99cc. au lieu de 100cc. produira dans l'analyse d'un sucre brut une erreur de près de 1°.

La température admise pour le jaugeage et la graduation des instruments de chimie est de 15°.

En négligeant la variation de pression et l'état hygrométrique on trouve qu'en opérant à 15° C, un ballon de 1000cc. doit contenir une quantité d'eau distillée équilibrée par 998 gr. 081 ; pour un de 100 cc. 99 gr. 8081.

La formule générale pour obtenir le poids représentant 1000 cc.

d'eau distillée à la température de t° peut s'écrire de la manière suivante :

(1) $P = D - \delta - \gamma$: dans laquelle P est le poids cherché;

D = densité absolue de l'eau à la température de t°

δ le poids de 1 litre d'air à la même température.

γ le poids de l'air déplacé par les poids de laiton faisant équilibre à 1 litre d'eau.

Or D est donné par la table de Rosetti ; à 15° il est de 999,16.

$$\delta = \frac{1,293}{1+\alpha t} \quad \gamma = \frac{\delta}{\Delta'} \; ; \; \Delta' \text{ étant la densité du laiton à t}°$$

Mais $\Delta' = \dfrac{\Delta}{1+Kt}$; Δ étant la densité du laiton à 0° = 8,4.

La formule (1) devient alors :

$$P = D - \left(\frac{1,293}{1+\alpha t} - \frac{\dfrac{1,293}{1+\alpha t}}{\dfrac{\Delta}{1+Kt}} \right) \text{ ou}$$

$$(2) \quad P = D + \frac{1,293 \times (1+Kt)}{\Delta \times (1+\alpha t)} - \frac{1,293}{1+\alpha t}$$

Si l'on veut tenir compte de la pression atmosphérique la formule devient :

$$(3) \quad P = D + \frac{1,293 \times (1+Kt)}{\Delta \times (1 + \alpha t)} - \frac{H}{760} \times \frac{1,293}{1 + \alpha t}$$

Lorsqu'on veut vérifier un instrument gradué à + 15°, et que la température du laboratoire où l'on opère est inférieure ou supérieure à 15°, la formule (3) a besoin d'être complétée.

Supposons que l'on veuille vérifier un ballon de 100 cc. jaugé à + 15° dans un laboratoire dont la température est de 20°.

Le poids de l'eau que devrait contenir ce ballon jusqu'au trait de jauge est donné par la formule (3) ou la formule (2) suivant qu'on tient compte ou non de la pression atmosphérique.

Mais si l'on introduit dans ce ballon le poids d'eau indiqué par la formule, le niveau du liquide ne coïncidera pas avec le trait de jauge, parce que le volume du récipient a subi une dilatation, est devenu plus grand ; ce niveau restera au-dessous du trait de jauge. Il faut donc ajouter au poids de 100 cc. d'eau à + 20° le poids d'un volume de cette même eau égal au volume dont le récipient s'est dilaté en passant de la température de 15° à celle de 20°

Si la température était inférieure à 15°, il y aurait lieu au contraire de retrancher ce poids.

C = 0,0000268 étant le coefficient de dilatation cubique du verre.

θ étant la différence de température entre 15° et celle du laboratoire.

n étant la capacité en cc. du vase que l'on vérifie, on peut exprimer le poids à ajouter ou à retrancher par l'expression N C θ ou N X o, 000268 θ.

Et la formule (3) devient

$$P = D + \frac{1,293 \times (1 + Kt)}{\Delta\,(1 + \alpha t)} \pm \eta c \theta \frac{H}{760} \times \frac{1,293}{1 + \alpha t}$$

La table ci-contre indique la densité et le volume de l'eau à différentes températures ainsi que son poids pour 100 cc. pesés dans l'air avec des poids en cuivre.

Les volumes et les densités sont ceux donnés par la table de Rosetti. — Le poids de l'eau a été calculé par nous (1) d'après la formule ci-dessus. — La colonne 4 donne la valeur de η C θ pour η = 1 — Cette table supprime tous les calculs pour la construction et la vérification des instruments gradués.

Les instruments jaugés, comme les ballons, les pipettes, etc. sont destinés à mesurer une quantité invariable de liquide : les instruments gradués au contraire comme les burettes, les éprouvettes, etc, permettent de mesurer des volumes variables.

Les instruments qui comme les ballons de 100-110 ont pour but de contenir une certaine quantité de liquide sont jaugés secs; ceux qui comme les pipettes doivent fournir par écoulement un certain volume sont jaugés mouillés, c'est-à-dire qu'une pipette de Ncc laisse écouler Ncc sans compter ce qui reste adhérent à la paroi intérieure.

D'après ce qui vient d'être dit, on voit que les ballons et carafes ne doivent pas être employés à prélever des volumes de liquide pour les transporter dans d'autres vases, à moins qu'on ne puisse rincer.

On ne doit jamais souffler dans une pipette, et avec celle à un trait on opère en tenant l'extrémité de la susdite pipette contre la paroi mouillée du vase afin de faire couler la dernière goutte.

(1) M. Dupont.

Table de M. Dupont pour la vérification des instruments gradués

Température en degrés C	Densités + 4° C = 1	Volume + 4° C = 1	Poids dans l'air de 1000 cc. d'eau pesés avec des poids de laiton.	Valeur de ncθ n = 1
+ 4	1.000000	1.000000	998.877	— 0.0002948
5	0.999990	1.000010	998.871	— 0.0002680
6	0.999970	1.000030	998.852	— 0.0002412
7	0.999933	1.000067	998.823	— 0.0002144
8	0.999886	1.000114	998.779	— 0.0001876
9	0.999824	1.000176	998.721	— 0.0001608
10	0.999747	1.000253	998.648	— 0.0001340
11	0.999655	1.000354	998.560	— 0.0001072
12	0.999549	1.000451	998.450	— 0.0000802
13	0.999450	1.000570	998.341	— 0.0000536
14	0.999299	1.000701	998.215	— 0.0000268
15	0.999160	1.000841	998.081	
16	0.999002	1.000999	997.927	+ 0.0000268
17	0.998841	1.001116	997.769	+ 0.0000536
18	0.998654	1.001348	997.585	+ 0.0000802
19	0.998460	1.001542	997.385	+ 0.0001072
20	0.998250	1.001744	997.189	+ 0.0001340
21	0.998047	1.001957	996.989	+ 0.0001608
22	0.997828	1.002177	996.774	+ 0.0001876
23	0.997601	1.002405	996.550	+ 0.0002144
24	0.997367	1.002641	996.320	+ 0.0002412
25	0.997120	1.002888	996.077	+ 0.0002680
26	0.996866	1.003144	995.826	+ 0.0002948
27	0.996603	1.003408	995.566	+ 0.0003216
28	0.996331	1.003682	995.297	+ 0.0003484
29	0.996051	1.003965	995.020	+ 0.0003752
30	0.99575	1.00425	394.723	+ 0.0004020
31	0.99547	1.00455	994.445	+ 0.0004288
32	0.99517	1.00486	994.150	+ 0.0804556
33	0.99485	1.00518	993.834	+ 0.0004824
34	0.99452	1.00551	993.508	+ 0.0005092
35	0.99418	3.00586	993.170	+ 0.0005360

BURETTES GRADUÉES

Les principales burettes en usage dans les laboratoires sont les anglaises, celles de Gay-Lussac, de Nugues, de Pellet, de

Mohr, de Gallois et Dupont et celles de Mohr à tube d'affluence Sencier, Defez, etc.

Dans les burettes Gallois et Dupont dont figures ci-jointes la liqueur titrée est placée dans le flacon et en pressant la poire en

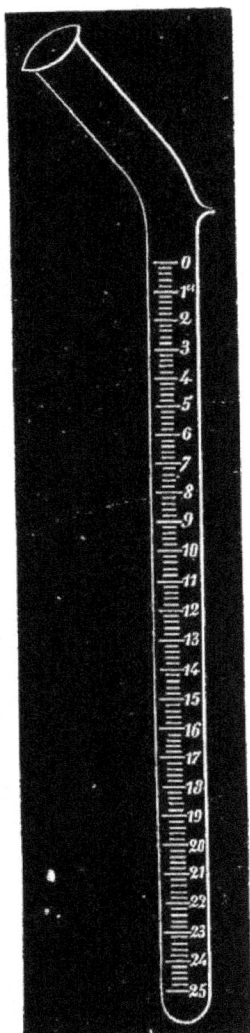

Fig. 264. — Burette graduée.

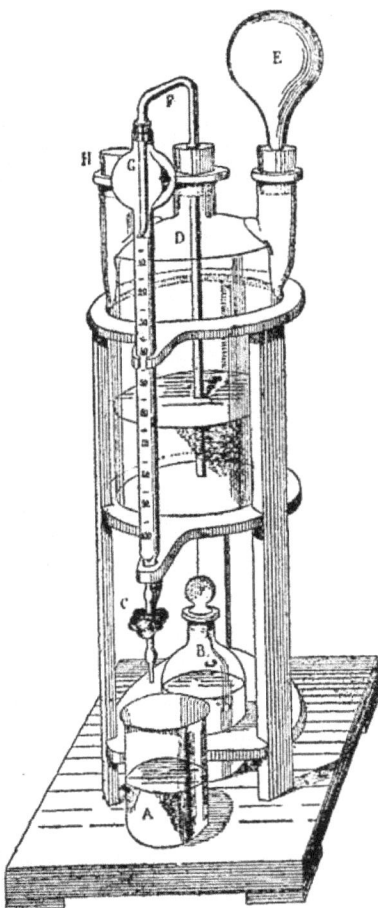

Fig. 265. — Appareil Defez.

caoutchouc elle remplit la burette jusqu'au zéro, l'excès retournant dans le flacon.

La burette de Mohr à tube d'affluence est encore très commode,

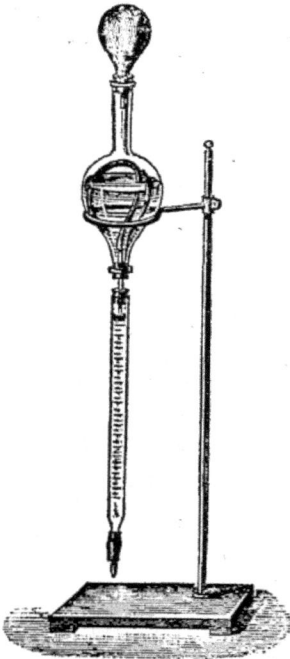

Fig. 266. — Burette Sencier.

Fig. 267
Burette Nugues.

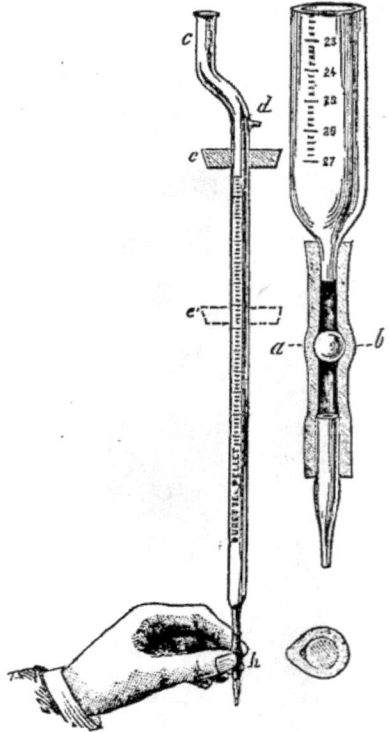

Fig. 268. — Burette Pellet.

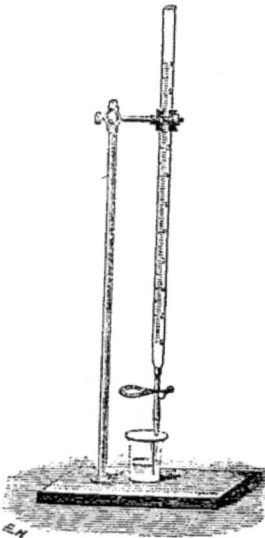

Fig. 269. — Burette de Mohr.

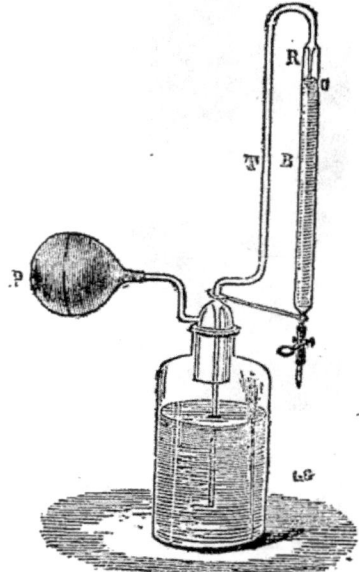

Fig. 270. — Burette automatique Gallois et Duront.

une pince permet l'affleurement au zéro et l'autre l'écoulement de la liqueur.

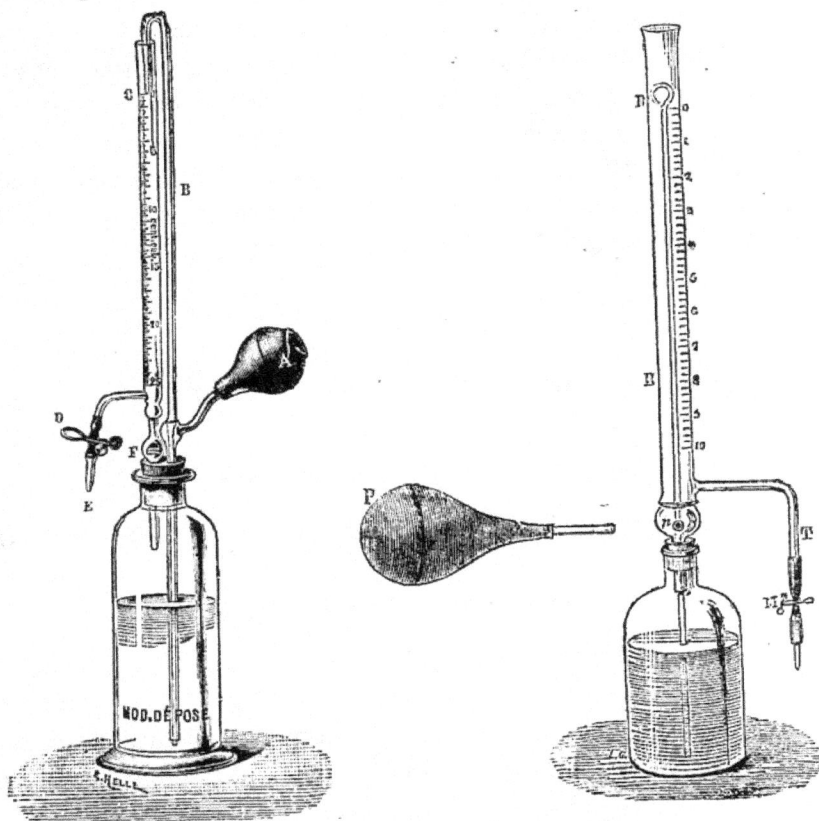

Fig. 271 et 272. — Burettes automatiques Gallois et Dupont.

LIQUEURS TITRÉES

Pour la préparation des liqueurs sulfuriques destinées à la recherche de l'alcalinité des lait de chaux, jus et sirops nous renvoyons au chapitre qui traite de l'analyse de ces produits.

La liqueur dont nous nous servons pour l'analyse des potasses contient 100 gr. d'acide sulfurique monohydraté pur par litre; on peut encore se servir de ce qu'on appelle liqueur sulfurique normale qui contient alors 49 gr. du même acide; ces liqueurs se préparent d'une manière analogue à celle indiquée pour la liqueur à 35 gr. d'acide sulfurique par litre (voir plus loin).

Chaux sodée.

Faire dissoudre 150 gr. de soude caustique dans une marmite en fonte sans chauffer, en même temps que 50 grammes de potasse (si on ne veut pas employer de potasse, on peut prendre 200 grammes de soude); quand la dissolution est effectuée ajouter par petites portions 500 grammes de chaux, faire chauffer légèrement pour achever la dissolution de la chaux et évaporer jusqu'à consistance. Calciner dans un creuset et pulvériser.

Liqueur de baryte.

Telle qu'elle nous sert, elle contient 15 grammes de baryte par litre.

Liqueur de chlorure de baryum.

Nous la préparons à 50 gr. de chlorure de baryum pur par litre.

Préparation au sous-acétate neutre de plomb.

Faire dissoudre 300 grammes d'acétate de plomb dans un flacon de un litre, quand la dissolution est complète ajouter 150 grammes de litharge finement pulvérisée, faire dissoudre affleurer et filtrer.

On peut encore acheter du sous-acétate de plomb cristallisé et faire des solutions à 30° Bé par exemple.

M. Courtonne indique dans le *Bulletin de l'Association des Chimistes* la méthode suivante de préparation du sous-acétate neutre de plomb :

Pour faire un litre de solution on fait dissoudre :

Acétate neutre de plomb cristallisé............	350	grammes
Dans eau distillée........................	825	—
Et on ajoute ammoniaque à 22°..............	55	—

Liqueur de chlorure de magnésium.

Introduire 15 gr. de magnésie blanche dans un ballon de 250 cc., y ajouter de l'acide chlorhydrique; une fois l'attaque terminée, affleurer avec de l'eau distillée.

Liqueur de nitrate d'argent titrée pour dosage du chlore

Faire dissoudre 4 g. 343 d'argent fin dans l'acide nitrique et affleurer à 300cc. avec de l'eau distillée. Pour faire la liqueur de sulfocyanure de potassium correspondante, faire dissoudre 4 gr. de sulfocyanure dans 300cc et amener au titre exact par titrage.

Préparation de la liqueur de molybdate d'ammoniaque.

Dissoudre 100 gr. d'acide molybdique dans 400 gr. d'ammoniaque à 15° Bᵉ on filtre dans un flacon contenant 1 k. 500 d'acide nitrique, à 24° Bᵉ, en agitant, on laisse reposer quelque temps le tout dans un endroit chaud et on se sert du liquide clair.

Préparation de la liqueur de citrate d'ammoniaque.

Faire dissoudre 400 gr. d'acide citrique dans un litre avec de l'ammoniaque et affleurer à un litre toujours avec de l'ammoniaque.

Liqueur de bichlorure de platine.

On attaque 5 grammes de platine par de l'eau régale et on évapore à sec, on reprend 2 fois par l'acide chlorhydrique en évaporant de nouveau à sec chaque fois, on reprend enfin une dernière fois par l'eau et après nouvelle évaporation à sec on dissout dans 100cc d'eau.

Il faut bien se garder de perdre les résidus de platine.

Ils contiennent de l'alcool en quantité généralement suffisante pour la réduction, on ajoute quelques morceaux de soude et on fait bouillir dans une grande capsule en porcelaine jusqu'à réduction, celle-ci est complète quand tout le platine tombe au fond de la capsule, on lave ensuite en filtrant, en faisant bouillir et en se servant tantôt d'acide nitrique, tantôt d'acide chlorhydrique, mais sans jamais mettre ces acides en présence, on arrête ce lavage quand le liquide filtré ne donne plus de précipité par le nitrate d'argent et n'est plus acide, pour cela il faut naturellement se servir en dernier lieu d'eau distillée.

Préparation de la liqueur de cuivre.

Faire une lessive de soude à 24° Bé. Prendre un ballon de 250 cc. dans lequel on en introduira 125cc. Ajouter 50 gr. de sel de seignette (bitartrate double de potasse et de soude), faire chauffer légèrement pour dissoudre. Ajouter de plus 36 gr. 46 par litre de sulfate de cuivre extra-pur dissous à part (soit 9 gr. 115 pour 250 cc.), affleurer et filtrer.

Titre.

Pour faire le titre de la liqueur de cuivre, on prend un sucre blanc raffiné et analysé; on en dissout 1 gr. 250 dans un ballon de 250 cc. avec de l'eau à moitié du ballon, on ajoute 10 cc. de liqueur sulfurique à |1/10 et on fait bouillir au bain-marie pendant 20 minutes, on refroidit et on complète le volume.

On agite. Il doit falloir 10cc de cette liqueur pour décomposer 10cc de liqueur cuivrique.

Préparation de la liqueur hydrotimétrique.

Cette liqueur est préparée généralement de telle façon qu'en prenant 40cc du liquide à analyser une division de la burette hydrotimétrique ou 1° hydrotimétrique correspond à 0 gr. 0057 de chaux par litre, 22 degrés hydrotimétriques équivalent à 2cc 4 de liqueur; il y a en réalité 23 divisions pour 2cc. 4; mais la première est destinée à mesurer la quantité de liqueur nécessaire à l'obtention de la mousse avec 40cc d'eau distillée. Pour la préparation on dissout 50 gr. de savon amygdalin ou de savon de Marseille dans 800 gr. d'alcool à 90°, on filtre ensuite et on ajoute 500cc d'eau distillée.

Pour titrer on se sert généralement d'une solution de chlorure de calcium à 0 gr. 25 par litre; nous préférons employer l'azotate de baryum à 0 gr. 59 p. 1000cc. Si la liqueur hydrotimétrique est exacte, on obtiendra environ 1 cent. de mousse persistante pendant quelques minutes avec 40cc de liqueur de chlorure de calcium ou d'azotate de baryum et une quantité de liqueur hydrotimétrique correspondante à 22°. Si cette liqueur est trop forte on l'étend d'eau, il faut environ 1/23 de son poids d'eau pour abaisser son titre de

1°; si elle est trop faible il faut y faire dissoudre une nouvelle quantité de savon. Bien souvent la liqueur hydrotimétrique présente l'inconvénient de laisser au bout d'un certain temps précipiter du savon; pour éviter cet inconvénient, on devra préparer la liqueur longtemps d'avance et ne la titrer après filtration qu'après deux ou trois mois alors que la précipitation s'est effectuée.

M. Courtonne donne dans le *Bulletin de l'Association des Chimistes* la formule suivante de préparation d'une liqueur hydro-timétrique.

Dans un ballon de 1 litre environ on verse:

Huile d'olives ou huile d'amandes douces 28 gr. exactement
pesés ou.................... .... 33 cc.
Soude à 35°............. .... 10 cc.
Alcool à 90-95°........................ 10 cc.

Après quelques minutes de chauffage au bain-marie bouillant, le savon est formé. On ajoute alors 800 à 900cc d'alcool à 60°, on agite quelques instants pour dissoudre le savon, puis on filtre dans un ballon jaugé de 1 litre dont on complète le volume après refroidissement avec de l'alcool à 60°.

CHAPITRE II

ANALYSES CHIMIQUES

ANALYSE DES BETTERAVES

On est généralement amené à faire une analyse de betteraves soit pour l'achat, soit pour se rendre compte de la quantité de sucre entré en fabrication quand on ne cherche pas à obtenir ce résultat par l'analyse de la cossette fraîche ou par l'analyse du jus de diffusion. Nous allons avant tout nous occuper de la prise d'échantillon.

Prise d'échantillon

Cette opération peut se faire 1° dans le champ ; 2° sur une voiture ; 3° sur un silo ; 4° sur un gros échantillon déjà prélevé ; 5° à l'entrée en fabrication.

1° *Dans le champ.* — On peut prélever des betteraves au hasard dans toutes les parties du champ ou en prendre, en observant, tantôt une grosse, tantôt une moyenne, tantôt une petite ; mais dans le cas où on échantillonne contradictoirement avec quelqu'un, il est bien rare que par ces procédés on tombe d'accord ; le moyen le plus pratique est alors le suivant, que nous recommandons même dans le cas où on est seul à prendre l'échantillon :

On désigne 1, 2, 3, etc. n lignes de betteraves suivant l'importance du champ, puis se plaçant au bord de la pièce de terre sur la première ligne désignée, on fait dix pas et on prend la 10e betterave, puis 10 pas et la 10e, ainsi de suite en parcourant toutes les lignes choisies. Si on craint d'avoir un échantillon trop volumineux, on peut, au lieu de 10 pas, en faire 20 ou 30 ; on devra en

général s'arranger pour avoir au moins environ 30 racines à
l'hectare.

Nous indiquerons encore un autre procédé qui n'a que le défaut
de demander à l'opérateur plus de temps que les précédents.

Soit un champ A. On trace dans ce champ les deux plus grandes
diagonales possibles et on prend sur ces diagonales une betterave,
toutes les dix par exemple ; puis dans les quatre portions du
champ formées par les diagonales, on prend toutes les betteraves
sur un espace de 1^{m2}. On obtient ainsi un certain nombre de betteraves qu'on range les unes à côté des autres par rang de grosseur.
Cela fait, on prend une betterave toutes les cinq ou toutes les dix
par exemple, suivant ce qu'on en désire pour l'échantillon.

2° *Sur une voiture.* — Au moment où l'on vide cette voiture,
remplir un panier contenant une vingtaine de kilogs de racines,
placer celles-ci par rang de grosseur et en prélever toutes les *n*
betteraves de manière à avoir un échantillon suffisant. Avoir soin
que les racines prises proviennent des différentes couches du
tombereau.

3° *Sur un silo.* — Remplir un panier comme ci-dessus en prenant des betteraves dans toutes les parties du silo et continuer de
même.

4° *Sur un gros échantillon déjà prélevé.* — Opérer comme sur
les betteraves contenues dans le panier dont il est parlé dans les
deux cas précédents.

5° *A l'entrée en fabrication.* — On charge l'homme placé au
coupe-racines de prendre et de mettre de côté toutes les demi-
heures au moins une betterave. On analysera l'échantillon soit
toutes les 24 heures ou mieux toutes les 12 heures, ou mieux
encore toutes les 6 heures ; malheureusement bien peu de chimistes
de sucrerie disposent d'assez de temps pour répéter souvent l'analyse des betteraves, il leur faudrait pour cela plus d'aides qu'ils
n'en ont généralement. L'homme chargé de prélever l'échantillon
au coupe-racines devra être très surveillé, bien souvent il a des
tendances à ne prendre que des grosses betteraves.

Avant de passer à l'analyse des betteraves, nous allons décrire quelques râpes et quelques presses des plus employées.

Râpes

Râpe à main. — La râpe à main sert maintenant bien rarement, son emploi étant long et fatiguant; elle est analogue aux râpes à fromage.

Râpe à tambour. — La râpe à tambour est, croyons-nous, celle qu'on rencontre le plus dans les sucreries; elle est composée d'un bâti en fonte que l'on peut fixer sur une table au moyen de boulons; sur ce bâti se trouvent deux petits paliers qui supportent l'arbre du tambour; ce tambour est en bois, il porte des rainures dans lesquelles sont introduites des lames de scie maintenues par deux cercles en fer. Le mouvement de rotation est donné au tambour par un engrenage dans le cas où on tourne à la main, par une poulie accompagnée d'une poulie folle quand on se sert de la force d'une machine. Un couvercle mobile autour d'un axe horizontal permet de fermer l'appareil et de ne laisser de jour que pour l'introduction des betteraves qui se fait par une trémie; on se sert d'un poussoir en bois pour appliquer les racines contre les lames déchirantes.

Fig. 273. — Râpe à tambour.

Sous le bâti se trouve un petit bac dans lequel tombe la pulpe (1).

Râpe centrifuge Le Docte. — Cet appareil a été spécialement construit pour l'analyse des betteraves à l'état de cossettes fraîches. Il est basé sur la projection de la matière à râper par des palettes sur une toile métallique perforée qui déchire la pulpe et ne permet

(1) Il y a du reste un grand nombre de ces râpes à tambour variant autant par es constructions que par les dimensions des différents organes.

son passage que quand elle est arrivée à un état de division déterminée par la section des trous de la toile métallique.

Râpe conique rationelle H. Pellet et C. Lomont. — Laissons M. Pellet parler lui-même de cet appareil :

« Nous avons cherché, dit-il, à construire un instrument per-

Fig. 274 et 275. — Râpe conique Pellet et Lomont.

mettant de prendre sur chaque racine une tranche proportionnelle au poids total de la betterave et cela sur toute la hauteur du sujet.

« Nous y sommes parvenus par l'application de la râpe conique rationelle.

« La râpe conique fait sur chaque betterave une entaille ayant une ouverture d'environ 30°, représentant donc environ le douzième de la racine, et cela tout en produisant de la pulpe qu'il suffit de presser pour obtenir le jus destiné à la détermination de la densité.

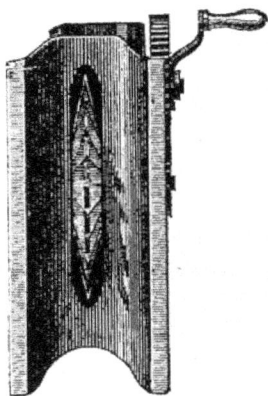

Fig. 276. — Râpe conique Pellet et Lomont. Coupe.

« Pour pratiquer facilement cette entaille sur toute la longueur de la racine et bien au centre, on place la betterave sur un couteau guide en ayant soin de la fixer sur les bords tranchants intérieurs, de telle sorte qu'elle se trouve prise par l'axe. On pousse le tout en même temps qu'on fait tourner la râpe, dont l'extrémité passe toujours par le centre de la racine.

« L'entaille est suffisante pour qu'avec huit à dix betteraves ordinaires, on ait assez de jus fourni par la pulpe et que la densité puisse être prise avec de gros densimètres. »

Foret-râpe Champonnois. — Il se compose d'un arbre horizontal auquel le mouvement est donné par un engrenage conique actionné

Fig. 277. — Forêt-râpe Champonnois.

par une manivelle que l'on tourne à la main. A l'une des extrémités de cet arbre vient se fixer un foret en bronze qui permet de perforer la betterave comme nous le disons ci-dessus et d'obtenir à chaque percée environ 20 grammes de pulpe.

Sonde-râpe Possoz. — Cet appareil est ainsi construit: une mèche conique en bronze garnie de dents qui vient s'adapter à

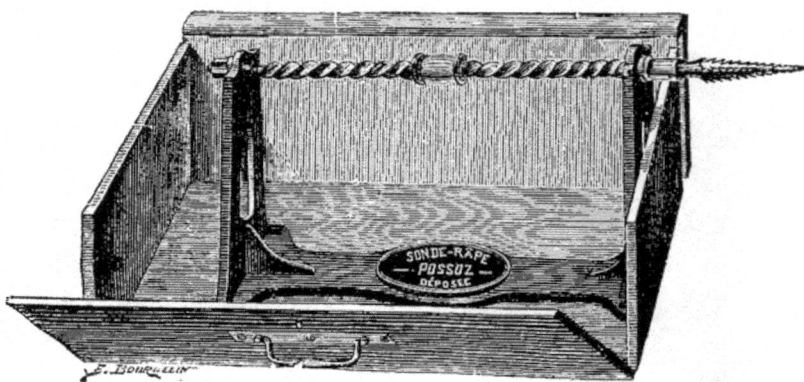

Fig. 278. — Sonde-râpe Possoz.

l'extrémité d'une tige filetée mue par un écrou que l'on promène sur elle-même. On obtient à chaque percée 3 à 4 grammes de pulpe.

Sonde Lindeboom. — Elle est composée d'un arbre qui est mû verticalement par un levier. A l'extrémité de l'arbre se trouve un foret qui prélève dans la betterave un cylindre d'environ 20 gr. Les cylindres obtenus sont placés trois par trois dans des formes en bronze s'adaptant les unes dans les autres et permettant, au moyen de rainures, l'écoulement du jus quand on vient à faire subir la pression à l'appareil disposé (1).

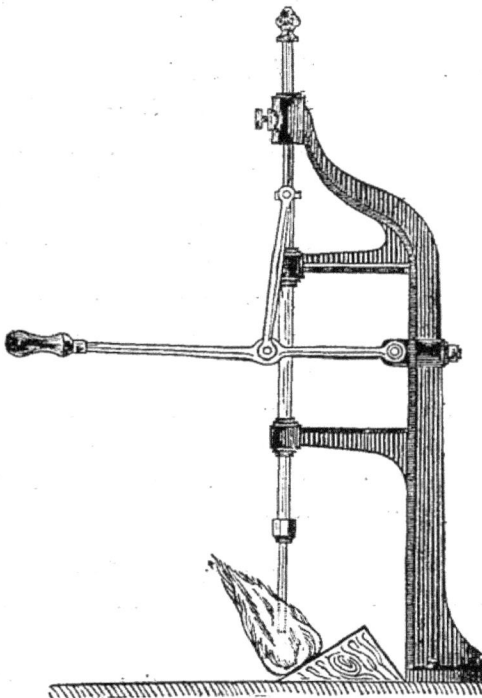

Fig. 279. — Sonde Lindeboom.

Presses

Presse ordinaire à vis. — Une vis verticale permet d'enfoncer un piston dans un cylindre perforé placé sur une tôle elle-même perforée et reposant sur un fond muni de rainures amenant le jus à une goulotte qui le laisse déverser dans un récipient placé à cet effet. Dans certaines presses c'est simplement un plateau qui, en s'abaissant, agit sur la pulpe placée dans un sac ou un tissu replié entre lui et un autre plateau fixé entouré d'une rigole qui le contourne et aboutit dans une goulotte.

Fig. 280. — Presse à vis.

(1) Cet appareil était surtout destiné à l'essai des betteraves porte-graines. On verra plus loin les nouveaux procédés adoptés pour cette opération.

Ces presses fournisseut une pression de 50 à 60 kg. par cent. carré.

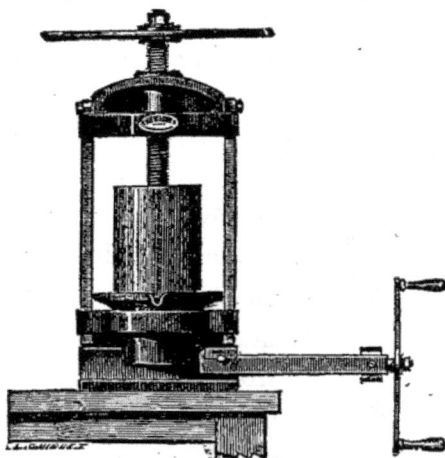

Fig. 281. — Presse sterhydraulique Thomasset.

Presse stèrhydraulique de Thomasset. — L'opération commence d'abord absolument comme dans les presses ordinaires à vis, mais le plateau inférieur, au lieu d'être fixe, est mobile et peut monter sous l'influence de la pression du liquide (1) contenu dans un cylindre dans lequel entre un piston.

Presse Putsch. — La presse Putsch est une modification de la précédente ; elle porte avec elle un manomètre que l'on devra faire monter pendant l'opération et maintenir aussi longtemps que possible entre 250 et 300 atmosphères. Dans le cylindre hydraulique on introduit de la glycérine.

Presse de Jani-Edderitz. — C'est en même temps une presse à levier et une presse hydraulique dans laquelle un manomètre permet de se rendre compte de la pression à laquelle on opère.

Presse à vis tangente. — Nous empruntons la description de cette presse à la *Sucrerie indigène* (compte rendu de l'exposition de 1889).

Une presse à vis tangente, ou presse à double vis est remarquable par sa solidité et par la pression énorme qu'elle est susceptible de donner. Théoriquement, en supposant un effort de 50 kg. sur le volant de la vis tangente (un homme est capable d'exercer un effort beaucoup plus énergique), elle fournit une pression de 400 kilogs par centimètre carré sur le plateau, soit près de 400 atmosphères. Aussi permet-elle de retirer de la betterave à analyser une plus grande quantité de jus que les petites presses à une seule vis, qui, comme l'on sait, ne donnent tout au plus qu'une pression de 50 kilog. par centimètre carré.

(1) Généralement de la glycérine.

Fig. 282. — Presse à vis tangente.

Râpe-presse Violette. — La pulpe est produite par un tambour garni de lames de scie ; elle tombe dans une cuvette filtrante, là elle est pressée par un piston mû par la manivelle de la râpe.

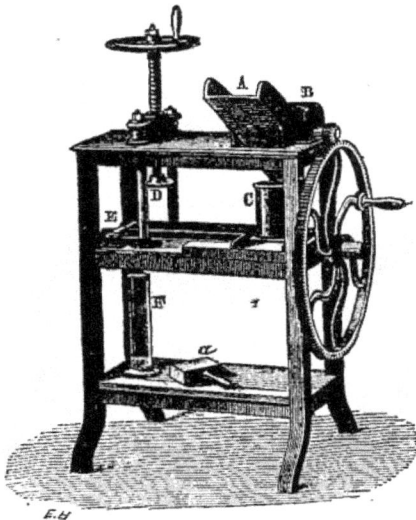

Fig. 283. — Presse-râpe Thomas.

Presse-râpe Thomas. — Sur un support en bois construit spéciale- lement à cet effet est placée une petite râpe à tambour et une

petite presse à vis; le simple examen de la figure en fait com·
prendre le fonctionnement.

Analyseur Leclaire. — Cet appareil est encore une presse-râpe :
un bâti supporte une presse à vis et un porte-lames muni de lames
qui est mû verticalement au moyen d'un volant. Ces lames
font dans la betterave une entaille et fournissent des petites
lamelles nettement coupées et rabotées qui servent non seulement
à l'analyse de la cossette épuisée, mais encore de la cossette
fraîche.

Hache-cossettes

Hache-cossettes ordinaire. — Il se compose de deux cylindres
cannelés en hélice dont l'un est mû par une manivelle et fait lui-
même tourner le second; le tout est placé dans une boîte avec
couvercle à charnières, boîte et couvercle ayant la forme des deux
cylindres placés à côté l'un de l'autre; le susdit couvercle porte
une trémie destinée à recevoir la cossette et forme avec la boîte
à l'autre extrémité de l'appareil une issue pour le produit haché.
C'est la disposition des cannelures qui mène la cossette de l'entrée
à la sortie.

Un couteau vertical fixe destiné à produire une cossette bien
divisée est placé entre les deux cylindres.

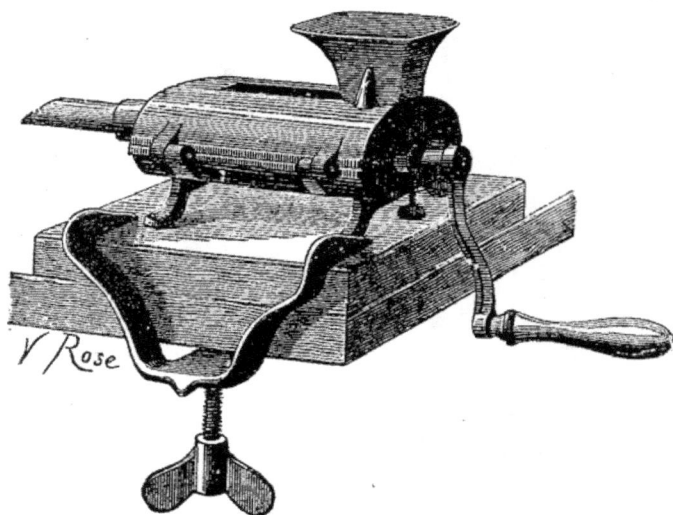

Fig. 284. — Hache-cossettes Williams.

Hache-cossettes à couteaux mobiles. — L'appareil précédent convient très mal à l'analyse des cossettes fraîches qu'il n'arrive pas

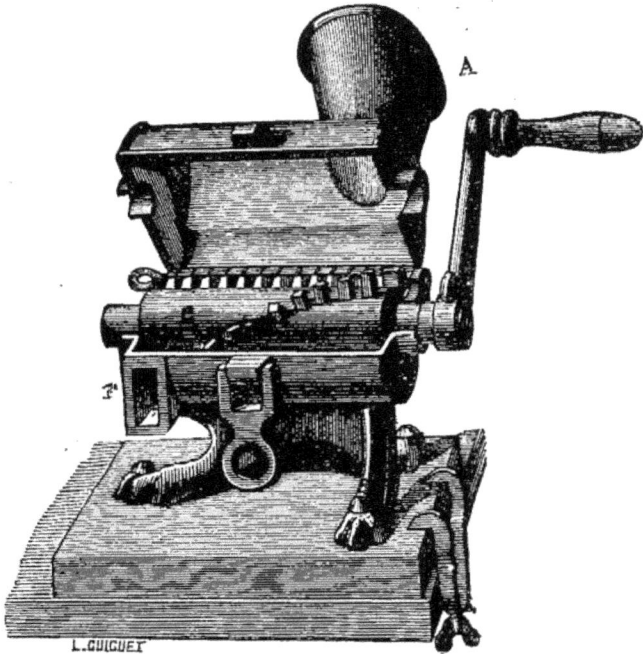

Fig. 285. — Hache-cossettes à couteaux mobiles, Gallois et Dupont.

à diviser suffisamment, ce qui fait que le pressage ou la diffusion à chaud, telle qu'elle peut être pratiquée comme nous le verrons plus loin, se font mal ; c'est pourquoi on a créé le hache-cossettes à couteaux mobiles.

Il est composé d'un seul cylindre en fonte muni de dents parallélipipédiques disposées en hélice ; ce sont elles qui forcent la cossette à avancer et qui la déchirent en passant entre des lames. Le produit obtenu est une pulpe très divisée.

Râpage

A moins d'avoir un très petit échantillon composé de deux à trois betteraves, on ne râpe pas les betteraves entières ; on peut d'abord diminuer l'échantillon que l'on possède en plaçant, comme nous l'avons dit plus haut, les racines par rang de grosseur et en en prenant tous les 2, les 3, les 8, etc. Ensuite on peut ne râper que la moitié ou le quart de chaque betterave si on se sert de la râpe à tambour.

Avec la râpe de Pellet et Lomont, la râpe de l'analyseur Leclaire, les forets et les sondes, il est inutile de faire cela puisque l'appareil lui-même ne prend qu'une petite partie de la racine.

Avec les râpes à tambour, nous engageons à opérer lentement, c'est-à-dire à ne pas trop appuyer sur la betterave avec le poussoir ; sans cette précaution, la pulpe ne serait pas fine et l'extraction du jus se ferait mal.

Disons maintenant quelques mots de la manière dont on doit opérer avec les sondes et les forets :

On sait qu'une betterave n'est pas homogène, elle ne contient pas la même quantité de sucre à la racine, dans la partie médiane et au collet ; on admet que pour avoir un bon échantillon moyen, il faut sonder au quart de la longueur de la betterave comptée à partir du collet.

Il est assez difficile à notre avis de faire cette opération bien exactement.

Pressage

La pulpe recueillie est placée dans une toile ou dans un sac que l'on replie de manière à pouvoir introduire le tout sous le plateau de la presse ; on fait descendre celui-ci progressivement en serrant le plus possible.

Nous disons en serrant le plus possible ; en effet, les expériences de divers chimistes prouvent que le premier jus qui s'écoule n'a pas la même composition que le dernier, il est tant plus riche selon les uns, moins riche selon les autres ; aussi pour avoir l'échantillon exact du jus contenu dans la betterave faudrait-il tout extraire, ce qui est impossible. On devra donc se contenter d'extraire tout ce que l'on pourra ; c'est dans ce but qu'ont été inventées les presses stérhydrauliques et à double vis.

Observation sur les betteraves gelées. — A aucun prix il ne faut faire le râpage et le pressage d'une betterave gelée et non dégelée ; on s'exposerait à trouver à l'analyse des résultats beaucoup trop forts ; en effet, une partie de l'eau contenue dans la racine étant congelée, le jus obtenu sera beaucoup plus dense qu'il n'aurait été normalement ; l'écart peut très bien atteindre deux degrés.

Cependant avec la râpure produite au moyen de la râpe Pellet à disque Keil(1) il n'en a pas été ainsi ; il faudrait donc en conclure que le disque en question brise les morceaux de glace et produit une liquéfaction presque instantanée. En tous cas, il est bon de laisser dégeler la pulpe avant de la presser.

Prise de la densité

Nous avons donné la définition de la densité et parlé des densimètres au chapitre concernant les appareils et instruments ; nous n'y reviendrons pas.

Le jus est recueilli dans un bac ou une capsule, on l'y laisse déposer environ cinq minutes, afin de laisser les impuretés se précipiter au fond et l'air remonter à la surface ; on décante ensuite doucement dans une éprouvette en ayant soin de faire couler le liquide sur le bord de celle-ci et en soufflant sur la mousse qui se trouve sur le jus afin de l'empêcher d'entrer dans la susdite éprouvette. On laisse encore reposer 5 minutes, puis on introduit le densimètre, après avoir au préalable chassé, en soufflant et en ajoutant encore un peu de jus, la mousse qui aura pu se former à la partie supérieure de l'éprouvette.

Au lieu d'opérer comme nous venons de le dire, on peut recueillir le jus dans une éprouvette munie d'un robinet placé à 3 ou 4 centimètres du fond, l'y laisser reposer 5 minutes et décanter par le robinet dans une autre éprouvette.

Le densimètre doit être plongé doucement en le laissant s'enfoncer à peu près au point où il doit rester ; quand il n'oscille plus, ce qui peut arriver aussi bien après deux minutes qu'après vingt suivant la nature du jus et la maturité de la betterave, on lit la densité en degrés et dixièmes de degrés. (Dans les transactions, un dixième ne compte généralement que si le trait qui le représente est franchement découvert). On prend ensuite la température du jus.

Pour faire la correction de température, c'est-à-dire trouver la densité qu'on aurait obtenue si le jus avait été à 15° centigrades, on se sert comme suit du tableau ci-dessous :

(1) Voir la description de cette râpe plus loin au chapitre relatif à la sélection des betteraves.

Corrections à faire à la densité par suite de la température

TEMPÉRATURE	A RETRANCHER	TEMPÉRATURE	A AJOUTER
0	0.20	16	0.02
1	0.19	17	0.05
2	0.18	18	0.07
3	0.17	19	0.10
4	0.16	20	0.12
5	0.15	21	0.15
6	0.14	22	0.17
7	0.13	23	0.20
8	0.12	24	0.22
9	0.11	25	0.25
10	0.10	26	0.28
11	0.09	27	0.31
12	0.07	28	0.34
13	0.05	29	0.37
14	0.02	30	0.40
15	0.00	31	0.43
		32	0.46
		33	0.49
		34	0.52
		35	0.55
		36	0.61
		36	0.64
		38	0.67
		39	0.70
		40	0.74

Soit lu sur le densimètre 1075, ce que l'on énonce 7,5.

Soit lu sur le thermomètre 19° centigrades ; nous chercherons 19 dans la colonne des températures et nous verrons dans l'autre colonne qu'il faut ajouter 0 degré 1 dixième au résultat trouvé, ce qui donne pour densité du jus 1076 ou 7,6.

Soit d'autre part trouvé 7,5 à la température de 9 degrés centigrades, la densité corrigée sera 7,5 — 0,11 = 7,39 ; suivant les conventions s'il s'agit d'achat on comptera 7,3 ou 7,4 au lieu de 7,39.

Remarque. — La manière d'opérer que nous venons d'énoncer est un peu longue et délicate pour être appliquée aux bascules de réception ; on se contente généralement, le jus une fois recueilli, de l'introduire dans une éprouvette, d'y plonger le densimètre et de lire la densité au bout de 5 minutes ou 10 minutes ; c'est une affaire de convention. La manière d'opérer bien établie, le cultivateur sait que dans telle condition de prise de densité sa betterave lui est achetée tant à tant de degrés, avec augmentatien de tant de centimes par dixièmes en plus ou en diminution de tant de centimes par dixièmes en moins.

On peut encore prendre la densité du jus avec la balance de Mohr décrite au chapitre des appareils (p. 131).

Dosage du sucre par les méthodes indirectes

Par le saccharimètre

Sucre °/₀ en volume de jus. — On prélève 100 cc de jus que l'on introduit dans un ballon de 100-110, on ajoute environ 2 cc d'une solution alcoolique de tannin, puis on complète (1) à 110 avec la solution de sous-acétate de plomb, après avoir fait tomber la mousse avec une goutte d'éther ; on agite vigoureusement et on filtre en ayant soin d'opérer avec un entonnoir et un verre bien secs ; les premières portions de liquide sont jetées et on refiltre jusqu'à obtention de liquide parfaitement clair. On remplit alors avec ce liquide un tube (de 20 centimètres) du saccharimètre après avoir rincé deux ou trois fois ce tube avec le liquide filtré.

Le saccharimètre étant bien réglé on en fait la lecture.

Soit trouvé 91,30.

Si nous avions lu 100, cela voudrait dire que dans 100 cc. des 110 cc. de jus défequé il y a 16 gr. 20 de sucre, si nous avions lu 1 il y aurait 0 gr. 162 ; comme nous lisons 91,30 il y a 91,30 × 0,162 de sucre = 14 gr. 79 ; dans 10 cc du même jus il y a donc 1 gr. 479 ; il y avait donc en tout dans les 100 cc de jus non défequé 14 gr. 79 + 1 gr. 479 = 16 gr. 27.

(1) Voir à l'analyse des cossettes épuisées les recommandations pour l'affleurement.

Le sucre °/₀ en volume de jus est donc 16 gr. 27.

Le calcul se fait pratiquement de la manière suivante : (91,8 + 9,13) × 0,162 = 16,27.

Dans le cas où on possède un saccharimètre ayant la graduation Vivien il suffit d'ajouter le dixième et de diviser par 10.

Exemple : Soit lu sur la graduation 130. Le sucre °/₀ cc de jus sera 14,30. Le tableau n° 3 donne directement le sucre °/₀ et avec affleurement à 100 et 110 étant donnée la lecture au sacchari-mètre.

Sucre °/₀ en poids de jus.— Soit trouvé 16,27 pour le °/₀ de sucre en volume de jus ; donc : 16 gr. 27 de sucre sont contenus dans 100 cc de jus. Supposons que la densité de ce jus soit 1078 ; 16 gr. 27 de jus sont contenus dans 107 gr. 8 de jus, dans 1 gramme de jus il y a $\frac{16.27}{107,8}$ gr. de sucre et dans 100 grammes $\frac{1627}{107,8}$ = 15 gr. 09.

Le sucre °/₀ en poids de jus est donc 15 gr. 09.

Il est évident que l'on peut directement doser le sucre °/₀ en poids de jus.

Pour cela on pèse 16 gr. 20 ou un de ses multiples avec le sac-charimètre Laurent (10 grammes ou un multiple de 10 grammes dans le cas de la graduation Vivien), on les introduit dans un ballon de 100, on défèque au tannin et au sous-acétate de plomb, puis on affleure à 100.

Le résultat lu au saccharimètre indique de suite le sucre °/₀ en poids de jus si on a pesé 16 gr. 20; si on a pesé 16 gr. 20 × *n*, il suffira de diviser le résultat lu par *n*.

Sucre °/₀ en poids de betteraves. — Admettons un instant que nous connaissions exactement la quantité de jus °/° contenue dans les betteraves en expérience et que le jus analysé représente bien la moyenne du jus total.

Soit 15 gr. 09 de sucre dans 100 grammes de jus et 95 gr. de jus dans 100 grammes de betteraves.

Dans 1 gr. de jus il y aura 0 gr. 1509 de sucre et dans 95 gram-mes 0, 1509 × 95 ou 15,09 × 0,95 = 14 gr. 33.

Le sucre °/₀ de betteraves sera 14 gr. 33.

Il nous a donc suffi pour trouver le sucre °/₀ de betteraves de multiplier le sucre °/₀ en poids de jus par 0,95.

TABLEAU N° 3

QUANTITÉS DE SUCRE correspondant aux degrés lus au polarimètre (Tube de 20 cc.)

NOMBRES lus au saccharimètre	100 cc.	110 cc.	NOMBRES lus au saccharimètre	100 cc.	110 cc.	NOMBRES lus au saccharimètre	100 cc.	110 cc.
1	0.162	0.178	36	5.832	6.415	71	11.502	12.652
2	0.324	0.356	37	5.994	6.593	72	11.664	12.830
3	0.486	0.535	38	6.156	6.772	73	11.826	13.009
4	0.648	0.713	39	6.318	6.950	74	11.988	13.187
5	0.810	0.891	40	6.480	7.128	75	12.150	13.365
6	0.972	1.069	41	6.642	7.306	76	12.312	13.543
7	1.134	1.247	42	6.804	7.484	77	12.474	13.721
8	1.296	1.426	43	6.966	7.663	78	12.636	13.900
9	1.458	1.604	44	7.128	7.841	79	12.798	14.078
10	1.620	1.782	45	7.290	8.019	80	12.960	14.256
11	1.782	1.960	46	7.452	8.197	81	13.122	14.434
12	1.934	2.138	47	7.614	8.375	82	13.284	14.612
13	2.106	2.317	48	7.776	8.554	83	13.446	14.791
14	2.268	2.495	49	7.938	8.732	84	13.608	14.969
15	2.430	2.673	50	8.100	9.910	85	13.770	15.147
16	2.592	2.851	51	8.262	9.098	86	13.932	12.325
17	2.754	3.029	52	8.424	9.266	87	14.094	15.503
18	2.916	3.208	53	8.586	9 445	88	14.256	15.682
19	3.078	3.386	54	8.748	9.623	89	14.418	15.860
20	3.240	3 564	55	8 910	9.801	90	14.580	16.038
21	3.402	3.742	56	9.072	9.979	91	14.742	16.216
22	3.564	3.920	57	9.234	10.157	92	14.904	16.394
23	3.726	4.099	58	9.396	10 336	93	15.066	16.573
24	3.888	4.277	59	9.558	10.514	94	15.228	16.751
25	4.050	4.455	60	9.720	10.692	95	15.390	16.929
26	4.212	4.633	61	9.882	10.870	96	15.552	17.107
27	4.374	4.811	62	10.044	11.048	97	15.714	17.285
28	4.536	4.990	63	10.206	11.227	98	15.876	17.464
29	4.698	5.168	64	10.368	11.405	99	16.038	17.642
30	4.860	5.346	65	10.530	11.583	100	16.200	17.820
31	5.022	5.524	66	10.692	11.761	0.1	0.016	0.018
						0.2	0.032	0.036
						0.3	0.049	0.053
32	5.184	5.702	67	10.854	11.939	0.4	0.065	0.071
						0.5	0.081	0.089
33	5.346	5.881	68	11.016	12.118	0.6	0.097	0.107
						0.7	0.113	0.125
34	5.508	6.059	69	11.178	12.296	0.8	0.130	0.143
35	5.670	6.237	70	11.310	12.474	0.9	0.146	8.160

On admet généralement ce chiffre 95 % comme quantité de jus contenu dans la betterave ; mais ce chiffre n'est pas constant, il a fait l'objet de beaucoup de recherches et de beaucoup de discussions ; suivant plusieurs chimistes il varie entre 93, 5 et 96.

Supposons 95 constamment exact, il n'en est pas moins vrai qu'il y a une différence très variable entre la quantité réelle de jus contenu dans la betterave en expérience et le coefficient qu'il faut prendre, étant donné le sucre % en poids de jus pour trouver exactement le sucre % de betteraves.

Ainsi, il peut y avoir 95 % de jus dans une betterave et que le coefficient à prendre pour multiplier le chiffre trouvé par les méthodes ordinaires comme sucre % en poids de jus soit 92, par exemple.

Ces faits paraissent bizarres au premier abord ; il faut les mettre sur le compte des râpes, des presses, etc., et de la différence qui existe entre le premier jus extrait et le dernier.

Certains chimistes prennent cependant toujours 95 comme coefficient ; souvent aussi on fait varier le coefficient avec la densité ou la richesse de la racine,

On peut se servir de la table ci-dessous, avec laquelle on passe directement du sucre % cc de jus au sucre % gr. de betteraves, du moment que l'on admet le coefficient 95. Il suffit pour cela de multiplier le sucre de % cc de jus par le coefficient en regard de la densité du jus à analyser.

Nous allons maintenant voir comment on peut déterminer la quantité de jus contenue dans les betteraves.

Détermination de la quantité de jus. 1ʳᵉ méthode. — Elle consiste à peser un certain poids de pulpe analysable à froid et à l'épuiser. Pour cela on la presse d'abord de manière à en éliminer le plus de jus possible, puis on la place sur un filtre desséché et taré et on lave jusqu'à ce que l'eau qui s'écoule ne contienne plus de matières en solution ; alors on porte à l'étuve et après dessiccation on pèse.

Soit p le poids de pulpe pesée, p' le poids du filtre sec, p'' le

(1) Lorsque la pulpe ne provient pas d'une râpe à taille Keil, l'épuisement complet est très difficile à obtenir. On trouve souvent, en opérant avec de la pulpe grossière, des poids de *marc* trop élevés. Il existe un appareil de M. Pellet pour exécuter rapidement ce dosage (Voir le *Bulletin des Chimistes*).

poids du filtre sec + le poids de matière sèche, le % de jus
sera : $100 - \frac{100 \, (p''-p')}{p}$.

DENSITÉ	SUCRE % gr.	DENSITÉ	SUCRE % gr.
103 0	0.9220	106 0	0.8962
1	0.9210	1	0.8953
2	0.9205	2	0.8945
3	0.9196	3	0.8936
4	0.9187	4	0.8928
5	0.9178	5	0.8920
6	0.9169	6	0.8911
7	0.9160	7	0.8903
8	0.9151	8	0.8895
9	0.9142	9	0.8885
104 0	0.9134	107 0	0.8878
1	0.9126	1	0.8870
2	0.9117	2	0.8862
3	0.9108	3	0.8853
4	0.9100	4	0.8845
5	0.9091	5	0.8837
6	0.9082	6	0.8829
7	0.9073	7	0.8820
8	0.7065	8	0.8812
9	0.9056	9	0.8804
105 0	0.9047	108 0	0.8796
1	0.9038	1	0.8788
2	0.9030	2	0.8780
3	0.9021	3	0.8772
4	0.9013	4	0.8764
5	0.9005	5	0.8750
6	0.8996	6	0.8748
7	5.8987	7	0.8740
8	0.8977	8	0.8723
9	0.8970	9	0.8710

Il est bon de ne laver la pulpe qu'à l'eau froide ; sans cette précaution, les sels de potasse insolubles deviendraient en partie
solubles.

2ᵉ *méthode*. — La quantité d'eau % gr. de betteraves est évidemment la même que celle que nous trouverons dans le jus correspondant à 100 grammes.

Soit a l'eau de 100 gr. de betteraves, e l'eau de 100 gr. de jus et J le jus cherché, nous aurons : $J = \frac{100\ a}{e}$.

Voyons maintenant comment on peut déterminer a et e.

Dosage de l'eau dans la betterave. — On prélève perpendiculairement à l'axe de la racine à différentes hauteurs des tranches excessivement minces, on les pèse et on les porte à l'étuve en ayant soin de chauffer peu d'abord et en finissant la dessiccation vers 100°; si on voit des points noirs sur la matière, l'analyse ne vaut rien, et même sans que ce fait se produise certaines matières volatiles peuvent s'échapper, ce qui fait que les résultats trouvés sont généralement trop forts. — Il faut s'assurer, comme dans tout dosage d'eau, qu'un nouveau séjour à l'étuve ne produit plus d'effet lorsqu'on croit l'opération terminée.

Dosage de l'eau dans le jus. — On pèse un certain poids de jus sur une petite plaque tarée et on dessèche comme ci-dessus ; on pèse ensuite ; la différence des deux pesées donne l'eau contenue dans le poids de jus pesé. On en déduit le %.

Certains chimistes remplacent la plaque tarée par une capsule tarée, mais alors la surface d'évaporation étant moindre, ils mélangent avec le jus un peu de silice ou de verre pilé ; ils opèrent de même pour toutes les matières difficiles à dessécher, telles que mélasse, masse cuite.

Sucre % en volume de jus par inversion cuivrique. — Cette méthode est basée sur la propriété que possède le sucre interverti de décomposer la liqueur de cuivre (voir sa préparation plus haut).

On se sert d'une liqueur telle que 0 gr., 05 de sucre interverti décomposent complètement 10 cc. de liqueur.

On mesure 5 cc. de jus qu'on introduit dans un ballon de 250 cc. avec 10 cc. d'acide sulfurique étendu (100 gr. environ par litre), puis de l'eau de manière à avoir de 150 cc. à 200 cc. de liquide. On met le tout au bain-marie et on l'y laisse environ 20 minutes à partir du moment où l'eau de ce bain est portée à l'ébullition. On refroidit, on neutralise l'acide au moyen d'un peu de carbonate de soude et de sous-acétate de plomb, on affleure à 250 cc. et on filtre. On remplit alors une burette de 25 cc. graduée en dixièmes avec le liquide filtré ; puis on introduit 10 cc. de liqueur cuivrique, avec quelques morceaux de pierre ponce, pour faciliter l'ébullition, dans un petit tube à essai qu'on tient au-dessus d'une lampe à alcool ou d'une flamme de gaz ; quand la liqueur commence à bouillir on y verse 2 cc. à 3 cc. de liquide sucré goutte à goutte tout en maintenant l'ébullition, le liquide se trouble, rougit ; on laisse reposer, un précipité de sous-oxyde de cuivre tombe au fond du tube ; on continue l'opération, le liquide clair après repos est bleu, puis vert, il s'approche de plus en plus du jaune ; alors on verse deux gouttes à la fois de liquide sucré sur la liqueur reposée, on regarde le tube à la hauteur de l'œil devant une fenêtre bien éclairée. Si alors, en agitant légèrement, le liquide forme en se mélangeant un léger nuage, l'opération n'est pas terminée ; on ajoute de nouveau deux gouttes en observant comme précédemment et ainsi de suite jusqu'à ce qu'une goutte ne produise plus de trouble, alors l'opération est terminée et la dernière goutte est en trop.

Soit employés 19 cc. de liquide sucré ; ces 19 cc. contiennent 0 gr. 05 de sucre et 250 cc. ou 5 cc. du jus primitif $\frac{0,05 \times 250}{19}$ ce qui donne pour 100 cc. de jus de betteraves $\frac{0,05 \times 250 \times 20}{19} = 13$ gr. 158.

Le sucre % en volume de jus est donc 13 gr. 158.

En appelant V le volume du jus étendu, v le volume employé pour décomposer les 10 cc. de liqueur et a le volume du jus prélevé la formule générale est $\frac{0,05 \times V \times 100}{v \times a}$.

Pour opérer exactement il faudra doser le glucose contenu dans la betterave et le retrancher du sucre trouvé par inversion.

Il est bien évident que par le même procédé, on pourra doser directement le sucre % en poids de jus ; il suffira d'opérer sur un poids connu de jus au lieu d'opérer sur 5 cc. par exemple.

On remplace alors pour le calcul, dans la formule précédente, a par p, le poids de jus introduit dans le ballon de 250 cc.

En outre, au moyen d'une sonde spéciale dont l'appareil Lindeboom n'est qu'une modification, M. Olivier Lecq a rendu rapide le dosage du sucre par inversion cuivrique et a permis de mener de front une grande quantité d'essais.

Il place tous les ballons, dans lesquels se .trouve la matière dont on veut intervertir le sucre, sur des plateaux tournants chauffés au gaz.

Les tubes à essais sont aussi placés cinq par cinq au-dessus d'une toile métallique sur un support tournant qui permet le chauffage alternatif des séries de tubes. Les burettes contenant le liquide sucré sont suspendues au-dessus de chaque tube d'essai.

On voit, d'après tout ce que nous avons dit, l'inconvénient des méthodes indirectes : les procédés qui permettent de déterminer la quantité de jus dans la betterave laissent à désirer ; et puis, seraient-ils rigoureusement exacts, il y a une différence très variable, avons-nous dit, entre la quantité de jus réelle contenue dans la betterave en expérience et le coefficient qu'il faut prendre pour, étant donné le sucre % en poids de jus, trouver exactement le sucre % de betteraves ; il est donc beaucoup plus naturel d'admettre les méthodes directes dont nous allons parler.

Longtemps les procédés directs n'ont été employés que pour des recherches scientifiques, parce qu'ils étaient trop longs et trop délicats pour servir industriellement ; mais ces dernières années ont vu naître tant de perfectionnements en ce qui les concerne, que la question de dosage direct du sucre dans la betterave est résolue, grâce surtout aux travaux de M. Pellet.

Dosage du sucre par les méthodes directes.
Méthodes aqueuses,

Par épuisement aqueux simple. — Peser un poids P de pulpe, (analysable à froid, c'est-à-dire provenant de râpe à taille Keil) la laver en recueillant les eaux de lavage jusqu'à ce que celles-ci ne contiennent plus de sucre; faire avec les susdites eaux de lavage un volume connu et doser ensuite le sucre % qu'elles contiennent ; il sera facile alors de connaître le sucre total que contenait le poids de betteraves. Il suffit d'épuiser 16 gr. 20 ou 26 gr. 048 avec un volume de 200 cc. d'eau de telle sorte que le lavage s'opère en 8 ou 10 minutes. Contrôler par un second lavage avec 100 cc. On emploie le tube de 400^{m}/^{m} pour lire directement la richesse 0/0 gr. de betteraves,

Ancienne méthode Vivien.

Peser 30 grammes de l'échantillon prélevé, les introduire dans un mortier avec du gros sable pur et broyer jusqu'à obtention d'une bouillie épaisse ; ajouter en broyant toujours 2 cc. de solution alcoolique de tannin et 10 cc. à 12 cc. de sous-acétate de plomb ; transvaser sur un filtre en lavant le mortier avec de l'eau distillée chaude ; lorsqu'on est arrivé à 280 cc. environ de liquide, l'épuisement doit être complet, ce que l'on reconnait en évaporant sur une feuille de platine 5 cc. environ de la dernière eau qui s'écoule ; en calcinant, il ne doit y avoir ni trace de carbonisation, ni trace d'odeur. On laisse refroidir, on affleure à 300 cc., on agite, on filtre et on passe au saccharimètre ; on multiplie alors le résultat trouvé par 1 gr. 62 dans le cas du saccharimètre Laurent à graduation ordinaire tandis que l'on divise par 10 dans le cas de la graduation Vivien.

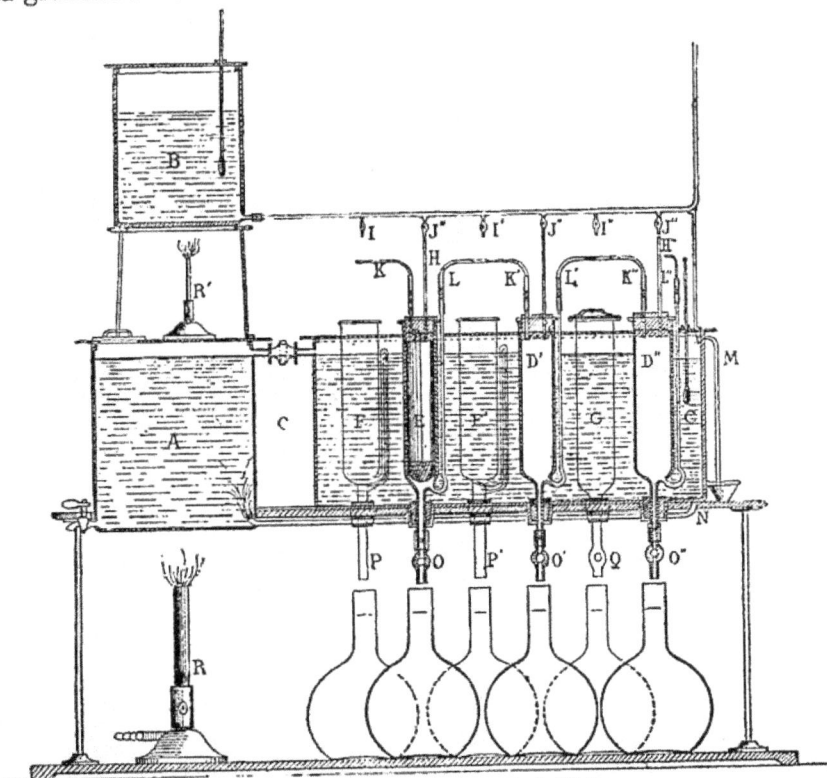

Fig. 286. — Appareil à épuisement A. Vivien.

Nouvelle méthode Vivien.

Nous empruntons la description de cette méthode au *Bulletin de l'Association des Chimistes* de juillet-août 1889 : (compte rendu des appareils placés par les membres de la sus-dite association à l'exposition de 1889.)

Appareil A. Vivien pour essai des betteraves et des lamelles du coupe-racines. « L'appareil que j'ai imaginé, dit M. Vivien, permet de doser directement le sucre par 100 kg. de betteraves, en opérant

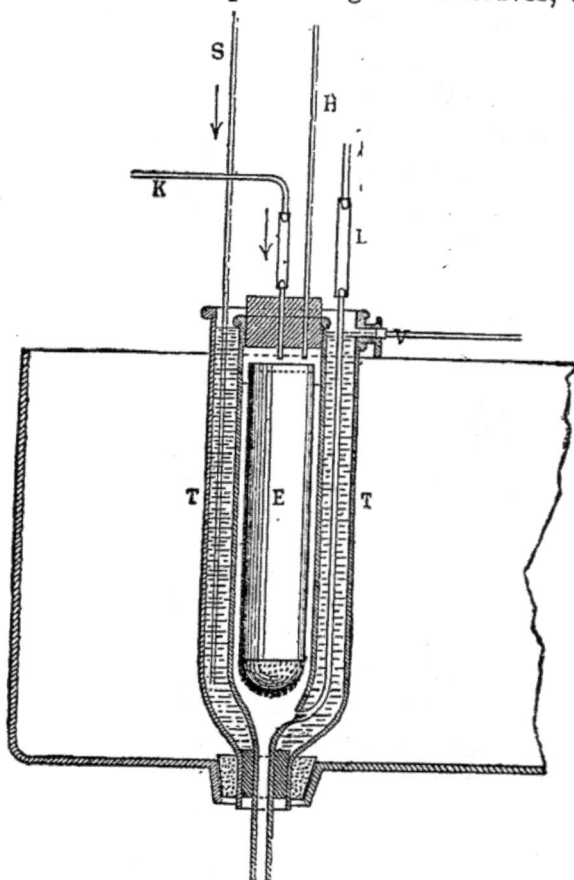

Fig. 187. — Appareil à épuisement Vivien pour l'essai des betteraves.

l'épuisement par diffusion, c'est-à-dire par un procédé analogue à celui employé dans l'industrie. Le dosage est direct et exempt de toute hypothèse sur le volume du jus et le volume du marc ou pulpe. Il se compose d'un vase G placé dans un bain-marie. Un échantillon moyen de betteraves prélevé suivant un onglet conique est découpé en petits morceaux et on pèse 100 gr. que l'on place dans un petit panier en toile métallique fine construit de façon à pouvoir entrer dans le vase G (fig. 286).

« Les choses étant ainsi disposées, on chauffe l'eau du bain-marie à 80° C, puis on remplit le diffuseur d'eau à la même température, on laisse en contact 3 minutes et on ouvre le robinet Q, tout le liquide s'écoule dans le vase d'un litre placé à la partie inférieure. On remplit de nouveau le diffuseur avec de l'eau de façon à submerger les petits morceaux de betteraves et 3 minutes après on soutire de nouveau, ainsi de suite jusqu'à ce que le ballon de un litre soit plein à 15°. Tout le sucre de 100 grammes de betteraves se trouve ainsi jaugé à 1000 cc. et l'essai au saccharimètre donne la richesse % gr. de betteraves.

« La progression de l'épuisement est la suivante avec cet appareil :

Les 1ers 250 cent. extraits	contiennent	70 0/0 du sucre de betterave	
Les 250 —	suivants	21 0/0	—
— 100 —	—	4,	—
— 100 —	—	2,2	—
— 100 —	—	1,4	—
— 100 —	—	0,8	—
— 100 —	—	0,4	—
		99 8 0/0	—

« En faisant varier la finesse de division de la betterave, le poids à épuiser, la durée du contact, la température et le volume du liquide d'épuisement, on peut arriver à extraire la totalité du sucre; mais la méthode telle que je viens de la décrire est un épuisement bien suffisant dans la pratique et tout à fait en rapport avec le travail industriel. On a le sucre de la betterave à 2 millièmes près, cette approximation dépasse la sensibilité du saccharimètre et il n'est pas nécessaire de pousser plus loin l'épuisement.

« Aussitôt l'épuisement terminé, le panier contenant l'insoluble, marc ou ligneux, est placé à l'étuve jusqu'à perte de poids constante, puis le résidu est pesé soit directement, soit dans le panier, dont on a préalablement déterminé la tare, pour avoir le poids du marc et par suite le poids de jus de 100 kg. de betteraves.

« Cet appareil permet donc de déterminer directement et le sucre et le jus contenus dans 100 kg. de betteraves.

« Lorsqu'on a beaucoup d'analyses à faire en même temps, on dispose tous les diffuseurs dans un seul bain-marie cc. chauffé par une chaudière A. L'eau chaude pénètre par le robinet qui part du haut de la chaudière et après refroidissement rentre par le tuyau N ; un courant constant s'établit et la même eau sert indéfiniment. Il faut employer de l'eau pluviale ou distillée, ne donnant pas de dépôt sous l'action de la chaleur, pour ne pas encrasser les diffuseurs et obtenir un bon épuisement.

« Les diffuseurs au nombre de six sont disposés sur deux rangs, pour avoir un appareil moins encombrant.

« Lorsqu'on veut opérer l'épuisement d'une façon continue, on prend des diffuseurs à syphons intermittents semblables à ceux indiqués en F et en F'. L'échantillon moyen de la betterave est placé, comme je viens de le dire, dans un panier perforé et on établit un courant d'eau continu en ouvrant les robinets I et I'. On règle le débit de ce courant d'eau de façon que le siphon soit amorcé toutes les deux ou trois minutes, etc., pour conduire l'épuisement comme on l'entend. Il convient dans ce cas d'opérer sur 50 grammes de betteraves, pour arriver à un épuisement complet quand on a atteint le volume d'un litre.

« Ces appareils permettent d'opérer sur les lamelles prises à la sortie du coupe-racines, pour établir toutes les deux heures, par exemple, la teneur en sucre des betteraves travaillées. »

Ancienne méthode Pellet.

L'inventeur décrit cette méthode comme suit :

« Un échantillon de betteraves, pulpe ou morceaux étant obtenu, on pèse 10 gr., 13 gr. 024 ou 16 gr. 20, suivant qu'on possède les saccharimètres Laurent à divisions ordinaires.

« D'autre part on verse dans un ballon spécial et correspondant aux poids 10 gr., 13 gr. 024, 16 gr. 20 une quantité d'eau jusqu'à la partie étranglée $b b b$. A cette eau on ajoute 2 cc. à 4 cc. de sous-acétate de plomb ordinaire.

« A l'intérieur du ballon A, B ou C, on projette un petit bouton de porcelaine, percé de trous, qui s'arrête à la partie étroite b et dessus on verse toute la betterave pesée, celle-ci occupe presque tout le volume compris entre le bouton et le trait circulaire indiquant 100 cc., on complète enfin avec de l'eau ordinaire le volume 100 cc.; le ballon reçoit une rondelle de plomb et l'ensemble est mis dans un bain-marie bouillant dans lequel on a fait dissoudre un peu de sel, si on veut atteindre 100° C sans avoir une vive ébullition; on évite ainsi une trop grande évaporation du liquide.

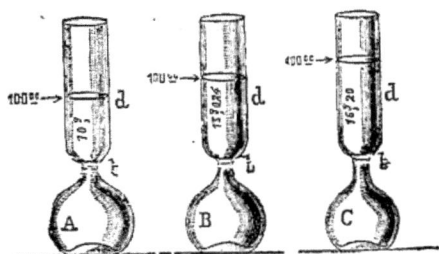

Fig. 288.— Ballons Pellet pour l'analyse des betteraves.

« La diffusion de la betterave s'opère très rapidement par suite de sa disposition à la surface du liquide.

« Après une heure elle est complète, on retire le ballon et on le laisse ou fait refroidir, on complète la volume de 100 cc. par suite de la déperdition d'eau qui s'est opérée pendant le chauffage, on agite à plusieurs reprises.

« Le mélange étant jugé suffisant, on filtre et on passe au saccharimètre. Le liquide est absolument limpide et décoloré, on se sert d'un tube de 40 cc. de préférence pour avoir plus d'exactitude dans les résultats, surtout avec la demi-pesée de 13 gr. 024.

« Le sous-acétate de plomb a opéré la défécation complète du jus et, en rendant le liquide alcalin, a empêché la formation de toute trace de glucose; la lecture au saccharimètre indique donc de suite après une division par 2 la quantité de sucre % de matière; au contraire, si on a pesé 13 gr. 024 la lecture fournit directement le dosage % de racines.

« Si l'on veut doser le sucre par les liqueurs cuivriques on peut opérer sur le liquide filtré en intervertissant le liquide séparé de la pulpe.

« Le volume occupé par le bouton est compris dans les 100 cc Pour des racines ayant des richesses extraordinaires il faut laisser le tout, près de 1 h. 1/2 ou 2 heures au maximum. »

Nouvelles méthodes Pellet.

1° *Dosage du sucre par la digestion aqueuse à chaud.* — On râpe avec la râpe conique Pellet et Lomont.

On pèse 32 gr. 40 pour le saccharimètre Laurent à graduation ordinaire de la râpure bien mélangée. Cette râpure est alors introduite au moyen d'un entonnoir et d'un agitateur à bout aplati dans un ballon gradué de 201 cc. 70; on fait 201 cc. 70 pour tenir compte du volume déplacé par le marc de 32 gr. 40 de pulpe et de l'influence du précipité plombique; le ballon porte encore un trait 200 cc. 85 pour le cas où on aurait pesé seulement 16 gr. 20. Si on veut faire exactement 200 cc. on pèsera seulement 16 gr. 09 au lieu de 16 gr. 20, et 32 gr. 10 au lieu de 32 gr. 400. On ajoute ensuite 5 cc. à 10 cc. de sous-acétate de plomb à 30° Bé. Après avoir abattu la mousse, on fait à peu près 190 cc. et on met le tout au bain-marie chauffé à 80° environ pendant 30 minutes.

A ce propos nous avons fait plusieurs expériences en chauffant 20 minutes, une demi-heure et 40 minutes; les résultats ont toujours été les mêmes; enfin pour plus de sûreté nous avons l'habitude de chauffer environ une demi-heure.

On laisse refroidir, on acidifie avec quelques gouttes d'acide acétique, on affleure, on agite et on filtre, puis on polarise.

Si on a pesé 32 gr. 40 et qu'on prenne un tube de 20 cent., la lecture donne immédiatement le sucre % de betteraves.

Si on a pesé 32 gr. 40 et qu'on prenne un tube de 40 cent. il faudra diviser le résultat lu par 2. La pesée de 16 gr. 20 avec un tube de 40 cent. donnerait encore directement le sucre. La pesée de 16 gr. 20 avec un tube de 20 cent. obligerait à multiplier par 2; l'inconvénient de ce dernier mode d'opération est de multiplier par 2 l'erreur qu'on aura pu faire.

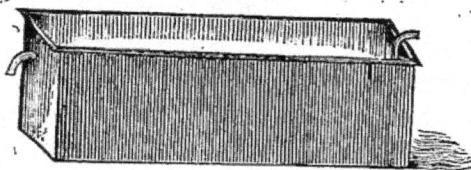

Fig. 289 — Bac réfrigérant.

M. Pellet construit pour cette analyse des bains marie spéciaux: Un panier en fils de fer comprenant 6 ou 12 cases porte les ballons, on l'introduit dans un bac plein d'eau chauffée de 75° à 80°, comme nous l'avons dit plus haut par des becs de gaz. Lorsqu'on retire le panier on l'introduit dans un bac à refroidissement dans lequel circule de l'eau froide.

Dosage du sucre par la diffusion aqueuse instantanée à froid. — Désirant abréger l'analyse, M. Pellet a cherché à supprimer le chauffage; pour cela il a modifié la denture de la râpe, il fait por-

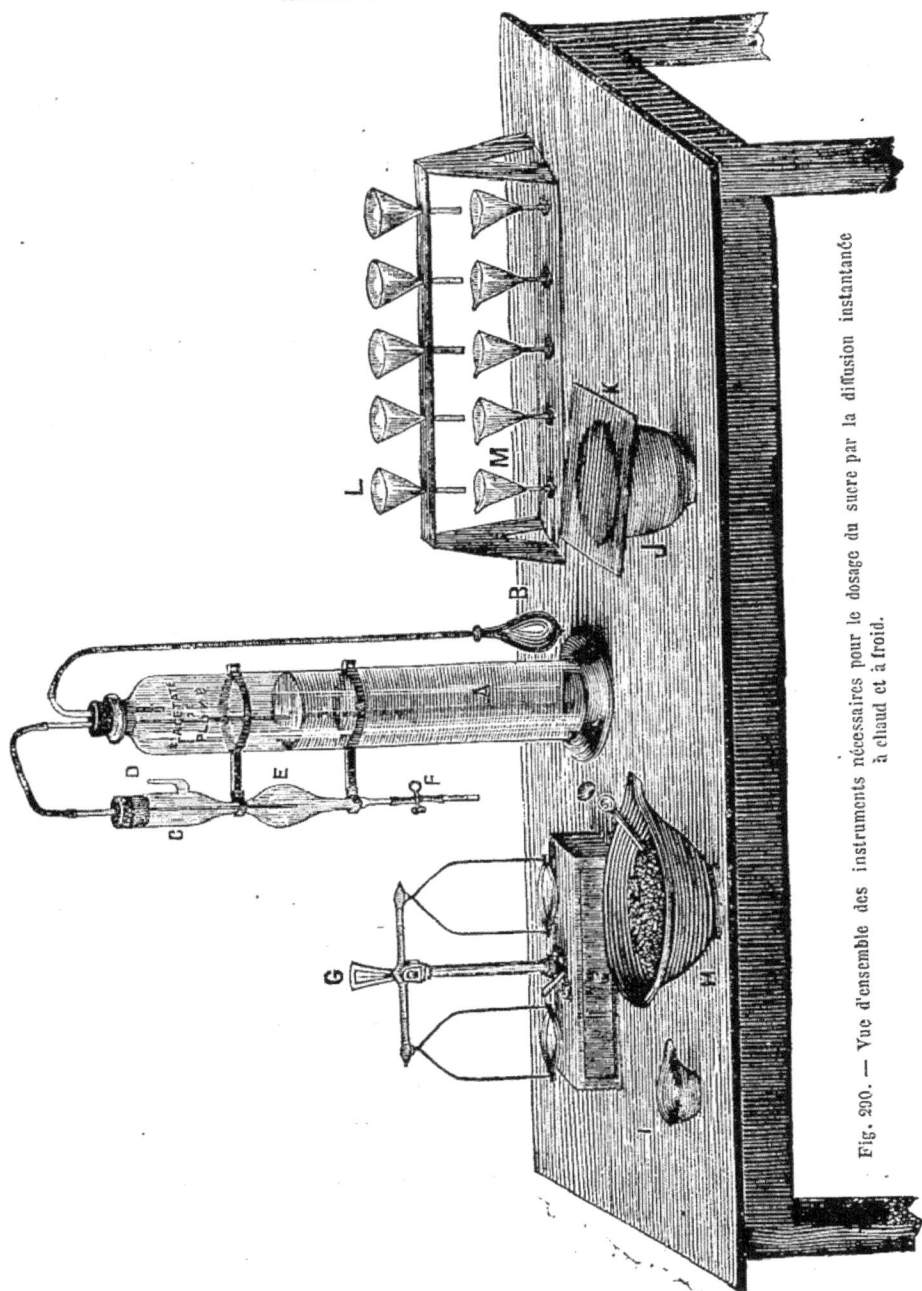

Fig. 200. — Vue d'ensemble des instruments nécessaires pour le dosage du sucre par la diffusion instantanée à chaud et à froid.

ter à celle-ci un disque de Keil qui fournit une pulpe qui, sans être crème, est suffisamment fine pour permettre la diffusion instantanée à froid de se produire.

Cette râpure obtenue, on en pèse 16 gr. 20 que l'on introduit dans un ballon spécial contenant déjà 5 cc. de sous-acétate de plomb, on ajoute quelques gouttes d'acide acétique, on fait tomber la mousse; on affleure au trait de jauge 100 cc. 85 qui tient toujours compte du volume déplacé par le marc des 16 gr. 20 et de l'influence du précipité plombique ; on agite, on filtre et on polarise.

Le résultat lu donne de suite le sucre °/₀ de betteraves.

Dosage du sucre °/₀ de betteraves par inversion cuivrique. — La méthode cuivrique permet encore de doser directement le sucre contenu dans les betteraves, on opère pour cela de la manière suivante:

On pèse 10 gr. de râpure obtenue d'une manière quelconque à condition de ne pas lui laisser perdre de jus ; ou on fait comme dit M. Violette : « à l'aide d'une sonde on prélève un petit cylindre de betterave soit perpendiculairement, soit obliquement à l'axe de celle-ci, mais de manière que cet axe soit rencontré au quart de sa longueur. Le petit cylindre obtenu donnera le même résultat sucre que le ferait la betterave entière (1). On découpe finement le petit cylindre de betterave et on pèse 10 gr. des morceaux obtenus ». Ceux-ci sont introduits dans un ballon de 100 cc. avec 10 cc. d'acide sulfurique (2) étendu, on ajoute de l'eau pour faire environ 70 cc. à 80 cc. et on laisse 20 minutes dans un bain-marie bouillant.

On neutralise l'acide par le sous-acétate de plomb et la soude, on refroidit, on affleure, on filtre et on opère comme pour le sucre en volume de jus par la même méthode, avec 10 cc. de liqueur cuivrique.

Soient employés 3 cc. 2 par exemple; le °/₀ de sucre en poids de betterave sera :

$$\frac{0,05 \times 100 \times 10}{3,2} = 15,62$$

appelant n le nombre de cc. de jus inverti employé, la formule générale sera :

$$\frac{0,05 \times 100 \times 10}{n} \text{ ou plus simplement } \frac{50}{n}$$

(1) Des essais récents tendraient à montrer que ce procédé est défectueux.
(2) Ou plutôt avec une solution d'acide tartrique.

Remarque. — M. Pellet a proposé de modifier cette méthode comme suit :

L'acide sulfurique étendu, maintenu 15 à 20 minutes à l'ébullition avec la betterave, attaque des matières étrangères au sucre qui produisent alors la décomposition d'une partie de la liqueur cuivrique ; pour obvier à cet inconvénient il faudrait n'ajouter l'acide que vers la fin de l'opération ou mieux encore remplacer l'acide sulfurique par de l'acide acétique en en employant 10 à 15 fois plus.

On peut encore, après avoir affleuré à un volume déterminé le liquide après ébullition, prendre la moitié de ce volume de liquide une fois filtré pour l'invertir, on aura alors le sucre contenu dans la moitié de la matière pesée.

Pour opérer exactement, il faudra comme dans le dosage du sucre % de jus par la méthode cuivrique doser le glucose et le retrancher du sucre trouvé par inversion.

Méthodes alcooliques

Les méthodes alcooliques ont été les premières avec lesquelles on a pu déterminer exactement et directement le sucre % en poids de betteraves ; mais elles ont le défaut d'être généralement assez longues et assez délicates, ce qui fait qu'elles n'ont guère été employées industriellement en France.

Extraction alcoolique. Méthode Scheibler

Riffard avant Scheibler avait utilisé l'alcool pour doser le sucre dans la betterave avec le digesteur Payen dont l'appareil Scheibler est un perfectionnement.

On introduit la râpure ou la betterave divisée dans le tube A au moyen de l'entonnoir T (fig. 291) le poids introduit est quelconque, mais les orifices O O' doivent être couverts, il faut éviter de tasser pour laisser le passage à l'alcool. Au fond du tube A se trouve un peu d'amiante ou de coton qui forme filtre.

On a pesé le tube en question avant d'y introduire la betterave ; en le pesant après son introduction, la différence des deux poids obtenus donne le poids de betterave qui va être épuisée.

On monte alors A sur le ballon gradué C, et D comme l'indique la fig. 291, on introduit alors de l'alcool par *d,* il passe en A sur la betterave et tombe en *c,* on chauffe alors et on fait passer un courant d'eau froide en D, la vapeur d'alcool monte dans l'espace

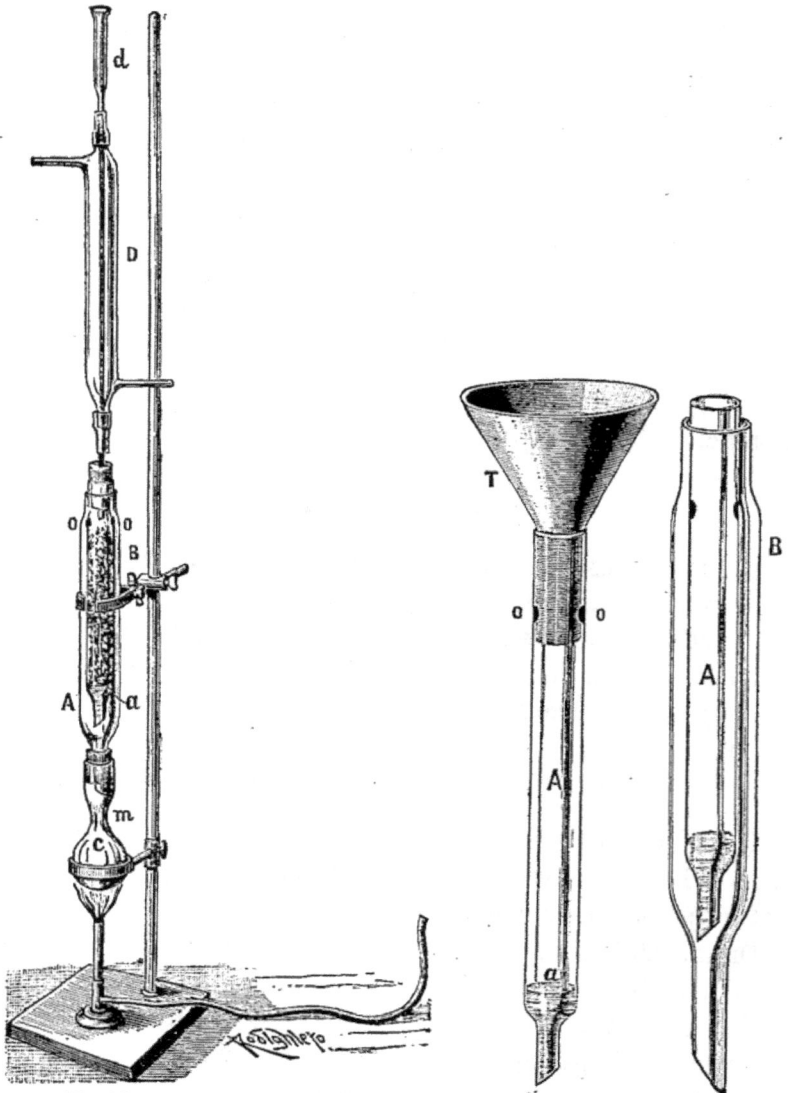

Fig. 291. — Appareil Scheibler pour le dosage du sucre dans les betteraves.

existant entre A et B, passe par O O′, se condense dans le réfrigérent et retraverse la betterave qui a été échauffée par le passage des vapeurs.

Ainsi de suite.

Au bout de 40 minutes environ, souvent plus, l'épuisement doit être terminé, on le constate par un second épuisement; on sépare le ballon C du reste de l'appareil, on laisse refroidir, on défèque et on affleure avec de l'eau; on filtre et on passe au saccharimètre (1).

L'appareil a été perfectionné, des parties en verre ont été remplacées par des parties métalliques, et on peut si l'on veut monter simultanément plusieurs dosages avec le même réfrigérent.

La méthode Scheibler date de 1878.

Méthode Soxhlet

Ce n'est pas positivement une méthode différente de la méthode Scheibler, c'est plutôt une modification de l'appareil de ce dernier.

Il n'existe pas de communication directe entre A et E (fig. 292).

Le poids normal (ou un de ses multiples) de betterave est placé en A sur de l'amiante comme dans l'appareil Scheibler, on monte A sur E, puis on introduit de l'alcool sur la râpure; le siphon D s'amorce et une partie du susdit alcool arrive en E; on place le réfrigérent I sur A, on chauffe et on fait passer un courant d'eau froide en I; les vapeurs passent par le tube C, se condensent et retombent en A; par intermittence D s'amorce et l'alcool retombe en E pour redistiller et repasser sur la betterave; ainsi de suite jusqu'à ce qu'on arrête l'opération qui doit durer environ 1 heure et demie.

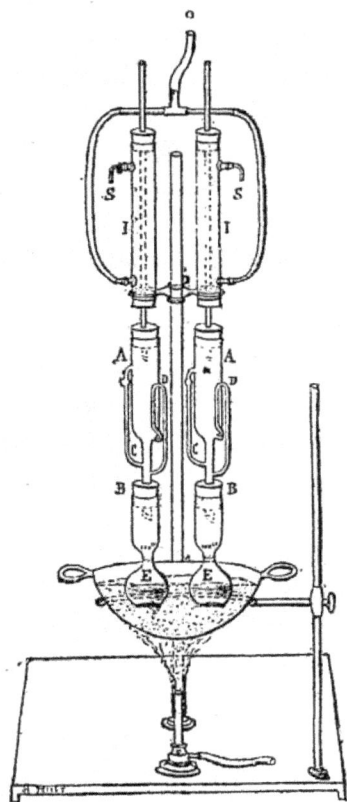

Fig. 293. — Appareil Soxhlet pour le dosage du sucre dans la betterave.

La durée de ces opérations du reste est très variable suivant la grosseur de la pulpe employée et on doit toujours faire un contrôle par un deuxième épuisement.

On refroidit, on affleure, on défèque avec 2 cc. à 3 cc. de sous-acétate de plomb, on filtre au moyen d'un entonnoir couvert et on polarise.

Il est bon de vérifier si une nouvelle quantité d'alcool prend encore du sucre à la betterave épuisée.

L'alcool employé doit-être environ à 80°.

Digestion alcoolique. Méthode Stammer

Nous allons résumer ici une note de M. Stammer lui-même, décrivant son procédé :

La betterave préalablement divisée en petits morceaux ou en râpure est soumise à l'action d'un moulin à betteraves spécial qui fournit une pulpe tellement impalpable qu'on l'a surnommée crême; la matière est pour ainsi dire divisée à l'infini.

On prend alors un poids déterminé de cette crême que l'on dilue avec de l'alcool à 92°, on fait un volume connu et on polarise.

Le mélange avec l'alcool se fait de suite et donne une matière absolument homogène.

La défécation se fait au moyen de 8 cc de sous-acétate de plomb.

La filtration se fait dans un cylindre avec bouchon de verre en se servant d'un entonnoir à couvercle (en fer blanc); quand la majeure partie du liquide est filtrée, on bouche le cylindre avec la main et on agite avant d'introduire dans le tube du saccharimètre.

Les polarisations des liquides alcooliques demandent à être faites en présence d'une limpidité parfaite. L'égalité de température est aussi absolument nécessaire, elle est détruite pendant le remplissage; aussi celui-ci devra-t-il précéder de 5 à 10 minutes l'observation saccharimétrique.

L'addition du sous-acétate de plomb en forte quantité empêche de faire servir la solution obtenue à déterminer la substance totale dissoute et par suite la pureté réelle ou apparente (nous en parlerons plus loin). Si l'on veut s'en servir à cet effet il faut procéder de la manière suivante :

On remplit au volume marqué du matras avec l'alcool à 92°; on filtre vite à travers un tamis et l'on prend 100 cc du liquide tamisé pour y ajouter 1 cc d'une solution alcoolique de sous-acétate contenant 6 à 10 gouttes de ce réactif.

Après avoir agité le mélange dans un cylindre bouché à l'émeri, on filtre avec un entonnoir à couvercle et on fait l'observation. Les degrés lus sont majorés de 0,01. Le liquide tamisé ne contenant pas de sous-acétate sert à la détermination de la densité au moyen de l'alcoo-saccharomètre Stammer construit pour cet usage, ou bien on prend un certain volume pour trouver par dessiccation la matière dissoute, ce qui a l'avantage de fournir la pureté réelle.

Cette méthode d'analyse s'applique aussi aux cossettes épuisées par la diffusion.

Il y a, en outre, un certain nombre de procédés par digestion alcoolique à chaud, tel que celui de Rapp-Degener. Nous renverrons le lecteur au travail spécial de M. Pellet sur le dosage du sucre cristallisable dans la betterave, paru dans les *Annales de la Science agronomique française et étrangère* de L. Grandeau, en 1893, Ce travail résume tous les procédés à ce jour.

ANALYSE DES COSSETTES FRAICHES

Quand on veut connaître la quantité de sucre entré en fabrication, on peut faire l'analyse de la betterave comme nous venons de le dire; malheureusement l'échantillon qui doit être pris continuellement donne lieu à une opération difficile; il semble qu'il soit plus facile d'opérer sur la cossette fraîche qui tombe dans les diffuseurs, car à chaque fois que l'on en prélevera on aura un produit provenant de plusieurs racines.

Nous sommes grandement partisan de cette méthode dans le cas où le chimiste a le temps de répéter assez souvent les analyses, c'est-à-dire dans le cas où la cossette analysée n'est pas coupée depuis trop longtemps ; à notre avis l'analyse devra être répétée toutes les 3 heures.

Ci-dessous des essais faits par nous à ce sujet :

Analyse faite de suite, sucre 0/0 k. (méth. digestion à chaud)			11,40
—	après 3 heures	—	11,30
—	8	—	10,95
—	22	—	10,40

Ces résultats paraissent contradictoires avec ceux qu'a publiés

M. Pellet sur le même sujet ; mais il faut remarquer que notre savant collègue introduisait 16 gr. de cossettes dans des flacons bouchés à l'émeri ; on ne peut pas conserver ainsi son échantillon à la diffusion, d'abord parce qu'il doit être trop volumineux, puis le récipient est ouvert fréquemment pour y introduire de la cossette ; on peut donc tout au plus prendre une boite fermée qui n'empêchera pas le contact de l'air comme le flacon de M. Pellet. Dans nos expériences la cossette a été conservée dans une marmite en fer blanc munie d'un couvercle. De temps en temps le couvercle était soulevé, comme il l'aurait été pour introduire de la nouvelle cossette à chaque prise d'essai (1).

Analyse par le jus. — On passe la cossette au hache-viande, de préférence à couteaux mobiles, ou encore à la râpe Ledocte et on opère sur le jus comme pour les betteraves.

Par inversion cuivrique et par les méthodes Scheibler et Soxhlet. — On passera au hache-viande ; (il est inutile d'avoir une pulpe fine) et on opérera comme pour les betteraves.

Par la méthode Stammer. — On opérera absolument comme pour les betteraves, mais on n'aura pas à diviser la betterave en petits morceaux puisqu'elle l'est déjà.

Par la méthode de diffusion à chaud. — On passe plusieurs fois au hache-viande à couteaux mobiles et on opère comme pour les betteraves, en ayant soin de chauffer plus longtemps, environ une heure, la pulpe étant plus grossière.

ANALYSE DES BETTERAVES ALTÉRÉES

Nous avons jusqu'ici considéré dans l'analyse des betteraves par le saccharimètre que la déviation obtenue était due entièrement au sucre contenu. Est-ce vrai ? Non. Les betteraves

---

(1) M. Pellet du reste a indiqué lui-même qu'il était préférable d'analyser les cossettes fraîches mises en boites fermées toutes les trois heures pour agir avec plus de certitude. Même dans le cas de betteraves gelées, l'analyse des cossettes fraiches doit avoir lieu toutes les heures.

Les vases peuvent être en zinc ou en grès, et de dimension variable. Le couvercle peut être mobile ou fixé au vase et à ressort, comme l'a fait exécuter M. J. Weisberg. Mais il est prudent de rincer ces ustensiles chaque jour avec de la chaux.

contiennent en outre du sucre des matières polarisantes : d'abord l'asparagine, puis les acides malique et aspartique, la dextrine, les acides oxalique et citrique, l'acide glutanique etc.

On a l'habitude pour des betteraves bien conservées de ne pas s'occuper de ces matières, parcequ'elles n'ont alors qu'une légère influence ; mais il n'en est pas de même avec des betteraves altérées.

Les méthodes alcooliques dont nous avons parlé semblent cependant éliminer ces causes d'erreur. D'après Sickel dont nous allons décrire la méthode, elles ne le font pas complètement

Quant aux méthodes aqueuses de M. Pellet, il fait remarquer à ce sujet :

Que le dosage direct du sucre dans la betterave normale ou altérée peut s'effectuer par l'eau du moment qu'on tient compte de l'action du sous-acétate de plomb, c'est-à-dire qu'on en met une quantité suffisante (1).

Méthode Sickel. — On introduit le poids normal de jus dans un ballon de 50 cc, on ajoute 1cc de sous-acétate de plomb et on affleure avec de l'alcool absolu. On agite, il se produit une contraction et on réaffleure au bout de 5 minutes, puis on filtre en évitant l'évaporation. On polarise enfin dans un tube en laiton.

Méthode Champion et Pellet. — Cette méthode n'annule que l'influence de l'asparagine :

On ajoute au jus 10 °/₀ d'acide acétique qui neutralise le pouvoir polarisant de ce corps.

Méthode Eisfeldt et Follénius. — Elle est basée sur l'ébullition du jus avec une solution de cuivre et une lessive de sesquicarbonate de soude.

Il a été nettement établi du reste par un grand nombre d'essais que généralement les résultats à l'alcool étaient inférieurs à ceux obtenus par l'eau, parce que la dose de sous-acétate de plomb était trop élevée, et l'alcool parfois trop concentré. Aussi en présence de l'alcool ne faut-il mettre en général que très peu de sous-acétate de plomb.

(1) Cependant, il y a certains cas où les liquides ne filtrent pas très clairs, on emploie alors du tannin en quantité suffisante en même temps que le sous-acétate de plomb.

Notes. — Nous croyons devoir donner en terminant ce qui a rapport à l'analyse des betteraves, quelques extraits de différents auteurs sur la densité du jus et le dosage du sucre dans les betteraves.

1º *Relations qui semblent exister entre la densité et le sucre.* — On achète encore en grande partie en France les betteraves à la densité. Ce renseignement sur la valeur de la betterave est bien quelque chose, mais il n'est qu'approximatif. On sait en effet qu'une betterave à 6º de densité, par exemple, ne fournit pas forcément un jus contenant toujours 12 % de sucre. La densité est cependant encore généralement admise dans les transactions parce qu'elle est commode. Cependant en Belgique la betterave est achetée au sucre. Cette question de l'achat de la betterave à la densité ou au sucre a donné naissance à de vives polémiques. Il est supposable néanmoins que dans un temps donné l'achat à la densité sera laissé de côté.

M. Pellet a donné le tableau suivant sur la relation entre la densité et le sucre, tout en faisant remarquer qu'il n'était pas toujours exact, vu l'influence des années, du terrain et de l'époque des analyses.

Densité	Sucre 0/0 cc.	Densité	Sucre 0/0 cc.	Densité	Sucre 0/0 cc.
1035	6,0	1054	10,9	1073	15,9
36	6,2	55	11,2	74	16,2
37	6,4	56	11,5	75	16,5
38	6,6	57	11,8	76	16,8
39	6,8	58	12,0	77	17,0
40	7,0	59	12,3	78	17,3
41	7,3	1060	12,5	79	17,5
42	7,6	61	12,8	80	17,7
43	7,9	62	13,1	81	18,0
44	8,2	63	13,3	82	18,3
45	8,5	64	13,6	83	18,6
46	8,8	65	13,8	84	19,0
47	9,0	66	14,1	1085	19,3
48	9,3	67	14,3	86	19,6
49	9,5	68	14,5	87	20,0
50	9,7	69	14,7	88	20,3
51	10,0	70	15,0	89	20,7
52	10,3	71	15,3	90	21,0
35	10,6	72	15,6	91	21,5

M. Pellet ajoute que, devant faire beaucoup d'analyses dans la même contrée et la même année, on pourra déterminer un coefficient d'augmentation ou de réduction à appliquer à cette table.

M. Pagnoul a donné les résultats ci-dessous.

Densité	Sucre o/o cc.	Densité	Sucre 0/0 cc.	Densité	Sucre 0/0 cc·
1053	11,2	1065	14,4	1077	17,4
54	11,5	66	14,6	78	17,7
55	11,9	67	14,9	79	17,9
56	12,1	68	15.2	80	18,1
57	12,4	69	15,4	81	18,4
58	12,7	70	15,7	82	18,6
59	12,9	71	15,9	83	18,9
60	13,2	72	16,2	84	19,1
61	13,4	73	16,5	85	19,4
62	13,7	74	16,7	86	19,7
63	13,9	75	16,9	87	19,9
64	14,1	76	17,2	88	20,2

Puis en 1889 ces autres résultats :

Densité	Sucre au décilitre	Pureté	Densité	Sucre au décilitre	Pureté
6,3	13,48	83	7,7	17.50	87
6,4	13,76	83	7.8	17,78	88
6,5	14,04	83	7,9	18,06	88
6,6	14,32	84	8,0	18,34	88
6,7	14,60	84	8,1	18,54	88
6,8	14,88	85	8,2	18,80	88
6,9	15,16	85	8,3	19,08	88
7,0	15,44	85	8,4	19,36	89
7,1	15,72	86	8,5	19,64	89
7,2	16,00	86	8,6	19,92	89
7,3	16,38	87	8,7	20,20	89
7,4	16,66	87	8.8	20,48	89
7,5	16,94	87	8,9	20,76	90
7,6	17,22	87	9,0	21,04	90

Analyses comparées faites par M. Chrzaszewski entre la méthode au coefficient 95 et la méthode Stammer.

Sucre 0/0 de betterave

Coef. 95	Méth. Stammer	Coef. 95	Méth. Stammer
12,17	12,79	12,58	12,94
11,98	12,59	12,43	13,00
12,62	12,88	12,29	13,13
12,59	12,98	12,16	12,69
12,83	13,14	12,27	12,49
12,43	13.24	12,17	12,67
12,43	13,18	12,05	12,44
12,35	13,10	12,00	12,13

On voit que les résultats par la méthode Stammer ont donné des nombres plus élevés que la méthode au coefficient 95 ; M. Sachs attribue ce fait à l'évaporation d'une certaine quantité d'eau de la râpure pendant la transformation en crême, opération qui dure assez longtemps.

Nous terminerons ces notes en donnant différents tableaux publiés par M. Weisberg qui établissent la concordance des méthodes Scheibler, Soxhlet et Pellet à chaud et à froid.

Analyses de betteraves conservées exécutées au mois d'avril 1888

Méthode alcoolique Soxhlet pour 40 gr. de râpure, 1 cc. 9 de sous-acétate de plomb à 29° Baumé	Digestion aqueuse à chaud, 3/4 d'heure de chauffage pour 52 gr.096 de râpure on a employé 10cc. de plomb
14.35	14.45
10.64	10.70
12.25	12.25
10.47	10.55
11.98	11.95
9.96	10.00
12.08	12.10
13.22	13.25
11.46	11.43
12.49	12.55
10.22	10.30
14.13	14.10
11.00	11.00
12.28	12.25

Analyses de betteraves jeunes exécutées aux mois de juillet et d'août 1888

Méthode alcoolique Scheibler, pour 40 gr. de râpure on a employé 2 cc. à 2 cc. 5 de plomb à 27° Baumé	Digestion aqueuse á chaud. Durée 1/2 heure pour 52 gr. 096 de râpure, 12 cc. de plomb
4.56	4.55
7.59	7.65
8.07	8.00
8.11	8.10
8.17	8.20
9.11	9.10
8.85	8.85
8.01	8.05

Analyses de betteraves mûres exécutées en novembre et décembre 1888

Méthode alcoolique Scheibler, 40 gr. râpure, 1 cc. 5 de plomb à 27° Baumé	Digestion aqueuse à chaud. Durée 1/2 heure, 26 gr. 048 de râpure, 5 cc. à 6 cc. de plomb
12.44	12.50
14.19	14.10
12.90	13.00
14.00	14.10
13.74	13.70
11.80	11.80
12.18	12.20
11.25	11.30

Analyses de betteraves mûres exécutées en novembre et décembre 1888

Diffusion aqueuse inst. à froid	Digestion à chaud	Diffusion aqueuse inst. à froid	Digestion à chaud
12.30	12.30	12.70	12.60
12.40	12.40	11.80	11.70
13.10	13.00	12.80	12 80
11.30	11.20	12.90	13.00
12.60	12.60	14.10	14.10
12.70	12.80	13.20	13.10
13.10	13.30	12.60	12.80
12.50	12.50		

Râpure Keil à froid		Râpure ordinaire, quarts de betteraves. Digestion aqueuse à chaud
12.20		12.30
13.70		13.70
12.75		12.85
12.90		12.85
13.00		13.15

Nous devons dire qu'une commission nommée par le ministre de l'agriculture en Belgique, a fait paraître un rapport dans lequel on trouve, que tous les procédés directs, alcooliques ou aqueux au chaud ou à froid, *bien exécutés*, donnaient les mêmes résultats. Mais vu la facilité des procédés aqueux, la commission recommande tout d'abord le procédé aqueux à chaud et signale le procédé aqueux à froid comme le procédé de l'avenir.

Dosage de la glucose.

Les betteraves, surtout quand elles sont conservées, contiennent de la glucose. Pour faire le dosage dans le jus on introduit 2cc. de liqueur cuivrique dans un tube à essai, puis on remplit une burette de 25cc. graduée en dixièmes avec le jus déféqué et filtré qui a servi pour le saccharimètre. On dose ensuite la glucose comme le sucre interverti dans le dosage du sucre par inversion cuivrique.

La quantité de glucose étant généralement très minime, la réaction n'est pas aussi nette que le dosage dont nous venons de parler : en versant une ou deux gouttes de liquide sucré on ne voit pas très bien la précipitation ; le dosage est ici terminé quand le liquide clair contenu dans le tube a perdu sa teinte bleue, puis verte, quand enfin il est devenu jaune-paille, couleur du jus déféqué et filtré.

Supposons 8 cc. 4 de liquide sucré employé :

Il faut 0 gr. 05 de glucose pour précipiter 10cc. de liqueur cuivrique, il faut donc 0 gr. 01 pour précipiter 2cc ; ces 0 gr. 01 sont contenus dans les 8cc. 4 ; dans 1cc on aura 8, 4 fois moins et dans 100, 100 fois plus ou $\frac{0,01 \times 100}{8,4} = \frac{8,4}{1}$. En appelant n le nombre de centimètres cubes de liquide sucré employé on aura : Glucose % $\frac{1}{n}$.

Cendres.

Pour obtenir les cendres, c'est-à-dire les sels de la betterave, il suffit d'introduire 10cc de jus dans une capsule tarée, d'y ajouter 1cc à 2cc. d'acide sulfurique et de laisser évaporer à l'étuve ou sur le bord de la moufle ; une fois l'évaporation terminée, on introduit la capsule à l'intérieur de cette moufle et on l'y laisse jusqu'à incinération complète, c'est-à-dire jusqu'à obtention de cendres blanches ; on fait refroidir sous le dessiccateur et on pèse. Le poids trouvé donne les cendres sulfuriques, c'est-à-dire les sels à l'état de sulfates, de 10cc. de jus. Soit trouvé 0 gr. 095 ; 100cc. de jus donneront 0 gr. 95.

On admet que pour avoir les sels à leur véritable état, il faut multiplier le résultat trouvé par 0, 9, ce qui donnera pour les cendres en volume de jus 0, 85 % cc.

Certains chimistes admettent au lieu de 0, 9 le coefficient 0, 8 ; il est bon d'indiquer lequel a été employé.

Au lieu d'acide sulfurique on a proposé d'employer l'oxyde de zinc ou l'acide benzoïque.

Il s'agit maintenant de trouver les cendres en poids de jus ; on fera le même calcul que pour trouver le sucre en poids de jus.

Soit 0. 85 de cendres % de jus de densité 1078 :

0 gr. 85 de cendres sont contenus dans 107 gr. 8 de jus ;

dans 1 gr. de jus il y a $\dfrac{0 \text{ gr. } 85}{107}$ gr. de cendres et dans 100 gr.

$$\frac{85}{107,8} = 0, 78.$$

Les cendres en poids de jus sont donc 0, 78 ; pour avoir les cendres en poids de betteraves, on multipliera ce résultat par 0, 95 ou 0, 93 ou par tout autre coefficient selon celui qu'on aura adapté au sucre % en poids de betteraves par la méthode indirecte. On peut encore si on admet le coefficient 95 multiplier les cendres en volume de jus par le coefficient trouvé dans la 1ere colonne du tableau qui a servi pour passer du sucre en volume de jus au sucre en poids de betteraves (t. n° 2).

Nota. — Si les cendres ne se faisaient pas bien, c'est-à-dire si elles ne devenaient pas bien blanches, on pourrait avant d'évapo-rer les jus y ajouter un peu de poudre de sucre raffiné (1) ; le poids de cendres ajouté ainsi est négligeable, nous avons en effet trouvé pour un sucre en question 0, 018 % de cendres ; par cette méthode l'incinération se fait beaucoup mieux.

Toutes les opérations ci-dessus étant effectuées, on a tous les éléments nécessaires pour calculer.

1° le coefficient de pureté
2°   —   salin
3° la valeur proportionnelle.

Coefficient de pureté. — On peut calculer deux coefficients de pu-reté. Le coefficient de pureté réel et le coefficient de pureté apparent.

Le coefficient de pureté est la quantité de sucre contenu dans 100 de matières sèches du jus.

Si l'eau, partant les matières sèches, ont été déterminées par la dessiccation, on a la pureté réelle ; si les matières sèches sont don-nées par des tables basées sur la densité on a la pureté apparente.

(1) Ou mieux de sucre candi blanc.

Pureté réelle. — Si le jus d'une betterave renfermant 16 °/₀ de sucre en volume contient 81 °/₀ d'eau, la pureté réelle sera $\frac{1600}{19}$ = 84, 21.

Pureté apparente. — On admet que les matières sèches autres que le sucre (non sucre) influent sur la densité comme le sucre.

DENSITÉ ABSOLUE à + 15°	DEGRÉS VIVIEN ou pour 100 cc.	DEGRÉS BRIX-DUPONT ou sucre °/₀ gr.	DENSITÉ ABSOLUE à + 15°	DEGRÉS VIVIEN ou pour °/₀ cc.	DEGRÉS BRIX-DUPONT ou sucre °/₀ gr.	DENSITÉ ABSOLUE à + 15°	DEGRÉS VIVIEN ou pour 100 cc.	DEGRÉS BRIX-DUPONT ou sucre °/₀ gr.
1040	10.678	10.267	1067	17.753	16.638	1094	24.879	22.541
1	10.939	10.508	8	18.016	16.869	5	25.141	22.959
2	11.200	10.748	9	18.280	17.090	6	25.402	23.177
3	11.461	10.988	1070	18.544	17.330	7	25.664	23.395
4	11.722	11.227	1	18.810	17.562	8	25.925	23.612
5	11.984	11.467	2	19.076	17.794	9	26.187	23.829
6	12.245	11.706	3	19.342	18.025	1010	26.450	24.045
7	12.506	11.944	4	19.608	18.257			
8	12.767	12.182	5	19.874	18.487			
9	13.028	12.420	6	20.140	18.716			
1050	13.290	12.658	7	20.406	18.945			
1	13.552	12.895	8	20.672	19.174			
2	13.814	13.131	9	20.938	19.403			
3	14.076	13.367	1080	21.204	19.663			
4	14.338	13.602	1	21.467	19.858			
5	14.600	13.838	2	21.730	20.083			
6	14.862	14.073	3	21.993	20.307			
7	15.124	14.308	4	22.256	20.530			
8	15.386	14.542	5	22.519	20.754			
9	15.649	14.777	6	22.782	20.977			
1060	15.912	15.014	7	23.045	21.199			
1	16.175	15.245	8	23.308	21.421			
2	16.438	15.477	9	23.571	21.642			
3	16.701	15.710	1090	23.833	21.865			
4	16.964	15.943	1	24.094	22.084			
5	17.227	16.175	2	24.356	22.303			
6	17.490	16.407	3	24.617	22.521			

Dès lors si une table quelconque nous dit qu'une solution de sucre pur à 1075 de densité, par exemple, cette densité étant celle du jus qui nous occupe, contient 19, 87 de sucre et que le jus en expérience contienne 16 % de sucre, la pureté apparente sera $\frac{1600}{19,87}$ = 80, 1.

Nous donnons ci-dessus les degrés Vivien et les degrés Brix-Dupont correspondant à la densité absolue à $\overline{}$+ 15 c ; ce tableau suffira pour la pureté apparente des jus de betteraves, mais il ne faut pas oublier que les premiers sont rapportés au volume de jus et les seconds au poids de jus.

Pour déterminer la pureté, on peut encore se servir de la quantité de matières sèches indiquées par les saccharomètres.

Remarque. — Suivant les auteurs qui ont publié les tableaux dont on se sert, on a de petites divergences ; mais dès lors qu'on se sert toujours du même tableau, les résultats obtenus sont comparatifs.

De deux betteraves contenant la même quantité de sucre, celle qui a industriellement le plus de valeur est celle dont le jus a le plus de pureté, au moins dans les conditions ordinaires.

Cependant au point de vue de l'extraction par la diffusion, la pureté du jus obtenu sur un liquide extrait par râpage et pression ne peut être comparée à un jus qui sera obtenu pratiquement par la diffusion. C'est pourquoi les auteurs ne sont pas d'accord sur le point de savoir si le jus de diffusion est plus ou moins pur que le jus de râpage et de pression. En général le jus de diffusion est de 1 à 3 degrés plus pur que le jus des mêmes betteraves obtenu par râpage et pression, surtout avec des betteraves d'une certaine richesse.

Avec des betteraves pauvres on a pu constater parfois le contraire.

Coefficient salin. — Le coefficient salin est le rapport du sucre aux cendres. Soit une betterave contenant 14 % de sucre en volume de jus et 0,85 de cendres en volume de jus ; le coefficient salin sera $\frac{14,00}{0,85}$ = 16,47.

On pourrait calculer de même le coefficient salin en prenant le sucre % de betteraves et les sels % de betteraves.

Valeur proportionnelle. — La valeur proportionnelle est le pour cent de sucre du jus multiplié par la pureté, le tout divisé par 100. Soit le % de sucre du jus = 15,00, la pureté 80,00, la valeur proportionnelle sera $\frac{15,00 \times 80,00}{100}$ = 12,00..

La valeur proportionnelle a l'avantage de donner un résultat qui dépend du sucre contenu dans la betterave et de la pureté, on a ainsi une notion exacte de la valeur du jus. .

Quelques chimistes donnent encore le quotient cendres, c'est l'inverse du coefficient salin.

Poids moyen. — Pour avoir le poids moyen, il suffit de bien nettoyer les betteraves, de peser tout l'échantillon et de diviser le poids obtenu par le nombre de betteraves pesées.

Non-sucre. — Le non-sucre est la différence entre les matières sèches et le sucre, les matières sèches étant déterminées directement ou d'après la densité.

Les sels sont aussi quelquefois appelés non-sucre inorganique; le non-sucre organique est alors la différence entre le non-sucre total et les cendres.

GRAINES DE BETTERAVES

L'échantillon est prélevé sur les sacs au moyen d'une sonde, on procède ensuite au dosage de l'eau, des impuretés, des graines de différentes grosseurs % gr. et on étudie les facultés germinatives de la graine.

Dosage de l'eau. — Peser 5 gr. de graine et sécher à l'étuve à 100° jusqu'à poids constant.

Impuretés. Peser 10 gr. de graines dans une capsule, puis les placer sur une feuille de papier ; après avoir essuyé la capsule, y replacer toutes les graines au moyen d'une pince en ayant soin d'éliminer les poussières et débris de tiges ; peser de nouveau, la perte de poids donne les impuretés sur 10 gr., et sur 100 gr. en multipliant par 10.

Graines pour 100 gr. — En replaçant les graines dans la capsule quand on a dosé l'eau, on a eu soin de les compter ; on a donc eu le nombre de graines p. 10 gr. partant p. 100 gr. On divise ensuite les 10 gr. de graines en grosses, moyennes et petites et on compte le nombre de graines de chaque catégorie.

Faculté germinative. — Plusieurs procédés et plusieurs appareils ont été proposés pour déterminer la faculté germinative des graines ; nous allons décrire quelques-uns :

1° Préparer dans une petite caisse un mélange de terre et de terreau rendu aussi homogène que possible, y placer 100 graines par exemple et recouvrir d'une couche très mince de terre. Placer les caisses ainsi préparées dans une couche ayant une température de 25° G environ et entretenir humide. Au bout de 5 jours, on compte les graines germées et les germes, puis de même au bout de 10 jours, de 15 jours et de 20 jours ; au bout de ce temps on peut considérer l'essai comme terminé; on a alors les renseignements suivants :

Graines germées 0/0 de graines après 5 jours.
—   —   10 —
—   —   15 —
—   —   20 —
Germes 0/0 de graines après 5 jours.
—   —   10 —
—   —   15 —
—   —   20 —

M. Pagnoul au lieu de compter les graines germées et les germes °/₀ de graines compte °/₀ en poids ; il met à cet effet un poids connu et non un nombre connu de graines à germer.

On peut encore placer les graines dans des assiettes contenant une couche suffisante de sable fin et maintenu sans cesse humide. Mærcker conseille de placer au-dessus des graines une toile métallique légère afin de les empêcher de sortir du sable, il superpose ensuite une plaque de verre, puis recouvre le tout d'une assiette.

Nous allons décrire les germinateurs Keffel et Pagnoul.

Germinateur Keffel. — Une plaque de terre poreuse destinée à recevoir la graine est maintenue dans un récipient en verre contenant de l'eau; elle est placée au-dessus du niveau de celle-ci, le tout est recouvert d'un couvercle en bois entouré de feutre, l'appareil porte un thermomètre.

Germinateur Pagnoul (1). — « Le germoir dont s'est servi M. Pagnoul se compose, dit Dupont, d'un vase en fer blanc ou en tôle de 65 cent. de longueur, 14 de large et 20 de haut, recouvert d'un second vase de même nature ayant 70 cent. de long, 20 de large et 3 de haut. Le fond de ce dernier est percé de 5 ouvertures de 2 cm. de diamètre sur lesquelles sont soudés des tubes en fer blanc de 15 cm. de longueur. On introduit dans ces tubes de fortes mèches de coton un peu serrées et préalablement mouillées qui plongent dans l'eau contenue dans le vase inférieur, on étale ces mèches dans le vase supérieur et on étend au-dessus une couche de 2 cent. de sable fin. L'eau monte par capillarité à travers les mèches, et le sable se maintient indéfiniment dans un état d'humidité convenable et toujours le même. On introduit un thermomètre dans le tube du milieu et on place au-dessus des 4 autres des cadres en fer blanc de 16 cent. de long, 14 de large et 4 de haut.

« On dispose les graines dans l'espace compris par ces cadres, en les pressant légèrement sur le sable et on recouvre d'une lame de verre qui permet de suivre les progrès de la germination. »

(1) Dupont, Bullet. assoc. chim.

CHAPITRE III

SÉLECTION DES BETTERAVES. — ANALYSE DES PORTE - GRAINES (1).

DE L'IMPORTANCE DE LA SÉLECTION DES BETTERAVES EN GÉNÉRAL

Tout le monde est aujourd'hui d'accord pour reconnaître que les producteurs de graines de betteraves ne peuvent maintenir et améliorer la qualité de leurs graines que par la sélection, non seulement au point de vue physique, mais encore au point de vue de la qualité des sujets servant de porte-graines, c'est-à-dire suivant leur richesse saccharine.

Ce fait a été reconnu exact aussi bien pour les graines de betteraves que pour toutes les semences de toutes sortes, et c'est un principe adopté d'une façon générale, que la pratique a du reste confirmé.

C'est à la sélection que l'on doit l'augmentation croissante de la richessse des betteraves en Allemagne, en Autriche, en France et en Russie et dans la plupart des pays sucriers.

C'est grâce à la sélection raisonnée que M. Vilmorin a pu le premier produire des graines donnant des racines très riches en sucre et qui ont servi à créer, du reste, ses types se rapprochant plus ou moins du type original par la forme, mais s'en rapprochant beaucoup par la qualité.

Pour démontrer les effets de la sélection sur la qualité de la betterave, nous ne prendrons que deux exemples, l'un en France, l'autre en Allemagne.

(1) Par M. H. Pellet.

On sait qu'avant la loi de 1884, le département du Pas-de-Calais était réputé comme une des plus mauvais au point de vue de la richesse de la betterave. Le terrain, disait-on, ne s'y prêtait pas, etc., etc., en un mot tout ce qui se dit et se répète en ce moment d'une manière générale pour certains sols.

M. A. Pagnoul a publié un tableau très intéressant indiquant la marche croissante de la richesse de la betterave dans le département du Pas-de-Calais depuis 1884.

Voici les deux tableaux que nous extrayons de sa note.

Nombre de lots sur 1000 ayant donné des densités :

DENSITÉ DU JUS	Avant 1885	En 1885	En 1886	En 1887	En 1888
De 3 à 4	60	0	0	0	0
4 à 5	600	41	10	13	9
5 à 6	330	592	261	238	28
6 à 7	10	329	604	646	397
7 à 8	0	29	116	102	529
8 à 9	0	9	9	1	37

Ce qui fait dire à M. Pagnoul que dans le Pas-de-Calais les qualités dominantes pour la betterave sont :

			Soit environ richesse 0/0 gr. de betteraves.
Avant 1885, les betteraves de 4 à 5 de densité dans le jus.			7.2 à 9.2
En 1885-86 —	5 à 6	—	9.2 à 11.2
1886-87 —	6 à 7	—	11.2 à 13.3
1888-89 —	7 à 8	—	13.3 à 15.3

En Allemagne il suffit de voir les rendements industriels depuis quelques années :

	Sucre brut obtenu 0/0 k. de betteraves
1876-77	8,15
78-79	9,21
81-82	9,56
83-84	10,54
84-85	10,79
85-86	11,43
86-87	12,00
89-90	12,50

Du mémoire de M. de Vilmorin nous extrayons encore quelques lignes montrant toute l'importance de la sélection et comment elle doit se pratiquer.

« Tout individu nouveau, issu d'un individu précédent ou d'un couple, possède en lui deux tendances bien distinctes : l'une le porte à reproduire le caractère de la race à laquelle il appartient : c'est l'hérédité ; l'autre, c'est la tendance à la variation individuelle ou idiosyncrasie, qui le sollicite à présenter dans les limites de variations qui appartiennent à son espèce, des détails de caractères spéciaux et personnels.

« Mais l'hérédité que nous avons d'abord présenté comme une force simple est en réalité un faisceau de forces extrêmement multiples. Elle se compose, en effet, de la somme des attractions qui tendent à amener l'individu à ressembler à tous ses ascendants directs tant éloignés qu'immédiats.

« A ce point de vue et toujours pour simplifier, on peut diviser l'héré dité en deux tendances plus ou moins divergentes : d'un côté la tendance à ressembler à l'ascendant direct, à la plante ou à l'animal d'où procède immédiatement l'individu que l'on considère : c'est l'hérédité directe. L'autre est la tendance à ressembler à l'ensemble des ascendants, à reproduire le type de race, c'est ce qu'on est convenu d'appeler atavisme.

« Si les caractères de l'ascendant immédiat sont de tous points conformes à ceux de la collection des ancêtres, les deux forces héréditaires agiront de concert et l'individu nouveau n'aura d'autres motifs de différer de sa race, que l'appel toujours présent mais rarement puissant, de la tendance à la variation individuelle.

« Mais si au contraire l'auteur même de l'individu observé a différé dans un caractère bien appréciable de l'ensemble de la race, l'hérédité directe et l'atavisme vont entrer en conflit. Comment ? dans quelles conditions ? avec quels succès ? l'expérience peut le dire, car le problème est aussi complexe que la vie elle-même.

« Voici ce que l'observation a montré et ce qu'on peut considérer comme acquis.

« L'hérédité directe est la force la plus puissante : rien ne sollicite le nouvel individu aussi efficacement que la force qui le pousse à ressembler à son auteur immédiat. Mais si cette force est prédominante au point de contact pour ainsi dire, l'action s'en atténue très rapidement. Si quelques individus y ont échappé à la première génération, ils n'en ressentent pour ainsi dire plus l'effet à la suivante.

« L'atavisme, au contraire, lentement constitué par l'accumulation des tendances dont la résultante le compose, peut bien être masqué temporairement par une force distincte, mais il se conserve fort et permanent et décroissant à peine en intensité avec les générations, il se retrouve prêt à reprendre le dessus dès qu'il y a une défaillance dans l'action de l'hérédité directe.

« C'est ce qui explique la permanence des caractères dans les plantes spontanées où l'atavisme trouve toujours son heure pour triompher des variations accidentelles et la nécessité d'une vigilance constante dans la propagation des races cultivées où l'homme maintient contre les retours de l'atavisme, des caractères tirés des variations individuelles observées, propagées, et, dans une certaine mesure fixées par son action.

« Quels sont donc les points tout à fait capitaux quand on entend modifier par sélection une race vivante quelconque ?

« C'est en s'appuyant sur le jeu de l'hérédité :

« 1° De déterminer d'une part quels sont les caractères dont il faut attendre ou provoquer l'apparition pour en faire l'attribut distinctif de la race à créer ;

2° De discerner parmi les individus doués des caractères cherchés, ceux qui sont capables de les transmettre le plus fidèlement à leur descendance.

« Ce second point, le bon sens l'indique, est tout aussi important que le premier lorsqu'il s'agit de la constitution d'une race. Or, ce second point, un seul procédé donne sûrement le moyen de l'atteindre, c'est le procédé *généalogique.*

« J'appelle ainsi celui qui consiste à apprécier les divers reproducteurs, et pour parler plus au fait, les diverses betteraves isolément et individuellement, à récolter séparément les graines produites par chacune, et à déterminer par l'expérience directe la faculté de transmission dont chacune jouit en propre. Lorsque les graines, point de départ de la race nouvelle, ont fait leurs preuves d'aptitudes à la transmission des caractères, on peut travailler à coup sûr et l'édifice de l'amélioration s'appuie sur une base solide.

« Je foule ici, je le sais, un terrain brûlant, et l'expression de mon opinion heurtera bien des idées faites. Je ne crois pas cependant devoir passer sous silence ce qui est ma conviction formelle, à savoir que la sélection faite par voie individuelle et généalogique diffère du tout au tout de celle qui procède par lots collectifs récoltés en mélange et l'emporte incomparablement sur elle en puissance et en sûreté d'action. Voyez ce qui se passe dans un haras bien tenu ou chez nos lauréats des concours de bestiaux. S'en rapporte-t-on au hasard des unions fortuites pour trouver dans un lot de produits mêlés les vainqueurs des courses ou des expositions à venir ? Non certes, et les reproducteurs sont soigneusement assortis et les stud-books tenus de la façon la plus précise et l'animal dont les produits ont montré le plus constamment les qualités les plus hautes, voit sa valeur augmenter alors même qu'il a dépassé l'âge des triomphes sur les hyppodromes ou devant les jurys.

« Aussi, chez moi, tel sachet contenant quelques centaines de grammes de graines d'une betterave d'élite, ne serait pas cédé pour une petite fortune, parce qu'il contient en puissance des milliers et des milliers de tonnes de sucre qui seront extraites des récoltes de l'avenir. »

IMPORTANCE DE LA SÉLECTION DES BETTERAVES AU POINT DE VUE DE LEUR RICHESSE SACCHARINE.

Pour démontrer bien nettement l'importance de la sélection sur la richesse saccharine de la betterave, il nous suffira de donner plusieurs tableaux extraits des cahiers journaliers des laboratoires analysant les porte-graines.

On croit souvent que toutes les betteraves issues d'une même graine, semée sur un terrain semblable, ayant reçu les mêmes engrais et subi les mêmes travaux, que ces racines doivent avoir une richesse à peu près uniforme, ou tout au moins ne s'en écartant que très peu.

Or, voici un tableau qui démontre au contraire que leur richesse est très variable.

Nombre de pieds	richesse en sucre	Proportion 0/0
1	7-8	0.006
10	8-9	0,06
47	9-10	0,30
295	10-11	1,88
801	11-12	5,09
19,72	12-13	12,15
3537	13-14	22,49
4258	14-15	27,08
3231	15-16	20,54
1364	16-18	8,68
292	17-18	1,68
9	18-19	0,05
15.727		100,00

Richesse moyenne générale : 14.2

Ainsi on voit depuis 7 à 8 0/0 jusqu'à 19 0/0 du sucre.

Dans d'autres cas on a trouvé de 10-22 0/0. Du reste, M. F. Deprez a publié de son côté une série de tableaux qui confirment le fait ci-dessus, tableaux que nous donnons ci-après. On voit en effet toute l'importance de procéder chaque année à la sélection des betteraves pour maintenir la qualité, et qu'il ne suffit pas d'avoir choisi quelques porte-graines très riches et de belle forme une seule fois et de continuer la production de la graine en ne s'occupant que de la forme sans s'occuper de la richesse, pour être assuré de la qualité des graines recoltées. C'est pourquoi tous les cultivateurs, fabricants et producteurs de graines doivent posséder un laboratoire plus ou moins important pour la sélection des betteraves et maintenir la qualité de leurs produits.

13 bett. pesant en moyenne 0,364 k. titrant	11 à 12 0/0 de sucre
32	—	0,514	—	12 à 13	—
60	—	0,505	—	13 à 14	
85	—	0,443	—	14 à 15	—
170	—	0,405	—	15 à 16	—
300	—	0,283	—	16 à 17	—
280	—	0,368	—	17 à 18	—
60	—	0,367	—	18 à 21	—

Total 1000

41 bett. pesant en moyenne 0,644 k. titrant	11 à 12 0/0 de sucre
33	—	0,610	—	12 à 13	—
61	—	0,575	—	13 à 14	—
190	—	0,545	—	14 à 15	—
244	—	0,539	—	15 à 16	—
300	—	0,437	—	16 à 17	—
110	—	0,389	—	17 à 18	—
21	—	0,353	—	18 à 20	—

Total 1000

27 bett. pesant en moyenne 0,533 k. titrant	11 à 12 0/0 de sucre
23	—	0,528		12 à 13	—
84	—	0,621		13 à 24	—
226	—	0,603		14 à 15	—
252	—	0,523		15 à 16	—
270	—	0,496		16 à 17	—
106	—	0,477	—	17 à 18	—
12	—	0,370	—	18 à 20	—

Total 1000

On voit nettement aussi par ces tableaux que la richesse élevée ne correspond pas toujours à un faible poids des racines.

C'est un fait admis maintenant. Ainsi dans les tableaux de M. Deprez on a 13 betteraves pesant 364 gr. et titrant de 11 à 12 0/0, et à côté 60 betteraves pesant 367 gr. et titrant de 18 à 21 0/0. Dans un autre champ 27 racines titrant de 11 à 12 0/0 et pesant 533 gr., alors que 257 betteraves pesant 523 gr. titraient de 15 à 16 0/0.

Quand on consulte des feuilles de polarisation on trouve des différences bien plus grandes. Voici un exemple prélevé sur des analyses de betteraves de richesse ordinaire.

Poids	Richesse	Poids	Richesse	Poids	Richesse
1—1130	12,30	18—660	10,5	35—420	11,0
2—1120	12,40	19—660	9,5	36—410	9,5
3—1120	13,00	20—650	11,2	37—400	12,1
4—1110	12.00	21—640	12,9	28—380	14,4
5—1090	9,70	22—630	11,0	39—370	8,2
6— 960	13,10	23—630	14,1	40—310	9,9
7— 950	14,00	24—600	13,1	41—300	13,7
8— 890	13,3	25—550	12,4	42—260	12,5
9— 860	13,7	26—540	13,6	43—290	13,0
10— 840	13,7	27—530	15,8	44—250	14,7
11— 810	12,6	28—510	13,0	45—230	8,5
12— 770	12,2	29—510	15,5	46—200	12,2
13— 750	10,1	30—490	10,1	47—190	11,6
14— 710	12,6	31—480	10,9	48—180	9,2
15— 690	13,3	32—470	13,4	48—160	12,0
16— 680	13,7	33—460	13,9	50—150	10,5
17—660	10,6	34—450	14,3		

DES DIVERS PROCÉDÉS SUIVIS JUSQU'A CE JOUR POUR LA SÉLECTION DES BETTERAVES.

« C'est surtout à Louis de Vilmorin qu'on doit l'amélioration scientifique et méthodique de la betterave à sucre » ainsi que nous l'apprend M. H. de Vilmorin dans un mémoire des plus intéressants sur la sélection des betteraves présenté à l'Association des chimistes de sucrerie et de distillerie de France et des Colonies, lors de la réunion tenue à Saint-Quentin, le 7 février 1891. C'est à cette note remarquable que nous devons une série des renseignements que nous donnons ci-après.

Dès le 19 juin 1850, puis le 14 mai 1851 à la Société centrale d'Agriculture et le 3 novembre 1856 à l'Académie des Sciences, M. L. de Vilmorin présenta diverses communications du plus haut intérêt sur la sélection de la betterave.

Voici comment s'exprime M. H. de Vilmorin à propos des procédés d'analyse suivis dans le laboratoire de Verrières :

« Je les passerai en revue dans l'ordre où je les ai vus fonctionner à Verrières, depuis l'époque où, petit enfant, j'ai assisté aux premiers essais de mon père, jusqu'au jour tout récent où j'ai adopté le procédé qui parait gagner aujourd'hui la faveur générale. Loin de moi la pensée de critiquer ceux qui ont conservé les procédés que j'ai laissé de côté : j'ai dit qu'il s'agit de reconnaître les meilleures betteraves. Tout procédé est bon qui permet à l'opérateur d'arriver à son but. Je ne sais rien de plus oiseux que de disputer sur les méthodes, là où le résultat est bon. L'ouvrier habile travaille, même avec des médiocres outils mieux que le maladroit avec les produits les plus perfectionnés des forges de Vulcain.

« Le tact, le coup d'œil, un sens spécial aux artistes de la sélection suppléent à l'imperfection des moyens d'action; et pour ma part, je l'ai dit souvent, j'estime qu'à Verrières, les plus grands progrès et les plus rapides dans l'amélioration des betteraves à sucre, ont été réalisés à l'époque où les procédés de dosage étaient les plus primitifs.

« Un fait physiologique bien constaté et expliqué aujourd'hui, n'avait pas échappé aux premiers améliorateurs de la betterave à sucre, c'est que les racines les plus denses contenaient la proportion en déterminant leur densité par l'immersion dans les liquides de plus en plus pesantes, il n'y avait qu'un pas.

« Ce procédé fut le premier employé à Verrières, mais mon père ne s'y arrêta pas; très promptement en effet, il observa un détail qui lui enlevait toute valeur; c'est la présence très fréquente dans le collet même de la betterave, d'une cavité pleine d'air qui fausse complètement les indications du bain gradué : autant vaudrait chercher par immersion la densité d'un poisson dont la vessie natatoire serait gonflée d'air et d'un volume inconnu. Des fragments de racines furent substitués aux racines entières sans plus de succès : des accidents de fermentation, d'*endosmose* ou de transport, faussaient rapidement le titre des liqueurs d'essai.

« La prise de densité du jus par déplacement fut alors adoptée et a été conservée jusqu'à l'année dernière. Un petit lingot d'argent pesé successivement dans les différents jus donnait par un calcul très simple la densité de ces mêmes jus, jusqu'à la quatrième décimale. De la densité on concluait à la richesse en sucre en tenant compte de ce fait que plus la densité était élevée, plus grande était la part du sucre dans l'accroissement de la densité. Le jus était extrait par râpage et par pression d'un cylindre de chair enlevé en travers de la racine au moyen d'une sonde métallique tubuleuse et tranchante à son extrémité. Des nécessaires pour l'essai des betteraves suivant ce procédé, mais en prenant la densité au moyen d'aéromètres, ont été et sont encore, je crois, fabriqués par la maison Deleuil. Ils ont eu l'honneur de quelques contrefaçons. Bientôt, dès que les progrès de la saccharimétrie optique le *permirent*, le polarimètre fut employé conjointement avec la prise de densité des jus, c'est-à-dire que la même prise de jus après que le poids spécifique en avait été constaté par le pesage du lingot, était mesurée en volume, déféquée, filtrée et passée au polarimètre.

« Le rapprochement des chiffres obtenus par les deux procédés donnait de très utiles indications sur la pureté des jus. Il y a toujours, à mon sens, un avantage à ce que les procédés de laboratoire se rapprochent, dans la mesure du possible, de ceux de l'industrie.

« Aussi le procédé d'analyse des jus adopté par mon père et auquel j'avais joint l'examen polarimétrique, me sembla-t-il un peu arriéré, à partir du jour où le système de diffusion eut été adopté dans toutes les sucreries en progrès.

« Les années dernières seulement, après des tâtonnements et des modifications que vous connaissez, le procédé de la digestion aqueuse instantanée et à froid, fut publiée par M. H. Pellet dans sa forme actuelle, et après étude attentive, je me décidai à l'adopter. Quelques-uns d'entre vous je pense, l'ont vu déjà fonctionner dans mon laboratoire. »

Le procédé par la prise de densité de la racine fut abandonné non seulement par les raisons données précédemment, mais encore parce que la betterave contient dans tout son volume des quantités d'air variables, influençant la densité de la racine.

On a dosé et analysé ces gaz. Voici les résultats :

Dubrunfaut a trouvé 115 cc. pour 1000 gr. de betteraves et M. A. Heintz de 130 à 150 cc. composés de :

	Dubrunfaut	Heintz
Azote	63	66.84
Acide carbonique	37	32,81
Oxygène	»	0,35

En adoptant 130 cc. de gaz pour 1000 gr. de betteraves, on peut calculer la différence de densité qu'il y a entre le jus et la racine entière.

On a en effet :

		Densité	Volume
951,837 gr.	jus	1,065	893,70
48,000	marc	1,6	30,
0,060	acide carb.	1,98	45,00
0,103	azote	1,257	85.00
1000,00 gr.			1053.70 cc.

Différence 1° 13 ; c'est ce qui a été constaté par M. Derwaux de Wargnies-le-Grand. Mais la variation est parfois considérable. On a eu :

Densité des racines	Densité du jus
1012	1043
1020	1048
1025	1052
1025	1056
1030	1058
1038	1052

Des résultats analogues ont été obtenus avec des betteraves pesant jusqu'à 1090.

Il y a donc des quantités de gaz trop variables pour baser sur la densité des racines un procédé suffisamment exact pour l'analyse des betteraves. On ne se sert plus du bain salé que pour classer parfois les betteraves destinées à la production des graines.

Les bains salés sont faits à 1 degré de moins que la densité du jus que l'eau désire avoir dans la betterave mère.

Il est certain, d'après ce qui précède, qu'on perd des betteraves riches, et nous devons le dire, ce système est généralement abandonné.

Pendant que la prise de densité du jus des betteraves mères était adoptée dans les laboratoires de la maison de Vilmorin, un certain nombre d'autres procédés ont vu le jour et ont été adoptés dans quelques laboratoires des producteurs de graines, soit en France, soit en Allemagne.

C'est d'abord l'analyse du jus au polarimètre.

Le jus recueilli d'une certaine quantité de pulpe pressée était défé-qué par le sous-acétate de plomb, filtré et examiné au saccharimètre.

On opérait sur 5 ou 10 cc. du jus normal qu'on étendait dans 25 ou 50 cc.

Nous n'avons pas à décrire les appareils qui servaient à ces analyses, mais ils se rapprochaient de ceux qui ont été décrits par M. L. de Vilmorin, l'analyse polarimétrique remplaçant seulement la densité.

Mais la préparation de la pulpe présentant des difficultés, on a songé à enlever un cylindre de la betterave et à la presser fortement pour en obtenir du jus et l'analyser.

C'est sur ce principe qu'est fondé le système dit de Lindeboom.

A l'aide d'une sonde on prélevait un cylindre de la betterave à analyser. Ce système était soumis entre des plaques de bronze à une forte pression et le jus recueilli pour être analysé.

. Ce procédé est inexact pour plusieurs raisons.

La principale est que la densité du jus obtenu ainsi par pression de la matière non râpée est parfois bien différente de celle du jus obtenu sur le même morceau après râpage. De là des inconvénients, des sources d'erreurs, et ceux qui l'ont adopté l'ont déjà remplacé ou doivent le remplacer par de nouveaux procédés.

Tous ces procédés étaient ce qu'on appelle des procédés indirects, parce qu'après l'analyse du jus, il fallait toujours procéder à un calcul pour rapporter la richesse trouvée à 100 gr. de matière normale ou se contenter de la comparaison des densités.

Il est vrai, comme le dit avec tant de raison M. de Vilmorin, que malgré ces procédés primitifs, la question de la sélection a fait des grands pas, surtout par la comparaison des résultats, mais que puisqu'il y a des procédés directs bien définis, plus rapides et exacts, il est préférable de les adopter.

A côté des procédés indirects ou par polarisation, on a installé dans un certain nombre de laboratoires le procédé dit de Violette, à la liqueur cuivrique.

Nous le rappellerons en quelques mots.

Un certain poids de matière normale est pesée. On le place dans un ballon avec de l'eau acidulée ; on chauffe quelques minutes au bain-marie bouillant ; on complète à 100 cc. et on filtre. On titre au moyen de la liqueur cuprique de Violette ou de Fehling.

Ce procédé a été rendu très pratique par les appareils de M. Olivier Lecq permettant de faire un grand nombre de réductions à la fois. Il présente néanmoins plusieurs désavantages. D'abord les analyses s'exécutent difficilement à la lumière artificielle ; c'est presque impossible.

Ensuite, pour avoir une certaine exactitude, la fin de l'opération est elle-même difficile à saisir très rapidement. Aussi se contentait-on de titrer les porte-graines par degré de richesse, c'est-à-dire de savoir s'il y avait 12, 13 ou 15 0/0 de sucre, sans s'occuper des dixièmes.

La dépense de réactif, de gaz, était assez notable.

Puis ce procédé dose la glucose existant dans la racine ; et si on ne prend pas toutes les précautions voulues, l'acide peut attaquer des substances organiques donnant lieu à des matières réductrices.

Comme pour le procédé de Vilmorin, cependant, nous dirons que ce procédé direct de dosage a permis de faire des progrès réels dans la sélection en agissant par comparaison.

Voilà où en était la question d'analyse des betteraves mères vers 1884 et 1886. Nous dirons, pour compléter ce qui précède, qu'au lieu de sonder la betterave au quart au-dessous du collet,

M. G. Vibrans a signalé qu'on pouvait prendre l'extrémité effilée de la racine.

Dès 1879 cependant, on a tenté d'employer d'autres procédés à l'analyse des betteraves mères au moyen de l'alcool, par le procédé de Scheibler décrit en 1878, mais qui avait déjà été publié par E. Riffard en 1874.

Nous ne décrirons pas le procédé désigné sous le nom : d'*Extraction alcoolique*, mais nous pouvons dire qu'il n'a pas été employé d'une manière générale.

Les producteurs de graines possédaient un certain nombre d'extracteurs servant à déterminer la richesse saccharine directe de plusieurs betteraves analysées par le jus afin de se rendre compte de la comparaison.

Ce système est trop compliqué pour pouvoir faire des milliers d'analyses par jour, et la dépense d'alcool, les dangers d'incendie, etc. etc., l'ont fait presque totalement rejeter.

Il en a été de même du procédé de digestion alcoolique qui n'a reçu que quelques rares applications. C'est surtout le procédé alcoolique à froid, de Stammer, qui a été employé dans quelques laboratoires.

Ce procédé, en outre de la dépense en alcool, présente aussi des inconvénients. Il réclame une pulpe-crème exempte de semelles pour avoir la certitude de la diffusion complète du sucre en quelques instants, autrement on a des richesses inférieures à la réalité. Il a été du reste abandonné pour les procédés nouveaux que nous allons décrire.

NOUVEAUX PROCÉDÉS D'ANALYSE DES BETTERAVES PORTE-GRAINES, PAR DIFFUSION AQUEUSE INSTANTANÉE ET A FROID.

Le meilleur mode d'apprécier la richesse d'une betterave, est évidemment le *dosage direct du sucre* sur une quantité déterminée de matière et de rapporter le tout à 100 grammes de substance normale.

C'est en 1887 que nous avons décrit notre procédé intitulé « *Dosage direct du sucre dans la betterave par la digestion aqueuse à chaud.* »

Le procédé a été reconnu exact, comparé à toutes les autres

méthodes directes alcooliques lorsque celles-ci étaient bien employées. Inutile, croyons-nous, de donner des détails à ce sujet. Disons que l'Association des chimistes de sucreries et de distilleries de France et des Colonies « nous a décerné une médaille d'or pour un mémoire présenté au concours de 1890 et dans lequel nous avons discuté et démontré l'exactitude de nos procédés aqueux.

Aussi dès 1887 avons-nous songé à utiliser le procédé par digestion aqueuse à chaud pour l'analyse des porte-graines.

Le procédé suivi était le suivant :

Le cylindre extrait par la sonde de la racine à analyser était découpé en petits morceaux, on pesait le 1/4 du poids normal du saccharimètre et on ajoutait de l'eau et du plomb. Le tout étant mis dans un ballon de 50 cc., on laissait une 1/2 heure ou 1 heure au bain-marie chauffé à 80-90°. On refroidissait, et après on complétait à 50 cc. à la température ordinaire ; après filtration, on polarisait.

En disposant convenablement un ou deux bains-marie, on faisait 50 ou 100 analyses à l'heure. Mais lorsque nous avons reconnu que la pulpe, suffisamment fine, était analysable directement à froid par l'eau, nous avons décrit ce nouveau procédé d'analyse sous le nom de « Diffusion aqueuse instantanée et à froid. »

On a cherché à l'appliquer immédiatement à l'analyse des porte-graines et c'est ce procédé que nous allons décrire avec quelques détails.

Le principe du procédé est le suivant :

La pulpe fine de betteraves étant obtenue, on pèse le 1/4 du poids normal correspondant au saccharimètre en usage au laboratoire ; ajouter le sous-acétate de plomb avec l'eau qui sert à introduire la pulpe dans le ballon de 50 cc. Compléter à 50 cc., agiter, filtrer, polariser.

On voit la simplicité, la rapidité du procédé.

En outre il réclame peu de réactifs ; il est donc moins coûteux que tous les autres systèmes.

Voici maintenant comment on pratique le *nouveau procédé de diffusion aqueuse instantanée et à froid,* pour l'analyse des porte-graines.

Nouveau procédé de diffusion aqueuse instantané et à froid. — Emploi du foret-râpe Keil et Dolle.

Les forets-râpes ont été décrits plus longtemps.

On connaît ceux de Champonnois, de Salleron et de Possoz.

Mais ces appareils donnaient une pulpe grossière pouvant être analysée par digestion aqueuse à chaud et non à froid.

Le foret-râpe de Keil et Dolle, au contraire, tournant avec une certaine vitesse et présentant un cône taillé spécialement, donne une *pulpe fine qui convient parfaitement* pour l'analyse par *diffusion aqueuse instantanée et à froid*. Il suffit de présenter la betterave au foret tournant avec une vitesse de 2,000 tours environ pour perforer la racine d'outre en outre et recueillir la pulpe, dans une capsule de porcelaine ou métallique, destinée à l'analyse.

Sans décrire le foret-râpe avec tous les appareils destinés à l'entraîner, disons comment se fait le râpage de la partie perforée.

Le foret-râpe de Keil et Dolle est terminé par un cône entrant à baïonnette dans un cylindre vissé sur une partie directement mise en mouvement par les poulies (fig. 292, 293, 294 et 295.). Ce cône est taillé d'une manière analogue aux limes à bois et suivant un certain sens qui facilite la pénétration du foret dans la racine. Ce cône présente 3 ouvertures permettant à la pulpe formée de péné-

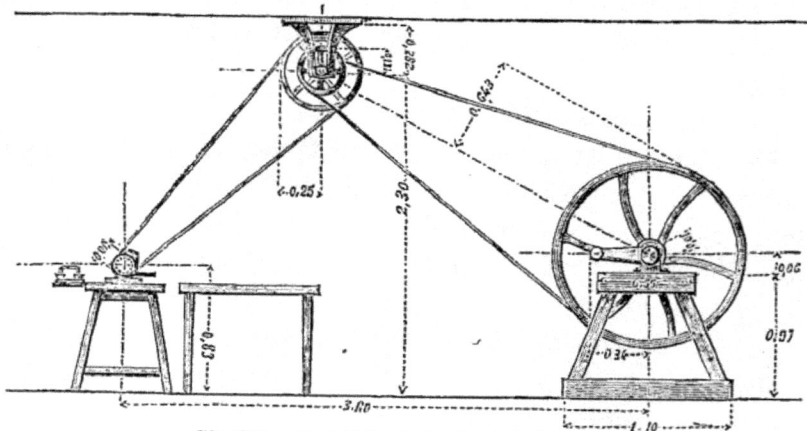

Fig. 292. — Installation de la râpe à taille Keil.

trer dans le tube creux sur lequel il est fixé à baïonnette. La pulpe vient se loger dans ce cylindre.

Primitivement il fallait dévisser le cylindre de l'appareil, enlever le cône et à l'aide d'une tige métallique faire tomber la pulpe dans la capsule, puis nettoyer le cône avant d'en faire usage à nouveau pour éviter le mélange des pulpes.

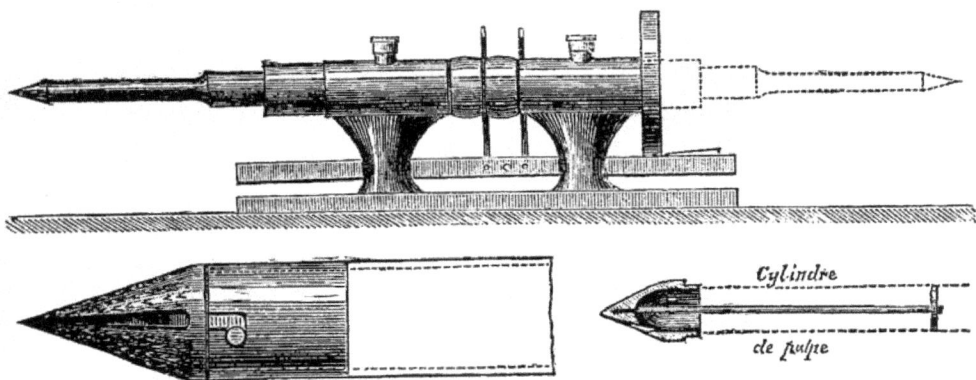

Fig. 293, 294 et 295. — Détails de la râpe à taille Keil.

C'était assez long. On parvenait à peine à faire 1200 analyses par 10 heures et par foret. On a proposé et mis également de petits cylindres intérieurs s'adaptant au cône et ramenant la pulpe ; mais cela ne présente pas d'avantages, car il faut toujours procéder au nettoyage à chaque fois, du cône taillé.

Nous avons reconnu qu'il suffisait d'introduire dans le cylindre un disque de rappel ayant un diamètre presque aussi grand que celui du cylindre et attaché au cône intérieurement par une tige métallique.

Voici ce qui se passe. La pulpe pénétrant dans le cylindre forme une sorte de cylindre présentant une certaine consistance.

En enlevant le cône à baïonnette, la tige, venant avec le disque, ramène la pulpe qu'on reçoit dans une capsule. Mais il faut, dès le début, perforer deux ou trois fois la même betterave pour qu'il en reste dans les ouvertures du cône et éviter que la pulpe ne pénètre trop rapidement et en bouillie dans le cylindre creux.

Cette pulpe permet la formation d'un cylindre résistant.

Mais la pulpe de la betterave précédente doit être enlevée.

Pour cela on place le cône et la tige y attenant, sur une capsule de porcelaine ou de métal, de telle sorte que la partie de pulpe la première entrée, et qui se trouve du côté du disque, ne puisse tomber avec la pulpe normale. Elle se trouve ainsi éliminée.

Par expérience on sait qu'il suffit de ne recevoir dans la capsule que les 4/5 environ de la longueur de la pulpe attachée à la tige métallique.

De cette façon on évite bien des manœuvres inutiles et on peut perforer 2 à 3000 racines par foret et en 10 heures. Les betteraves perforées se conservent parfaitement.

Pour la pratique il faut avoir soin de présenter la betterave lentement et lorsqu'on sent que la pointe va toucher le côté opposé à l'entrée de ralentir encore la perforation pour éviter de briser une partie de la racine.

Dans les foret-râpes on installe toujours un frein. C'est ce disque spécial qui vient frotter vers un levier mobile pour amener l'arrêt presque instantanément, c'est-à-dire aussitôt qu'on a mis la courroie sur la poulie folle.

En effet, la manœuvre est celle-ci :

Préparation de la pulpe. — Le foret est mis en marche en poussant la courroie sur la poulie de commande au moyen d'un levier bien à la portée de l'ouvrier.

Il présente ensuite la betterave qui se trouve perforée, comme il vient d'être dit.

Lorsque la perforation est terminée, on repousse le levier sur la poulie folle et le ressort agit sur le disque pour l'arrêt instantané du foret. On enlève le cône comme cela a été expliqué, et on continue.

Si l'on a deux forets sur le même arbre commandé par les mêmes poulies, il faut avoir soin de faire disposer les forets de telle sorte qu'ils travaillent tous les deux dans le même sens, sans cela il y a des causes d'erreurs que nous examinerons plus tard.

Si l'on pousse trop fort la betterave contre le foret, il peut y avoir perte de jus.

A côté du foret-râpe, on a une planchette portant des séries de 10 capsules ou autres réservoirs métalliques numérotés, destinées à recevoir la pulpe.

La perforation doit se faire à l'endroit situé au quart de la hauteur au-dessous du collet de la racine.

C'est là où est le plus généralement la richesse moyenne. Mais si cela peut être appliqué pour les betteraves mères, on ne peut l'admettre pour les betteraves de sucrerie qui demandent à être analysées très exactement.

Mélange de la pulpe. — La pulpe recueillie sur la capsule de porcelaine ou de métal est *bien mélangée*.

La boîte à pulpe peut être en zinc ou en fer galvanisé (fig. 297).

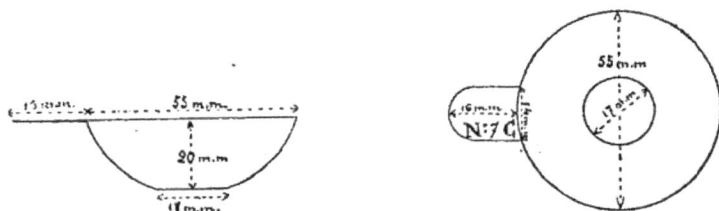

Fig. 296 et 296 *bis.* — Capsule à recevoir la pulpe.

On se trouve parfaitement de petits réservoirs en zinc de 3 à 4 centim. de largeur et de 6 à 8 centim. de longueur, rectangu-

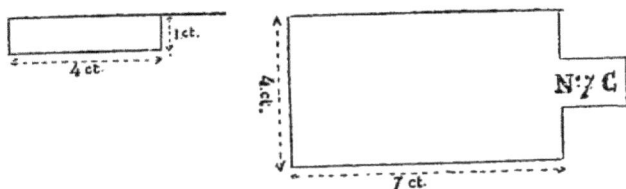

Fig. 297 et 298. — Réservoir pour recevoir la pulpe.

laires par conséquent. Hauteur : 1 centim. ; avec une oreille sur laquelle on place le numéro et une lettre de série.

On peut mettre 100 numéros par série.

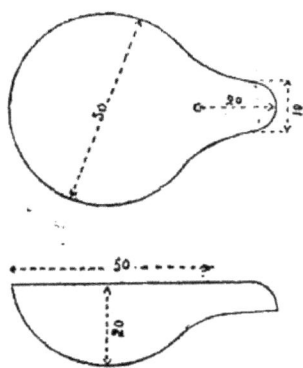

Fig. 299 et 300. — Capsule à peser la pulpe.

Pesée de la pulpe. — La pulpe est ensuite portée à la balance toujours par série de 10.

On a deux ou mieux trois capsules de nickel *ayant le même poids pour éviter les erreurs* et l'on pèse le 1/4 du poids normal (soit 4 gr. 10 ou 6 gr. 512 suivant le polarimètre).

On compte qu'avec l'habitude une balance peut permettre de peser 800 essais et au besoin 1,000 par 10 heures. Pour la rapidité on peut avoir un gamin

15

essuyant les capsules pour 2 balances, car la capsule de nickel revient débarrassée de pulpe, mais mouillée.

Introduction de la pulpe dans les ballons. — La pulpe est introduite dans les ballons de 50 cc. (fig. 301) par un jet d'eau provenant d'un réservoir situé à 1 m. ou 1 m. 50 de la table. On fait usage d'un flacon de 5 à 10 litres à tubulure; ou mieux d'un réservoir métallique contenant 50 litres environ. On peut disposer également un tonneau de 50 à 200 litres si l'on veut. Tout cela dépend de l'installation de l'eau.

On met dans cette eau à peu près 30 à 40 cc. de sous-acétate de plomb par litre (1). On mélange bien. Le tout devient blanc laiteux, mais cela n'a aucun inconvénient.

A la tubulure inférieure du tonneau ou du réservoir, on adapte un tube de verre ou caoutchouc assez large pour venir près de la table à la hauteur d'un ballon de 50 cc. surmonté d'un entonnoir (souvent même on met 2 caoutchoucs). L'un est terminé par une pointe plus effilée. La dernière sert à faire passer la pulpe dans le ballon, et à remuer la capsule et l'entonnoir; l'autre sert à introduire rapidement une grande quantité de liquide dans un ballon de 100 cc. ou de 200 cc., si on veut faire des essais comparatifs comme il sera dit plus tard.

La pulpe étant pesée dans la capsule en nickel, on la porte sur l'entonnoir placé sur le ballon de 50 cc.

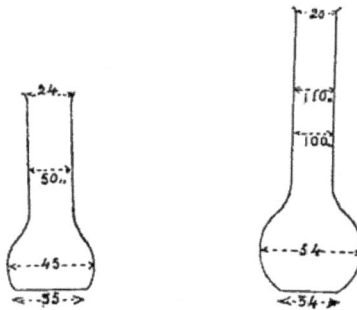

Fig. 301 et 302. — Ballons.　　　　　Fig. 303. — Entonnoir.

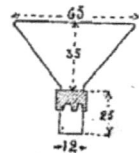

Cet entonnoir n'a pas besoin d'avoir plus de 6 cent. de diamètre, 7 de longueur et évasé d'une seule pièce pour se terminer par une tubulure ayant 10 mm. (fig. 303).

(1) Voir plus loin la préparation du sous-acétate de plomb.

Cette tubulure pénètre facilement dans les goulots des ballons de 50 cc. qui doivent avoir de 15 à 17 mm. de diamètre intérieur. On peut placer sur cet entonnoir un peu au-dessus de la partie inférieure, trois petits morceaux de fil de cuivre ou de nickel soudés dans le sens vertical de l'entonnoir, ou une plaque de bois découpée, — ou enfin 3 petites tringles de fer permettant à l'entonnoir de se reposer sur le col du ballon tout en laissant passer de l'air, — les 3 morceaux de fil viennent se placer sur le bord du col du ballon et facilitent le départ de l'air lors de la rentrée de la pulpe et de l'eau. Un bout de caoutchouc large, découpé en feston, fait le même office.

Pour faciliter la rentrée de la pulpe on doit bien l'humecter dans la capsule même avant de la verser dans l'entonnoir. L'entonnoir étant évasé et d'une seule pièce réclame peu d'eau pour être lavé. On atteint à peu près 40 à 45 cc. après tout lavage.

On met un numéro à pince sur le col du ballon.

5° *Remplissage des ballons, mise au volume.* — Les ballons ainsi remplis, sont de suite complétés à 50 cc. même avec le peu de mousse existant ; ou bien on les fait passer à un jaugeur qui fait le service de 2 balances. On met quelques gouttes d'éther et on complète 50 cc. Si on dépasse 50 cc. on va jusqu'à 55 cc. et on en tient compte.

6° *Filtration.* — On agite le tout et on passe le ballon au banc de filtration ; on agite encore. On laisse le tout en contact pendant quelques instants et on filtre.

On emploie les filtres Laurent fabriqués à la mécanique ; c'est le numéro 0 B que nous préférons. Les filtres Laurent 1 B ou 2 B sont un peu plus grands et peuvent aussi convenir. Les entonnoirs dont on se sert correspondent aux filtres employés.

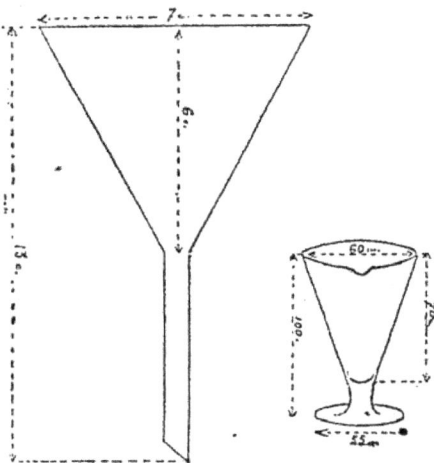

Fig. 304. — Entonnoir.   Fig. 305. — Verre à essai.

Banc de filtration pour 100 entonnoirs.

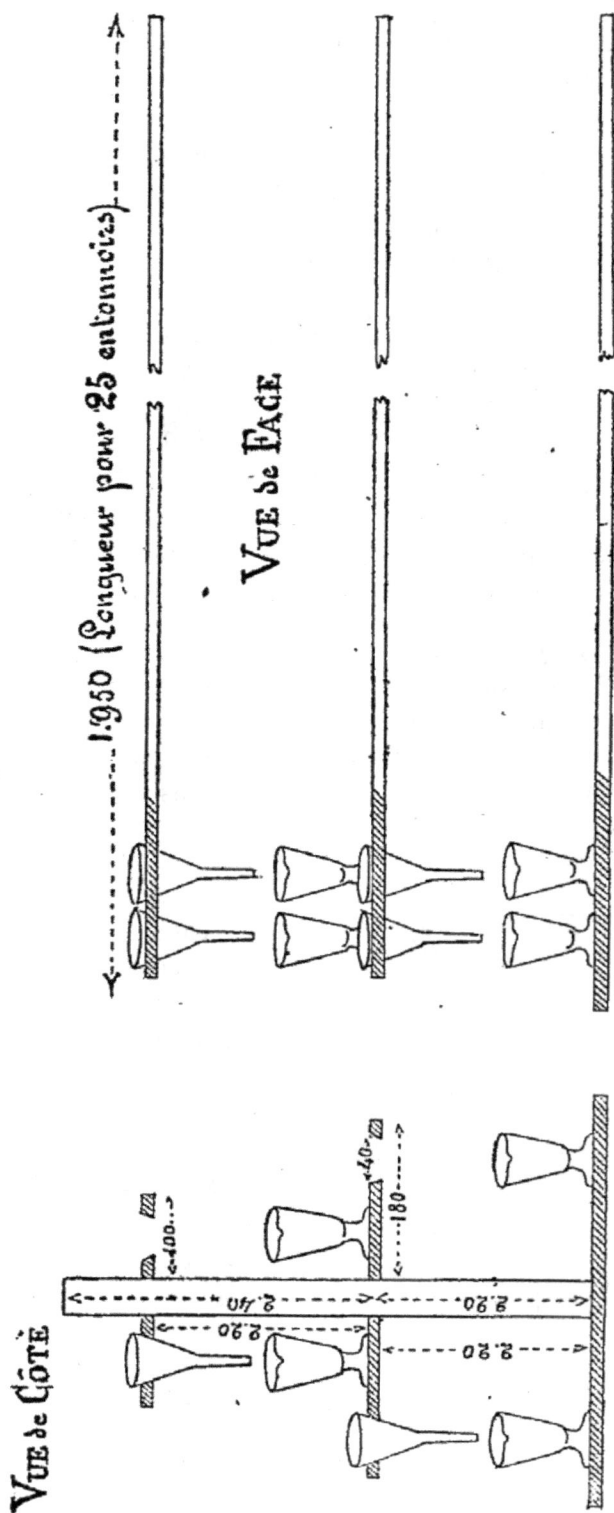

1ᵐ950 (Longueur pour 25 entonnoirs).

VUE de FACE

VUE de CÔTE

Fig. 306 et 307. — Installation de la filtration pour 100 entonnoirs.

On agite à la baguette en verre et on place les verres dans un panier à 20 cases numérotées pour les porter au saccharimètre.

Pour la rapidité des opérations, les entonnoirs doivent contenir près de 100 cc. afin d'y jeter d'un coup les 50 cc. de liquide sans crainte de déborder.

Les entonnoirs sont placés sur des bancs de filtration en bois, percés de trous de façon à tenir peu de place.

Au-dessous des entonnoirs on dispose des verres à expériences de 60 cc. environ et qui reçoivent le liquide filtré. (fig. 306-307.)

Pour 2,000 à 3,000 analyses par jour, il suffit d'avoir 4 à 6 bancs de filtration de 50 places.

On peut même placer ces bancs les uns sur les autres, ceux au-dessus situés un peu en arrière des bancs inférieurs.

7° *Acidification*. — Les liquides filtrés sont acidifiés par quelques gouttes d'acide acétique cristallisable placé dans un compte-goutte très simple.

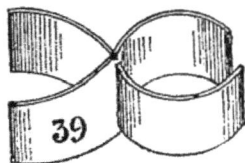

Fig. 308.— Pince pour numérotage.

8° *Numérotage*. — Pour éviter toute erreur, les numéros des ballons étant à pinces, suivent la filtration et sont placés sur les verres à pied (fig. 308) on évite ainsi toute écriture.

Du saccharimètre

Pour l'analyse des porte-graines il n'est pas nécessaire d'avoir un polarimètre pouvant analyser des sucres, c'est-à-dire allant jusqu'à 100° à droite.

En prenant le 1/4 en poids normal dans 50 cc. et en observant au tube de 400 mm. on a *directement* la richesse % gr. de betteraves.

Fig. 309. — Saccharimètre Stammer

Il suffirait donc d'avoir une plaque jusqu'à 25° et ne commençant qu'à 10 par exemple.

On a fait jusqu'ici de — 5° à + 40 environ, c'est le saccharimètre de Stammer.

Ce polarimètre pouvant recevoir des tubes de 20 à 50 mm. est très commode et permet l'analyse des jus, des petites eaux de diffusion, etc., et rend beaucoup de service tout en étant moins cher que les grands instruments.

On doit le disposer ainsi que nous l'avons indiqué de la manière suivante :

1° L'échelle doit être mobile pour que les 1/2 disques étant de même teinte, on puisse remettre les zéros en face l'un de l'autre au moyen d'une vis comme dans l'ancien système de polarimètre de Dubosq-Soleil.

2° Avoir une glace éclairant les divisions, éclairée elle-même par la lumière de la lampe à gaz, à pétrole ou électrique et éviter toute lumière additionnelle.

3° Avoir un large écran masquant toute lumière dans l'œil de l'observateur ; ce qui est très commode. Il supprime les écrans en terre munis de lentilles que l'on met autour des verres pour empêcher les rayons lumineux.

De plus, cet écran étant découpé dans la partie droite, et en bas sur quelques centimètres de long, permet de placer un cahier, une feuille pour inscrire les résultats, le tout éclairé par la lampe du saccharimètre.

Polarisation continue

Jusqu'il y a quelque temps, les liquides devaient être passés dans un tube ordinaire de polarimètre de 200 ou 400 $^{m/m}$ de long terminé par 2 galets de verre et serrés au moyen de plusieurs systèmes.

Mais chaque tube devait être rincé à plusieurs reprises avec le liquide à polariser, puis les galets ou obturateurs bien essuyés. Toutes ces manipulations exigeaient assez de temps et pour faire plusieurs milliers d'analyses il fallait de 40 à 80 tubes en service. Nous avons simplifié cette opération par l'emploi du tube continu qui permet d'aller beaucoup plus vite.

Voici en quoi consiste le tube continu. Il y en a de deux sortes :

1º Le tube continu à entonnoir ;
2º   —   siphon.

Pour chaque sorte de tube on peut avoir deux modèles, l'un ayant un diamètre intérieur de 7 à 8 $^{m/m}$ et contenant de 13 à 18 cc. de liquide ; c'est le diamètre ordinaire des tubes servant à la polarisation des jus de betteraves lors de la réception.

L'autre ayant un diamètre intérieur beaucoup plus petit environ 5 $^{m/m}$ et ne contenant que 6 à 7 cc. de liquide.

Le premier est destiné aux analyses courantes des betteraves pour lesquelles on prend 26 gr. 048 de pulpe et un volume total de 200 cc. 7 (ou le poids corrigé 25,87 pour faire 200 cc.).

Le second est destiné aux essais de betteraves mères pour lesquelles on ne peut prendre que 6 gr. 512 (ou 4 gr. 10) de matière, soit le 1/4 du poids normal dans 50 cc.

De telle sorte que par le tube de 400 m. on a de suite la richesse % gr, de betteraves.

Dans le premier cas (avec 200 cc.) il peut filtrer 140 à 150 cc. de liquide, dans le second cas il n'en filtre que 30 cc. en moyenne.

Tube continu à entonnoir

Ce tube continu se compose d'un tube ordinaire aux extrémités duquel on a placé :

1º Un tube à entonnoir ;
2º Un tube de sortie.

Le tube à entonnoir est perpendiculaire à l'axe du tube, celui-ci étant placé dans le saccharimètre ; une disposition spéciale d'ailettes permet de donner de la stabilité au tube.

Le tube de sortie au contraire est incliné.

L'entonnoir est relié au tube par un ajutage en caoutchouc ; de même le tube incliné est relié avec un caoutchouc et à l'extrémité de celui-ci il y a un tube en verre légèrement courbé.

Les extrémités du tube continu sont fermées par des plaques de verre et dessus on pose une ou au besoin deux rondelles caoutchouc pour empêcher les fuites.

On serre suffisamment les vis terminant la fermeture.

Le tube avant d'être placé au saccharimètre est rempli d'eau.

Il doit être passé à l'eau légèrement alcaline, puis à l'eau ordinaire pour enlever toute trace de matière grasse, ce qui retiendrait des bulles d'air.

Le tube est placé dans le saccharimètre de manière que l'entonnoir soit placé du côté de la flamme ou en sens inverse, cela n'a pas d'importance.

On remplit de nouveau le tube, mais avec de l'eau distillée contenant un peu d'acide acétique et on fait passer 100 à 200 cc.

L'excès de liquide tombe par le tube de sortie dans un flacon disposé ainsi : (fig. 310).

Au bas du flacon se trouve une tubulure qui est munie d'un ajutage en verre et d'un tube en caoutchouc qui conduit le liquide dans un seau ou un entonnoir évacuant le liquide au dehors de la salle du polarimètre.

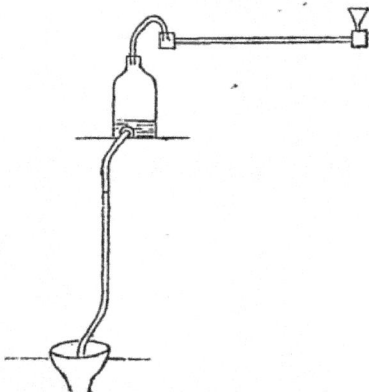

Fig. 310. — Tube continu à entonnoir.

Il se présente alors plusieurs cas. Ou le tube se remplit bien sans bulles d'air, ou il y a des bulles.

S'il n'y a pas de bulles, le tube est disposé pour être mis en service. On vérifie le zéro qui peut être un peu différent de celui obtenu avec un tube à chapeau sans vis, parce que le tube continu pour ne pas fuir, demande à être serré et cela peut changer le zéro.

Alors pour le service on fait une solution sucrée avec 52 gr. environ de pulpe dans 400 cc. et le plomb nécessaire comme s'il s'agissait d'un essai ordinaire. On arrête le passage du liquide lorsque l'opérateur aperçoit nettement le disque à l'intérieur. Ensuite il n'y a qu'à passer successivement les liquides à analyser

En général avec le tube de diamètre ordinaire et pour les essais de betteraves, il suffit de faire passer 70 à 80 cc. pour être certain que le liquide précédent a été totalement déplacé. On polarise, ou note le résultat, et pendant qu'on l'inscrit, un aide verse déjà le liquide du 2e essai et ainsi de suite. On peut faire ainsi très bien 2 essais par minute au lieu de 1 avec le tube ordinaire. Puis avec de l'habitude on arrive à 3 par minute.

Enfin pour les betteraves mères, on arrive à en faire 4, 5 et jusqu'à 10 à la minute, car il n'y a pas besoin pour ces sortes d'essais d'une aussi grande exactitude, que pour les betteraves à la réception.

Comme le volume de liquide dont on dispose n'est que de 30 cc. on passe toute la liqueur disponible et on lit ensuite.

Pendant la lecture et l'inscription des résultats, l'aide verse le liquide suivant.

Les liquides doivent être très clairs, la lumière bien suffisante.

On peut augmenter la lumière en mettant une glace derrière la flamme (pétrole, gaz).

Si le tube se remplit mal, c'est que la sortie est trop élevée et alors l'entonnoir reste plein, ou la sortie est trop basse et fait l'office de siphon.

Dans le premier cas on élève un peu l'entonnoir ou l'on baisse légèrement le tube de sortie. Cet abaissement peut se faire en relevant légèrement le caoutchouc sur la partie supérieure qui entre sur le tube du saccharimètre, ce qui fait baisser l'extrémité.

Ou bien on allonge le tube de caoutchouc, ce qui donne un poids plus fort et fait encore baisser l'extrémité.

Si le tube est trop bas, on le relève par des opérations inverses.

Souvent le tube en verre situé à l'extrémité du tube de sortie est trop recourbé, il faut le couper.

On arrive donc à régler le tube que l'on possède.

Lorsqu'on a fini de se servir du tube, on le lave à l'eau distillée pour enlever le liquide acide et il reste ainsi plein.

On peut l'enlever de la rainure du saccharimètre et le placer sur un support spécial fixé au saccharimètre même afin qu'il ne puisse se vider, ou bien on le place sur une planchette avec des trous qui retiennent le tube par les ailettes.

Lorsqu'on remet le tube, on doit le laver à nouveau à l'eau acidulée et un peu de liquide sucré concentré ayant la richesse à peu près de la bettèrave.

Tout cela afin d'éviter des dépôts et l'attaque du tube par l'acidité.

On doit aussi laisser le tube dans une pièce à côté de celle du saccharimètre où il fait souvent chaud.

Le tube se réchauffe et le liquide ajouté étant plus froid, il y a des stries qui deviennent gênantes pour l'observation rapide et exacte. On doit chercher à passer les essais nombreux d'une journée successivement et régulièrement les uns après les autres, par série de 10 ou de 20.

Les verres qui reçoivent le liquide filtré sont placés dans un panier à cases numérotées, on peut en porter 10 ou 20 à la fois au saccharimètre. Avec 2 à la minute cela donne 120 à l'heure ou 1,200 en 10 heures ; avec 3 polarisations cela donne 1,800 et avec 10 on atteint 6,000.

De temps en temps pendant la journée, un aide peut polariser pour éviter au chimiste une trop grande fatigue de l'œil. Cette fatigue est faible avec le polarimètre ordinaire à pénombre de Schmidt et Haensch, dernier modèle construit spécialement, à la lumière blanche, décrit précédemment.

Comme liquide à laver le tube avant les essais, on peut très bien utiliser du liquide qui reste dans le flacon tubulé et qui est toujours limpide et présente à peu près la moyenne des essais.

Si l'on veut avoir plus de liquide à passer au saccharimètre, on peut faire 100 cc. avec le 1/4 du poids normal et multiplier les résultats par 2, lorsqu'il s'agit de betteraves mères, ou avoir une échelle spéciale qui donne de suite le résultat doublé.

On peut avoir un tube continu pour tous les saccharimètres ; il suffit de donner la dimension des tubes que l'on veut avoir soit 0,20 soit 0,40, et dire si le polarimètre peut reçevoir des tubes plus larges, en un mot quelle est la longueur de l'espace *libre* du polarimètre, parce que, pour pouvoir fermer, les vis et les rondelles occupent environ une longueur de 2,5 à 3 cent.

Un tube de 400 mm. a donc une longueur totale, lorsqu'il est continu, de 425 à 430 mm. qu'il faut pouvoir loger. Pour le tube de 200 on a également besoin de 225-230 mm.

Lorsqu'un tube est neuf, il retient souvent des bulles d'air; il suffit d'enlever les verres et de les nettoyer avec un tampon de papier pressé par une baguette en bois.

Lorsqu'on commence le remplissage, il arrive quelquefois aussi que le tube à entonnoir reste plein et que le tube de sortie ne fonctionne pas. Il suffit de faire baisser le tube de sortie, il y a dans ce cas siphonnage et le tube fonctionne régulièrement ensuite. Le tube continu peut être appliqué à l'analyse de tous les liquides du moment où il y en a assez pour le rinçage.

Tube continu à siphon

Le tube continu peut être disposé en siphon et remplace le tube à entonnoir (fig. 311).

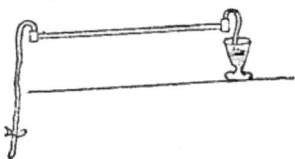

Fig. 311. — Tube continu à siphon.

Dans ce cas, on place le tube continu dans le saccharimètre puis à une des tubulures, la droite, on place un tube recourbé, muni d'un long tube de caoutchouc, fermé par une pince de Mohr et se rendant dans un vase recueillant les liquides examinés. Le tube oblique, par lequel le liquide sort quand le tube continu fonctionne par entonnoir, sert de tube d'entrée. Il suffit d'y ajouter un tube de caoutchouc et un tube de verre de quelques millimètres de diamètre et de 0,10 à 0,20 cent. de longueur.

Sous ce tube flexible, on place le verre qui renferme la solution sucrée à examiner.

Si c'est un verre conique, l'opération est facile et le liquide peut être absorbé presqu'entièrement. Si c'est un vase à précipiter (à fond plat par conséquent), on doit pencher le vase, et pour cela on dispose sur un support placé près du saccharimètre avec languette de bois sur laquelle on dispose un côté du vase. Celui-ci est incliné en conséquence et le tube absorbant peut prélever presque tout le liquide comme dans le verre conique.

L'aide prend d'une main le verre contenant la liqueur à examiner, puis de l'autre élève le tube qui doit pénétrer dans le liquide. De suite il ouvre la pince de Mohr placée sur le tube de caoutchouc communiquant avec la tubulure de sortie et le liquide est aspiré jusqu'au point voulu, c'est-à-dire totalement ou partiellement; totalement lorsque, comme pour les betteraves mères, le volume de liquide disponible n'est que de 25 à 35 cc ; partiellement lorsque le volume de liquide est très grand. On arrête alors quand le polariseur trouve que le tube est suffisamment clair pour faire la polarisation.

Alors le polariseur lit sur l'échelle et, pendant qu'il inscrit les résultats, l'aide continu le même manège, de telle sorte que le polariseur ne fait pour ainsi dire qu'examiner l'échelle et inscrire.

Les opérations sont dans l'un et dans l'autre cas très rapides.

Tableaux d'expériences sur le tube continu, démontrant son exactitude comparé au tubé ordinaire

Nous donnons ci-après les résultats obtenus avec l'emploi du tube continu comparé au tube ordinaire.

Avec des solutions sucrées pures

Polarisation au tube ordinaire	Au tube continu (gros diamètre)
9,5	9,5
11,4	11,5
19,1	19,1

On a trouvé que le lavage était terminé avec un minimum de 50 cc.

Solution sucrée pure

Richesse correspondante	Tube ordinaire	Tube continu gros diamètre	Volume de solution employée
37 0/0	37,7	37,8	43 cc.
0,4	0,4	0,5	110 cc.
19,9	19,9	19.9	62 cc.
1,85	1,85	1,9	54 cc.

On voit que naturellement il faut d'autant plus de volume pour déplacer une solution contenue dans le tube qu'il y a plus de différence entre la richesse des deux solutions qui se suivent.

Analyses de betteraves

Betteraves poids moyen	Tube ordinaire	Tube continu de 7 à 8 mm. de diamètre		
		mis 30 cc,	mis 50 cc.	mis 70 cc.
400	13,0	12,3	13,00	13,00
280	9,6	9,8	9,6	9,6
530	11,8	11,5	11,8	11,8
Moyenne : 403	11,43		11,43	11,43

On voit qu'avec 30 cc cela était insuffisant, mais qu'avec 50 cc et à plus forte raison 70 cc, les résultats du tube continu étaient absolument les mêmes qu'au tube ordinaire.

Solutions sucrées

Sucre ordinaire mis dans 200 cc.	Polarisation au tube	
	continu gros diam.	ordinaire
10 gr.	37,70	37,6
5	18,90	18,8
1	3,65	3,7
2	9,40	9,40
0,5	2,00	1,90

Betteraves

Essais faits avant la maturité des betteraves.

Poids moyen d'une racine		Richesse au tube	
		continu (1)	ordinaire
1	340	12,50	12,60
2	570	12,40	12,50
3	710	9,70	9,70
4	816	8,40	8,50
5	470	10,50	10,50
6	416	11,80	11,70
7	780	8,30	8,20
8	820	10,50	10,50
9	520	9,00	9,10
10	480	9,60	9,60
11	517	9,60	9.60
12	635	9,70	9,60
Moyenne		10,16	10,17

D'après l'expérience on a constaté que l'on pouvait polariser 1200 à 1800 par 10 heures sans trop de fatigue.

Il est donc nécessaire d'avoir plusieurs personnes sachant pola-

(1) En ajoutant le volume nécessaire (environ 60 à 70 cc). pour obtenir la netteté du disque dans le polarimètre.

riser. Les aides servent parfaitement et se remplacent les uns les autres toutes les heures, par exemple.

Pour éviter les lenteurs à la lecture, il est bien facile de ne pas chercher à lire le vernier ; avec un peu d'habitude on voit par la situation du zéro si on a 0,1 ou 0,2 ou 0,7, et cela sans erreur appréciable lorsqu'il s'agit de betteraves porte-graines.

Il suffit de s'exercer un peu, et l'on est étonné de la précision avec laquelle on parvient à une lecture rapide et exacte.

Résultats d'une sélection

Les tubes fabriqués pour les analyses des betteraves mères ayant 400 mm. et un diamètre de 5 mm. seulement, le volume du liquide qu'il contient n'est que 7 cc. environ et avec 20 à 25 cc on a le lavage parfait. Or, il filtre environ 30 à 35 cc de liquide lorsqu'on met le 1/4 du poids normal dans 50 cc.

Sur 30159 pieds mis de côté à l'arrachage, on a eu lors de la sélection.

		0/0
8434 pieds pour défaut de forme ou....................		27,9
5998 — ayant la forme mais pesant moins de 550 gr.ou		19,9
4647 — pes. plus de 550 gr.titrant moins de 13 0/0 ou.		15,4
6512 — — plus 13,5 à 15 0/0...		20,5
3207 — — plus 15 à 16......		10.6
1721 — — plus 16 et au-dessus.		5,7
20159		100,0

On a calculé ensuite le nombre de betteraves de différentes richesses sur un nombre de 4464 et on a eu :

Richesse	Nombre de racines		Soit 0/0
7 à 8	1		0,2
8 à 9	8		1,79
9 à 10	39		8.73
10 à 11	467		104,61
11 à 12	723		161,94
12 à 13	1078	Total	241,48
13 à 14	1043	4464	233,64
14 à 15	747	racines	167,34
15 à 16	303		67,87
16 à 17	49		10,97
17 à 18	4		0,89
18 à 19	1		0,2
19 à 20	1		0,2

Observations importantes

Les pointes des forets-râpes sont généralement bien taillées et produisent une pulpe qui peut-être analysée par notre procédé instantané et à froid ; mais il peut arriver qu'il n'en soit pas ainsi. D'autre part, les pointes peuvent s'user et surtout, lorsque cela a lieu, on appuie fortement la racine et il en résulte une pulpe plus grossière. Si la vitesse du foret est trop faible ou que pour une raison ou un autre le foret tourne en sens opposé, on peut avoir en résumé une pulpe qui n'est pas assez fine pour l'analyse à froid.

Puis l'eau à employer peut n'avoir que quelques degrés au-dessus de 0. Il est donc prudent de s'assurer que la pulpe produite est assez fine pour l'analyser à froid.

Pour cela on perfore quelques racines comme on le fait en pratique. On mélange la pulpe ; on fait deux essais à froid et deux essais à chaud et l'on compare.

S'il n'y a pas de différence, on procède aux essais par la méthode instantanée et à froid. S'il y a une différence, elle peut être faible ou forte : 0,2 à 0,3 ou 1 %.

Si elle est faible, on peut pour éviter des dispositions spéciales ajouter aux résultats la moyenne observée en moins.

Ou bien, ce qui est préférable, laisser l'eau plus longtemps en contact avec la pulpe. Il suffit de ne filtrer qu'après un contact de 10 ou 20 minutes ; on ne perd pas de temps une fois le service mis en train. On peut aussi, comme pour le cas où la différence est trop forte, employer l'eau chaude.

Pour cela on dispose dans un vase (un tonneau par exemple), un mélange d'eau et de sous-acétate de plomb à 28 Bé (2 à 3 lit. dans 100 litres d'eau).

Par une disposition très simple le liquide passe dans un tube en cuivre de quelques décimètres de long au-dessous duquel on met un ou plusieurs becs de gaz (1). Puis un tube de sûreté est placé à une des extrémités pour le cas où le liquide entrerait en ébullition.

Sur le tube en cuivre on dispose une ou plusieurs tubulures munies de tubes en caoutchouc et de pinces de Mohr destinées à faire le service de l'introduction de la pulpe dans les ballons.

L'eau est chauffée à un degré plus ou moins élevé ; la digestion

(1) Grille à azote à gaz de Wiesnegg ou de Houzeau, par exemple.

est complète pendant toutes les opérations d'introduction, mais on a un liquide plus ou moins chaud.

Malgré la filtration, le refroidissement est différent et les liquides ne sont pas toujours faciles à observer. Dans ce cas il nous paraît préférable de disposer les paniers recevant les ballons dans un bain d'eau courante pour les refroidir au même point, et on profite de cela pour compléter au même point, à la même température. On filtre et les liquides acidifiés sont polarisés ; on n'a pas besoin de changer l'oculaire.

On peut aussi chauffer l'eau seule dans un vase à niveau constant, les tubes étant disposés en siphon.

On met le sous-acétate de plomb avant ou après l'introduction de la pulpe.

Mais toutes ces dispositions ne doivent pas exister, on doit rechercher la cause de la différence entre la digestion aqueuse à froid et la diffusion à chaud. Et on la trouvera le plus souvent dans la grosseur de la pulpe.

On y remédiera par le changement de la taille des forets, de la vitesse, et aussi de l'agitation répétée du ballon depuis l'emplissage jusqu'à la filtration.

Pour le service journalier il est inutile de laver les verres ou vases recueillant le liquide filtré ; on les vide seulement et ils rentrent immédiatement en service. Les causes d'erreurs provenant de cette manière de procéder sont insignifiantes. De même les ballons n'ont besoin que d'être vidés et rincés rapidement. Le soir ils peuvent être alors complètement nettoyés à l'acide nitrique très étendu et à l'eau. De même les entonnoirs restent constamment en service ; il suffit de prendre quelques précautions pour enlever le filtre plein de la pulpe restée dans le papier.

On peut, à cet effet, prendre des filtres dépassant quelque peu les bords de l'entonnoir, ce qui permet d'enlever le filtre ayant servi sans crainte de le crever.

Dans le cas contraire il faut enlever l'entonnoir et renverser le contenu dans un seau.

Inscription des résultats

Au fur et à mesure, de la lecture des polarisations, on inscrit les résultats.

FERME OU SUCRERIE DE

Le

SÉLECTION DE

Nᵒˢ	1 Sucre	1 Poids	Nᵒˢ	2 Sucre	2 Poids	Nᵒˢ	3 Sucre	3 Poids	Nᵒˢ	4 Sucre	4 Poids	Nᵒˢ	5 Sucre	5 Poids	
1			1			1			1			1			
2			2			2			2			2			
3			3			3			3			3			
4			4			4			4			4			
5			5			5			5			5			
6			6			6			6			6			
7			7			7			7			7			
8			8			8			8			8			
9			9			9			9			9			
10			10			10			10			10			
11			11			11			11			11			
12			12			12			12			12			
13			13			13			13			13			
14			14			14			14			14			
15			15			15			15			15			
16			16			16			16			16			
17			17			17			17			17			
18			18			18			18			18			
19			19			19			19			19			
20			20			20			20			20			Total
17 %															
16															
15															
14															
R															
															100.0

Nombre d'analyses séparées pour plantation :

—   —   —   précédentes :

TOTAL :

TOTAL GÉNÉRAL :

Cette inscription peut se faire de plusieurs manières, sur des cahiers ou sur des feuilles.

Pour ceux ayant déjà des laboratoires, il n'y a rien à leur apprendre, ayant certainement adopté le meilleur système pour leur situation.

Pour ceux qui doivent installer un laboratoire, nous donnons un modèle qui peut très bien convenir.

On peut en faire faire des cahiers ou des feuilles mobiles lesquelles, numérotées, correspondent aux cases de classement à l'entrée du laboratoire et dont nous parlerons plus loin à l'occasion de la disposition générale d'un laboratoire destiné à l'analyse des porte-graines.

Cette feuille contient également une colonne pour les poids et, lorsqu'elle est pleine, elle est retournée à la salle de classement où s'opère le triage suivant les richesses admises pour conserver telle richesse ou rejeter telle autre, ou procéder à des catégories variables suivant les poids et les richesses.

On a ainsi jour par jour le résumé du travail.

Les betteraves perforées peuvent être mises directement en silos. Elles se conservent bien.

Mais plusieurs producteurs ont cru utile de remplir la cavité formée par le foret ou la sonde d'un mélange de terre ou d'argile et d'un peu de charbon de bois.

Ce mélange, mis à l'état de pâte se sèche et se durcit peu à peu. Il protège parfaitement la betterave. Lorsqu'on coupe une racine dont le trou a été ainsi rempli, on remarque qu'il n'y a qu'un millimètre de substance desséchée et aucune altération, altération qui peut parfois s'observer sur les racines mises directement aux silos.

Cela exige cependant encore du personnel.

Préparation du sous-acétate de plomb ordinaire.

325 gr. acétate neutre de plomb.
100 gr. litharge en poudre.
Ajouter 900 gr. eau.

Faire bouillir à air libre environ une demi-heure jusqu'à ce que la litharge soit entièrement dissoute. Compléter après refroidissement à 1 litre, lequel doit peser 30 B°.

Préparation du sous-acétate de plomb à base d'acétate et d'ammoniaque. Formule Courtonne.

Acétate neutre de plomb 350 gr.
Ammoniaque à 22° 55 cc.
Eau 800 cc.
Densité environ 25 B°.

Faire dissoudre l'acétate dans l'eau et ajouter ensuite l'ammoniaque.

Note relative à la préparation du sous-acétate de plomb par
D. Sidersky.

En ce qui concerne la composition du sous-acétate de plomb, c'est-à-dire le rapport entre la litharge et l'acétate neutre de plomb, les chiffres arbitraires indiqués dans les divers ouvrages, sont très mal choisis.

La composition du sous-acétate de plomb est donnée par sa formule $Pb^3C^{18}H^{14}O^{10}$. Il contient dans 2 fois $PbC^4H^6O^4$ (acétate neutre) PbO. (litharge) et H^{20} dont les valeurs équivalentes sont :

380 acétate neutre cristallisé (avec 3 molécules d'eau).
112 litharge.

Ce qui diffère sensiblement des chiffres indiqués par divers auteurs.

D'autre part, dans les essais saccharimétriques, on devrait adopter la solution normale de sous-acétate de plomb, c'est-à-dire contenant par litre 380 gr. d'acétate neutre de plomb et 112 gr. de litharge, donnant au B° 35°.

Pour avoir le litre à 30° B° il faudrait :

312 gr. d'acétate neutre cristallisé, 92 gr. de litharge.

Nous donnons la préférence à la formule Courtonne.

DESCRIPTION DE DIVERS APPAREILS DE PRÉPARATION
DE LA PULPE DESTINÉE A ÊTRE ANALYSÉE PAR LE PROCÉDE
DE DIFFUSION AQUEUSE ET INSTANTANÉE A FROID.

De la sonde.

Le foret-râpe Keil donne de suite la pulpe fine pour être analysée à froid.

M. Hanriot, au contraire, pèse sur un cylindre extrait de la betterave le poids nécessité pour l'analyse et soumet ce cylindre à un appareil qui le réduit en pulpe semblable à celle fournie par le forêt Keil et Doll:

A partir de ce moment l'opération est identique à celle que nous avons décrite,

Pour l'emploi de ce procédé il faut donc une sonde.

Voici la description de la sonde construite par M. Benoit Collier de Bruxelles, désignée sous le nom de sonde Lindeboum.

Cette sonde est représentée par la figure 279, page 167.

A l'inspection de ce dessin, on voit de suite comment on s'en sert.

La betterave est placée obliquement ou norizontalement au-dessous du foret, de telle sorte que le cylindre découpeur vienne aussi exactement que possible prélever un échantillon au 1/4 au-dessous du collet de la betterave. On abaisse rapidement le levier qui perfore la betterave de part en part.

Pour éviter de briser la racine en côté opposé, on place une plaque de caoutchouc épais sur laquelle on dépose la betterave.

Une disposition spéciale permet à une tige de rencontrer le cylindre découpé et de le forcer à rester dans la racine tout en étant sorti d'une certaine longueur ce qui permet de le prendre facilement à la main.

Ce cylindre est recueilli dans les boîtes ou capsules numérotées comme s'il s'agissait de la pulpe.

On porte les échantillons à la balance ; on les découpe et on les ajuste au poids voulu 4 gr. 10 ou 6,512 suivant les sacchari-mètres (1).

Appareil Hanriot.

M. Hanriot a fait construire un appareil très ingénieux pour l'essai des porte-graines basé sur notre procédé d'analyse aqueuse par diffusion instantanée et à froid.

Nous en donnons la description qui en a été faite et qui a paru dans les journaux spéciaux (2).

(1) Il y a également une sonde spéciale de MM. Gallois et Dupont dans laquelle le cylindre coupant tourne en même temps qu'il pénètre dans la betterave pour faciliter le coupage.

(2) *Bulletin de l'Association des Chimistes de sucrerie et de distillerie de France et des Colonies*, (N° 1 et 2, juillet, août 1889).

« M. Hanriot, directeur de la sucrerie de Brazey-en-Plaine, s'est ingénié à imaginer un appareil qui permet d'appliquer à l'analyse des betteraves porte-graines la digestion aqueuse instantanée à froid imaginée par M. Pellet.

« Au moment où M. Hanriot a inventé son appareil, le foret-râpe Keil n'existait pas encore ; on ne connaissait que le disque Keil taillé en râpe à bois remplaçant le disque en lames de scie de la râpe Lomont et Pellet et qui ne pouvait convenir pour l'analyse des porte-graines.

« L'appareil Hanriot consiste en une boîte conique en bronze dur munie d'une tubulure latérale et montée sur trois pieds que l'on visse sur une table.

« Dans cette boîte, dont la paroi intérieure est cannelée dans le sens de la génératrice du cadre, se meut une noix animée d'un mouvement de rotation à l'aide d'engrenages. La vitesse à donner à la main est de 2000 tours à la minute. Cette noix est taillée en râpe à bois. L'inclinaison des dents par rapport à l'axe est de 45° de façon à aider à l'évacuation de la pulpe et au lavage.

« La partie supérieure de la noix sur une longueur de 15 millim. est taillée en cannelures de 45° par rapport à l'axe ; cette disposition a pour but de s'opposer au reflux de la pulpe dans la partie supérieure de la boîte.

« Pour la facilité du remplacement et du retaillage, la noix est vissée sur l'axe.

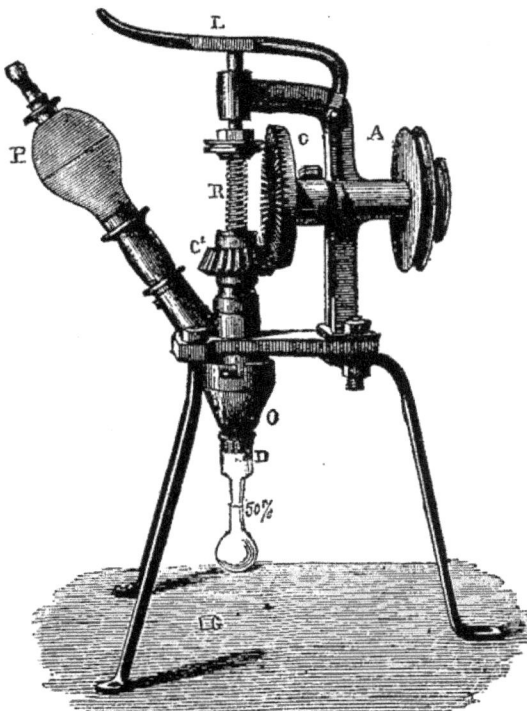

Fig. 312. — Appareil Hanriot.

L'appareil étant monté, on introduit un cylindre de betteraves pesé d'avance dans la tubulure latérale, et après avoir mis la noix en mouvement, on le pousse contre elle au moyen d'un pousseur spécial s'engageant à frottement doux dans cette tubulure (fig. 312).

« La partie inférieure de la boîte se termine en entonnoir qui s'engage dans un ballon jaugé dans lequel tombe la pulpe. Quand le râpage est terminé, on lave la noix avec un jet d'eau qui entraîne toute la pulpe dans le ballon jaugé. L'appareil peut alors être utilisé pour l'analyse d'une nouvelle betterave.

« Voici comment fonctionne le jet d'eau : Le pousseur qui est formé d'un cylindre creux d'acier ou de bronze est monté sur une poire en caoutchouc de 40 à 80 cc- de capacité, suivant que le volume du ballon jaugé dont on fait usage est de 80 à 100 cc.

« Ce cylindre est exactement du diamètre de la tubulure.

« Son extrémité est taillée en biseau évidé suivant le profil de la boîte, de façon à arriver en contact de la noix. Cette extrémité est sur le pourtour percée de petits trous par lesquels sort l'eau qui lave la noix et entraîne la pulpe dans le ballon.

« Deux robinets placés l'un au-dessus et l'autre au-dessous de la poire et dont les clefs sont rendues solidaires par une petite bielle, servent à la vidange ou à l'alimentation de la poire en caoutchouc mise en communication avec un réservoir d'eau par l'olive qui la termine d'un tube en caoutchouc.

« En un mot, l'appareil Henriot est un moulin à noix de forme spéciale et sur lequel est adapté un dispositif particulier pour nettoyer la noix après chaque opération de râpage.

« Avec cet appareil on pèse l'échantillon de betterave avant son râpage, tandis qu'avec le foret-râpe Keil en prélève sur la pulpe produite l'échantillon destiné à l'analyse. Cet appareil nous a paru fort bien compris et susceptible de remplir parfaitement le but auquel il est destiné. »

L'appareil Hanriot est très ingénieux et fonctionne très bien. Mais pour être certain du lavage, il vaut mieux employer 80 cc. d'eau de lavage que 40 cc. et recevoir le liquide dans un ballon de 100-110 cc. Tout le reste se passe comme il a été dit pour la pulpe du foret Keil et Doll, sauf que le résultat au polarimètre doit être doublé. De plus les entonnoirs, filtres et verres à pied doivent être plus grands pour recevoir 100 cc. à la fois.

Pour éviter de doubler la lecture au polarimètre, ce qui peut amener des erreurs, il nous paraît préférable d'avoir une échelle mobile, telle qu'en la substituant à l'ordinaire, on puisse avoir le résultat direct au polarimètre. C'est ce que nous avons fait pour un de nos instruments. C'est très commode, très simple et même on peut avoir aussi série d'échelles de toutes sortes s'adaptant sur le même polarimètre au moyen de vis faciles à enlever et à remettre.

Les échelles sont conservées dans un écrin.

NOUVEAU PROCÉDÉ RAPIDE D'ANALYSE DES BETTERAVES PORTE-GRAINES SUPPRIMANT LA PESÉE, DE MM. HANRIOT ET PELLET

Dans tous les procédés d'analyse des porte-graines décrits jusqu'ici, on a pesé soit la pulpe directement produite, soit le cylindre broyé ensuite comme dans les procédés primitifs de l'analyse de la betterave par le procédé Hanriot.

Mais en examinant la marche de toutes les opérations, on voit que la pesée tient une large part et de même que par le tube continu nous avons amené une amélioration considérable de travail par la simplicité et la rapidité de la polarisation, de même nous avons cherché à supprimer les lenteurs de la pesée.

Voici comment nous y sommes parvenus.

Nous avons pensé qu'un cylindre découpé au moyen d'une sonde toujours de même diamètre pouvait présenter le même poids ou sensiblement le même poids pour une longueur indéterminée.

Nous avons bien supposé qu'il y aurait une différence, puisque nous savions que la densité d'une betterave était variable depuis 1015 jusqu'à 1060, ce qui donnerait des écarts de 10-15 à 10-60. Mais, si on prend la moyenne entre ces chiffres, soit 10.375, la différence devient 0,225 en dessous et 10,225 en dessus.

Ce sont là des différences de peu d'importance, puisque par la prise d'échantillon même on a des écarts pouvant dépasser ces résultats. Nous avons donc essayé de sonder uue série de betteraves et de découper au moyen d'un couteau à double tranchant une longueur exactement la même.

Couteau à double tranchant remplaçant la balance. Essai de détermination du poids moyen d'un cylindre de betterave de longueur déterminée.

Le couteau est disposé de telle sorte que les lames peuvent être maintenues à un écartement déterminé et être variées à volonté tout en présentant une rigidité très grande afin d'obtenir le parallélisme des côtés.

On a pris la sonde Lindeboom décrite plus haut et on a trouvé les chiffres suivants : la longueur du cylindre étant réglée pour avoir à peu près 6.5 avec un diamètre de 14 $^{m}/^{m}$.

On a en poids		On a en poids		Poids		Poids	
1	6,245	5	6,245	9	6,335	13	6.370
2	6,265	6	6,240	10	6,285	14	6,270
3	6,290	7	6,365	11	6,330	15	6,310
4	6,370	8	6,250	12	6,390	16	6,300

Moyenne générale 6.304.

Si on admet que la betterave a une richesse moyenne de 15 %, le poids minimum aurait donné........ .... 14.85 %
— maximum — .... 15.20 %
Différence extrême....... 0.35 %

Ces chiffres sont bien suffisamment approximatifs pour la pratique et c'est ce qui nous a fait adopter ce système qui ne pouvait du reste que compléter l'appareil Hanriot.

Nous avons fait une série d'essais sur le même sujet dès 1888 et nous n'avons pu atteindre le but réellement que dans les derniers temps. Plusieurs expériences nous ont démontré qu'il fallait prendre les cylindres de betteraves tels quels, sans essayer de leur faire subir aucune autre opération.

On voit de suite la marche du procédé nouveau : le cylindre est reçu dans une boîte à rainures et ensuite porté au couteau. La partie découpée est portée en série à l'appareil Hanriot et traitée comme il a été dit déjà. Pour le couteau, on fixe la longueur définitive entre les lames de la manière suivante.

On découpe un cylindre dans une betterave, puis on taille pour avoir 6.512 ou 4.10 suivant le polarimètre. On voit la longueur et on met à l'écartement voulu. On essaie à nouveau avec 3 ou 4 cylindres si l'on se rapproche de 6,512 ou 4,1. On fait manœuvrer au besoin les vis d'écartement ou de rapprochement jusqu'à ce que la moyenne donne le résultat voulu ou très rapproché, 6,500 ou 6,520 cela n'a pas grande importance.

Avec un peu de tâtonnement on y parvient aisément et rapidement. Le couteau exige quelques secondes pour découper un échantillon et la sonde également.

Il y a donc là une *économie* de temps et d'appareil qui ne nuit pas à l'exactitude.

Pour des essais spéciaux on peut toujours adopter la balance.

Indicateur électrique de richesse

Pour éviter la lecture au vernier entre chaque analyse, M. Hanriot a disposé un indicateur électrique sur le saccharimètre et de la façon suivante :

Sur le cadran du saccharimètre sont placées deux bornes, l'une un peu en arrière du zéro, l'autre vers la division 30°. Pour la facilité de la pose et de l'isolement elles sont montées sur une plaque que deux vis fixent au cadran.

Ces deux bornes portent chacune et horizontalement une vis de rappel à large bouton molleté. Les pointes des vis sont en regard de façon à pouvoir être rapprochées ou éloignées l'une de l'autre. On les relie individuellement à une sonnerie électrique. Ces deux sonneries sont de timbre différent.

Sur le bras du vernier est posé un index en métal assez long pour s'engager entre les deux pointes des vis de rappel. Pour amener le courant dans cet index, une troisième borne de la construction habituelle est placée sur un point quelconque du pied du saccharimètre. Le circuit se trouve ainsi complété.

Les choses étant disposées de la sorte, il devient facile de classer les betteraves en différents lots sans lecture ou vernier quand on ne veut pas pousser le classement jusqu'aux fractions de richesse.

Si l'on veut par exemple séparer les betteraves en 5 catégories : sujets au-dessous de 15 %, sujets à 15 % à 16 à 17 % et sujets au-dessus de 17 %, l'on ramène le vernier au degré 15° ou 7.5°, suivant poids et volumes adoptés et l'on établit le contact avec la vis filetée de gauche. L'on fait la même opération avec la borne de droite pour le degré 17 ou 8.5

Si, les points de contact étant ainsi réglés, l'observation amène l'index à faire résonner la sonnerie de gauche (15 %). et que les 2 demi-disques soient encore de teinte différente, le noir à droite dans le saccharimètre Laurent, la betterave est au-dessous de 15 %/°. S'il y a égalité à l'instant où la sonnerie de gauche fonctionne, la betterave est à 15 %. Si au contraire, les 2 demi-disques se présentent avec la teinte noire à gauche au moment où la sonnerie de droite résonne, la betterave observée est au-dessus de 17 %. Si à cet instant il y a égalité de teintes, la betterave est à 17 %. Elle est à 15 % lorsque la sonnerie de droite résonnant et les disques n'étant pas à égalité de teinte, il faut un déplacement léger de l'objectif pour arrêter la sonnerie et rétablir l'égalité de teinte.

Un observateur peut faire sans fatigue jusqu'à 1200 observations consécutives. La lecture du vernier double le travail de l'œil si même cette lecture n'est pas plus fatigante que l'observation saccharimétrique. Nous avons dit aussi qu'avec l'habitude on pouvait supprimer la lecture du vernier et apprécier les dixièmes.

Ce que chaque appareil peut faire en 10 heures

Pour les modifications à apporter dans un laboratoire déjà installé ou pour l'installation d'un nouveau, nous pouvons donner ci-après la quantité moyenne qu'on peut faire par outil et par 10 heures.

1°. Le foret-râpe peut certainement permettre le percement de 6 à 7 betteraves par minute le cas échéant ; mais pratiquement il faut compter pour éviter les erreurs, ne pas pousser trop fort la racine, etc., un chiffre de 5, soit 300 à l'heure, donc 3000 en 10 heures. Pour le commencement on n'atteint pas 1500 comme cela a lieu pour tous les premiers essais.

2°. La pesée de la pulpe ou du cylindre peut se faire en peu de temps lorsque le gamin en a pris l'habitude. On compte 500 pesées par 10 heures au minimum et 1000 au maximum ; bien entendu avec le personnel suffisant pour le service des tares et des échantillons.

3°. Au polarimètre on atteint rapidement 6 à 7 à la minute ou 360 à 420 à l'heure, soit au total 3600 à 4290 analyses. C'est plus que ne peut donner un appareil râpe (1).

---

(1) On peut cependant dépasser au besoin la proportion de 8 à la minute.

4°. Si on utilise l'appareil Hanriot, le moulin peut donner 2400 analyses les 10 heures, disons 2000.

5°. La sonde peut donner 10 à 12 coups à la minute, soit 6000 à 7200 en une journée.

6°. Le couteau peut suivre la sonde. Donc le sondeur peut découper environ 3000 à 3600 échantillons par 10 heures. On peut juger d'après ce qui précède de la quantité d'outils nécessaires pour une installation à faire ou à modifier.

QUELQUES RENSEIGNEMENTS SUR LA DISPOSITION GÉNÉRALE D'UN LABORATOIRE D'ANALYSES DE PORTE-GRAINES.

Un laboratoire d'analyses de porte-graines doit être assez spacieux pour que tous les employés puissent y manœuvrer à l'aise : qu'il soit bien éclairé, qu'il soit divisé en 2 ou 3 salles ou pièces.

Il doit être aménagé pour être éclairé artificiellement, les analyses pouvant être faites à n'importe quelle heure.

Dans certaines usines même, on a installé le service de jour et de nuit pour faire un grand nombre d'analyses (jusqu'à 8500) avec un matériel restreint.

Tout laboratoire doit posséder une salle servant d'entrepôt à la betterave qu'on doit analyser,

En effet les betteraves porte-graines sont mises lors de l'arrachage en tas de peu de hauteur (1 mètre au maximum) revêtus d'une forte couche de terre jusqu'à 1 m. également pour éviter l'action de la gelée.

Ces silos sont faits sur les champs d'arrachage le plus souvent et sont situés à une distance quelconque du laboratoire d'analyse

On commence aussi par procéder à une première sélection à l'arrachage pour éliminer les fourchues, les racines trop grosses, trop petites, celles qui ont une forme mauvaise, etc. Cette première sélection élimine 20 à 40 % de racines qui peuvent être utilisées pour le bétail ou pour la fabrique de sucre.

Les betteraves au sortir du silo peuvent être également sélectionnées par l'élimination de celles qui se sont altérées en silos, des betteraves trop petites ou autres impropres qui auraient échappé à un premier triage. On n'a plus alors que 40 à 50 % du poids primitif.

Les betteraves ainsi choisies sont amenées par voiture, brouette ou paniers à dos d'homme, suivant les pays et les quantités à transporter, au magasin de réserve.

Souvent chez les grands producteurs, ces magasins sont d'immenses salles ménagées au-dessous du laboratoire avec des salles spéciales correspondant aux richesses que l'on veut. De ces salles de dépôt on place les betteraves dans des casiers où chaque racine a un numéro d'ordre ou d'entrée et un numéro de série.

En effet, admettons qu'on soit installé pour faire 2000 analyses par jour, il ne faut pas songer à étaler les 2000 betteraves à terre. Ce serait long et il faudrait beaucoup de places.

Il suffit d'avoir 4 casiers de 100 racines soit 400 racines en dépôt et par 2 séries, série A et série B.

La 1re série renferme 200 betteraves par série également 1 et 2.

c on a : Série A n° 1 et 2.
Série B n° 3 et 4.

On peut faire aussi :

Série C n° 5 et 7.
Série D n° 7 et 8, etc.

pour un grand nombre d'essais par jour ou bien 2 séries A et B avec des numéros 1. 2. 3. 4. soit 800 betteraves en dépôt, ce qui est suffisant pour atteindre 4000 analyses par jour.

Ces numéros sont reproduits sur les pinces dont il a été parlé, sur les capsules à cylindres et sur les feuilles de polarisation.

Toutes les betteraves rangées dans les cases sont pesées. On se sert avec avantage d'une balance à ressort et à plateau donnant à 10 ou 15 gr. près le résultat cherché et très rapidement.

Les betteraves sont percées ou sondées et le cylindre ou la pulpe est envoyé à la balance. S'il y a un cylindre, il est envoyé au couteau, pesé si l'on veut et passé à l'appareil Hanriot.

Les bancs de filtration peuvent être simples, et avec seulement 200 trous on fait déjà beaucoup d'essais. Ces bancs de filtration peuvent être à un seul rang, mais à deux étages, ou bien à deux rangs et à deux étages ou bien à deux rangs et à un étage chacun. Cela dépend de la surface disponible.

Les verres sont envoyés au saccharimètre directement ou par paniers de 10 ou 20 cases. On sait le reste pour la polarisation.

Les balances à pulpe ou à cylindre doivent être analogues à celles des pharmaciens, dites trébuchets; leur sensibilité n'a pas besoin d'être très grande, quelques milligrammes.

Des réservoirs à eau sont disposés, comme il a été dit pour le service des analyses, des lavages.

Enfin, il faut des bancs à laver les verres, entonnoirs et tout le matériel utilisé.

Le saccharimètre est placé dans un coin obscur où les liquides à polariser sont apportés. On peut mettre le polarimètre au centre de 2 équipes d'aides chimistes pouvant faire chacune 2 ou 2500 analyses.

Un seul saccharimètre suffit. Si l'on fait plus de 4000 analyses par jour, il faut 2 polarimètres pour ne pas être gêné.

Les betteraves sondées conservées, sont remises à la cave ou reportées de suite aux silos, couvertes, et on confectionne ainsi un silo qui gardera les racines jusqu'à la plantation (1).

Nous pouvons donner du reste à propos de la modification d'un laboratoire ou de l'installation, les renseignements suivants :

DU PERSONNEL NÉCESSAIRE.

Le personnel nécessaire varie beaucoup avec la distribution des pièces composant le laboratoire. Voici une liste du personnel exigé pour 2800 à 3000 analyses avec 1 polarimètre à tube continu.

1 ouvrier ou foret-râpe.
1 ouvrier pour ranger les betteraves.
1 ouvrier pour servir le foret-râpe.
1 ouvrier pour transporter les capsules du foret à la table des balances.
4 peseurs.
4 emplisseurs de ballons.
1 jaugeur.
2 filtreurs.
2 polariseurs.
2 aides polariseurs.

(1) Un laboratoire modèle de sélection d'après la méthode Pellet doit être prochainement inauguré par M. Baudry dans un des grands établissements sucriers de Russie, pour analyser 10.000 porte-graines par jour.

2 femmes pour le lavage des capsules à peser la pulpe et des ballons.

Soit 21 personnes en dehors de celles nécessaires au transport des betteraves ; personnel très variable avec la situation du silo.

Pour 4000 à 5000 analyses. On peut avoir :

2 foreurs.

1 ouvrier pour servir les 2 forets-râpes.

1 ouvrier pour ranger les betteraves.

2 ouvrières pour le transport des capsules aux balances.

5 peseurs.

5 emplisseurs de ballons.

2 jaugeurs.

3 filtreurs.

2 polariseurs.

2 aides polariseurs.

2 femmes pour le lavage des capsules à pulpes et des ballons.

Soit 27 personnes, ou 30 au maximum pour faire beaucoup plus d'ouvrage qu'avec 22 personnes.

Le prix de revient d'une analyse est donc très variable. On compte cependant qu'une analyse revient à peu près de 0,025 à 0,035 l'unité, suivant les conditions d'installation, le prix de la main-d'œuvre, la quantité faite par jour.

Avec le système sans pesée, le personnel serait plus restreint naturellement, car on n'aurait besoin pour faire 4 à 5000 analyses que de :

1 ouvrier pour servir le sondeur.

1 sondeur.

1 coupeur.

2 ouvriers aux appareils de râpage.

2 ouvriers pour le transport des cylindres aux appareils.

2 jaugeurs.

2 filtreurs.

2 polariseurs.

2 aides polariseurs.

2 femmes pour le lavage des capsules à pulpe et ballons.

Soit 18 personnes, disons 20 au lieu de 30, ce qui permettrait d'arriver très probablement à une dépense d'environ 0,02 par analyse, alors que pour les liqueurs cuivriques on a souvent calculé qu'il fallait 0,06 à 0,08 soit 3 à 4 fois plus.

On peut donc ou augmenter considérablement son travail journalier pour le même prix et travailler le même nombre de jours, ou réduire les jours de travail, ce qui diminue les frais de sélection.

Il y a souvent intérêt à faire beaucoup d'analyses en un jour pour être peu de temps à la sélection et ne la faire qu'au dernier moment, autrement on a des arrêts par les gelées et les silos sont ouverts trop de fois et trop longtemps.

Pour une série de 10,000 analyses par jour, le personnel peut être le suivant avec le foret-râpe.

    4 foreurs.
    4 servants et rangeurs de betteraves.
    2 hommes pour porter aux balances.
    12 peseurs.
    12 emplisseurs.
    4 jaugeurs.
    6 filtreurs.
    4 polariseurs (et 2 polarimètres).
    4 aides polariseurs.
    4 femmes pour le service du nettoyage.

Soit 56 personnes pour 10,000 analyses au lieu de 20 pour 2,800 à 3,000.

Avec le système sans pesée, on aurait :

    4 servants des foreurs et rangeurs de betteraves.
    2 sondeurs.
    2 coupeurs.
    4 jaugeurs.
    6 filtreurs.
    4 polariseurs.
    4 aides.
    4 femmes pour lavage.

Soit 30 personnes pour 10,000 analyses ; mais tout cela s'entend pour des ouvriers ayant l'habitude, car de suite on n'atteint souvent que la moitié. Ces chiffres varient aussi avec le pays, la qualité des ouvriers, etc.

DU MATÉRIEL NÉCESSAIRE.

Le matériel nécessaire pour faire l'analyse des betteraves mères, se réduit avec le quantité à faire chaque jour.

Néanmoins pour une quantité variant de 2500 à 3000 il faut :

Avec le forêt-râpe :

    1 forêt-râpe.
    1 moteur (à eau, à gaz, à pétrole ou à bras).
    1 saccharimètre.
    200 capsules ou réservoirs métalliques numérotés suivant la disposition des séries et du numérotage des betteraves casées.
    4 balances.
    8 capsules nickel.
    4 poids (1/4 du poids normal).
    4 entonnoirs nickel.
    4 réservoirs à eau ou un réservoir à 4 tubulures.

500 ballons de 50 à 55 cc.
500 entonnoirs.
500 verres à pied.
200 numéros à pinces.
2 tubes continus de 400 m.
3 paniers à 20 cases.
6 compte-gouttes à éther.
6 — à acide acétique.
Sous-acétate de plomb, acide acétique, azotique, agitateurs, filtres Laurent, etc., suivant l'importance du laboratoire.

On peut presque doubler ces quantités pour 5 à 6000 et ainsi de suite.

On doit avoir aussi quelques ballons de 100-110 cc. et de 200 à 205 cc. pour faire des essais comparatifs à chaud et à froid avec un petit bain-marie à 4 cases et des rondelles de plomb.

Par le nouveau procédé H. Pellet avec le couteau et l'appareil Hanriot il faudrait :

2 appareils Hanriot.
1 sonde.
1 couteau.
4 entonnoirs nickel.
2 réservoirs à eau ou 1 à 2 tubulures.
1 balance, 2 petites capsules nickel, 1/4 poids normal.
500 ballons de 50 à 55 cc.
500 entonnoirs.
500 verres à pied.
200 numéros à pinces.
1 saccharimètre, 2 tubes continus de 400 mm.
3 paniers à 20 cases.
6 compte-gouttes à éther.
6 — acide acétique.
Le reste comme précédemment.

DES MOTEURS.

On voit que tous les procédés d'analyses des porte-graines réclament une force motrice pour actionner le foret-râpe ou l'appareil Hanriot.

On peut utiliser 5 sortes de moteurs suivant les conditions dans lesquelles on est placé :

Les moteurs à bras.
— eau.
— gaz.
— pétrole ou à air carburé.
— électriques.

Nous ne parlerons que des moteurs à bras et des moteurs à eau, les moteurs à gaz, à pétrole et électriques étant suffisamment connus.

Moteurs à bras.

Les moteurs à bras peuvent être construits de plusieurs façons. MM. Keil et Dolle livrent pour actionner leur foret-râpe une grande roue ayant environ 1 m. 30 de diamètre et mise en mouvement par 2 manivelles opposées que deux hommes font mouvoir.

Sur cette grande roue fixée au sol, on place une courroie laquelle vient actionner une poulie intermédiaire de 25 à 30 cm.

L'arbre de cette poulie intermédiaire porte une autre poulie de 50 cm. en relation directe avec la petite poulie du foret.

On peut déterminer le nombre de tours que fait le foret-râpe.

La roue peut faire 50 tours à la minute, ce qui donne sensiblement 250 tours à la poulie intermédiaire.

La poulie de 50 cm. faisant aussi 250 tours, la petite poulie du foret-râpe n'ayant que 6 cm. cela donne environ 8 fois plus, soit donc sensiblement 2000 tours à la minute.

Ainsi que nous l'avons dit, le foret doit marcher assez vite pour donner une pulpe assez fine pour obtenir des résultats exacts.

On pourrait parfaitement avoir une disposition fonctionnant au moyen d'un manège mu par un cheval, en un mot avoir recours à tous les autres moyens connus pour faire tourner une roue exigeant 1/4 de cheval environ au 1/2 au plus.

Il peut y avoir des cas où la force motrice peut être obtenue par le vent, par l'eau, etc.

Moteur à eau.

Dans ce genre de moteur, nous connaissons une turbine à eau très répandue et qui donne de bons résultats.

On peut se la procurer chez MM. Gallois et Dupont, rue de Dunkerke, 37, Paris.

Description. — L'appareil, d'une extrême simplicité, se compose de trois pièces principales : la carapace en fonte qui forme l'enveloppe et le bâti de la machine, la roue motrice, composée d'un

plateau portant douze aubes en acier et d'un arbre en acier sur
lequel est calée une poulie à 3 gorges, enfin la cloche distributrice
qui dirige l'eau sous pression sur les arbres de la turbine par un
ou plusieurs orifices, suivant la force que l'on veut obtenir ; l'eau
après avoir travaillé, sort par un orifice placé à la partie inférieure
de la carapace (fig. 313).

Installation. — La machine peut être placée sur une table voisine d'un robinet à eau. Le liquide arrive dans la cloche en bronze
par un tuyau en caoutchouc en toile de 20 mm. intérieur fixé sur
l'ajutage de cette cloche par une ligature en fil de fer recuit ;
l'écoulement par l'orifice inférieur doit toujours se faire très librement pour que le liquide ne s'accumule pas dans la carapace et
éviter que la roue ne tourne dans l'eau ; pour cette même raison

Fig. 313. — Turbine à eau.

l'eau doit toujours s'écouler vers un niveau inférieur à la base de
la machine ; si on emploie des tuyaux en caoutchouc, éviter les
angles qui occasionnent des rétrécissements.

Pour utiliser le travail de la machine qui doit toujours conserver
une vitesse d'environ 2000 tours pour fonctionner dans de bonnes
conditions, on relie une des gorges de la poulie motrice à une
autre poulie à gorge de *grand diamètre* (au moins 50 cm.) par
un lien très *flexible* (corde à violon ou ficelle) ; la force doit être
prise sur l'*arbre* de la grande poulie ou sur une petite poulie calée
sur cet arbre ; on gagne ainsi en force ce qu'on perd en vitesse.
Ce n'est que dans le cas des appareils demandant une grand

vitesse et une force relativement faible que l'on accouple directement ou qu'on relie une des trois gorges à une poulie de dimension à peu près égale, mais jamais inférieure : essoreuses, ventilateurs, dynamos, filtres à force centrifuge, etc.

Il y a deux modèles de turbine à eau :

Grand modèle.   Petit modèle.

Hauteur.	Largeur.	Longueur.	Poids.	Hauteur.	Largeur.	Longueur.	Poids.
0 m. 21	0 m. 16	0m. 26	7 kg.	0.15	0.16	0.25	3 kg. 500

Le grand modèle coûte.................... 50 fr.

Le petit modèle coûte .... 36 fr.

Voici quelques chiffres concernant cette turbine à eau.

PETIT MODÈLE				GRAND MODÈLE				
CHUTES en mètres	Débits en litre à l'heure	Travail utile en kilogymètres sur l'arbre	Nombre de tours le plus avantageux à la minute	CHUTES en mètres	DÉBIT EN LITRES à l'heure		Travail utile en kilogymètres sur l'arbre	Nombre de tours le plus avantageux à la minute
5	120	0k16	1.000					
10	170	0.34	2.400	25	810		2 k.	2.200
15	200	0.48	1.700	30	885		2. 6	2.400
20	240	0.66	2.000	35	900 à 1.600		3k. à 6k.	2.600
25	270	0.80	2.200	40	1.000 à 1.650		3. 3 à 6	2.800
30	295	0.96	2.400	45	1.100 à 1.450		3. 7 à 6	2.900
35	320	1.20	2.600	50	1.200 à 1.400		4. 3 à 6	3.000
40	340	1.34	2.800	60	1.300 à 1.350		5. 5 à 6	3.300
45	360	1.50	2.950	70	1.300		6	3.600
50	360	1.75	3.000	80	1.000		6	3.900
60	360	2.00	3.300	90	800		6	4.200
70	300	2.00	3.600	100	700		6	4.400
80	270	2.00	3.900					
90	240	2.00	4.200					
100	200	2.00	4.400					

En terminant ce chapitre spécial nous devons adresser tous nos plus sincères remerciements à M. I. Legras, de Besny-Loizy auprès duquel nous avons pu puiser une série de renseignements relatifs à l'installation des derniers procédés de sélection que nous venons de décrire.

CHAPITRE IV

ANALYSE DES JUS DE DIFFUSION. — COSSETTES ÉPUISÉES. — PETITS JUS.

ANALYSE DES JUS DE DIFFUSION

Prise d'échantillon. — On peut faire cette opération de plusieurs manières :

On peut d'abord toutes les 2 heures, toutes les 4 heures et suivant le temps dont on dispose, prélever un échantillon au bac mesureur et faire l'analyse; le soir on fera la moyenne des résultats trouvés.

Cette méthode a l'inconvénient de ne prélever l'échantillon que sur quelques diffuseurs; pour opérer exactement il faudra prendre des échantillons qui représentent la moyenne du jus travaillé, c'est-à-dire qu'il faudra prélever à chaque diffuseur en admettant que le nombre d'hectolitres soutirés soit toujours le même, un certain nombre de centimètres cubes de jus qui sera introduit dans une fiole graduée contenant une quantité de sous-acétate de plomb telle que cette fiole étant pleine le jus contienne 1/10 de sous-acétate.

M. Dupont engage à opérer de cette manière, il ajoute que le jus ainsi préparé, ne pouvant servir ni pour la densité ni pour les cendres, on devra confectionner un 2e échantillon semblable au premier, mais sans sous-acétate.

Malheureusement, avec ce mode d'opération il faut compter sur un ouvrier, le chef de batterie par exemple, pour prélever tous ces petits échantillons à chaque diffuseur; de plus, pour avoir le vrai échantillon moyen, il faudrait mélanger le jus du bac à chaque prélèvement.

M. Horsin Déon a inventé un petit appareil qui fonctionne

comme nous allons voir et remplit toutes les conditiens requises
pour que l'échantillon soit bien pris.

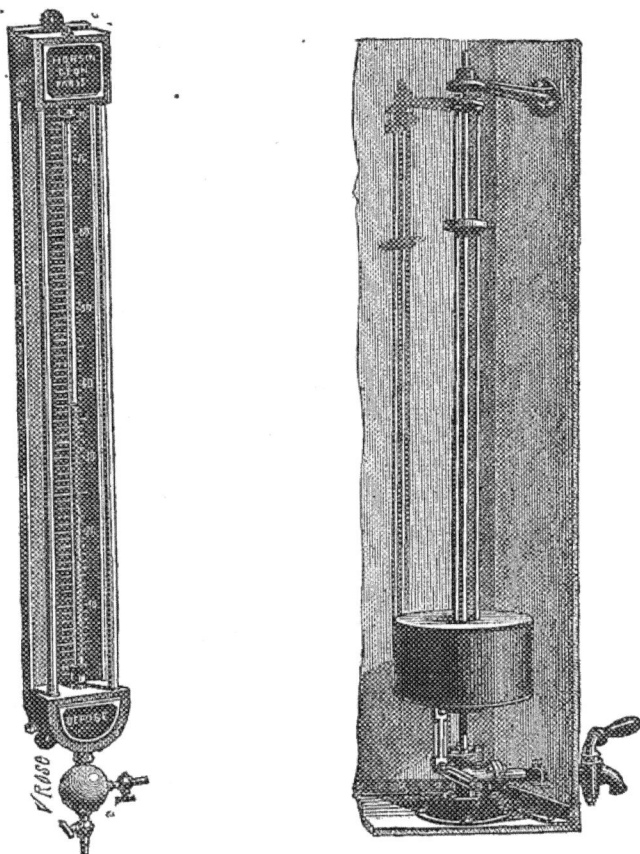

Fig. 314 et 315. — Échantillonneur automatique Horsin-Déon.

Echantillonneur automatique Horsin-Déon. — Nous empruntons
les lignes suivantes au *Bulletin de l'Association des chimistes.*

Il est utile d'avoir un échantillon aussi moyen que possible du
jus sentrant en travail, c'est le but de l'échantillonneur.

Sa construction fort simple repose sur un robinet à 3 eaux qui,
mù par un flotteur, met en communication un tube d'une capacité
donnée tantôt avec le bac mesureur, tantôt avec un récipient
destiné à recevoir l'échantillon.

Lorsque le jus arrive dans le bac mesureur, il entre en même
temps dans le tube de l'échantillonneur. Quand le bac est plein le

flotteur ouvre le robinet sur le récipient qui reçoit tout le jus contenu dans le tube. Le mouvement étant automatique assure la prise régulière de l'échantillon.

On peut aussi par une disposition spéciale ajouter avec chaque échantillon une quantité donnée de sous-acétate de plomb pour la conservation du jus.

Echantillonneur Bride. — Cet appareil a été décrit comme il suit par M. Bride dans le *Bulletin de l'Association des chimistes.*

Mouvement pour échantillonneur automatique de jus de diffusion, de J. Bride. — Le volant H de la soupape d'arrivée de jus sur le bac à jus est relié par la bielle D et la manivelle G à la clé d'un robinet à trois eaux, de telle sorte que si l'on ouvre la soupape H, la bielle D et la manivelle G sont ramenées vers la gauche, le robinet à trois eaux donne communication entre le bac à jus et un petit tube de laiton, de 10 à 12 $^{m/m}$ de diamètre, placé le long du bac verticalement ; et ce tube étant ouvert à son extrémité supérieure, le niveau s'établit dans le tube et dans le bac. Le bac étant rempli de la quantité de jus déterminée, on ferme la soupape H, et alors la bielle D et la manivelle G sont poussées vers la droite, et le robinet à trois eaux interrompt la communication entre le tube échantillonneur et le bac et l'éta-

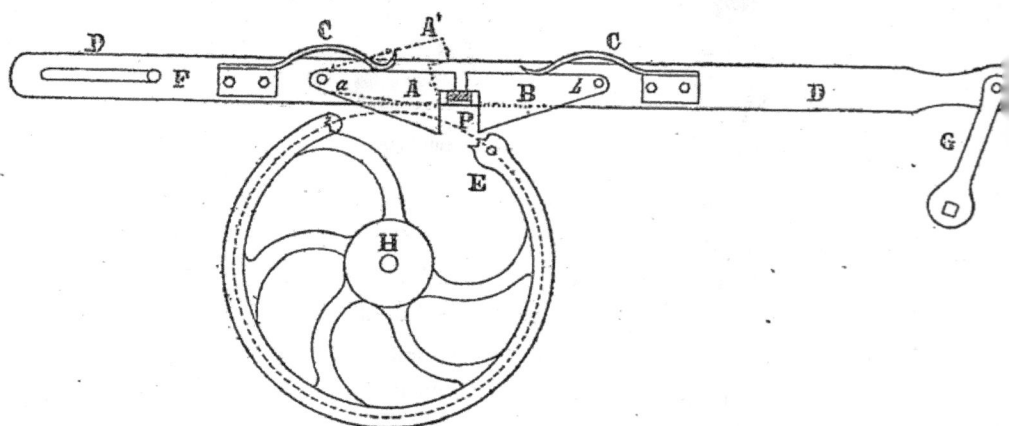

Fig. 316. — Échantillonneur Bride

blit entre le tube et une bouteille de 10 litres environ, située à un niveau inférieur ; dès lors, la quantité de jus contenue dans le tube passe dans la bouteille où il se conserve grâce à une certaine quantité de sous-acétale de plomb qui y a été précédemment introduite.

Donc, chaque fois que l'ouvrier ouvrira la soupape maîtresse de jus H pour tirer au bac, un échantillon du jus tiré sera prélevé automatiquement dans le tube échantillonneur, et chaque fois que l'on fermera la soupape maîtresse après avoir tiré la quantité de jus déterminée par diffuseur, l'échantillon contenu dans le tube passera dans la bouteille.

L'échantillonnage est donc absolument automatique puisqu'il est indépendant de la volonté de l'ouvrier.

De plus, en faisant communiquer le tube échantillonneur avec le fond du bac et en s'arrangeant de manière à faire arriver le jus dans le bac par la partie inférieure, l'échantillon est prélevé au fur et à mesure de son arrivée dans le bac et donne bien la composition réelle du jus, ce qui ne serait pas, si on prélevait l'échantillon seulement après l'emplissage du bac, soit à sa partie supérieure, soit à sa partie inférieure.

Voici maintenant les détails de construction de cet appareil.

Le volant de la soupape H porte sur sa jante et perpendiculairement à son plan un goujon E ; ce goujon se trouve dans le prolongement de la manette qui sert à manœuvrer la soupape et vient buter sur les mentonnets A ou B, suivant qu'on manœuvre la soupape à droite ou à gauche.

Les mentonnets A et E sont deux pièces plates en acier qui oscillent autour de leur axe a et b sur la bielle D ; ils sont pressés constamment par les ressorts C pour buter par leurs talons sur un tenon P fixé sur la bielle D.

On comprend que lorsqu'on fait tourner le volant H de gauche à droite, le mentonnet A cède à chaque tour de volant sous la pression du goujon E pour prendre la position A' ; le mentonnet B au contraire est poussé dès le premier tour vers la droite et entraîne avec lui la bielle. Le contraire a lieu quand on manœuvre la soupape en sens inverse ; le taquet A, et avec lui la bielle, est alors ramenée vers la gauche.

Le volant de la soupape H peut faire autant de tours qu'il est nécessaire pour son ouverture ou sa fermeture ; le premier tour seul est nécessaire pour faire fonctionner la bielle D, et on peut même disposer le goujon E sur la jante de telle façon qu'il faille même moins d'un tour pour obtenir l'échantillonnage qui se trouve ainsi assuré, quoi qu'il arrive.

La prise d'échantillon du jus de diffusion est très importante, car on peut baser sur les analyses de ce jus la quantité de sucre entré en fabrication. Rappelons ici que son jus versé dans une bouteille à sous-acétate de plomb doit être agité de suite pour qu'on soit assuré de sa conservation, sinon la partie non touchée par le plomb s'altère et on obtient parfois des différences de 2 à 3 % de sucre sans savoir d'où cela vient.

Densité. — La densité d'un jus de diffusion se prend absolument comme celle d'un jus de betteraves, sauf que l'opération peut généralement se faire plus rapidement.

La table n° 2 « Corrections à faire à la densité par suite de la température » est applicable dans ce cas.

Dosage du sucre. — Le dosage du sucre se fait absolument comme le dosage du sucre dans un jus de betteraves. On fera cependant généralement bien de ne pas mettre de tannin, mais 10cc. de sous-acétate de plomb % cc. de jus.

Cendres. — Comme pour les jus de betteraves.

Remarque. — Généralement, lorsqu'on fait plusieurs analyses de jus de diffusion dans une journée, on ne fait le dosage des cendres qu'une fois ; on prend alors à chaque essai un nombre constant de centimètres cubes de jus et on les introduit dans un vase, on mélange le tout et on dose les cendres sur 10cc. de ce mélange.

Coefficient de pureté. — Se détermine comme pour les jus de betteraves ; on fait de même le coefficient réel ou le coefficient apparent. Les matières dissoutes sont déterminées par les tables, suivant la densité, ou par les saccharomètres.

Pour le non-sucre total et le non-sucre organique les mêmes observations sont à faire que pour les jus de betteraves.

Coefficient salin. — C'est toujours le rapport du sucre aux cendres. S'il n'a été fait qu'un seul dosage moyen de cendres pour plusieurs dosages du sucre dans la journée, on fera le coefficient salin après avoir calculé la moyenne des dosages de sucre.

ANALYSE DES COSSETTES ÉPUISÉES

Prise d'échantillon. — On prélève au hasard et aussi souvent que le temps dont on dispose le permet un échantillon à la tombée d'un diffuseur ; il est alors bon d'en prendre dans la partie qui était en bas de ce diffuseur, dans celle qui était au milieu et dans celle qui était en haut. On peut encore prendre de la cossette à la chaîne qui l'élève aux presses lorsqu'on ne se sert pas d'eau pour l'entrainer.

Une autre manière d'opérer est la suivante :

De la cossette est prélevée à chaque diffuseur et mise dans une boîte fermée. Le moment venu de faire l'analyse, on prend la boîte et on la remplace par un vide. La durée de conservation de l'échantillon ne doit pas excéder 2 à 3 heures ; il faut avoir soin de nettoyer chaque jour à excès de chaux les vases dans lesquels onconserve les pulpes.

Dosage du sucre par la méthode indirecte. — On se sert généralement d'un hache-viande, il faut alors s'assurer que le couteau placé dans ce hâche viande est en bon état et bien placé ; on doit en outre opérer sur un échantillon suffisant. On passe plusieurs fois au hache-viande en ayant soin de jeter les premières parties broyées afin de ne pas avoir un jus mélangé soit avec de l'eau, soit avec du jus restant d'une analyse précédente.

La cossette broyée étant obtenue, on la presse dans une toile bien exempte de trous ; on jette le premier jus recueilli qui sert à rincer le récipient destiné à recevoir le jus.

On introduit de ce jus dans un ballon de 100-110 jusqu'au trait 100 ; (il faut affleurer avec grand soin : c'est le bas du ménisque qui doit être tangent au trait de jauge) si l'on a de la mousse il est facile de la faire tomber avec quelques gouttes d'éther que l'on fait ensuite évaporer en soufflant légèrement dans le ballon.

On ajoute ensuite environ 1 à 2cc. de sous-acétate de plomb et on affleure à 110cc.

On filtre toujours sur entonnoirs et verres secs. On jette le premier liquide en s'en servant pour rincer le verre.

On introduit le jus sucré dans un tube du saccharimètre (1) après l'avoir rincé deux ou trois fois avec ce jus. Il faut avoir soin que les obturateurs soient bien propres, on doit se servir pour les essuyer d'un tissu doux et non pelucheux. Les tubes doivent être bien entretenus ; pour cela on les lave souvent et on y fait passer une boulette de papier à filtrer au moyen d'une baguette en verre. On observe au saccharimètre.

Si l'on a la division Vivien il est bon de s'en servir ; il suffit alors d'ajouter au résultat lu 1/10, et de diviser par 10 dans le cas où on opère avec un tube de 20.

Si le tube employé est de 40, il faut ajouter 1/10 et diviser par 2 et par 10.

Si le tube est de 50 ajouter 1/10, multiplier par 2/5, c'est-à-dire par 0, 40 et diviser par 10.

Si le tube est de 30 ajouter 1/10, multiplier par 1/3 et diviser par 10 ; quand on n'a pas la graduation Vivien, multiplier le résultat obtenu par 0, 162 dans le cas du saccharimètre Laurent.

Ci-dessous quelques exemples des calculs à faire pour l'analyse des cossettes.

	GRADUATION VIVIEN				GRADUATION ORDINAIRE			
	Tube de 20 c	Tube de 30 c	Tube de 40 c	Tube de 50 c	Tube de 20 c	Tube de 30 c	Tube de 40 c	Tube de 50 c
Résultat lu :	3.20 3.20+0.32 =3.52	3.20 3.20+0.32 =2.52 3.52+2/3= 2.34	3.20 2.20+0.32 =3.52 $\frac{3.52}{2}$=1.76	3.20 3.20+0.32 =3.52 3.52×0.4= 1.41	3.20 3.20×0.32 =3.52 3.52×0.162=	3.20 3.20+0.32 =3.52 3.52×0.162= $0.57+\frac{2}{3}$=	3.20 3.20+0.32 =3.52 3.52×0.162 =0.57 $\frac{0.57}{2}$=	3.20 3.20+0.32 =3.52 3.52×0.16 =0.57 0.57×0.4=
Sucre 0/0 cc de jus de cossette. —	0.352	0.234	0.176	0.141	0.57	0.38	0.285	0.228

On pourrait de même faire les tableaux pour les autres cas.

Avec certaines cossettes la défécation se fait mal en n'employant que du sous-acétate de plomb ; on opère alors avec 2 cc. environ de tannin, 4 cc. à 5 cc. de sous-acétate de plomb, une pincée de silice et 2 cc. à 3 cc. de sulfate de soude. Les quantités à employer

(1) Tube de 50 ou de 40 si c'est possible, vu la pauvreté du jus en sucre.

QUANTITÉS DE SUCRE correspondant aux degrés lus au polarimètre (Tube de 50 cm.)

NOMBRES lus AU POLARIMÈTRE	100 cc.	110 cc.	NOMBRES lus AU POLARIMÈTRE	100 cc.	110 cc.	NOMBRES lus AU POLARIMÈTRE	100 cc.	110 cc.	NOMBRES lus AU POLARIMÈTRE	100 cc.	110 cc.
0.1	0.0065	0.0071	6	0.2333	0.2566	1	0.4601	0.5061	6	0.6869	0.7556
2	130	143	7	2398	2637	2	4666	5132	7	6934	7627
3	194	214	8	2462	2709	3	4730	5203	8	6998	7698
4	259	285	9	2527	2780	4	4795	5275	9	7063	7770
5	324	356	4.0	2592	2851	5	4860	5346	11.0	7128	7841
6	389	428	1	2657	2922	6	4925	5417	1	7193	7912
7	454	499	2	2722	2994	7	4990	5489	2	7258	7983
8	518	570	3	2786	3065	8	5054	5560	3	7322	8055
9	583	642	4	2851	3136	9	5119	5631	4	7387	8126
1.0	648	713	5	2916	3208	8.0	5184	5702	5	7452	8197
1	713	784	6	2981	3279	1	5249	5774	6	7517	8268
2	778	855	7	3046	3350	2	5314	5845	7	7582	8340
3	842	927	8	3110	3421	3	5378	5916	8	7646	8411
4	907	998	9	3175	3493	4	5443	5988	9	7711	8482
5	972	0.1069	5.0	3240	3564	5	5508	6059	12.0	7776	8554
6	0.1037	1140	1	3305	3635	6	5573	6130	1	7841	8625
7	1102	1212	2	3370	3707	7	5638	6201	2	7906	8696
8	1166	1283	3	3434	3778	8	5702	6273	3	7970	8767
9	1231	1354	4	3499	3849	9	5767	6344	4	8035	8839
2.0	1296	1426	5	3564	3920	9.0	5832	6415	5	8100	8910
1	1361	1497	6	3629	3992	1	5897	6486	6	8165	8981
2	1426	1568	7	3694	4063	2	5962	6558	7	8230	9053
3	1490	1639	8	3758	4134	3	6026	6629	8	8294	9124
4	1555	1711	9	3823	4206	4	6091	6700	9	8359	9195
5	1620	1782	6.0	3888	4277	5	6156	6772	13.0	8424	9266
6	1685	1853	1	3953	4348	6	6221	6843	1	8489	9338
7	1750	1925	2	4018	4419	7	6286	6914	2	8554	9409
8	1814	1996	3	4082	4491	8	6350	6985	3	8618	9480
9	1879	2067	4	4147	4562	9	6415	7057	4	8683	9552
3.0	1944	2138	5	4212	4633	10.0	6480	7128	5	8748	9623
1	2009	2210	6	4277	4704	1	6545	7199	6	8813	9694
2	2074	2281	7	4342	4776	2	6610	7271	7	8878	9765
3	2138	2352	8	4406	4847	3	6674	7342	8	8942	9837
4	2203	2424	9	4471	4918	4	6739	7413	9	9007	9908
5	2268	2495	7.0	4536	4990	5	6804	7484	14.0	9072	9979

Tableau des calculs faits pour le tube de 50 et la graduation Vivien

NOMBRE LU	SUCRE % DE JUS	NOMBRE LU	SUCRE % DE JUS
2.0	0.088	6.0	0.264
2.1	0.092	6.1	0.268
2.2	0.096	6.2	0.272
2.3	0.101	6.3	0.277
2.4	0.105	6.4	0.281
2.5	0.110	6.5	0.286
2.6	0.114	6.6	0.290
2.7	0.118	6.7	0.294
2.8	0.123	6.8	0.299
2.9	0.127	6.9	0.303
3.0	0.132	7.0	0.308
3.1	0.136	7.1	0.312
3.2	0.141	7.2	0.317
3.3	0.145	7.3	0.321
3.4	0.149	7.4	0.325
3.5	0.154	7.5	0.330
3.6	0.158	7.6	0.334
3.7	0.162	7.7	0.338
3.8	0.167	7.8	0.343
3.9	0.171	7.9	0.347
4.0	0.176	8.0	0.352
4.1	0.180	8.1	0.356
4.2	0.184	8.2	0.361
4.3	0.189	8.3	0.365
4.4	0.193	8.4	0.369
4.5	0.198	8.5	0.374
4.6	0.202	8.6	0.378
4.7	0.206	8.7	0.382
4.8	0.211	8.8	0.387
4.9	0.215	8.9	0.391
5.0	0.220	9.0	0.396
5.1	0.224	9.1	0.400
5.2	0.229		
5.3	0.233		
5.4	0.238		
5.5	0.242		
5.6	0.246		
5.7	0.250		
5.8	0.255		
5.9	0.259		

varient un peu suivant la nature des cossettes et le temps qui s'est écoulé entre leur sortie du diffuseur et le moment de l'analyse. La filtration sera généralement meilleure en ne filtrant que quelques minutes après la défécation et l'agitation.

Sucre 0/0 gr. de jus de cossettes. — Soit 0,10 le sucre 0/0 cc. de jus de cossettes et 1005 la densité de jus : opérant comme pour un jus de betteraves, le sucre 0/0 en poids de jus sera $\frac{18}{1005} = 0,179$ résultat bien voisin de 0,18 ; aussi on admet généralement que la densité du jus est égale à celle de l'eau et on prend le nombre donnant le sucre 0/0 cc. de jus pour exprimer le sucre 0/0 gr. de jus.

Sucre 0/0 de cossettes. — On admet généralement 95 0/0 de jus dans la cossette; aussi pour trouver le sucre 0/0 de cossettes, on multiplie le sucre 0/0 gr. de jus par 0,95.

Sucre perdu dans les cossettes par 100 *kilog. de betteraves.* — On admet généralement que 100 kilog. de betteraves donnent 95 kilog. de cossettes non pressées ; pour avoir la perte dans les cossettes par 100 kilog. de betteraves, il suffira donc de multiplier le sucre 0/0 gr. de cossettes par 0,95.

Nous allons montrer en nous servant des données que nous croyons les plus courantes, qu'on peut sans grave erreur prendre le coefficient 100 :

Les cossettes non pressées renferment 95 0/0 d'eau et 5 0/0 de matières sèches.

Les cossettes pressées renferment 89 0/0 d'eau et 11 0/0 de matières sèches, dans ce cas, 100 kg de betteraves donnent généralement à notre avis au moins 45 kg de cossettes pressées, 100 kg. de cossettes non pressées deviennent une fois pressées 5 kg de matières sèches + x d'eau ; mais dans cette dernière cossette on a vu que 11 de matières sèches correspondent à 89 d'eau, donc 5 kil. de matières sèches correspondent à 40 kil. 5 d'eau et 100 kg. de cossettes non pressées deviennent, une fois pressées, 40 kg. 5 + 5 = 45 kg. 5 ;

enfin 45 kg. de cossettes proviennent de :

$$\frac{45,100}{45,5} = 98 \text{ kg. 9 de cossettes non pressées ;}$$

100 kg. de betteraves, d'après ce calcul, fournissent donc 98 kg. 9 de cossettes non pressées.

Soit trouvé 0,18 de sucre 0/0 de cossettes, en prenant 100 comme coefficient on aura :

Sucre perdu par 100 de betteraves = 0,18 ;

en prenant 98,9 on aura 0,178, différence négligeable à notre avis.

La quantité de pulpe épuisée non pressée pour 100 kg. de betteraves varie avec la dimension des diffuseurs. On doit compter déjà pour des diffuseurs de 25 à 30 hectolitres 92 à 95 kg. de cossettes épuisées °/₀ de betteraves. Pour des diffuseurs de 35 à 45 hectolitres le poids descend à 90 kg. environ et peut descendre au-dessous pour les capacités encore plus fortes. Enfin, si on fait usage de l'air comprimé en partie ou en totalité, la proportion de pulpe épuisée peut descendre à 85 et 80 °/₀ kg. de betteraves, selon encore la pression avec laquelle on agit et la durée de cette pression.

Méthode par digestion. — On pèse un certain poids de pulpe, 200 gr. par exemple, que l'on introduit dans un mortier avec de l'eau bouillante, soit 300 gr. ; on triture pendant environ 1/4 d'heure et on presse ensuite, de manière à recueillir tout le liquide qui s'écoule ; on dose dans ce liquide le sucre par le saccharimètre et on en déduit le sucre de la cossette en tenant compte de l'eau contenue dans la pulpe.

On peut ne pas doser cette eau à chaque fois et admettre sans grande erreur un coefficient qu'on détermine par expérience.

On peut encore, au lieu de triturer la cossette dans un mortier avec de l'eau, la faire bouillir pendant 1/4 d'heure avec l'eau ajoutée, après avoir rendu le tout légèrement alcalin avec de l'eau de chaux ; mais comme il faut dans ce cas tenir compte de l'évaporation, c'est après chauffage qu'il faut s'occuper de l'eau ajoutée.

Méthode Stammer. — On a vu à la méthode Stammer relative à l'analyse des betteraves, que cette méthode est aussi applicable au dosage du sucre dans les cossettes épuisées.

Méthode par inversion cuivrique. — 1° *Sur le jus de cossette.* —
Après avoir passé la cossette au hache-viande et l'avoir pressée comme pour le dosage du jus par le jus, on introduit 100 cc. du jus obtenu dans un ballon de 100-110, on défèque, on affleure à

110 et on filtre ; 11 cc. du jus filtré sont introduits dans un ballon de 100 avec de l'eau et 10 cc. de liqueur sulfurique ou mieux tartrique à 1/10, de manière à faire environ 90 cc.; on maintient au bain-marie bouillant pendant 20 minutes ; on laisse refroidir, on filtre et on dose le sucre par l'inversion cuivrique comme il a été dit pour l'analyse des betteraves. Il est à remarquer pour le calcul que le ballon de 100, dans lequel nous avons introduit 11 cc. de jus défèqué contenait 10 cc. de jus primitif.

2° *Directement sur la cossette.* — Voici comment M. Dupont décrit la marche de l'analyse dans le *Bulletin de l'Association des chimistes :*

« Dans une fiole de Bohême à large col, système Pellet, jaugée à 202 cc. 5 (202 cc. 5 pour tenir compte du volume déplacé par le marc de 50 gr. de cossettes épuisées), on introduit 50 gr. de cossettes hachées avec 2 gr environ d'acide tartrique et de l'eau à peu près jusqu'au trait de jauge. On chauffe une 1/2 heure sur un bec Bunsen en interposant une toile métallique entre le fond de la fiole et la flamme.

« Après immersion et refroidissement, on complète le volume de 20 cc. 5, on agite et on filtre. On remplit de ce liquide une burette de Gay-Lussac ou mieux de Nugues, et l'on dose le sucre interverti à l'aide d'une liqueur cupro-potassique, dont 10 cc. correspondent à 0,001 de sucre cristallisable. Soit 15° 5 de liquide sucré employés pour réduire 10 cc. de liqueur cuivrique. Si 12 cc. 5 de jus contiennent 0 gr. 001 de sucre, 400 cc. correspondant à 100 gr. en contiendront $\frac{0,001 + 400}{12,5} = 0$ gr. 32 ».

Remarque. — Beaucoup de chimistes remplacent l'acide tartrique par l'acide sulfurique ; mais on fera bien de n'ajouter l'acide qu'à la fin du chauffage, comme nous l'avons dit au dosage direct du sucre dans la betterave par inversion cuivrique.

M. Dupont engage à ajouter de l'eau presque jusqu'au trait de jauge avant de chauffer, de peur que cette eau, ajoutée en grande quantité au liquide sucré et interverti, ne se mélange imparfaitement.

Dosage de la glucose. — Ce dosage se fera comme pour un jus de betteraves ; dans le cas du dosage du sucre par inversion cuivrique, la glucose devra être retranchée du cristallisable trouvé.

Dosage de l'eau. — On desséchera 5 gr. de cossette à l'étuve chauffée à 110°; cette cossette sera pour cela placée dans une capsule de platine. On arrête l'opération quand deux pesées consécutives accuseront la même perte de poids.

Les matières sèches. — Se détermineront par calcul en retranchant de 100 le 0/0 d'eau.

PULPE.

On nomme quelquefois pulpe la cossette épuisée sortant du diffuseur ; mais on donne plus communément ce nom à la pulpe pressée.

Dosage de l'eau. — Ce dosage est ici très important au point de vue de la valeur marchande de la pulpe comme nourriture du bétail.

Le dosage se fait comme pour une cossette épuisée, non pressée.

PETIT JUS DE DIFFUSION.

Le sucre perdu à la diffusion se trouve non seulement dans les cossettes, mais encore dans les petits jus de diffusion ou ceux de vidange des diffuseurs.

Prise d'échantillon. — La prise d'échantillon peut se faire à la tombée du diffuseur ou plus commodément à la sortie de jus des presses à cossettes ; les échantillons obtenus par ces deux procédés sont sensiblement les mêmes.

Dosage du sucre. — Pour doser le sucre dans les petits jus, mettre dans environ 100 cc. de jus 3 à 4 gouttes de sous-acétate, agiter, filtrer, polariser autant que possible dans un tube de 40 ou de 50 (voir le tableau 4, colonne des 100 cc.). Le calcul est le même que pour un jus de cossettes, sauf qu'il n'y a pas de dixième à ajouter ; vu le peu de sucre et le peu de plomb nécessaire à la défécation, il est absolument inutile de faire 100-110 ; les 3 à 4 gouttes de sous-acétate employé sont négligeables.

Il faudra rapporter la perte en sucre dans les petits jus de diffusion à 100 kilog. de betteraves ; pour cela, on devra déterminer, pour l'usine où l'on travaille, la quantité de ce petit jus 0/0 kilog. de betteraves ; elle approche généralement de 20 0/0.

CHAPITRE V.

PIERRE A CHAUX. — COKE. — CHAUX. — GAZ.
ACIDE CARBONIQUE.

PIERRE A CHAUX.

Dosage de la chaux.

Pour opérer rapidement, on admet souvent que tout l'acide carbonique contenu dans la pierre correspond à de la chaux ; il suffit alors de doser l'acide carbonique et de le transformer en carbonate de chaux par calcul.

Dosage indirect par l'acide carbonique. — Un très grand nombre d'appareils ont été imaginés pour effectuer ce dosage ; ce sont entre autres ceux de Fresenius et Will, Mohr, Wurtz, Fritsch, Moride et Bobierre, Gerhard et Chancel, Berzélius et Rose, Geissler, Geissler et Erdmann, Kipp, Schrotter, Scheibler, Salleron, etc.

Les uns servent pour le dosage en poids, d'autres pour le dosage en volume.

Dosage en poids. — Nous nous servirons pour décrire l'expérience de l'appareil de Moride et Bobierre :

Il est composé d'un ballon contenant environ 50 cc., dans lequel vient s'adapter un bouchon en caoutchouc à deux trous, dans lesquels entrent des tubes deux fois recourbés, terminés par des petits réservoirs cylindriques verticaux bouchés par deux bouchons de caoutchouc, l'un des deux tubes est effilé et arrive au fond de l'appareil.

On pèse 1 gr. de calcaire bien pulvérisé et on l'introduit dans le ballon avec un peu d'eau ; on a mis au préalable dans le réservoir du tube non effilé des petits morceaux de pierre ponce imbibés

II   18 d'acide sulfurique ou de chlorure de calcium, et dans le réservoir du tube effilé de l'acide azotique en l'introduisant comme dans une pipette et remplaçant rapidement le doigt, une fois l'appareil rempli, par un bouchon de caoutchouc ; on porte alors cet ensemble sur le ballon et on bouche.

On pèse l'appareil ainsi disposé, et on laisse ensuite tomber goutte à goutte l'acide sur le calcaire en soulevant légèrement le bouchon du réservoir à acide (une disposition commode est celle qui consiste à avoir ce bouchon percé d'un trou, dans lequel passe un petit tube terminé par un bout de caoutchouc et une pince de Mohr, on pressera légèrement sur celle-ci pour laisser tomber doucement l'acide) ; le carbonate de chaux est attaqué et chasse l'air du ballon, puis il se dégage lui-même en passant sur la pierre ponce ou le chlorure de calcium, ce qui empêche toute trace d'humidité de sortir de l'appareil.

Le réservoir du tube effilé une fois vide, on fait passer un courant d'air pour chasser l'acide carbonique restant dans l'appareil. On pèse de nouveau celui-ci et la différence de poids avec la première pesée donne le poids de l'acide carbonique contenu dans 1 gr. de calcaire ; en multipliant ce résultat par 100 et par 2,27, c'est-à-dire par 227, on aura le 0/0 de carbonate de chaux de la pierre.

Dosage en volume. — On peut encore doser l'acide carbonique en volume, on se sert alors des appareils soit de Scheibler, soit de Salleron, etc.

Appareil Scheibler. — Il se compose de 3 flacons, d'un mesureur et d'un thermomètre ; l'un de ces flacons renferme la matière à analyser, ainsi qu'un petit tube contenant 10 cc. d'acide chlorhydrique, il communique avec le flacon n° 2 par 2 tubes en verre, reliés entre eux par un en caoutchouc ; le tube qui arrive dans ce flacon n° 2 est terminé par une vessie et le flacon en question est terminé lui-même par un long tube qui communique avec la partie supérieure du mesureur ; il porte en outre un autre petit tube terminé par un caoutchouc et une pince de Mohr.

Le flacon n° 3 communique avec la partie non divisée du mesureur, mais cette communication peut être interceptée au moyen d'une pince ; il est à 2 tubulures, dont l'une porte un bout de tube de verre auquel vient s'adapter un tube en caoutchouc; ce flacon contient de l'eau.

Voici maintenant comment on doit se servir de cet appareil :

Peser 1 gr. 7 du calcaire à analyser et l'introduire dans le flacon n° 1 ainsi que le petit réservoir contenant les 10 cc. d'acide chlorhydrique ; remplir d'eau les deux tubes du mesureur jusqu'à ce que les niveaux coïncident avec le zéro ; cette opération demande quelques soins ; pour arriver au résultat, on agit de la manière suivante : envoyer de l'air dans le flacon n° 3, soit en soufflant, soit en pressant sur une poire en caoutchouc, jusqu'à ce que le niveau soit un peu au-dessus du zéro ; au moyen de la pince qui intercepte la communication, on affleure exactement ; l'eau en montant a chassé l'air du mesureur qui a comprimé la vessie ; celle-ci, quand l'affleurement est fait, doit être complètement aplatie ; si ce résultat n'est pas obtenu, on y remédie au moyen de la pince que porte le flacon n° 2.

Saisir le flacon n° 1, l'élever tout en l'inclinant pour faire tomber l'acide sur le calcaire, l'attaque se produit alors, l'acide carbonique gonfle la vessie et l'eau baisse dans le tube gradué du mesureur, tandis qu'elle monte dans le tube non gradué ; ouvrir alors la pince qui se trouve entre le mesureur et le flacon n° 3 afin d'avoir toujours le même niveau dans les deux tubes ; quand celui-ci ne varie plus, on lit le volume et la température.

L'acide chlorhydrique absorbant une partie du gaz, il faut ajouter 0°,2 au résultat trouvé.

Scheibler a dressé des tables afin d'éviter les calculs à faire pour cette analyse, l'une donne le poids du volume d'acide carbonique lu, l'autre le 0/0 de carbonate de chaux correspondant à un volume trouvé à une certaine température (p. 276).

Appareil Salleron et Pellet. — Voici, d'après M. Pellet, la description et l'emploi de l'appareil :

1° Mettre dans le vase G, une certaine quantité d'eau ordinaire ;

2° Ouvrir les robinets R et P ;

3° Elever le flacon G, de telle sorte que le niveau du liquide, dans les tubes C et B, vienne affleurer le zéro du tube B ;

4° Fermer le robine P ;

5° Mettre 1 gr. 7 de la substance à essayer dans le vase F ;

Table de Scheibler donnant le poids d'acide carbonique d'après son volume.

Volume lu + 0,2	14°	15°	16°	17°	18°	19°	20°	21°	22°	23°	24°	25°	26°
1	0.007412	0.007378	0.007344	0.007310	0.007275	0 007241	0 007206	0.007170	0.007134	0.007098	0.007069	0.007025	0.009987
2	0.014824	0.014756	0.014688	0.014620	0.014551	0.014481	0.014411	0.014310	0.014269	0.014196	0.014123	0.014050	0.019975
3	0.022236	0.022134	0.022032	0.021930	0.021826	0.021722	0.021617	0.021510	0.021403	0.021295	0.021185	0.021074	0.020962
4	0.029648	0.029513	0.029377	0.029240	0.029102	0.028962	0.028822	0.028680	0.028537	0.028393	0.028247	0.028099	0.027950
5	0,037060	0.036891	0,036721	0.036549	0.036377	0.036203	0.036028	0.035851	0.035672	0.035491	0.035309	0.035124	0.034937
6	0 044472	0.044269	0,044065	0.043859	0.043652	0.043444	0.043233	0.043021	0.042806	0.042589	0.042370	0.042149	0.041924
7	0.051884	0.051647	0.051409	0.051169	0.050928	0.050684	0.050439	0.050191	0.049941	0.049688	0.049432	0.049173	0.048912
8	0.59295	0.059025	0.058753	0.058479	0.058203	0.057925	0.057644	0.057361	0.057075	0.056786	0.056494	0.056198	0.055899
9	0.066707	0.064603	0.065789	0.066007	0.065789	0 065165	0.064850	0.064531	0.064209	0.063884	0.063555	0.063223	0.062886
10	0.074119	0.073781	0,073441	0.073099	0.072754	0.072406	0.072055	0.071701	0.071344	0.070982	0.070617	0.070248	0.069874
20	0.14839	0.147563	0.146883	0.146198	0.145508	0.144812	0.144110	0.143402	0.142687	0.141965	0.141234	0.140495	0.139748

Soit lu : 8°7 à 17° centigrades ou à 8,7 + 0,2 = 8,9 et acide carbonique = 0,058479 + 0,000578 = 0,059057 et carbonate de chaux = 0,0657 × 2,27 = 0,1476 et en admettant une prise d'essai de 0 gr. 34 carbonate de chaux °/₀ = 43,41.

7° Fermer le flacon F et le robinet R ;

8° Incliner le vase F, de telle sorte que l'acide du tube E se déverse sur la matière.

9° En même temps le niveau de l'eau s'abaisse dans le tube B, et s'élève dans le tube C. On maintient l'équilibre des niveaux en ouvrant légèrement le robinet P ; l'eau se rend dans le flacon G.

10° Quand les niveaux sont les mêmes dans les deux tubes, lire les divisions sur le tube B.

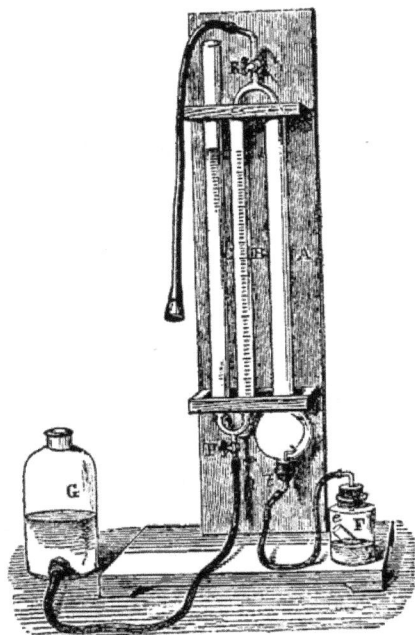

OBSERVATIONS. — On doit tenir compte de l'influence de la température sur la dilatation des gaz. Pour cela, dans beaucoup d'appareils de ce genre on consulte un thermomètre placé sur le bois entre les tubes A et B. Mais le thermomètre n'indique que la température de l'air ambiant. Il est préférable d'avoir un petit thermomètre placé dans le bouchon F. On a ainsi la température du gaz produit.

Fig. 317. — Appareil Salleron et Pellet.

2° Pour éviter la dissolution du gaz acide carbonique qui pourrait se produire si ce gaz arrivait au contact de l'eau qui remplit les tubes, l'appareil est muni d'un 3ᵉ tube terminé par une grosse boule qui emmagasine le gaz dégagé.

M. Salleron a simplifié encore cette disposition et le tube de caoutchouc T se rend directement au tube B. Le tube A et le robinet R, sont ainsi supprimés. Mais l'eau du vase G est remplacée par de la glycérine à 25° qui n'a pas la propriété d'absorber l'acide carbonique et qui de plus ne se congèle pas, ce qui évite la rupture des tubes dans les jours de gelée.

3° La division de ce calcimètre est celle adoptée primitivement par Scheibler (1 division = 0 cc. 4); aussi doit-on opérer sur

1 gr. 7 de substance afin de pouvoir se servir des tables dressées par ce chimiste.

Mais le poids de 1 gr. 7 ne doit être pris que dans le cas du noir, par exemple, ou de tout autre matière contenant moins de 25 % de carbonate de chaux.

Quand on expérimente sur des écumes, on pèse 0 gr. 85, le résultat obtenu est multiplié par 2.

Enfin, dans le cas du carbonate de chaux (calcaire plus ou moins pur), il suffit de 0 gr. 34, le résultat est alors multiplié par 5. »

D'autres appareils sont encore quelquefois mis en usage pour le dosage de l'acide carbonique dans les calcaires, ce sont entre autres le gaz hydromètre de Maumené, le gazogénomètre Cottrait, l'appareil Noel, etc.

Pour que le dosage de la chaux par la méthode indirecte offre un peu d'exactitude, il faudra doser la magnésie dans le calcaire afin de ne pas compter du carbonate de magnésie comme carbonate de chaux.

On peut aussi doser la chaux directement comme suit :

On dose : 1° l'eau; 2° la silice; 3° l'alumine et l'oxyde de fer ; 4° la magnésie ; 5° le soufre ; 6° les alcalis solubles.

Dosage de l'eau. — Peser 5 grammes de calcaire réduit en petits fragments, dessécher à l'étuve à 110° jusqu'à poids constant, la différence de la pesée primitive et de la dernière pesée donnera l'eau sur 5 grammes, on la calculera par suite sur 100 grammes.

Dosage de la silice. — Peser 1 gramme de matière, y ajouter 4 à 5 grammes d'un mélange à parties égales de carbonate de soude et de potasse purs, fondus et pulvérisés, introduire le tout bien mélangé dans un creuset de platine que l'on chauffe. La masse fondue, les silicates sont attaqués ; on peut alors traiter la matière par l'acide chlorhydrique (tandis que le creuset de platine est encore chaud, faire sortir le contenu qui se détachera facilement), évaporer dans une capsule de platine au bain-marie et sécher autant que possible ; continuer la dessiccation pendant 24 heures dans l'étuve à 100°, afin de rendre toute la silice insoluble.

Reprendre par l'acide chlorhydrique dans la capsule ; si tout n'est pas dissous la première fois, filtrer l'acide employé et laver une deuxième avec une nouvelle quantité d'acide, puis avec de l'eau, faire tout passer sur le filtre et laver celui-ci; le sécher pendant un jour dans l'étuve à 100°, calciner et peser pour avoir la silice sur 1 gramme et partant sur 100 grammes.

Dosage de l'alumine et du fer. — Dans le liquide filtré obtenu par le dosage de la silice, précipiter l'alumine et le fer par l'ammoniaque, filtrer sans attendre afin d'éviter la formation de carbonate de chaux par l'acide carbonique de l'air. Faire sécher le filtre comme pour la silice. La masse se réduit beaucoup de volume et on peut replacer le filtre sur l'entonnoir et laver, calciner et peser.

Dosage de la chaux. — Dans le liquide filtré, on dose la chaux par l'oxalate et on pèse à l'état de sulfate.

Dosage de la magnésie. — Dans le liquide filtré, on dose la magnésie à l'état de phosphate ammoniaco-magnésien en y ajoutant du phosphate de soude en excès; on laisse reposer environ 12 heures avant de filtrer et on lave le précipité avec de l'eau ammoniacale à 1/5. On pèse après calcination; pour que celle-ci se fasse bien, on doit d'abord chauffer lentement, puis entrer progressivement la capsule et finir à une forte chaleur. Le poids trouvé donne la magnésie à l'état de pyrophosphate de magnésie. Le susdit poids devra être multiplié par 40 et divisé par 111 pour avoir la magnésie sur 1 gramme, en multipliant par 100 on l'aura sur 100 grammes.

Dosage du soufre. — Attaquer 2 grammes de calcaire par l'acide chlorhydrique, faire 200 cc., filtrer, prélever 100 cc. dans un ballon et doser à l'état de sulfate de baryte.

Dosage des alcalis solubles. — Peser 2 grammes de calcaire en poudre et épuiser par l'eau, filtrer et évaporer le liquide filtré dans une capsule tarée; le poids trouvé × 50 donnera les alcalis solubles p. 100 de calcaire.

Dosage de l'acide carbonique. — On peut se dispenser de doser l'acide carbonique puisqu'on a dosé la chaux et l'acide sulfurique, étant donné que la chaux qui ne se trouve pas à l'état de sulfate se trouve à l'état de carbonate.

Dans le cas où on voudrait doser l'acide carbonique, le plus simple, à notre avis, serait de le doser en poids avec un des appareils de Geissler et Erdmann ou Kipp, par exemple.

Dans ce cas on peut se servir du résidu de l'attaque par l'acide pour doser le soufre.

COKE

Les dosages que l'on opère généralement sur les cokes qui servent pour le four à chaux en sucrerie sont les suivants :

1° Eau; 2° cendres; 3° sels solubles ; 4° soufre.

Dosage de l'eau. — Peser 5 gr. de coke bien pulvérisé dans une capsule tarée et dessécher à l'étuve à 110° jusqu'à poids constant ; la différence entre la pesée primitive et la dernière, donnera l'eau contenue dans 5 grammes de coke; en multipliant par 20, on aura l'eau %.

Dosage des cendres. — C'est le dosage le plus important, aussi doit-on le faire avec grand soin :

Peser 5 grammes de coke absolument réduit en poudre dans une capsule tarée et porter au moufle en ayant soin de chauffer d'abord très doucement, puis à la fin de l'opération le plus fortement possible ; l'incinération complète peut durer jusqu'à 5 et 6 heures ; si on n'arrivait pas à un résultat satisfaisant, on pourrait ajouter quelques gouttes d'acide nitrique ; il faut avoir bien soin de ne considérer le résultat obtenu comme exact, que quand un nouveau chauffage d'environ une demi-heure n'a plus d'action.

Le poids de cendres sur 5 grammes est multiplié par 20 et on a le % de cendres du coke.

Dosage des sels solubles. — Prendre les cendres obtenues par incinération, les lessiver dans la capsule en filtrant sur un petit filtre, évaporer dans une capsule tarée le liquide filtré, on aura alors par pesée le poids des sels en question. On peut encore dessécher les cendres lessivées et les peser ; la différence entre leur poids primitif et le nouveau poids donnera encore les sels solubles.

CHAUX.

Dosage de la chaux totale. — On opérera par l'oxalate d'ammoniaque comme pour un calcaire.

Dosage de la chaux caustique par la méthode au sucrate soluble. — On fera un lait de chaux avec la chaux à analyser en opérant de la manière suivante :

Peser 100 gr. de chaux, l'éteindre dans une capsule et faire passer avec de l'eau dans un ballon de 500 cc., affleurer.

Continuer ensuite comme il sera dit plus loin pour l'analyse du lait de chaux.

Soit trouvé 18, 5 % de chaux dans le lait formé ; dans 100 cc. de ce lait il y aura donc 18 gr. 5 de chaux et dans 500 cc., 92 gr. 5 ; 100 gr. de la chaux en expérience contiennent donc 92 gr. 5 de chaux caustique.

Dosage du carbonate de chaux. — Se fera par un des appareils, décrits aux analyses de calcaire, pour doser l'acide carbonique.

Dosage de la silice. — On attaque 1 gr. de chaux par l'acide chlorhydrique dans une capsule en platine, on évapore à sec en ayant soin de laisser la capsule à l'étuve pendant plusieurs heures, on reprend par l'acide chlorhydrique et on filtre en continuant comme il a été dit au dosage de la silice dans les calcaires.

Le commencement de l'analyse est ici plus simple que pour les calcaires, parce qu'on ne se trouve pas en présence de silicates à attaquer.

Dosage de l'alumine et du fer. — On opère sur le liquide filtré provenant du dosage de la silice comme il a été dit pour la pierre à chaux.

Dosage des sels solubles. — Évaporer le liquide filtré provenant du dosage de la chaux par l'oxalate et calciner ; le poids obtenu donnera les sels solubles contenus dans la prise d'essai.

GAZ ACIDE CARBONIQUE.

L'essai courant fait sur ce gaz est le dosage de l'acide carboni-que, on se préoccupe en outre souvent des dosages de l'oxygène, de l'oxyde de carbone, de l'acide sulfureux et de l'acide sulfhydri-que.

Dosage de l'acide carbonique. — Beaucoup d'appareils ont été imaginés pour effectuer ce dosage, nous décrirons les principaux :

Le plus simple est une cloche graduée de 100 cc. dont on se sert de la manière suivante :

Remplir la cloche d'eau, la renverser, en maintenant l'eau qu'elle contient avec le pouce, sur l'eau d'un récipient absolument propre et d'une hauteur à peu près égale à la hauteur de la cloche; faire barboter ensuite le gaz dans l'eau du vase afin de la saturer d'acide carbonique, amener la cloche au-dessus du tube en caoutchouc abducteur du gaz et la retirer quand elle contiendra à peu près les 3/4 de son volume de gaz, l'enfoncer dans l'eau jus-qu'à ce que les niveaux dans le récipient et dans la cloche soient dans le même plan ; lire alors à qu'elle graduation correspondent ces niveaux. Soit la graduation 80. Introduire dans la cloche un petit morceau de soude caustique en le faisant passer sous l'eau ; boucher la cloche avec un petit bouchon de caoutchouc si l'on craint l'attaque des doigts par la soude, la sortir de l'eau et l'agi-ter vigoureusement, la réintroduire sur l'eau, enlever le bouchon de caoutchouc, l'acide carbonique aura été absorbée par la soude tout au moins en partie, l'eau montera dans la cloche; recommen-cer à agiter celle-ci comme précédemment jusqu'à ce que l'eau ne monte plus ; on amène alors les 2 niveaux dans la cloche et dans le récipient dans le même plan et on lit la graduation soit : 58.

Les 80 cc. de gaz contenaient donc $80 - 58 = 22$ cc. d'acide carbonique ; 1 cc. contiendra $\frac{22}{80} = 0$ cc. 275 et 100 cc. 27 cc. 5.

La richesse du gaz en acide carbonique est donc 27,5.

Appareil Stammer. — Cet appareil est à notre avis très recom-mandable par sa simplicité et sa commodité.

C'est une petite cloche graduée terminée à sa partie supérieure par un robinet, surmontée d'une pointe effilée sur laquelle on peut adapter un tube en caoutchouc communiquant avec la conduite de gaz. L'appareil contient à partir du trait 0 jusqu'au robinet, 50 cc., des divisions indiquant les centimètres cubes et les 1/2 centimètres cubes.

On opère de la manière suivante : On s'assure que le robinet est bien fermé, on remplit d'eau la cloche et on la renverse sur une cuve à eau, on adapte le caoutchouc et on fait passer le gaz pendant quelques instants ; on ferme le robinet, on enlève le caoutchouc et rouvrant le robinet, on amène les niveaux dans l'appareil et dans la cuve à être dans le même plan au 0 de la cloche, on ferme de nouveau le robinet, on introduit un petit morceau de soude caustique et on opère comme avec la cloche graduée ordinaire. Soit 14 le résultat lu ; c'est que les 50 cc. de gaz prélevés contenaient 14 cc. d'acide carbonique ; la richesse % du gaz sera donc 28.

Fig. 318.
Appareil Stammer.

Carbonimètre Raffy. — Il se compose d'une large éprouvette graduée fermée à sa partie inférieure et reposant sur un pied ; la partie supérieure est terminée par une monture en cuivre traversée par un robinet percé de deux trous, l'un permet de faire communiquer un long tube métallique qui arrive au fond de l'éprouvette avec l'extérieur, l'autre donne communication entre l'intérieur et l'extérieur de l'appareil en venant coïncider avec une petite ouverture pratiquée à la partie supérieure de la monture, les 2 communications existent pour le robinet dans la même position.

Pour doser l'acide carbonique avec cet appareil nous opérerons de la manière suivante :

Ouvrir le robinet et mettre au moyen d'un tube de caoutchouc l'appareil en communication avec la conduite de gaz ; laisser fonctionner ainsi pendant 4 à 5 minutes, le gaz chasse l'air par la petite ouverture et remplit bientôt l'éprouvette ; fermer alors le robinet, toute communication avec l'extérieur est supprimée ; visser sur la monture un entonnoir métallique spécial et le remplir avec une lessive de soude, ouvrir légèrement le robinet jusqu'à ce que l'éprouvette contienne du liquide jusqu'au trait 0 ; il reste

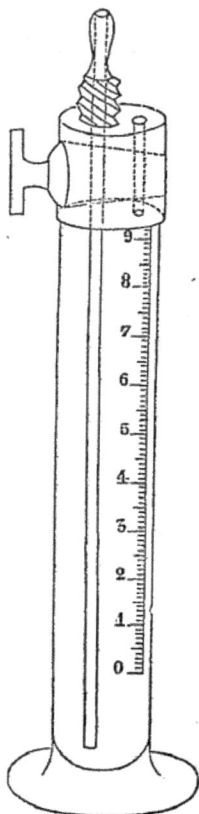

Fig. 319. — Carbonimètre Raffy.

alors dans l'appareil juste 100 cc. de gaz, l'excédent a été chassé ; le robinet une fois fermé, vider la lessive restant dans l'entonnoir et le dévisser ; bien agiter l'appareil, le renverser sur une cuve à eau en ouvrant le robinet, l'eau monte alors dans l'éprouvette pour remplacer l'acide carbonique absorbé par la soude, refermer le robinet, agiter de nouveau, replacer sur la cuve à eau et ainsi de suite jusqu'à ce que tout l'acide carbonique soit absorbé, c'est-à-dire que l'eau ne monte plus de la cuve dans l'appareil ; à ce moment le carbonimètre étant renversé sur la cuve à eau, on ouvre le robinet et on amène les niveaux dans l'éprouvette et dans la cuve à être dans le même plan, on ferme le robinet, on replace l'éprouvette sur son pied et on observe à quelle division s'arrête le liquide ; le chiffre lu donne la richesse % du gaz carbonique.

Appareil Possoz. — Il se compose d'une éprouvette graduée renflée à sa partie supérieure ; cette éprouvette est réunie au-dessus de ce renflement à un tube en verre par un tube en caoutchouc muni d'une pince ; à la partie inférieure vient s'adpater un tube en caoutchouc, également muni d'une pince et communiquant avec un récipient.

Voici comment on doit se servir de cet appareil :

Remplir l'éprouvette d'eau, pour cela remplir d'abord le récipient R, ouvrir les pinces D et E et déboucher le tube en verre, élever R en le plaçant sur le dessus de la boîte qui contient l'appareil ; d'après le principe des vases communicants l'éprouvette et le tube de verre s'emplissent d'eau et l'air est chassé ; faire alors communiquer avec la conduite de gaz par le petit tube ; et replacer

R au fond de la boîte ; laisser passer plusieurs minutes le gaz en question, fermer ensuite les pinces D et E, on a alors dans l'éprouvette 100 cc. de gaz carbonique ; interrompre alors la communication avec la conduite de ce gaz, remplir le petit tube en verre de lessive de soude et le fermer avec un bouchon de caoutchouc, ouvrir la pince E, la lessive s'écoule dans l'éprouvette graduée, l'agiter vigoureusement pendant au moins une minute, ouvrir D, une partie de l'eau du récipient R monte dans l'éprouvette pour remplacer l'acide carbonique absorbé par la soude; amenant alors les niveaux dans le récipient R et dans l'éprouvette A à être dans le même plan, on lit l'affleurement de liquide dans l'éprouvette graduée.

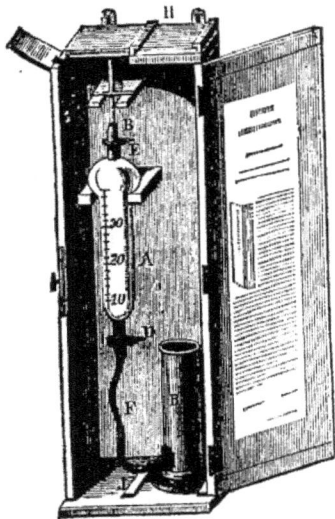

Fig. 320 — Appareil Possoz.

Soit 28. La richesse du gaz carbonique sera 28 %.

Appareil Orsat modifié par Salleron. — Il se compose d'un flaçon G communiquant par un tube de caoutchouc avec un appareil mesureur M qui lui-même communique avec un tube T ; ce tube porte un robinet R qui permet la communication avec la conduite de gaz par un caoutchouc V et un robinet r qui permet la communication avec un soufflet S. Sur le tube T sont adaptées 3 tubulures munies de robinets ; ces tubulures surmontent des appareils cylindriques appelés laboratoires qui sont terminés inférieurement par des tubes en verre plongeant dans les flacons D, E, F.

Le flacon G contient de l'eau acidulée avec de l'acide chlorhydrique liquide qui ne possède pas la propriété d'absorber l'acide carbonique. Le mesureur M est entouré d'un manchon en verre rempli d'eau afin d'égaliser la température du gaz. Dans les laboratoires A et B se trouvent des tubes en verre qui servent à augmenter la surface d'absorption des gaz par les réactifs employés. Le laboratoire C, devant servir comme nous le verrons plus loin au dosage de l'oxyde carbone et le flacon F contenant pour cela du protochlorme de cuivre ammoniacal, possède un rouleau de cuivre rouge qui régénérera le susdit protochlorure de cuivre.

Voyons maintenant comment on se sert de l'appareil :

Ouvrir R pour mettre T en communication avec l'extérieur, lever G jusqu'à ce que le mesureur soit plein d'eau acidulée, fermer *i* J. et R, ouvrir K, abaisser G jusqu'à ce que le liquide F arrive au trait d'affleurement du laboratoire C, fermer K, emplir de nouveau le mesureur comme précédemment et opérer pour les laboratoires A et B comme pour le laboratoire C, remplir ensuite M jusqu'au trait O ; cela fait faire communiquer le soufflet S avec le tube V et aspirer l'air et un peu de gaz contenus dans ce tube ; faire ensuite communiquer au moyen du robinet R le tube T avec la conduite de gaz, isoler T en fermant R quand les niveaux dans le flacon G et dans le mesureur seront les mêmes et quand ces niveaux

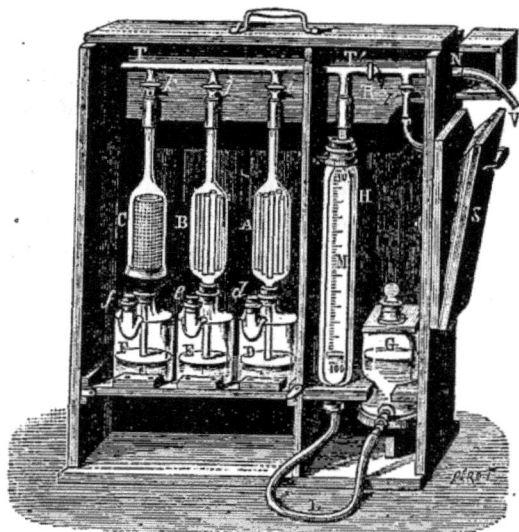

Fig. 321. — Appareil Orsat modifié par Salleron.

coïncideront avec la division 100 du mesureur ; ouvrir *i* et en élevant G faire passer le gaz dans le laboratoire A où l'acide carbonique qu'il contient sera absorbé par une solution de potasse ou de soude, laisser revenir le gaz dans le mesureur et fermer le robinet *i* lorsque la lessive de soude arrive au trait de repère, amener les niveaux en M et en G à être dans le même plan et lire ; on fera bien de faire retourner le gaz une 2ᵉ et même une 3ᵉ fois dans le laboratoire A, enfin autant de fois qu'il faudra pour que tout l'acide carbonique soit absorbé par la soude ; on opérera ensuite avec les laboratoires B et C comme avec le laboratoire A pour les dosages de l'oxygène et de l'oxyde de carbone. Dans le flacon E se trouve une solution de pyrogallate de potasse. Dans le flacon F se trouve, comme nous l'avons dit, du protochlorure de cuivre ammoniacal qui s'obtient au moyen de l'attaque de la toile de cuivre par un composé de 3/4 d'une solution saturée de chlorhydrate d'ammoniaque et de 1/4 d'ammoniaque à 22° (1).

Appareil Scheibler. — Voici comment on se sert de cet appareil d'après la sucrerie indigène :

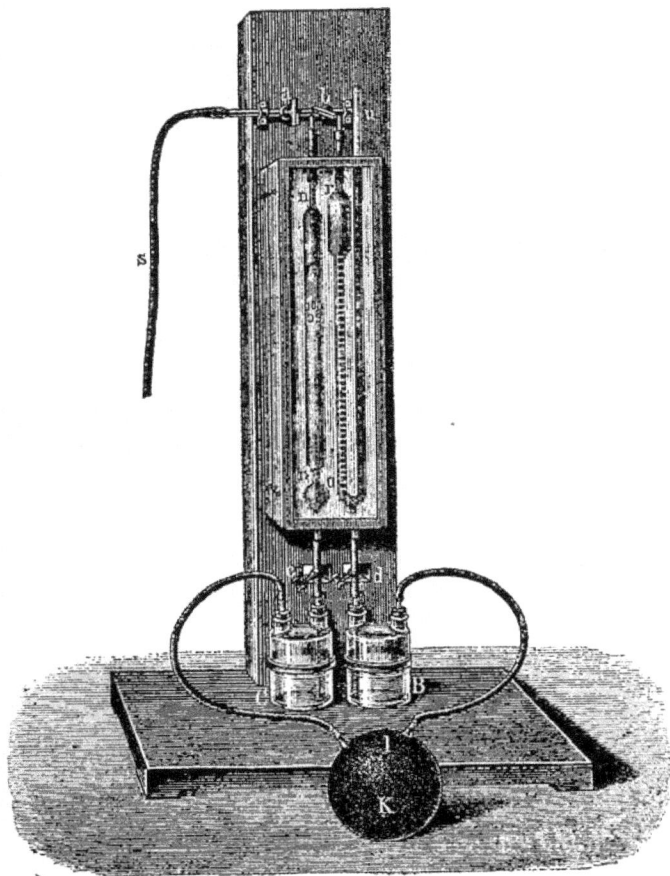

Fig. 322. — Appareil Scheibler.

« On remplit d'abord les deux tubes *m n* et *r o u* respectivement des liqueurs contenues dans les flacons C et B exactement jusqu'au

(1) Avec cet appareil l'analyse ne sera exacte que si le tube T contient avant le commencement de l'analyse un gaz dépourvu d'acide carbonique, d'oxyde de carbone et d'oxygène, ce qui a lieu quand on y laisse le gaz provenant d'un essai précédent, dans tout autre cas on devra faire un essai à blanc afin de se trouver dans les conditions indiquées.

trait moyen *m* et *r* l'un après l'autre au moyen de la balle K. Ainsi par exemple pour remplir la-pipette *m n* on ferme le robinet *a*, on donne au robinet à 3 eaux, la position *l* et on ouvre la pince de Mohr C du bas et on presse avec la main la balle en caoutchouc K. Cette action fait pénétrer le liquide dans le tube *m n* qu'il finit par remplir de bas en haut ; dès que le liquide atteint précisément

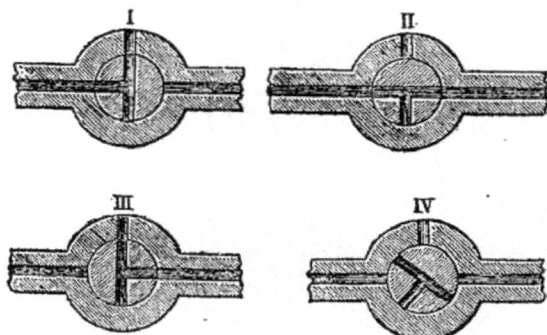

Fig. 323. — Appareil Scheibler. Positions du robinet à 3 eaux.

la marque *m* du tube, on ferme la pince C, ou bien on peut faire dépasser un peu le niveau *m* avant de fermer cette pince et abaisser ensuite la liqueur jusqu'au point *m* en pressant légèrement la pince. On remplit de la même manière le tube à deux branches Z *o u*, jusqu'au point *r* avec la lessive de potasse, en donnant au robinet à 3 eaux la position III ; on ouvre la pince *d* et l'on presse la balle K.

On procède ensuite à l'introduction du gaz à analyser dans la pipette *m n*. Pour cela on ouvre le robinet adapté à la conduite du gaz ainsi que le robinet *a*, on met le robinet à 3 eaux dans la disposition I et on laisse le gaz introduit par le tube *s* s'échapper dans l'atmosphère par la bouche *b* du robinet jusqu'à ce qu'on soit assuré que le tuyau 3 et les tubes métalliques en *a* et en *b* sont remplis de gaz purs. Mais pour être certain que tout l'air est aussi expulsé du tube en verre *m n* au-dessus du point *m*, on remplit ce tube une ou deux fois avec le gaz de saturation, en le laissant ensuite échapper par l'ouverture supérieure du robinet à trois eaux, ce qui se fait de la manière suivante : on ferme le robinet à 3 eaux dans la position IV, et maintenant toujours ouvert le robinet *a*, on ouvre la pince *c*, ce qui a pour effet de remplir immédiatement de gaz le tube *m n*, alors on ferme *a* on ouvre *b* du robinet à 3 eaux dans la position I et on presse la balle K pour expulser le gaz, qui s'échappe dans l'air. Lorsqu'on a répété cette opération une couple de fois on peut procéder à l'essai proprement dit.

Pour cela, on ferme l'extrémité du robinet à 3 eaux (position IV) on ouvre *a* et *c* et on laisse pénétrer dans le tube *m n* assez de gaz pour remplir non seulement ce tube, mais aussi la boule *n* qui le termine par le bas, la liqueur étant refoulée au-dessus de celle-ci. On ferme alors complètement le robinet *a*, on presse la balle K pour faire monter le liquide par la pince *c* ouverte jusqu'au point *n* ou un peu au-delà, pour laisser ensuite écouler l'excédent, et l'on ferme alors également le robinet *c*. Le résultat de cette opération est de comprimer le gaz contenu dans le tube *m n*, au volume de la boule de verre, et il suffit alors d'ouvrir le robinet *b* pendant une ou deux secondes, pour que l'excès de gaz s'échappe du tube *m n* dans l'atmosphère, ce qui revient à donner au gaz qui y reste une pression équivalente à celle qu'indique le baromètre au moment de l'expérience. Cela fait, on tourne le robinet à 3 eaux dans la position II, mettant ainsi le tube *m n* en communication avec le tube *r o u*, préalablement rempli jusqu'en *r* de lessive de potasse. Ensuite, en ouvrant la pince *d* on laisse écouler presque tout le liquide qui remplit la branche *u* pour faciliter le déplacement de la liqueur de l'autre branche lorsque s'y exercera la pression du gaz de saturation renfermé dans la pipette. Cela fait on ouvre la pince *c*, pour faire passer dans le tube *r o u* assez du gaz contenu dans *m n* pour forcer le liquide potassique à s'élever dans la branche *u*, sans la faire déborder, puis on fait rentrer le gaz dans le tube *m n*, etc., c'est-à-dire qu'en pressant et en lachant la balle K, on déplace la lessive de potasse en la refoulant 10 à 12 fois dans la branche *u* par un mouvement alternatif de haut en bas et de bas en haut ; l'absorption de l'acide carbonique dans la branche *r o* est ainsi notablement accélérée ; finalement, on refoule tout le gaz dans le tube *r o* jusqu'au niveau du point *m*, on ferme la pince *c*, on rétablit la niveau de la lessive de potasse dans les 2 branches du tube *r o u* en la faisant écouler ou en la refoulant au moyen de la pince *d* on ferme ensuite le robinet à 3 eaux *b* en faisant un tour, et on lit enfin la hauteur de la lessive de potasse sur l'échelle graduée, après avoir cependant attendu quelques minutes et avoir pris la précaution de s'assurer d'abord que le niveau de la liqueur potassique est exactement le même dans les deux branches.

Le chiffre lu sur l'échelle graduée indique sans autre correction ultérieure la dose en volume, à tant pour cent, de l'acide carbonique contenu dans le gaz soumis à l'épreuve.

Dosage de l'oxygène. — Le dosage de l'oxygène peut d'abord se faire comme nous l'avons vu ; par l'appareil d'Orsat-Salleron ; de plus les autres instruments que nous avons décrits pour le dosage de l'acide carbonique peuvent encore être utilisés, mais bien moins commodément.

Prenons par exemple l'appareil Stammer; après avoir lu le volume d'acide carbonique contenu dans les 50 cc. de gaz prélevé, on trempe une boulette de papier à filtrer dans une solution de pyrogallate de potasse, dans laquelle on la triture, et on opère avec cette boulette comme on a opéré avec le morceau de soude ; la différence entre le volume lu et le volume obtenu après le dosage de l'acide carbonique donne la quantité d'oxygène contenu dans 50 cc. de gaz; en multipliant par 2 on a la richesse 0/0 en oxygène.

Dosage de l'oxyde de Carbone. — Le dosage de l'oxyde de carbone se fait absolument comme celui de l'acide carbonique en remplaçant la soude ou la potasse par une boulette de papier à filtrer triturée dans une solution de protochlorure de cuivre ammoniacal; il n'est pas utile ici comme pour l'oxygène de débarrasser au préalable le gaz de son acide carbonique. On peut encore opérer comme nous l'avons vu avec l'appareil Orsat-Salleron.

Dosage de l'acide sulfureux. — L'acide sulfureux sera absorbé comme l'acide carbonique, mais en se servant d'une boulette de papier à filtrer imbibée d'une solution de bichromate de potasse additionnée d'acide sulfurique.

Dans le cas ou on trouverait de l'acide sulfureux, il faudrait le retrancher de l'acide carbonique obtenu, car tous deux sont absorbables par la potasse. On peut encore si l'on veut, doser d'abord l'acide sulfureux, ensuite l'acide carbonique sur le gaz débarassé du premier.

Dosage de l'acide sulfhydrique. — L'acide sulfhydrique, qui se rencontre rarement, serait dosé par une boulette de papier à filtrer imprégnée de sulfate de cuivre ou d'acétate de plomb.

Calcul de l'azote et de l'air. — 100 moins la somme de tous les gaz obtenus donnera l'azote.

Maintenant, supposons que nous ne connaissions que l'oxygène : on sait que pour 100 d'air 21 d'oxygène correspondent à 79 d'azote ; 1 d'oxygène correspond donc à $\frac{79}{21}$ et m d'oxygène à $\frac{79\,m}{21} = m \times 3,76$.

Connaissant l'oxygène, calculons maintenant l'air : 21 d'oxygène correspondant à 100 d'air, 1 d'oxygène à $\frac{100}{21}$ et m d'oxygène à $\frac{100 \times m}{21}$ ou m $\times$ 4,76 en valeur approchée m $\times$ 5.

CHAPITRE VI

LAIT DE CHAUX — JUS DES RAPERIES — JUS CHAULÉS
JUS DE 1re CARBONATATION
JUS DE 2e CARBONATATION — SIROPS

Avant d'entrer dans les détails d'analyses qui concernent les différents produits énoncés ci-dessus, nous allons décrire les liqueurs qui servent généralement à doser l'alcalinité du lait de chaux, des jus et des sirops. Nous n'avons pas la prétention de passer en revue toutes les liqueurs employées, nous parlerons seulement de quelques-unes.

Liqueur pour déterminer l'alcalinité dans le lait de chaux, les jus de râperies, les jus chaulés, et les jus de 1re carbonatation. — Une seule liqueur peut servir, comme nous le verrons, pour l'alcalinité du lait de chaux et de tous ces jus; de plus elle pourra servir à préparer la liqueur pour jus de deuxième carbonatation et les sirops.

Cette liqueur doit contenir exactement 35 gr. d'acide sulfurique monohydraté pur par litre; on peut la préparer de la manière suivante :

Peser dans une capsule tarée un poids supérieur à 35 gr. d'acide, porter la capsule au moufle et l'y laisser jusqu'à dégagement d'abondantes fumées blanches.

Introduire rapidement sous le dessicateur; une fois la capsule froide, la placer sur le plateau de la balance et enlever promptement l'excès sur 35 gr. d'acide. Prendre alors un ballon d'un litre, le remplir à moitié d'eau distillée et faire passer au moyen d'un entonnoir l'acide contenu dans la capsule, bien rincer celle-ci ainsi que l'entonnoir, ajouter de l'eau presque jusqu'au trait 1000, agiter et affleurer quand par refroidissement on aura amené le mélange à 15°.

Densité des solutions aqueuses d'acide sulfurique à 15° C., d'après J. Kolb

Degré Baumé	Densités	1 kil. contient en poids				1 litre contient en poids			
		O³ p. 100	SO³HO p. 100	Acide à 60°B.	Acide à 53°B.	SO³ p. 100	SO³HO p. 000	Acide à 60°B.	Acide à 53°B.
0	1.000	0.1	0.9	1.2	1.3	0.007	0.009	0.012	0.013
1	1.007	0.5	1.9	2.4	2.8	0.015	0.019	0.024	0.028
2	1.014	2.3	2.8	3.6	4.2	0.023	0.028	0.036	0.042
3	1.022	3.1	3.8	4.9	5.7	0.032	0.039	0.050	0.058
4	1.029	3.9	4.8	6.1	7.2	0.040	0.049	0.063	0.074
5	1.037	4.7	5.8	7.4	8.7	0.049	0.060	0.077	0.090
6	1.045	5.6	6.8	8.7	10.2	0.059	0.071	0.091	0.107
7	1.052	6.4	7.8	10.0	11.7	0.067	0.082	0.105	0.123
8	1.060	7.2	8.8	11.3	13.1	0.076	0.093	0.120	0.139
9	1.067	8.0	9.8	12.6	14.6	0.085	0.105	0.134	0.156
10	1.075	8.8	10.8	13.8	16.1	0.095	0.116	0.148	0.173
11	1.083	9.7	11.9	15.2	17.8	0.105	0.129	0.165	0.193
12	1.091	10.6	13.0	16.7	19.4	0.116	0.142	9.182	0.211
13	1.100	11.5	14.1	18.1	21.0	0.126	0.155	0.199	0.231
14	1.108	12.4	15.2	19.5	22.7	0.137	0.168	0.216	0.251
15	1.116	13.2	16.2	20.7	24.2	0.147	0.181	0.231	0.270
16	1.125	14.1	17.3	22.2	25.8	0.159	0.1·5	0.250	0.290
17	1.134	15.1	18 5	23.7	27.6	0.172	0.210	0.269	0.313
18	1.142	16.0	19.6	25.1	29.2	0.183	0.224	0.287	0.333
19	1.152	17.0	20 8	26.6	31.0	0.196	0.233	0.306	0.357
20	1.162	18.0	22.2	28.4	33.1	0.209	0.258	0.330	0.385
21	1.171	19.0	23.3	29.8	34.8	0.222	0.273	0.349	0.407
22	1.180	20.0	24.5	31.4	36.6	0.236	0.289	0.370	0.432
23	1.190	21.1	25.8	33.0	38.5	0.251	0.307	0.393	0.458
24	1.200	22.1	27.1	34.7	40.5	0.265	0.325	0.416	0.486
25	1 210	23.2	28.4	36.4	42.4	0.281	0.344	0.440	0.513
26	1.220	24.2	29.6	37.9	44·2	0.295	0.361	0.463	0.539
27	1.231	25.3	31.0	39.7	46.3	0.311	0.382	0.489	0.570
28	1.241	26.3	32.2	41.2	48.1	0.326	0.400	0.511	0.597
29	1.252	27.3	33.4	42.8	49.9	0.342	0.418	0.536	0.625
30	1.263	28.3	34.7	44.4	51.8	0.357	0.438	0.561	0.654
31	1.274	29.4	36.0	46.1	53 7	0.374	0.459	0.587	0.684
32	1.285	30.5	37.4	47.9	55.8	0.392	0.481	0.616	0.717
33	1.297	31.7	38.8	49.7	57.9	0.411	0.503	0.645	0.751
34	1.308	32.8	40.2	51.1	60.0	0.429	0.526	0.674	0.785
35	1.320	33.8	41.6	53.3	62.1	0.447	0.549	0.704	0.820
36	1.332	35.1	43.0	55.1	64.2	0.468	0.573	0.734	0.856
37	1.345	36.2	44.4	56.9	66.3	0.487	0.597	0.765	0.892
38	1.357	37.2	45.5	58.3	67.9	0.505	0.617	0.791	0.921
39	1.370	38.3	46.9	60.0	70.0	0.525	0.642	0.822	0.959
40	1.383	39.5	48.3	61.9	72.1	0.546	0.668	0.856	0.997
41	1.397	40.7	49.8	63.8	74.3	0.569	0.696	0.891	1.038
42	1.410	41.8	51.2	65.6	76.4	0.589	0.722	0.925	1.077
43	1.424	42.9	52.8	67.4	78.5	0.611	0.749	0.960	1.108
44	1.438	44.1	54.0	69.1	80.6	0.634	0.777	0.994	1.159
45	1.458	45.2	55.4	70.9	82.7	0.657	0.805	1.030	1 202
46	1.468	46.4	56.9	72.9	84.9	0.681	0.835	1.070	1.246
47	1.483	47.6	58.3	74.7	87.0	0.706	0.864	1.108	1.290
48	1.498	48.7	59.6	76.3	89.0	0.730	0.893	1.143	1.330
49	1.514	49.8	61.0	78.1	91.0	0.754	0.923	1.182	1.378
50	1.530	51.0	62.5	80.0	93.3	0.780	0.956	1.224	1.427
51	1.540	52.2	64.0	82.0	95.5	0.807	0.990	4.268	1.477
52	1.563	53.5	65.5	83.9	97.8	0.836	1.024	1.311	1.529
53	1.580	54.9	67.0	85.8	100.0	0.867	1.059	1.355	1.580
54	1.597	56.0	68.6	87.8	102.4	0.894	1.095	1.402	1.636
55	1.615	57.1	70.0	89.6	154.5	0.922	1.131	1.447	1.688
56	1 634	58.4	71.6	91.7	106.9	0.954	1.170	1.499	1.747
57	1.652	59.7	73.2	93.7	109.2	0.986	1.210	1.548	1.804
58	1.672	61.0	74.7	95.7	111.5	1.019	1.248	1.599	1.863
59	1.691	62.4	76.4	97.8	114.0	1.055	1.292	1.654	1.928
60	1.711	63.8	78.1	100.0	116.6	1.092	1.336	1.711	1.995
61	1.732	65.2	79.9	102.3	119.2	1.129	1.384	1.772	2.065
62	1.753	66.7	81.7	104.6	121.9	1.169	1.432	1.838	2.137
63	4.774	68.7	84.1	107.7	125.5	1.219	1.492	1.911	2.226
64	1.796	70.6	86.5	110.8	129.1	1.268	1.554	1.990	2.319
65	1.819	73.2	89.7	114.8	138.8	1.332	1.632	2.088	2.434
66	1.842	81.6	100.0	128.0	149.3	1.523	1.842	2.258	2.750

Densités des solutions aqueuses d'acide chlorhydrique
d'après J. Kolb à 15° C.

DEGRÉS BAUMÉ	DENSITÉS	HCL GAZEUX p. 100 d'acide	ACIDE à 20° B.	ACIDE à 22° B.
1	1.007	1.5	4.7	4.2
2	1.014	2.9	9.0	8.1
3	1.023	4.5	14.1	12.6
4	1.029	5.8	18.1	16.2
5	1.036	7.3	22.8	20.4
6	1.044	8.9	27.8	24.4
7	1.052	10.4	32.6	29.1
8	1.060	12.0	37.6	33.6
9	1.067	13.4	41.9	37.5
10	1.075	15.0	46.9	42.0
11	1.083	16.5	51.6	46.2
12	1.091	18.1	56.7	50.7
13	1.100	19.9	62.3	55.7
14	1.108	21.5	67.3	60.2
15	1.116	23.1	72.3	64.7
16	1.125	24.8	77.6	69.4
17	1.134	26.6	83.3	74.5
18	1.143	28.4	88.8	79.5
19	1.152	30.2	94.5	84.6
19.5	1.157	31.2	97.7	87.4
20	1.161	32.0	100.0	89.6
20.5	1.166	33.0	103.3	92.4
21	1.171	33.9	106.1	94.9
21.5	1.175	34.7	108.6	97.2
22	1.180	35.7	111.7	100.0
22.5	1.185	36.8	115.2	103.0
23	1.190	36.9	118.6	106.1
23.5	1.195	39.0	122.0	109.2
24	1.199	39.8	124.6	111.4
24.5	1.205	41.2	130.0	115.4
25	1.210	42.4	132.7	119.0
25.5	1.212	42.9	134.3	120.1

La liqueur ainsi préparée est généralement exacte quand on opère la pesée rapidement; on fera cependant bien, si l'on n'a pas une liqueur type à laquelle on puisse la comparer, de la vérifier de la manière suivante :

Prélever 10 cc. de la liqueur à controler, les introduire dans un ballon non gradué d'environ 300 et ajouter 150 cc. d'eau environ, faire bouillir, précipiter l'acide sulfurique par le chlorure de baryum, laisser déposer 3 à 4 heures, filtrer, en lavant le précipité par décantation 3 fois dans le ballon, puis 3 fois sur le filtre, calciner et peser.

Le poids de sulfate de baryte (ne pas oublier de retrancher le poids des cendres du filtre : généralement 2 mmg.) doit être de 0 gr. 832 si la liqueur est exacte.

On peut encore pour préparer l'acide opérer d'une manière plus exacte que celle que nous venons d'indiquer.

On dessèche l'acide comme précédemment en ayant toujours soin d'en peser un poids supérieur à 35 gr.; au sortir du dessicateur on transvase rapidement dans un flacon sec taré, bouché à l'émeri, on bouche et on pèse l'acide, on fait ensuite avec celui-ci un volume de liqueur tel qu'elle contienne 35 gr. d'acide par litre.

On peut, avant d'affleurer la liqueur, ajouter une solution soit d'acide rosolique, ce qui évitera de mettre cet indicateur ou tout autre dans le liquide dont on cherchera l'alcalinité.

Liqueur pour déterminer l'alcalinité dans les jus de 2e *carbonatation et les sirops.* — Prendre exactement 100 cc. de la liqueur précédente, les introduire dans un ballon de 1 litre, affleurer avec de l'eau distillée à 1000.

On peut encore ajouter avant affleurement de l'acide rosolique.

Si on veut éviter de sécher l'acide snlfurique, on préparera une liqueur trop forte que l'on titrera par le chlorure de baryum et on calculera la quantité d'eau à ajouter pour avoir une liqueur exacte à 35 gr. ; on fera bien de s'assurer qu'elle est exacte par un nouveau titrage.

On prendra le degré B^é de l'acide et on consultera la table de Kolb (page 293) pour connaître la quantité approximative à employer.

Le titrage par le chlorure de baryum peut être remplacé par un titrage au moyen d'une liqueur de soude dont le titre a été déterminé lui-même au moyen d'une liqueur titrée d'acide oxalique. On opère de la manière suivante :

Prendre 300 gr. environ d'acide oxalique pur du commerce et y ajouter une quantité d'eau chaude, telle que 200 ou 225 gr. de l'acide dissolvent; filtrer sur un entonnoir à filtration chaude, si c'est possible ; faire cristalliser par refroidissement rapide en agitant sans cesse pour éviter la formation de gros cristaux qui renfermeraient de l'eau-mère. Ajouter de l'alcool de manière à dissoudre, en chauffant, la presque totalité de l'acide oxalique ainsi préparé ; après filtration, faire refroidir dans un courant d'eau froide, en agitant ; faire cristalliser une dernière fois de l'eau et sécher avec du papier filtre jusqu'à ce que les cristaux n'adhèrent plus à l'agitateur.

Pour 62 gr. 85 de l'acide oxalique obtenu, faire dissoudre dans 1000 pour obtenir la liqueur normale d'acide oxalique qui sera conservée dans un flacon coloré.

On dissout 60 gr. de soude caustique pur dans 200 cc. d'eau ; on chauffe ensuite et on précipite, au moyen de l'eau de baryte, l'acide carbonique provenant d'une petite quantité de carbonate qui pourrait exister, on filtre, on ajoute exactement la quantité de carbonate de soude nécessaire à la précipitation de la baryte employée en excès, on filtre vivement et on dilue à 1 litre. On titre la liqueur ainsi obtenue au moyen de la liqueur d'acide oxalique et on ajoute la quantité d'eau calculée pour avoir une liqueur de soude normale exacte, c'est-à-dire contenant 39 gr. 96, ou en chiffre rond, 40 gr. de soude par litre.

Un centimètre cube d'une liqueur contenant 35 gr. d'acide sulfurique par litre correspond à 0 cm.³ 7156 de la liqueur normale de soude.

Au lieu de préparer les liqueurs à l'acide sulfurique, on peut les préparer à l'acide chlorhydrique ; on se sert alors de la table de la page 294.

ANALYSE DU LAIT DE CHAUX

Degré Baumé. — On prend d'abord le degré Baumé avec un pèse lait ; cette indication donne une idée approximative de la chaux contenue dans le lait.

M. Vivien a dressé la table ci-contre qui donne la richesse correspondante à chaque degré en opérant sur du lait de chaux pur :

Degré du lait de chaux à 15°	Chaux par hectolitre	Degré du lait de chaux	Chaux par hectolitre
20	22 k. 4	26	26 k. 3
21	23 k. 3	27	26 k. 7
22	24 k. 0	28	27 k. 0
23	24 k. 7	29	27 k. 4
24	25 k. 3	30	27 k. 7
25	25 k. 8		

Le n° 8 donne ci-dessous les mêmes renseignements mais de 10° Bé à 20° Bé :

Degré Baumé	Chaux par hectolitre	Degré Baumé	Chaux par hectolitre
10	13 k. 3	16	18 k. 9
12	15 k. 2	18	20 k. 7
14	17 k.0	20	22 k. 4

Le lait de chaux de sucrerie ne contenant pas que de la chaux pure, on ne se contente généralement pas du renseignement donné par le degré Baumé, mais on dose la chaux par un des procédés suivants :

1° *Par la liqueur à 35 gr. d'acide sulfurique.* — Bien agiter le lait de chaux, en prélever 50 cc. et les introduire dans un ballon de 500 cc. avec de l'eau, affleurer à 500 cc., bien mélanger et introduire 20 cc. du liquide obtenu dans un verre, ajouter un peu d'eau et une goutte de phtaléine du phénol ou d'une solution d'acide rosolique ; le liquide devient rose; verser goutte à goutte de la liqueur sulfurique à 35 gr. jusqu'à décoloration :

Le nombre de 10e de centimètres cubes de liqueur employée × 10 donnera directement le nombre de kilogrammes de chaux contenue dans 1 hectolitre de lait.

En effet, supposons employés 20 cc. de liqueur sulfurique : 1 cc. de liqueur sulfurique contient 0 gr. 035 d'acide mohydraté, 20 cc. contiennent 0 gr. 7, ce qui fait en chaux

$$\frac{0,7 \times 28}{49} = 0 \text{ gr. } 4$$

Ces 0 gr. 4 sont contenus dans les 20 cc. de lait étendu, dans 10 cc. il y a 0 gr. 2 de chaux et dans les 500, c'est-à-dire dans 50 cc. de lait, 10 gr. Donc 1 litre de lait contient 200 gr. de chaux et 1 hectolitre 20 kilog.

2° *Par la liqueur lacto-calcimétrique Vivien* (1). — Pour opérer, il faut une mesure en étain contenant 50 cc., un verre sans pied que M. Vivien appelle bocal à saturation, et une éprouvette pour chaulage des jus.

Ci-dessous l'analyse décrite par l'inventeur lui-même.

1° Emplir jusqu'au bord la mesure en étain, verser dans le bo-

(1) Les liqueurs Vivien sont des liqueurs sulfuriques contenant de la phtaléine du phénol comme indicateur.

cal à saturation, laisser égoutter la mesure et au besoin rincer avec de l'eau si on veut avoir une grande précision ;

2° Emplir l'éprouvette marquée *chaulage des jus* jusqu'au trait 0 avec la liqueur titrée lacto-calcimétrique ;

3° Prendre l'éprouvette d'une main ; verser lentement presque goutte à goutte la liqueur lacto-calcimétrique dans le lait de chaux dilué placé dans le bocal qu'on tient de l'autre main, et imprimer au liquide un léger mouvement giratoire en agitant le bocal convenablement pour ne rien perdre. Dès les premières gouttes de liqueur, une coloration rose, puis rouge vif se manifeste.

4° Continuer à verser de la liqueur tant que le liquide est rouge, arrêter aussitôt que la coloration disparaît ;

5° Redresser l'éprouvette, noter la division qui affleure le liquide ;

6° Le nombre de divisions de liqueur lacto-calcimétrique employée indique le nombre de kilogrammes de chaux vive réelle contenu dans 1 hectolitre de lait essayé.

Nota. — La décoloration étant obtenue, il arrive souvent qu'après quelques minutes de repos, la coloration rosée ou même rouge apparaît de nouveau. On agite pour accentuer le phénomène puis on verse une nouvelle quantité de liqueur lacto-calcimétrique jusqu'à ce qu'il y ait décoloration : quand la décoloration est permanente l'essai est terminé.

Le nombre de divisions de liqueur employée dans ce second essai indique la teneur en chaux incuite du lait de chaux.

3° *Par le sucre.* — Avoir une solution préparée de sucre telle que 1 litre en contienne 200 grammes.

Prélever 10 cc de lait bien mélangé ; le délayer dans un mortier avec 150 cc d'eau sucrée, introduire dans un ballon de 200 en rinçant le mortier à l'eau distillée.

Laisser ainsi environ une heure en agitant de temps en temps, affleurer et filtrer. Prélever 40 cc du liquide et titrer avec la liqueur à 35 gr. d'acide sulfurique par litre.

Le nombre de 10mes de centim. cubes de liqueur employée $\times$ 10 donnera directement en kilogrammes par hectolitre la chaux vive soluble dans un liquide sucré.

JUS DES RAPERIES

Pour ces jus, qui ont reçu au départ de la râperie une certaine quantité de chaux destinée à les conserver jusqu'à leur arrivée à l'usine centrale, on fait généralement les analyses suivantes :

1° Densité à 15°, chaux comprise ; 2° Alcalinité ; 3° Densité à 15° chaux déduite ; 4° Sucre 0/0 cc.

Densité à 15°, chaux comprise. — Bien mélanger dans une éprouvette, prendre la densité au moyen d'un densimètre et faire la correction de température comme pour un jus de betteraves ou de diffusion.

Alcalinité ou chaux totale. — Prélever 20 cc. du jus bien mélangé et faire l'alcalinité avec la liqueur à 35 gr. d'acide sulfurique par litre en se servant comme indicateur de phénol phtaléine ou de l'acide rosolique.

Supposons employés 9 cc de liqueur :

Ces 9 cc. contiennent 0 gr. 35 $\times$ 9 d'acide sulfurique, ce qui correspond à 0 gr. 18 de chaux ; donc 20 cc de jus contiennent 0 gr. 18 de chaux, 10 cc. en contiennent 0 gr. 09 et l'alcalinité en chaux par litre est de 9 gr.

Le nombre de centimètres cubes de liqueur employée donne donc directement l'alcalinité en chaux par litre.

La liqueur lacto-calcimétrique Vivien peut encore servir comme on le verra aux jus chaulés (1).

Densité à 15° chaux déduite. — On admet pour 1 gramme de chaux par litre une augmentation de 1/10 de densité.

Supposons la densité, chaux comprise, égale à 5,4, l'alcalinité égale à 8 gr. ; la densité, chaux déduite, sera 4,6.

Sucre %. — Introduire 50 cc de jus dans un ballon de 100, ajouter une goutte de phénol phtaléine et neutraliser par l'acide acétique, déféquer au sous-acétate de plomb, affleurer à 100 cc, agiter, filtrer et polariser. Le résultat lu $\times$ 2 dans le cas de la

---

(1) On dose encore quelquefois la chaux dissoute, l'alcalinité est alors recherché sur du jus filtré en opérant comme pour la chaux totale.

graduation Vivien donne le sucre %; dans le cas de la graduation ordinaire, il faut en outre multiplier par 0,162. (Voir tableau n° 3.)

JUS CHAULÉS

Nous appelons ici jus chaulés ceux qui viennent de recevoir la chaux nécessaire, soit avant 1re carbonatation, soit avant 2e.

On ne se préoccupe dans ces jus que de l'alcalinité et de la chaux qut a été ajoutée.

Alcalinité. — Opérer comme pour un jus de raperie.

Supposons employés 25 cc de liqueur sulfurique, l'alcalinité en chaux par litre sera 25,00.

Lait de chaux ajouté. — Nous allons nous placer dans le cas d'un jus chaulé à la râperie ; dans le cas d'une batterie de diffusion attenante à l'usine et de jus non chaulé préalablement, le calcul sera le même en prenant l'alcalinité du jus de diffusion :

Soit : l'alcalinité du jus chaulé avant carbonatation = 25,00
—   des râperies   —   = 4,00
la chaux contenue dans 1 hectolitre de lait = 18 k.

L'alcalinité produite par le chaulage avant la carbonation est 25,00 — 4,00 = 21,00, c'est-à-dire qu'il a été ajouté 21 gr. de chaux par litre jus. 1 hectolitre de lait contenant 18 kg de chaux, 1 gramme da chaux est contenu dans 5 cc de lait et 21 gr. dans 115 cc 5.

Il a donc été ajouté 115 cc 5 de lait dans 1 litre de jus ou 11 l 55 par hectolitre.

Ceci est calculé pour le jus chaulé avant 1re carbonatation ; on opérerait d'une manière analogue pour les jus chaulés avant 2e carbonatation en tenant compte de l'alcalinité du jus après 1re carbonation.

Il est inutile de faire tous les jours ces calculs; au bout de peu de temps, l'indication de l'alcalinlté suffit, on sait pour l'usine où l'on travaille entre quels nombres elle doit osciller.

M. Vivien effectue l'analyse des jus chaulés et des jus des râperies au moyen de la liqueur lacto-calcimétrique en opérant comme pour le lait de chaux.

Le nombre lu sur l'éprouvette indique en litres la quantité de lait de chaux à 20° B° contenu dans 1 hectolitre de jus chaulé et la table n° 9 indique la quantité de litres de lait ajoutés à 1 hectolitre de jus pur initial.

Division de liqueur employée lue sur l'éprouvette	Litres de lait de chaux à 20° Baumé ajoutés à l'hectolitre de jus brut initial	Division de liqueur employée lue sur l'étiquette	Litres de lait de chaux à 20° Baumé ajoutés à l'hectolitre de jus brut initial
1	1 lit. 01	9	9 lit. 90
2	2 04	10	11 11
3	3 09	11	12 36
4	4 04	12	13 64
5	5 26	13	14 94
6	6 38	14	16 28
7	7 53	15	17 55
8	8 70		

JUS DE 1ʳᵉ CARBONATATION

On peut sur le jus de 1ʳᵉ carbonatation faire les analyses suivantes :

1° Prise de densité ; 2° Alcalinité ; 3° Sucre % ; 4° Cendres ; 5° Coefficient salin ; 6° Pureté ; 7° Chaux totale. On se contente généralement de l'alcalinité, pour le reste dans le cas où l'on voudrait s'en occuper on opérera comme pour les jus de 2° carbonatation dont nous parlerons plus loin.

Alcalinité. — Introduire 20 cc de jus filtré dans un verre, y ajouter un indicateur soit du tournesol, soit de l'acide rosolique, ou mieux se servir d'une liqueur sulfurique contenant de l'acide rosolique. Verser de la liqueur sulfurique à 35 gr. par litre au moyen d'une burette graduée ; avec la liqueur à l'acide rosolique le jus se colorera d'abord, puis reprendra sa couleur initiale ; s'arrêter à ce moment. Si on a employé 1 cc 5 de liqueur par exemple, on dira que l'alcalinité est 0,15.

En effet, 0ᶜᶜ 1 de liqueur correspondent à 0 0035 d'acide ou à 0 gr. 002 de chaux, et 1ᶜᶜ 5 à 0 gr. 03.

Donc 20 cc de jus contiennent 0, gr. 03 de chaux ; 10 cc 0 gr. 015 et 100 cc 0 gr. 15. Si on voulait considérer l'alcalinité sur 1 litre on dirait que l'alcalinité exprimée en chaux est 1,5.

Il faut bien comprendre que cette alcalinité exprimée en chaux n'est qu'une convention et qu'elle peut-être en partie fournie par de Ia potasse ou de la soude provenant du jus de la betterave.

On peut encore faire l'alcalinité avec la liqueur calcimétrique normale Vivien.

On se sert d'un tube spécial gradué de 0 à 25. On verse du jus clair jusqu'au 0, puis de la liqueur calcimétrique ; le liquide prend une teinte rose, on cesse de verser quand celle-ci disparait ; si on arrive à la division 15, l'alcalinité pour 100 cc est 0,15.

Pour contrôler la liqueur calcimétrique normale, on fait un essai sur l'eau de chaux, c'est-à-dire sur de l'eau qui a séjourné pendant assez de temps au contact de la chaux pour être saturée. On filtre cette eau qui contient alors en dissolution 1 gr. 400 de chaux par litre.

On place cette eau de chaux claire dans le tube divisé jusqu'au trait 0. Si la liqueur est bonne la décoloration a lieu pour 14 divisions.

M. Vivien construit aussi un tube spécial qui permet de faire l'alcalinité sur le jus trouble.

Chaux totale. — La vraie méthode pour doser la chaux totale est la suivante :

Par l'oxalate d'ammoniaque. — Précipiter dans un volume déterminé de jus de la chaux par l'oxalate d'ammoniaque comme on l'a vu au dosage direct de la chaux dans ia pierre à chaux et peser à l'état de sulfate.

Le procédé hydrotimérique est inapplicable dans le cas des jus de 1re carbonatation.

JUS DE DEUXIÈME CARBONATATION.

Densité. — Se prend comme pour un jus de betteraves au moyen du densimètre ou de la balance de Mohr, en faisant de même la correction de température.

Alcalinité. — *Par la liqueur à 3 gr. 5 par litre*. — On opère avec cette liqueur comme on a opéré avec la liqueur à 35 gr. pour le jus de 1re carbonatation.

M. Pellet a fait la remarque suivante à propos des jus de 2e carbonatation.

Ceux-ci contiennent des carbonates ; or si on prend comme indicateur l'acide rosolique, l'acide carbonique aura de l'action sur lui ; il faudra donc employer le tournesol à l'ébullition pour avoir exactement l'alcalinité totale ; mais dans la pratique par la conduite du travail l'inconvénient précité est sans grande importance.

Exemple :

Alcalinité d'un jus de 2ᵉ.
Par acide rosolique....................... 0,032
Par tournesol à froid..................... 0,048
   —   à chaud................... 0,034

Par la liqueur Vivien à 1/5 de la normale. — On opère comme pour la 1ʳᵉ carbonatation avec la liqueur normale ; mais si l'on trouve par exemple 10 divisions, l'alcalinité est de 0 gr. 20 par litre, 12 divisions 5 l'alcalinité est 0 gr. 25 par litre.

Chaux. — *Par la liqueur hydrotimétrique.* — On introduit 40 cc. de jus dans le flacon à hydrotimétrie ; on remplit la burette hydrotimétrique de liqueur jusqu'au trait qui se trouve au-dessus du 0 ; saisissant le flacon de la main gauche, on verse lentement la liqueur en agitant le jus de temps en temps et on cesse l'opération quand on obtient environ 1 centimètre de mousse persistante pendant quelques minutes. Si on a employé 6 divisions de la burette, la chaux totale est $0,0057 \times 6 = 0.034$ par litre.

Par l'oxalate d'ammoniaque. — Comme pour un jus de 1ʳᵉ carbonatation.

Sucre 0/0. — Introduire 100 cc. de jus dans un ballon de 100 cc., 110 cc. neutre, aliser avec de l'acide acétique, déféquer avec quelques gouttes de sous-acétate de plomb, affleurer à 110 avec de l'eau distillée, puis opérer comme pour un jus de betteraves.

Cendres. — Comme les cendres d'un jus de betteraves.

Coefficient salin. — C'est comme toujours le rapport du sucre aux cendres.

Pureté. — On peut comme pour les jus de betteraves faire la pureté apparente ou la pureté réelle.

SIROPS.

Dégré Baumé. — Au lieu de prendre la densité des sirops, on prend généralement le degré Baumé.

Le tableau ci-contre servira dans ce cas pour la correction de température :

Corrections de température pour la prise de degré Baumé des sirops d'après Le Docte.

Températures	De 13° à 24° A retrancher	De 24 à 33° A retrancher	Températures	De 13° à 24° A ajouter	De 24° à 33° A ajouter
8°	0,10	0,08	20°	0,12	0,11
9°	0,09	0,08	21°	0,14	0,13
10°	0,08	0,07	22°	0,17	0,16
11°	0,07	0,06	23°	0,20	0,18
12°	0,05	0,04	24°	0,23	0,21
13°	0,04	0,03	25°	0,26	0,24
14°	0,02	0,02	26°	0,29	0,27
	A ajouter	A ajouter	27°	0,33	0,30
16°	0,02	0,02	28°	0,36	0,33
17°	0,04	0,04	29°	0,40	0,37
18°	0,07	0,06	30°	0,43	0,40
19°	0,09	0,08			

On pourra ensuite effectuer sur les sirops les mêmes analyses que sur les jus de 2ᵉ carbonatation si on veut les analyser en volume ; si on veut les analyser en poids, on opérera comme pour les masses cuites de 1ᵉʳ jet. On fera bien, en outre, de verser de temps en temps quelques gouttes de solution d'oxalate d'ammoniaque dans le sirop ; avec un bon travail on aura très peu ou pas de trouble.

Notes complémentaires. — Pour contrôler le travail de la carbonatation on se sert aussi quelquefois de papiers sensibles.

Ceux-ci sont imbibées dans une liqueur sulfurique titrée contenant un indicateur quelconque.

On trempe ces papiers dans le jus carbonaté et quand celui-ci atteint une certaine alcalinité la coloration du papier change.

Il peut être intéressant de connaître dans les jus ou les sirops 1° l'alcalinité due à la chaux libre ; 2° la chaux combinée ; 3° l'alcalinité due à la potasse et à la soude.

Voici pour cela comment opère M. Pellet.

L'alcalinité totale est donnée par la liqueur sulfurique en présence du tournesol en poussant jusqu'au rouge, soit 0,027, pour 100 cc.

La chaux totale est donnée par l'hydrotimétrie, soit 0,028.

La chaux libre est précipitée en additionnant le jus de son volume d'alcool à l'état de sucrate de chaux insoluble et l'alcalinité est dosée sur le liquide filtré. soit, 0,021.

On a alors :

Alcalinité totale imprimée en chaux..................		$=$	0,027
Chaux alcaline —	$= 0,027 - 0,021...$	$=$	0,006
Chaux totale —	— ...	$=$	0,023
Chaux combinée —	$= 0,023 - 0,006...$	$=$	0,017
Alcalinité due à la potasse et à la soude.............		$=$	0,021

CHAPITRE VII

ÉCUMES ET EAUX DE LAVAGE

Echantillonnage. — L'échantillonnage pour les écumes est un point très important, attendu que tous les tourteaux d'un même fitre n'ont pas toujours la même composition.

On doit donc prendre un morceau d'écume de tous les tourteaux ou tous les 2 tourteaux, par exemple, en échantillonnant une fois sur les bords, une fois au centre ; sur le mélange des parties prélevées on fait l'analyse. On peut pour prélever l'écume se servir d'un petit tube métallique dans lequel on fait entrer un petit cylindre de chaque tourteau par pression. Le cylindre total formé à la fin de l'opération sert pour l'essai.

Dosage de l'eau. — Dessécher à l'étuve à 100°, 5 gr. par exemple d'écume jusqu'à poids constant. En multipliant la perte de poids par 20 on a l'eau 0/0.

Dosage du sucre total. — Le sucre contenu dans les écumes se trouve à l'état de sucre libre en dissolution dans le jus restant dans les tourteaux. Ce que nous nous proposerons d'abord de doser c'est la sucre total ; plusieurs méthodes ont été données qui toutes ont pour but de rendre soluble le sucre des sucrates.

Par l'acide acétique. — Peser 31 gr. 100 d'écumes (1), (double du poids normal, corrigé pour tenir compte du volume occupé par le précipité de chaux), les introduire dans un mortier et les triturer avec un peu d'eau distillée, ajouter ensuite une goutte de phénol phtaleine et peu à peu un mélange à parties égales d'alcool et d'acide acétique jusqu'à la décoloration ; si malgré l'alcool il y a encore de la mousse, la faire tomber avec quelques gouttes d'éther ; faire passer le tout dans un ballon de 200, ajouter 3 c. à 4 cc. de

---

(1) 19 gr. 200 dans le cas de la graduation Vivien.

sous-acétate de plomb, affleurer et filtrer. Polariser. Si le tube est de 20, le nombre de degrés lu donne directement le °/₀ de sucre total contenu dans les écumes; si le tube est de 40 on divisera ce nombre par 2, et par 2,50 s'il est de 50.

Par l'acide borique. — Cette méthode, proposée par M. Lachaux, consiste à remplacer l'acide acétique par une solution d'acide borique; elle présente l'avantage si on emploie un excès de cet acide de ne produire que la décomposition du carbonate de chaux.

Par l'acide carbonique. — Triturer 31 gr. 100 d'écumes comme précédemment et les introduire dans un ballon de 200; faire alors passer un courant d'acide carbonique et chasser ensuite l'excès par ébullition, laisser refroidir, filtrer et polariser.

Par l'azotate d'ammoniaque. — L'acide carbonique ou l'acide acétique sont quelquefois remplacés par l'azotate d'ammoniaque pour décomposer le sucre.

Par le carbonate de soude. — Le carbonate de soude peut aussi être utilisé.

Par le bicarbonate de magnésie. — MM. Kouther et Poot ont proposé la méthode suivante, décrite dans le bulletin de l'association des chimistes :

La méthode au bicarbonate de magnésie nécessite l'emploi d'une solution aqueuse de ce sel et la détermination du poids spécifique des écumes.

1. Un litre d'eau à 15° dissout environ 11 gr. MgO.

L'ébullition en présence d'un courant d'acide carbonique détermine un précipité volumineux de carbonate de magnésie. Cette solution décompose le sucrate de chaux et met le sucre en liberté, en même temps que l'acide carbonique du sel acide se combine à la chaux. Le précipité est un clarifiant très énergique et un excès n'a pas d'influence sur la polarisation.

La préparation en est simple : On pèse 50 gr. de magnésie ou le poids correspondant de carbonate précipité et on introduit dans un flacon contenant 4 litres d'eau froide. On fait passer un courant d'acide carbonique jusqu'à refus.

2. On forme avec les écumes humides un cylindre pesant environ

20 grammes; on le dessèche à 100cc. complètement, et on le façonne de manière à ce qu'il puisse pénétrer dans une burette par la partie supérieure.

Ce petit cylindre est pesé, puis introduit dans la burette contenant de l'eau dont on a remarqué le niveau. La différence des deux niveaux donne le volume du cylindre et, par suite, sa densité.

3. L'analyse des écumes se fait en pesant le poids saccharimétrique dans une capsule tarée. On broie avec une partie de la solution de bicarbonate de magnésie et on fait passer dans un ballon de 200cc. On ajoute selon le besoin quelques gouttes de sousacétate de plomb et on complète le volume à 200cc. Il est nécessaire ensuite d'ajouter la quantité d'eau déplacée par 17 gr. 20 d'écumes, quantité qui est donnée par la détermination de la densité. On examine au saccharimètre et on obtient ainsi directement le sucre % après avoir doublé la lecture.

Les auteurs se placent là dans le cas d'un tube de 20 centimètres.

Par le chlorhydrate d'ammoniaque. — Consiste a peser 5 gr. d'écumes et à les traiter par 2 gr. de chlorhydrate d'ammoniaque; on décolore ensuite par le plomb.

L'excès de chlorhydrate ne gêne pas la polarisation.

Dosage du sucre soluble. — Traiter dans un mortier 31 gr. 100 ou 19 gr. 200 d'écumes par de l'eau froide, faire passer le tout dans un ballon de 200 et affleurer; filtrer; recueillir du liquide dans un ballon de 100–110 jusqu'au trait 100, ajouter quelques gouttes de sous-acétate de plomb; affleurer à 100, filtrer et polariser; le calcul est le même que par la méthode par l'acide acétique et l'alcool, mais on devra ajouter 1/10 au résultat trouvé.

Le sucre insoluble. — S'obtiendra en retranchant le sucre soluble du sucre total.

Sucre perdu par 100 kilog de betteraves dans les écumes. — Deux cas peuvent se présenter

1° Les écumes de 1re carbonatation et de 2e carbonatation sont filtrées séparément.

2° Les écumes de 1re carbonatation et de 2e sont mélangées pour être filtrées.

Dans le 1er cas on dose le sucre dans les deux écumes et on calcule comme suit pour chacune d'elles la quantité d'écumes par 100 kg. de betteraves.

Pour cela, il faut faire de temps en temps l'essai suivant : Peser quelques tourteaux, prendre le poids moyen et le multiplier par le nombre de tourteaux produits par filtre presse. Multiplier ensuite le nombre obtenu par la quantité de filtres fait en 24 heures.

Rapporter le résultat trouvé à la quantité de betteraves travaillées pendant ces 24 heures.

Quelques usines ne possédant pas encore de filtres à lavage malaxent leurs écumes avec de l'eau et les passent de nouveau aux filtres presses ; il faut dans ce cas effectuer l'analyse des écumes avant lavage et après lavage afin de se rendre compte du travail ; mais il va sans dire que le sucre des secondes est seul perdu, puisque l'eau de lavage rentre dans le travail.

EAUX DE LAVAGES DES ÉCUMES

Les eaux de lavage des écumes étant envoyées à la 2e carbonatation, ce qu'il est intéressant de connaître, c'est leur composition une fois qu'elles sont débarrassées de l'excès de chaux qu'elles contiennent. Aussi devra-t-on opérer de la manière suivante : carbonate, à fond 0, 500 de ces eaux, chasser par ébullition le léger excès d'acide carbonique qu'il peut y avoir ; refaire exactement le volume de 500 après refroidissement et faire l'analyse sur le liquide obtenu.

Densité. — La densité se prend comme toujours au moyen du densimètre ou de la balance de Mohr en faisant la correction de température.

Sucre %. — Le sucre sera dosé comme pour un jus de 2e car. bonatation.

M. Herzfeld fait remarquer que le résulat trouvé est généralement trop fort parce que le liquide contient de la galactane polarisant énergiquement à droite ; c'est ce qui explique pour les eaux de lavage des puretés supérieures à 100.

Celui-ci a comparé deux masses cuites provenant d'un travail avec lavage absolu et sans lavage.

Les résultats sont indiqués ci-dessous.

	Ecumes non lavées	Ecumes lavées
Polarisation....................	65,45	59,85
— après inversion...	65,45	58,70
Raffinose.....................	—	0,60
Eau..........................	15,89	13,97
Cendres alcalines.............	3,46	3,90
Cendres calcaires.............	3,88	5,90
Non-sucre organique..........	11,32	16,93
Pureté.......................	77,80	69,9

Pureté. — On peut comme toujours calculer la pureté réelle ou la pureté apparente.

Le tableau suivant permettra de calculer la pureté apparente d'un liquide sucré de densité comprise entre 1000 et 1040.

DENSITÉ ABSOLUE à + 15°	DEGRÉS VIVIEN ou sucre % cc.	DEGRÉS BRIX-DUPONT ou sucre % gr.	DENSITÉ ABSOLUE à + 15°	DEGRÉS VIVIEN ou sucre % cc.	DEGRÉS BRIX-DUPONT ou sucre % gr.	DENSITÉ ABSOLUE à + 15°	DEGRÉS VIVIEN ou sucre % cc.	DEGRÉS BRIX-DUPONT ou sucre % gr.
99.8	0.000	0.000	101.7	4.675	4.590			
99.9	0.000	0.000	1.8	4.932	4.842			
100.0	0.219	0.219	1.9	5.194	5.093			
100.1	0.480	0.479	102.0	5.453	5.346			
0.2	0.742	0.738	102.1	5.714	5.596	103.6	9.633	9.298
0.3	1.003	0.997	2.2	5.975	5.846	3.7	9.894	9.541
0.4	1.265	1.255	2.3	6.236	6.095	3.8	10.155	9.783
0.5	1.526	1.518	2.4	6.497	6.343	3.9	10.416	10.026
0.6	1.788	1.776	2.5	6.758	6.592			
0.7	2.049	2.034	2.6	7.020	6.841			
0.8	2.311	2.291	2.7	7.281	7.089			
0.9	2.572	2.548	2.8	7.542	7.336			
101.0	2.834	2.805	2.9	7.804	7.583			
1.1	3.097	3.064	103.0	8.066	7.831			
1.2	3.360	3.320	3.1	8.327	8.076			
1.3	3.623	3.576	3.2	8.588	8.321			
1.4	3.885	3.832	3.3	8.849	8.565			
1.5	4.147	4.085	3.4	9.110	8.809			
1.6	4.410	4.338	3.5	9.371	9.054			

MASSES CUITES

Densité et poids du litre. — Le moyen d'analyse le plus rapide, mais qui ne présente pas une exactitude rigoureuse, est le suivant :

Remplir avec de la masse cuite prise au milieu de la coulée, un litre en étain taré, enlever avec un couteau tout ce qui dépasse un plan passant par les bords de la mesure et peser. Le poids trouvé moins le poids de la sus-dite mesure donnera le poids d'un litre de masse cuite.

On obtiendra un résultat plus exact en opérant comme suit :

Solution de masse cuite à 10 °/₀ d'après Gallois et Dupont.

DENSITÉ ABSOLUE de la SOLUTION à 15° cent.	POIDS DU LITRE	SUBSTANCE TOTALE DISSOUTE			EAU °/₀ de MASSE CUITE	DENSITÉ de la MASSE CUITE initiale	POIDS DU LITRE de la MASSE CUITE initiale
		dans 100 c. de la SOLUTION	dans 100 gr. de la SOLUTION	dans 100 gr. de la MASSE CUITE			
3.0	2.89	8.066	7.831	80.66	19.34	141.7	1.41692
3.05	2.93	8.196	7.953	81.96	18.03	142.6	1.42492
3.10	2.99	8.327	8.076	83.27	16.73	143.6	1.43492
3.15	3.04	8.457	8.198	84.57	15.43	144.4	1.44292
3.20	3.09	8.588	8.321	85.88	14.12	145.2	1.45092
3.25	3.14	8.918	8.443	87.18	12.81	146.1	1.45992
3.30	3.19	8.849	8.565	88.49	11.51	147.1	1.46992
3.35	3.24	8.979	8.687	89.79	10.20	148.0	1.47892
3.40	3.29	9.110	8.809	91.10	8.90	149.0	1.48892
3.45	3.34	9.240	8.931	92.40	7.59	149.9	1.49792
3.50	3.39	9.371	9.055	93.71	6.29	150.8	1.50692
3.55	3.44	9.502	9.175	95.02	4.98	151.7	1.51592
3.60	3.49	9.633	9.298	95.33	3.67	152.6	1.52492
3.65	3.54	9.763	9.419	97.63	2.36	153.5	1.53392
3.70	3.59	9.894	9.541	98.94	1.06	154.4	1.54292

Un petit ballon de 50 à col court est bien desséché et taré, on y introduit de la masse cuite chaude presque jusqu'au trait 50, on laisse refroidir à 15° et remonter les bulles d'air, on complète à 50, on pèse. Le poids trouvé moins le poids du ballon donne le poids de 50cc. de masse cuite, on en deduit la densité.

Quelques fois on se contente de ce que nous appellons la densité à 1/10 on n'a alors que les termes de comparaison entre différentes masses cuites. La densité à 1/10 s'obtient en prenant à l'aide d'un densimètre ou mieux de la balance de Mohr la densité d'une solution de masse cuite à 1/10. Pour obtenir une solution semblable nous étendons de son volume d'eau une quantité suffisante de la solution de 50cc. de masse cuite dans 250cc. (1). La table annexée donne étant connue la densité à 1/10 entre autres renseignements la densité de la masse cuite.

Le tableau suivant (p. 213) donne les mêmes renseignements pour une solution de masse cuite à 20 %.

Sucre %. — *Polarisation directe.* — Peser 50 gr. de masse cuite bien mélangée, les introduire avec de l'eau chaude dans un ballon de 250 cc., faire refroidir et affleurer. Après agitation, introduire 50 cc. du liquide dans un ballon de 100-110, déféquer avec du sous-acétate de plomb, affleurer à 100 filtrer et polariser dans un tube de 20 centimètres. Les 50 cc. de masse cuite diluée représentent 10 grammes de masse cuite; dans le cas de la graduation Vivien, le chiffre lu au saccharimètre donnera directement le % de sucre, dans le cas de la graduation ordinaire il faudra en outre multiplier par 1,62.

Il sera bon pour vérifier le résultat ainsi trouvé de peser 16 gr. 20 de masse cuite que l'on fera dissoudre dans un ballon de 100, on déféquera au sous-acétate de plomb, on affleurera à 100 cc. et on filtrera; le liquide filtré sera polarisé et le nombre lu au saccharimètre donnera directement le % de sucre. Dans le cas ou on effectue l'inversion Clerget comme nous allons le voir, on pèsera 48 gr. 600 que l'on fera dissoudre dans 300 cc.

Inversion Clerget. — Mais, et cela surtout pour les masses cuites des derniers jets, la polarisation directe donne un résultat trop

(1) Voir polarisation directe.

fort parce que celles-ci contiennent des matières autres que du sucre qui polarisent à droite entre autres de la raffinose.

Solution de masse cuite à 20 gr. par 100 cc. de liquide.

Densité	MATIÈRES SÈCHES			Poids spécifique
de la solution (à 15° c.)	dans 100 c. cub. de solution.	dans 100 gr. de solution.	dans 100 gr. de masse cuite.	de la masse cuite.
a	b	c	d	e
6.00	15.84	14.94	79.20	1.410
6.05	15.97	15.06	79.85	1.413
6.10	16.10	15.17	80.50	1.417
6.15	16.23	15.30	81.15	1.420
6.20	16.36	15.41	81.80	1.424
6.25	16.49	15.52	82.45	1.427
6.30	16.62	15.63	83.10	1.433
6.35	16.75	15.75	83.75	1.438
6.40	16.88	15.86	84.40	1.443
6.45	17.01	15.97	85.05	1.448
6.50	17.14	16.09	85.70	1.452
6.55	17.27	16.21	86.35	1.457
6.60	17.40	16.32	87.00	1.461
6.65	17.53	16.44	87.65	1.466
6.70	17.66	16.55	88.30	1.470
6.75	17.79	16.66	88.95	1.475
6.80	17.92	16.78	89.60	1.480
6.85	18.05	16.90	90.25	1.485
6.90	18.18	17.01	90.90	1.489
6.95	18.31	17.12	91.55	1.493
7.00	18.45	17.23	92.25	1.498
7.05	18.58	17.35	92.90	1.503
7.10	18.71	17.47	93.55	1.508
7.15	18.84	17.58	94.20	1.513
7.20	18.97	17 69	94.85	1.518
7.25	19.00	17.80	95.50	1.523
7.30	19.23	17.92	96.15	1.527

On opère alors l'inversion Clerget de la manière suivante : Introduire dans un ballon de 100 cc. 110 cc. du liquide déféqué et filtré provenant de la solution de 48 gr. 600 dans 300, jusqu'au trait 100,

ajouter de l'acide chlorhydrique jusqu'à 110 et porter le tout dans
un bain-marie ; chauffer le bain marie de manière qu'au bout de
12 à 15 minutes un thermomètre plongé dans le ballon indique 68°.
On peut encore laisser 10 minutes dans un bain marie à 68°, retirer
alors le sus dit ballon et le laisser refroidir naturellement. Filtrer
et polariser. La filtration se fera sur du noir, si le liquide est trop
coloré, et au besoin on laissera le liquide et le noir en présence
dans un verre durant 4 à 5 minutes en agitant de temps en temps.
La polarisation se fait dans des tubes spéciaux garnis de verre
intérieurement et portant une tubulure qui permet d'introduire un
thermomètre dans le liquide. Cette fois, c'est à gauche du zéro
que la lecture est faite. On prend la température du liquide au
moment de l'observation.

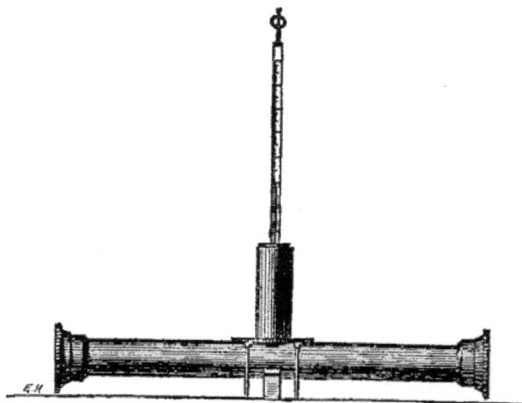

Fig. 324. — Tube de polarisation.

Soit 62,5 la polarisation directe, 16 le chiffre lu à l'inversion ; il
faut ajouter 1/10, ce qui fait 17,6 ; 20 la température, on aura

$$\text{Sucre par inversion} = \frac{62,5 \quad 17,6}{144-05, \times 20}.$$

$$\text{ou généralement} \quad \frac{100\ S}{144-0,5\ T}$$

$$\text{On applique encore la formule} \quad \frac{100\ S}{144,16035-0,50678\ T}$$

M. Casamajor a calculé $\frac{100}{144-0,5\ T}$ pour toutes les températures
variant entre 10° et 41°, ce qui permet de multiplier de suite
S par le chiffre de son tableau correspondant à la température
trouvée.

On fait aussi quelquefois usage de la formule de Creydt
S = 0,613 A — 1, 209 B ; A étant le résultat de polarisation directe
et B le résultat lu pour l'inversion augmenté de 1/10; pour cal-

Tableau de Casamajor

TEMPÉRATURE en degré C.	Valeur de 100 $\overline{144-0,5T}$	TEMPÉRATURE en degré C.	Valeur de 100 $\overline{144-0,5T}$	TEMPÉRATURE en degrés C.	Valeur de 100 $\overline{144-0,5T}$	TEMPÉRATURE en degré C.	Valeur de 100 $\overline{144-0,5T}$
10	0.719	18	0.740	26	0.763	34	0.787
11	0.722	19	0.743	27	0.766	35	0.790
12	0.724	20	0.746	28	0.768	36	0.793
13	0.727	21	0.749	29	0.771	37	0.796
14	0.730	22	0.752	30	0.774	38	0.800
15	0.732	23	0.754	31	0.777	39	8.803
16	0.735	24	0.757	32	0.780	40	0.806
17	0.738	25	0.760	33	0.784	41	0.810

culer la raffinose on applique la formule R, $= \frac{A-S}{1,80}$ C, dans ce cas le liquide inverti doit être à 20°, au moment de l'observation polarimétrique. Suivant les opérateurs, le temps de chauffage et la manière de chauffer changent ; de plus on s'est préoccupé beaucoup de l'influence que peut avoir l'excès de plomb qui neutralise une partie de l'acide chlorhydrique. L'association des chimistes de sucrerie a longuement étudié ces questions et s'est arrêtée à la manière d'opérer suivante qui est a très peu près celle que nous venons de donner, seulement après un chauffage de 10 minutes nous aimons mieux laisser refroidir naturellement le ballon que de nous servir pour cela d'un courant d'eau froide.

On pèse le double du poids normal, soit $2 \times 16,20 = 32$ gr. 40 (pour le saccharimètre Laurent) que l'on dissout avec de l'eau ordinaire dans une fiole jaugée de 200 cc. Après refroidissement et mélange bien homogène, on ajoute la quantité de sous-acétate de plomb à 30° Bé nécessaire pour produire la défécation. On peut reconnaître facilement que le sous-acétate de plomb est ajouté en quantité suffisante, en l'introduisant dans la fiole à l'aide d'une burette ou d'une pipette, et en imprimant en même temps au liquide un léger mouvement giratoire. L'addition du sel plombique produit d'abord des stries blanchâtres allant rapidement en augmentant au sein de la masse brune ou jaunâtre du liquide. Quand toute la masse est devenue blanchâtre ou grise, on s'arrête ;

la quantité de sous-acétate ajouté est suffisante ; il en existe même un léger excès qui n'a d'ailleurs aucun inconvénient.

La quantité de sous-acétate à 30° B^e à employer varie, suivant les mélasses, entre 5 et 10 p. 100 du volume du liquide.

Après l'addition du sel de plomb, on complète le volume à 200 cc. avec de l'eau, on agite, on filtre et on polarise.

On introduit ensuite une partie du liquide filtré dans une fiole jaugée à 50-55 cc jusqu'au trait 50 cc ; puis on y ajoute 5 cc d'acide chlorhydrique pur et fumant. On agite pour que le mélange soit complet, et l'on place la fiole dans un bain-marie à double fond. La température est portée jusqu'à + 68° au moyen d'une lampe à alcool ou d'un bec Bunsen, en réglant la flamme de manière à ce qu'il faille environ 10 à 12 minutes pour arriver à cette température Au bout de 12 minutes, on retire la fiole du bain-marie et on la dépose dans un vase rempli d'eau froide afin de ramener le liquide à la température ambiante.

Après refroidissement le volume n'a pas changé ; on filtre, s'il y a lieu, et l'on polarise dans un tube garni de verre intérieurement et de 22 cm de longueur. (Il n'y a pas alors à ajouter 1/10.)

Si le liquide est coloré, on le décolore très facilement par l'addition avant filtration d'un gramme environ de noir animal pulvérisé, absolument sec.

On détermine soigneusement la température du liquide interverti au moment de l'observation saccharimétrique. Pour ne pas commettre d'erreur à cet égard, nous recommandons de ne faire la polarisation que quand le liquide est revenu à la température ambiante du laboratoire.

On calcule ensuite le sucre cristallisable par la formule de Clerget : Sucre $= \frac{100 \; S}{144 - 1/2 \, t}$

Nous allons maintenant décrire quelques essais que nous avons effectués pour nous rendre compte de l'influence du noir, de la quantité de sous-acétate de plomb et de la durée de chauffage.

1re *Série d'expériences.* — Avoir fait dissoudre 20 gr. de sucre dans 200 cc ; avoir introduit 50 cc de la susdite solution dans deux ballons de 50 cc - 55 cc, avoir ajouté 5 c d'acide chlorhydrique et avoir fait chauffer dans un bain-marie porté en 20 minutes à 68°. Le liquide a été refroidi au moyen d'un courant d'eau froide et filtré ; celui du ballon n° 1, après avoir été agité durant 5 minutes avec 5 gr. de noir animal. Les deux résultats lus au saccharimètre ont été 33,4 à la même température.

2ᵉ *Série d'expériences.* — (Nous avons cru devoir faire l'inversion sulfurique telle qu'elle est encore pratiquée souvent en Allemagne ; les chimistes de ce pays faisant quelquefois des analyses contradictoires avec nous.)

Avoir fait dissoudre 5 gr. de mélasse dans 500 cc, avoir prélevé 200 cc du liquide obtenu et l'avoir déféqué avec 20 cc de sous-acétate de plomb à 35° Bé.

Avoir fait la même opération, mais avoir déféqué avec 10 cc du susdit sous-acétate de plomb.

1°. Déféqué avec 20 cc. chauffé dans un bain-marie porté en 20' à 68°.. 14, 2

2°. Déféqué avec 10 cc. chauffé dans un bain-marie porté en 20' à 68°.. 14, 1

3°. Déféqué avec 20 cc. chauffé dans un bain-marie porté en 20' à 68°, inversion faite avec acide sulfurique à 4 d'acide pour 1 d'eau... 14, 00

4°. Déféqué avec 10 cc. chauffé dans un bain-marie porté en 10' à 68° et avoir refroidi rapidement...... .... 9, 4

3ᵉ *Série d'expériences.* — Avoir fait dissoudre 50 gr. dans 500 cc. avoir prélevé 400 cc. de la solution obtenue et avoir déféqué avec 20 cc de sous-acétate de plomb à 35° Bé ; avoir fait les inversions comme il suit avec le liquide filtré ;

1° Avec 5 cc. d'acide chlorhydrique, avoir chauffé dans un bain-marie amené à 68° en 20'......................... 15, 00

2° Avec 4 cc. d'acide chlorhydrique et affleuré à 55 cc. avec eau distillée, bain marie amené à 68° en 20'.............. 14, 90

3° Avec 3 cc. d'acide chlorydrique et affleuré à 55 cc. avec eau distillée, bain-marie amené à 68° en 20 minutes...... 10, 30

4° Avec 5 cc. d'acide chlorhydrique, chauffage au bain-marie porté en 8' à 68° et maintenu à cette température pendant 20'. 15, 00

5° Avec 5 cc acide chlorydrique, bain-marie porté en 8' à 68° et refroidissement lent sous l'influence de la températrure du laboratoire... 15, 10

6° Avec 5 cc acide chlorydrique, bain-marie porté en 8' à 68° et refroidissement sous courant d'eau................. 5, 00

Il résulterait de ces expériences : 1° que le noir dans les proportions employées n'absorbe pas le sucre interverti d'une manière sensible;

2° Que 4 cc d'acide chlorhydrique suffisent pour faire l'inversion, par conséquent qu'un excès de sous-acétate qui ne saturera pas plus de 1^{cc} d'acide n'aura pas d'influence;

3° Que les résultats devront concorder, suivant qu'on chauffera rapidement, maintenant ensuite 20′ la température à 68°; suivant qu'on amènera la température à 68° en 20′, et qu'on laissera refroidir lentement; suivant qu'on amènera rapidement la température à 68°; chauffer rapidement donneraient des résultats trop faibles (1).

M. Lindet dans un mémoire présenté à l'académie des sciences a proposé une méthode destinée à remplacer l'inversion Clerget :

M. Courtonne dans le bulletin de l'association des chimistes de Mai 1890 donne le mode opératoire de la méthode Lindet, puis la méthode Lindet modifiée par lui.

Méthode Lindet. Mode opératoire. — Peser 16 gr. 20 ou un multiple de sucre ou de mélasse, dissoudre dans l'eau, déféquer avec le sous-acétate de plomb et compléter avec de l'eau le volume de 100 cc ou un multiple. Observer la liqueur filtrée au saccharimètre pour avoir la déviation directe (A).

Verser 20 cc de cette liqueur filtrée dans une fiole de 50 cc environ) contenant 5 gr. de zinc en poudre exactement pesés; suspendre cette fiole dans l'eau ou la vapeur d'un bain-marie bouillant. Après quelques instants, ajouter peu à peu, en 4 ou 5 fois, toutes les 5 minutes par exemple, 10 cc d'acide chlorydrique étendu de son volume d'eau, soit 5 cc d'acide chlorydrique pur.

Quelques minutes après la dernière addition, laisser refroidir ou refroidir artificiellement la fiole, décanter la liqueur sur un très petit filtre sans plis au-dessus d'un ballon jaugé de 50 cc, laver le zinc inattaqué à plusieurs reprises, avec très peu d'eau chaque fois de façon à compléter le volume de 50 cc, exactement mesuré à 20°.

(1) D'après les expériences de M. Lacombe et de divers autres chimistes, la méthode Clerget ne serait exacte que vers 17°-22°; nous avons vérifié ce fait.

La déviation observée, multipliée par 2, 5 donnera la déviation (B) qui aurait été produite par la liqueur pure.

Méthode Lindet modifiée par M. Courtonne. Mode opératoire. Peser 2 ou 3 fois le poids normal (16 gr. 20) du sucre ou de la mélasse, dissoudre dans l'eau et faire un volume de 200 cc ou 300 cc sans addition de sous-acétate de plomb.

Agiter puis opérer comme suit :

Pour avoir la déviation directe (A), prélever un certain volume de la liqueur : 50 cc ou 100 cc; ajouter 1/10 de sous-acétate de plomb, mélanger, filtrer et observer la liqueur filtrée au saccharimètre en augmentant de 1/10 la déviation trouvée.

Pour avoir la déviation après inversion (B), prélever 20 cc de la liqueur initiale (non additionnée de sous-acétate de plomb), verser dans une fiole jaugée de 50 cc contenant 5 gr. de zinc en poudre et placée, comme il a été dit, dans l'eau ou la vapeur du bain-marie bouillant. Ajouter l'acide à intervalles aussi rapprochés qu'on le voudra avec la seule précaution d'éviter un débordement dû à l'action d'une trop grande quantité d'acide sur le zinc.

L'inversion terminée, refroidir ou laisser refroidir la fiole comme plus haut, compléter le volume de 50 cc et observer la liqueur décantée ou filtrée.

Le volume occupé par le zinc non attaqué étant égal à 1/2 centim. cube, la déviation trouvée devra être multipliée par 2,475 pour la déviation (B) qui aurait été produite par la liqueur pure.

A. La déviation directe
B. La déviation après inversion
C. La somme des déviations

On calcule les proportions de sucre (S) et de raffinose R contenues dans le produit analysé au moyen de ces deux formules de Creydt :

$$S = \frac{C - 0,489\,A}{0,810} \qquad R = \frac{A - S}{1,54}\ (1)$$

Les pouvoirs rotatoires adoptés dans les expériences faites sont les suivants : Pouvoir rotatoire du sucre (+ 67°3), du sucre

(1) Cette formule se rapportant à la raffinose hydratée 1,54, devient 1.80 pour la raffinose anhydre.

interverti (— 20°1), de la raffinose (+ 103°6), de la raffinose interverti (+ 53°).

Je dois ajouter que les liqueurs ainsi interverties sont absolument incolores; on n'a donc pas de noir à employer et la lecture au saccharimètre ne présente aucune incertitude : c'est là un avantage qui n'est pas négligeable.

Une masse cuite de betteraves provenant d'un bon travail ne doit pas contenir de glucose, mais il en est pas toujours ainsi.

Dosage du glucose. — Peser 30 gr. de masse cuite, déféquer avec un excès de sous-acétate de plomb, filtrer, introduire 50 cc du liquide filtré dans un ballon de 100cc; ajouter du sulfate°de soude pour précipiter l'excès du sous-acétate de plomb, affleurer à 100 et filtrer ; introduire ce liquide filtré dans une burette graduée en 1/10 de cc. Introduire dans un tube à essai 2 cc de liqueur cuivrique (plus, si la masse cuite contient beaucoup de glucose); ajouter à la liqueur cuivrique un peu de soude caustique, puis faire bouillir avec quelques morceaux de pierre ponce en versant de la liqueur sucrée jusqu'à ce que la partie supérieure du liquide, une fois le précipité déposé, soit jaune paille. Lire sur la burette et calculer.

Si la masse cuite contenait beaucoup de glucose, on pourrait opérer comme au dosage du sucre dans les jus de betteraves par inversion, en regardant si une goutte de liqueur sucrée forme encore un précipité dans le contenu du tube décanté.

Soit employés 7 cc de liqueur sucrée pour 2 cc de liqueur de cuivre, on aura: Glucose $\% = \frac{0,01 \times 100 \times 100}{7 \times 15} = 0,95$

On peut encore doser la glucose par la méthode pondérale, mais celle-ci n'est pas aussi simple qu'on pourrait le croire au premier abord, le pouvoir réducteur des glucoses variant avec l'excès de liqueur de cuivre qui sera chauffée ; on ajoute à l'ébullition une certaine quantité du liquide sucré et on filtre rapidement sur deux filtres tarés de même poids placés l'un dans l'autre, on lave trois fois à l'eau chaude et on sèche séparément les deux filtres à l'étuve chauffée à 90°, on retranche du poids du filtre contenant le précipité le poids de l'autre filtre afin de tenir compte du peu de cuivre retenu, par un filtre analogue à celui qui a servi. Le poids trouvé donne la quantité de protoxyde correspondante à la glucose contenue dans la liqueur sucrée employée, on transforme

Table d'Allih'n pour la détermination du sucre cristallisable
et du sucre interverti, en milligrammes.

CUIVRE MILLIGRAM.	INCRIST. MILLIGRAM.	CRISTALL. MILLIGRAM.	CUIVRE MILLIGRAM.	INCRIST. MILLIGRAM.	CRISTALL. MILLIGRAM.	CUIVRE MILLIGRAM.	INCRIST. MILLIGRAM.	CRISTALL. MILLIGRAM.
10	6.1	5.8	75	38.3	36.4	140	71.3	67.7
11	6.6	6.3	76	38.8	36·9	141	71.8	68.2
12	7.1	6.7	77	39.3	37.3	142	72.3	68.7
13	7.6	7.2	78	39.8	37.8	143	72.9	69.2
14	8.1	7.7	79	40.3	38.3	144	73.4	69.7
15	8.6	8.2	80	40.8	38.8	145	73.3	70 2
16	9	8.6	81	41.3	39.3	146	74.4	70.7
17	9.5	9.0	82	41.8	39.8	147	74.9	71.2
18	10.0	9.5	83	42.3	40.3	148	75.5	71.7
19	10.5	10.0	84	42.8	40.8	149	76	72.2
20	11.0	10.5	85	43.4	41.3	150	76.5	72.7
21	11.5	10.9	86	43.9	41.8	151	77	73.2
22	12.0	11.4	87	44.4	42.3	152	77.5	73.7
23	12.5	11.9	88	44.9	42.8	153	78.1	74.2
24	13.0	12.4	89	45.4	43.4	154	78.6	74.7
25	13.5	12.8	90	45.9	43.6	155	79.1	75.2
26	14.0	13.3	91	46.4	44.0	156	79.6	75.6
27	14.5	13.8	92	46.9	44.6	157	80.1	76.1
28	15.0	14.3	93	47.4	45.0	158	80.7	76.6
29	15.5	14.7	94	47.9	45.5	159	81.2	77.1
30	16.0	15.2	95	48 4	46	160	81.7	77.6
31	16.5	15.7	96	48.9	46.5	161	82.2	78.1
32	17.0	16.1	97	49.4	47.0	162	82 7	78.6
33	17.5	16.6	98	49.9	47.4	163	83.3	79.1
34	18.0	17.1	99	50.4	47.9	164	83.8	79.6
35	18.5	17.6	100	50.9	48.4	165	84.3	80.1
36	18.9	18.0	101	51.4	48.9	166	84.8	80.6
37	19.4	18.5	102	51.9	49.4	167	85.3	81.1
38	19.9	19.0	103	52.4	49.8	168	85.9	81.6
39	20.4	19.4	104	52.9	50.3	169	86.4	82.1
40	20.9	19.9	105	53.5	50.8	170	86.9	82.6
41	21.4	20.4	106	54	51.3	171	87.4	83.1
42	21.9	20.8	107	54.5	51.8	172	87.9	83.6
43	22.4	21.3	108	55	52.2	173	88.5	84.1
44	22.9	21.8	109	55.5	52.7	174	89.0	84.6
45	23.4	22.3	110	56	53 2	175	89.5	85.1
46	23 9	22.7	111	56.5	53.7	176	90.0	85.5
47	24.4	23.2	112	57	54.2	177	90.5	86
48	24.9	23.7	113	57.5	54.6	178	91.1	86.5
49	25.4	24.1	114	58	55.1	179	91.6	87
50	25.9	24.6	115	58.6	55.6	180	92.1	87.5
51	26.4	25.1	116	59.1	56.1	181	92.6	88
52	26.9	25.5	117	59.6	56 6	182	93.1	88.5
53	27.4	26.0	118	60.1	57	183	93.7	89
54	27.9	26.5	119	60.6	57.7	184	94.2	89.5
55	28.4	27.0	120	61.1	58	185	94.7	90
56	28.8	27.4	121	61.6	58.5	186	95.2	90.4
57	29.3	27.9	122	62.1	59.0	187	95.7	90.9
58	99.8	28.4	123	62.6	59.5	188	96.3	91.4
59	30.3	28.8	124	63.1	60	189	96 8	91.9
60	30.8	29.3	125	63.7	60.5	190	97.3	92.4
61	31.3	29.8	126	64.2	60.9	191	97.8	92.9
62	31.8	30.2	127	64.7	61.4	192	98.4	93.4
63	32.3	30.7	128	65.2	61.9	193	98.9	93.9
64	32.8	31.2	129	65.7	62.4	194	99.4	94 4
65	33.3	31.7	130	66.2	62.9	195	100.0	95
66	33.8	32.1	131	66.7	63.4	196	100.5	95.5
67	34.3	32.6	132	67.2	63.9	197	101	96
68	34.8	33.1	133	67.7	64.3	198	101.5	96.5
69	35.3	33.5	134	68.2	64 8	199	102	97
70	35.8	34 0	135	68.8	65.3	200	102.6	97.5
71	36.3	34.5	136	69.3	65.8	201	103.1	98
72	36.8	35.0	137	69.8	66.3	202	103.7	98.5
73	37.3	35.4	138	70.3	66.7	203	104.2	99
74	37.8	35.9	139	70.8	67.2	204	104.7	99.5

CUIVRE MILLIGRAM.	INCRIST. MILLIGRAM.	CRISTALL. MILLIGRAM.	CUIVRE MILLIGRAM.	INCRIST. MILLIGRAM.	CRISTALL. MILLIGRAM.	CUIVRE MILLIGRAM.	INCRIST. MILLIGRAM.	CRISTALL. MILLIGRAM.
205	105.3	100	276	3.3	6.1	347	2.6	3.5
206	105.8	0.5	277	3.9	6.6	348	3.2	4
207	106.3	1.0	278	4.4	7.2	349	3.7	4.6
208	106.8	1.5	279	5.0	7.7	350	4.3	5.1
209	107.4	2	280	5.5	8.2	351	4.9	175 6
210	107.9	2.5	281	6.1	8.7	352	5.4	6.2
211	108.4	3.0	282	6.6	9.3	353	6.0	6.7
212	109.0	3.5	283	7.2	9.8	354	6.6	7.3
213	109.5	4	284	147.7	140.3	355	7.2	7.8
214	110	4.5	285	8.3	0.9	356	7.7	8.3
215	110.6	5	286	8.8	1.4	357	8.3	8.9
216	1.1	5.5	287	9.4	1.9	358	8.9	9.4
217	1.6	6	288	9.9	2.4	359	9.4	180
218	2.1	6.5	289	150.5	3	360	190.0	0.5
219	2.7	7	290	1.0	3.5	361	0.6	1
220	3.2	7.5	291	1.6	4	362	1.1	1.6
221	3.7	8	292	2.1	4.5	363	1.7	2.1
222	4.3	8.5	293	2.7	5.1	364	2.3	2.7
223	4.8	9	294	3.2	5.6	365	2.9	3 2
224	5.3	9.4	295	3.8	6.1	366	3.4	3.7
225	5.9	110.1	296	4.3	6.6	367	4.0	4.3
226	6.4	0.6	297	4.9	7.1	368	4.6	4.8
227	6.9	1.1	298	5.4	7.7	369	5.1	5.4
228	7.4	1.6	299	6.0	8.2	370	5.7	5.9
229	8.0	2.1	300	6.5	8.7	371	6.3	6.4
230	8.5	2.6	301	7.1	9.2	372	6.8	7
231	9.0	3.1	302	7.6	9.7	373	7.4	7.5
232	9.6	3.6	303	8.2	150.3	374	8.0	8.1
233	120.1	4.1	304	8.7	0.8	375	8.6	8.6
234	0.7	4.6	305	9.3	1.3	376	149.1	189.1
235	1.2	5.2	306	9.8	1.8	377	9.7	9.7
236	1.7	5.7	307	160.4	2.3	378	200.3	190.2
237	2 3	6.2	308	0 9	2.9	379	0.8	0.8
238	122.8	116.7	309	1.5	3.4	380	1.4	1.3
239	3.4	7.2	310	2.0	3.9	381	2.0	1.8
240	3.9	7.7	311	2.6	4.4	382	2.5	2.4
241	4.4	8.2	312	3.1	4.9	383	3.1	2.9
242	5.0	8.7	313	3.7	5.5	384	3.7	3.5
243	5.5	9.2	314	4.2	6	385	4.3	4
244	6.0	9 7	315	4.8	6.5	386	4.8	4.5
245	6.6	120.2	316	5.3	7	387	5.4	5.1
246	7.1	0.7	317	5 9	7.5	388	6.0	5.6
247	7.6	1.2	318	6.4	8.1	389	6.5	6.2
248	8.1	1.7	319	7.0	8.6	390	7.1	6.7
249	8.7	2.2	320	7.5	9.1	391	7.7	7.3
250	9.2	2.7	321	8.1	9.6	392	8.3	7.8
251	9.7	3.2	322	8.6	160.2	393	8.8	8.4
252	130.3	3.7	323	9.2	0.7	394	9.4	8.9
253	0.8	4.3	324	9.7	1.2	395	210.0	9.5
254	1.4	4.8	325	170.3	1.8	396	0.6	200.1
255	1.9	5.3	326	0.9	2.3	397	1.2	0.6
256	2.4	5.8	327	1.4	2.8	398	1.7	1.2
257	3.0	6.3	328	2.0	3.3	399	2.3	1.7
258	3.5	6.9	329	2.5	3.9	400	2.9	2.3
259	4.1	7.4	330	173.1	4.4	401	213.5	202.9
260	4.6	7.9	331	3.7	4.9	402	4.1	3.4
261	5.1	8.4	332	4.2	5.5	403	4.6	4
262	5.7	8.9	333	4.8	6	404	5.2	4.5
263	6.2	9.4	334	5.3	6.6	405	5.8	5.1
264	6.8	9.9	335	5.9	7.1	406	6 4	5.6
265	7.3	130.5	336	6.5	7.6	407	7.0	6.2
266	7.8	1.0	337	7.0	8.2	408	7.5	6.7
267	8.4	1.5	338	7.6	8.7	409	8.1	7.3
268	8.9	2 0	339	8.1	9.3	410	8.7	7.8
269	9.5	2.5	340	8.7	9 8	411	9.3	8.4
270	110.0	3.0	341	9.3	170.3	412	9.9	8.9
271	0.6	3.5	342	9.8	0.9	413	220.4	9.5
272	1.1	4.0	343	180.4	1.4	414	1.0	210
273	1.7	4.6	344	0.9	1.9	415	1.6	0.6
274	2.2	5.1	345	1.5	2.5	416	2.2	1.1
275	2.8	5.6	346	2.1	3	417	2.8	1.7

CUIVRE MILLIGRAM.	INCRIST. MILLIGRAM.	CRISTALL. MILLIGRAM.	CUIVRE MILLIGRAM.	INCRIST. MILLIGRAM.	CRISTALL. MILLIGRAM.	CUIVRE MILLIGRAM.	INCRIST. MILLIGRAM.	CRISTALL. MILLIGRAM.
418	3.3	2.2	429	9.8	8.3	440	6.3	4.5
419	3.9	2 8	430	230.4	8.9	441	6.9	5.1
420	4.5	3.3	431	1.0	9.5	442	7.5	5.6
421	5.1	3.9	432	1.6	220.0	443	8.1	6.2
422	5.7	4.4	433	2.2	0.6	444	8.9	6.7
423	6.3	5	434	2.8	1.1	445	9.3	7.3
424	6.9	5.5	435	3.4	1.7	446	9.8	7.9
425	7.5	6.1	436	3.9	2.3	447	240.4	8.4
426	238.0	216.7	437	4.5	2.8	448	1.0	9
427	8.6	7.2	438	5.1	3 4	449	1.6	9.5
428	9.2	7.8	439	5.7	3.9	450	2.2	220.1

par le calcul ce protoxyde en cuivre et on consultera la table d'Allih'n ci-dessus.

Sels. — Peser 5 grammes de masse cuite dans une capsule tarée, y ajouter 2 cc. environ d'acide sulfurique et incinérer. Pour les masses cuites des derniers jets, il est bon comme pour les jus de betteraves d'ajouter un peu de sucre blanc.

Le poids de cendres × 20 et par 0,9 donne les sels 0/0 de masse cuite.

On peut encore faire les cendres en remplaçant l'acide sulfurique par l'oxyde de zinc ou l'acide benzoïque.

Si l'on veut ne pas faire une nouvelle pesée, on peut doser les sels sur 15 cc. de la solution des 50 grammes dans 250. On opère alors sur 3 grammes, le résultat trouvé devra alors être divisé par 3, puis × 100 et × 0,9 ce qui revient à multiplier par 30 dans le cas des cendres sulfuriques.

— Nous préférons le dosage des cendres sur la solution au dosage sur une pesée spéciale de masse cuite, car dans le premier cas une erreur de pesée n'aura aucune influence sur le coefficient salin.

Eau. — Etaler sur une petite plaque de verre tarée 1 à 2 gr. de masse cuite. Peser. Porter à l'étuve à 110° jusqu'à poids constant. Soit a le poids du verre, b le poids du verre + la masse cuite humide, c le poids du verre + la masse cuite sèche; on aura

$$\text{Eau } 0/0 = \frac{100\,(b-c)}{b-a}$$

A notre avis ce procédé est défectueux, il donne des chiffres trop forts du fait de l'altération des matières organiques ; nous préférons doser l'eau sur un poids connu de masse cuite mélangée avec un poids connu de verre pilé ou de silice sèche, ou bien encore sur un certain volume de la dissolution des 50 gr. dans 250 cc.

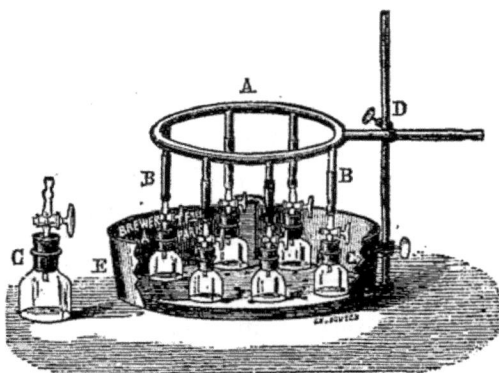

Fig. 325. — Dessicateur Courtonne.

Différents appareils ont été imaginés pour doser rapidement l'eau des masses cuites ou des mélasses ; nous décrirons le dessicateur Courtonne et le dessicateur Laugier.

Dessicateur Courtonne. — Il se compose d'un tube en cuivre A affectant la forme d'un cercle ; ce tube est relié par un autre D à une trompe à eau ou à la conduite d'aspiration du triple effet.

Des tubulures B sont fixées sur le tube A ; elles aboutissent aux flacons dans lesquels on a placé un poids de masse cuite variant entre 1 et 2 grammes ; tous ces flacons plongent dans un bain marie chauffé aux environs de 100°. Avec cet appareil il faut une demi-heure, dit M. Courtonne, pour dessécher complètement 2 grammes de masse cuite.

Dessicateur Laugier. — Cet appareil a pour but d'éviter les altérations qui peuvent se produire pendant la dessication au contact de l'oxygène de l'air ; l'évaporation de l'eau du corps à dessécher se produit dans un courant de gaz d'éclairage épuré.

Le gaz passe par 3 éprouvettes contenant l'une du chlorure de calcium qui le dessèche, la 2e de la pierre ponce imbibée d'acide sulfurique qui retient les hydrocarbures et l'ammoniaque, la 3e de la soude caustique qui retient l'acide carbonique et l'hydrogène sulfuré.

A sa sortie de la 3e éprouvette le courant gazeux arrive dans une boîte cylindrique dans laquelle est placée la capsule contenant la masse cuite ; sur la tubulure de sortie de gaz on fixe un tube de caoutchouc qui est relié à un bec Bunsen qui chauffe la boîte-étuve.

Matières organiques. Les matières organiques se dosent généralement par différence.

Soit S le sucre ; C les cendres 0/0, E l'eau 0/0, on aura

Mat. org. 0/0 = 100 — (S+C+E).

Chaux. — *Par l'oxalate.* — On peut doser la chaux par l'oxalate d'ammoniaque sur un certain volume de solution des 50 gr. dans 250 comme on l'a dit pour les jus.

Par hydrotimétrie. — Introduire 20 cc. de la solution des 50 gr. dans 250 dans le flacon à hydrotimétrie et opérer comme pour un jus.

Supposons que nous ayions employé 9 divisions de liqueur hydrotimétrique ; cela veut dire que dans 1 litre de la solution de masse cuite il y a 0 gr. 0057 × 9 = 0,051 de chaux ; or ce litre de solution représente 200 grammes de masse cuite ; la chaux 0/0 est donc $\frac{0,051}{2}$ = 0,0255.

Alcalinité en chaux. — On se sert d'une liqueur sulfurique préparée d'une manière analogue à la liqueur à 35 gr. comme il a été dit à l'analyse des jus, mais liqueur contenant 17 cc. 500 d'acide monohydraté pur par litre ; il ne faut mettre aucun indicateur dans cette liqueur.

On peut encore obtenir cette liqueur en diluant de son volume une certaine quantité de liqueur à 35 gr. On introduit dans un verre 50 cc. de la solution de mélasse à 50 gr. dans 250 ; au moyen d'un agitateur on en pose une goutte sur un morceau de papier de tournesol neutre ; à moins d'une mauvaise masse cuite, le papier bleuit, car le liquide est alcalin. On verse alors quelques gouttes de liqueur sulfurique placée dans une burette, on agite et on pose de nouveau une goutte sur le papier de tournesol ; on continue ainsi jusqu'à ce que la liqueur ne change plus la coloration du papier neutre.

Soit employé 1 cc. 9 de liqueur sulfurique, l'alcalinité en

chaux est 0,19. Elle est donc indiquée directement par le nombre de dixièmes de cc. de liqueur employée.

Voyons pourquoi :

1 dixième de cc. de liqueur contient 0 gr. 00175 d'acide sulfurique, ce qui correspond à

$$\frac{0,001754 \times 28}{49} = 0 \text{ gr. } 0010 \text{ de chaux.}$$

19 dixièmes correspondent à 0 gr. 019.

L'alcalinité en chaux des 50 cc. de masse cuite diluée, c'est-à-dire de 10 gr. de masse cuite est donc 0,019, et celle de 100 gr. 0,19.

Le *coefficient salin* s'obtient comme toujours en divisant le sucre 0/0 par les cendres 0/0

Pureté. — On peut calculer la pureté réelle : c'est, nous l'avons vu, la quantité de sucre 0/0 de matières sèches. Retranchant l'eau 0/0 de masse cuite de 100 on a les matières sèches 0/0 ; connaissant le sucre 0/0 le calcul est simple à faire.

Aspect de la dessication. — M. Leplay a indiqué la méthode suivante pour observer les tendances à la fermentation des masses cuites.

Quand la masse cuite desséchée sur une plaque de verre est rafraîchie, elle peut présenter différents aspects dont on tire des conclusions :

Aspect	*Conclusion*
Transparence et craquelage ou transparence seule.	Travail normal.
Léger craquelage et soulèvements.	Tendance à la fermentation, précautions à prendre.
Masse nébuleuse, opacité spongieuse, aspect du pain d'épices.	Masse cuite fermentée ou sur le point de fermenter, augmenter l'alcalinité.

On peut encore calculer les coefficients organique et calcique ; pour certains chimistes le coefficient organique est représenté par les matières organiques 0/0 de sucre, pour d'autres par les matières organiques 0/0 de non sucre sec.

Le coefficient calcique est pour les uns la chaux 0/0 de sucre, pour d'autres la chaux 0/0 de cendres, ce qui est plus rationnel.

Détermination du sucre perdu au turbinage du fait de l'élimination
des petits cristaux et de la fonte par le clairçage.

La méthode que nous allons décrire a été proposée par M. Dupont dans le bulletin de l'association des chimistes ; elle consiste à analyser l'égoût de la masse cuite en expérience, cet égoût obtenu comme nous le verrons plus loin. On analyse d'autre part la masse cuite.

La polarisation des cristaux de sucre peut être représentée par 100, soit

p	—	la polarisation des cristaux de sucre.
p'	—	de l'eau-mère.
a	—	de la masse cuite.

m le poids de la masse cuite
x le poids de sucre cristallisé pour m de masse cuite.
y le poid de l'égout.

on a $\quad px + p'y = ma$
$\quad\quad x + y = m$

d'où $\quad x = m - y$
$\quad\quad p(m-y) + p'y = ma$
$\quad\quad pm - py + p'y = ma$

et comme $\quad py < p'y$
$\quad\quad y(p-p') = pm - ma$
$$y = \frac{pm - ma}{p - p'}$$

si on suppose $m = 1$

il vient $\quad y = \dfrac{p-a}{p-p'}$, et $x = 1 - y$

$\quad\quad$ ou $x = \dfrac{a-p'}{p-p'}$ et puisque $p = 100$ $x = \dfrac{a-p'}{100-p'}$

On voit donc qu'il suffit pour connaître le poids de sucre cristallisé pour 100 de masse cuite de polariser l'égout et la masse cuite. Connaissant la densité de la masse cuite, on déduira facilement le poids 0/0 des cristaux à l'hectolitre ; la différence du nombre trouvé et du rendement au turbinage à l'hectolitre donnera ce qu'on est convenu d'appeler la « freinte ».

M. Dupont conseille, pour obtenir l'égout, de chauffer à 85° un poids de masse cuite quelconque et de la passer dans une essoreuse dont la toile est recouverte d'un tissu de flanelle.

Lorsque nous effectuons des essais semblables, nous nous passons d'essoreuse et nous nous servons de l'appareil suivant :

Un entonnoir métallique entre par sa partie rétrécie dans un trou percé dans le fond d'une boîte en fer blanc, une soudure est faite en cet endroit, afin de rendre la boîte étanche. Deux trous munis de goulottes sont pratiqués dans la susdite boîte, l'un à sa partie inférieure sert d'arrivée à un courant d'eau chaude, l'autre à sa partie supérieure sert de trop plein. Dans l'entonnoir métallique vient se placer un petit panier en toile de turbine destiné à recevoir la masse cuite à essorer, un couvercle évite l'entrée des poussières sur cette masse cuite ; le tout est supporté par trois pieds. On voit qu'avec cet appareil la masse cuite est chauffée par le courant d'eau chaude et la mélasse coulant de l'extrémité inférieure de l'entonnoir est recueillie dans une capsule.

Comme le dit M. Dupont, la méthode est basée sur ce fait que l'égout obtenu de la masse cuite a la même composition que celui qui reste autour des cristaux, car la différence entre le 0/0 de sucre du premier égout qui s'écoule et du dernier est inférieure à 0,50 ; nous sommes d'accord sur ce point avec l'inventeur de la méthode, nous avons en effet trouvé sur une même masse cuite pour le 1er et le dernier égout 62,90 et 63,40.

SUCRES. — MÉLASSES. — ÉGOUTS RICHES

SUCRES.

Prise de l'échantillon. — Quand l'échantillon doit être pris sur un tas de sucre mélangé, on sonde en faisant le tour du tas à différentes hauteurs.

Si on se trouve en présence de sucre ensaché, on sonde tous les 2, tous les 3, tous les 5 sacs par exemple.

On mélange bien tout ce qui a été prélevé et l'on prend une petite partie de ce mélange.

Polarisation directe. — Peser 16 gr. 20 de sucre avec le saccharimètre Laurent à graduation ordinaire et 10 gr. avec la graduation Vivien ; faire passer le tout au moyen d'un entonnoir à queue écourtée dans un ballon de 100 cc., faire dissoudre, déféquer avec du sous-acétate de plomb, affleurer à 100, filtrer et polariser. Le résultat est donné directement par la lecture.

Cendres. — Peser 5 gr. de sucre dans une capsule tarée, verser dessus environ 1 cc. d'acide sulfurique goutte à goutte, au moyen d'une pipette ; chauffer légèrement, soit à l'étuve, soit au bain de sable, soit sur le bord de la moufle; quand toute la matière est carbonisée, incinérer jusqu'à disparition de parcelles noires de charbon. Peser et calculer le 0/0 de cendres en multipliant par 0,9 comme pour une masse cuite.

Eau. — Peser 5 gr. de sucre dans une capsule tarée, porter à l'étuve chauffée à 105° et laisser 2 à 3 heures ou mieux jusqu'à poids constant. Peser de nouveau et calculer l'eau 0/0.

Glucose. — Comme pour une masse cuite.

Matières organiques. — S'obtiennent en retranchant de 100 la somme de la polarisation directe, des cendres et de l'eau.

Rendement au coefficient $\frac{4}{2}$. — Les factures pour la vente des sucres sont établies sur le coefficient $\frac{4}{2}$. On admet, bien que ces chiffres paraissent un peu élevés, que 1 de cendres empêche la cristallisation de 4 de sucre et que 1 de glucose empêche la cristallisation de 2.

Alors pour obtenir ce rendement on opère ainsi :

Soit P la polarisation directe, C les cendres $0/0$, G le glucose $0/0$ on a :

Rendement au coefficient $\frac{4}{2} = P - (4\,C + 2\,G)$.

Cette méthode a le tort de tenir compte des cendres totales du sucre, bien que les cendres insolubles n'influent pas sur la cristallisation.

La méthode employée par le laboratoire des contributions indirectes est beaucoup plus logique.

Méthode Bardy. — Faire dissoudre 5 fois le poids saccharimétrique dans 250 cc., affleurer et filtrer. Introduire 50 cc. du liquide filtré, c'est-à-dire le poids saccharimétrique dans un ballon de 100, déféquer, affleurer, agiter, filtrer et polariser. Prendre comme résultat directement le chiffre lu.

A l'aide d'une pipette de 12 cc. 346, on introduit ce volume, c'est-à-dire 4 gr. de sucre dans une capsule tarée et on s'en sert pour doser les cendres.

Remarque. — D'après ce qu'on vient de lire, il doit forcément y avoir écart pour un même sucre entre l'analyse commerciale et l'analyse de la régie.

Appelant S les cendres insolubles, R le rendement trouvé par la méthode Bardy, on devra avoir

$$R' = R + 4\,S.$$

Méthode des quatre cinquièmes. — Bien que cette méthode soit maintenant abandonnée et cela avec raison, nous allons la décrire rapidement :

On dosait 1° les cendres ; 2° l'eau ; 3° la glucose ;

on prenait les 4/5 des cendres, soit ; a et on avait alors :

Sucre cristallisable $= 100 - ($Cendres $+$ Eau $+$ Glucose $+ a)$, a représentait soi-disant les matières organiques.

Bien que les procédés de MM. Péligot, Payen et Dumas ne soient plus employés commercialement, nous allons les rappeler rapidement.

Procédé Péligot par élimination. — Dessécher le sucre à 80° et le pulvériser, l'épuiser dans un appareil à épuisement avec de l'alcool à 80° ; évaporer l'alcool et reprendre la matière restante avec de l'alcool absolu ; filtrer et évaporer de nouveau pour avoir le sucre.

Procédé Péligot par calcimétrie. — Ce procédé est basé sur la combinaison du sucre avec de la chaux en excès qui forme $2 (C^{12} H^{11} O^{11})$, 3 Cao.

Dissoudre un poids connu de sucre de manière à former une solution à 6° Bé ; ajouter un poids de chaux éteinte égal à celui du sucre, agiter, filtrer et repasser une 2e fois sur le filtre. Faire l'alcalinité sur un volume déterminé avec une liqueur à 50 gr. de cristallisable. Il y a une correction à faire qui vient de ce que 100 cc. d'eau saturée de chaux neutralisent 4 cc. de la liqueur sulfurique.

Dans le cas où l'on craint que le sucre ne contienne de la glucose on prend un 2e volume connu de la solution filtrée que l'on fait bouillir au bain-marie. S'il n'y a pas de glucose, la liqueur se trouble et reste incolore ; dans le cas contraire, elle devient brune et le titrage effectué est inférieur au 1er, il donne exactement le cristallisable.

Procédé Payen. — *Préparation de la liqueur d'épreuve.* — A un litre d'alcool à 88°, ajouter 50 cc. d'acide acétique à 7°, saturer avec 50 gr. de sucre blanc sec et pulvérisé ; cette saturation a lieu dans ces conditions à 15° ; suspendre, pour maintenir la susdite saturation dans le flacon à liqueur, des chapelets de sucre candi blanc.

Peser 10 gr. de sucre que l'on divise dans un mortier sans le broyer et les introduire dans un tube de 15 millimètres de diamètre et 30 centimètres de longueur, ajouter 10 cc. d'alcool anhydre pour dessécher le sucre, agiter, laisser déposer et décanter. Verser dans le tube 50 cc. de la liqueur d'épreuve, agiter de nouveau, laisser déposer et décanter ; ajouter encore 50 cc. de liqueur d'épreuve et opérer comme précédemment ; laver à l'alcool à 98°, recueillir le sucre, le dessécher et le peser.

Procédé Dumas. — Mélanger 1 litre d'alcool à 85° avec 50 cent. cubes d'acide acétique à 8°, saturer de sucre, on a ainsi une solution qui marque 74° à l'alcoomètre. Introduire 50 gr. de sucre dans 100 cc. de liqueur, agiter, filtrer et prendre le degré alcoométrique. Chaque degré perdu correspond à 1 degré de diminution dans la richesse du sucre.

MÉLASSES.

Densité et degré Baumé. — On prend généralement le degré Baumé ; on peut, si l'on veut, en déduire la densité.

Pour avoir un renseignement exact, il est bon de laisser reposer la mélasse plusieurs heures, avant d'y introduire le pèse et de ne faire la lecture qu'environ 1/2 heure après son introduction.

Le tableau ci-annexé est dû à Collardeau-Vacher ; il sert à ramener à 15° Bé les indications de l'aréomètre.

Dosage du sucre. — Ce dosage s'effectue par la polarisation directe et inversion Clerget, comme pour une masse cuite ; dans le cas où l'on ne veut doser que le sucre, on pèse 16 gr. 20 dans 100, ou dans 200 si la mélasse est fort colorée. Avec la graduation Vivien, on devra peser 10 gr. dans 100, ou 20 dans 200.

M. Leplay dans tous ses bulletins d'analyse de mélasse et de masse cuite, donnait le sucre cristallisable par la liqueur cuivrique après inversion ; il obtenait l'inversion au moyen de l'acide chlorhydrique. Inutile, pensons nous, de décrire le procédé analogue à celui qui a été indiqué aux jus de betteraves.

M. Leplay donnait encore ce qu'il appelait le sucre optiquement neutre ; il l'obtenait en retranchant du cristallisable par inversion cuivrique la somme du cristallisable par rotation, de la glucose et de ses dérivés.

Certains chimistes se servent d'acide sulfurique, au lieu d'acide chlorhydrique ; enfin M. Pellet condamne ce procédé, parce que l'acide sulfurique attaquant des matières organiques autres

TEMPÉRATURES	37°	38°	39°	40°	41°	42°	43°
0	36.1	37.1	38.1	39.1	40.1	41.1	42.1
1	36.1	37.1	38.1	39.2	40.2	41.2	42.2
2	36.2	37.2	38.2	39.2	40.2	41.2	42.2
3	36.2	37.2	38.2	39.2	40.3	41.3	42.3
4	36.2	37.3	38.3	29.3	40.3	41.3	42.3
5	36.3	37.3	38.3	39.3	40.4	41.4	42.4
6	36.3	37.4	38.4	39.4	40.4	41.4	42.4
7	36.4	37.5	38.4	39.5	40.5	41.5	42.5
8	36.4	37.5	38.5	39.5	40.5	41.5	42.5
9	36.5	37.6	38.6	39.6	40.6	41.6	42.6
10	36.5	37.6	38.7	39.7	40.6	41.6	42.6
11	36.6	37.7	38.7	39.7	40.7	41.7	42.7
12	36.7	37.8	38.8	39.8	40.8	41.7	42.7
13	36.8	37.9	38.9	39.9	40.8	41.8	42.8
14	36.9	37.9	38.9	39.9	40.9	41.9	42.9
15	36.9	38.0	39	40	41	42	43
16	37.0	38.1	39.0	40.0	41.0	42.0	43.0
17	37.0	38.1	39.1	40.1	41.1	42.1	43.1
18	37.1	38.2	39.2	40.1	41.1	42.1	43.1
19	37.1	38.2	39.2	40.2	41.2	42.2	43.2
20	37.2	38.3	39.3	40.2	41.3	42.3	43.2
21	37.2	38.4	39.4	40.3	41.3	42.3	43.3
22	37.3	38.4	39.4	43.4	41.4	42.4	43.4
23	37.3	38.5	39.5	40.4	41.4	42.5	43.5
24	37.4	38.5	39.5	40.5	41.5	42.5	43.5
25	37.4	38.6	39.6	40.5	41.5	42.6	43.6
26	37.5	38.6	39.6	40.6	41.6	42.6	43.6
27	37.5	38.7	39.7	40.7	41.7	42.7	43.7
28	37.6	38.7	39.7	40.7	41.7	42.7	43.7
29	37.6	38.8	39.8	40.8	41.8	42.8	43.8
30	37.7	«	39.8	40.8	41.8	42.8	43.9

que le sucre, forme des produits qui réduisent la liqueur de cuivre ; ce chimiste conseille d'employer l'acide acétique ; mais dans le cas où l'on s'en sert, le chauffage au bain-marie doit être prolongé pendant 3 heures.

Nous allons enfin décrire la méthode qui permet de déduire le sucre d'une mélasse de la quantité d'alcool qu'elle produit par fermentation.

Méthode par fermentation. — La première opération à faire est de doser l'acidité ou l'alcalinité de la mélasse; si la mélasse est alcaline, on opérera comme pour une masse cuite; si elle est acide, on opérera encore de même, mais avec une liqueur de soude correspondante à la liqueur d'acide à 17 gr. 500.

Dès lors, on s'arrangera pour que la mélasse mise à fermenter, contienne environ 2 gr. d'acide par litre de liquide.

On prend 300 gr. de mélasse, on ajoute l'acide nécessaire, sachant qu'on fera 1 litre 1/2 et un peu d'eau pour dissoudre; on fait bouillir le tout pour se débarrasser des nitrates; on laisse refroidir et on ajoute 7 0/0 de levure sèche. Bien souvent on n'a entre les mains que de la levure humide, on peut généralement admettre qu'elle contient 50 0/0 d'eau.

On fait ensuite 1 litre 1/2 et on introduit le tout dans un grand flacon muni d'un tube à dégagement qui se rend dans un autre flacon contenant de l'eau qui recueille l'alcool qui pourrait être entraîné. On place le flacon dans un bain-marie et on tient la température constante de 25° jusqu'à ce qu'il n'y ait plus dégagement d'acide carbonique. La température peut être alors portée lentement jusqu'à 35°, mais pas au-delà; de plus elle ne doit jamais descendre.

Une fois la fermentation terminée, on mesure exactement le volume du liquide des 2 flacons. Supposons 1600 cc. (s'il était 1592 par exemple, pour avoir un nombre rond, on l'amènerait à 1600); nous prenons 300 cc. du liquide et nous distillons jusqu'à obtention de 100 cc. de liquide distillé. Tout l'alcool des 300 cc. doit se trouver dans les susdits 100 cc.

Prenant un alcoomètre, nous pèserons le liquide alcoolique. Soit trouvé 21° 5 à 28° de température; appliquant la table de correction ci-contre nous trouvons 17° 4 à 15° C. Ce qui fournit pour le 0/0 d'alcool $\frac{17,4 \times 16}{.3 \times 3} = 30,93$.

Exprimons la quantité d'alcool en litres produits par 100 kil. de mélasse :

100 gr. de mélasse donnent 30 cc. 93, 1 kil. donnera 309 cc. 3 ou 0 litre 3093 et 100 kil. 30 l. 93.

On admet que 100 kil. de sucre donnent pratiquement 60 litres d'alcool (théoriquement 64 l 5), 1 litre d'alcool est donc produit par $\frac{100}{60}$ et 30 l. 93 par $\frac{100 \times 30,93}{60} = 51,53$.

TABLE POUR FAIRE LA CORRECTION DE TEMPÉRATURE SUR LES INDICATIONS DE L'ALCOOMÈTRE

TEMPÉRATURE	1	2	3	4	5	6	7	8	9	10	11	12	13	14	15	16	17	18	19	20	21	22	23	24	25	26	27	28	29	30
10°C	1.4	2.4	3.4	4.5	5.5	6.5	7.5	8.5	9.5	10.6	11.7	12.7	13.8	14.9	16.0	17.0	18.1	19.2	20.2	21.3	22.4	23.5	24.6	25.8	26.9	28.0	29.1	30.1	31.1	32.1
11	1.3	2.4	3.4	4.4	5.4	6.4	7.4	8.4	9.4	10.5	11.6	12.6	13.6	14.7	15.8	16.8	17.9	19.0	20.0	21.0	22.1	23.2	24.3	25.4	26.5	27.7	28.7	29.7	30.7	31.7
12	1.2	2.3	3.3	4.3	5.3	6.3	7.3	8.3	9.3	10.4	11.5	12.5	13.5	14.6	15.6	16.6	17.6	18.7	19.7	20.7	21.8	22.9	24.0	25.1	26.1	27.2	28.2	29.2	30.2	31.2
13	1.2	2.3	3.3	4.3	5.2	6.2	7.2	8.2	9.2	10.3	11.4	12.4	13.4	14.4	15.4	16.4	17.4	18.6	19.5	20.5	21.5	22.6	23.7	24.7	25.7	26.8	27.8	28.8	29.8	30.8
14	1.1	2.1	3.1	4.2	5.1	6.1	7.1	8.1	9.1	10.3	11.2	12.2	13.2	14.2	15.2	16.2	17.2	18.2	19.2	20.2	21.2	22.3	23.3	24.3	25.3	26.4	27.4	28.4	29.4	30.4
15	1.0	2.0	3.0	4.0	5.0	6.0	7.0	8.0	9.0	10.0	11.0	12.0	13.0	14.0	15.0	16.0	17.0	18.0	19.0	20.0	21.0	22.0	23.0	24.0	25.0	26.0	27.0	28.0	29.0	30.0
16	0.9	1.9	2.9	3.9	4.9	5.9	6.9	7.9	8.9	9.9	10.9	11.9	12.9	13.9	14.9	15.9	16.9	17.8	18.7	19.7	20.7	21.7	22.7	23.7	24.7	25.7	26.6	27.6	28.6	29.6
17	0.8	1.7	2.8	3.8	4.8	5.8	6.8	7.8	8.8	9.8	10.8	11.7	12.7	13.7	14.7	15.6	16.6	17.5	18.4	19.4	20.4	21.4	22.4	23.4	24.4	25.4	26.3	27.3	28.2	29.2
18	0.7	1.7	2.7	3.7	4.7	5.7	6.7	7.7	8.7	9.7	10.7	11.6	12.5	13.5	14.5	15.4	16.3	17.3	18.2	19.1	20.1	21.1	22.0	23.0	24.0	25.0	25.9	26.9	27.8	28.8
19	0.6	1.6	2.6	3.6	4.6	5.5	6.5	7.5	8.5	9.5	10.5	11.4	12.4	13.3	14.3	15.2	16.1	17.0	18.0	18.8	19.8	20.8	21.7	22.7	23.6	24.6	25.5	26.4	27.3	28.3
20	0.5	1.5	2.4	3.4	4.4	5.4	6.4	7.3	8.3	9.3	10.3	11.2	12.2	13.1	14.0	14.9	15.8	16.7	17.6	18.5	19.5	20.5	21.4	22.4	23.3	24.3	25.2	26.1	27.0	27.9
21	0.4	1.4	2.3	3.3	4.3	5.2	6.2	7.1	8.1	9.1	10.1	11.0	11.9	12.8	13.7	14.6	15.5	16.4	17.3	18.2	19.1	20.1	21.1	22.1	22.9	23.9	24.8	25.7	26.6	27.5
22	0.3	1.3	2.2	3.2	4.1	5.1	6.1	7.0	7.9	8.9	9.9	10.8	11.7	12.6	13.5	14.4	15.3	16.2	17.0	17.9	18.8	19.8	20.7	21.6	22.5	23.5	24.3	25.2	26.2	27.1
23	0.1	1.1	2.0	3.1	4.0	4.9	5.9	6.8	7.8	8.7	9.7	10.6	11.5	12.4	13.3	14.1	15.0	15.9	16.7	17.6	18.5	19.4	20.3	21.3	22.2	23.1	24.0	24.9	25.8	26.7
24	0.0	1.0	1.7	2.9	3.8	4.8	5.8	6.7	7.6	8.5	9.5	10.4	11.3	12.2	13.1	13.9	14.8	15.7	16.4	17.3	18.2	19.1	20.0	21.0	21.8	22.7	23.6	24.5	25.4	26.3
25	0.0	1.0	1.5	2.7	3.6	4.6	5.5	6.5	7.4	8.3	9.3	10.2	11.1	12.0	12.9	13.6	14.5	15.4	16.2	17.0	17.9	18.8	19.7	20.6	21.5	22.3	23.2	24.2	25.1	26.0
26	0.0	0.7	1.3	2.6	3.5	4.4	5.4	6.3	7.2	8.1	9.0	9.9	10.8	11.7	12.6	13.4	14.2	15.1	15.9	16.7	17.6	18.5	19.4	20.3	21.2	22.1	22.9	23.8	24.7	25.3
27	0.0	0.5	1.1	2.4	3.3	4.3	5.2	6.1	7.0	7.9	8.8	9.7	10.6	11.5	12.3	13.1	13.9	14.8	15.6	16.4	17.3	18.2	19.1	20.0	20.8	21.7	22.6	23.5	24.3	25.2
28	0.0	0.3	0.9	2.2	3.1	4.1	5.0	5.9	6.8	7.5	8.6	9.5	10.3	11.2	12.0	12.8	13.6	14.4	15.2	16.0	16.9	17.9	18.8	19.6	20.5	21.4	22.2	23.1	23.9	24.8
29	0.0	0.1	0.9	2.0	2.9	3.9	4.8	5.7	6.6	7.5	8.4	9.2	10.1	11.0	11.7	12.5	13.3	14.1	14.9	15.7	16.6	17.5	18.4	19.3	20.2	21.0	21.8	22.7	23.6	24.4
30	0.0	0.0	0.9	1.9	2.8	3.7	4.6	5.5	6.4	7.3	8.1	9.0	9.8	10.7	11.5	12.3	13.0	13.8	14.6	15.4	16.3	17.2	18.1	19.0	19.8	20.7	21.5	22.4	23.2	24.0

L'analyse de la mélasse par fermentation donne donc 51,53 0/0 de sucre.

Les deux résultats par fermentation et par inversion Clerget diffèrent généralement peu, nous l'avons maintes fois constaté.

Glucose. — *Sels.* — *Eau.* — *Matières organiques.* — *Chaux.* — *Alcalinité.* — *Coefficient salin.*

(Voir analyse des masses cuites).

Pureté. On peut faire la pureté réelle comme pour une masse cuite, mais on peut aussi faire la pureté apparente.

(Voir pureté des jus de betteraves).

On se servira alors du tableau annexé ci-contre.

DENSITÉ	DEGRÉS B° nouveaux	DEGRÉS B° anciens	DEGRÉS VIVIEN sucre º/o cc.	Degrés Bryx Dupont sucre º/o gr.
1260	30.3	29.7	69.60	55.2
1270	31.4	30.8	72.48	57.0
1280	32.3	31.7	75.40	58.8
1290	33.2	32.5	78.00	60.4
1300	34.1	33.4	81.00	62.2
1310	34.9	34.2	83.70	63.8
1320	35.8	35.1	86.60	65.5
1330	36.6	36.0	89.55	67.2
1340	37.4	36.7	92.35	68.8
1350	38.3	37.6	95.40	70.5
1360	39.1	38.4	98.45	72.2
1370	39.8	39.0	100.84	73.5
1380	40.7	39.9	104.00	75.2
1390	41.4	40.6	106.60	76.6
1400	42.2	41.4	109.70	78.2
1410	42.9	42.1	112.40	79.6
1420	43.6	42.7	115.15	81.0
1430	44.3	43.4	118.15	82.5

ÉGOUTS RICHES.

L'analyse des égouts riches peut se faire absolument comme l'analyse d'une mélasse; cependant on se contente généralement de la densité, du sucre 0/0 gr. et de la pureté apparente.

EAUX DE RETOUR.

Il est bon d'analyser journellement les eaux du retour, afin de s'assurer qu'elles n'entraînent pas de sucre hors du travail.

On les polarise autant que possible dans un tube de 50 cc. après avoir réduit leur volume à $\frac{1}{5}$ à $\frac{1}{10}$ ou $\frac{1}{20}$. Il est généralement inutile de déféquer, mais on fera souvent bien de les neutraliser par l'acide acétique en se servant de phtaléine du phénol comme indicateur. Avec le tube de 50, on consultera le tableau des quantités de sucre correspondant aux degrés lus au polarimètre (tube de 50 c.).

ANALYSE D'OSMOSE.

Pour le contrôle de l'osmose, on analysera les mélasses avant osmose, les mélasses osmosées, les eaux d'exosmose, les masses cuites osmosées et les eaux concentrées ; tous ces produits sont généralement analysés en poids, sauf les eaux d'exosmose qui sont analysées en volume.

L'analyse des mélasses avant osmose donnera : le degré Baumé, le sucre, les cendres, la chaux, l'alcalinité, le coefficient salin et le coefficient calcique.

Celle des eaux concentrées, la densité, le degré Baumé, le sucre, les cendres, le coefficient salin.

Celle des masses cuites osmosées s'effectuera comme celle des masses cuites de travail courant.

CONTROLE TECHNIQUE. — RENDEMENTS ET PERTES.

Suivant l'importance du personnel des laboratoires, on doit effectuer des analyses plus ou moins complètes et plus ou moins répétées.

On fera bien de reporter les indications du journal sur un grand livre où un certain nombre de pages seront réservées à l'inscription des résultats d'analyses de chaque produit de la même espèce.

En dehors des analyses journalières, le chef de fabrication ou le chimiste devra, toutes les semaines par exemple, dresser un inventaire des rendements et des pertes se rapportant au travail de la semaine écoulée et à celui effectué depuis le début de la fabrication ;

cet inventaire sera accompagné des moyennes d'analyses correspondantes aux mêmes époques.

On s'occupera d'abord de déterminer le rendement en sucre brut et raffiné pour 100 kil. de betteraves ; la chose serait très simple si on pouvait considérer toutes les betteraves pesées à la régie comme ayant fourni du sucre ; mais ce n'est pas le cas, puisqu'il se trouve dans l'usine en cours ¡de travail du jus, du sirop et de la masse cuite. Il faudra donc estimer à quelle quantité de betteraves ces produits correspondent, retrancher le nombre trouvé de celles pesées à la régie, on obtient ainsi ce que nous appellerons « betteraves effectivement travaillées. »

On calculera alors le rendement cherché en divisant le sucre obtenu par les betteraves effectivement travaillées et multipliant par 100.

Soit Q la quantité de betteraves pesées à la régie pendant la semaine écoulée, a la dernière pesée, a^1 la dernière pesée correspondante à l'inventaire précédent et n le nombre de kg de betteraves par chaque pesée régie ; on a

$$Q = (a - a^1) \, n$$

On a pesé depuis le commencement de la fabrication

$$Q' = a \, n$$

Nous admettons que le contenu de la batterie de diffusion peut être, sans grande erreur, représenté par une quantité de jus fort A correspondant à 3 fois la capacité v d'un diffuseur ; on a ainsi

$$A = 3 \, v$$

Appelant l la longueur en mètres de la conduite amenant le jus de la râperie ou des râperies à l'usine, r le rayon de cette conduite, L la quantité de lait de chaux ajouté par hectolitre de jus et B la quantité de jus contenu, on peut écrire

$$B = \frac{31{,}416 \, r^2 \, l}{100 + L}$$

Dans certains cas, on devra ajouter la quantité de jus de diffusion B' correspondant à la quantité de jus chaulé 6 se trouvant dans le bac d'attente des jus de râperies :

$$B' = \frac{100 \, 6}{100 + L}$$

Soit C^1 C^2 C^3 C^4 les quantités des jus de 1re, de 2e, de sirops et de masse cuite en hectolitre, S^1 S^2 S^3 S^4 les quantités de sucre 0/0 cc.

des produits correspondants, on a pour la quantité de jus de diffusion que représentent ces produits si ce jus contient S de sucre 0/0 cc.

$$C = \frac{C^1 \, S^1 + C^2 \, S^2 + C^3 \, S^3 + C^4 \, S^4}{S}$$

La quantité de jus de diffusion en travail est alors

$$J = A + B + B' + C$$

et la quantité de betteraves correspondante

$$Q' = \frac{10000 \, J}{h}$$

h étant la quantité de jus de diffusion produit par 100 kil. de betteraves dans le travail actuel ; la quantité de betteraves effectivement travaillées dans la semaine est alors

$$X = Q - Q_1 \text{ pour la semaine écoulée}$$

et $X' = Q' - Q_1$ pour la période comptée à partir du début de fabrication.

Soit M le rendement en litres de masse cuite 1er jet 0/0 kilog. de betteraves pendant la semaine écoulée, M' depuis le commencement de la fabrication, m la quantité d'hectolitres de masse cuite produite pendant la semaine écoulée et m^1 depuis le commencement de fabrication ; on a

$$M = \frac{10000 \, m}{X} \text{ et } M' = \frac{10000 \, m^1}{X'}$$

Le rendement en masse cuite 2e jet se calcule de la même façon, Soit R le rendement en sucre brut par 0/0 kil. de betteraves dans la semaine écoulée et R' depuis le commencement de la fabrication, S et S' le sucre produit

$$R = \frac{100 \, S}{X} \text{ et } R' = \frac{100 \, S'}{X'}$$

ou en raffiné T et T' étant les titrages moyens

$$R_1 = 0,00985 \, T \, R \text{ et } R'_1 = 0,00985 \, T' \, R'$$

On devra encore calculer les pertes par 100 kil. de betteraves à la diffusion, aux écumes, à l'évaporation, à la cuite et les pertes diverses. Le sucre entré en fabrication est compté soit sur la betterave, soit sur le jus de diffusion.

Tout ce qui concerne le contrôle est du reste traité dans le rapport lu à l'Association des chimistes (1) par une commission nommée à cet effet.

---

(1) Bulletin association chimiste, juillet 1891.

CHAPITRE IX

ENGRAIS

DOSAGE DE L'ACIDE PHOSPHORIQUE DANS LES SUPERPHOSPHATES

1° *Dosage de l'acide phosphorique soluble dans le citrate d'ammoniaque*. — Peser 1 gr. du superphosphate, le faire passer dans un mortier avec 20 cc de citrate d'ammoniaque (1) ; broyer de temps en temps et au bout de 3 heures environ, introduire au moyen d'une pipette le liquide décanté dans un ballon de 100 cc ; ajouter de nouveau dans le mortier 20 cc de citrate d'ammoniaque, triturer et laisser digérer encore environ 3 heures ; faire passer le tout dans le ballon avec de l'eau distillée, affleurer et filtrer.

Introduire 50 cc de liquide filtré dans un verre à précipiter, y ajouter 10 cc à 15 cc de chlorure de magnésium (2), doubler le volume avec de l'ammoniaque, agiter, il se formera un précipité de pyrophosphate de magnésie ; laisser reposer environ 12 heures.

On procédera ensuite à la filtration sur un petit filtre sans cendres au moyen d'un entonnoir capillaire. On décantera d'abord le liquide clair sur le filtre, puis on ajoutera environ 10 cc. à 15 cc. d'eau ammoniacale à 1/5, on laissera reposer et on décantera à nouveau, on ajoutera encore 10 cc à 15 cc d'eau ammoniacale ; ce n'est enfin qu'après avoir ajouté de l'eau ammoniacale pour la 3ᵉ fois qu'on fera passer le précipité sur le filtre, au moyen d'un peu de ce liquide et d'un agitateur muni à son extrémité d'un petit morceau de caoutchouc, on s'arrangera pour ne laisser dans le verre aucune trace de précipité ; on pourra encore se servir d'un peu de papier sans cendres qui sera passé sur les parois du verre

(1) Voir liqueurs pages 51.
(2)   —

et introduit sur le filtre. On lavera ensuite trois fois le précipité sur le susdit filtre avec de l'eau ammoniacale. Il ne restera plus qu'à calciner et à peser.

Soit trouvé 0 gr. 125.

Ces 0 gr. 125 de pyrophosphate de magnésie correspondent à $\frac{0 \text{ gr. } 125 \times 71}{111}$ d'acide phosphorique (71 étant l'équivalent de l'acide phosphorique et 111 celui du pyrophosphate de magnésie 2 MgO, PhO^5) ou 0 gr. 0799 ; mais cela est pour 0 gr. 500 de superphosphate, pour 1 gr. nous aurons 0 gr. 1598 et pour 100 gr. 15 gr. 98.

Dosage de l'acide phosphorique soluble dans l'eau. — Peser 2 gr. de superphosphate, les traiter comme on l'a fait pour l'acide phosphorique soluble dans le citrate, mais remplacer celui-ci par de l'eau ; de plus, avant de mettre de la liqueur de chlorure de magnésium dans le verre à précipiter, on devra ajouter au liquide 10 cc. d'une liqueur d'acide citrique à 400 gr. par litre.

Le dosage cette fois est fait sur 1 gr.

Acide phosphorique total. — Attaquer 5 grammes de superphosphate par l'acide chlorhydrique et évaporer à sec pour éliminer la silice, reprendre de nouveau par l'acide chlorhydrique et faire passer le tout dans un ballon de 100 cc en affleurant avec de l'eau distillée, filtrer et introduire dans un verre 20 cc du liquide obtenu, continuer ensuite comme pour l'acide soluble dans l'eau.

Le dosage de l'acide phosphorique soluble dans le citrate d'ammoniaque a pour but de donner l'acide phosphorique correspondant aux phosphates monocalcique et bicalcique, ces derniers sont souvent appelés phosphates rétrogradés parce qu'ils proviennent de la transformation des phosphates monobasiques en phosphates bibasiques.

Soit A le résultat trouvé.

Le dosage de l'acide phosphorique soluble dans l'eau donne l'acide phosphorique des phosphates monocalciques, soit B.

Le dosage de l'acide phosphorique total donne l'acide phosphorique provenant des phosphates monocalciques, bicalciques et tricalciques, soit C.

L'acide phosphorique provenant des phosphates tricalciques sera :

$$D = C - A$$

et l'acide phosphorique provenant des phosphates bicalciques :

$$E = A - B$$

Lorsqu'on opère le dosage de l'acide phosphorique soluble dans le citrate de magnésie et que le superphosphate contient de la magnésie, une certaine quantité d'acide phosphorique passe pendant le traitement au citrate à l'état de phosphate ammoniaco-magnésien insoluble ; pour remédier à cet inconvénient on commence par épuiser le superphosphate par l'eau qui entraîne la magnésie et on traite ensuite le résidu par le citrate d'ammoniaque, puis on réunit les liquides provenant de l'épuisement par l'eau et par le citrate d'ammoniaque ; dans une partie connue du mélange on précipite l'acide phosphorique à l'état de phosphate ammoniaco-magnésien comme il a été dit précédemment.

Dosage de l'acide phosphorique dans les phosphates. — Pour doser l'acide phosphorique dans un phosphate, on opère comme pour le dosage de l'acide phosphorique total dans un superphosphate ; on peut encore procéder au dosage par le molybdate d'ammoniaque.

Calciner 5 grammes de la matière à analyser et l'attaquer ensuite en chauffant pendant environ vingt minutes par 20 cent. cubes d'acide nitrique étendu de son volume d'eau, laisser refroidir, faire 100 cc, filtrer et prélever suivant la richesse de l'engrais 10, 20, 40 cc du liquide ainsi obtenu que l'on introduit dans un vase à précipitation chaude avec 10 cc d'acide nitrique et 6 grammes de nitrate d'ammoniaque, on fait 50 cc environ et on ajoute une quantité de liqueur de molybdate d'ammoniaque supposée suffisante pour la précipitation complète de tout l'acide phosphorique (50 cc de liqueur correspondent à 0 gr. 100 d'acide phosphorique. On chauffe environ une heure au bainmarie à 90° et au bout de ce temps on s'assure que l'on a employé assez de réactif molybdique, sur une petite portion de liquide que l'on filtre, dans le cas contraire on en ajoute et on continue le chauffage ; lorsque la précipitation de l'acide phosphorique est complète on filtre et on lave le filtre avec une solution à 1 % d'acide nitrique et 3 % de nitrate d'ammoniaque ; on dissout ensuite le précipité sur le filtre avec une solution ammoniacale à 30 % et on précipite dans le liquide obtenu l'acide phosphorique à l'état de phosphate ammoniaco-magnésien, comme il a été dit au dosage de l'acide phosphorique soluble dans l'eau dans un superphosphate.

Dans les engrais composés. — On dosera l'acide phosphorique sous ses trois états comme dans un superphosphate ; on pourra encore doser l'acide phosphorique total par le molybdate d'ammoniaque comme dans un phosphate.

Dosage de l'acide phosphorique dans une terre. — Calciner 20 gr. de terre dans une capsule en porcelaine, laisser refroidir, humecter avec un peu d'eau et attaquer par l'acide nitrique jusqu'à disparition complète d'effervescence, continuer à ajouter un peu d'acide nitrique, faire bouillir et évaporer à sec pour fixer la silice, reprendre à chaud par l'acide nitrique ajouter un peu d'eau, filtrer, laver le filtre et réduire par évaporation le liquide a environ 20 cc, l'introduire dans un vase à précipitation chaude avec 10 cc d'acide nitrique et précipiter avec la liqueur molybdique en maintenant le liquide pendant une dizaine d'heures entre 30° et 40° ; on continue ensuite comme pour le dosage de l'acide phosphorique total dans les phosphates.

DOSAGE DE L'AZOTE

L'azote se rencontre dans les engrais et les terres à l'état d'azote organique, d'azote ammoniacal et d'azote nitrique.

Azote organique. — 1° Méthode de Will, Warrentrapp et Péligot. Cette méthode est basée sur la transformation en ammoniaque de l'azote contenu dans une substance organique, lorsqu'on chauffe celle-ci avec de la soude, il se forme en même temps du carbonate de soude

Pour faire le dosage de l'azote organique par cette méthode :

Prendre un tube en verre difficilement fusible et étiré à une de ses extrémités, ce tube ayant de 40 à 50 cent. de longueur ; introduire à l'extrémité fermé un peu d'asbeste, puis de l'oxalate de chaux sur environ 2 à 3 cent. de longueur, puis à peu près autant de chaux sodée et enfin environ 1 gramme de la matière à analyser mélangée avec une quantité de chaux sodée telle que le tube soit plein moins 7 à 8 cent. environ, on ajoute environ 2 à 3 cent. de chaux sodée qui sert à rincer les vases dans lequel on a effectué le mélange (ledit mélange doit être fait en évitant toute pression forte avec la substance azotée) ; puis on ferme le tube avec un tampon peu serré d'asbeste, on le frappe à plat sur la table pour former un petit canal et on le réunit à un appareil à boules dans lequel on a introduit 10 cc de liqueur sulfurique titrée. On place le tube sur une grille à combustion et on commence le chauffage par l'extrémité du tube voisine de l'appareil à boules, on étend petit à petit la zone chauffée en se rapprochant de plus en plus de l'extrémité fermée et en chauffant en dernier lieu l'oxalate de chaux qui dégage de l'hydrogène destiné à chasser l'ammoniaque qui pourrait rester dans le tube. Le chauffage doit être conduit de manière à avoir un dégagement gazeux d'environ deux bulles par seconde.

Fig. 326. — Grille à gaz.

Le chauffage terminé, on sépare l'appareil à boules en cassant l'extrémité de celui-ci au moyen d'une goutte d'eau froide ; on fait passer le liquide du tube à boules dans une capsule en porcelaine en rinçant bien et on le titre au moyen d'une liqueur de soude de titre connu et du tournesol comme indicateur.

Supposons que l'on a employé : 1 gramme de matière, 10 cc. d'une liqueur sulfurique contenant 100 gr. d'acide sulfurique monohydraté pur par litre et 14 cc d'une liqueur de soude telle que 20 cc de cette liqueur neutralisent 10 cc de la liqueur sulfurique.

L'ammoniaque correspondant à 1 gr. d'engrais aura neutralisé une quantité de liqueur sulfurique égale à 10 cc — 7 cc = 3 cc.

Ces 3 cc contiennent 0 gr. 300 d'acide sulfurique monohydraté pur, ce qui correspond à $\frac{0\ gr. \times 300 \times 14}{49}$ d'azote = 0 gr. 0857 et 100 gr. de matière contiendront 8 gr. 57 d'azote, ce qui revient à appliquer la formule A z % = 28,57 $(\frac{N-N'}{N})$ en appelant N la quantité de liqueur sulfurique employée.

N' la quantité de liqueur de soude employée correspondante à la liqueur sulfurique.

Le tableau suivant destiné à simplifier les calculs donne les produits de 28.57 par 1,2 — 9.

1	2	3	4	5	6	7	8	9
28.57	57.14	85.71	114.28	142.85	171.42	199.99	228.56	257.13

On peut encore remplacer dans le tube à boules la liqueur titrée d'acide sulfurique par de l'acide chlorhydrique ; après passage de l'ammoniaque on dose le chlorhydrate d'ammoniaque formé en le faisant passer à l'état de chloroplatinate d'ammonium au moyen du bichlorure de platine et en pesant à l'état de chloroplatinate, comme on le fait pour le dosage de la potasse tel que nous l'indiquerons plus loin. Au lieu de peser à l'état de chloroplatinate d'ammoniaque, on peut calciner ce dernier et le peser alors à l'état de platine.

Méthode Kjeldahl. — Cette méthode repose sur la tranformation de l'azote organique en azote ammoniacal en présence de l'acide sulfurique additionné de mercure :

Introduire dans un ballon de 250 cc environ, 0 gr. 500 de la matière à analyser avec 2 grammes de mercure et 20 cc d'acide sulfurique monohydraté pur, chauffer d'abord lentement, puis maintenir à ébullition tranquille jusqu'à obtention d'un liquide limpide et clair ; laisser refroidir et ajouter lentement environ 150 cc d'eau et tranvaser dans un ballon plus grand, d'environ 500 cc, ajouter de la lessive de soude de manière à avoir une solution alcaline ; il faut dans le cas actuel environ 75 cc de lessive à 36° Bé ; ajouter un peu de zinc pour éviter une ébullition tumultueuse et distiller l'ammoniaque dans une quantité mesurée d'acide sulfurique titrée, et titrer de nouveau après la distillation au moyen d'une liqueur de soude comme il a été dit pour la méthode de Will-Warrentrapp et Péligot.

Dans le cas où la matière à analyser contiendrait des nitrates, il faudrait commencer par les éliminer en chauffant avec du protochlorure de fer et de l'acide chlorhydrique, en évaporant à sec et en continuant comme précédemment.

Si le produit analysé contient non seulement de l'azote organique, mais encore de l'azote ammoniacal, celui-ci est dosé en même temps que le premier par ces deux méthodes ; il faudra alors doser séparément l'azote ammoniacal, et on aura l'azote organique par différence.

Dosage de l'azote ammoniacal. — On pèse 1 gramme environ de matière et on l'introduit dans un ballon de 500 cc environ, on dissout avec 300 cc à 400 cc d'eau et on ajoute environ 2 gr. de magnésie calcinée, on met le ballon en communication avec un appareil composé d'un tube plusieurs fois recourbé suivi d'un réfrigérant et débouchant dans un ballon contenant une quantité mesurée d'une liqueur sulfurique titrée, on chauffe le ballon, la magnésie déplace l'ammoniaque qui distille dans la liqueur sulfurique ; lorsque le volume de liquide contenu dans le ballon de 500 cc est réduit d'environ moitié, on arrête l'opération et on titre la liqueur sulfurique au moyen d'une liqueur de soude comme il a été dit pour la méthode de Will, Warrentrapp et Péligot.

Dosage de l'azote nitrique. — La méthode est basée sur la transformation de l'acide nitrique en bioxyde d'azote en présence du chlorure ferreux et de l'acide chlorhydrique ; elle est due à M. Schlœsing.

M. Lacombe décrit comme suit la manière d'opérer qu'il a adoptée :

Un ballon de 300 à 350 cc repose sur un support au-dessus d'une lampe à gaz, il est muni d'un tube de dégagement de 15 cc de longueur environ formé de 2 parties réunies par un morceau de caoutchouc de 6 cent au moins. L'extrémité libre est étirée en pointe et légèrement courbée.

Près du ballon est une petite cuve à mercure composée d'une capsule en porcelaine de 10 c. de diamètre (ou d'un mortier) et d'une cloche de 150 cc à 200 cc divisée en 1/2 cm³. On remplit la cloche d'abord avec de l'eau afin d'en chasser l'air, puis avec du mercure. On renverse la cloche sur la capsule et on la soutient avec un support à pince de manière que le bord inférieur soit à 2 cent. du fond. Enfin avec une pipette on y fait monter 15 cc. d'une solution concentrée de potasse ou de soude caustique.

On place dans le ballon la matière à analyser sous la forme d'une solution neutre ou alcaline occupant un volume d'environ 50 cc. On fait bouillir : la vapeur en se dégageant entraîne l'air ; au bout d'un quart d'heure quand il ne reste plus qu'un peu de liquide, on peut être sur que la totalité du gaz a été expulsée et remplacée par la vapeur. Alors on plonge l'extrémité du tube recourbé dans un verre où se trouve une solution concentrée de protochlorure de fer préparée avec 3 parties de sel cristallisé et 2 parties d'eau. On retire la lampe et on règle l'ascension du liquide en serrant entre les doigts le petit tube de caoutchouc ; quand on a introduit 150 cc à 200 cc de protochlorure, on fait passer par le même moyen du HCl étendu de son volume d'eau, puis un peu d'eau récemment bouillie, afin d'enlever toute trace de protochlorure sur les parois intérieures du tube. Aussitôt on engage l'extrémité du tube recourbé sous la cloche et on laisse le mercure s'élever environ jusqu'à la moitié. On replace la lampe pour continuer la réaction. A ce moment il faut modérer le feu, parce qu'il se produit souvent des soubresauts violents qui pourraient nuire au succès de l'opération. Bientôt la pression se rétablit dans l'appareil, en desserrant les doigts le Hg ne monte plus. On abandonne l'appareil à lui-même, le $Az0^2$ se rend sous la cloche. Le CO^2 provenant des carbonates qui peuvent se rencontrer ainsi que le HCl qui s'échappent du ballon sont absorbés par la potasse. L'ébullition doit durer 20 minutes ; retirer la cloche, amener le gaz à la pression atmosphérique et lire.

A 10° et sous la pression 760 en supposant le bioxyde d'azote saturé d'humidité, le poids en milligrammes de l'*acide azotique*, contenu dans le nitrate à doser est égal à ce volume multiplié par 2.306

à 15° le coef. devient   2.256

à 20°   —   —   2.202

Les différences entre ces nombres étant sensiblement proportionnelles aux différences des températures, on modifiera le coefficient en ajoutant ou en retranchant aux nombres ci-dessus autant de fois 0.010 qu'il y aura de degrés en moins ou en plus sur l'une quelconque des températures ci-dessus. A 12° le coefficient deviendra :

$$2,306 - 2 \times 0,01 = 2.286$$
$$\text{à } 18° \; 2,202 + 2 \times 0,01 = 2,222 \text{ etc.}$$

Il faudra encore tenir compte de la valeur de la pression atmosphérique, c'est-à-dire multiplier par $\frac{H}{700}$.

Pour s'assurer que l'on a bien que du bioxyde d'azote dans la cloche, on fait arriver de l'oxygène pur en bulles très petites. Chacune d'elles produit un nuage vermeil, puis le volume diminue et il reste environ 1/2 cc. de gaz.

On peut encore faire passer le gaz dans une cloche et le traiter par le protochlorure de fer qui le dissout à l'exclusion des autres gaz inabsorbables par la potasse, seulement il faut une cuve à Hg profonde.

On peut encore opérer comme suit :

Prendre un ballon de 180 à 200 cc à col un peu long et muni d'un bouchon à deux trous : l'un de ces trous est traversé par un tube deux fois recourbé dont une extrémité effilée désaffleure un peu la partie inférieure du bouchon tandis que l'autre plonge dans un récipient qui recevra les solutions de chlorure ferreux et d'acide chlorhydrique ; ce tube est en deux morceaux reliés par un caoutchouc qui peut être serré par une pince. Le deuxième trou du bouchon est traversé par un tube semblable au précédent mais non effilé, de plus l'extrémité qui traverse le bouchon affleure exactement sa partie inférieure, tandis que l'autre qui plonge dans une lessive de soude est recourbée de façon à pouvoir être engagée sous une cloche.

Nous appellerons pince n° 1 celle du premier tube décrit et n° 2 celle du tube à gaz.

La solution de la matière à analyser est introduite dans le ballon, elle doit occuper environ 100 cc, le bouchon et les tubes sont mis en place et la solution de chlorure ferreux dans l'acide chlorhydrique dilué est introduite dans le récipient destiné à cet effet. La pince n° 1 étant fermée et la pince n° 2 ouverte, on commence à chauffer le ballon et on maintient l'ébullition jusqu'à ce qu'on suppose que tout l'air est chassé. Pour s'en assurer, on ouvre la pince n° 1 et on ferme n° 2 ; la lessive de soude devra remonter jusqu'à cette pince ; on laisse passer la vapeur d'eau pendant une minute environ dans la solution de chlorure ferreux afin de chasser l'air du tube n° 1, on ferme alors la pince n° 1 et on retire le bec de gaz; à ce moment le tube n° 1, doit être rempli de chlorure ferreux jusqu'à la pince et le tube n° 2 de lessive de soude. Lorsque le ballon est en partie refroidi, le vide aplatit les caoutchoucs, on ouvre la pince n° 1 et la solution de chlorure ferreux est aspirée dans le ballon; on ferme la pince alors qu'il reste encore un peu de liquide dans le récipient, puis on replace le bec de gaz au-dessous du ballon, lorsque le caoutchouc n° 2 commence à se gonfler on ouvre la pince n° 2 et ou recueille le bioxyde d'azote dans une cloche à gaz.

Le calcul s'effectue comme il a été indiqué plus haut.

Une autre manière d'opérer consiste à faire un essai avec une solution titrée de nitrate pur et avec une solution de la substance à analyser, les quantités d'azote sont proportionnelles aux volumes de gaz obtenus.

Un assez grand nombre de nouvelles méthodes ont été proposées pour le dosage de l'azote nitrique; nous citerons celles de Arnold et Wedemeyer et de Ulsch.

Dans le premier cas on se sert d'un tube semblable à ceux qui servent pour la méthode Will, Warrentrapp et Péligot, on y introduit 5 cent. d'un mélange à 1 partie de formiate de soude et 9 parties de chaux sodée, puis une couche de 25 cent. composée de la matière à analyser et d'un mélange à portions égales de chaux sodée, de formiate de soude et de sulfate de soude anhydre avec deux parties de sulfate de soude hydraté (hyposulfite de soude) enfin une couche de 5 cent. de formiate de soude et de chaux sodée.

On continue comme pour la méthode de Will, Warrentrapp et Péligot.

Dans le second cas on dissout 20 gr. de la matière à analyser dans 1000 cc. on en prend 25 qu'on introduit dans un ballon avec 4 gr. de fer réduit par l'hydrogène, on ajoute 12 cc. d'acide sulfurique étendu de deux fois son volume d'eau, on chauffe doucement jusqu'à ébullition que l'on maintient pendant quelques minutes ; 50 cc. d'eau et 25 cc. de lessive de soude à 1,3 de densité sont ensuite introduits dans le ballon. On distille l'ammoniaque dans une liqueur titrée.

Azote total. — La méthode classique de dosage de l'azote total est celle de Dumas que nous ne décrirons pas ici, parce qu'elle est trop longue à effectuer pour un essai commercial.

On peut pour obtenir l'azote total dans un engrais ou dans une terre, doser la somme de l'azote organique et de l'azote ammoniacal par une des méthodes de Will ou de Kjeldahl et l'azote nitrique par la méthode de Schlœsing.

On peut encore doser d'un seul coup l'azote sous ses trois états par les méthode Kjeldahl-Iodlbauer, Arnold-Wedemeyer et Ulsch-Kjeldahl.

Méthode Kjeldahl-Jodlbauer. — Préparer d'abord de l'acide phénylsulfurique en ajoutant à 50 cc. de phénol de l'acide sulfurique jusqu'à obtention de 100 cc de liquide.

On introduit 0 gr. 500 environ de la matière à analyser dans un ballon avec 20 cc. d'acide sulfurique concentré et 2 cc. 5 d'acide phénylsulfurique, après dissolution on ajoute par petites portions et en maintenant le ballon froid 3 grammes de zinc en poudre, on laisse en repos pendant deux heures, on ajoute 2 grammes de mercure et on continue comme pour la méthode Kjeldahl.

La méthode Arnold Wedmeyer s'applique, comme il a été dit, au dosage de l'azote nitrique.

Méthode Ulsch-Jodlbauer (1). — Suivant la teneur en azote, on pèse un ou plusieurs grammes de la substance qu'on introduit dans un ballon de 300 cc.; on ajoute de l'eau jusqu'à consistance pâteuse, puis de 1 à 4 gr. de fer réduit suivant la richesse en azote de la matière en expérience et 5 à 10 cc. d'acide sulfurique étendu de deux fois son volume d'eau. Si la substance contient de la chaux, il faut en plus l'acide sulfurique nécessaire à sa neutralisation, on continue comme pour la méthode de Ulsch jusqu'à complète réduction; on ajoute ensuite un peu d'oxyde de cuivre et 15 cc. d'un acide contenant 200 gr. d'acide phosphorique anhydre pour un litre d'acide sulfurique concentré; on chauffe d'abord doucement pour évaporer l'eau, puis plus fort jusqu'à ce que le liquide soit devenu limpide et clair. On continue comme d'après Kjeldahl.

(1) Chemiker Zeitung, 1893, n° 54.

DOSAGE DE LA POTASSE

On peut avoir à doser la potasse contenue dans un engrais complexe ou dans une terre.

Dans un engrais, calciner doucement de 2 gr. à 5 gr. de l'engrais suivant sa richesse présumée en potasse, on détruit ainsi les matières organiques et les sels ammoniacaux ; traiter le résidu par l'eau chaude, filtrer, laver le filtre, ajouter au liquide clair de l'acide chlorhydrique presque jusqu'à neutralisation, puis de l'eau de baryte en excès afin de précipiter l'acide sulfurique, l'acide phosphorique et la magnésie. Éliminer ensuite l'excès de baryte et le chlorure de baryum par le carbonate d'ammoniaque, chauffer, filtrer et évaporer à sec le liquide obtenu dans une capsule en platine afin de chasser les sels ammoniacaux ; reprendre par l'eau, ajouter de l'acide chlorhydrique jusqu'à neutralisation et doser par le bichlorure de platine, la potasse à l'état soit de chloroplatinate de potasse, soit à l'état de platine. Pour cela le liquide contenant la potasse et neutralisé par l'acide chlorydrique est placé dans une capsule en porcelaine et additionné d'une quantité de bichlorure de platine plus que suffisante pour la précipitation de la potasse et de la soude, on évapore au bain-marie, puis on reprend par l'alcool à 85-90°, on filtre sur un filtre séché et taré, on lave avec soin à l'alcool par décantation et sur le filtre, puis on sèche à l'étuve à 110°. On pèse entre deux verres de montre qui ont servi à tarer le filtre ; la différence entre les deux pesées des verres de montre plus le filtre avant et après filtration donne le poids de chloroplatinate correspondant à la potasse de la quantité pesée de l'engrais.

On peut encore peser à l'état de platine, en réduisant le chloroplatinate par le formiate de soude.

Dans une terre. — Le dosage est beaucoup plus délicat, car suivant les réactifs qui servent à l'attaque, on obtient des résultats très différents. Généralement on traite 10 gr. de terre par 40 gr. d'eau régale, on évapore à sec, on reprend par l'eau et on filtre ; on évapore de nouveau le liquide clair, mais cette fois avec de l'acide sulfurique ; on reprend par l'eau chaude, on ajoute de la baryte et on continue comme pour un engrais.

Nous n'avons donné ici que les méthodes destinées au dosage de l'acide phosphorique, de l'azote et de la potasse ; ces trois éléments étant ceux dont le dosage se présente le plus souvent en sucrerie ; pour la chaux, la magnésie etc... nous renvoyons aux ouvrages qui s'occupent spécialement d'analyses d'engrais et de terre.

CHAPITRE X

ANALYSE DES PRODUITS SECONDAIRES EMPLOYÉS EN SUCRERIE (1)

Beaucoup de fabricants de sucre ne se sont pas encore résignés à prendre des chimistes à l'année; et pourtant, comme le disait M. Éclancher au banquet de l'Assemblée générale de Paris én 1891, on peut les occuper de bien des façons : à dessiner par exemple, à surveiller la partie agricole, et j'ajouterai : *à exercer une surveillance non interrompue sur tous les produits secondaires qui entrent dans l'usine.*, tels que :

> Charbons ;
> Coke ou anthracite ;
> Calcaire ;
> Minium ;
> Céruse ;
> Huiles minérales de graissage ;
> Graisses consistantes ;
> Graisses à carbonater.

N'est-il pas de la première importance de pouvoir comparer les différents charbons dont on fait usage ?

Tous les fabricants soucieux de leurs intérêts cherchent en ce moment, par des modifications et des procédés nouveaux, le ruissellement par exemple, à diminuer le plus possible la quantité de houille brûlée par tonne de betteraves ; ne doivent-ils pas aussi s'inquiéter de la qualité du combustible employé ?

A notre avis, un industriel qui dit : je brûle tant de kilogrammes

---

(1) *Bulletin assoc. des chimistes* (Rapport de L. Beaudet).

de combustible par tonne de betteraves, devrait ajouter : le susdit combustible contient tant de matières volatiles et de cendres 0/0 de matières sèches.

Il est évidemment difficile de comparer la marche de deux usines dont l'une brûle du charbon à 12 0/0 de matières volatiles et l'autre du charbon à 28 0/0.

L'analyse du combustible doit également être effectuée si on veut faire des essais sur différents types de générateurs.

Nous pensons que pour ce produit de première importance, l'Association ferait bien d'étudier les différentes méthodes d'analyses et d'en préconiser une.

Nous commencerons cette petite note par la description des procédés les plus employés, puis nous rendrons compte des essais que nous avons faits pour les comparer et enfin nous dirons quelle méthode, plus ou moins modifiée, nous avons été amené à employer.

Pour ce qui concerne les produits secondaires autres que le charbon, nous pensons qu'il est utile aussi de les analyser ; la plupart des fabricants qui le feront trouveront qu'ils reçoivent des produits impurs et lorsque le fournisseur saura que sa marchandise est examinée, il fournira des produits purs. Ce fait s'est produit dans une usine où le minium reçu contenait 16 0/0 de sable ; l'observation en fut faite au fournisseur, et les livraisons suivantes n'ont plus laissé à désirer ; ce qui fait que le fabricant a versé, à partir de ce moment, la même somme d'argent pour 100 kilogrammes qu'il versait avant pour 80 kilogrammes.

Pour ce qui touche les matières destinées au graissage, il est très important de les analyser ; elles peuvent en effet, suivant les produits qu'elles contiennent, avoir une grande influence sur le plus ou moins d'usure des organes des machines.

CHARBONS

Prise d'échantillon. — On devra apporter le plus grand soin possible à la prise de l'échantillon. Trois cas peuvent se présenter :

1° Prise d'échantillon sur un bateau. On attendra que le susdit bateau soit déchargé en partie ; on opèrera autant que possible lorsque les déchargeurs seront arrivés au fond ; généralement la vidange se fait en quatre ateliers différents, on prélèvera un panier de charbon dans chacun de ces ateliers en ayant soin de prendre à une vingtaine d'endroits situés en haut, au milieu et en bas de la masse restante. Nous engageons à ne prendre que lorsque les déchargeurs sont arrivés au fond parce qu'alors, un premier mélange a déjà eu lieu par suite du glissement des parties supérieures sur les parties médianes et inférieures.

Les quatre paniers prélevés seront jetés sur une toile, les gros morceaux de charbon seront cassés, et le tout bien mélangé. Un nouveau panier sera rempli avec le mélange, le restant sera abandonné. Le panier de charbon restant sera de nouveau jeté sur la toile, cassé et mélangé; on prélèvera alors la valeur d'un seau, puis en opérant toujours de la même façon, la valeur d'une casserole de un litre environ. Enfin, on prélèvera, sur ce litre environ 200 grammes de charbon qui seront réduits en poudre dans un mortier et tamisés; on sera alors en possession d'un échantillon convenable qu'il ne restera plus qu'à analyser;

2° Prise d'échantillon sur un wagon. On opèrera comme pour un bateau en supposant que le susdit wagon représente un atelier de décharge;

3° Prise d'échantillon sur un tas. Suivant l'importance du tas on prélèvera un, deux, trois, quatre ou plus de paniers, en ayant soin de prendre à différentes hauteurs sur le pourtour du tas, puis dans des puits que l'on creusera en différents emplacements de ce tas. On opèrera ensuite comme dans le cas d'un bateau.

Analyse. — Les renseignements que l'analyse doit donner sont, d'après nous, les suivants :

Eau :
Matières volatiles p. 0/0 de matières sèches.
Cendres   —   —
Soufre   —   —

Dosage de l'eau. — La détermination de l'eau n'offre d'importance que parce qu'elle est nécessaire pour rapporter tous les dosages aux matières sèches; en effet, suivant le temps qu'il fait lorsque l'on prélève l'échantillon, les quantités d'eau trouvées sont très différentes; ce qu'il importe de savoir, c'est donc la quantité d'eau contenue dans le charbon tel qu'il est pesé pour les déterminations de matières volatiles, de cendre et de soufre ; nous savons bien que l'on pourrait opérer sur le charbon sec, mais nous pensons que la méthode que nous allons indiquer est plus rapide. On dosera l'eau sur le charbon en poudre (sur 5 grammes, par exemple) à l'étuve, jusqu'à perte de poids constante.

En opérant sur le charbon en poudre on trouve moins d'eau que sur le charbon divisé en petits fragments, parce qu'il y a perte d'humidité par le fait du broyage dans le mortier. Exemple :

Eau p. 0/0 de charbon déterminée sur la poudre......... $= 1.04$

—   —   sur les petits fragments $= 1.40$

Mais on doit opérer sur le charbon en poudre puisque c'est ce dernier qui sera pesé par les dosages de matières volatiles, de cendres et de soufre.

Matières volatiles. — Nous nous trouvons en présence de deux méthodes ; nous allons les décrire et nous dirons ensuite celle qui, à notre avis, doit-être employée de préférence.

1° Peser 10 grammes de poudre de charbon dans un creuset en porcelaine taré, muni d'un couvercle. Placer ce creuset dans un autre creuset en terre dont le fond et les côtés sont tapissés d'amiante, recouvrir aussi le couvercle du creuset en porcelaine avec de l'amiante, et enfin placer le couvercle sur le creuset en terre. Chauffer le tout environ trois quarts d'heure dans un fourneau à coke, laisser refroidir, sortir le creuset en porcelaine en ayant soin de le débarrasser des parcelles d'amiante qui y adhèrent. Peser de nouveau : la différence de poids donnera les matières volatiles et le coke 0/0 grammes.

Il est bien évident que le creuset ne devra pas être découvert avant refroidissement complet.

Certains auteurs conseillent de remplacer l'amiante par du charbon de bois ou du carbonate de chaux en poudre ; mais ces deux produits, surtout le premier, présentent l'inconvénient d'attaquer l'émail du creuset et d'y adhérer très fortement ;

2° Peser environ 1 gramme de poudre de charbon dans un creuset en platine taré muni de son couvercle, le maintenir au moyen d'une pince dans la flamme d'un bec Bunsen, de manière que le fond se trouve immédiatement au-dessus de la flamme réductrice. Porter le creuset sous un exsiccateur au moment où l'on ne voit plus de gaz en combustion entre le creuset et le couvercle. Peser de nouveau pour avoir les matières volatiles et le coke sur 1 gramme, partant sur 100 grammes.

Cette méthode que nous employons nous donne des résultats très satisfaisants ; nous effectuons toujours deux essais contradictoires qui nous fournissent des chiffres dont la différence dépasse rarement 0,10. Dans le cas où cette différence dépasserait 0,50, on devrait faire une nouvelle opération et prendre la moyenne des deux résultats les plus voisins trouvés. La première méthode indiquée donne des résultats un peu supérieurs à la deuxième, mais moins constants, elle a en outre le défaut d'être plus longue et de nécessiter l'allumage d'un foyer à coke.

Matières volatiles 0/0 de matières sèches. — Soit 28,20 0/0 de matières volatiles et 1,50 0/0 d'eau, les matières volatiles seront, on le comprend $\frac{28,20 - 1,50}{100 - 1,50}$ 0/0 de matières sèches.

Dosage des cendres. — Pour doser les cendres on incinère environ 5 grammes de charbon au moufle ; il faut avoir soin, lorsque l'on croit l'opération achevée, de peser et de remettre au moufle encore au moins une heure, afin de bien s'assurer que la perte de poids est constante, car il arrive qu'il reste souvent des traces de charbon que l'œil ne peut pas percevoir.

Cendres 0/0 de matières sèches. — On les obtiendra en divisant les cendres 0/0 de matières humides par les matières sèches. Exemple :

Soit trouvé 9 0/0 de cendres 0/0 de matières humides et 1,50 d'eau, on aura :

Cendres 0/0 de matières sèches $= \frac{9}{100 - 1,50}$.

Dosage du soufre. — Le dosage du soufre dans un charbon est effectué de bien des manières différentes, aussi ce dosage fait sur un même charbon par différents chimistes donne rarement des résultats concordants.

Nous allons décrire les quatre méthodes que nous croyons les

plus employées ; puis nous examinerons si elles dosent exactement le soufre qui se trouve à l'état de soufre libre, à l'état de
sulfate et à l'état de sulfure.

DESCRIPTION DES MÉTHODES

Méthode 1 (*au chlorate de potasse*). — Introduire dans un assez
grand ballon environ 5 grammes de charbon en poudre avec un
peu d'eau et de l'acide chlorhydrique ; porter à l'ébullition et ajouter par petites pincées environ 5 grammes de chlorate de potasse ;
laisser bouillir ensuite assez longtemps pour chasser le chlore en
excès. Filtrer dans un ballon, bien laver le filtre et doser le soufre à l'état de sulfate de baryte en précipitant par le chlorure de
baryum.

Méthode 2 (*d'Eschka*) (1). — Peser dans un creuset de platine
1 gramme de charbon en poudre avec 1 gramme de magnésie
calcinée et 0 gr. 500 de carbonate de soude pur et sec, bien mélanger le tout avec une spatule et chauffer sur un bec Bunsen en
ayant soin de tenir le creuset incliné de manière à n'avoir que le
fond dans la flamme ; on mélangera de temps en temps ; au bout
d'une heure environ, il ne restera plus de trace de charbon, il
faudra alors laisser refroidir, puis ajouter 1 gramme environ de
nitrate d'ammoniaque, mélanger de nouveau puis chauffer pendant 10 minutes en ayant soin de placer le couvercle sur le creuset ; on devra de nouveau laisser refroidir, épuiser par l'eau
chaude en filtrant sur un ballon, acidifier le liquide par de l'acide
chlorhydrique et précipiter le soufre à l'état de sulfate de baryte.

Au lieu d'employer le nitrate d'ammoniaque, on peut épuiser
par l'eau chaude, ajouter de l'eau bromée dans le liquide filtré,
puis continuer comme précédemment, ou bien encore acidifier
avec de l'acide chlorhydrique bromé au lieu d'acide chlorhydrique pur.

Méthode 3 (*de Liebig*). — Dans une capsule en platine tarée, on
pèse 8 grammes de nitrate de potasse, 1 gramme de potasse et

---

(1) Depuis que nous avons effectué les essais relatés ici, le Dr F. Hundeshagen
a obtenu des résultats satisfaisants en remplaçant le carbonate de soude par le
carbonate de potasse (Chemiker Zeitung, 1892, n° 60).

5 grammes de charbon en poudre; on ajoute quelques gouttes d'eau et on introduit dans le moufle, on arrive ainsi à fondre le tout ; on arrête la calcination quand la masse est devenue blanche, on dissout dans l'eau, on filtre en ayant soin de bien laver le filtre, on acidule à l'acide chlorhydrique et on précipite le soufre par le chlorure de baryum.

Méthode 4 (basée sur l'oxydation par le nitrate de potasse et le carbonate de soude). — Fondre 1 gramme de charbon finement pulvérisé avec 16 grammes de chlorure de sodium, 8 grammes de nitrate de potasse et 4 grammes de carbonate de soude. Dissoudre dans l'eau, filtrer en lavant le filtre ; acidifier le liquide filtré par l'acide chlorydrique et précipiter le soufre à l'état de baryte.

Le chlorure de sodium ne sert qu'à modérer la réaction en diluant les corps oxydants.

Discussion des méthodes. — Nous avons d'abord étudié chaque méthode en ce qui concerne le dosage du soufre libre.

Dosage du soufre libre. — 1º par la méthode nº 1. Il nous a été impossible, par cette méthode, d'arriver à doser complètement le soufre libre. Nous avons fait l'essai avec 4 gr. 2653 de charbon pur du sucre auquel nous avons ajouté 0 gr. 4929 de soufre obtenu par dissolution et évaporation dans le sulfure de carbone; le chauffage a duré cinq heures à l'ébullition et la quantité de chlorate de potasse ajoutée a été de 6 grammes ; nous avons eu :

Soufre mis p. 100 de charbon + soufre............	= 10.36
— retrouvé p. 100 —	= 2.29
— retrouvé p. 100 de soufre mis	= 22.15

2º Par la méthode nº 2 d'Eschka. — Nous avons opéré les quatre essais suivants :

I. Avec nitrate d'ammoniaque sans eau bromée et sans acide chlorydrique bromé :

Soufre mis p. 0/0 de charbon + soufre............	= 1.23
— retrouvé p. 0/0 —	= 1.19
— retrouvé p. 0/0 de soufre mis..............	= 96.7

II. Sans nitrate d'ammoniaque avec eau bromée et acide chlorhydrique bromé :

Soufre mis p. 0/0 de charbon + soufre............ = 1.73
—   retrouvé p. 0/0   —   .... = 1.57
—   retrouvé p. 0/0 de soufre mis.............. = 90.7

III. Avec nitrate et acide chlorhydrique bromé sans eau bromée :

Soufre mis p. 0/0 de charbon + soufre............ = 2.60
—   retrouvé p. 0/0   —   .... = 2.55
—   retrouvé p. 0/0 de soufre mis.............. = 98.1

IV. Avec nitrate, avec eau bromée et avec acide chlorhydrique bromé :

Soufre mis p. 0/0 de charbon + soufre............ = 1.98
—   retrouvé p. 0/0   —   .... = 1.97
—   retrouvé p. 0/0 de soufre mis............ .. = 99.5

Nous ne relatons ici que ces quatre essais, tous les autres que nous avons effectués nous ont amené comme ceux-ci à tirer les conclusions suivantes :

L'usage du nitrate est indispensable, et si l'on veut arriver au maximum d'approximation possible; on devra, en outre, se servir d'eau bromée et d'acide chlorhydrique bromé.

3° Par la méthode 4 de Liebig :

I. En appliquant textuellement la méthode, nous ne sommes jamais arrivé à doser plus de 76,6 0/0 du soufre mis, tandis qu'en ajoutant dans la solution filtrée de l'eau bromée et en acidifiant par l'acide chlorhydrique bromé, nous avons obtenu :

II. Soufre mis p. 0/0 de charbon + soufre............ = 2.48
—   retrouvé p. 0/0   —   .... = 2.41
—   retrouvé p. 0/0 de soufre mis.............. = 96.1

4° Par la méthode n° 4. — Cette méthode nous a donné des résultats très satisfaisants, soit avec emploi d'eau et d'acide chlorhydrique bromé, soit sans leur emploi. Exemple :

I. Sans eau bromée et acide chlorhydrique bromé :

1er essai. Soufre mis p. 0/0 de charbon + soufre............ = 1.24
—   retrouvé p. 0/0   —   .... = 1.25
—   retrouvé p. 0/0 de soufre mis.............. = 100.8

1er essai. Soufre mis p. 0/0 de charbon + soufre............. = 2.19
—   retrouvé p. 0/0   —   .... = 2.21
—   retrouvé p. 0/0 de soufre mis................. = 100.9
2e essai. Soufre mis p. 0/0 de charbon + soufre............ = 1.74
—   retrouvé p. 0/0   —   .... = 1.75
—   retrouvé p. 0/0 de soufre mis................. = 100.5

Conclusions en ce qui concerne le dosage du soufre libre. — La méthode n° 1 est inapplicable ; celles d'Eschka et de Liebig donnent des résultats satisfaisants : la première, en employant le nitrate et mieux le nitrate plus l'eau et l'acide chlorhydrique bromés.

Quant à la méthode n° 4 elle dose complètement le soufre libre aussi bien en faisant usage de brome que sans brome.

Dosage du soufre des sulfates insolubles. — 1° Par la méthode n° 1 au chlorate de potasse. — Elle ne dose en aucune façon le sulfate insoluble.

2° Par la méthode d'Eschka. — Le sulfate insoluble employé a été le sulfate de baryte.

I. Sans nitrate, avec eau bromée, avec HCl bromé :

1er essai. Soufre mis p. 0/0 de charbon + sulfate de baryte... = 1.19
—   retrouvé p. 0/0   —   .... = 0.81
—   retrouvé p. 0/0 de soufre mis................. = 68 1
2e essai. Soufre mis p. 0/0 de charbon + soufre............ = 3.19
—   retrouvé p. 0/0   = ... = 2.09
—   retrouvé p. 0/0 de soufre mis................. = 65.6

II. Avec nitrate sans HCl bromé, sans eau bromée :

Soufre mis p. 0/0 de charbon + soufre............. = 1.50
—   retrouvé p. 0/0   —   .... = 1.44
—   retrouvé p. 0/0 de soufre mis................. = 96.00

III. Avec nitrate, avec eau bromée, avec HCl bromé :

Soufre mis p. 0/0 de charbon + sulfate de baryte... = 1.20
—   retrouvé p. 0/0   —   .... = 1.19
—   retrouvé p. 0/0 de soufre mis................. = 99.2

La méthode peut donc être considérée comme suffisamment exacte pour le cas d'un sulfate insoluble, à condition d'employer le nitrate d'ammoniaque. On devra, en outre, afin d'obtenir le maximum d'exactitude possible, ajouter avant d'acidifier de l'eau bromée et ensuite acidifier à l'acide chlorhydrique bromé.

3° Par la méthode de Liebig :

I. Sans acide chlorhydrique bromé, sans eau bromée :

Soufre mis p. 0/0 de charbon + sulfate de baryte...   = 0.80
—   retrouvé p. 0/0   —   .... = 0.78
—   retrouvé p. 0/0 de soufre mis............... = 97.5

II. Avec eau de brome :

Soufre mis p. 0/0 de charbon + sulfate de baryte... = 3 56
—   retrouvé p. 0/0   —   .... = 3.51
—   retrouvé p. 0/0 de soufre mis............... = 98.6

La méthode de Liebig est donc applicable dans le cas d'un sulfate insoluble aussi bien avec brome que sans brome.

4° Par la méthode n° 4.

I. Sans acide chlorhydrique bromé, sans eau bromée :

Soufre mis p. 0/0 de charbon + sulfate de baryte...   = 1.26
—   retrouvé p. 0/0   —   .... = 1.24
—   retrouvé p. 0/0 de soufre mis............... = 98.4

II. Avec acide chlorhydrique bromé, avec eau bromé :

Soufre mis p. 0/0 de charbon + sulfate de baryte... = 1.25
—   retrouvé p. 0/0   —   .... = 1.24

La méthode n° 4 est donc applicable dans le cas d'un sulfate insoluble aassi bien avec brome que sans brome.

Conclusions en ce qui concerne le dosage du soufre des sulfates insolubles. — La méthode au chlorate de potasse est inapplicable; celle d'Eschka peut être employée avec nitrate d'ammoniaque et mieux avec nitrate et brome; celle de Liebig donne aussi des résultats satisfaisants ainsi que la méthode n° 4.

Dosage du soufre des sulfures. — Le soufre pris a été le sulfure de fer, état sous lequel le soufre se rencontre dans les charbons.

1° Par la méthode au chlorate. — Nous n'avons obtenu, par ce procédé, que 54, p. 0/0 du soufre mis ;

2° Par la méthode d'Eschka. — Avec la méthode d'Eschka il nous a été impossible de doser complètement le soufre des sulfures aussi bien avec l'emploi de nitrate et de brome que sans le secours de ces corps. Exemple :

I. Sans nitrate, sans acide chlorhydrique bromé, sans eau bromée ;

Soufre mis p. 0/0 de charbon + sulfure de fer...... = 1.00
—   retrouvé p. 0/0   —   .... = 0.72
—   retrouvé p. 0/0 de soufre mis................ = 71.6

II. Avec nitrate, avec eau bromée et avec acide chlorhydrique bromé :

Soufre mis p. 0/0 de charbon + sulfure de fer...... = 1.42
—   retrouvé p. 0/0   —   .... = 1.12
—   retrouvé p. 0/0 de soufre mis.............. = 79.0

3° Par la méthode de Liebig. — Cette méthode est inapplicable aussi bien avec brome que sans brome. Exemple :

I. Sans acide chlorhydrique bromé, sans eau bromée :

Soufre mis p. 0/0 de charbon + sulfure de fer...... = 2.01
—   retrouvé p. 0/0   —   .... = 0.80
—   retrouvé p. 0/0 de soufre mis............. . = 39.8

Il. Avec acide chlorhydrique bromé, avec eau bromée :

Soufre mis p. 0/0 de charbon + sulfure de fer...... = 1.12
—   retrouvé p. 0/0   —   .... = 0.66
—   retrouvé p. 0/0 de soufre mis.............. = 59.0

4° Par la méthode n° 4. — Cette méthode donne de bons résultats pour le dosage du soufre des sulfures surtout en employant le brome.

I. Sans eau bromée, sans acide chlorhydrique bromé :

Soufre mis p. 0/0 de charbon + sulfure de fer....... = 1.20
—   retrouvé p. 0/0   —   .... = 1.08
—   retrouvé p. 0/0 de chiffre mis................ = 90.00

II. Avec eau bromée et acide chlorhydrique bromé :

$$
\begin{aligned}
&\text{Soufre mis p. 0/0 de charbon} + \text{sulfure de fer}\ldots\ldots = 1.14 \\
&\quad - \quad \text{retrouvé p. 0/0} \qquad - \qquad \ldots\ldots\ldots\ldots = 1.14 \\
&\text{Donc soufre retrouvé p. 0/0 de soufre mis}\ldots\ldots\ldots = 100.0
\end{aligned}
$$

Conclusions en ce qui concerne le dosage du soufre des sulfures.
— La méthode au chlorure de sodium est seule applicable.

Nous avons ensuite expérimenté les méthodes sur un charbon artificiel contenant le soufre sous les différents états :

MÉTHODE	Soufre mis à l'état de soufre libre % de charbon artificiel.	Soufre mis à l'état de sulfate insoluble % de charbon artificiel.	Soufre mis à l'état de sulfure % de charbon artificiel.	Soufre total mis % de charbon artificiel.	Soufre total retrouvé % de charbon artificiel.
Eschka n° 1.....	1.31	0.94	0.82	3.07	1.94
Liebig n° 2.....	0.85	8.85	0.80	2.50	1.46
n° 3	1.08	1.05	0.82	2.95	2.86

Nous avons donc été amené à employer exclusivement la méthode au chlorure de sodium avec emploi d'eau bromée et d'acide chlorhydrique bromé.

Dans un charbon on ne rencontrera pas de soufre à l'état de sulfate insoluble ; nous avons cru cependant devoir expérimenter les méthodes sur le soufre à cet état afin de faire une étude complète.

Valeur calorifique. — Aux dosages dont nous venons de parler nous ajouterons la détermination de la valeur calorifique.

La valeur calorifique d'un combustible est la quantité de calories fournies par la combustion de 1 kil. de ce combustible. Plusieurs méthodes ont été proposées par la détermination de la valeur ou pouvoir calorifique.

On peut d'abord se baser sur l'analyse élémentaire du combustible : en appelant H la quantité d'hydrogène contenue dans 100 kilog. de combustible, O celle d'oxygène, C celle de carbone, et sachant que la valeur calorifique de l'hydrogène est 34,500 calories, celle du carbone, 8,000 calories on aura, en appelant Pc le pouvoir calorifique du combustible :

$$Pc = \frac{(H - \frac{o}{8}) \times 34500 + 8000\,c}{100}$$

la quantité d'hydrogène nécessaire à la transformation de l'oxygène en eau doit être retranchée de H, car elle ne fournit pas de calories.

Méthode de Berthier à la litharge. — Berthier a admis que la quantité de chaleur fournie par un combustible est proportionnelle à la quantité d'oxygène avec lequel il se combine et, partant, à celle de plomb réduit par ce combustible.

Pour appliquer cette méthode, on pèse 1 gramme de charbon finement pulvérisé que l'on mélange intimement dans un creuset avec 90 gr. de litharge, on recouvre le tout d'une vingtaine de gr. de litharge et on chauffe pendant environ une heure dans un moufle chauffé au rouge ; après refroidissement on sépare le culot de plomb formé de la litharge non décomposée, on le lave à l'acide acétique, on le sèche et on le pèse. Soit Pc le pouvoir calorique, p le poids de plomb ; sachant que 1 gramme de charbon réduit 34,52 de plomb et que le pouvoir calorifique du carbone est 8,000 calories, on aura

$$Pc = \frac{p \times 8000}{34,5} = p \times 232$$

Mais cette formule n'est pas exacte, parce qu'elle ne tient pas compte de la quantité d'oxyde de plomb réduit par l'hydrogène.

Méthode calorimétrique. — On peut encore déterminer le pouvoir calorifique d'un combustible en brûlant un certain poids de celui-ci dans un calorimètre et en mesurant l'élévation de température produite sur une quantité déterminée d'eau.

Nous ne décrirons pas ici tous les instruments qui peuvent servir à ces déterminations ; nous nous contenterons de décrire d'après le *Génie civil* l'obus calorimétrique de M. Mahler.

Appareil Mahler. — *Principe de l'appareil.* — Dans une capacité à parois résistantes, on place le combustible ; on introduit ensuite de l'oxygène sous une pression convenable, et on ferme exactement l'enceinte. Si l'on immerge alors l'appareil dans l'eau d'un calorimètre et que l'on enflamme par un artifice quelconque le combustible, celui-ci, grâce à la grande quantité d'oxygène, brûle complètement et presque instantanément. Sa chaleur dégagée se transmet, sans aucune déperdition, à l'eau du calorimètre et aux diverses pièces de l'appareil, et il est facile de l'estimer comme dans toutes les opérations calorimétriques. Seulement, dans le cas présent, eu égard à la rapidité de l'expérience, la plupart des corrections en usage dans les cabinets de physique deviennent négligeables, par exemple celles qui proviennent de l'évaporation de l'eau.

Description de l'appareil (fig. 327). — L'appareil de M. Mahler se compose essentiellement d'un obus B, d'un calorimètre D, d'une enveloppe isolatrice A et d'un agitateur S.

L'*obus* est en acier supérieur demi-doux, forgé au mandrin. Cet acier, plus doux que l'acier à canon, présente 55 kilogr. de résistance par millimètre carré de section, et 22 0/0 d'allongement. La qualité en a été choisie avec soin, non seulement à cause de la résistance que doit offrir la chambre de combustion, mais surtout pour faciliter l'émaillage dont il sera parlé plus loin.

L'obus a 654 centimètres cubes de capacité; ses parois ont 8 millimètres d'épaisseur.

Cette capacité, qui est bien plus grande que celle de la bombe calorimétrique de M. Berthelot, a d'abord l'avantage d'assurer dans tous les cas une parfaite combustion du charbon par un certain excès d'oxygène, même quand la pureté de ce gaz livré par le commerce laisse un peu à désirer. En outre, l'obus peut ainsi servir à l'étude des gaz des gazogènes de l'industrie qui contiennent jusqu'à 70 0/0 de matières inertes et dont il faut prendre une quantité importante si l'on veut déterminer une élévation observable de la température du calorimètre.

La forme ogivale adoptée se prête parfaitement à l'émaillage. Les forgerons qui, depuis longtemps, on fait leur apprentissage pour de semblables pièces, l'obtiennent d'ailleurs facilement au marteau-pilon.

L'obus est nickelé extérieurement. Intérieurement, il est préservé par une couche d'émail contre l'action corrosive de l'acide azotique qui se forme toujours pendant la combus-

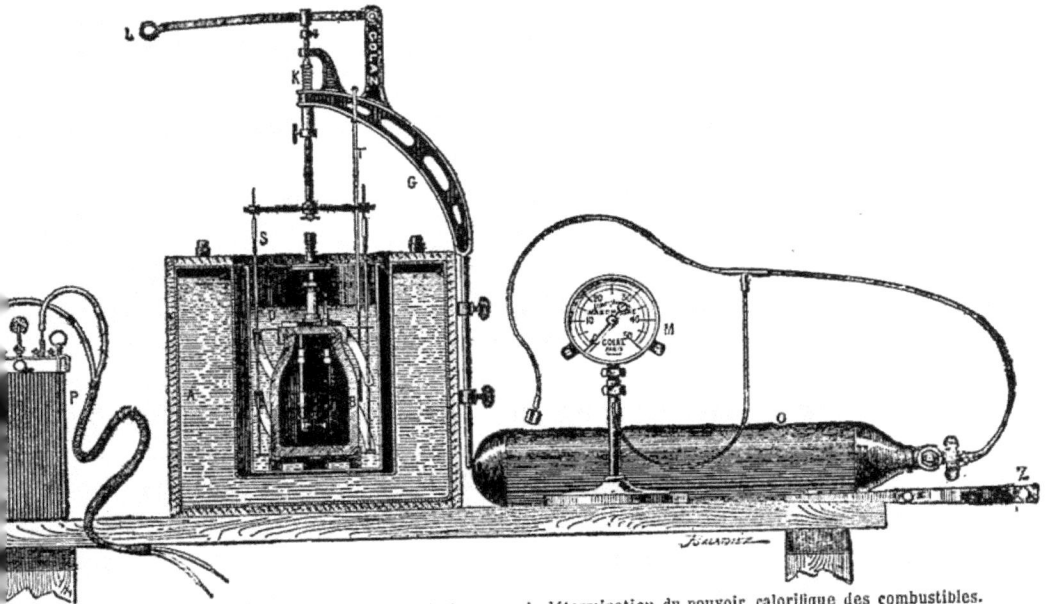

Fig. 327. — Appareil calorimétrique de M. Pierre Mahler, pour la détermination du pouvoir calorifique des combustibles.

nveloppe isolatrice. — B Obus en acier émaillé. — C Capsule en platine. — D Calorimètre. — E Electrode — servant d'amorce. — G Support de l'agitateur. — K Mécanisme de l'agitateur. — L Levier de l'agitateur. — M Manomètre. — O Tube d'oxygène. — P Générateur d'électricité. — S Agitateur. — Thermomètre. — Piece servant d'étau.

tion. Cette couche d'émail, nécessaire à la conservation de l'appareil, remplace la chemise de plusieurs milliers de francs de platine qui garnit l'appareil du Collège de France.

L'obturation de l'obus se fait par un bouchon à vis, dit robinet pointeau (1), qui vient serrer une rondelle de plomb. Le bouchon porte un robinet à vis conique qui sert à l'introduction de l'oxygène; il est traversé par une électrode bien isolée, prolongée à l'intérieur par une tige de platine E.

Une autre tige de platine également fixée au bouchon soutient la capsule plate C où l'on place le combustible à essayer.

_____

(1) Dans les obus les plus récents, le robinet pointeau est en ferro-nickel, métal peu oxydable.

On enflamme celui-ci en le mettant en contact avec une petite spirale en fil de fer F qu'un courant électrique brûle au moment voulu et qui joue ainsi le rôle d'amorce.

Le calorimètre, l'enveloppe calorimétrique et l'agitateur diffèrent par de nombreux détails qui en ont diminué le prix de revient, des pièces analogues de l'appareil en usage dans le laboratoire de M. Berthelot.

L'agitateur héliçoïdal de M. Berthelot est ici commandé par une combinaison cinématique très simple et très douce qui permet à l'opérateur d'imprimer, sans fatigue, au système un mouvement régulier.

Signalons encore les thermomètres qui indiquent les centièmes de degré, le générateur d'électricité (magnéto, ou pile au bichromate) de 12 volts et 2 ampères, et un compteur de minutes (montre ou sablier).

M. Mahler emprunte l'oxygène à un tube fourni par la Compagnie continentale d'oxygène. Comme la pression convenable pour la combustion de 1 gramme de houille est de 25 atmosphères au plus, et que le tube de modèle courant renferme 1,200 litres (120 atmosphères), on dispose donc d'une provision pour une centaine d'expériences (1).

Détermination d'un pouvoir calorique avec l'obus. — L'opération est des plus simples. Voici, du reste, comment il faut procéder pour déterminer le pouvoir calorifique d'un combustible solide ou liquide.

On pèse un gramme de la substance à essayer dans la capsule C, on ajuste le petit morceau de fil de fer F (n° 28 à n° 30), d'un poids connu, qui sert d'amorce. Après avoir introduit le tout dans l'obus, on serre fortement le bouchon de la chambre de combustion, que l'on saisit, à cet effet, entre les mâchoires d'un étau Z.

On met le robinet pointeau de l'obus en communication avec le tube d'oxygène O. Ouvrant ensuite le robinet de celui-ci avec précaution, on laisse entrer l'oxygène dans l'obus jusqu'à ce que le

---

(1) Le remplissage du tube par la Compagnie continentale d'oxygène coûte environ 10 francs. Les frais d'une expérience calorimétrique sont dont relativement très faibles.

manomètre marque 25 atmosphères. Après avoir fermé le robinet du tube à oxygène, on ferme aussi très exactement le robinet pointeau et on détache le tube qui faisait communiquer l'obus avec le récipient d'oxygène.

Il est recommandé de ne pas peser la substance et en particulier le charbon en poudre trop fine, et aussi d'introduire lentement l'oxygéne, de peur de soulever par le courant de gaz la matière qui se trouve dans la capsule.

L'obus ainsi préparé est placé dans le calorimètre D. On y dispose le thermomètre T et l'agitateur S, puis l'on y verse l'eau qui a été préalablement jaugée. On agite quelques instants le liquide pour que l'ensemble du système se mette à peu près en équilibre de température et on commence l'observation.

On note la température de minute en minute pendant cinq minutes environ, de façon à fixer la loi que suit le thermomètre avant l'inflammation. Puis on met le feu en approchant de l'obus les électrodes d'une pile ou d'une machine électrique : une électrode est appliquée sur une borne correspondant à la tige de platine E, et l'autre eu un point quelconque du robinet. L'inflammation a lieu aussitôt.

On note la température une demi-minute après le commencement de la minute où a eu lieu la mise en feu, puis à la fin de la minute, et on continue les observations thermométriques de minute en minute jusqu'au point à la suite duquel le thermomètre commence à baisser régulièrement. C'est le maximum.

On continue l'observation encore pendant cinq minutes de façon à fixer la loi que suit le thermomètre après le maximum.

On a alors les éléments principaux du calcul, et en particulier de l'unique correction calorimétrique qu'il est convenable de faire dans les circonstances de l'opération. C'est la correction due à la perte de chaleur que le calorimètre a éprouvée pendant l'opération.

Cette correction s'effectue facilement d'après la règle suivante, vraie dans de très larges limites, même dans le cas où l'équivalent en eau du système ne serait que la moitié de celui de l'appareil de M. Mahler :

1° La loi de décroissance de température observée à la suite du maximum représente la perte de chaleur du calorimètre avant le maximum et pour une minute considérée, à la condition que la température moyenne de cette minute ne diffère pas de plus de 1 degré de la température du maximum;

2° Si la température de la période considérée diffère de plus de 1 degré, mais de moins de 2 degrés, de celle du maximum, le chiffre qui représente la loi de décroissance au moment du maximum, diminué de 0,005, donne encore la correction cherchée.

Les deux remarques précédentes suffisent dans tous les cas. On conviendra d'ailleurs — et cela sans altérer la précision de l'opération, — que la loi de variation suivie pendant la première moitié de la minute où a eu lieu l'inflammation, est celle qui existait au moment du minimum.

Pendant toute la durée de l'observation l'expérimentateur doit avoir soin de faire fonctionner régulièrement l'agitateur.

Lorsque l'observation est terminée, on ouvre d'abord le robinet pointeau, puis l'obus lui-même.

On lave l'intérieur de l'obus avec un peu d'eau, de façon à réunir le liquide acide formé pendant l'explosion (1). On dose l'acide azotique acidimétriquement, et l'on possède alors tous les éléments de calcul, puisque le pouvoir calorifique Q est en somme :

$$Q = \Delta(P + P') - (0,23\,p + 1,6\,p')$$

Δ étant la différence de température corrigée ;
P le poids de l'eau du calorimètre ;
P' l'équivalent en eau de l'obus et des accessoires ;
p le poids de l'acide azotique (AzO^5,HO) constaté ;
p' le poids de la petite spirale de fer ;
0,23 la chaleur de formation de 1 gramme d'acide azotique dilué ;
1,6 la chaleur de combustion de 1 gramme de fer.

S'il s'agit d'un essai de houille, en procédant ainsi on ne tient pas compte de la petite quantité d'acide sulfurique qui résulte de l'oxydation du soufre de l'échantillon et qui se trouve dosée comme acide azotique. L'erreur est en effet négligeable dans une expérience industrielle. Mais on remarquera que le soufre étant entièrement oxydé et transformé en acide sulfurique (2), l'obus donne

(1) La proportion d'acide entraîné par l'oxygène s'écoulant par le robinet pointeau est absolument négligeable.

(2) On peut tenir compte de la chaleur dégagée par la formation de l'acide sulfurique dilué SO^3, HO, c'est-à-dire $0^{cal},73$ par gramme de SO^3, HO.

un moyen de l'évaluer. Dans ce cas il vaut mieux, d'ailleurs, brûler 2 grammes sous 30 atmosphères, sans du reste faire les observations du thermomètre.

On procède de même pour un liquide que pour un solide. Toutefois, si le liquide émet des vapeurs sensibles, il est bon de peser la prise d'essai dans une ampoule mince à pointes effilées, par où passera l'amorce en fil de fer. A l'instant où l'on introduit l'ampoule dans l'obus, il faut avoir soin de briser ces pointes, pour permettre l'accès de l'oxygène jusqu'au contact du liquide.

M. P. Mahler a également déterminé la puissance calorifique de divers gaz. La manipulation est aisée : après avoir fait le vide dans l'obus exactement jaugé, on le remplit une première fois de gaz ; on fait le vide une seconde fois, et on introduit définitivement le gaz sous la pression barométrique et à la température du laboratoire ; on ajoute alors l'oxygène et on procède comme pour les solides et les liquides.

La détermination du pouvoir calorifique des gaz offre une difficulté particulière : il faut se garder de diluer le gaz dans une quantité telle d'oxygène que le mélange cesserait d'être combustible. Pour le gaz d'éclairage 5 atmosphères d'oxygène suffisent. Pour le gaz des gazogènes industriels on ne dépassera pas une demi-atmosphère.

Détermination de l'équivalent en eau du système. — Pour déterminer le terme de correction représentant l'équivalent P' exact en eau du système, le plus simple est de faire la double expérience suivante :

On brûle dans l'obus un poids connu, 1 gramme par exemple, d'un produit de composition bien fixe, de la naphtaline par exemple, et avec 2,300 grammes d'eau dans le calorimètre.

On brûle ensuite environ 0 gr. 800 de naphtaline, par exemple, avec seulement 2,100 grammes d'eau dans le calorimètre.

On a alors deux équations entre lesquelles on élimine la chaleur de combustion de la naphtaline, et l'on en déduit la valeur de l'équivalent en eau.

Il faut avoir soin de ne peser la naphtaline qu'après l'avoir légèrement fondue. Cette substance est si légère que si on ne l'agglomérait pas ainsi, l'oxygène, en entrant dans l'obus pourrait en éparpiller quelques milligrammes qui ne seraient pas brûlés.

Exemple. — Voici un exemple de détermination de pouvoir calorifique avec l'obus de M. Mahler.

Le combustible essayé est un échantillon d'*huile de colza*. Son analyse élémentaire a donné :

$$
\begin{array}{lr}
\text{Carbone} \dotfill & 77,182 \\
\text{Hydrogène} \dotfill & 11,711 \\
\text{Oxygène et azote} \dotfill & 11,107 \\
\hline
& 100,000
\end{array}
$$

Le poids essayé est 1 gramme.

Le calorimètre contient 2,200 grammes d'eau.

L'équivalent en eau de l'obus et des accessoires est 481 grammes (1).

L'appareil étant préparé comme il a été dit ci-dessus, on attend quelques instants pour établir l'équilibre de température dans la masse, puis on met en marche le compteur de minutes et on note les températures comme ci-dessous :

Période préliminaire.

$$
\begin{array}{ll}
0 \text{ minute} \dotfill & 10^\circ,23 \\
1 \ \text{—} \dotfill & 10^\circ,23 \\
2 \ \text{—} \dotfill & 10^\circ,24 \\
3 \ \text{—} \dotfill & 10^\circ,24 \\
4 \ \text{—} \dotfill & 10^\circ,25 \\
5 \ \text{—} \dotfill & 10^\circ,25 \\
\end{array}
$$

$$\Delta_0 = \frac{10^\circ,25 - 10^\circ,23}{5} = 0,004.$$

On met alors le feu en approchant les électrodes.

Période de combustion

$$
\begin{array}{ll}
5 \text{ minutes } 1/2 \dotfill & 10^\circ,80 \\
6 \text{ minutes} \dotfill & 12^\circ,90 \\
7 \ \text{—} \dotfill & 13^\circ,79 \\
8 \ \text{—} \dotfill & 13^\circ,84 \,(maximum) \\
\end{array}
$$

---

(3) L'équivalent en eau 481 grammes adopté par M. Mahler a été déterminé par une méthode spéciale donnant directement la chaleur spécifique du système.

Période postérieure.

9 minutes .... 13°,82
10   —   .... 13°,81
11   —   .... 13°,81
12   —   .... 13°,79
13   —   .... 13°,78

$$\Delta_p = \frac{13°,84 - 13°,78}{5} = 0,012.$$

On arrête ici les observations thermométriques.

La variation de la température a été :

$$13°,84 - 10°,25 = 3°,59.$$

Voyons maintenant les corrections dont il faut tenir compte :

Le système a perdu, pendant les minutes (7, 8) (6, 7), une quantité de chaleur équivalant à :

$$\frac{13°,84 - 13°78}{5} \times 2 = 0,012 \times 2 = 0,24.$$

Pendant la demi-minute (5 1/2, 6), il a perdu une quantité de chaleur représentée par :

$$(0,12 - 0,005) \frac{1}{2} = 0,0035.$$

et pendant la moitié de minute (5, 5 1/2), il gagnait :

$$\frac{10°,25 - 10°,23}{5} \times \frac{1}{2} = 0,004 \times \frac{1}{2} = 0,0020.$$

Par suite, la perte relative à la minute (5, 6) est :

$$0,0035 - 0,002 = 0,0015.$$

En somme, le système a perdu pendant la durée de l'expérience, une quantité de chaleur correspondant à :

$$0,024 + 0,0015 = 0,0255,$$

quantité qu'il faut ajouter aux 3°,59 déjà trouvés.

La variation de température corrigée est donc 3°,615 en négligeant les dix millièmes.

La quantité de chaleur observée est par suite :

$$(2,200 + 481) \times 3,615 = 9^{cal},691815.$$

Prenons : $9^{cal},6918.$

Pour avoir le résultat cherché, nous retrancherons de ce chiffre :

1° La chaleur de formation de 0 gr. 13 d'acide azotique (Az O⁵, HO) dosé volumétriquement, soit...... $0,13 \times 0,23 = 0^{cal},0299$

2° La chaleur de combustion de 0 gr. 025 de fil de fer, soit.................... $0,025 \times 1,6 = 0^{cal},0400$

Soit à retrancher............ $\overline{0^{cal},0699}$

Le résultat final est donc :
$$9^{cal},6918 - 0^{cal},0699 = 9^{cal},6219,$$
ou, par un kilogramme d'huile, $9,621^{cal},9$.

MINIUM DE PLOMB (1)

L'analyse d'un minium de plomb qui est une combinaison de protoxyde et de bioxyde de plomb est simple dans le cas où ce produit est pur, elle est un peu plus compliquée dans le cas où on se trouve en présence d'impuretés, si on veut doser ces impuretés.

Nous déterminerons dans un minium, le protoxyde de plomb, le bioxyde de plomb, puis, s'il est impur, le carbonate de plomb, le sulfate de plomb, le carbonate de chaux, le sulfate de chaux, le sulfate de baryte et le sable.

Peser environ 2 grammes de minium dans une capsule en porcelaine et les attaquer avec une vingtaine de centimètres cubes d'acide nitrique dilué à 10° Baumé, ajouter 12 à 15 cc. d'eau sucrée à 100 grammes de sucre par litre, chauffer en évitant les projections, bientôt le liquide deviendra incolore. Sous l'influence de l'acide azotique et du sucre, le minium est décomposé en protoxyde de plomb, puis le bioxyde est réduit et passe à l'état de protoxyde soluble dans l'acide nitrique, on devra alors filtrer et laver le filtre; si le minium est pur, il ne restera rien sur le filtre, s'il y a du sulfate de baryte, du sable ou du sulfate de plomb, on devra calciner et peser.

On fera ensuite 500 cc., par exemple, avec le susdit liquide filtré et on prélèvera 100 cc., sur lequel on dosera le plomb à l'état de sulfate, en le précipitant par l'acide sulfurique ; mais, comme le sulfate de plomb est légèrement soluble dans l'eau, il faudra ajouter à peu près autant d'alcool à 90° que l'on aura de liquide avant de filtrer, le lavage se fera à l'alcool étendu.

Si le minium contient de la chaux, on aura non seulement le sulfate de plomb provenant du plomb total, c'est-à-dire du protoxyde, du bioxyde et peut-être du carbonate, mais encore on se trouvera en présence de sulfate de chaux provenant du sulfate et du car-

---

(1) *Bull. assoc. chim.* (Rapport de L. Beaudet)

bonate : on pourra facilement retrancher ce sulfate de chaux quand on aura ultérieurement dosé la chaux.

On déduira facilement le plomb à attribuer au carbonate quand on aura fait les dosages d'acide carbonique, de chaux et d'acide sulfurique. On prendra ensuite de nouveau 100 cc. du liquide restant provenant de l'attaque et on précipitera le plomb par l'hydrogène sulfuré ; on filtrera en ayant soin de laver le filtre, puis on fera bouillir pour chasser l'excès d'hydrogène sulfuré, enfin on fera un volume connu : sur 1/3 du filtrat on précipitera et on dosera le fer par l'ammoniaque, puis dans le liquide filtré la chaux par l'oxalate ; sur un autre 1/3 du susdit filtrat on dosera l'acide sulfurique par le chlorure de baryum.

On verra si l'acide sulfurique trouvé et la chaux correspondent ; si on n'avait pas assez d'acide sulfurique pour la chaux, c'est qu'une partie de cette chaux se trouverait à l'état de carbonate ; sur l'acide carbonique que l'on dosera ultérieurement, il faudra dans ce cas prendre la quantité nécessaire pour la chaux restante. On continuera ensuite l'analyse de la manière suivante : reprendre le filtre qui contient l'insoluble dans l'acide azotique et l'eau sucrée, calciner et peser, puis traiter par le carbonate de soude en solution et à l'ébullition, le sulfate de plomb sera transformé en carbonate : filtrer ; dans le liquide filtré, doser l'acide sulfurique provenant du sulfate de plomb passé à l'état de sulfate de soude ; puis laver le filtre à l'eau acidulée par l'acide azotique, en recueillir le filtrat dans lequel il faudra doser, par l'acide sulfurique, le plomb provenant du sulfate de plomb ; sur le filtre on aura le sulfate de baryte, le sable et les impuretés diverses. Faire ensuite une nouvelle pesée d'environ 1 gramme de minium que l'on attaquera par 20 cc. d'acide azotique dilué à 30° Baumé, chauffer : la couleur rouge disparaîtra pour devenir brune, c'est que la décomposition s'effectuera en protoxyde et bioxyde. Le protoxyde passera dans le liquide filtré et le bioxyde restera sur le filtre avec le sulfate de baryte, le sable et les impuretés diverses. Dans le liquide filtré doser par l'acide sulfurique le plomb provenant du protoxyde et du carbonate, s'il y en a. La partie restant sur le filtre sera traitée par l'acide azotique et l'eau sucrée, filtrer ; dans le liquide filtré on dosera à l'état de sulfate de plomb provenant du bioxyde.

Ayant le plomb provenant du protoxyde et le plomb total, on

TABLEAU RÉCAPITULATIF DE L'ANALYSE D'UN MINIMUM DE PLOMB.

Attaquer environ 2 gr. par acide azotique et eau sucrée, filtrer et faire 300 cc.

- prendre 100 cc. du liqui-de filtré. → doser à l'état de sulfate, de Pb provenant du protoxyde du bioxyde et s'il y en a et du Carbonate, il sera mélangé de sulfate de chaux si le minium contient de la chaux.

- prendre 100 cc. du liqui-de filtré. précipiter le Pb par HS de filtré. filtrer faire 500 cc.
  - prendre 200 cc...... → doser le fer par AzH³, puis la chaux par l'oxalate d'ammoniaque.
  - prendre 200 cc...... → doser l'acide sulfurique par BaCl.

- peser le résidu puis le traiter par le carbonate de soude et filtrer.
  - dans le liquide filtré on dosera l'acide sulfurique provenant du sulfate de plomb. → doser dans le liquide filtré le plomb provenant du sulfate de plomb par l'acide sulfurique.
  - laver le filtre à l'eau acidulée par l'acide azotique. → sur le filtre on aura le sulfate de baryte, le sable et les impuretés diverses.

Attaquer environ 1 gr. par l'acide azotique.

- dans le liquide filtré, doser par l'acide sulfurique le Pb provenant du protoxyde et du carbonate s'il y en a.

- sur le filtre on aura le sulfate de baryte, le sable et les impuretés diverses plus de bioxyde de plomb. → sur filtre : sulfate de baryte, sable et impuretés diverses.
  - traiter par acide azotique et eau sucrée. Filtrer → dans liquide filtré : doser à l'état de sulfate le Pb provenant du bioxyde.

Sur quantité suffisante. → doser l'acide carbonique en traitant par l'acide nitrique.

pourrait se dispenser de rechercher le plomb provenant du bioxyde, puisqu'il serait facile de le calculer par différence ; mais ce nouveau dosage sera une vérification bonne à effectuer.

Si le minium contient de l'acide carbonique, on le dosera par un des appareils analogues à ceux de Moride et Bobierre ou de Kipp, par exemple, en ayant soin d'employer l'acide nitrique. La quantité d'acide carbonique qui n'aura pas été attribuée à de la chaux le sera au plomb.

MASTIC DE MINIUM

On pourra opérer comme pour un minium et calculer l'huile et la filasse par différence, ou extraire et doser l'huile par l'éther et continuer l'analyse sur le minium

CÉRUSE

La céruse telle qu'on l'utilise dans l'industrie est composée de carbonate de plomb, d'oxyde de plomb et d'huile ; elle peut contenir comme impuretés du sulfate de plomb, du sulfate de baryte, du sulfate de chaux et du carbonate de chaux.

Attaquer environ 2 grammes de céruse par 20 cc. d'acide nitrique dilué à 10° Baumé, filtrer, laver le filtre et faire avec le liquide filtré un volume connu, soit 300 cc. ; en prélever 100 cc. et précipiter, par l'acide sulfurique en présence d'alcool, le plomb provenant du carbonate de plomb et de l'oxyde de plomb ; si la céruse contient du sulfate de chaux ou du carbonate de chaux, le sulfate de plomb pesé sera accompagné de sulfate de chaux que l'on retranchera après les dosages ultérieurs d'acide sulfurique et de chaux.

Sur les 200 cc. de liquide restant, on prélèvera 50 cc. pour doser par l'oxalate d'ammoniaque la chaux qui pourra provenir du sulfate et du carbonate, et enfin sur 50 autres cc., on dosera l'acide sulfurique provenant du sulfate de chaux.

Si la quantité de chaux trouvée est trop forte pour correspondre exactement à l'acide sulfurique, c'est qu'une partie de cette chaux se trouve à l'état de carbonate.

Si la céruse contient des impuretés telles que du sulfate de baryte ou de plomb, elles se trouveront sur le filtre après filtration du liquide provenant de l'attaque et de la céruse par l'acide nitri-

TABLEAU RÉCAPITULATIF DE L'ANALYSE D'UNE CÉRUSE.

Attaquer 2 gr. de céruse par acide azotique dilué, filtrer, faire 300 cc.

- prendre 100 cc..... { doser en sulfate le plomb provenant du carbonate de plomb et de l'oxyde de plomb. — Si la céruse contient de la chaux, on aura en même temps du sulfate de chaux qui pourra provenir du sulfate ou du carbonate.

- prendre 50 cc..... } doser la chaux provenant du sulfate et du carbonate.

- prendre 50 cc..... } doser l'acide sulfurique provenant du sulfate de chaux.

- peser le résidu resté sur le filtre et le traiter par du carbonate de soude, filtrer. { dans le liquide filtré on dosera l'acide sulfurique provenant du sulfate de plomb. { laver le filtre à l'eau acidulée par l'acide azotique. { sur le filtre restera le sulfate de baryte. — dans le liquide filtré on dosera à l'état de sulfate de plomb provenant du sulfate de plomb.

Sur quantité suffisante | doser l'acide carbonique.

que. On calcinera et on pèsera le filtre, ce qui donnera la somme des sulfates de baryte et de plomb ; puis on traitera par le carbonate de soude en solution et en ébullition, on devra ensuite filtrer : dans le liquide filtré on dosera par le chlorure de baryum l'acide sulfurique provenant du sulfate de plomb ; sur le filtre resteront le sulfate de baryte et du carbonate de plomb, on lavera à l'eau acidulée par l'acide nitrique, le filtre sera calciné et pesé, ce qui donnera le sulfate de baryte ; dans le liquide filtré ou dosera le plomb provenant du sulfate de plomb.

Enfin sur une quantité suffisante on dosera l'acide carbonique à l'aide d'un appareil destiné à cet usage.

De l'acide carbonique trouvé on déduira la quantité à attribuer à la chaux, le reste sera attribué au plomb. Le plomb dosé dans la moitié de la liqueur provenant de l'attaque par l'acide nitrique sera partie compté comme carbonate d'après l'acide carbonique non combiné à la chaux, partie compté comme oxyde.

On pourra obtenir l'huile par différence ou la doser directement en épuisant une certaine quantité de céruse par l'éther et évaporant ; dans ce cas, l'analyse sera continuée sur la céruse débarrassée d'huile.

HUILES MINÉRALES DE GRAISSAGE

Nous ne parlerons ici que des essais simples qui peuvent être effectués dans un laboratoire de sucrerie sans le secours d'appareils spéciaux.

Prise de la densité. — Au moyen d'un densimètre ou mieux de la balance de Mohr.

Pour $1°5$ au-dessous de $15°$ cent. on ajoutera $0,001$ au nombre trouvé, pour $3°$ on ajoutera $0,002$ et ainsi de suite ; au-dessous de $15°$ cent. on retranchera de la même façon.

Souvent dans les marchés il est garanti un minimum de densité par exemple $0,905$.

Les huiles russes ont généralement une densité supérieure aux huiles américaines ; d'après Post il faudrait compter pour les premières de $0,890$ à $0,920$ et pour les deuxièmes de $0,865$ à $0,915$; on rencontrerait certaines huiles russes dont la densité atteindrait 0.960.

Détermination de la réaction. — Une huile qui aurait une réaction acide serait nuisible aux organes des machines; on devra donc s'assurer que l'échantillon à analyser est neutre.

Pour cela il faut agiter l'huile avec de l'eau chaude, une fois cette eau séparée on regardera avec du papier de tournesol sensible si elle est acide ou neutre.

On recherchera au moyen du chlorure de baryum si l'acidité est due à la présence d'acide sulfurique. La même eau pourra servir à reconnaître la présence des :

Matières mucilagineuses. — Dans le cas où l'huile contiendrait des matières mucilagineuses la susdite eau serait louche.

Huile de résine. — Le mélange d'une huile de résine à l'huile minérale produirait ce fait que le mélange polariserait.

Une huile de résine garantie, sur laquelle nous avons effectué l'essai, nous a donné 305° saccharimétriques; on voit qu'une petite quantité de cette huile mélangée à de l'huile minérale occasionnerait par le mélange une polarisation très sensible.

On ne pourrait pas polariser directement l'huile; un procédé commode consiste à en dissoudre un volume connu, dans un volume connu de Ligroïn.

Recherche de la créosote. — Une partie de l'eau qui a servi plus haut à la détermination de la réaction sera additionnée d'une solution de sulfate ferrique qui, en présence de créosote donnera une coloration foncée.

Point de solidification. — La recherche du point de solidification peut se faire dans un tube à essai placé dans un mélange réfrigérent.

Les huiles russes particulièrement ont un point de solidification très bas, certaines sont encore fluides au-dessous de 30°.

Recherche des acides gras. — Les huiles minérales sont quelquefois additionnées d'huiles végétales ou animales : pour s'en convaincre, on fait bouillir une certaine quantité d'huile avec de la lessive de soude, on évapore à sec, on dissout dans la Ligroïn et on filtre, l'huile minérale sera dans la solution filtrée, le savon formé dans le cas d'une huile végétale ou animale restera sur le

filtre avec de la soude, on dissoudra le tout avec de l'eau on filtrera et on acidifiera le liquide filtré à l'acide sulfurique en faisant
bouillir, on verra alors les acides gras précipiter.

Dans le cas où l'on voudrait doser l'huile végétale ou animale,
on opèrerait sur un poids connu d'huile et on remplacerait la
Ligroïn par de l'éther ; on pourrait alors évaporer, recueillir la solution d'huile dans l'éther dans une capsule, évaporer l'éther et peser l'huile minérale ; par différence on aurait l'huile végétale ou
animale.

GRAISSES CONSISTANTES

Ces produits sont généralement composés d'un savon de chaux
accompagné d'huile minérale et d'une certaine quantité d'huile végétale ou animale non saponifiée.

Nous extrayons la préparation suivante de « Chemiker Zeitung »
avril 92, p. 590 :

Mélanger 100 parties d'huile de pétrole avec 25 parties d'huile
végétale, y laisser couler 60 à 70 parties d'acide sulfurique à 60
en agitant jusqu'à obtention d'une masse épaisse. Laisser reposer
une journée, séparer la partie claire et saponifier la masse restante
avec potasse ou soude. (Muller, brevet 1886.)

On peut remplacer la potasse et la soude par de la chaux. Nous
opérons l'analyse de ces produits de la manière suivante :

Matières minérales. — Par incinération sur 5 grammes.

Dosage de la chaux. — Les matières minérales sont reprises par
l'acide chlorhydrique dilué, puis on filtre, et dans le liquide filtré
on dose la chaux par l'oxalate d'ammoniaque.

Point de fusion. — Se prend facilement en introduisant un peu
de graisse dans un très petit tube fermé à une extrémité, en atta-
chant ce tube au réservoir d'un thermomètre que l'on plonge
dans de l'acide sulfurique placé dans un tube à essai, lequel tube
est lui-même dans un bain d'acide sulfurique contenu dans un
ballon ; il est facile, en chauffant ce ballon au moyen d'un
bec de gaz, de faire monter graduellement la température de la
graisse.

Toutes les graisses consistantes que nous avons essayées avaient un point de fusion voisin de 80° centigr.

Dosage des acides gras de l'huile saponifiée. — Peser 2 à 3 grammes de graisse et épuiser par l'éther dans un appareil approprié, si on en possède un, ou par agitation dans un flacon et filtration ; dans ce cas laver le filtre à l'éther jusqu'à complète disparition d'huile.

Le savon resté sur le filtre est ensuite dissous dans l'eau chaude, puis décomposé par l'acide sulfurique. Comme la quantité d'acides gras est très minime, on y ajoute un poids connu de cire blanche que l'on fond avec les susdits acides dans la capsule où a été faite la précipitation.

On lave 2 ou 3 fois les acides à l'eau bouillante en laissant refroidir, décantant l'eau et renouvelant l'opération.

Le gateau d'acides gras et de cire est ensuite séché avec du papier à filtrer, introduit dans une capsule tarée, fondu une dernière fois, puis pesé après refroidissement.

Dosage de l'huile soluble dans l'éther. — L'éther qui a servi à débarrasser le savon de l'huile est évaporé dans une capsule tarée ; il suffit alors de peser pour avoir l'huile soluble dans l'éther.

Dosage de l'huile minérale. — L'huile susdite et saponifiée par la soude en présence d'eau et d'alcool; après évaporation à sec, on épuise à l'éther en opérant comme pour le dosage des acides gras de l'huile saponifiée, on obtient une huile minérale dans la capsule et d'autre part : Les acides gras de l'huile saponifiable et non saponifiée.

Dosage de l'huile animale ou végétale. — S'obtient par différence, puisqu'on connaît le poids total d'huile pesée et la quantité d'huile minérale.

GRAISSES A CARBONATER

Parmi les graisses à carbonater nous distinguons :
Le suif.
Le beurre de coco.

Suif. — Nous n'entrerons pas ici dans les détails d'analyse d'un suif que tous les chimistes connaissent, nous nous contenterons de dire que nous prenons :

1º Le point de fusion des acides gras par la méthode Dalican, d'où nous déduisons :

2º L'acide oléique ;

3º Les acides concrets, puis

4º L'eau ;

5º Les matières minérales ;

6º Les débris des membranes en dissolvant le suif dans l'éther.

Beurre de coco. — Nous déterminons :

1º Les matières minérales ;

2º Le point de fusion ;

3º Le point de solidification après fusion ;

4º Le point de fusion des acides gras ;

5º Le point de solidification des acides gras après fusion.

Pour toutes ces opérations nous opérons comme pour le point de fusion des graisses consistantes.

Le beurre de coco pur est faible à 20º et se solidifie à 18º.

Le point de fusion des acides gras varie suivant les auteurs : ce sont 35º (Browns), 27-27 (Brandes), 34º7 (Saint-Evre), 42-43 (Georgey).

CHAPITRE XI

PRODUCTION ET CONSOMMATION DE LA VAPEUR EN SUCRERIE

La vapeur nécessaire au chauffage des jus et des sirops et au fonctionnement des machines motrices est obtenue en sucrerie au moyen d'appareils appelés chaudières à vapeur ou générateurs.

Nous n'entrerons pas ici dans de longs détails sur la description des différents types de générateurs, ni sur l'historique de ces appareils, nous nous contenterons de passer rapidement en revue les types les plus connus.

Suivant les auteurs, les chaudières à vapeur sont classées de manières différentes, par exemple « chaudières à grand volume, chaudières à moyen volume, chaudières à petits volumes ; ou bien « chaudières industrielles, chaudières de locomotive, chaudières marines » ; nous ne nous occuperons ici que des chaudières industrielles que l'on rencontre dans l'industrie sucrière.

LES CHAUDIÈRES A VAPEUR

Chaudière cylindrique à un seul corps. — Pourrait-on encore rencontrer ce type de générateur dans beaucoup de sucreries ? nous en doutons ; disons cependant qu'il se compose d'un corps cylindrique chauffé à une extrémité par un foyer et que dans la plupart des cas, les gaz chauds se rendent de l'avant à l'arrière du corps cylindrique en léchant sa surface inférieure, puis reviennent en avant par un premier carneau latéral et entrent ensuite dans un deuxième carneau symétrique au prenier qui les mène à la cheminée en les faisant passer de l'avant à l'arrière du fourneau. Les générateurs à un seul corps cylindrique présentent l'inconvénient d'offrir peu de surface de chauffe pour un volume donné et d'avoir des parois très inégalement dilatées suivant qu'elles sont plus ou moins éloignées du foyer.

Chaudières à bouilleurs. — On peut encore rencontrer ce type de générateur dans quelques sucreries ; il est supérieur au type à un seul corps cylindrique, bien qu'il ne soit pas encore bien économique au point de vue de la dépense de combustible par rapport à la production de vapeur par unité de surface.

Décrivons rapidement ces générateurs connus de nos lecteurs : un corps cylindrique surmonte un, deux ou trois autres cylindres plus petits appelés bouilleurs, auxquels il est réuni ; ceux-ci sont pleins d'eau tandis, que le corps principal n'en contient sensiblement que les 2/3 de son volume ; les tubulures qui réunissent les bouilleurs au corps principal sont appelées cuissards ou communications ; il y en a généralement deux par bouilleur, les bulles de vapeur qui se dégagent du liquide contenu dans les bouilleurs se dégagent par ces communications et sont remplacées par l'eau qui vient du corps principal.

Le foyer est disposé à l'avant sous les bouilleurs et la maçonnerie est établie de telle façon que les gaz, après passage au-dessus de l'autel, traversent d'avant en arrière un premier carneau et chauffent les bouilleurs, puis reviennent d'arrière en avant dans un 2ᵉ carneau en chauffant un côté du corps cylindrique, et enfin cheminent d'avant en arrière dans un 3ᵉ carneau en chauffant le 2ᵉ côté du corps cylindrique, puis se rendent dans la cheminée. Le 2ᵉ et le 3ᵉ carneau sont installés de telle façon que la partie inférieure du corps cylindrique, partie toujours baignée par le liquide, est seule chauffée.

Aux termes de la loi, la partie supérieure des carneaux latéraux doit se trouver à six centimètres au-dessous du niveau de l'eau dans le corps principal de la chaudière.

Réchauffeurs. — Les réchauffeurs sont des bouilleurs placés latéralement à la chaudière, qui sont chauffés par les gaz sortant du fourneau de celle-ci et dans lesquels on fait l'alimentation. La plus grande partie des dépôts calcaires contenus dans l'eau se dépose dans ces réchauffeurs d'où on peut les extraire facile-

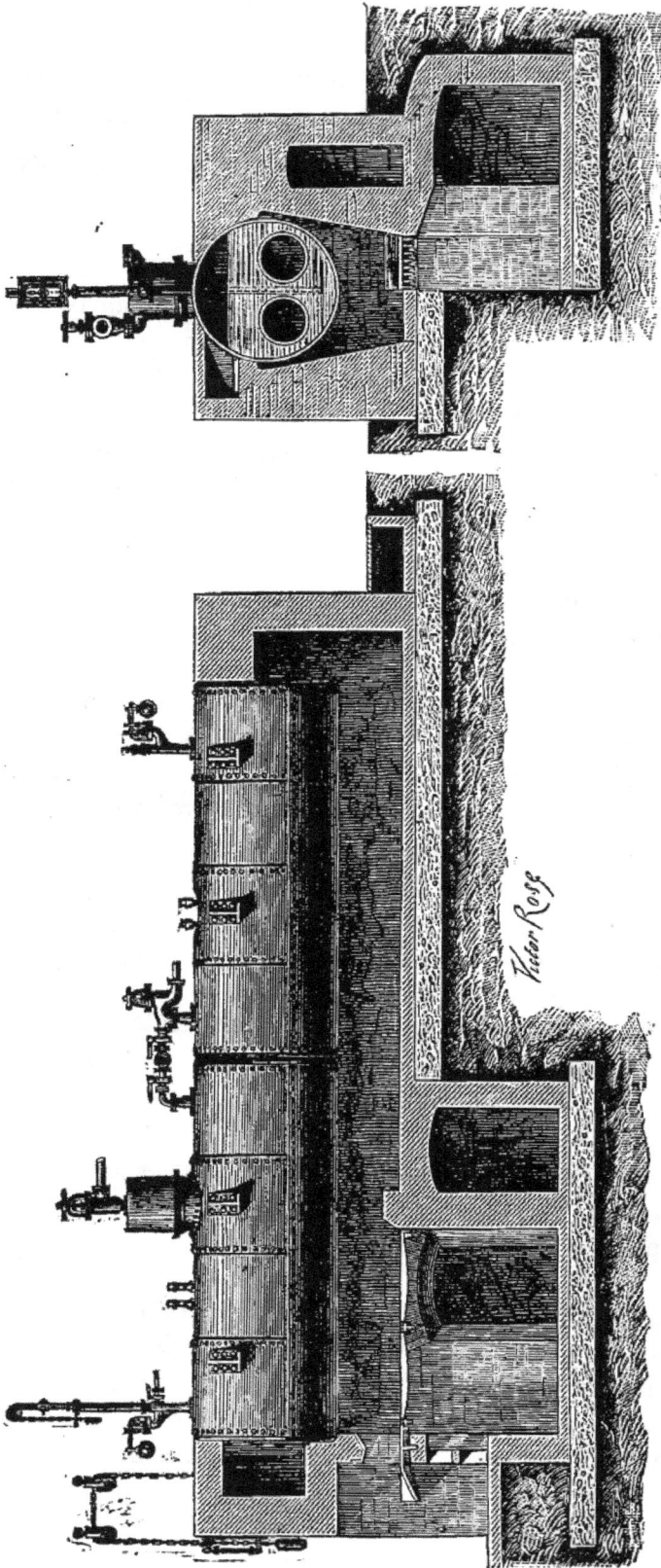

Fig. 328. — Générateur à retour de flamme, système Cail.

ment et où ils ne sont en contact qu'avec des parois métalliques non soumises à l'action du feu.

C'est M. Farcot qui eut le premier l'idée des réchauffeurs.

Générateurs Cail à retour de flamme intérieur. — Le générateur construit par la maison Cail et représenté par la figure 328 est à un seul corps cylindrique ; mais les gaz, après avoir chauffé la partie inférieure et extérieure dudit corps en cheminant d'avant en arrière, reviennent d'arrière en avant en traversant deux carneaux intérieurs baignés dans l'eau contenue dans le corps principal, ils se rendent ensuite dans la cheminée.

La maison Cail a aussi construit un générateur analogue, mais avec un bouilleur réchauffeur auxiliaire (figure 329.).

Chaudière Artigue. — Elle est composée de deux corps sous lesquels se trouve le foyer, de deux réchauffeurs placés au-dessus de ceux-ci et enfin de deux autres réchauffeurs latéraux qui sont chauffés par les gaz venant du foyer et qui ont en premier lieu chauffé les deux corps principaux et en second lieu les deux premiers réchauffeurs. Les différents corps et réchauffeurs sont réunis par des tuyaux en fonte.

Chaudière Cornwall à foyer intérieur. — Elle se compose d'un gros corps cylindrique à l'intérieur duquel se trouvent deux cylindres portant à l'avant chacun un foyer dans lequel est brûlé le charbon ; ces cylindres sont donc entourés par l'eau contenue dans le corps principal. Les gaz cheminent dans chacun desdits cylindres d'avant en arrière, puis ceux du cylindre de gauche reviennent d'arrière en avant en pénétrant dans un carneau qui entoure la partie gauche du corps principal, tandis que ceux du cylindre de droite suivent un chemin analogue et chauffent la partie droite dudit corps ; ils se rendent ensuite dans la cheminée,

Dans la chaudière Lancashire il n'y a qu'un seul foyer intérieur.

Chaudière Galloway. — Cette chaudière est à deux foyers intérieurs, mais les chambres qui les portent se réunissent à peu de distance de l'avant de l'appareil, en une seule sillonnée par des tubes coniques disposés en quinconce qui permettent des courants continus entre l'eau de la partie inférieure de la chaudière et celle

Fig. 329. — Générateur à retour de flamme intérieur avec bouilleur auxiliaire, système Cail.

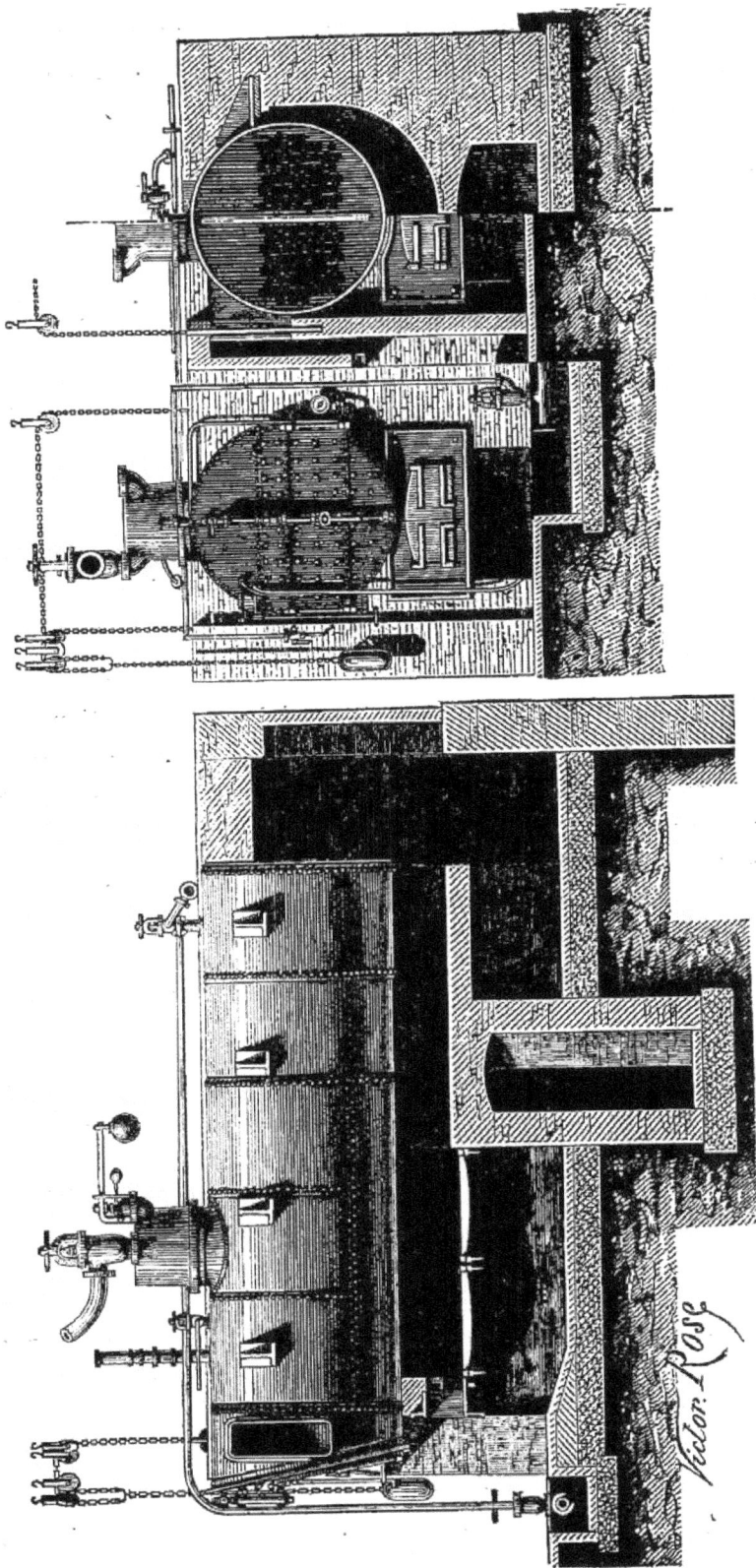

Fig. 330. — Générateur tubulaire à foyer en briques, système Cail

de la partie supérieure ; de plus ces tubes ralentissent la circulation des gaz et améliorent leur utilisation.

Chaudières tubulaires et semi-tubulaires. — Avec ces générateurs on obtient par rapport aux types que nous avons déjà décrit une surface de chauffe beaucoup plus grande sous un plus faible volume ; ils sont surtout utilisés pour les locomotives, mais aussi dans l'industrie comme appareils fixes.

Générateur tubulaire à foyers en briques de la maison Cail. — Cet appareil représenté par la figure 330 est composé comme on le voit d'un corps cylindrique muni de tubes ; le charbon est brûlé dans un foyer placé sous celui-ci, les gaz circulent d'avant en arrière dans un carneau en chauffant ledit corps, puis ils reviennent d'arrière en avant en traversant les tubes et se rendent ensuite dans la cheminée.

Chaudière tubulaire à foyer rectangulaire (Construction Cail). — Ce générateur représenté figure 331 est analogue aux chaudières de locomotives, il est complètement métallique ; les gaz produits dans un foyer rectangulaire rentrent directement dans les tubes et en sortent pour se rendre dans la cheminée. Inutile dans cette chaudière et dans les autres analogues, qui sont fixes et dont le tirage est obtenu suffisant par une cheminée, de se servir comme dans les chaudières de locomotives de la vapeur d'échappement pour faire du tirage forcé.

CHAUDIÈRES SEMI-TUBULAIRES A BOUILLEURS

Un assez grand nombre de constructeurs ont combiné les chaudières tubulaires et les chaudières à bouilleurs. Nous décrirons quelques appareils de ce genre.

Générateur semi-tubulaire à bouilleurs, de la maison Cail. — Cette chaudière représentée par la figure 332 est composée d'un corps semi-tubulaire relié par des communications à deux bouilleurs, sous lesquels se trouve le foyer à l'avant. Les gaz chauffent d'abord les deux bouilleurs en se dirigeant d'avant en arrière, puis ils entrent dans les tubes, se dirigent d'arrière en

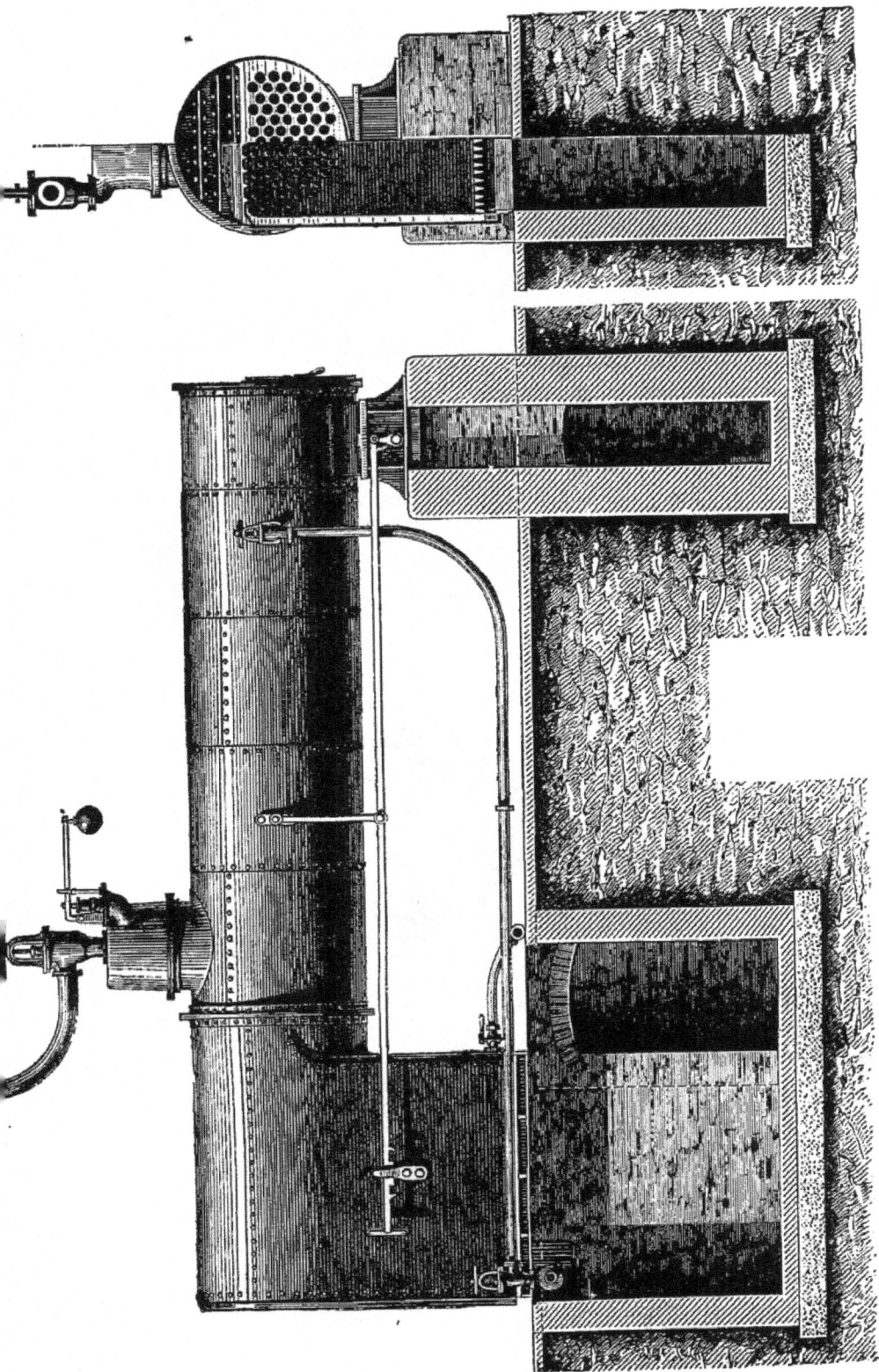

Fig. 331. — Générateur tubulaire à foyer rectangulaire chauffé avec de la bagasse ou de la houille système Cail.

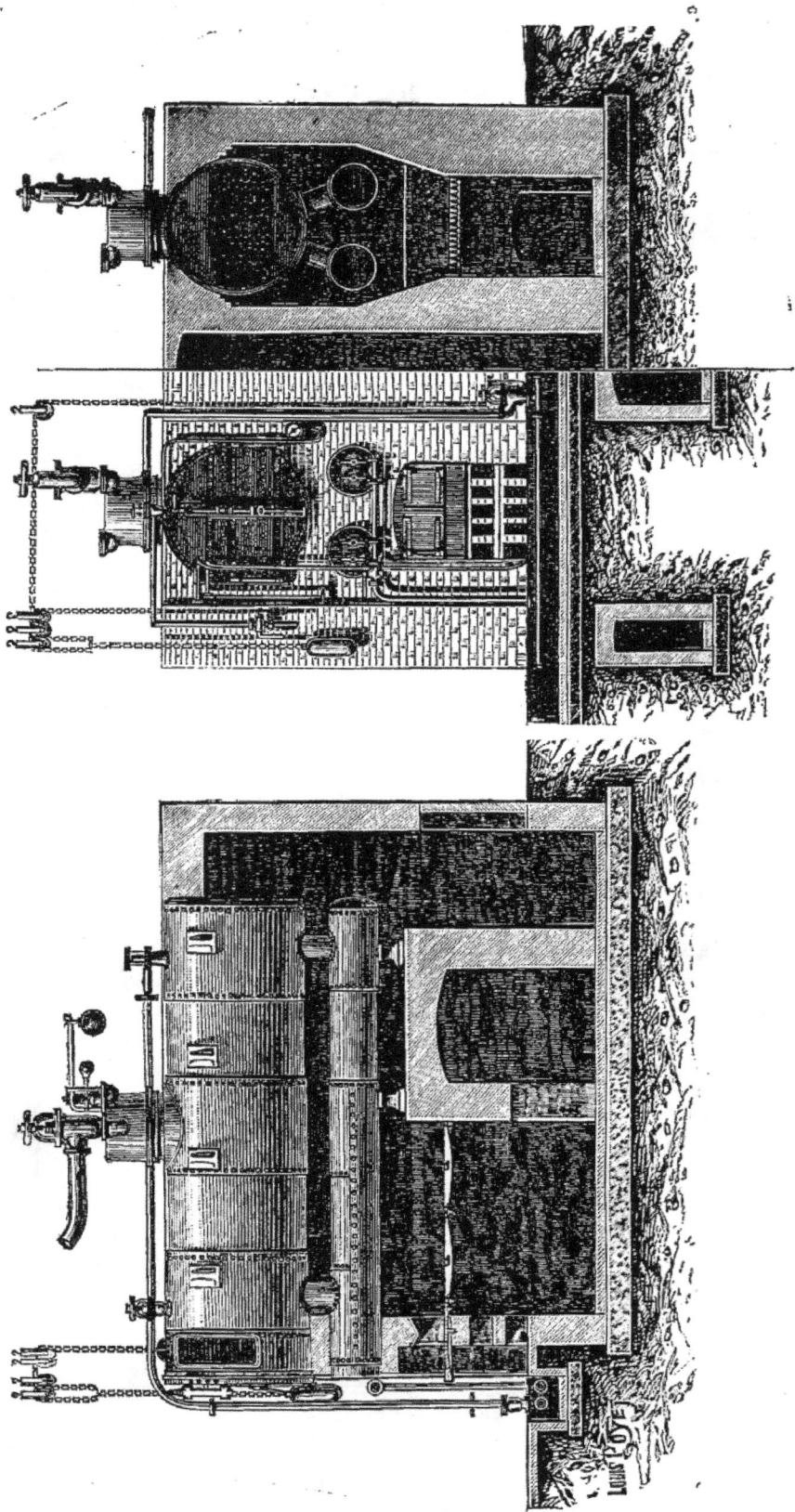

Fig. 332. — Générateur tubulaire à foyer en briques et à 2 bouilleurs longs, système Cail.

avant et ils se rendent enfin dans le carneau qui aboutit à la cheminée. Comme on peut le remarquer sur la figure, les deux bouilleurs sont de la même longueur que le corps cylindrique.

Générateur tubulaire à bouilleurs à foyer en briques de la Cie de Fives-Lille. — Ces appareils diffèrent de ceux de la maison Cail précités en ce qu'ils sont à 3 parcours au lieu de deux.

Dans certaines chaudières semi-tubulaires à bouilleurs, les gaz après avoir chauffé les bouilleurs en cheminant de l'avant à l'arrière, reviennent de l'arrière à l'avant en chauffant les parties tubulaires droite et gauche du corps cylindrique, puis s'engagent dans les tubes, y cheminent de l'avant à l'arrière et aboutissent enfin au carneau qui conduit à la cheminée.

Chaudière semi-tubulaire Dulac. — Elle se compose d'un corps vertical auquel est relié un corps horizontal ; le corps vertical porte un faisceau tubulaire chauffé directement par les gaz qui se dégagent de la chambre de combustion.

Le corps horizontal communique par un tube avec un réchauffeur.

Les gaz, après avoir chauffé la partie tubulaire, chauffent le corps horizontal et enfin le réchauffeur. L'alimentation se fait par une conduite dans le réchauffeur.

Cette chaudière est munie de tubes spéciaux appelés tubes Dulac.

Chaudière à faisceau tubulaire amovible. — Ces chaudières ont été créées dans le but de permettre un nettoyage facile des parties situées autour des tubes.

Chaudière Farcot. — Un corps cylindrique surmonte et communique avec un cylindre qui contient à l'arrière un faisceau tubulaire et à l'avant une chambre de combustion et un foyer muni d'une grille ; le faisceau tubulaire et le foyer sont amovibles ; les joints sont assurés par des anneaux en cuivre rouge qui pénètrent dans des rainures circulaires opposées et se correspondant.

Les générateurs semi-tubulaires Farcot sont en outre munis d'un réchauffeur ; les gaz chauffent alors d'abord les bouilleurs, puis traversent les tubes et chauffent en dernier lieu le réchauffeur.

Chaudière Thomas Laurens et Pérignon. — Comme la chaudière Farcot, ce générateur est à foyer amovible; il est composé de deux corps cylindriques, le corps inférieur contient le foyer cylindro-conique terminé par une partie renflée sur laquelle aboutissent des tubes disposés en quinconce et parallèles à la surface extérieure du foyer.

Chaudière à tubes démontables et foyer amovible de la Cie de Fives-Lille. — Ce type de générateurs qui ont été brevetés en 1868 et créés en vue de fournir la vapeur nécessaire aux machines installées à Emerin et destinées à alimenter d'eau la ville de Lille, ont en outre été installées depuis à la gare Saint-Lazarre et dans beaucoup d'établissements industriels.

Ils présentent cette disposition nouvelle à l'origine que non seulement le foyer, mais aussi les tubes sont démontables.

CHAUDIÈRES MULTITUBULAIRES

Ces chaudières ont été créées dans le but, non d'éviter les explosions, mais de les rendre peu dangereuses ; pour cela l'eau et la vapeur circulent dans les tubes; une déchirure du métal ne donnerait alors issue qu'à une très petite quantité de vapeur et n'aurait pas de conséquences funestes. Les générateurs multitubulaires présentent en outre l'avantage d'offrir une très grande surface de chauffe sous un faible volume ; mais ils ont l'inconvénient de ne renfermer qu'une faible réserve de vapeur, ce qui rend leur emploi peu avantageux en sucrerie.

Chaudière Belleville. — Cet appareil se compose d'une série de serpentins verticaux formés par des tubes raccordés par des boîtes spéciales. Chaque serpentin communique à sa partie inférieure avec un collecteur cylindrique de vapeur.

Le foyer incliné d'avant en arrière est placé au-dessous des serpentins et les gaz après avoir chauffé ceux-ci lèchent des tubes destinés au séchage de la vapeur.

L'alimentation est automatique : elle est obtenue au moyen d'un flotteur placé dans un cylindre qui se trouve en communication avec le collecteur d'eau d'alimentation et le collecteur de vapeur ; selon que l'eau qui se trouve dans les tubes mélangée aux bulles de vapeur est en plus ou moins grande quantité, le niveau dans le cylindre porte-flotteur monte ou descend et le flotteur lui-même dans son mouvement d'ascension ou de descente ferme ou ouvre la valve d'alimentation.

Chaudière de Naeyer. — Dans cette chaudière les tubes sont inclinés de l'avant à l'arrière ; ils sont groupés par série de deux tubes parallèles au moyen de boîtes horizontales ; d'autres boîtes obliques, les tubes étant disposés en quinconce, réunissent chaque élément à l'élément supérieur ; la vapeur qui se forme dans un tube se dirige vers sa boîte d'avant et gagne un récipient collecteur placé au-dessus de la partie tubulaire ; l'eau entraînée se dépose dans ce collecteur recevant lui-même l'eau d'alimentation qui est distribuée dans les boîtes d'arrière des tubes au moyen de deux tuyaux verticaux.

Les gaz qui se dégagent du foyer circulent autour des tubes en effectuant trois parcours obtenus au moyen de chicanes en fonte.

Chaudière Babcock et Wilcox. — Dans ce générateur les éléments tubulaires sont composés de deux boîtes rectangulaires à parois ondulées reliées entre elles par les tubes qui, du fait de la forme des ondulations, se trouvent superposés deux à deux ; les tubes sont inclinés d'avant en arrière et aboutissent sur les boîtes vis à vis d'orifices fermés par des bouchons recouverts de cloches dans lesquelles passe un écrou de serrage. Les boîtes d'avant, c'est-à-dire celles situées au-dessus du foyer, communiquent à leur partie supérieure avec un réservoir cylindrique placé au-dessus des faisceaux tubulaires dans lequel se rend la vapeur.

Les boîtes d'arrière communiquent à la partie supérieure avec ce même réservoir dans lequel arrive l'eau d'alimentation, et à la partie inférieure avec un autre réservoir cylindrique placé à la partie basse du générateur et perpendiculairement aux faisceaux tubulaires ; c'est dans ce réservoir que se déposent les dépôts de l'eau ; le réservoir cylindrique supérieur est encore surmonté d'un autre plus petit qui sert de chambre de vapeur.

Les chaudières Roser et Collet se rapprochent du type Babcock ; nous renverrons le lecteur que ces chaudières intéressent aux

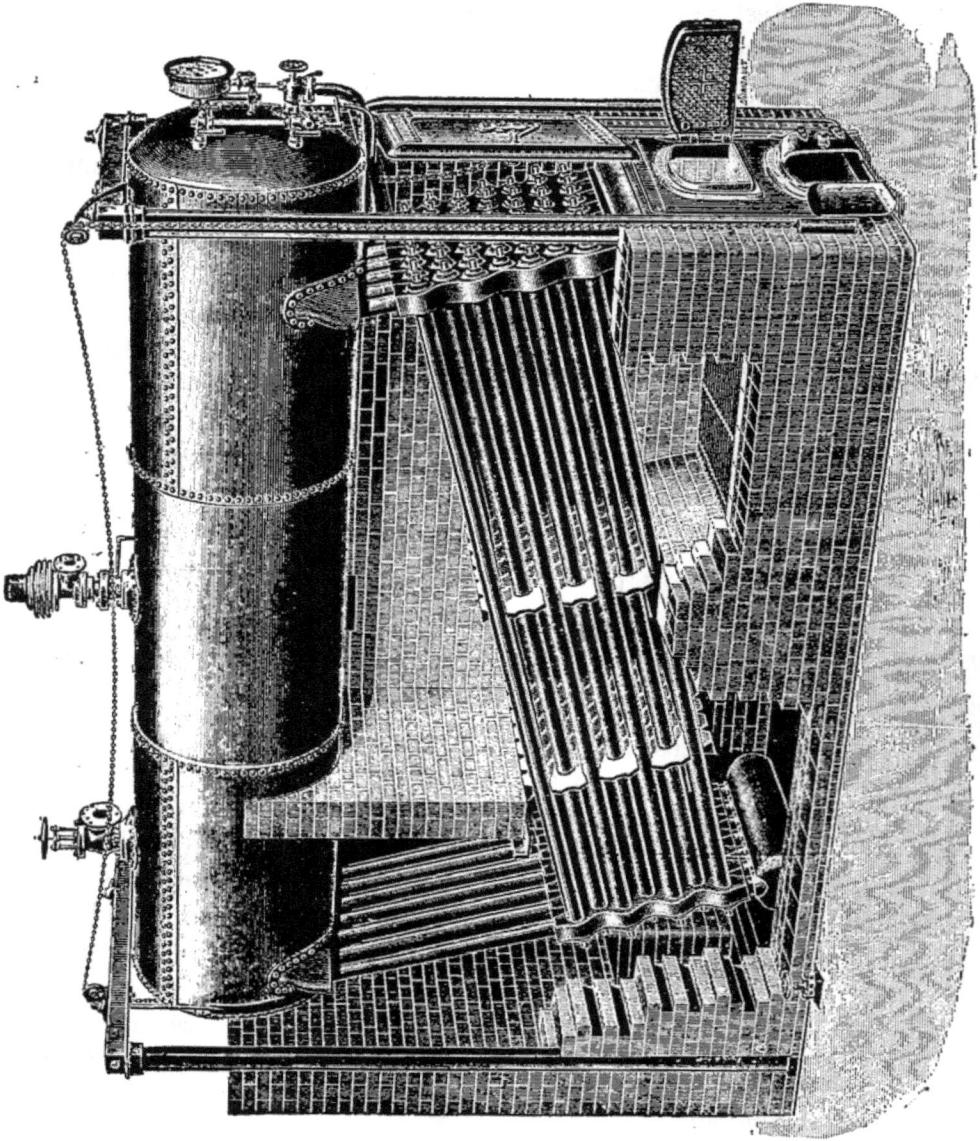

ouvrages spéciaux, car nous ne pouvons dans cet ouvrage de sucrerie nous étendre trop longuement sur ce chapitre.

Rendements approximatifs des différents types de générateurs

	kg. de vapeur par kg. de charbon
Générateur cylindrique à un seul corps sans bouilleurs..............................	5 k. 50
Chaudière à bouilleurs } sans rechauffeurs..	6 50
avec rechauffeurs..	7
— tubulaires sans bouilleurs.......	6 75 à 7 k.
— avec bouilleurs.................	7 1/2 à 8 k.
— foyer rectangulaire.............	9 k.

FOYERS

Comme nous l'avons vu en nous occupant des différents types de générateurs, les foyers sont extérieurs ou intérieurs ; ils se composent d'une grille formée de barreaux et sur laquelle est distribué le combustible ; au-dessous de la grille on trouve le cendrier et au-dessus l'espace réservé à la combustion, le tout est entouré à droite et à gauche de parois en maçonnerie de briques réfractaires ou en métal, le devant est fermé par une plaque en fonte munie d'une ou deux portes. A la partie postérieure au-dessus de la grille se trouve un mur appelé autel destiné à former arrêt pour le combustible et à diriger les gaz vers le carneau dans lequel ils s'engagent. Les barreaux des grilles affectent des formes très variables, ils sont généralement en fonte, en fer ou en acier moulé, munis à leurs extrémités de talons dont l'épaisseur détermine l'écartement des barreaux. Cet écartement doit être bien déterminé, car c'est lui qui détermine la quantité d'air introduite, étant donnés un tirage de cheminée déterminé, une épaisseur de charbon fixée et la nature de ce charbon.

Avec un foyer bien compris et bien conduit il faut arriver à brûler le combustible aussi complètement que possible avec un excès d'air aussi minime qu'on le pourra.

On se rendra compte de la marche du foyer en analysant au moyen de l'appareil Orsat les gaz qui se rendent dans la cheminée ; de plus on en prendra la température à la sortie du fourneau afin de s'assurer que le générateur dont on s'occupe utilise le maximum de la quantité de chaleur dégagée par le combustible.

Un grand nombre de foyers spéciaux ont été imaginés dans le but d'apporter des perfectionnements aux foyers ordinaires : les uns dans le but de supprimer la fumée noire qui se dégage de là cheminée à certains moments, d'autres dans le but de rendre facile le décrassage, d'autres enfin dans le but d'arriver à un chargement continu sans ouvrir les portes.

Grille Wackernie. — Cette grille, qui donne de bons résultats au point de vue du décrassage, est composée de barreaux fixés les uns, les barreaux pairs, à la partie antérieure du foyer, les autres, les barreaux impairs, à la partie postérieure ; un levier permet de faire mouvoir tous ces barreaux qui ont une extrémité libre dans des plans verticaux, l'une des extrémités voisines de deux barreaux reste fixe et l'autre oscillant ; il se produit un mouvement de cisaillement qui détache les scories et les fait tomber dans le cendrier ; on les rend facilement extractibles sur la grille. Comme nous le verrons plus loin, c'est un peu après le chargement de la grille qu'il y a généralement manque d'air ; certains foyers permettent de remédier à cet inconvénient par une rentrée d'air au-dessus de la grille, le foyer devient alors fumivore ; parmi ceux-ci citons les foyers Prideaux Darcet et Criner.

Dans ce dernier foyer il existe non seulement un distributeur d'air, mais encore un mélangeur des gaz. Les foyers à alimentation continue sont assez nombreux. Dans le foyer Bouillon, pour ne parler que de celui-ci, le combustible avance au fur et à mesure de la combustion, et les résidus de cette combustion sortent en sens inverse de l'entrée du charbon, ce qui facilite singulièrement le décrassage ; pour arriver à ce résultat une ouverture est pratiquée entre l'autel et la partie postérieure de la grille, l'ouvrier est alors placé derrière la grille. Ce foyer a fonctionné la campagne dernière à la sucrerie de Fismes.

INDICATEURS DE NIVEAU D'EAU

L'indicateur le plus simple et exigé par la loi est l'indicateur à tube de verre, lequel tube communique avec l'intérieur de la chaudière en deux points situés l'un au-dessous, l'autre au-dessus du niveau moyen de l'eau dans ladite chaudière. Les deux tubes de communication doivent être munis de cabinets permettant d'isoler l'appareil de la chaudière en cas de bris du tube de verre. Afin de ne pas avoir dans le tube de l'eau sale, on interpose souvent entre celui-ci et la chaudière un réservoir décanteur intermédiaire.

On se sert encore assez couramment d'indicateurs à flotteur ; le plus simple consiste en un flotteur creux placé à la partie inférieure, d'une tige qui sort de la chaudière et est mobile dans un presse-étoupe, la hauteur de l'extrémité de la tige indique la hauteur du niveau de l'eau dans la chaudière. Le flotteur contient généralement un peu d'eau qui se vaporise quand le générateur est en marche et établit une pression destinée à équilibrer la pression qui existe dans la chaudière et s'exerce sur les parois externes dudit flotteur.

L'indicateur Bourdon est à flotteur, levier et contre-poids ; la tige verticale actionne une manivelle qui fait mouvoir une aiguille sur un cadran, l'appareil est accompagné d'un sifflet d'alarme commandé par les mouvements du flotteur. L'indicateur magnétique Lethuillier et Pinel présente l'avantage de ne pas nécessiter l'emploi d'un presse-étoupe : à l'intérieur d'une colonne creuse en fonte, terminée par une partie en cuivre, oscille verticalement une tige reliée au flotteur qui monte ou descend avec le niveau de l'eau dans le générateur ; cette tige porte à sa partie supérieure un aimant recourbé dont les deux pôles sont appliqués contre une face de la partie en cuivre ; sur cette face et extérieurement est appliqué un petit index en fer qui est retenu par l'aimant et dont il suit les mouvements. On conçoit donc que les mouvements du flotteur soient communiqués à cet index par l'intermédiaire de la tige et de l'aimant.

L'appareil est en outre muni d'un sifflet d'alarme actionné par des taquets fixés sur la tige du flotteur.

L'indicateur Chaudré est encore un indicateur à flotteur : une colonne en fonte porte dans sa partie médiane un bouchon sur lequel est rivé la partie supérieure d'un petit tube creux dont la partie inférieure est elle-même soudée à une tige qui le traverse ; cette tige, terminée inférieurement par une petite boule, reçoit les mouvements du flotteur par un levier et un petit étrier dans lequel est engagé la boule ; la partie supérieure de la tige est effilée et s'engage dans la rainure hélicoïdale d'un petit tambour placé dans une boîte qui surmonte le canal, ce tambour transmet son mouvement à une aiguille.

Le mouvement du flotteur est transmis au tambour par la tige, grâce à la flexibilité du petit tube auquel est soudée la tige qui, de cette façon peut se mouvoir légèrement dans une direction verticale.

CLAPETS DE RETENUE DE VAPEUR. — ROBINETS.

L'administration exige que l'on place sur le tuyau de prise de vapeur de chaque générateur, tuyau qui se raccorde sur une prise générale dans le cas d'une batterie de générateurs, une soupape destinée à isoler toutes les chaudières de ladite conduite générale pour le cas ou une explosion viendrait à se produire dans l'un des générateurs ou sur la conduite générale.

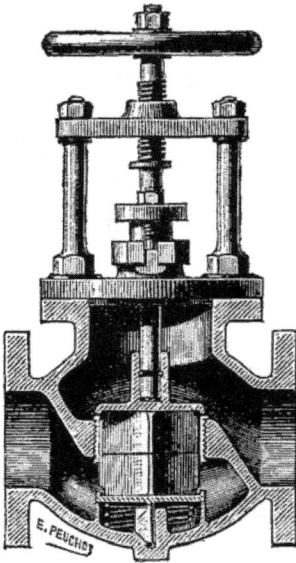

Fig. 334. — Clapet automatique d'arrêt de vapeur, système Hœfert et Paasch, Paris.

Ces soupapes pouvant se fermer généralement dans les deux sens, sont construites de telle manière que lorsqu'il se produit une dépression brusque occasionnée dans la conduite générale par la rupture d'un appareil, se ferment sur le siège postérieur et isolent toutes les chaudières de la conduite principale ; dans le cas d'explosion d'un seul générateur, la soupape de celui-ci se fermera sur son siège antérieur grâce à la dépression produite par son explosion, et l'isolera des autres chaudières et de la conduite principale.

Dans le cas où le clapet ne ferme que dans un sens, il isole tous les générateurs non endommagés de la conduite générale.

Parmi ces clapets de retenue, citons ceux de Maurice — Lethuilier et Pinet — Labeyrie — Carette — Fryer — Lefèvre fils — Vaultier, R. Henry, Hœfert et Paasch, Paris.

La figure 334 montre un clapet de retenue combiné avec un robinet valve.

La robinetterie constitue une partie importante du matériel de sucrerie. A ce titre, nous croyons utile de donner la description (1) d'un système de robinets à soupape équilibrée pour

(1) D'après Chevillard. — *Revue industr.* 1894.

vapeur d'eau, système Hochgesand) construit par la maison R. Henry, 117, boulevard de la Villette, à Paris.

Robinet à soupape équilibrée pour vapeur et eau. Système J. HOCHGESAND. — Dans beaucoup d'installations, il arrive que les robinets des conduites de vapeur ou d'eau se trouvent entre des pièces de machines difficiles à déplacer ou dans des endroits peu accessibles ; c'est particulièrement le cas des robinets de grands diamètres. On conçoit quelles difficultés se présentent lorsqu'une réparation ou la réfection de la garniture intérieure, impose le démontage de ces robinets. S'il s'agit d'un appareil placé sur une conduite principale, on ne peut guère éviter l'arrêt du service et les préjudices qui en sont la conséquence.

Frappé de cet inconvénient, M. J. Hochgesand à qui l'industrie est déjà redevable de judicieux appareils, a étudié un robinet dont le fonctionnement est à l'abri de tout reproche et qui jouit de la propriété précieuse de pouvoir être visité et réparé, sans nécessiter le démontage du corps du robinet.

Cet appareil a été introduit avec succès dans la pratique par son constructeur, M. R. Henry ; il est à soupape équilibrée. Les figures ci-contre en montrent les dispositions.

Dans le corps du robinet qui est coulé en fonte et fermé par un bouchon également en fonte, se trouve une garniture en bronze particulièrement intéressante. Elle consiste en une pièce dite chapelle, reposant sur deux épaulements du corps et portant le siège de la soupape, qui, ajustée avec un jeu convenable dans cette chapelle, est soulevée ou abaissée par une vis, venue de fonte avec une traverse.

Cette vis est, à son tour, commandée par le volant en fonte d'une tige de manœuvre formant écrou et guidée, sur toute sa longueur, dans un fourreau en bronze dit guide-tige. Celui-ci est terminé par une bride qui repose sur la chapelle et la serre sur ses deux portées au moyen de trois boulons logés dans le bouchon de la boîte à soupape.

Ce bouchon est fixé dans la boîte par un emmanchement du genre à bayonnette. Comme on le voit dans la figure, le corps du robinet porte trois segments en saillie sous chacun desquels sont introduits par rotation, l'une des ailes du bouchon. Les boulons de serrage de la chapelle assurent ensuite par réaction la fixité de ce bouchon.

Le guide-tige porte encore au-dessous de sa bride quatre ailettes venues de fonte et constituant deux glissières diamétralement opposées dans lesquelles se déplace la traverse de la vis qui est . ainsi empêchée de tourner pendant la manœuvre du volant.

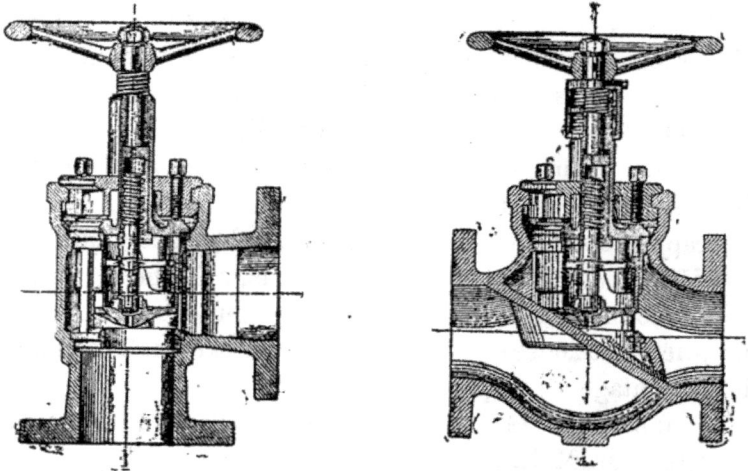

Fig. 335 et 336. — Robinet à soupape équilibrée pour vapeur et eau, syst. Hochgesand.

D'autre part, les extrémités de cette traverse sont engagées, par un emmanchement rotatif, en dessous de deux saillies diamétrales, ménagées en haut de la soupape de telle façon que cette dernière se trouve soulevée par l'élévation de la vis ; elle est, en outre, mise dans l'impossibilité de tourner par la pénétration de ces deux saillies entre les deux paires d'ailettes de guide-tige.

C'est en pressant par son extrémité inférieure sur le fond de la soupape que cette vis la fait descendre ; et comme ce fond est situé un peu au-dessous de la zone annulaire qui vient reposer sur le siège, le point d'application de l'effort utile se trouve toujours en avant du lieu où s'exerce la résistance à la fermeture ; aussi, la soupape ne peut-elle coïncider et vient-elle se poser bien d'aplomb sur son siège. Celui-ci est constitué par l'angle vif de l'anneau inférieur de la chapelle ; cette disposition est avantageuse en ce sens que s'il s'est formé des dépôts sur le siège à la suite d'une ouverture de longue durée du robinet, dans une conduite d'alimentation par exemple, la soupape, à la fermeture, vient presser ces dépôts sur une surface angulaire, ce qui amène leur désagrégement et non leur tassement.

Comme on le voit, le fond de la soupape, dite équilibrée porte, au centre d'une cuvette, une ouverture de faible diamètre, qui, dans la fermeture du robinet, est obturée par l'extrémité même de la vis. Dans cette position, il existe un jeu déterminé entre la traverse de cette vis et les saillies de soulèvement de la soupape, de sorte qu'à l'ouverture du robinet, la vis démasque d'abord le petit orifice de la cuvette, à travers lequel se produit ainsi un échappement de fluide. Or, si le robinet est disposé de façon à ce que la pression du fluide s'exerce à l'arrêt au-dessus de la soupape, le dégagement préalable de cet orifice permet à la pression de s'exercer sur l'autre face de cette soupape. La charge de cette dernière diminue ainsi progressivement et peut devenir si faible, même dans les appareils de grand diamètre, que la manœuvre douce de la vis suffit toujours pour provoquer le soulèvement docile de la soupape.

Qu'à l'arrêt du robinet, la pression du fluide agisse en dessous ou au-dessus de la soupape, l'ouverture et la fermeture de cette dernière pourront donc être toujours opérées facilement; mais, à l'égard du maintien de l'étanchéité et de la fatigue de la vis, il est préférable que la soupape soit en charge à la fermeture. Dans les deux cas, la vis, tout en se trouvant à l'intérieur de l'appareil, n'est pas dans le courant du fluide, et, par conséquent, elle est moins sujette à s'user que s'il en était autrement.

Une disposition accessoire, dont l'utilité a été souvent démontrée, consiste dans l'adaptation à ce robinet d'un indicateur de la position occupée par la soupape. Le guide-tige forme à son extrémité supérieure une vis à filets carrés dans laquelle est engagé un anneau qu'une douille à fenêtres force à participer aux mouvements de rotation du volant. La position de cet anneau est réglée de telle façon qu'il se trouve au milieu de la longueur de sa course lorsque la soupape est à la moitié de la sienne ; on est donc toujours averti de la position de cette dernière dans sa boîte, ce qui évite bien des incertitudes et parfois des manœuvres intempestives.

Les avantages inhérents au fonctionnement proprement dit de cet appareil consistent, en somme : 1° dans une étanchéité parfaite, obtenue avec un serrage très modéré au volant dans le cas où le fluide charge la soupape ; 2° dans la faculté d'admettre le fluide de n'importe quel côté de la soupape et 3° dans la facilité de manœuvre résultant de l'impossibilité du bloquage, et de la disparition de la charge sur la soupape.

Quant aux avantages mécaniques, ils proviennent d'abord d'une fabrication soignée, faite au moyen d'outils spéciaux et sur gabarits, afin d'obtenir dans les dimensions une uniformité précise ; ce qui permet, dans une installation où se trouvent plusieurs robinets de même diamètre, d'avoir une garniture de rechange prête à poser dans un robinet devenu défectueux. En visitant aux moments opportuns les robinets d'une installation, on peut donc éviter tout arrêt dans le service, car en une demi-heure on est à même de changer complètement une garniture. A cet effet, après avoir ouvert le robinet en grand et desserré les vis de pression, ainsi que la vis de l'indicateur, et avoir tourné le bouchon pour le dégager de son emmanchement à bayonnette on peut retirer en une fois toute la garniture.

Pour sortir la chapelle de la boîte du robinet, M. R. Henry préconise l'emploi d'un accessoire très simple et consistant en une arcade dont le boulon porte à une extrémité un écrou à oreilles et, à l'autre, une semelle B qu'on dispose sous la partie pleine et annulaire de la chapelle.

Une fois, cet appareil monté, il suffit de serrer l'écrou à oreilles pour forcer la chapelle à se détacher du corps du robinet. On obtiendrait le même résultat au moyen de deux morceaux de fer méplat reliés par un boulon.

Le siège ne doit pas être rodé, s'il est endommagé, mais rafraîchi sur un tour pour en rendre l'angle vif. A la mise en place de la chapelle, on fait à nouveau ses deux joints avec du mastic de minium bien battu et pas trop dur que les vis de pression écrasent ensuite. Quant au joint entre le guide-tige et la chapelle, il consiste simplement en une rondelle de papier imbibée d'huile.

M. R. Henry a établi, sur le type de soupape que nous venons de décrire, des modèles courants pour des conduites variant de 20 à 300 mm. de diamètre, avec des intermédiaires de 5 en 5 mm. jusqu'à 100 m. et de 10 en 10 mm. au delà de cette dimension.

SOUPAPES DE SURETÉ

Les soupapes de sureté destinées, comme chacun le sait, à permettre à la vapeur de s'échapper lorsque la pression dans le générateur devient supérieure à la pression pour laquelle il est timbré, sont composées d'une colonne creuse fixée sur la chaudière, et en communication avec l'intérieur de celle-ci; cette colonne porte un siège sur lequel s'applique le clapet maintenu par un poids situé à l'extrémité d'un levier.

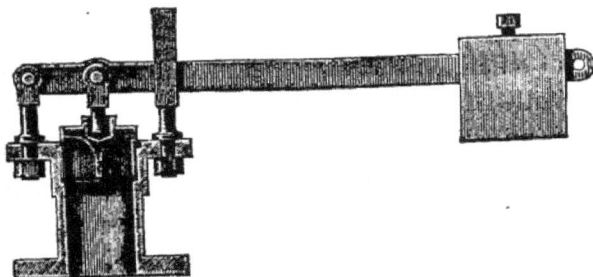

Fig. .337. — Soupape à levier, système Hœfert et Paasch. Paris.

On a créé un assez grand nombre de types de soupapes dites « à échappement progressif » qui commencent à se soulever un peu *avant que la pression maxima à admettre dans le générateur*

Fig. 338. — Soupape de sûreté, double système Hœfert et Paasch. Paris.

soit atteinte; on évite de cette manière la dépression brusque qui se produit avec une soupape qui s'ouvre en grand d'une manière brusque; parmi ces appareils nous pouvons citer les soupapes Lethuillier et Pinel et la soupape Dulac.

CALORIFUGES.

Les conduites de vapeur et tous les appareils dans lesquels celle-ci circule doivent être recouverts de matières isolantes dites calorifuges ; on a proposé un très grand nombre de ces calorifuges ; beaucoup de fabricants ont longtemps entouré les tuyaux de vapeur de tresses en paille, qui tout en étant un des meilleurs calorifuge, ont pour inconvénient de se carboniser rapidement. M. Gallois engage à recouvrir les tuyaux de baguettes de bois maintenues avec des fils de fer, puis de les enrouler de tresses de paille et de recouvrir le tout d'argile mélangée à du poil de chameaux ; on ménage de cette façon une chambre d'air entre le tuyau et la paille ; de plus on rend l'enveloppe beaucoup plus isolante avec l'enduit d'argile qu'avec une simple tresse de paille.

On a aussi employé du feutre, de la thibaude, le coton silicaté et quantités d'autres matières ; enfin, pour tout dire, la fabrication des isolants est devenue une véritable industrie.

MOTEURS

En sucrerie, comme dans beaucoup d'autres industries, les machines motrices travaillent avec des charges qui varient considérablement. Il est alors d'une nécessité absolue que ces machines soient munies d'un bon régulateur de vitesse qui puisse les maintenir dans leur marche normale, que l'on embraye ou débraye en totalité ou en partie les machines de fabrication, telles que turbines, pompes, etc.

Fig. 339. — Régulateur d'expansion syst. Hœfert et Paasch.

La figure 339 représente un appareil à détente dit « Régulateur d'expansion » de la maison Hoëfert et Paasch, à Paris.

Cet appareil permet d'assurer à 1 tour ou 1 tour 1/2 près la régularité absolue de la machine sous les différentes variations de charges.

Comme c'est un appareil à détente, il réalise en même temps une économie notable de vapeur et, par suite, de combustible.

Indépendamment des régulateurs pour machines à vapeur, la maison Hoëfert et Paasch construit également un régulateur de vitesse pour pompes à vapeur, à écumes, jus, etc. ayant pour but d'empêcher les pompes de s'emballer et de les arrêter automatiquement en cas d'excès de pression dans le tuyau de refoulement ou dans le cas où le liquide viendrait à manquer subitement dans le réservoir d'aspiration. Il règle automatiquement l'admission de la vapeur pour le chauffage des appareils d'évaporation à haute pression.

ALIMENTATION DES GÉNÉRATEURS.

L'alimentation des générateurs se fait quelquefois au moyen d'injecteurs tels que les injecteurs Giffard, Polonceau, Kœrting et autres, mais le plus souvent au moyen de pompes généralement actionnées par un moteur spécial.

La figure ci-contre représente celle construite par les établissements Cail et qui est d'une construction très robuste.

La machine d'alimentation de la Cie de Fives-Lille diffère de la précédente en ce que les pompes sont placées derrière le cylindre et que le piston, commun aux deux corps, est actionné directement par le prolongement de la tige, ce qui simplifie la machine et la rend plus abordable.

L'alimentation des générateurs se fait généralement d'une manière intermittente et est laissée au soin du chauffeur; on a cependant imaginé quelques appareils destinés à rendre l'alimentation automatique : citons le régulateur d'alimentation Geneste et Herscher et le régulateur d'alimentation Lethuillier et Pinel.

En sucrerie, on alimente généralement les générateurs avec l'eau de retour des appareils ; cette eau se trouve à 85-90° environ de plus elle ne présente pas l'inconvénient de donner naissance à des incrustations comme les eaux ordinaires ; mais si elle provient des deuxième, troisième ou quatrième caisse du multiple effet, elle contient quelquefois de notables quantités d'ammoniaque qui détruisent assez rapidement les clapets des pompes d'alimentation ; les eaux de retour de la première caisse ne présentent pas le même inconvénient, mais elles contiennent quelquefois des graisses, puisqu'elles proviennent de la condensation des vapeurs de retour des machines ; il sera bon, si on s'en sert pour l'alimentation, de les faire passer dans des filtres à coke.

Parmi les incrustations rencontrées dans les générateurs, on a beaucoup parlé du savon calcaire ou soi-disant tel, et on a attribué

Fig. 340 — Machine d'alimentation à double effet avec clapets d'aspiration mus mécaniquement pour générateurs.

à sa présence la cause de quelques explosions de chaudières ; d'après M. Vivien ce prétendu savon calcaire ne contiendrait pas de matières grasses ; ce ne serait donc pas un savon, mais un dépôt de chaux arrivé à un degré de pulvérisation presque infini.

Lorsqu'on n'a pas assez d'eau de retour pour l'alimentation des générateurs ou lorsqu'en dehors de la fabrication on n'en a pas du tout, si elle n'est pas assez pure, il faut épurer l'eau ordinaire que l'on a à sa disposition ; différents appareils ont été proposés, nous en décrirons rapidement quelques-uns.

ÉPURATION DES EAUX D'ALIMENTATION DES GÉNÉRATEURS

L'épuration des eaux se fait généralement au moyen de l'eau de chaux et du carbonate de soude ; on arrive ainsi à précipiter les bicarbonates de chaux et le sulfate de chaux ; mais pour opérer rapidement l'épuration il était nécessaire de trouver des appareils produisant une séparation rapide du précipité. Ceux que nous décrivons ci-dessous paraissent assez bien remplir ces conditions.

Épurateur Gaillet. — Il a une forme cylindrique et se compose d'un préparateur d'eau de chaux, d'un distributeur de réactifs, d'un décanteur et d'une partie filtrante. L'eau à épurer est amenée au moyen d'une valve régulatrice, actionnée par un flotteur, dans un bac distributeur recevant l'eau à épurer, ce bac se trouve à la partie supérieure de l'appareil, de ce bac l'eau se rend à l'épurateur par une conduite munie d'une vanne de réglage ; sur la même conduite une autre vanne permet d'envoyer de l'eau dans un saturateur automatique d'eau de chaux qui, rectangulaire dans la partie désaffleurant le cylindre décanteur, s'engage en partie dans celui-ci en prenant une forme évidée ; à côté du saturateur se trouve un bac dans lequel on éteint la chaux ; l'eau de chaux se déverse par la partie supérieure du saturateur dans un bac mélangeur qui reçoit en même temps l'eau à épurer et la solution de carbonate de soude ; le saturateur porte à sa partie inférieure un clapet de vidange qui débouche dans un tuyau traversant l'appareil et sortant par la partie basse de celui-ci. Le bac dans lequel on place la solution de carbonate de soude est situé immédiatement au-dessous du bac distributeur d'eau à épurer duquel on extrait l'eau nécessaire à cette solution ; celle-ci se rend ensuite dans un bac à niveau toujours constant au moyen d'une valve régulatrice, ce qui assure aussi un débit constant de ce petit bac dans le mélangeur d'eau et de réactifs; un système à flotteur commande l'arrêt de la soude, lorsque la valve d'arrivée de l'eau à épurer se ferme.

Un tuyau vertical débouchant à la partie inférieure du décanteur y amène l'eau mélangée aux réactifs, qui remonte jusqu'à la partie supérieure, se débarassant du dépôt formé, grâce aux diaphragmes établis à cet effet; l'eau décantée se déverse dans un réservoir qui la distribue dans des filtres dont la matière filtrante est constituée par des copeaux; à la sortie de ces filtres, l'eau se rend dans un récipient muni d'un flotteur destiné à arrêter, si cela est nécessaire, l'arrivée de l'eau à épurer dans l'appareil; le bac d'eau décantée, les filtres et le bac d'eau filtrée se trouvent dans une couronne qui enveloppe le décanteur à sa partie supérieure.

Épurateur H. Desrumaux. — Dans cet épurateur le préparateur d'eau de chaux est placé extérieurement au reste de l'appareil; il est cylindrique, muni d'un arbre vertical porteur à sa partie basse de bras mélangeurs qui malaxent la chaux avec l'eau; au-dessus de ces bras se trouvent des parties fixes destinées à localiser le mouvement donné à l'eau par les bras dans la partie basse de l'appareil; au-dessus de ces parties fixes se trouvent des lames heliçoïdales semblables à celles que nous trouverons dans le décanteur et qui retiennent le précipité contenu dans l'eau de chaux; celle-ci monte à la partie supérieure du préparateur et se déverse par une goulotte dans l'appareil de réaction. Le mouvement est donné à l'arbre malaxeur au moyen d'une roue à auges actionnée par la chute de l'eau à épurer qui se rend dans un bac dans lequel est prélevée la quantité nécessaire à la préparation de l'eau de chaux. L'appareil comporte aussi un réservoir à soude avec régulateur; le mélange d'eau et de réactifs arrive dans un bac mélangeur, puis descend au bas de l'appareil et remonte en se débarrassant de ses dépôts grâce aux lames héliço-conoïdales, et grâce à des chicanes et à des cloisons destinées à arrêter les dépôts qui glissent le long des lames et se rendent dans des tuyaux qui les évacuent.

L'eau décantée est ensuite passée sur un filtre tenant au reste de l'appareil.

Épurateur Dervaux. — Il est également composé d'un décanteur, d'un filtre à copeaux, d'un saturateur de chaux, et d'un vase chargeur dans lequel on place la chaux qui est entraînée par un courant d'eau se rendant au saturateur.

Nous pourrions encore décrire, si cela ne nous entraînait trop loin, les épurateurs Howaston, Pichler et Sedlaëck, Maignen, etc.

CONSOMMATION DE CHARBON EN SUCRERIE

Pour compléter ce chapitre, nous citerons un rapport de MM. Cambier et Beaudet lu en assemblée générale de l'Association des chimistes de sucrerie et de distillerie de France, puis nous terminerons par quelques mots sur l'utilisation de la vapeur.

« Les questions que nous allons étudier sont importantes au plus haut point, pour le fabricant de sucre; la plupart de ces questions nous paraissent assez difficiles à résoudre, nous voulons cependant en dire quelques mots, dans l'espoir qu'un grand nombre de membres de notre association voudront bien étudier à leur tour ce problème : « Produire de la vapeur au meilleur marché possible. »

Si on arrivait à le résoudre ainsi que celui-ci : « Dépenser le moins de vapeur possible » on serait amené à produire du sucre à bien meilleur compte que cela n'a lieu dans la plupart des usines.

Avant de chercher à voir ce qui doit être fait, nous allons, par un certain nombre de renseignements que nous possédons, essayer de nous rendre à peu près compte de ce qui existe, c'est-à-dire que nous allons envisager l'état actuel de la question.

En examinant le tableau ci-annexé qui se rapporte au travail de 26 fabriques françaises pendant une des quatre dernières campagnes, nous constatons les chiffres suivants :

Pour la surface de chauffe moyenne par 100.000 kil. de betteraves travaillées en 24 heures : 249 m², surface minimum 422 et surface minimum 155.

Pour la surface de chauffe par 1.000 litres de jus dans les mêmes conditions : moyenne 2m²66, maximum 3m²62, minimum 1m²81

Pour la surface de grille par m² de surface de chauffe : moyenne 0m²0173, maximum 0m²018, minimum 0m²015.

Pour le charbon brûlé par m² de surface de chauffe et par heure moyenne 1 kil. 64, maximum 1 kil. 84, minimum 1 kil. 29.

Surfaces de chauffe, surfaces de grille, consommation de charbon dans différentes usines pendant une des 4 dernières campagnes.

USINES	SURFACE DE CHAUFFE		Surface de grille par m² de surface de chauffe	CHARBON BRULÉ			
	Par 100.000 kg. de betteraves travaillées par 24 heurs (Travail moyen)	Par 1.000 lit. de jus		Par m² de surface de chauffe et par heure	Par m² de grille et par heure	Par 1.000 kg. de betteraves	Par 1.000 l. de jus
	Mètres car.	Mètr. car.		Kilog.	Kilog	Kilog.	Kilog.
1	290	2.59	0.015	1.73	111	115.0	102.0
2	252	»	»	»	»	»	»ᵇ
3	204	»	»	»⸜	»	»	»
4	176	»	»	»	»	»	»
5	253	»	»	»	»	»	»
6	422	»	»	»	»	»	»
7	265	»	»	»	»	»	»
8	233	»	»	»	»	»	»
9	276	»	»	»	»	»	»
10	155	»	»	»	»	»	»
11	255	»	»	»	»	»	»
12	270	»	»	»	»	»	»
13	243	»	»	»	»	»	»
14	328	»	»	»	»	»	»
15	276	»	»	»	»	»	»
16	290	»	»	»	»	»	»
17	272	2.31	0.017	1.84	108	128.3	108.1
18	224	1.81	0.017	2.37	136	137.2	109.7
19	333	3.11	0.018	1.50	82.5	125.1	112.0
20	362	2.74	0.018	1.74	96.3	137.8	110.7
21	365	2 87	0.017	1.29	77.8	130.0	102.9
22	271	2.10	0.015	1.78	117	123.0	95.9
23	358	2.91	.0.018	1.42	79.6	134.0	106.6
24	352	2.67	0.017	1.72	98.7	155.8	119.2
25	412	3.62	0.020	1.40	127	156.8	137.6
26	344	2.57	0.018	1.38	74.6	120.8	91.9
Moy.	249	2.66	0.173	1.64	100.8	133.0	100.8

Pour le charbon brûlé par 1.000 kilog. de betteraves : moyenne 133 kil., maximum 156 kil. 8, minimum 115 kil.

Pour le charbon brûlé par 1.000 litres de jus : moyenne 108 kil. 8, maximum 137 kil. 6, minimum 91 kil. 9.

Un renseignement qui serait intéressant, mais que nous ne possédons pas, est le suivant : quantité de vapeur nécessaire au travail de 1.000 kil. de betteraves dans chaque usine ; il permettrait, en effet, de se rendre compte de la marche des générateurs, car la production de la vapeur n'est pas le seul facteur qui influence la quantité de charbon brûlé par 1.000 kilogrammes de betteraves, il y a encore l'emploi de la vapeur qui est à considérer ; nous voyons cependant que l'usine n° 18 qui brûle 135 kilog. par m² de surface de grille, brûle aussi 137 kil. 2 par tonne de betteraves ; l'usine qui brûle 155 kil. 8 par tonne de betteraves et seulement 98 kil. 7 par m² de surface de grille doit utiliser sa vapeur d'une manière fâcheuse,

Passons maintenant à l'étude des questions énoncées :

Étant donné que dans telle usine le transport du charbon revient à x :

1° *Faut-il brûler du charbon riche ou pauvre en matières volatiles ou un charbon maigre, sale et à bas prix ?*

Dans le choix du charbon fait par l'industriel, le prix du transport n'intervient pas seul, il faut encore tenir compte des nécessités que lui impose sa surface de chauffe : s'il est faible en surface de chauffe, il sera obligé de brûler du charbon riche et de grande valeur en laissant de côté la considération de prix, puisque ce ne sera que grâce à une vaporisation abondante par m² de surface de chauffe qu'il pourra obtenir assez de vapeur.

Si, au contraire, la surface est largement suffisante, il pourra chercher s'il a avantage à brûler un charbon ou un autre,

Mais nous allons d'abord envisager le cas d'une installation à faire, c'est-à-dire que l'on sera maître de sa surface de chauffe et nous négligerons pour le moment la question d'amortissement du matériel, quitte à y revenir plus loin.

Cherchons dans ces conditions à établir le prix de revient du kilog. de l'unité de produit combustible rendu à pied d'œuvre dans les différentes espèces de houille que l'on veut comparer.

Admettons que l'on représente par p le prix d'achat de 100 kilog. de houille, par t le transport de 100 kilog. de matières caloriques, par c la quantité de cendres, eau, azote et autres matières non combustibles, P étant la proportion de matières calorifiques (carbone et hydrogène). Représentant par x le prix de l'unité calorifique on aura :

$$x = \frac{p + t + \dfrac{tc}{100}}{P}$$

HOUILLES MAIGRES

BASSINS	SOCIÉTÉS HOUILLÈRES	DÉSIGNATION DES FOSSES ou Veines.	CENDRES °/₀	COMPOSITION DE LA HOUILLE PURE				CAPACITÉS calorifiques de la Houille pure
				Carbone total C¹	Hydrogène H	Azote Az	Oxygène O	C¹+H
Pas-de-Calais.....	Bruay.........	No 2 Palmyre........	1.40	91.50	3.96	0.45	4.08	8757.89
Valenciennes.....	Vicoigne et Nœux..	Du Nord...........	2.40	93.28	3.50	0.45	2.77	8743.19
		Désirée...........	2.80	89.19	4.68	0.40	5.73	8819.37
		Du Midi...........	3 »	93.62	3.27	0.37	2.74	8691.41
		Moyenne.....	2.73	92.03	3.81	0.41	3.75	8751 »
Valenciennes.....	Anzin..........	Masse.............	0.50	91.55	3.70	0.29	4.46	8672.33
		Douze-Pannes......	1.50	92.06	3.65	0.27	4.02	8696.31
		L'Écaille..........	3.10	91.90	3.75	0.35	4 »	8717.84
		Neuf-Pannes.......	1.80	93.47	3.58	0.25	2.70	8786.12
		Saint-Joseph......	16 »	93.45	3.50	0.28	2.77	8756.93
		Moyenne.....	4.58	92.49	3.64	0.29	3.59	8726 »
Valenciennes......	Anzin...........	Saint-Léonard.....	»	91.85	3.21	0.30	3.64	8528
Pas-de-Calais.....	Vieille-Montagne..	Victor............	2 »	93.43	3.37	0.20	3 »	8710
		Quinaut..........	1 »	93.55	3.34	0.22	2.89	8710
		Grande-Veine.....	3.60	92.76	3.53	0.16	3.55	8711
		Piéraire..........	4.20	93.87	2.88	0.18	3.17	8577
		Moyenne.....	2.70	93.40	3.28	0.19	3.15	8677
Pas-de-Calais	Annezin.........	Annezin..........	»	98.11	1.03	0.30	0.56	8282
		Annezin..........	»	93.74	3.04	0.39	2.83	8622
		Moyenne.....	»	95.92	2.03	0.35	1.70	8452
Valenciennes......	Aniche..........	Mélange de 1/2 Archevêque, 1/2 Sainte-Marie......	»	96.61	1.41	0.44	1.54	8292

HOUILLES DEMI-GRASSES

BASSINS	SOCIÉTÉS HOUILLÈRES	DÉSIGNATION DES FOSSES ou Veines	CENDRES %	COMPOSITION DE LA HOUILLE PURE				CAPACITÉS calorifiques de la Houille pure C'+H
				Carbone total C'	Hydrogène H	Azote Az	Oxygène O	
Charleroi	Courcelles	......	»	92.50	3.87	0.54	3.09	8808 »
Valenciennes	Escarpelle	N° 2	»	89.12	4.64	0.52	5.72	8800 »
Valenciennes	Anzin	Fosse Sainte-Mark	»	89.58	4.59	0.26	5.57	8819.86
		—	»	88.87	5.04	0.47	5.62	8917.58
		—	»	90.25	2.30	0.32	7.13	8084.83
		—	»	92.42	4.44	0.36	2.78	8997.65
			»	91.08	4.48	0.35	4.09	8903.16
			»	90.44	4.17	0.35	5.04	8744 »
		Moyenne	»	90.55	4.51	0.36	4.58	8870 »
Pas-de-Calais	Carvin	N° 1	7 »	88.24	5.45	0.31	6 »	9007.97
Pas-de-Calais	Vieille-Montagne	Besline	5.20	89.43	4.93	0.30	5.34	8924.92
		Mauvaise Dère	3 »	92.12	4.48	0.27	3.13	8987.20
		Béguine	5.07	89.93	4.95	0.29	4.83	8973 »
		Moyenne	3 »	89 »	4.77	0.43	5.80	8835.04
Pas-de-Calais	Bruay	Fosse 2, Palmyre	18 »	86.35	6.22	0.33	7.10	9120.62
Pas-de-Calais	Vieille-Montagne	Veine-au-Grès	3.94	87.65	6.73	0.28	5.34	9401.41
		Chandelle	4.16	88.55	4.62	0.32	6.51	8746.98
		Grande Pucelle	7 »	89.42	4.59	0.33	5.66	9006.82
		Havy	5.70	88.58	5.07	0.32	6.03	8904.48
		Grain d'Orge	6 »	89.08	4.63	0.29	6 »	8793.25
		Javenne	7.46	88.27	5.31	0.31	6.11	8995 »
		Moyenne						

HOUILLES DEMI-GRASSES

BASSINS	SOCIÉTÉS HOUILLÈRES	DÉSIGNATION DES FOSSES ou Veines	CENDRES %	COMPOSITION DE LA HOUILLE PURE				CAPACITÉS calorifiques de la Houille pure C'+H
				Carbone total C'	Hydrogène H	Azote Az	Oxygène O	
Pas-de-Calais	Vieille-Montagne	Veine-au-Grès	9.46	87.87	5.17	0.39	6.57	8881.58
		Mauvais Toit	3.96	88.49	4.77	0.29	6.45	8793.83
		Grande Veine	3.20	88.48	4.72	0.28	6.52	8775.79
		Moyenne	5.54	88.28	4.88	0.32	6.53	8817 »
Valenciennes	Anzin	Périer	5.60	89.15	4.70	0.36	5.79	8823.03
Pas-de-Calais	Béthune	Nº 2 Nord	3 »	88.78	5.21	0 38	5.63	8968.89
		Nº 3 Nord	1.70	89.64	4.75	0.37	5.24	8879.85
		Moyenne	2.35	89.21	4.98	0.38	5.43	8924 »
Valenciennes	Anzin	Nº 1 Nord	2.60	90.06	4.62	0.30	5.02	8868.99
		Nº 2 Nord	1.80	91.14	4.30	0.32	4.24	8845.97
		Nº 3 Nord	4 »	89.17	5 »	0.33	5.50	8928.04
		Moyenne	2.80	90.12	4.64	0.32	4.92	8881 »
Valenciennes	Anzin	Georges	2.40	93.15	3.74	0.28	2.83	8815.40
		Decadi	1.94	90.01	4.70	0.29	5 »	8882.52
		Dure-Veine	3 »	88.09	4.41	0.41	7.09	8637.44
		Grande Pensée	2.70	88.98	4.26	0.35	6.41	8657.66
		Grande Veine	2.60	90 »	4.65	0.33	5.02	8874.48
		Printanière	2.60	89.17	4.68	0.35	5.50	8817.76
		Meunière	1.20	89.32	4.77	0.30	4.61	8860.90
		Filonière	4.40	89.20	4.52	0.33	5.95	8765.04
		Moyenne	2.60	89.74	4.47	0.33	5.30	8790 »

HOUILLES DEMI-GRASSES

BASSINS	SOCIÉTÉS HOUILLÈRES	DÉSIGNATION DES FOSSES ou Veines.	CENDRES %	COMPOSITION DE LA HOUILLE PURE				CAPACITÉS calorifiques de la Houille pure C + H
				Carbone total C	Hydrogène H	Azote Az	Oxygène O	
	Vieille-Montagne	Layette Piéraire	3.14	92.96	3.45	0.20	3.39	8700.11
		Des Bottes	7.60	93.28	3.26	0.21	3.25	8660.48
		Des Bottes (Midi)	2 »	94 »	3.03	0.21	2.76	8639.40
		Mésaque	2.40	92.24	3.31	0.18	3.27	8593.68
		Lambiotte	1.10	93.69	3.17	0.18	2.96	8662.59
		Maréchaux	5 »	91.15	5.49	0.22	3.14	9256.88
		Moyenne	3.54	92.89	3.62	0.20	3.13	8752 »
Valenciennes	Anzin	No 1	1.50	90.96	4.35	0.34	4.35	8848.67
		No 2	2.50	90.10	4.20	0.51	5.19	8727.48
		No 3	4 »	90.72	4.60	0.37	4.31	8915.43
		No 4	5.40	88 »	5.55	0.23	6.12	9023.04
		Moyenne	3.35	89.94	4.67	0.39	4.99	8879 »
Valenciennes	Aniche	Ferdinand	4 »	88.39	4.73	0.42	6.46	8771.96
		Marie	1.70	89.55	4.75	0.37	5.33	8872.58
		Grande Veine	1.30	89.48	4.77	0.40	5.35	8873.82
		Du Nord	2 »	89.26	4.80	0.32	5.62	8866.39
		Moyenne	2.25	89.17	4.76	0.38	5.69	8846 »
Charleroi	Charleroi	Bellevue	»	89.05	4.82	0.21	5.92	8856.31
		Bellevue	»	86.89	4.66	0.10	8.35	8626.14
		Moyenne	»	87.97	4.74	0.15	6.14	8741 »

HOUILLES GRASSES

BASSINS	SOCIÉTÉS HOUILLÈRES	DÉSIGNATION DES FOSSES ou Veines.	CENDRES %	Carbone total C'	Hydrogène H	Azote Az	Oxygène O	CAPACITÉS calorifiques de la Houille pure C' + H
Pas-de-Calais	Hardinghem	Nouveau Puits	»	76.19	5.12	0.55	18.14	7920 »
Pas-de-Calais	Auchy-au-Bois	Maréchale	3 »	83.14	5.70	0.61	10.55	8682.04
		Espérance	3.60	82.50	5.36	0.59	11.55	8513.16
		Zoé	2.80	85.49	5.30	0.61	8.69	8726.81
		Moyenne	3.13	83.68	5.45	0.60	10.26	8641 »
Pas-de-Calais	Bruay	Saint-Louis	9.40	82.61	5.66	0.41	11.32	8625.44
		Saint-Jules	1.60	92.28	3.52	0.25	3.95	8669.28
		Sainte-Aline	4 »	82.14	5.70	0.38	11.78	8601.24
		Sainte-Pauline	4.20	84.73	5.82	0.40	9.05	8851.87
		Sainte-Marie	14 »	84.62	5.86	0.58	8.94	8856.77
		Flavie	3.80	83.82	6 »	0.38	9.80	8840.38
		Henri	5.60	88.25	4.79	0.66	6.30	8781.33
		Fosse N° 1 Palmyre	8 »	89.13	5.12	0.35	5.40	8966.15
		Moyenne	6.45	85.95	5.31	0.43	8.31	8774 »
Valenciennes	Douchy	Louise	10 »	87.48	5.50	0.41	6.61	8963.79
		Anzinoise	2.90	86.40	5.70	0.40	7.50	8945.45
		Adélaïde	1.70	87.50	5.30	0.85	6.85	8896.49
		Sophie	3.20	87.60	5.31	0.39	6.70	8908.01
		Jumelles	3.40	87.83	5.27	0.37	6.52	8912.81
		Solférino	4.60	85.81	5.50	0.39	8.30	8828.86
		Magenta	3.60	85.62	5.37	0.46	8.55	8768.71
		Puébla	8.70	84.87	5.84	0.45	8.84	8870.08
		Moyenne	4.76	86.64	5.47	0.40	7.48	8887 »

HOUILLES GRASSES

BASSINS	SOCIÉTÉS HOUILLÈRES		DÉSIGNATION DES FOSSES ou Veines.	CENDRES %	Carbone total C	Hydrogène H	Azote Az	Oxygène O	CAPACITÉS calorifiques de la Houille pure C+H
					COMPOSITION DE LA HOUILLE PURE				
Pas-de-Calais	Béthune	Fosse No 1	Saint-Charles	5 »	87.60	5.62	0.35	6.43	9014.84
			Constant	3.40	85.46	4.61	0.28	9.65	8493.87
			Constance	2 »	84.09	5.87	0.28	9.76	8817.39
			Alexis	2.60	85.23	5.83	0.39	8.55	8897.33
			Nº 3	2 »	85.10	6.18	0.32	8 40	9005.83
			Nº 4	4 »	82.94	6.10	0.31	10.65	8803.73
			Nº 5	2.20	85.49	5.63	0.33	8.55	8847.80
			Nº 6	3 »	79.81	5.90	0.29	14 »	8481.91
Pas-de-Calais	Béthune	Fosse No 2	Nº 1	1.10	87.70	5.75	0.30	6.25	9067.72
			Nº 2	1.20	87.32	5 25	0.33	7.10	8864.71
			Nº 3	2.40	85.70	5.73	0.30	8.27	8899.23
			Nº 4	12 »	77.87	6.72	0.38	15.03	8607.74
			Nº 5	3.60	85.89	5.83	0.38	7.90	8949.04
			Nº 6	2 »	85.40	5.75	0.30	8.55	8881.88
			Nº 8	1.60	83.28	6 »	0.40	10.32	8796.74
Pas-de-Calais	Béthune	F. Nº 3	Long terme	1.60	85.44	5.87	0.36	8.33	8926.47
			Marie	1.3?	85.82	6.02	0.39	7.77	9008.87
			Désiré	1.20	83.20	5.92	0.33	10.55	8762.71
			Ignace	2 »	84.83	6.45	0.35	8.37	9077.06
			Moyenne	2.85	84.64	5.84	0.33	9.19	8853 »

HOUILLES GRASSES

BASSINS	SOCIÉTÉS HOUILLÈRES	DÉSIGNATION DES FOSSES ou Veines.	CENDRES %	Carbone total C'	Hydrogène H	Azote Az	Oxygène O	CAPACITÉS calorifiques de la Houille pure C'+H
				COMPOSITION DE LA HOUILLE PURE				
Valenciennes.....	Aniche..........	Nº 3......	4 »	87.67	5.82	0.39	6.12	9089.43
		Nº 6......	3.60	87.45	5.28	0.30	6.97	8885.55
		Nº 7......	3.60	88.12	4.84	0.34	6.70	8788.06
		Nº 8......	2.80	87.26	5.40	0.32	7.02	8911.56
		L'Allier.....	3 »	79.43	5.73	0.29	14.55	8392.61
		Le François...	2.40	88.31	5.17	0.30	6.22	8917.13
		Wavrechain....	1.90	88.44	4.77	0.27	6.52	8789.79
		Bernicourt....	2 »	87.10	5.57	0.33	7 »	8957.21
		Delloye......	2.20	87.95	5.65	0.42	5.98	9053.46
		Bernard......	3.30	88.04	5.32	0.41	6.23	8947.01
		Aglaé.......	3 »	88.53	4.73	0.35	6.39	8783.27
		Clémence.....	4 »	89.29	4.87	0.40	5.51	8892.93
		Moyenne.....	2.98	87.29	5.26	0.35	7.10	8867 »
Valenciennes.....	Anzin.....	Edouard......	3 »	88 »	5.03	0.47	6.50	8843.84
		Lebret.......	4 »	87.84	5.76	0.28	6.12	9082.48
		Zoé........	2 »	89 »	5.02	0.46	5.52	8921.20
		Renard.......	2 »	88.20	5.50	0.40	5.90	9021.97
		Président.....	3.20	88.28	5.48	0.39	5.85	9021.54
		Marck.......	2 »	88.38	5.02	0.48	6.12	8871.09
		Octavie......	4 »	87.46	5.10	0.43	7.02	8824.33
		Joséphine.....	2 »	89.30	4.72	0.45	5.53	8842.05
		Marie-Louise...	2.30	88.48	5.30	0.52	5.70	8975.67
		Moyenne.....	2.72	88.33	5.21	0.43	6.03	8934 »

HOUILLES GRASSES

BASSINS	SOCIÉTÉS HOUILLÈRES	DÉSIGNATION DES FOSSES ou Veines	CENDRES %	COMPOSITION DE LA HOUILLE PURE				CAPACITÉS calorifiques de la Houille pure
				Carbone total C^t	Hydrogène H	Azote Az	Oxygène O	$C + H$
Valenciennes	Anzin	Grande Veine	2.40	89.24	4.61	0.41	5.74	8799.29
		Moyenne Veine	1.60	89.05	4.88	0.37	5.70	8876.98
		Carachaux	3 »	87.62	5.08	0.42	6.88	8830.37
		Hyacinthe	6 »	86.31	5.58	0.48	7.63	8896.83
		Taffin	5.60	90.22	4.57	0.42	4.79	8864.69
		Moyenne	3.72	88.49	4.94	0.42	6.15	8854 »
	Vieille-Montagne	Stenaie	7 »	88.11	5.22	0.42	6.25	8918.21
		Castagnette	5 »	88.46	4.88	0.39	6.27	8829.31
		Malgarnie	1.70	87.64	5.97	0.29	6.10	9138.69
		Grande Veine	4 »	88.12	5.25	0.42	6.21	8929.35
		Dure Veine	3.40	88.56	4.95	0.29	6.20	8861.52
		Houlleux	1.18	87.34	5.51	0.40	6.75	8955.93
		Moulin	18 »	84.85	6.28	0.47	8.40	9020.09
		Cor	10 »	86.02	5.81	0.39	7.78	8952.66
		Moyenne	6.28	87.39	5.48	0.38	6.76	8950 »
	Vieille-Montagne	Deux laies du Midi	22.55	87.64	5.52	0.13	6.71	8983 »
		Hardie	2.50	88.73	4.63	0.25	6.39	8765 »
		Herbotte	7.50	88.36	5 »	0.32	6.32	8862 »
		Grande Richenoule	4.42	88.37	4.95	0.27	6.41	8846 »
		Moyenne	9.24	88.27	5.02	0.24	6.47	8864 »
	Vieille-Montagne	Grande Veine	2.40	88.19	5.30	0.25	6.26	8952 »
		Veine du mur	1.90	88.93	4.48	0.26	6.33	8729 »
		Charnaprie	3.14	89.96	4.83	0.24	4.97	8933 »
		Moyenne	2.48	89.03	4.87	0.25	5.86	8871 »

Admettons pour un premier charbon $p = 12$ P $= 88$ et que le transport de ce charbon revienne à 5 fr. on aura :

$$t = \frac{5 \times 100}{88} = 5 \text{ fr. } 68$$

$$\text{et } x = \frac{12 + 5{,}68 + \left(\dfrac{5{,}68 \times 12}{100}\right)}{88} = 0 \text{ fr. } 208$$

c'est-à-dire que chaque kilog. de combustible C et H coûte 0 fr. 208.

Si, d'autre part, nous avons pour une deuxième houille $p = 7$ fr. c $= 23$ P $= 77$ et que le transport revienne encore à 5 fr. on aura :

$$t = \frac{5 \times 100}{77} = 6 \text{ fr. } 49$$

$$\text{et } x = \frac{7 \times 6{,}49 + \left(\dfrac{6{,}49 \times 7}{100}\right)}{77} = \text{fr. } 139$$

Le prix de l'unité calorique serait donc inférieur dans le second cas, mais il faudrait être pourvu d'une installation permettant de brûler des charbons pauvres.

On pourra objecter à ce que nous venons de dire que P est difficile à déterminer dans un laboratoire de sucrerie, que les chimistes de ces établissements ne dosent généralement que les cendres, l'eau, les matières volatiles et le soufre; aussi donnons-nous ci-contre des tableaux qui permettent, étant donné la provenance d'une houille et des cendres, de déterminer approximativement P; de plus le calorimètre Mahler se répandra peut-être dans les sucreries : le syndicat des fabricants de sucres a déjà fait l'acquisition d'un de ces appareils.

Il y aurait d'autre part à tenir compte de l'amortissement du matériel dans le cas de l'emploi d'un charbon à bas prix et dans le cas d'un charbon plus coûteux ; on devra donc s'occuper de la valeur dudit matériel, valeur qui sera variable, et calculer combien il faudrait de campagnes pour que la différence de valeur de l'unité calorifique permette d'équilibrer l'amortissement du matériel dans les deux installations. On pourra, dans l'emploi d'un charbon pauvre produisant moins de vapeur par m² de surface de chauffe amortir le matériel dans un temps plus long que dans le cas de l'emploi d'un charbon riche produisant plus de vapeur par m² de suface de chauffe, car dans le dernier cas l'usure du matériel sera moins grande que dans le premier.

Nous calculerons plus loin l'amortissement d'un matériel, à propos de la surface de chauffe à adopter.

2° Dans l'un et l'autre cas, de quelle surface de chauffe doit-on disposer par hectolitre de jus travaillé par 24 heures ?

Pour répondre à cette question, il y a lieu de tenir compte de plusieurs facteurs et les principaux sont ceux qui influent sur la dépense par hectolitre de jus. Ainsi, il est évident qu'il faudra moins de vapeur si on dispose d'un quadruple effet que si l'on emploie un triple-effet; il en faudra moins encore si les chauffages se font à effets multiples ; nous chercherons donc à résoudre la question de la manière suivante :

Dans l'un et dans l'autre cas, de quelle surface de chauffe doit-on disposer pour produire la même quantité de vapeur ?

Néanmoins, comme il est préférable de donner une idée générale et tangible se rapportant à chaque cas particulier, nous admettrons que les quantités de vapeur à employer par hectolitre de jus sont les suivantes :

Avec triple-effet : 70 kil. par hectolitre.

Avec quadruple-effet 60 kil. par hectolitre.

Avec quadruple-effet et chauffage à effets multiples : 54 kil.

Voyons maintenant quelles sont les surfaces de chauffe à adopter :

Partant de ce fait qu'une chaudière vaporise facilement 15 kil. d'eau par m² de surface de chauffe en employant des houilles contenant 18 0/0 de matières volatiles et 5 0/0 de cendres, nous devrons conclure qu'avec une houille de cette nature et un triple-effet il faudra disposer de $\frac{70}{15} = 4$ m.66 par hectolitre de jus. Mais ce chiffre de 15 kil. par heure et par m² qu'il serait bon d'admettre si on ne considère que la vapeur produite et le charbon brûlé, et non l'amortissement du matériel, peut, pensons nous, être porté à 20 et 22 kilog.

On a remarqué qu'une teneur en cendres de plus en plus importante ralentissait la vitesse de combustion dans la proportion approximative et moyenne de 3 C/0 pour cent de cendres. C'est-à-dire que, si sur une même grille on brûle d'abord de la houille à 5 0/0 de cendres, on arrivera à brûler 77 kilog. par m² et si on brûle ensuite dans les mêmes conditions de tirage et d'épaisseur de couche, de la houille de même richesse et en matières volatiles (cette richesse étant exprimée sur le charbon pur), le ralentissement sera de 3 0/0 par chaque 0/0 de cendres en plus. Ainsi la houille à 10 0/0 de cendres ralentirait de 15 0/0 la vitesse de la combustion, relativement à celle à 5 0/0. La houille à 15 0/0 ralentirait la combustion dans la même proportion de 30 0/0 et ainsi de suite. Ces chiffres ne sont peut être pas absolus, mais peuvent être considérés comme approximatifs.

Si donc nous partons de houille dont la richesse absolue (considérée comme houille pure) est la même, et si nous prenons comme point de départ la houille à 5 0/0 de cendres, notre surface de chauffe devra augmenter de 3 0/0 par chaque pour cent de cendres contenues en plus dans la houille que nous désirons employer.

La teneur en cendres n'est pas seule à influer sur la rapidité de la vaporisation: la teneur de la houille en matières volatiles est encore un facteur important. Les houilles riches en matières volatiles ne sont pas d'un pouvoir calorifique plus considérable que celles qui sont pauvres sous ce rapport; seulement leur combustion est plus rapide, elles cèdent plus de calorifique dans l'unité de temps, et vaporisent davantage, par conséquent dans le même temps par m². de surface de chauffe.

La moyenne de 11 essais sur les générateurs tubulaires avec enveloppe en maçonnerie nous ont donné :

       Combustion par m² de surface de grille à l'heure....   123 k 8
       Vaporisation par m² de surface de chauffe..........   17   79
       Eau vaporisée par kilog. de charbon................   8   55

De même sur 5 essais effectués sur des générateurs type locomotive, les moyennes obtenues ont été :

       Combustion par m² de grille à l'heure. ....   130 k 8
       Vaporisation par m² de surface de chauffe........   18 k 31
       Eau vaporisée par kilog. de charbon................   9   35

Les essais ont été faits dans les deux cas avec des charbons dont la teneur en matières volatiles variait de 15 à 25 et celles en cendres de 8 à 12. La température de l'eau d'alimentation était de 85 à 90°.

D'autres essais effectués dans d'autres conditions dans lesquelles on a brûlé du *tout venant* à 18 0/0 de matières volatiles et 4 à 5 0/0 de cendres ont donné une vaporisation de 15 à 18 kilog. par M2 et par heure. Dans ces conditions la transmission du calorique par le métal est d'environ 27 à 30 calories par seconde.

Nous allons maintenant chercher quelle économie il faut réaliser sur le charbon pour pouvoir doubler ou tripler la surface de chauffe que l'on possède, étant donné l'amortissement du matériel.

Supposons une usine qui possède 5200 m² de surface de chauffe et admettons huit cent mille francs pour le coût de cette installation ; en doublant admettons une dépense de seize cent mille francs, et en triplant, de deux millions quatre cent mille francs.

Amortissons dans le premier cas en 20 ans, dans le deuxième en 30 ans et dans le troisième en 40 ans.

Nous ne tiendrons compte que de l'amortissement et de la main-d'œuvre.

    Dans le premier cas l'amortissement par an sera...   64.194 fr.
    Dans le deuxième   — 107.093
    Dans le troisième   — 139.868
    Main-d'œuvre dans le premier cas :
    24 chauffeurs à 4 fr. 50...........................   108 fr.
    2 maîtres chauffeurs à 5 fr.......................   10
    16 aides à 1 fr. 50................................   24
    3 aides à 3 fr. 30..........................environ   10

                     Total par jour............   152 fr.

    Main-d'œuvre dans le deuxième cas :
    32 chauffeurs à 4 fr. 50.........................   144 fr.
    2 maîtres chauffeurs.............................   10
    16 aides à 1 fr. 50..   24
    6 aides à 3 fr. 50   21

                     Total par jour............   199 fr.

Main d'œuvre dans le troisième cas :

36 chauffeurs à 4 fr. 50..........................	162 fr.
2 maîtres chauffeurs	10
16 aides à 1 fr. 50..........................	24
9 aides à 3 fr. 30.......................... environ	30
Total par jour............	226 fr.

Dans le 1er cas la main-d'œuvre p. 90 j. de fabricat.		13.680 fr.
Dans le 2e	—	17.820
Dans le 3e	—	20.340
Dans le 1er cas, amortissement plus main-d'œuvre...		77.874
Dans le 2e	—	124.913
Dans le 3e	—	160.208

Dans le deuxième cas, il faudra réaliser une économie de 124.913 fr. — 77.874 fr. sur le combustible, soit 47.039 fr.

Dans le troisième cas, il faudra réaliser une économie de 160.208 fr. — 77.874 fr. sur le combustible, soit 82.344 fr.

Supposant le charbon rendu à pied d'œuvre à 16 fr., il faudrait brûler en moins dans le deuxième cas 2939 tonnes.

Dans le troisième cas 5.146 tonnes.

Ayant brûlé dans le premier cas 19.278 tonnes en 90 jours, il faudra réaliser dans le deuxième cas une économie de combustible de 15,20 0/0, dans le troisième cas une économie de 26,70 0/0.

Admettant que l'on brûle dans le premier cas 100 kilog. de houille par 100 kilog. de betteraves, il faudrait brûler dans le deuxième cas 84 kilog. et dans le troisième 73 k. 3.

Il est évident que le calcul ne serait pas le même pour une usine qui, au lieu de travailler trois mois comme une sucrerie, travaillerait toute l'année.

3o Quels types de générateurs préférez-vous ?

A notre avis, le meilleur générateur est le type locomotive, mais il demande à être très bien conduit, à être alimenté avec des eaux très pures et qui plus est, à être exécuté par une maison très sérieuse offrant toutes les garanties possibles de bonne construction : ce type de générateurs est en effet délicat et dans le cas où on ne serait pas sûr de remplir les conditions sus énoncées, on ferait mieux, pensons-nous, d'adopter le type semi-tubulaire à bouilleurs. Nous pensons, en outre, qu'il faut avec le type locomotive admettre le principe du retour de flammes.

Entre autres avantages, le type locomotive présente sur les générateurs à enveloppes en briques celui de ne pas occasionner la perte de calorique produite par de grandes masses de maçonnerie.

On fera bien d'exiger pour ce genre de générateurs que les parois des parties basses du foyer soient en cuivre, afin d'éviter la détérioration rapide du fer par la combustion de charbons sulfureux.

En résumé les générateurs à choisir sont ceux dans lesquels l'eau se trouve dans un grand état de division, ceux dans lesquels les surfaces sont peu épaisses. Ces deux conditions permettent une production élevée par m² et une transmission plus rapide et plus facile du calorique ; les chaudières multitubulaires en général remplissent au plus haut point ces deux conditions, et sous le rapport de la moins grande surface du rayonnement possible, les chaudières type locomotives sont idéales ; mais il y a certaines précautions à prendre dans la disposition du foyer pour éviter la combustion incomplète du fait des gaz qui s'éteindraient à leur entrée dans les tubes ; il arrive, en effet, parfois et souvent même, que la combustion de ces gaz est inachevée dans la boîte à feu, les tubes pouvant abaisser dans une grande proportion la température desdits gaz brûlés et ne permettant pas la combustion de ceux qui se seraient échappés du foyer incomplètement brûlés.

Les chaudières multitubulaires présentent de nombreuses dispositions de construction, toutes sont loin d'être bonnes et de présenter les mêmes conditions de sécurité. Avant d'adopter un type, il est nécessaire de s'assurer de sa valeur au point de vue de la fermeture des tubes et des dispositions prises pour éviter les entraînements d'eau. Les multitubulaires sont, à notre avis, inférieurs aux « type locomotive » en ce qu'ils offrent généralement un volume d'eau et de vapeur insuffisant.

Les générateurs semi-tubulaires ne remplissent pas d'une manière absolue les conditions théoriques que l'on peut exiger d'un bon générateur. C'est ainsi qu'une partie de la surface de chauffe, la surface de chauffe directe surtout, présente une épaisseur de métal relativement considérable ; puis les surfaces de rayonnement sont relativement plus importantes que dans les générateurs multitubulaires et « type locomotive », mais le volume des carneaux dans lesquels s'opère le mélange des gaz et leur brassage est assez important pour que la combustion y soit toujours complète ; de plus, c'est un type de générateur robuste et de production assez grande, qui, plus que les multitubulaires, peut être confié à des mains inexpérimentées, et à ce titre doit être préféré dans certaines installations particulières.

4° Quel doit être le rapport de la surface de grille à la surface de chauffe ?

Ce rapport dépend d'abord de la limite de vaporisation que l'on s'impose par m² de surface de chauffe.

Si on admet 18 kilos comme maximum et si, d'un autre côté, on peut espérer vaporiser 9 kilos d'eau par kilo de houille, on devra dépenser 2 kilos de combustible par heure et m² de surface de chauffe.

On peut vaporiser dans de bonnes conditions en adoptant 75 à 100 kil.

ANALYSES DES GAZ DE GÉNÉRATEURS

ÉPOQUE DE LA PRISE DE GAZ	Vide : totalité = 55, Epaisseur de combustible = 0,15, Registre ouvert au maximum.		Vide : totalité = 31, Epaisseur de combustible = 0,15, Registre ouvert au maximum		Vide : totalité = 31, Epaisseur de combustible = 0,30, Registre ouvert au maximum		Vide : totalité = 31, Epaisseur de combustible = 0,15, Registre ouvert à moitié.		Vide : totalité = 25, Epaisseur de combustible = 0,15, Grille Wackernie sans carneau de fond, registre ouvert au maximum.		Vide : totalité = 25, Epaisseur de combustible = 0,15, Grille Wackernie avec carneau de fond, registre ouvert au maximum.	
	R	T	R	T	R	T	R	T	R	T	R	T
Pendant le chargement de la 1re porte..	2.11	320°	1.70	280°	»	»	»	»	»	270°	3.29	260°
Pendant le chargement de la 2e porte..	2.05	305	1.88	302	»	»	1.83	»	»	»	»	»
Entre le chargement des deux portes.	1.69	300	1.55	316	1.55	»	1.47	»	1.67	310	1.77	280
1 minute après le chargement de la 2e porte..........	»	»	1.49	°290	1.27	»	1.48	»	1.53	320	1.57	280
1 minute après le chargement successif des deux portes..........	1.59	312	1.75	300	1.26	»	1.70	»	1.31	»	1.34	»
3 minutes après le chargement de la 2e porte..........	2.01	317	1.72	310	1.16	»	»	»	1.52	325	2.75	305
3 minutes après le chargement successif des deux portes..........	»	»	1.75	»	»	»	»	»	1.30	275	»	»
Pendant le Ringardage..........	2.22	318	2.53	335	2.06	»	1.73	»	2.08	320	2.84	260
1 minute après le Ringardage..........	1.86	320	2.03	340	1.33	»	»	»	1.43	»	1.93	305
Avant le chargement..........	2 »	310	1.35	»	»	»	»	»	2.76	»	2.52	275
Moyenne..........	1.94	311	1.77	308	1.44	»	1.64	»	1.71	303	2.25	280

R. — Rapport de l'air introduit à l'air nécessaire.   T. — Température des gaz.

de houille brûlée par heure et par m² de grille, soit 1 kil. par décimètre carré de grille. Dans le cas envisagé, la surface de grille devrait donc être de 2 décim.² par m² de chauffe.

Soit S la surface cherchée de la grille par m² de surface de chauffe.

p le combustible brûlé par heure et par m² de grille.

P le poids d'eau vaporisée par kil. de houille.

N la limite de vaporisation que l'on s'impose par m² de surface de chauffe ; — La surface de la grille sera :

$$S = \dfrac{\dfrac{N}{P}}{100}$$

Ou, dans le cas envisagé ci-dessus :

$$S = \dfrac{\dfrac{18}{9}}{100} = 0 \text{ m}^2, 02$$

On peut encore rapporter la surface de grille au pouvoir calorifique du charbon, car le moyen ci-dessus est empirique en ce sens que l'on ignore dans une étude d'installation, combien on vaporisera d'eau par kil. de houille. On peut d'ailleurs également ignorer la puissance calorifique de la houille qui sera employée et ignorer plus encore le rendement industriel qu'elle fournira.

Dans certains cas, la surface de grille a de l'importance au point de vue de la sécurité et de la conservation des générateurs : en effet, avec des générateurs à bouilleurs, il est nécessaire d'avoir une surface de grille suffisante afin d'augmenter la surface de chauffe directe et d'empêcher l'accumulation de vapeur dans certains endroits de la partie supérieure des bouilleurs ce qui a occasionné, dans certains cas, la détérioration de ces parties, et des explosions.

5° Quelle quantité de charbon doit-on brûler par m² de surface de grille, étant donné que l'on dispose de la surface de chauffe que l'on croit nécessaire ?

Cette question a déjà été traitée, en partie, par ce que nous avons dit jusqu'ici : il est évident, si on ne s'occupe pas de l'amortissement du matériel et de la main d'œuvre, que l'on devra brûler peu de charbon par m² de surface de grille pour arriver à produire de la vapeur économiquement ; si, d'un autre côté, on considère l'amortissement du matériel, le point de vue ne sera plus le même pour une usine qui, comme une sucrerie, travaille trois mois ou pour une qui travaille douze mois, car l'amortissement ne devra pas dans les deux cas se faire de la même façon ; de plus en brûlant dans une sucrerie 45 à 50 kil. par m² de surface de grille comme le pratiquent quelques industriels, les générateurs seront encore capables de fonctionner au bout de 40 à 50 ans, époque à laquelle les perfectionnements apportés à ces sortes d'appareils amèneront l'industriel à en monter de nouveaux.

Quoi qu'il en soit, nous considérons que 75 à 100 kil. par m² de surface de grille constituent une bonne marche. Si, par exemple, on a besoin de 140 kilog. de vapeur à la minute et que l'on s'est imposé une production maximum de 15 kilog. de vapeur par heure et m² de surface de chauffe, celle-ci devra être $\frac{140 \times 60}{15} = 560 \text{ m}^2$

Suivant les données qui précèdent on pourra rechercher la surface de grille nécessaire.

Avec tirage naturel, la consommation peut varier de 0 kilog. 500 à 1 kil. 500 par décimètre de surface de grille; ce dernier chiffre ne peut s'obtenir qu'avec un tirage important; avec tirage forcé la consommation peut atteindre 2 kil. à 2 kil. 500 par décimètre carré; d'ailleurs comme le dit Gromelle, la surface de la grille n'a pas autant d'importance qu'on le croit généralement; on peut arriver à brûler d'assez grandes quantités de houille par m² de grille sans rien modifier aux résultats. Si l'on réduit la grille, le courant d'air sollicité par le même appel de la cheminée prendra une vitesse presque double, et en définitive, il passera toujours la même quantité d'air (l'épaisseur de la couche étant la même dans tous les cas).

Si, au contraire, on augmente la surface de grille, si on la double par exemple, toutes les autres conditions restant égales, l'air passera avec une vitesse deux fois moindre, la combustion sera plus lente, mais il y aura pendant le même temps à peu près la même quantité de houille brûlée que dans l'autre cas.

Ce que dit Gromelle à ce sujet, sans être absolument exact, a beaucoup de vrai, nous l'avons constaté dans plusieurs essais.

Air nécessaire à la combustion.

La quantité d'air nécessaire est fraction de la composition des houilles. Chaque kilog. de carbone exige 2 kil. 677 d'oxygène pour sa combustion soit 8m³3 d'air. Suivant la composition des houilles, on pourra calculer la quantité théorique nécessaire. Pratiquement, nous pensons que cette quantité doit être augmentée d'environ 1/4 à 1/5.

Cette question nous amène à parler des grilles et du rapport de la surface des vides à la surface totale.

Les facteurs qui influent sur l'excès plus ou moins grand d'air (étant donnée la même quantité de houille brûlée par m² de surface de grille) sont le tirage, l'épaisseur de la couche de charbon et ledit rapport de la surface des vides à la surface totale; celui-ci devra donc varier avec les deux autres facteurs. A notre avis, il est bon d'avoir un rapport $\frac{\text{vide}}{\text{totalité}} = 30$ à 35 p. 0/0, une épaisseur de charbon de 15 à 20 centimètres et un tirage tel que le rapport de l'air total à l'air nécessaire soit de 1.20 à 1.30. Ce rapport sera obtenu par la moyenne des analyses effectuées pendant les chargements et entre les chargements dans les conditions indiquées par le tableau ci-annexé.

Dans les essais que résume ce tableau, le vide manométrique dans le foyer a varié de 9 m/m à 18 m/m de 14 à 18 après le chargement; l'usine qui a pratiqué ces essais possède donc un grand tirage, ce qui explique la supériorité de marche avec un rapport $\frac{\text{vide}}{\text{totalite}}$ minime et avec une assez forte épaisseur de charbon, nous ajouterons même que le tirage en question est trop fort; on a l'intention de le diminuer à volonté par un registre qui serait placé sur la cheminée; de cette manière le tirage serait réglé pour tous les générateurs de la même façon, sans besoin de compter pour cela sur les chauffeurs.

Nous voyons, en outre, que l'excès d'air est considérable pendant le chargement des portes, qu'il est moindre entre deux chargements et que c'est une minute après le chargement qu'il est le moins élevé ; pendant le ringardage et avant le chargement il est naturellement considérable.

Nous terminerons en exprimant l'espoir que cette étude, incomplète nous le savons, du sujet traité, sera le prélude d'une série de travaux, d'une suite de discussions desquelles, souhaitons-le, jaillira la lumière sur une question intéressant au plus haut point le fabricant de sucre, car nous pouvons bien la qualifier de « question de pièces de cent sous » et ce ne sont pas toujours celles-là les moins intéressantes.

UTILISATION DE LA VAPEUR

Les conditions les plus économiques dans l'emploi de la vapeur comme chauffage sont réalisées d'après M. Cambier (1) :

1° Si les chauffages de la diffusion, de la carbonatation, de la cuite, sont effectués à l'aide de vapeur à haute pression arrivant sans pertes de charge dans les serpentins, avec retour de l'eau chaude directement et sans détente dans les générateurs.

2° Si la vapeur travaillant dans les moteurs arrive sur le piston sans perte de charge, quelle que soit la pression initiale, et si sa détente se prolonge dans le cylindre jusqu'à une pression voisine de celle régnant dans le ballon collecteur des échappements.

De plus, si l'addition de vapeur directe est nécessaire dans la première chaudière du triple ou du quadruple effet, cette vapeur a

(1) Le combustible en sucrerie.

une pression peu supérieure à la pression de régime de cette chaudière.

Or, l'emploi d'un moteur unique fonctionnant avec une longue détente de la vapeur, implique une consommation essentiellement réduite. L'addition de vapeur directe dans la première chaudière du quadruple effet sera chose absolument nécessaire. Il faudra donc que nous scindions la batterie de générateurs en deux parties : la première et la plus importante fonctionnera à haute pression et servira au chauffage des jus et à l'alimentation du moteur de l'usine. La seconde fonctionnera à basse pression, deux atmosphères au plus et servira à l'évaporation en fournissant à la première chaudière du triple effet la vapeur qui lui manque.

M. Cambier donne aussi deux tableaux intéressants que nous reproduisons.

Tableau des quantités de vapeur consommées par tonne de betteraves dans les différents services d'une sucrerie travaillant 300 tonnes en 24 heures.

DÉSIGNATION DES SERVICES	Kilos de vapeur dépensés pour le chauffage et l'évaporation.	Kilos de vapeur dépensés par les moteurs et restitués en partie à l'évaporation	Kilos de vapeur restitués à l'évaporation	Excès de consommation des moteurs sur l'évaporation	Kilos de vapeur réellement dépensés sans restitution	Total de la vapeur dépensée pour le chauffage l'évaporation et la force motrice
Diffusion	107k.69					107k.69
Carbonatation saturat.	223k.73					223k.73
Evaporation..........	426k.77					426k.77
Réchauffage des sirops et cuite de 1er jet...	85k.24					85k.24
Cuite 2me jet..........	25k.68					25k.68
Force motrice		584k.211	426k.77	25k.44	129k.84	129k.84
						25k.44
	869k.11					1024k.39

Tableau des quantités de vapeur consommées par hectolitres de jus dans les différents services d'une usine travaillant 300 tonnes en 24 heures. (Jus obtenu par tonne : 1.505 litres.)

DÉSIGNATION DES SERVICES	Kilos dépensés pour le chauffage et l'évaporation	Kilos de vapeur dépensés par les moteurs et restitués seulement en partie, à l'évaporation	Kilos de vapeur restitués par les moteurs à l'évaporation	Excès de consommation des moteurs sur l'évaporation	Kilos de vapeur réellement dépensés sans restitution	Total de la vapeur dépensée pour le chauffage, l'évaporation et la force motrice
Diffusion.............	7k.155					7k.155
Carbonatation, saturat.	14k.800					14k.800
Evaporation..........	28k.356					28k.356
Réchauffage des sirops et cuite 1er jet......	5k.663					5k.663
Cuite 2me jet..........	1k.706					1k.706
Force motrice........		38k.810	28k.356	1k.690	8k.620	1k.690
Dépenses dans les moteurs sans restitution.	»					8k.620
	57k.680					67k.990

CHAPITRE XII

APPAREILS DE CONTROLE

ENREGISTREURS

L'utilité des enregistreurs a été reconnue de tout temps. Malheureusement tous ces appareils étaient généralement volumineux et délicats, les différents organes se détériorant rapidement au contact des agents oxydants qui se rencontrent toujours dans les usines et enfin leur prix élevé ne permettait pas de les employer facilement.

Les enregistreurs inventés et construits par la Maison Richard Frères se distinguent par leur solidité, leur faible volume ainsi que le prix très peu élevé auquel ils sont livrés. Aussi l'industrie les a-t-elle sanctionnés par l'usage, car aujourd'hui 15,000 enregistreurs et 200 modèles divers de cette fabrication sont en fonction dans le monde entier.

Rappelons que le principe de ces enregistreurs consiste en un cylindre ou tambour en cuivre renfermant un mouvement d'horlogerie, le tout étant mobile autour d'un axe et d'une roue fixe. Ce cylindre tourne donc en fonction du temps et suivant les besoins avec des vitesses pouvant varier sur demande au préalable entre un tour en un mois et un tour en une seconde. Les vitesses qui sont le plus généralement employées pour les besoins de l'industrie sont un tour en 8 jours ou un tour en 24 heures.

Le grand avantage de ce système réside surtout dans la façon dont est hermétiquement enfermé le mouvement d'horlogerie qui, par suite, étant soustrait à toutes les causes d'oxydation ou d'encrassement pouvant l'arrêter, peut marcher facilement de longues années sans s'arrêter.

Sur ce cylindre se place par un moyen fort simple une feuille de papier portant imprimées les indications à contrôler ainsi que les indications horaires. Une plume spéciale remplie d'une encre qui ne sèche que sur le papier vient inscrire la courbe des obser-vations; cette plume a cet avantage énorme qu'elle ne nécessite aucun frottement sur le papier pour écrire, de sorte qu'elle peut être entraînée par des appareils ne possédant aucune force appré-ciable. C'est un perfectionnement très important sur le crayon qui nécessite une force variant avec l'usure de la pointe entre 60 et 120 grammes, ce qui empêche d'avoir des indications sérieuses ; de plus il faut retirer le crayon de temps en temps pour le tailler ce qui est cause que certains instruments ont été faussés. Avec la plume au contraire, il suffit de déposer tous les huit jours ou même tous les mois une petite goutte d'encre qui s'écoule par la pointe en laissant un trait fin et très visible. Nous donnons plus loin la description de tous les enregistreurs intéressant spécia-lement la Sucrerie en général.

MANOMÈTRES ENREGISTREURS

L'importance du contrôle des pressions dans l'Industrie du sucre est considérable. En effet si on considère la conduite des généra-teurs de vapeur on s'apperçoit bien vite que la marche du foyer est

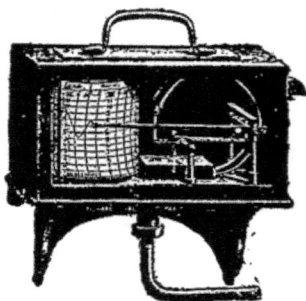

Fig. 341. — Manomètre enregistreur simple.

une chose des plus importantes à sur-veiller, tant au point de vue de la sécu-rité de l'usine qu'à celui de l'écono-mie. Celle-ci en effet peut être aug-mentée dans de notables proportions lorsque les chauffeurs conduisent leurs générateurs régulièrement et main-tiennent leur pression constante. L'ou-vrier se sachant surveillé constam-ment par l'appareil a tout intérêt à bien faire son service, étant donné les primes que l'on peut lui accorder sur la part des bénéfices gagnés par la régulartté de la chauffe.

La surveillance ainsi exercée a l'avantage de supprimer la plu-part des risques d'explosion. Le chauffeur ne peut ni caler les sou-papes ni se soustraire aux soins de mise en état de propreté des chaudières, puisque les moindres variations de pression provenant de ces causes sont enregistrées.

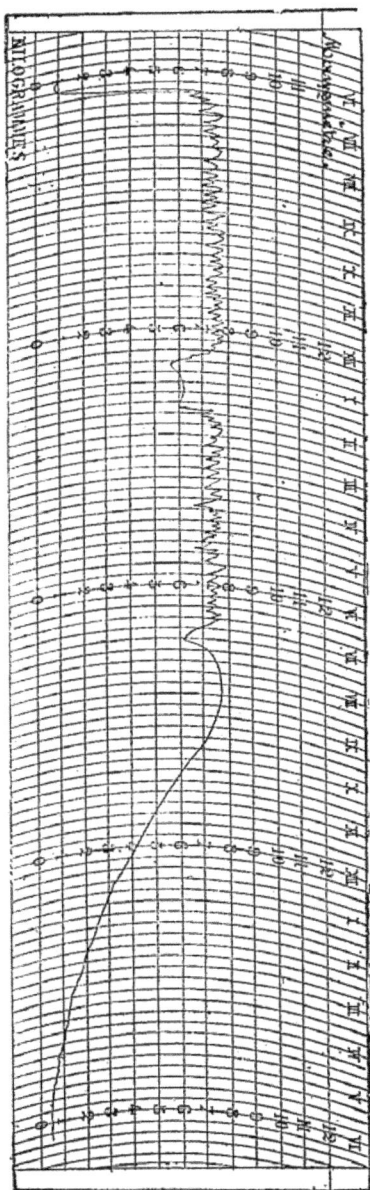

Fig. 349. — Diagramme donné par un manomètre enregistreur Richard Frères placé sur une chaudière Belleville.

La Maison Richard Frères qui s'est fait une spécialité de la construction des enregistreurs fabrique plusieurs modèles de manomètres enregistreurs d'une construction essentiellement simple et robuste, ce qui permet de les placer dans des mains quelconques sans risque de détérioration. Ces appareils sont composés d'un tube Bourdon commandant au moyen de leviers convenables un style porteur d'une plume remplie d'une encre spéciale inscrivant la pression sur un cylindre tournant en 24 heures ou 8 jours. Le remplacement du papier ainsi que l'entretien de l'encre dans la plume se font d'une façon fort simple. Les mêmes appareils se construisent comme indicateurs du vide.

Pour la vérification du tirage des cheminées, ces ingénieurs construisent également des manomètres extra-sensibles dont la plume peut se déplacer jusqu'à 10 $^{m/m}$ par $^{m/m}$ d'eau de pression ou de dépression. Ces mêmes manomètres se construisent aussi à cadran.

Fig. 343. — Manomètre enregistreur avec cadran.

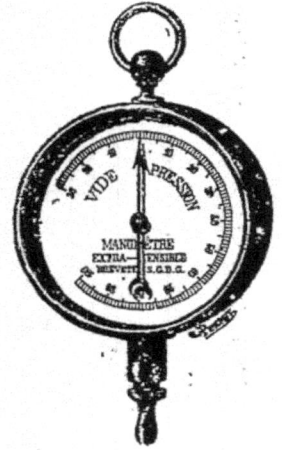

Fig. 344. — Manomètre à cadran pour pression infinitésimale.

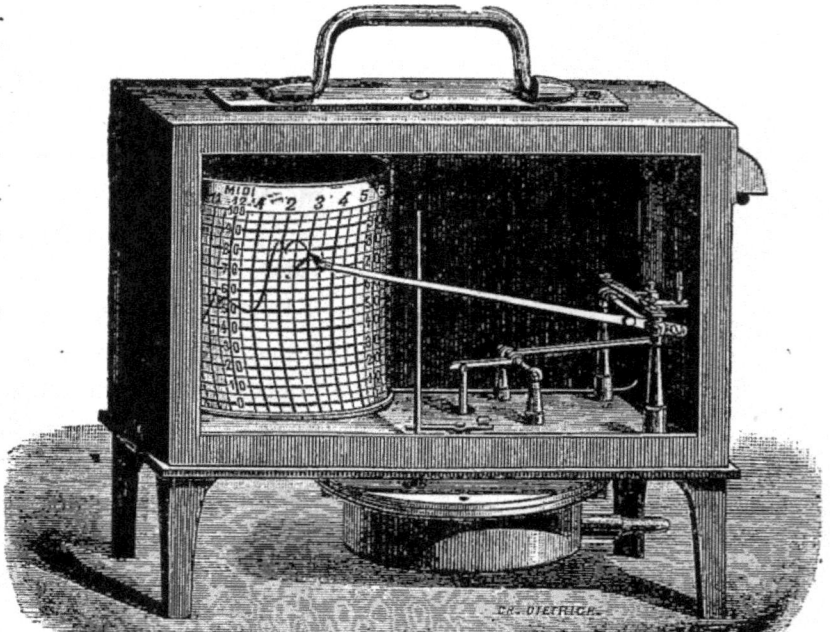

Fig. 345. — Manomètre enregistreur pour faibles pressions.

Les thermomètres les plus anciennement employés sont les thermomètres à mercure. Ces appareils sont encore employés par beaucoup de fabricants; ils sont d'ailleurs très robustes, peu sujets à réparations et donnent des indications exactes. Les figures 346 et 346 *bis* montrent un thermomètre de ce genre, mis en vente par la maison Hoefert et Paasch à Paris (anciennement O. Georges et Cie).

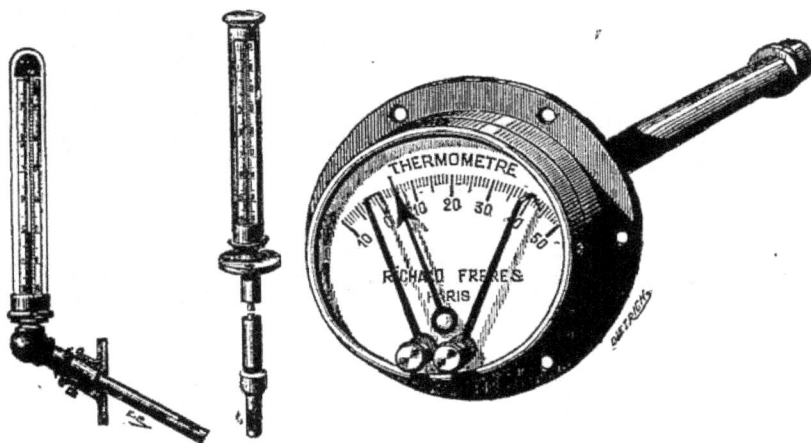

Fig. 346 et 346 *bis*. — Thermomètres à mercure O. Georges et Cie.

Fig. 347. — Avertiseur à cadrans pour milieux clos.

La Maison Richard Frères déjà citée plus haut, construit aussi toute une série de thermomètres enregistreurs et à cadran intéressant la sucrerie à plus d'un point de vue. Nous allons passer en revue ces divers modèles.

1° *Thermomètre pour milieux ambiants*. — Simple, robuste, d'un fonctionnement exact, ce petit appareil est certainement ce que l'on peut trouver de mieux pour l'indication de la température des milieux ambiants. Il est muni de deux contacts mettant en fonction des sonneries électriques lorsque la température menace de dépasser les limites que l'on s'est fixé.

Thermomètre enregistreur. — Basé sur le même principe ce thermomètre enregistre continuellement la température ambiante.

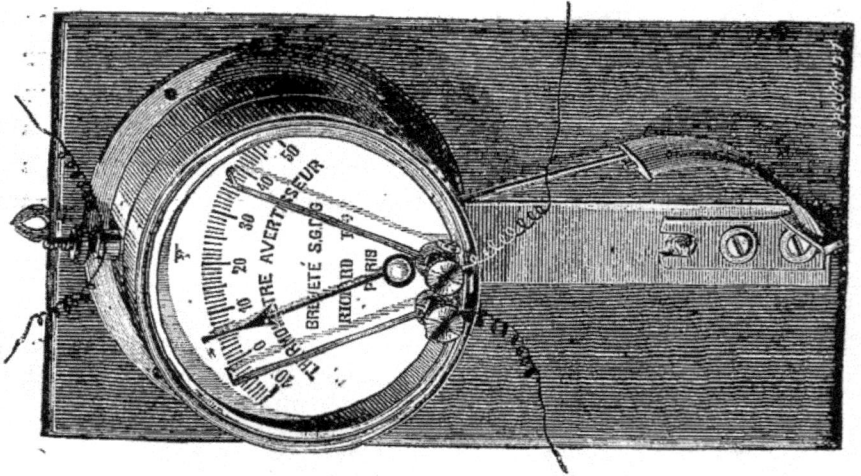

Fig. 348. — Thermomètre avertisseur.

On peut munir la partie thermomètrique d'un garantisseur en toile métallique évitant toute détérioration par suite de choc ou malveillance.

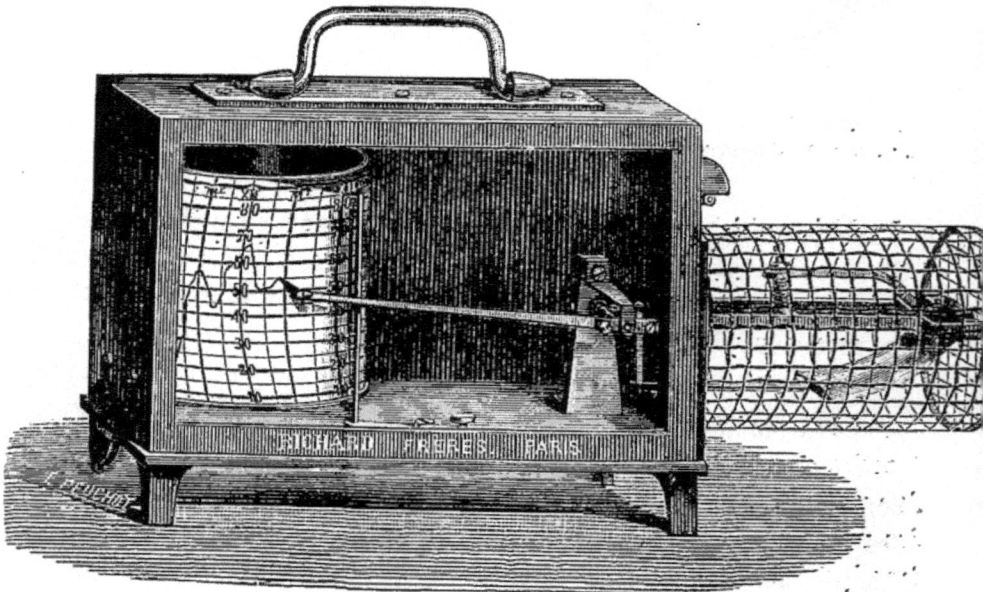

Fig. 349. — Thermomètre enregistreur à muselière, système Richard frères.

2° *Canne thermométrique exploratrice.* — Ce petit appareil est destiné à avertir de l'élevation de température qui peut se produire dans les silos, magasins à fourrage, cuves fermées, etc. Il est formé d'un récipient thermomètrique composé d'un culot cylindrique de métal dans lequel se trouve une série de membranes métalliques montées l'une sur l'autre, la supérieure étant soudée sur le bouchon du culot. L'espace compris entre les mem-

Fig. 350. — Canne thermométrique exploratrice pour milieux clos.

branes et le culot est rempli de liquide qui, en se dilatant à la chaleur, comprime les membranes. Le mouvement est transmis par une tige métallique se déplaçant entre deux contacts qui mettent en mouvement des sonneries électriques et pouvant faire apparaître sur un tableau des indications — trop chaud ou trop froid, — par exemple.

Ce système peut être muni d'une aiguille se déplaçant sur un cadran, ce qui en fait un thermomètre complet.

Le même système est enfin rendu enregistreur comme l'indique la figure 351.

Fig. 351. — Thermo pour milieux clos, système de la canne exploratrice.

3° *Thermomètre à cadran à système compensateur*. — Ce modéle de thermomètre est parfait sous tous les rapports, grandes indications proportionnelles et surtout aucune influence des variations de la température extérieure.

Son fonctionnement très simple consiste en une ampoule métallique placée dans le milieu dont on veut connaître la température, en communication par un tube filiforme avec un tube Bourdon, le tout étant exactement rempli de liquide se dilatant dans l'ampoule, le tube Bourdon accusera une déviation. Mais un tel système aurait de graves inconvénients, car la température extérieure agissant sur le liquide contenu dans le tube Bourdon fausserait les indications. Le système est donc muni d'un second tube C' qui compense exactement les mouvements *nuisibles* du premier. La figure fait comprendre la théorie de cette fonction.

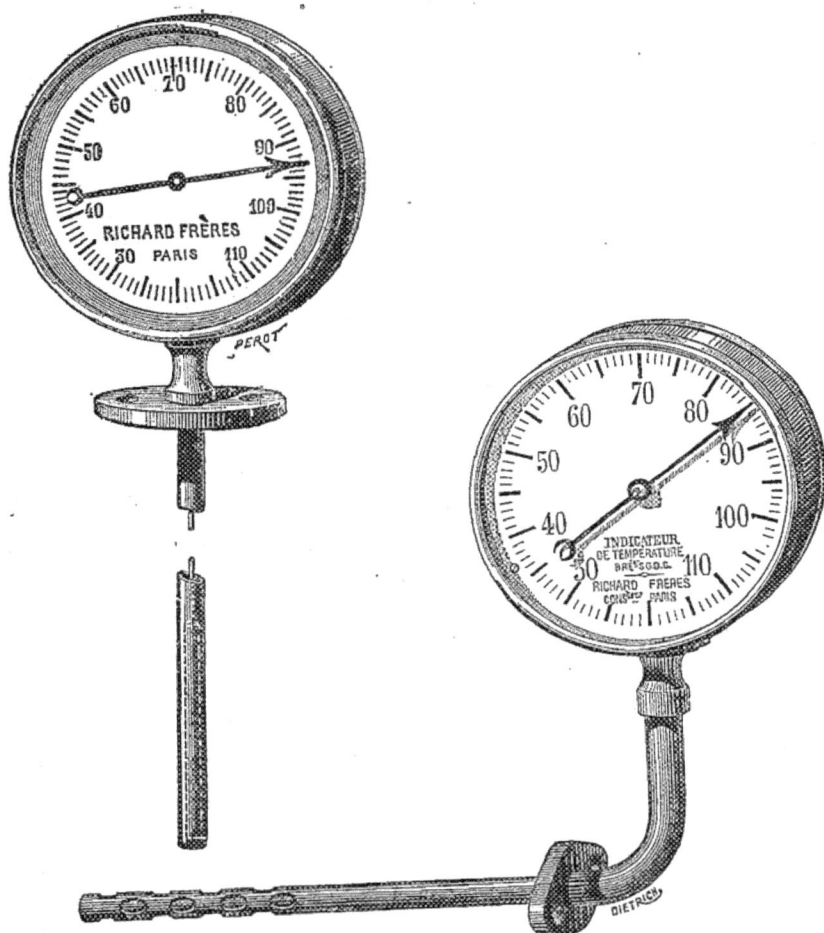

Fig. 352 et 353. — Thermomètre à compensateur à cadran pour milieux clos.

Soit le tube A relié à l'ampoule, fixé par une de ses extrémités il commande par l'autre a' l'aiguille B au moyen du levier abc mobile autour d'un axe b, de la bielle cd et du levier de. Pour que les indications soient exactement celles de la température de l'ampoule, il est nécessaire que l'aiguille reste immobile quels que soient les mouvements particuliers accomplis par le tube A sous l'influence de la température ambiante. Ce résultat sera obtenu lorsque, pour une déviation a'a, le tube auxiliaire C' accomplira une course $o'o$. Il suffit donc que la marche du tube C′ soit à celle du tube A comme $\frac{bb'}{aa'}$ c'est-à-dire, comme $\frac{bc}{ac}$; ce résultat s'obtient d'une façon parfaite.

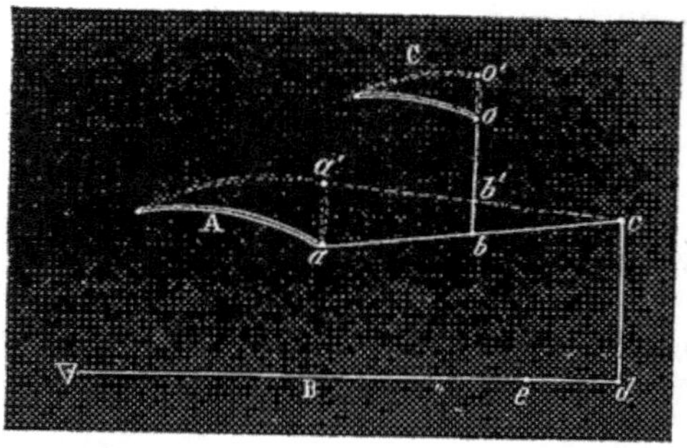

Fig. 354. — Schema du fonctionnement du compensateur.

L'ampoule peut être placée à l'extrémité d'un tube filiforme qui peut être souple et à une distance ne dépassant pas 3 mètres. Ces modèles se construisent pour des températures très variables, depuis 70° jusqu'à 350° centigrades.

Ces appareils se font également enregistreurs comme l'indique la figure ; comme les appareils à cadran, la tige peut être souple ou rigide et munie d'un protecteur pour éviter les chocs.

Thermomètres à tension de vapeur dits thalpotasimètres. — Ces thermomètres utilisant, pour donner la température, la pression développée par la tension des vapeurs saturées, sont construits sur un modèle absolument nouveau. Ils ne comportent aucun joint qui laisse toujours échapper le liquide et leur construction même permet de les appliquer à la transmission de la température à courte distance, 25 mètres environ. Leur rapidité de mise au point est considérable et dépasse même celle du thermomètre à mercure. Ces appareils se construisent généralement pour des températures de 40 à 110°, de 80 à 140° ou de 100 à 150; ils peuvent être construits aussi pour des températures plus élevées. Ces appareils se font également enregistreurs et, dans certains cas spéciaux, les indications peuvent être rendues proportionnelles au moyen d'un système de cames spéciales.

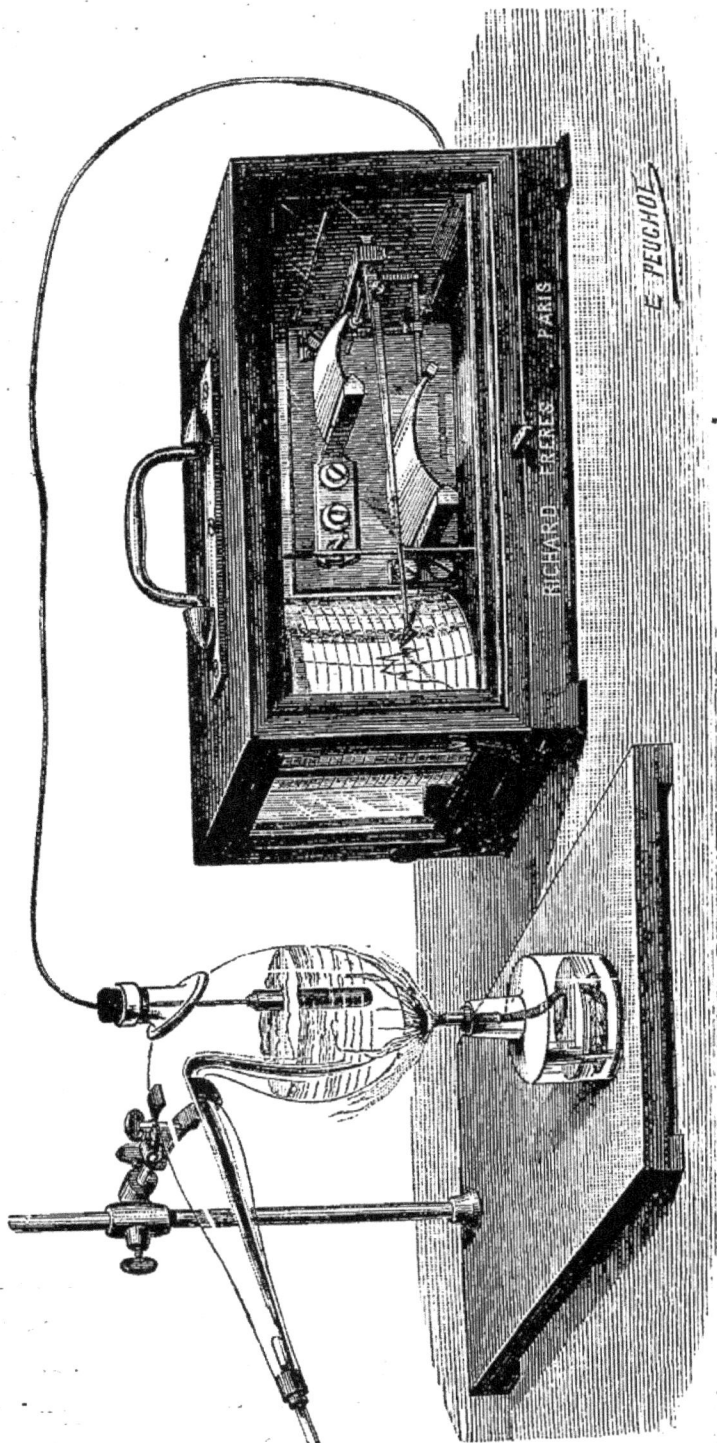

Fig. 355. — Thermomètre compensateur-enregistreur.

SCRUTATEUR ÉLECTRIQUE OU INDICATEUR A DISTANCE
DE LA TEMPÉRATURE DE UN OU PLUSIEURS THERMOMÈTRES
OU AUTRE APPAREIL MUNI D'UNE AIGUILLE

Il est souvent intéressant de connaître à distance en un seul
endroit l'indication de plusieurs appareils. Le scrutateur électrique
remplit ce but. Étant donné 3 thermomètres, par exemple, reliés
chacun par un fil à un poste unique dit poste récepteur, il suffit
de mettre le commutateur sur le fil venant de l'appareil que l'on
veut contrôler, d'appuyer sur un bouton pour qu'aussitôt l'aiguille vienne indiquer sur le cadran la température de ce thermomètre.

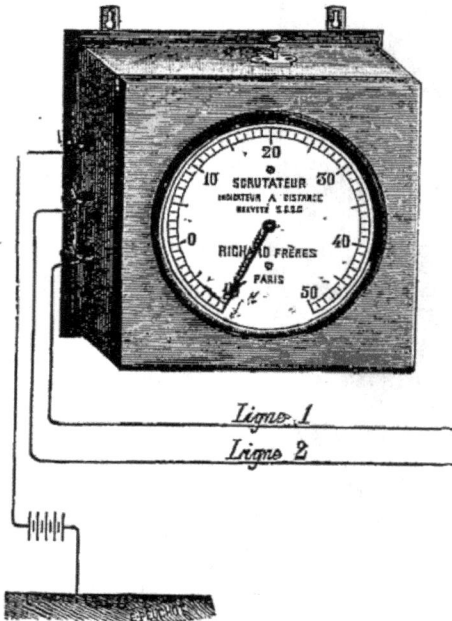

Fig. 356. — Récepteur.

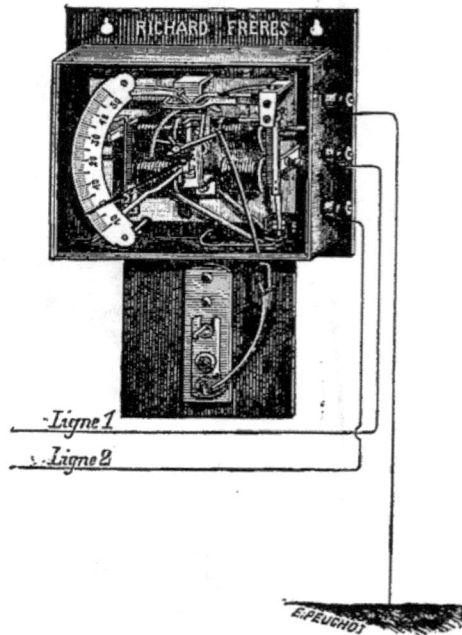

Fig. 357. — Transmetteur.

On voit facilement les nombreuses applications que peut recevoir cet appareil qui peut se prêter à une foule de combinaisons
et permet, soit à l'ingénieur de centraliser en un seul appareil les
indications de toute une usine, soit à un ouvrier de conduire à
distance la chauffe de diverses étuves, chambres, etc. Cet appareil peut s'appliquer à tous les appareils dont les indications sont

données par une aiguille sur un cadran-indicateur de niveau, manomètres, etc.

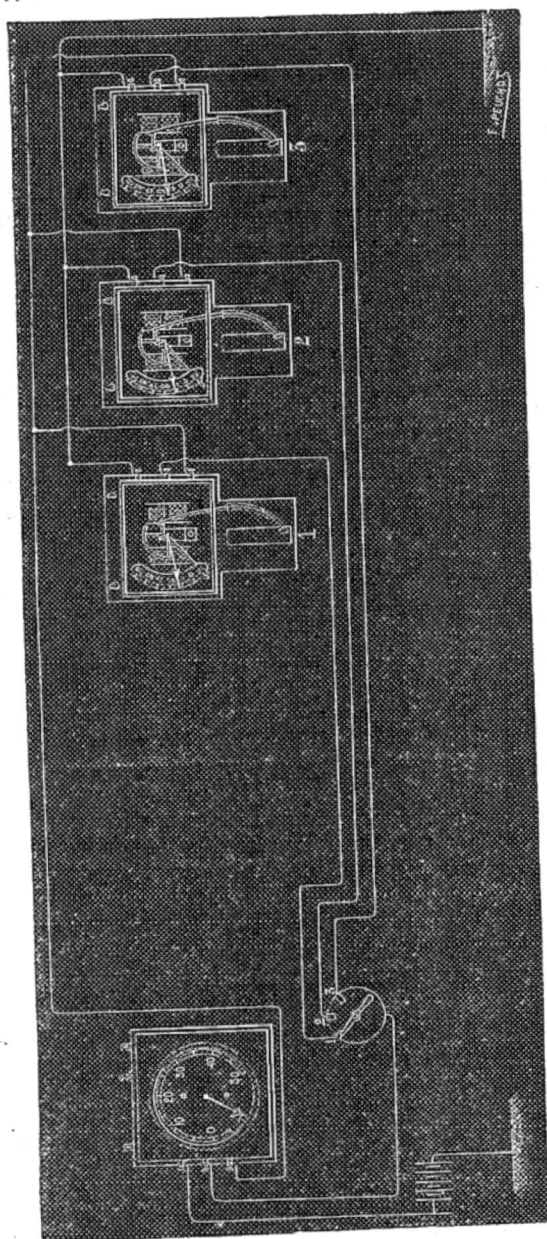

Fig. 358. — Schema d'installation d'un scrutateur avec 3 postes transmetteurs pour un seul récepteur, en mettant le commentateur sur les touches 1, 2, 3 on obtient les indications 1, 2, 3.

DENSIMÈTRES ENREGISTREURS

Il n'est pas en sucrerie de chose plus importante que l'enregistrement de la densité ; aussi insisterons-nous tout spécialement sur les densimètres enregistreurs de MM. Richard frères.

Ces appareils se construisent selon 3 modèles.

1° Le premier modèle est un densimètre ordinaire suspendu à l'extrémité d'un levier portant une plume écrivant sur un cylindre. Cet appareil a l'avantage d'employer un instrument courant que l'on trouve partout et qu'on peut approprier à toutes les mesures, puisqu'il suffit de changer le densimètre pour changer les indications ; il nécessite naturellement l'établissement d'une éprouvette à niveau constant.

2° Le second modèle est composé d'une balance hydrostatique composée d'un fléau porteur d'un style et d'un système de poids calés à 90°. Un plongeur en métal ou toute autre substance, suivant la matière à étudier, est suspendu à ce fléau par un fil de platine très fin. Pour régler l'appareil dans les limites que l'on s'est fixé, supposons entre 30 et 35° Beaumé, il suffit de préparer deux solutions à ces densités et de placer le plongeur dans la première. On régle alors les poids jusqu'à ce que l'aiguille soit au zéro, puis on place le plongeur dans la deuxième solution et on régle le poids inférieur jusqu'à ce que la plume atteigne la ligne supérieure. Dans ces conditions, toute la hauteur du cylindre se fera pour une variation de densité comprise entre 30 et 35° Baumé. Toutes les densités peuvent se faire avec des sensibilités différentes. Cet appareil ne nécessite pas de niveau constant et peut se placer dans n'importe quelle conduite à air libre.

3° *Densi-thermomètre.* — Cet appareil est basé sur la combinaison d'un thermomètre et d'un densimètre cité plus haut. Les deux appareils écrivent sur le même cylindre et on a ainsi la courbe des densités et des températures qui permettent de ramener les indications à leur vraie valeur.

Appareil mesureur-échantillonneur-enregistreur des jus de diffusion de MM. Cambray et Cie.

Cet appareil est composé d'un bac cylindrique A muni d'un flotteur N et de son guide qui porte une butée P, en B se trouve l'arrivée du jus et en C la soupape de vidange, ces soupapes sont reliées au levier R qui est mu par un piston placé en D, ce piston est poussé par de l'eau en pression qui arrive soit par L soit par

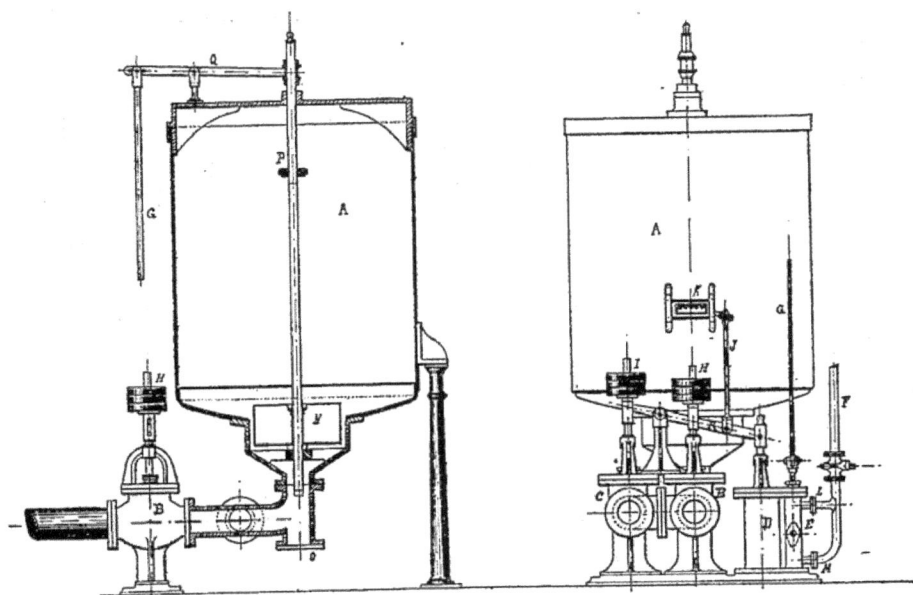

Fig. 359. — Appareil mesureur–échantillonneur des jus de diffusion, système Cambray.

M, le mouvement qui amène l'eau en l'un de ces deux points est donné par la tige G reliée par Q au guide du flotteur.

Des contre-poids I et H assurent la fermeture des soupapes C et B.

La figure 359 représente la vidange du bac ; lorsqu'elle est complète, le flotteur N arrive dans l'espace pratiqué au fond du bac. Le distributeur E est alors en haut de sa course, l'eau sous pression arrive par M et la soupape C se ferme, puis la soupape B s'ouvre et le jus arrive dans le bac, le flotteur N monte, rencontre la butée P, élève le guide qui actionne le levier Q et la tige G, celle-ci agit sur le distributeur pour arrêter l'arrivée de l'eau en M et la faire parvenir par L dans le distributeur, la soupape B se ferme et C s'ouvre pour opérer la vidange.

La butée P est réglée suivant le nombre d'hectolitres que l'on désire soutirer.

Un enregistreur K actionné par le levier J marque le nombre de soutirages.

En outre un échantillonneur joint à l'appareil prélève une même quantité de jus à chaque bac.

Appareil pour mesurer le jus de betteraves et en déterminer la densité, construit par MM. Fischer et Stuhl. — Cet appareil a été décrit par M. Langen dans la sucrerie belge :

Le mesureur de volume, dit l'auteur, se compose, essentiellement d'un tambour en cuivre à six compartiments, qui est analogue aux compteurs à gaz. Le jus sort des diffuseurs pour passer immédiatement dans le compteur à jus d'où il se rend à la carbonatation.

La quantité de jus est indiquée en mètres cubes au moyen d'un compteur.

Le mesureur est également mis en relation avec un appareil destiné à régler la marche de la diffusion ; lorsqu'une quantité de jus variable à volonté, a passé par l'appareil, l'ouvrier préposé à la conduite de la diffusion est averti par un coup de cloche qu'il a à fermer la soupape d'écoulement.

La marche de la batterie est indiquée graphiquement sur un enregistreur.

La prise de densité repose sur le principe des vases communicants. Une colonne de jus, d'une hauteur invariable, contrebalance un colonne d'eau dont la hauteur est proportionnelle à la densité du jus.

Une partie du jus mesuré par le compteur entre, par le bas, dans un tuyau muni à sa partie supérieure d'une gouttière pour l'écoulement. Dans l'intérieur de ce tuyau se trouve un faisceau de tubes en cuivre d'un faible diamètre. Ils sont réunis à la partie inférieure, à l'aide d'un sac en caoutchouc même, et à leur partie supérieure, par un tube unique également en cuivre. Ces tubes, le sac en caoutchouc, ainsi que le tube collecteur du haut, sont remplis d'eau, dont la hauteur est indiquée et enregistrée par un flotteur à contre-poids très sensible.

Les températures variables du jus n'ont aucune influence sur l'appareil, attendu que la colonne d'eau se met en équilibre de température avec la colonne de jus au moyen d'un faisceau tubulaire. Le poids spécifique du jus ainsi obtenu est réduit à la température normale.

L'enregistrement de la hauteur des liquides peut être employée avec avantage pour mesurer les quantités de jus qui passent dans les bacs. L'installation, très facile, consiste à placer dans le bac un

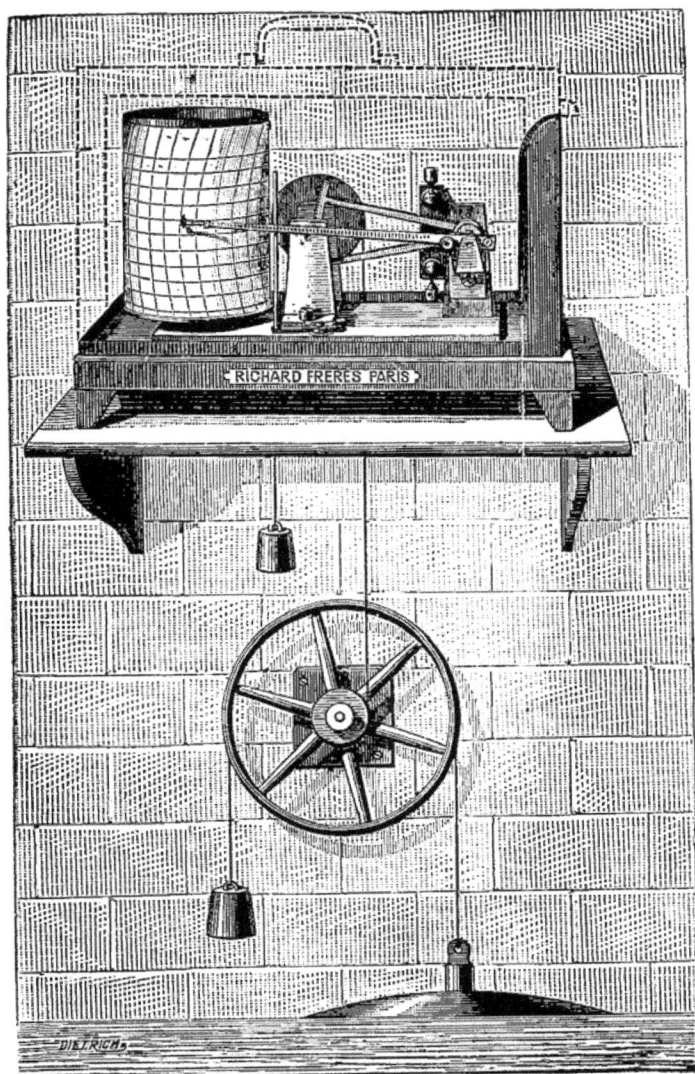

Fig. 360. — Enregistreur de niveau de liquide.

flotteur commandant au moyen d'un fil métallique et de renvois appropriés la poulie de l'enregistreur de niveau. Le diamètre du bac étant donné exactement, le papier de l'enregistreur peut être divisé exactement en hectolitres. Ce modèle figuré par le cliché ci-dessus est d'une exactitude absolue, mais il a le défaut, si on n'a pas le soin d'enfermer flotteur, fil et poulies dans une gaine, de ne pouvoir empêcher les ouvriers de toucher au flotteur (Hydromètre enregistreur). Le modèle figuré ci-dessous remédie à cet inconvénient. Le flotteur est remplacé par un récipient en fonte contenant un soufflet ou balles de caoutchouc. Ce récipient, en communication avec un manomètre enregistreur par un tube de cuivre relativement souple, est immergé au fond du bac ; la pression supportée par le ballon de caoutchouc rempli d'air sec est transmise au manomètre, et comme cette pression est fonction de la hauteur du liquide dans le bac, l'indication est fonction du nombre d'hectolitres contenus. Les appareils sont calculés pour une densité moyenne de 1,045, mais peuvent être construits pour une densité quelconque. Dans tous ces enregistreurs de niveau, il est nécessaire que le déroulement du papier soit rapide pour pouvoir enregistrer toutes les variations. Aussi ces appareils sont-ils établis de façon à faire dérouler 90 c/m de papier en 12 heures, longueur largement suffisante pour assurer un contrôle de tous les instants.

Fig. 361. — Récipient de l'enregistreur de niveau de liquide.

CINÉMOMÈTRES

Il est utile de connaitre le nombre de tours qu'une machine quelconque fait à la minute. Le cinémomètre qui donne ce chiffre par une simple lecture, évitant l'emploi simultané d'un compteur de tours et d'une montre à secondes, supprime par le fait même la division à faire du nombre total des tours par le nombre de minutes, durée de l'expérience.

L'appareil construit par la Maison Richard Frères donne à cha-que instant soit le nombre de tours par minute par le déplacement d'une aiguille sur un cadran, soit, en lui adjoignant le système enregistreur, la courbe des vitesses proprement dite.

Fig. 362. — Cinémomètre à cadran.

Cet appareil donne la représentation graphique rigoureuse et continue de l'équation :

$$\frac{\text{Chemin parcouru}}{\text{Temps}} = \text{Vitesse} \quad (V = \frac{de}{dt})$$

Nous donnons ci-dessous le schema du fonctionnement des organes.

Deux plateaux circulaires P munis d'une couronne dentée sont munis d'un mouvement isochrone assuré par un régulateur Fou-cault. Ils tournent en sens contraire en fonctions du temps et font rouler entre eux une roulette Q qui est éloignée de leur centre proportionnellement au nombre de tours par le dispositif suivant. Une roue à fente hélicoïdale T met en mouvement la vis sans fin R que la roue folle T′ appuie constamment sur la roue T. La roulette Q est calée sur le prolongement de la vis R.

Les plateaux font tourner la roulette sur elle-même et par suite dévissent la vis sans fin : la roulette tend à se rapprocher du centre.

On voit donc que cette dernière est soumise à deux mouvements.

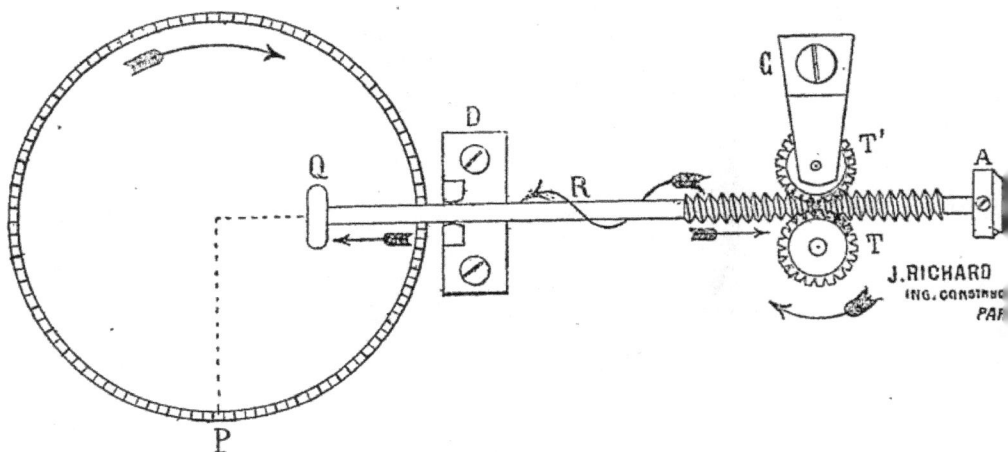

Fig. 363. — Schema du fonctionnement des organes du cinénomètre.

1° par l'action directe de la roue T, elle est rejetée vers la circonférence proportionnellement au nombre de tours de la machine.

2° par l'action des plateaux, elle est ramenée vers le centre.

La roulette prend à chaque instant une position d'équilibre qui correspond au rapport des deux facteurs, c'est-à-dire au quotient exact du nombre de tours par l'unité de temps.

Ce quotient est exprimé par la distance momentanée du plan de la roulette au centre des plateaux. Le déplacement d'une aiguille devant un cadran en donne la valeur.

Les indications fournies par cet appareil sont absolues, puisque le nombre de tours de la machine est rapporté à une vitesse constante et absolue fournie par le régulateur. De plus elles sont proportionnelles.

L'avantage de cet appareil est de donner des mesures exactes quel que soit le degré de lubréfaction des organes, de n'avoir aucune inertie et de ne demander au moteur sur lequel on le place aucune force, celle nécessaire à son fonctionnement étant infinitésimale.

Ces dernières qualités que ne possédent pas les tachymètres, font la grande supériorité des cinémomètres.

Dans les tachymètres qui, pour donner la vitesse se servent de la force centrifuge contrebalancée par un poids ou un ressort, le degré de lubréfaction des organes fait varier la constante des frottements qui, par suite, contribue à fausser les indications de quantités qui peuvent être considérables.

Dans le cinémomètre, au contraire, l'équilibre étant produit par deux équivalents de mouvements égaux et de sens contraire, les résistances passives ne pourront intervenir en aucune façon puisqu'il faudra toujours que le galet prenne sur le plateau une position telle que sa distance du centre multipliée par le temps qui est constant égale exactement le nombre de tours de la poulie.

Les indications données par l'aiguille sur le cadran sont les vitesses en tours par minute de la poulie de l'appareil. Un renvoi de mouvement moitié ou double permettrait de mesurer de plus grands ou de plus petits nombres de tours sur le cadran.

Fig. 364. — Cinémographe ou enregistreur de vitesse.

On peut compléter le cinémomètre par un compteur de tours ordinaire qui servirait alors de totalisateur.

Nous avons réservé jusqu'à présent de parler du cinémographe c'est-à-dire de l'instrument combinaison de l'appareil direct ci-dessus avec le système enregistreur de M. Richard.

Cet appareil est muni d'un cadran qui indique le nombre de tours à un instant quelconque en même temps qu'il trace le diagramme de la vitesse.

On voit immédiatement tout l'avantage que l'on peut retirer de l'appareil complet. Par la simple inspection du diagramme, il est facile de se rendre compte du dégré de régularité d'une machine soit par rapport à elle-même, soit dans son service suivant que telle ou telle machine-outil qu'elle commande a ou n'a pas travaillé.

Dans les sucreries notamment cet appareil a son emploi tout indiqué dans le service des turbines. Le directeur de la fabrication se rendra compte par un simple examen du temps pendant lequel les produits ont été livrés à l'action de la force centrifuge et qu'elle a été la vitesse pendant ce temps.

De plus les différentes feuilles collationnées permettent d'établir des comparaisons soit entre les diverses journées de la campagne, soit entre les campagnes successives.

Nous sommes assurés que l'emploi du cinémographe est tout indiqué dans les différents travaux industriels où la régularité est un des premiers facteurs du succès.

Nous croyons inutile d'insister sur les avantages particuliers du cinémomètre et du cinémographe qui sont, du reste, les mêmes que ceux que présentent tous les appareils enregistreurs dont les preuves sont faites depuis longtemps et dont les qualités sont consacrées par le nombre considérable d'appareils actuellement en fonctionnement.

CINÉMOGRAPHE ÉLECTRIQUE

Cet instrument est la combinaison du cinémomètre que nous avons décrit plus haut avec un système de déclanchement produit par un électro-aimant, c'est l'électro-cinémographe. Il permet d'enregistrer à distance la marche d'un nombre quelconque de machines sur un seul cylindre.

Il suffit de remonter avec une clef le ressort des rouages qui font agir l'un ou l'autre les facteurs « Temps » et « Nombre de tours » ou mètres par seconde pour que l'instrument soit prêt à fonctionner.

L'installation de cet appareil est la suivante :

Sur chaque machine on place un dispositif simple fermant un circuit à chaque révolution de l'arbre. De chaque contact partent deux fils dont l'un est relié à un fil commun de retour et dont l'autre aboutit à un commutateur placé à l'endroit où doit se faire le contrôle. Une pile est placée dans le circuit.

Il suffit de manœuvrer les commutateurs sur un tableau placé près de l'électro-cinémographe qui est relié au fil de retour commun et aux commutateurs.

L'appareil se met en marche immédiatement et enregistre sur un papier le nombre de contacts émis dans l'unité de temps par l'arbre, c'est-à-dire son nombre de tours par minute.

On contrôle ainsi la vitesse de chaque moteur.

CHAPITRE XIII

LÉGISLATION ET STATISTIQUE

Nous ne voulons donner ici qu'un très léger aperçu historique de la législation des sucres en France et un rapide exposé de la législation actuelle, engageant le lecteur que cette question intéresse à consulter, pour plus amples renseignements, le bel ouvrage de la législation, des sucres de MM. Boizard et Tardieu, ouvrage dans lequel nous puiserons bien des documents pour écrire le chapitre qui va suivre.

1re période : Sucre de cannes. — Le premier impôt sur les sucres fut établi par Colbert en 1664, mais les sucres provenant de colonies françaises étaient dégrevés d'une certaine partie dudit impôt; quelque temps après, il fut établi une différence au point de vue de la taxe, entre les sucres bruts et les sucres raffinés, puis la réexportation des sucres bruts fut interdite et peu de temps après fut accordée l'autorisation de raffiner dans les colonies. Ensuite nous voyons surgir la défense de la création de nouvelles raffineries coloniales ; après différentes modifications apportées dans le but de satisfaire tantôt les intérêts de l'un, tantôt ceux d'un autre, nous arrivons, au tarif de 1791, savoir 18 fr. sur les sucres bruts, 36 fr. sur les sucres de tête et 50 fr. sur les raffinés; mais peu de temps après, les sucres des colonies françaises furent encore une fois dégrevés d'une partie de ces droits, puis les droits disparaissent et sont rétablis vers la fin de la révolution.

Sous l'empire, les droits augmentent sensiblement, puis durant le blocus continental, ils sont supprimés pour les sucres de nos colonies ; sous la première restauration, le droit de 40 fr. pour 100 kilog. de sucre est d'abord établi pour les sucres de toutes les provenances, puis on revient à la protection des sucres coloniaux.

En 1822, nous assistons à l'établissement du remboursement à la sortie du territoire français de l'impôt payé à l'entrée, c'est le drawback ; puis nous voyons, en 1826, établir l'impôt uniforme sur les sucres bruts quelle qu'en soit l'origine ; en 1833, un revirement se produit et l'on en revient au drawback.

2e *période* : *Sucre de cannes et sucre de betteraves.* — Nous avons vu succintement au commencement de cet ouvrage comment prit naissance l'industrie de la sucrerie indigène travaillant des betteraves et comment elle fut encouragée ; nous arrivons ensuite à la loi de 1837 qui impose le sucre indigène d'un droit de 15 fr. par 100 kilog. de sucre brut.

Puis nous assistons à une lutte acharnée entre les colonies et les fabricants de sucre de la métropole, devenus aussi malheureux les uns que les autres, les derniers ayant augmenté considérablement leur production et la valeur du sucre ayant considérablement diminuée ; en 1839, on cherche à satisfaire les coloniaux en dégrèvant leurs produits, puis la sucrerie indigène est sur le point de succomber et ne se relève que grâce à la loi de 1840 ; ce sont ensuite les fabricants des colonies qui réclament et en 1843, on cherche à contenter tout le monde en unifiant les droits.

Vient une période de labeur et de progrès pour la sucrerie de betteraves et la loi de 1846 qui réglemente la perception de l'impôt.

L'abolition de l'esclavage en 1848 porte un grand coup à l'industrie coloniale; en 1851, les raffineries sont exercées et obligées de payer le même droit de licence que les sucreries et les sucres coloniaux.

En 1860, nous voyons naître les idées libre-échangistes et le dégrèvement des sucres coloniaux, puis l'abonnement des fabricants de sucre de betteraves obligés de payer un droit de 1 k. 400 de sucre par hectolitre de jus et par degré ; le sucre produit en plus, appelé excédent, étant indemne de tout droit.

En 1864, on rétablit l'impôt sur les sucres divisés en classes qui, suivant leur type, payèrent 42, 44, 45 ou 47 fr. et la suppression de l'abonnement ainsi que l'admission temporaire, c'est-à-dire la faculté laissée au raffineur de recevoir du sucre exotique sans acquitter les droits, sous condition de présenter pour l'exportation dans un délai donné une quantité de sucre raffinée correspondante.

Après bien des pourparlers, la France, l'Angleterre, la Belgique et la Hollande arrivent à admettre pour les quatre pays les mêmes rendements, mais ces rendements varient pour les différentes classes de sucres, portées à quatre.

En 1871, on admet la vérification des types par l'analyse saccharimétrique, mais on reconnaît peu à peu les inconvénients de la loi existante ; entre autres celui de permettre au raffineur en colorant artificiellement ses sucres d'arriver à les faire admettre dans une classe inférieure à leur classe réelle ; de cette façon, ils acquittaient leur quantité de sucre provenant de l'admission temporaire et obtenaient en outre un excédent qu'ils livraient à la consommation ; aussi penche-t-on, en 1874, vers l'impôt à la consommation par l'exercice des raffineries, et cherche-t-on, dans ce but à s'entendre avec les pays qui nous liaient par la convention de 1864 ; on n'arrive pas à se mettre d'accord et la convention est rompue. En 1875, nous voyons admettre l'analyse des sucres et le rendement en raffiné établi en retranchant de la polarisation la somme des cendres $\times$ 5 et du glucose $\times$ 2.

En 1876 et 1877, nouveaux pourparlers dans le but d'une entente avec l'Angleterre, la Belgique et les Pays-Bas ; ceux-ci n'aboutissent pas et l'Allemagne, l'Autriche et l'Italie refusent de prendre part aux conférences. La loi de 1880 amène le dégrèvement et l'impôt basé sur le degré déterminé par la polarisation diminuée du poids des cendres $\times$ 4, augmentée du poids de la glucose $\times$ 2 ; mais on accorde en outre au raffineur un déchet de raffinage de 1 1/2 0/0 du titrage.

Entre 1880 et 1884, survient une crise terrible pour la sucrerie française, les autres pays producteurs étant favorisés par des lois plus propices aux fabricants que la loi française ; en Belgique et en Hollande, l'impôt sur le jus, en Allemagne l'impôt de 20 fr. par 100 kilog. de betteraves, en Autriche, l'impôt basé aussi sur la betterave dont la quantité était estimée par la puissance des appareils destinés à la travailler ; ces deux derniers pays voyant tout l'intérêt qu'ils ont à produire beaucoup de sucre avec peu de betteraves, travaillent des betteraves plus riches et diminuent leurs pertes et leurs frais de fabrication ; les sucres étrangers arrivent en France, puis les cours baissent, un grand nombre de sucreries se voient obligées de fermer leurs portes, d'autres perdent de l'argent, enfin la situation de la sucrerie française était bien compromise quand la loi de 1884 vint la sauver.

Nous donnons ci-après le texte de cette loi :

Loi du 24 juillet 1884

Le Sénat et la Chambre des députés ont adopté.

Le Président de la République promulgue la loi dont la teneur suit :

ARTICLE PREMIER. — Les droits sur les sucres de toute origine et les glucoses indigènes livrés à la consommation sont fixés ainsi qu'il suit, décimes et demi-décimes compris :

	Par 100 kilog. de sucre raffiné	
Sucres bruts et raffinés..	50	»
Sucre candi..............	53	50
Glucoses................	10	»

Sont en outre modifiés comme suit les droits des dérivés du sucre énumérés ci-après :

Mélasses autres que pour la distillation, ayant en richesse saccharine absolue 50 0/0 ou moins, 15 fr. par 100 kilogrammes :

Mélasses autres que pour la distillation, ayant en richesse saccharine absolue, plus de 50 0/0, 32 fr. par 100 kilogrammes.

Chocolat, 93 fr. par 100 kilogrammes.

ART. 2. — Les droits sur les sucres bruts ou raffinés de toute origine employés au sucrage des vins, cidres et poirés, avant la fermentation, sont réduits à 20 fr. les 100 kilog. de sucre raffiné.

Un règlement d'administration publique déterminera préalablement les mesures applicables à l'emploi de ces sucres.

ART. 3. — Tout fabricant de sucre indigène pourra contracter avec l'administration des contributions indirectes un abonnement en vertu duquel les quantités de sucre imposables seront prises en charge d'après le poids des betteraves mises en œuvre.

Cette prise en charge sera définitive, quels que soient les manquants ou les excédents qui pourront se produire.

Elle aura lieu aux conditions ci-après :

Procédés de fabrication	Rendement par 100 kil. de betteraves
Diffusion ou tout autre procédé analogue.	6 kil. de sucre raffiné.
Presses continues ou hydrauliques.......	5 kil. —

Les sucres, sirops et mélasses, obtenus dans les fabriques abonnées en excédent du rendement légal, seront assimilés au sucre libéré d'impôt.

Pendant les trois campagnes de fabrication de 1884-1885, 1885-1886 et 1886-1887, il sera alloué aux fabricants non abonnés un déchet de 8 0/0 sur le montant total de leur fabrictaion.

Un décret déterminera les obligations qui seront imposées aux fabricants abonnés pour la garantie des intérêts du Trésor.

ART. 4. — A partir du 1ᵉʳ septembre 1887, les quantité de sucre imposable seront prises en charge dans toutes les fabriques d'après le poids des betteraves mises en œuvre, quel que soit le procédé d'extraction des jus.

Les rendements seront fixés comme suit par 100 kilogrammes de betteraves :

Campagnes

—

1887-1888.	6 kil. 250 de sucre raffiné.
1888-1889.	6 kil. 500 —
1889-1890.	6 .kil. 750 —
1890-1891.	7 kil

ART. 5. — Les sucres des colonies françaises importés directement en France auront droit à un déchet de fabrication de 12 0/0. (*Voir plus loin la loi du 13 juillet 1886.*)

ART. 6. — Les sucres en grains ou petits cristaux agglomérés ou non, seront reçus à la décharge des comptes d'admission temporaire de sucres bruts, pour la quantité de sucre raffiné qu'ils seront reconnus présenter, lorsque leur rendement net, établi conformément aux dispositions de la loi du 19 juillet 1880, sera au moins de 80 0/0.

ART. 7. — La taxe complémentaire de 10 fr. par 100 kilogrammes, établie·par l'article 1ᵉʳ, sera appliquée aux sucres de toute espèce déjà libérés d'impôt, ainsi qu'aux matières en cours de fabrication également libérées d'impôt existant, au moment de la publication de la présente loi, dans les raffineries, fabriques ou magasins. ou dans tous autres lieux en la possession des raffineurs, fabricants ou commerçants ; les quantités seront reprises par voie d'inventaire ; seront toutefois dispensées de l'inventaire les quantités n'excédant pas 1.000 kilogrammes de sucre raffiné.

ART. 8. — Les fabricants et raffineurs auront à souscrire des soumissions complémentaires en garantie du droit de 70 fr. par 100 kilogrammes pour les sucres de toute espèce et les matières en cours de fabrication placés sous le régime de l'admission temporaire.

L'apurement de ces soumissions aura lieu dans les conditions appliquées au moment de la mise en vigueur de la loi du 31 décembre 1873.

ART. 9. — Le rendement minimum fixé par l'article 18 de la loi du 19 juillet 1880 sera porté à 80 0/0 pour les sucres d'origine européenne ou importés des entrepôts d'Europe.

ART. 10. — A partir de la promulgation de la présente loi, et jusqu'au 31 août 1886, les sucres bruts et les sucres non assimilés aux sucres raffinés importés des pays d'Europe ou des entrepôts d'Europe, seront frappés d'une surtaxe non remboursable de 7 fr. par 100 kilogrammes. (*Voir page 92, la loi du 13 juillet 1886.*)

Les dispositions des lois antérieures continueront d'être appliquées en tout ce qu'il n'est pas contraire à la présente loi.

La présente loi, délibérée et adoptée par le Sénat et par la Chambre des députés, sera exécutée comme loi de l'État.

Fait à Mont-sous-Vaudray, le 29 juillet 1884.

Jules GRÉVY.

Durant la campagne 1884-85, il y eut 142 fabriques abonnées et 307 non abonnées, puis, en 1885-86, 325 abonnées et 88 non abonnées ; mais alors presque tous les fabricants achètent les betteraves à la densité, ce qui force le cultivateur à produire des betteraves riches ; quelques autres achètent encore au poids, mais fournissent eux-mêmes la graine, par conséquent de la graine produisant des betteraves riches ; ils encouragent en même temps l'emploi des engrais en les fournissant eux-mêmes au cultivateur et en ne lui réclamant l'argent qu'au moment du paiement des betteraves ; de plus la vente de l'engrais par le fabricant était une garantie pour le cultivateur, puisqu'il avait intérêt à recevoir des racines riches, par conséquent, à encourager l'emploi de bons engrais.

Le 13 juillet 1886, est votée une loi concernant les sucres exotiques dont ci-dessous le texte :

Loi du 13 juillet 1886

ARTICLE PREMIER. — La surtaxe de 7 fr. sur les sucres bruts non assimilés aux sucres raffinés importés d'Europe ou des entrepôts d'Europe qui expirait le 31 août 1886, est prorogé jusqu'au 31 août 1888.

ART. 2. — Les sucres exportés des colonies françaises à destination de la métropole, auront droit à un déchet de fabrication égal à la moyenne des excédents de rendement obtenus par la sucrerie indigène, pendant la dernière campagne de fabrication.

Par campagne, on entendra la période de fabrication comprise entre le 1er septembre de chaque année et le 31 août de l'année suivante.

Pour la campagne 1886-1887, le déchet de fabrication de 12 0/0 alloué aux colonies françaises par la loi du 29 juillet 1884 sera porté à 24 0/0.

N'auront droit à cette allocation que les sucres dont la vérification au port d'embarquement aura eu lieu antérieurement au 1er septembre 1887.

Des décrets du Président de la République, rendus sur le rapport du ministre des finances, détermineront les bureaux par lesquels les sucres des colonies françaises pourront être exportés avec réserve de déchet de fabrication.

Les sucres des colonies françaises dûment vérifiés aux ports d'embarquement pourront, après leur arrivée dans la métropole, être réexportés à l'étranger. Les quantités représentant le déchet de fabrication devront seules être mises à terre; le surplus de la cargaison pourra être réexporté après constatation de son existence à bord.

Les sucres exportés par d'autres bureaux que ceux déterminés par les décrets du Président de la République n'auront droit au déchet de fabrication qu'à la condition d'être débarqués et vérifiés dans un bureau de la métropole.

Les intéressés auront d'ailleurs la faculté de faire surseoir, jusqu'à l'arrivée dans la métropole, à la vérification des sucres exportés par les bureaux désignés, ainsi qu'il a été précédemment indiqué.

ART. 3. — Il sera établi dans les colonies de la Guadeloupe, de la Martinique et de la Réunion des laboratoires pour l'analyse des sucres exportés. Ces laborateurs dépendront de l'administration des douanes de la métropole. Le personnel en sera nommé d'après les règles appliquées aux laboratoires métropolitains.

ART. 4. — Un décret du Président de la République, rendu sur le rapport du ministre des finances, fixera chaque année la somme à inscrire aux budgets coloniaux pour couvrir les frais du personnel et de matériel du laboratoire, et pour assurer le fonctionnement du service des douanes dans les bureaux ouverts à l'exportation des sucres.

Fait à Paris, le 13 juillet 1886.

Jules GRÉVY.

Les cultivateurs produisant des betteraves de plus en plus riches et les fabricants diminuant dans de notables proportions les pertes de fabrication par suite des soins apportés au travail et par suite des modifications auxquelles fut soumis l'ancien matériel, le rendement des betteraves en sucre brut d'une manière rapide; par suite, il y eût accroissement de la quantité de sucre exempt de droits.

Le gouvernement, pour remédier à cet état de choses et assurer le budget, fit voter la loi du 27 mai 1887 qui établit la surtaxe de 10 fr. sur les sucres acquittés.

Loi du 27 mai 1887

Le Sénat et la Chambre des Députés ont adopté,
Le Président de la République promulgue la loi dont la teneur suit :

ARTICLE PREMIER. — Une surtaxe temporaire de 20 0/0 est établie sur les sucres imposables de toute origine, y compris les sucres bruts, raffinés ou candis, qui sont déclarés pour le sucrage des vins et cidres et sur les glucoses livrées à la consommation jusqu'au 31 décembre 1887.

Sont soumis, jusqu'à la même époque, à une taxe spéciale équivalente, payable au comptant à la sortie des fabriques ou à l'importation des colonies (10 fr. par 100 kil. de sucre raffiné), les sucres exonérés de ces droits, à titre de déchets de fabrication ou d'excédents de rendement, en vertu des lois du 29 juillet 1884 et du 13 juillet 1886.

Sont, en outre, jusqu'à la même époque, modifiés comme suit, les droits des dérivés du sucre énumérés ci-après :

Mélasses autres que pour la distillation, ayant en richesse saccharine absolue. 50 0/0 au moins : 18 fr. par 100 kilog.

Mélasses autres que pour la distillation ayant une richesse saccharine absolue de plus de 50 0/0 : 38 fr. 50 par 100 kilog.

Chocolat : 98 fr. 40 par 100 kil.

ART. 2. — La nouvelle taxe établie par l'article précédent sera appliquée aux sucres de toutes espèces, libérés d'impôt ou assimilés, ainsi qu'aux matières en cours de fabrication, également libérées d'impôt, existant au moment de la promulgation de la présente loi, dans les raffineries, fabriques, magasins et autres lieux, en la possession des raffineurs, fabricants ou commerçants. Les quantités seront prises par voie d'inventaire, après déclaration faite par les détenteurs.

Toute quantité non déclarée donnera lieu au paiement en plus de la surtaxe, d'une amende double de ladite surtaxe.

Sont dispensés de l'inventaire, les quantités n'excédant pas 500 kil. de sucre raffiné.

ART. 3. — Les fabricants et raffineurs auront à souscrire des soumissions complémentaires, en garantie de la surtaxe édictée par la présente loi, pour les sucres de toute espèce et les matières en cours de fabrication classées sous le régime de l'admission temporaire.

L'apurement de ces soumissions aura lieu dans les conditions appliquées au moment de la mise en vigueur des lois du 31 décembre 1873 et du 20 juillet 1884.

ART. 4. — Il sera procédé à l'inventaire des sucres et des sirops de toute nature (à l'exception des mélasses) qui existeront dans les raffineries à la date du 1er janvier 1888.

Les sucres raffinés sont comptés pour leur poids intégral et les sucres candis pour 7 0/0 en sus. Les autres sucres et les sirops en cours de fabrication seront évalués en sucre raffiné. Le rendement en sera calculé avec les coefficients de 4 pour les cendres et de 2 pour la glucose.

Il sera réduit du chiffre total de l'inventaire les quantités de sucre raffiné afférentes aux obligations d'admission temporaires non encore apurées.

Le surplus donnera droit à une restitution de 10 fr. par 100 kilog. de sucre raffiné.

La restitution s'opérera au moyen de certificats d'inventaire établissant la somme revenant aux ayants-droit. Ces certificats seront reçus, jusqu'à due concurrence, avant le 1er avril 1888, en paiement des droits au comptant sur les sucres livrés à la consommation.

A partir du 16 décembre prochain, les employés des douanes et des contributions indirectes devront être admis dans les raffineries à toute heure de jour et de nuit. Ils pourront en suivre les opérations et procéder à toutes les constatations et vérifications préparatoires qu'ils jugeront nécessaires.

Les obligations d'admission temporaire pour lesquelles il n'aura pas été représenté, au moment de l'inventaire, des quantités correspondantes de sucres raffinés ou de matières en cours de fabrication, ne pourront être apurées qu'au moyen de certificats d'exportation ou d'entrée en entrepôt antérieurs au 1er janvier 1888, ou par le paiement du droit de 60 fr. par 100 kil. sur les quantités de sucre raffiné prises en charge.

La présente loi, délibérée et adoptée par le Sénat et par la Chambre des députés, sera exécutée comme loi de l'État.

Fait à Paris, 27 mai 1887.

Jules GRÉVY.

Puis la loi du 4 juillet 1887 augmenta le taux de la prise en charge et le fixa pour les campagnes 1887-88, 1888-89, 1889-90, 1890-91 ; elle établit la décharge de 14 0/0 sur les mélasses non osmosées contenant plus de 44 0/0 de sucre et expédiées en distillerie ou à l'étranger, puis elle institua un impôt de 0,30 par 1000 kg. de betteraves travaillées, impôt destiné à couvrir les frais de surveillance des fabriques.

Loi du 4 juillet 1888

Le Sénat et la Chambre des députés ont adopté,

Le Président de la République promulgue la loi dont la teneur suit :

ARTICLE PREMIER. — Les dispositions de l'article 4 de la loi du 29 juillet 1884 sont modifiées comme suit :

A partir du 1er septembre, le rendement légal par 100 kilog. de betteraves mises en œuvre dans les fabriques de sucre sera ainsi fixé ;

Campagne 1887-88.	7 k. de sucre raffiné	
— 1888-89.	7 25	--
— 1889-90.	7 50	—
— 1890-91.	7 75	—

ART. 2. — Les fabricants dont les usines étaient déjà installées au moment de la promulgation de la loi du 28 juillet 1884, en vus d'utiliser les
jus des mêmes betteraves à la fabrication simultanée du sucre et de l'alcool, seront maintenus exceptionnellement sous le régime de la constatation à l'effectif et bénéficieront d'un déchet de fabrication de 12 0/0.

ART. 3. — Toute infraction aux prescriptions de la présente loi et des
règlements qui seront rendus pour son exécution, ainsi que les contraventions aux lois antérieures, seront punies des peines portées par l'article 2 de la loi du 30 décembre 1873. Toute manœuvre ayant pour but de
fausser les appareils de pesage, de tromper sur le poids des betteraves
mises en œuvre, entraînera, en outre, le remboursement du double des
droits sur les quantités de sucre qui, par ce moyen, auront pu être sous-
traites à la prise en charge depuis le commencement de la campagne et du
quadruple de ces droits en cas de récidive.

ART. 4. — Lorsqu'un procès-verbal constatant une contravention aux
prescriptions de la présente loi aura été dressé par un seul agent des
contributions indirectes, il ne fera foi en justice que jusqu'à preuve contraire, conformément aux articles 154 et suivants du Code d'instruction
criminelle.

ART. 5. — A partir de la promulgation de la présente loi, les sucres
bruts tirant au minimum 65° et moins de 98°, seront admis à la décharge
des comptes d'admission temporaire d'après leur rendement net, établi
dans les conditions déterminées par l'article 18 de la loi du 19 juillet
1880, sous la déduction, à titre de déchet de 1 et demi pour cent de ce
rendement.

ART. 6. — Seront admises en décharge, à raison de 14 0/0 de leur
poids au compte des fabricants qui n'emploieront pas le procédé de l'osmose, les mélasses ayant au moins 44 0/0 de richesse saccharine absolue, lorsqu'elles seront expédiées en distillerie ou à l'étranger.

ART. 7. — Pour couvrir le surcroît de dépenses que peut nécessiter l'application du régime institué en faveur de l'industrie sucrière par la loi du
28 juillet 1884, chaque fabricant sera tenu de verser, à dater du 1er septembre
prochain, dans la caisse du receveur principal des contributions indirec-

tes, une redevance dont le montant est fixé à 30 centimes par 1.000 kilog. de betteraves mises en œuvre. Cette redevance sera payée en trois termes, savoir : au 31 décembre, sur le tiers des quantités constatées à cette date : au 31 mars et au 31 mai, par moitié, sur le surplus.

La présente loi, délibérée et adoptée par le Sénat et par la Chambre des députés, sera exécutée comme loi d'Etat.

Fait à Paris, le 4 juillet 1887.

Jules GRÉVY.

Entre autres articles, la loi du 24 juillet 1888 porte de 10 fr. à 20 fr. le surtaxe sur les sucres exempts de droits.

Loi du 24 juillet 1888

Le Sénat et la Chambre des députés ont adopté.

Le Président de la République promulgue la loi dont la teneur suit :

ARTICLE PREMIER. — A partir de la campagne 1888-1889, les droits sur les sucres bruts et raffinés de toute origine fixés par la loi du 29 juillet 1884, sont ramenés de 50 francs à 40 francs par 100 kilogrammes de sucre raffiné.

ART. 2. — A partir de la même époque, une surtaxe temporaire de 50 0/0 est établie sur les succes imposables de toute origine.

Sont soumis à une taxe spéciale équivalente, payable au comptant à la sortie des fabriques (20 francs par 100 kilogrammes de sucre raffiné), les sucres exonérés des droits à titre de déchets de fabrication, ou d'excédents de rendements, en vertu des lois des 29 juillet 1884 et 4 juillet 1887.

Néanmoins, tous les excédents constatés dans les établissements exercés et provenant des betteraves prises en charges et travaillés pendant la campagne 1887-1888, demeurent soumis jusqu'au 31 décembre 1888 au traitement actuellement en vigueur.

Est maintenue à 10 fr. pour la campagne 1888-1889, conformément aux dispositions de la loi du 13 juillet 1886, la surtaxe des sucres coloniaux exonérés de droits à titre de déchet de fabrication. A partir du 1er septembre 1889, la surtaxe sur les sucres de cette catégorie sera portée à 20 francs.

ART. 3. — Les droits sur les sucres candis, les glucoses, les sucres employés au sucrage des vins, cidres et poirés, et sur les dérivés du sucre, continueront à être temporairement perçus conformément au tarif résultant de la loi du 27 mai 1887.

Art. 4. — La surtaxe de 7 francs sur les sucres bruts non assimilés aux sucres raffinés importés des pays d'Europe ou des entrepôts, qui expirait le 31 août 1888, est prorogée jusqu'au 31 août 1890.

La présente loi, délibérée et adoptée par le Sénat et la Chambre des députés, sera exécutée comme loi d'Etat.

Fait à Paris, le 24 juillet 1888.

CARNOT.

La loi du 5 août 1890 porte à 30 fr. la surtaxe sur les sucres exempts de droits et établit l'exercice des raffineries.

La campagne 1890-91 fut très défavorable au point de vue de la richesse des betteraves ; de plus, une grande quantité de racines furent gelées et travaillées dans un état de décomposition plus ou moins avancé. MM. Déprez et Linard demandèrent alors l'abaissement de la prise en charge ; puis MM. Macherez, Trannin et Linard proposèrent de permettre aux fabricants de choisir entre l'abonnement ou une prime de déchet de 15 0/0 de sucre qui ne paierait que 30 fr. de droit. Les fabricants de sucre abonnés partageraient avec l'État, les excédents au-dessus de 10 kg. 500 de rendement ; enfin la loi, dont nous reproduisons le texte ci-dessous, fut votée le 29 juin 1891.

Loi du 5 août 1890

Le Sénat et la Chambre des députés ont adopté.

Le Président de la République promulgue la loi dont la teneur suit :

ARTICLE PREMIER. — A partir de la campagne 1890-1891, les sucres indigènes et coloniaux, représentant des excédents de rendement ou des déchets de fabrication, en vertu des lois des 29 juillet 1884, 13 juillet 1886 et 3 juillet 1887, sont soumis à une taxe spéciale de 30 fr. par 100 kilog. de sucre raffiné.

Ces sucres sont admis dans les entrepôts réels en suspension du paiement des droits dont ils sont passibles.

Les excédents constatés dans les établissements exercés et provenant des betteraves prises en charge et travaillées pendant la campagne 1889-1890 demeureront soumis, jusqu'au 31 décembre 1890, au tarif actuellement en vigueur.

Art. 2. — Sont soumis à une taxe de 25 fr. par 100 kilogramme de sucre raffiné, les sucres de toute origine employés au sucrage des vins, cidres et poirés.

ART. 3. — Les droits sur les sucres bruts, raffinés et candis, de. toute origine, autres que ceux qui font l'objet des deux articles précédents, ainsi que les dérivés du sucre, continueront à être perçus conformément au tarif résultant des lois des 27 mai 1887 et 24 juillet 1888.

ART. 4. — Le droit sur les glucoses indigènes est porté à 13 fr. 50 par 100 kilog. décimes et demi-décime compris.

ART. 5. — La disposition du troisième paragraphe de l'article 18 de la loi du 19 juillet 1880, d'après. laquelle les sucres ne peuvent être frappés des droits ou reçus en admission temporaire pour un rendement supérieur à 98 p. 0/0, quel que soit leur rendement présumé au raffinage, est abrogée.

ART. 6. — Le déchet de fabrication alloué aux fabricants de sucre distillateurs par l'article 2 de la loi du 4 juillet 1887 est porté à 20 0/0, à partir de la campagne 1890-1891, pour les fabriques-distilleries qui existaient lors de la promulgation de la loi précitée.

ART. 7. — La surtaxe de 7 fr. sur les sucres bruts non assimilés aux sucres raffinés importés des pays d'Europe ou des entrepôts, qui expirait le 31 août 1880, est prorogée jusqu'au 22 février 1892.

ART. 8. — Les raffineries de sucre sont soumises à la surveillance permanente des employés des contributions indirectes.

Cette surveillance s'exerce exclusivement à l'entrée et à la sortie des produits reçus ou expédiés par les raffineurs; sauf au moment des inventaires prévus à l'article 10 ci-après, auquel cas elle s'étend à tous les produits existant dans l'usine.

ART. 9. — Il ne peut être introduit dans les raffineries que des sucres préalablement soumis aux droits ou placés en admission temporaire dans les conditions déterminées par les lois et règlements en vigueur et par l'article 5 ci-dessus.

Les droits perçus sont définitivement acquis à l'État quel que soit le résultat final du raffinage.

ART. 10. — Il est tenu par les employés de la régie, un compte d'entrée et de sorties des sucres reçus et expédiés par les raffineurs.

Un inventaire annuel est établi par les mêmes agents. Si, à la suite de cet inventaire, la balance du compte fait ressortir un excédent, cet excédent est ajouté aux charges et immédiatement frappé du droit plein, soit 60 fr. par 100 kilog. d'après le tarif actuel.

Conformément au dernier paragraphe de l'article précédent, les manquants ne donnent lieu à aucune restitution de droits, ils sont simplement portés en sorties.

Un inventaire sera effectué le jour même de la mise à exécution de la présente loi dans les raffineries qui existeront alors. Les quantités de sucre inventoriées seront inscrites au compte du raffineur comme produits libérés d'impôt.

ART. 11. — Les dispositions de l'article 4 de la loi du 31 mai 1846, avec les modifications qui y ont été apportées par les lois du 1er septembre 1871 (art. 6) et du 30 décembre 1873 (art. 2), seront rendues applicables aux raffineries.

ART. 12. — Un décret déterminera les conditions à la surveillance à exercer dans les raffineries et les obligations à remplir par les raffineurs.

ART. 13. — Une taxe de 8 centimes par 100 kilog. de sucre raffiné est perçue à titre de frais de surveillance sur les sucres en poudre de toute origine introduits dans les raffineries.

Pour les sucres destinés à la consommation intérieure, cette taxe est exigible au moment de l'entrée des sucres dans les usines. Pour ceux qui y sont introduits sous le régime de l'admission temporaire, en vue de l'exportation après raffinage, elle est garantie par les soumissions. L'exonération de cette taxe est prononcée lorsque les soumissioes sont apurées par des certificats d'exportation exclusivement délivrés pour des sucres raffinés.

ART. 14. — Les contraventions aux dispositions de la présente loi et aux prescriptions du décret qui sera rendu en exécution de l'article 12 ci-dessus seront punies des peines portées à l'article 3 de la loi du 30 décembre 1872.

ART. 15. — Les dispositions qui font l'objet des artictes 2, 3, 4, 5 et 7 à 14 ci-dessus sont applicables à partir de la promulgation de la présente loi.

La présente loi, délibérée et adoptée par le Sénat et par la Chambre des députés, sera exécutée comme loi de l'État.

Fait à Paris, le 5 août 1890.

CARNOT.

Loi du 29 juin 1891

ARTICLE PREMIER. — A partir du 1er septembre prochain, et pour les campagnes suivantes, le rendement légal par 100 kilog. de betteraves, mises en œuvre dans les fabriques de sucre indigène reste fixé à 7 kil. 750.

Lorsque le rendement effectif de chaque fabrique ne dépasse pas

10 kil. 500 de sucre raffiné par 100 kil. de betteraves, l'excédent est en totalité admis au bénéfice du droit édicté par le premier paragraphe de l'article premier de la loi du 5 août 1890.

La moitié de l'excédent obtenu en sus de 10 kil. 500 de sucre par 100 kilog. de betteraves n'est également passible que de même droit réduit; l'autre moitié est ajoutée aux charges imposables, au droit plein de 60 fr. par 100 kilog.

Aux fabricants qui, avant le 1er novembre de chaque année, déclarent au bureau de la régie qu'ils renoncent au bénéfice de la prime sur les excédents de rendement, il est alloué un déchet de 15 0/0 sur le montant total de leur fabrication.

Les sucres correspondant à ce déchet sont passibles d'un droit égal à celui qui est applicable aux sucres représentant des excédents.

Sous l'un ou l'autre des deux régimes définis ci-dessus, la prise en charge fixée par le premier paragraphe du présent article est définitive quels que soient les excédents et les manquants qui peuvent se produire.

ART. 2. — Le déchet de fabrication alloué aux fabricants-distillateurs par l'article 6 de la loi du 5 août 1890 est abaissé à 15 0/0. à partir de la campagne 1891-1892.

ART. 3. — Les mélasses expédiées d'une fabrique sur une autre fabrique ou sur une sucraterie exercées sont portées en décharge au compte de fabrication, à raison de 30 kilog. de sucre raffiné par 100 kil. de mélasses. Elles sont prises en charge chez le destinataire pour une quantité de sucre raffiné égale à celle dont le compte de l'expéditeur a été déchargé.

Ne peuvent être expédiées dans ces conditions que les mélasses épuisées n'ayant pas plus de 50 0/0 de richesse saccharine absolue.

ART. 4. — Toute modification relative à la fixation de la prise en charge ou du déchet qui ferait l'objet d'une nouvelle disposition législative, ne serait applicable qu'un an après la promulgation de la nouvelle loi.

Disposition transitoire. — ART. 5. — Pour la campagne 1890-91, il sera alloué un déchet de 15 0/0 sur le montant total de leur fabrication aux fabricants de sucre qui, par une déclaration faite au bureau de la régie cinq jours au plus tard après la promulgation de la présente loi, renonceront au bénéfice de la prime sur les sucres obtenus en sus de la prise en charge légale.

L'avant-dernier paragraphe de l'article premier ci-dessus est applicable aux sucres représentant ce déchet.

Nous donnons, pour terminer ce chapitre, quelques tableaux que nous croyons intéressants.

Consommation du sucre par habitant, en Europe et dans l'Amérique du Nord, d'après M. O. Licht

	Population	Consommation par habitant, en kilog.		
	1891	1890–91	1889–90	1888–89
Allemagne	49.600.000	10,85	10,40	8,30
Autriche	42.750.000	6,80	7,32	5,90
France...............	39.100.000	13,03	12,93	11,49
Russie...............	95.870.000	4,54	4,47	4,61
Hollande	4.550.000	12,57	11,35	8,13
Belgique	6.150.000	9,81	9,67	9,62
Danemark............	2.300.000	18,61	17,69	17,38
Suède et Norvège	6.780.000	10,20	9,93	9,58
Italie................	31.000.000	3,59	3,64	4,04
Roumanie............	5 550.000	1,76	2,31	2,02
Espagne..............	17.400.000	4,24	4,16	4,01
Portugal	4.730.000	6,26	5,69	5,48
Angleterre	38.600.000	35,71	35,29	33,22
Bulgarie..............	3.200.000	1,88	1,90	1,80
Grèce	2.200.000	4,59	4.69	4,80
Serbie...............	2.160.000	3,98	3,95	2,15
Turquie..............	17.100.000	3,68	2,91	2,70
Suisse...............	2.950.000	14,93	14,72	13,60
Total Europe.........	371.990.000	10,05	9,94	9,02
Amérique du Nord...	63.000.000	27,16	24,25	24,00
Total......	434.990.000	12,53	12,01	11,12

OBSERVATIONS : *a.* Les rendements en sucre brut indiqués ci-dessus ne comprennent pas le sucre extrait des mélasses dans les raffineries et sucreries. Mais il comprend le sucre extrait des mélasses dans les fabriques de sucre de betteraves.

b. Ce n'est que depuis 1886 qu'on connaît exactement la quantité de sucre consommée en Allemagne.

Résultats de la fabrication du sucre en Allemagne depuis 1871

CAMPAGNES	Nombre de fabriques	Betteraves travaillées en tonnes de 1.000 kil.	100 kil. de betteraves ont donné			Consommation de sucre (kg.) par tête d'hab.
			Masse cuite kilog.	Sucre brut kilog.	Mélasse kilog.	
1871-72	311	2.250.918	11.68	8.28	2.84	5.5
1872-73	324	3.181.551	11.68	8.25	2.88	6.6
1873-74	337	3.528.764	11.68	8.25	3.00	7.2 } 6.7
1874-75	333	2.756.745	13.35	9.30	3.54	6.5
1875-76	332	4.161.284	12.08	8.60	3.22	7.6
1876-77	328	3.550.037	11.42	8.15	3.13	5.6
1877-78	329	4.090.968	12.60	9.24	3.00	6.7
1878-79	324	4.628.748	12.45	9.21	2.89	6.7 } 6.4
1879-80	328	4.805.261	11.54	8.52	2.73	6.3
1880-81	333	6.322.203	11.69	8.79	2.61	6.8
1881-82	313	6.271.948	12.34	9.56	2.40	6.5
1882-83	358	8.747.154	12.50	9.51	2.24	8.1
1883-84	376	8.918.130	13.65	10.54	2.33	7.7 } 7.8
1884-85	408	10.402.688	13.93	10.79	2.50	9.9
1885-86	399	7.070.317	14.51	11.43	2.55	6.8
1886-87	401	8.306.671	15.00	11.87	2.60	7.7
1887-88	391	6.963.961	16.14	13.08	2.63	8.4
1888-89	396	7.896.183	14.76	11.96	2.55	7.4 } 8.4
1889-90	401	9.822.635	15.06	12.36	2.45	9.1
1890-91	406	10.623.319	14.82	12.09	2.48	9.5

FABRICATION DU SUCRE DE CANNES (1)

CHAPITRE PREMIER

LA CANNE A SUCRE

ORIGINE ET DESCRIPTION DE LA CANNE.

Les origines de la canne à sucre sont forts discutées.

Varron, dans son ouvrage de *Re rustica*, parle d'un grand roseau d'où l'on retire un sucre si doux que le meilleur miel ne saurait lui être comparé.

Dioscoride, et après lui, Pline l'ancien, naturaliste du 1er siècle après Jésus-Christ, racontent que l'Arabie produit du sucre, mais que celui de l'Inde est plus renommé.

Le père Labat, en 1696, dans le récit de son voyage aux îles de l'Amérique, affirme que la canne à sucre est indigène en Amérique aussi bien que dans les Indes; pour appuyer cette assertion, il raconte qu'en 1525, l'anglais Thomas Gage, faisant le voyage de la Nouvelle-Espagne et étant en rade de la Guadeloupe, des sauvages lui apportèrent plusieurs sortes de fruits et entre autres des cannes à sucre. Or, il est certain que jamais les espagnols n'ont cultivé un pouce de terrain dans les petites Antilles. Il est vrai qu'au deuxième voyage de Christophe Colomb, ils y mirent des porcs pour que leurs flottes pussent y trouver de la viande fraîche; mais ils ne pouvaient avoir l'idée d'y planter des cannes que les porcs auraient détruites; de plus, ils n'y séjournèrent jamais que l'espace de temps nécessaire pour faire de l'eau.

(1) Par M. L. Raimbert.

D'après l'auteur ci-dessus, dans un de ses voyages en 1556, c'est-à-dire peu de temps après la découverte de l'Amérique du Sud, Jean de Lery trouva la canne à sucre sur les bords de la rivière de Janeiro.

M. Raoul attribue à la canne une origine polynésienne.

« Je puis presqu'affirmer l'origine polynésienne, écrit-il dans son ouvrage sur les cultures tropicales, car la petite île de Rurutu (de l'archipel de Tubuai, dépendance politique de Tahiti) a reçu son nom maori d'une variété toute spéciale de canne qui n'existait pas dans les archipels voisins et que les maoris y ont trouvée, disent-ils, lors du peuplement de cette île qui était inhabitée avant leur migration.

« Le *saccharum spontaneum* Forst. qui est certainement l'origine des races ou variétés de culture, se rencontre assez facilement à Tahiti, mais seulement dans les montagnes à une altitude assez élevée. Elle y vient des graines, ce dont il est d'ailleurs facile de se convaincre, soit par l'examen de la flèche, soit par la façon dont poussent ces plantes. En effet, elles se présentent fréquemment, soit en une seule tige complètement isolée tandis qu'à quelques centaines de mètres se trouvent d'autres tiges, soit en petits semis naturels n'ayant aucune attache avec le pied mère. »

Si la canne est d'origine polynésienne, il est certain qu'elle passa de très bonne heure dans l'Inde et en Arabie ; pendant les croisades au xive siècle, elle fut transportée dans toutes les îles de la Méditerranée. Don Henri, roi de Portugal et grand navigateur, après la découverte de l'île Madère en 1419, y implanta la canne en même temps que la vigne ; et pendant plus de 300 ans, l'Europe alla y chercher son sucre.

Vers la même époque, Pierre de Etienza la porta à l'île Saint-Domingue d'où elle se répandit dans les Antilles.

Les Français l'introduisirent à la Guadeloupe en 1644 ; en 1645 à la Martinique et l'année suivante à la Louisiane, d'où sa culture s'étendit jusqu'au Mexique.

Botanique. — *Saccharum spontaneum, sacccharum officinarum; arundo saccharifera,* nom vulgaire *Canne à sucre.*

La canne à sucre est une plante tropicale et intertropicale. Sa culture ne réussit qu'entre le 36e degré latitude Nord (côte du midi de l'Espagne) et le 38e degré latitude Sud (Nouvelle Galles du Sud, en Australie).

Elle appartient à la famille des graminées, genre *holcus*, de la tribu des antropoginées.

Voici ce que nous dit à son sujet l'éminent professeur de botanique de l'École de Médecine de Paris, M. Baillon :

« La canne à sucre est un chaume plein, sa cavité est remplie d'une substance molle qui contient le liquide sucré.

« Les tiges de plusieurs plantes peuvent aussi devenir des réservoirs à sucre. Les plus connues sont celles de la canne à sucre qui contient la matière sucrée ou saccharose dans une sorte de moelle intérieure; l'érable à sucre de l'Amérique du Nord, le sorgho à sucre, certains palmiers dits à sucre, riches aussi en matières amylacées à une certaine phase de la végétation.

« La canne à sucre, *saccharum officinarum* qui, pendant longtemps, a seule servi à l'extraction du sucre est une grande herbe vivace, atteignant de 2 à 5 mètres de haut. Les branches aériennes issues de son rhizôme sont dressées, cylindriques, de couleur jaune, rougeâtre, violacée ou tachetée suivant les variétés, lisses ou noueuses; les nœuds inférieurs surtout rapprochés les uns des autres, portant chacun un bourgeon (axillaire) volumineux. Au niveau de ces bourgeons, tout le pourtour de l'entrenœud présente une zône saillante, parsemée irrégulièrement de petites proéminences, 2-3 séries (zone des racines adventives). Les feuilles sont distiques, rapprochées et emboîtées, se détruisant de bonne heure de bas en haut à partir du sol, formées d'une longue gaîne, largement ouverte, dont l'insertion répond à une couronne de poil dressés ; d'une très courte ligule entière et arquée, et d'un très long limbe dressé, puis étalé, très atténué au sommet, très finement serrulé sur les bords, souvent cilié vers la base sur les côtés, parcouru d'un grand nombre de fines nervures longitudinales et creusé sur la tige médiane d'un profond sillon pâle convexe en dessous. Les inflorescences consistent en grandes grappes composées, terminales, pyramidales, blanchâtres ou grisâtres, chargées de verticilles irrégulières de 6-8 axes secondaires eux-mêmes ramifiés. Les divisions qui portent les épillets sont allongées, flexibles, droites, arquées ou flexueuses et chaque épillet est uniforme. Ceux-ci sont d'ordinaire géminés sur leurs axes : l'un d'eux sessile et l'autre stipile ; les couples placés à distance alternativement sur les côtés de ces axes. Leur base est garnie d'une couronne épaisse de longs poils blancs et soyeux. Ils ont deux glumes peu dissemblables oblongues, lancéolées, aigües membraneuses, l'une binerve et l'autre, supérieure, uninerve ; une glumelle unique un peu plus courte que la glume uninerve par laquelle elle est enveloppée est ovale lancéolée, non veinée, obtuse, lisse et de couleur rosée. Les glumellules au nombre de 2 sont libres, atténuées à la base, tronquées au sommet, ou lobées, ou déchiquetées. Les étamines ont des anthères semblables à celles de nos graminées indigènes, jaunes, pendantes du sommet des filets au dehors de la fleur.

« L'ovaire est ovoïde lisse, atténué supérieurement et surmonté de deux branches stylaires de couleur rouge, chargées de nombreux poils stigmatiques.

« (Dimensions : épaisseur des branches 2-6 centimètres-grandes feuilles 20-3 cent, limbe 1-3 mètres, inflorescence totale 1-2 m., épillets 1/2 cent.) »

Les racines de la canne sont fibreuses, latérales et très fines ; elles s'étendent en tout sens de 0^m50-à 1^m de la souche, suivant la nature du terrain ; elles sont peu pivotantes, ce qui fait que dans les grands ouragans elles sont souvent renversées.

En dessous du point d'intersection de chaque feuille, l'épiderme de la tige est recouvert d'une matière résineuse d'un blanc grisâtre très soluble dans l'éther. Cette matière résineuse forme un anneau régulier de 5 à 8 $^{m/m}$ de largeur, nettement délimité et d'un blanc bleuâtre lorsque la tige est encore entourée de feuilles vertes ; mais elle disparaît en partie lorsque les feuilles tombent et qu'elles se trouvent exposées à l'influence des agents atmosphériques. Au-dessus de cet anneau, et au point d'insertion de la feuille, on en distingue un second qui est dépourvu de matière résineuse et parsemé de petits points blanchâtres. Quand on plante une bouture de canne, chacun de ces petits points donne naissance à une petite racine qui sert à l'alimentation de la nouvelle pousse en attendant l'émission des racines proprement dites.

La canne ne fleurit pas toujours et certaines espèces ne fleurissent jamais. La floraison n'indique pas la maturité, celle-ci n'arrive généralement que deux ou trois mois après l'achèvement de la floraison.

Le fruit est un caryope lisse qui contient un grain à albumen féculent et un embryon latéral.

On a longtemps nié l'existence des semences fertiles de la canne et considéré comme erronée l'opinion du célèbre voyageur Robert Bruce (1730-1794) qui affirme avoir vu semer la canne à sucre en Égypte, alors que dans l'Inde, en Chine et en Polynésie, pays d'origine de la canne à sucre, on la reproduit par bouture.

MM. Harrisson et Bowell au Dodd's Reformatory des Bartades, Osterman, le Dr F. Beneche, Schmitz Soltewedel à Java, se sont livrés avec assez de succès à l'étude de la reproduction de la canne.

Nous donnons ci-dessous les résultats obtenus par M. Soltewedel.

Noms des cannes ayant donné des semences (1).

NOMS	PROVENANCES	PROPORTION % des fleurs ayant donné des semences.	POIDS des semences en milligrammes.	PROPORTION % des semences fertiles.
Yellow cane.	Hawaï.	3.00	0.20	16
Tebœ batoeng..	Borneo.	6.00	8.16	15
Tebœ kœning.	Id.	4.50	0.10	6
Branche blanche.	Maurice.	31.00	0.15	35
Lœthers.	Id.	0.37	0.20	»
Tebœ rapooh.	Java.	0.23	0.22	»
Tebœ sœrat balie.	Id.	0.36	0.20	»
Tebœ sœrat redjœ.	Id.	13.70	0.11	3
Tebœ idjœ.	Id.	0.80	0.20	20
Glong gong.	Java (spontanée.)	0.50	0.16	»
Glagah.	Id. Id.	24.00	0.34	»

Les résultats obtenus n'ont malheureusement pas répondu aux espérances des expérimentateurs. La canne issue de semis est généralement inférieure à celle qui l'a produite, les parasites l'attaquent aussi bien que la canne venue par boutures, la levée est fort irrégulière et incertaine, car en examinant le tableau ci-

(1) Raoul, cultures tropicales.

dessus, sauf dans 2 cas, il n'y a pas eu 20 0/0 des semences qui ont levé : 2 variétés ont donné un peu plus de 10 0/0 ; 2 variétés ont donné moins de 10 0/0 de graines levées, et 5 variétés n'ont pas levé du tout ; enfin la canne venue par bouture met 12 à 13 mois pour arriver à maturité, tandis que la canne venue par semis, avec des soins longs et intelligents exige 18 mois.

Espérons que les expériences ne seront pas abandonnées, car il serait à désirer que, par une sélection judicieuse on obtienne des variétés plus rustiques, d'un rendement plus élevé, et une grande économie de main-d'œuvre.

D'après Raoul, les causes qui ont fait méconnaître pendant long-temps l'existence des semences chez la canne sont les suivantes.

1° Les semences sont très petites.

2° Les graines pour se développer ont besoin d'une grande humidité et d'être abritées d'un soleil ardent.

3° Les jeunes pieds venus de semences ne peuvent supporter le passage brusque de l'ombre au soleil torride des contrées où l'on cultive la canne, alors surtout que l'on coupe les cannes peu de temps après la germination de la graine ;

4° Le semis produisant des variétés nouvelles avec une tendance probable à un léger retour vers le type, on a depuis un temps immémorial reproduit la canne par boutures, rejets, etc.

5° Dans beaucoup de pays, les semences avortent ou sont infer-tiles.

Structure anatomique de la canne. Nous extrayons de l'excellent ouvrage de M. Delteil la description microscopique qu'il a donnée de la canne.

« Si l'on examine une tranche de canne mûre coupée perpendi-culairement à l'axe, on y remarque en allant du centre à la circon-férence :

1° Une sorte de tissu médullaire blanchâtre formant quelquefois un canal étroit, surtout chez les vieilles cannes ayant passé matu-rité.

2° Des cellules polygonales renfermant du sucre.

3° Des faisceaux ligneux et vasculaires et de larges vaisseaux disséminés dans la masse du tissu cellulaire.

4° L'écorce constituée par des faisceaux ligneux très serrés.

Les cellules saccharifères sont groupées comme les alvéoles d'abeilles autour des faisceaux ligneux. Sur une rondelle mince et sèche d'une canne mûre, on aperçoit très bien à l'œil nu la disposition anatomique que nous venons d'indiquer. On y voit aussi des cristaux de sucre cristallisable avec tous leurs caractères physiques fort reconnaissables.

Sur une coupe verticale faite le long d'une tige de canne apparaissent les faisceaux fibreux très rapprochés les uns des autres, séparés par le tissu cellulaire et les vaiseeaux.

Il existe des cannes plus tendres les unes que les autres, ce sont les plus sucrées et les plus faciles à travailler. Mais elles sont plus délicates que les autres espèces. La canne rouge d'Otahiti peut passer pour le type par excellence de ces cannes, peu chargées de faisceaux fibreux, mais trés riches en tissu cellulaire et en sucre.

D'autres, au contraire, telles que la canne Guinghan sont extrêmement ligneuses et résistantes et ne renferment, par conséquent, pas autant de jus sucré que les précédentes; mais on recherche les cannes de cette espèce à cause de leur plus grande vigueur et de leur rusticité. »

VARIÉTÉS DE CANNES.

Les variétés des cannes à sucre cultivées sont très nombreuses.

Jacob de Cordemoy et A. Delteil ont fait une classification d'après les caractères apparents des cannes.

Ils ont formés trois groupes.

1° Cannes blanches, jaunes ou verdâtres.

2° Cannes rayées.

3° Cannes rouges plus ou moins foncées.

Nous emprunterons à M. Delteil et particulièrement à M. Raoul la classification et la description des caractères qu'ils ont donnés de chaque groupe et de chaque classe et engagerons le lecteur à se reporter à l'excellent ouvrage. « Le Manuel des cultures tropicales » de M. Raoul.

1er GROUPE.

1re Classe. Cannes blanches, jaunes ou verdâtres.

Canne jaune de Tahiti.

To Avae (canne).

1re Classe. Tebbou Otaïti (Java).

Canne Batavia (Réunion).

Canne de Bourbon ou d'Otaïti (Antilles et Indes).

Tebbou Njamplong (Java Sourabaya).

Canne Solera (Nouvelle Grenade).

Canne de Cayenne (Brésil).

Canne jaune (Maurice).

Singapore cane.

Tebbou L'cent (Singapour).

C'est une canne très longue atteignant 5 à 6 mètres et ayant une longueur moyenne de 3 mètres. Les entre-nœuds ont de 15 à 18 cent. et atteignent 20 à 22.

En pleine croissance, l'écorce de la tige est verdâtre et devient jaune à la maturité ; le feuillage est abondant, vert pâle, très retombant ; elle exige beaucoup de chaleur et un bon sol. Elle fleurit en mai à Bourbon, en octobre à la Guadeloupe ; elle était autrefois très répandue à la Réunion et à Maurice, mais en 1840, elle fut atteinte d'une maladie qui la fit abandonner en grande partie.

Elle est très cultivée à la Guadeloupe ; elle donne d'ailleurs un jus riche et abondant.

Elle est également assez répandue à Cuba ; elle est cultivée principalement dans les terrains nouvellement défrichés et humides.

2e Classe. To Thono ou To Taihi.

Canne blanche de Tahiti.

Canne des Sandwich.

Ressemble à la précédente, mais elle est moins juteuse et plus sucrée.

3e Classe. Canne grosse verte de Tahiti.

To Irinota.

Cette canne se caractérise par une cassure nette sans trace de déchirure des tissus ligneux ; elle est assez juteuse et très riche en sucre. Sa tige est d'un vert tendre. D'après Raoul, cette canne est tombée dans l'oubli par suite des poils fragiles dont elle est recouverte, qui se brisent sous les doigts, pénètrent dans les bronches et présentent de sérieux inconvénients.

4e Classe. Tebbou bettong berabon.

Tebbou Cappar (canne crayeuse poudrée).

Canne de Salangore.

4° Classe Canne Pinang (Maurice, Réunion, Madagascar).

Chinese Cane (straits Settlements).

Cana Cristallina (Cuba).

Canne, dont la tige et le pourtour sont recouverts d'une cire végétale d'un gris brun sale qui lui fit donner le nom de canne crayeuse poudrée ; elle atteint facilement 3 à 4^m50, et a les feuilles très larges, retombantes, d'un vert plus foncé que celle d'Otahiti. D'après Basset, la canne pesant 7 kilogrammes ne serait pas rare. L. Wray la désigne sous le nom de canne de Salangore et la considère comme la meilleure du monde.

Delteil suppose que la canne dite de la Martinique est une sous-variété de la canne Pinang.

Elle est peu cultivée à la Guadeloupe, Maurice et la Réunion ; mais cultivée presqu'exclusivement à Cuba, où elle est très estimée pour sa longue durée de plantation (5 à 7 ans) et le peu de soin qu'elle demande.

La canne dite *Chinese cane* donne des résultats excellents sous l'équateur et médiocres sous les Tropiques. Dans cette classe peut encore être rangée, comme sous variété, la canne créole ; elle est tendre, juteuse, sucrée et très recherchée des mangeurs de cannes, mais pas assez avantageuse pour l'industrie.

5e Classe. Tebbou batavée (Straits settlements).

Tebbou Japara Bal (Java).

Heavy Cane (Australie).

Canne Diard verte et rose (Mascareignes).

Cette canne, très commune en Malaisie, a passé à Maurice où elle est très estimée ; elle a les entre-nœuds un peu renflés avec une teinte rose plus brillante sur les entre-nœuds inférieurs que sur les supérieurs.

6e Classe. Tebbou Witt. (cannes blanches de Java).

Tebbou bamboe (Java.

Tebbou pring (Java).

Tebbou rotan (Krawang).

Tebbou pontih (Passouran).

Kulloa (Bengale).

Bellonguet blanche (Mascareignes).

Telfair (Mascareignes).

Très belle canne donnant des pousses très vigoureuses ; sa tige

est de couleur jaune ou grise mélangée de vert ou de rose. Elle
fleurit; son écorce est un peu dure, mais elle est assez juteuse et
sucrée.

7ᵉ classe. Canne dite de Chine.

> Mealan (Cochinchine).
>
> Kdan (Cambodge).

Cette canne qui atteint au Bengale 3ᵐ60 de haut et plus de
7 cm de circonférence a une tige peu forte, de couleur blanche
ou paille, son écorce est très dure.

D'après Raoul, les cannes *Tebbou Awon* et *Tebbou Pring* de Java
doivent être comprises dans le groupe des cannes blanches. Elles
sont inférieures à la Tebbou Njambourg, la première parce qu'elle
contient moins de sucre, la seconde parce qu'elle a l'écorce dure
et crevassée.

D'après Delteil, on peut faire entrer dans ce premier groupe la
canne éléphant, grosse canne de Cochinchine et un certain nombre
de variétés provenant de la Nouvelle-Calédonie, telles que :

> La Tamarin.
>
> La Soerat.
>
> La Ribonne.

DEUXIÈME GROUPE.

Cannes rubannées.

1ʳᵉ Classe. Canne rubannée d'Otahiti.

> Canne d'Otahiti rayée rouge (Égypte).
>
> To oura (Tahiti).
>
> Purple striped-cane.
>
> Otahiti ribbon-cane (Antilles anglaises, Louisiane.
> WRAY).
>
> Tebbou Soerat (Java).
>
> Canne Guinghan (Mascareignes).
>
> Canne Maillard (Maurice).

Cette canne est très grande et très grosse; elle peut atteindre
5 à 6 mètres, elle a la tige violacée, marquée très régulièrement
de bandes longitudinales d'un beau jaune, avec des nœuds plus
espacés que ceux de la canne jaune. (On rencontre assez fréquemment la tige jaune avec bandes violettes régulières.)

Elle demande un climat très chaud et très humide.

Delteil la considère comme épuisant beaucoup le sol.

2° Classe. Canne rubannée de Batavia.

      Canne transparente à ruban.

      Rebbou transparent cane.

      Red striped cane.

      Fausse canne Guinghan.

      Canne Diard rayée (Mascareignes).

Canne de petite taille, atteignant 2^{m}50 et quelquefois 3 mètres dont les entre-nœuds ont de 10 à 20 cent. de long sur 10 cent. de circonférence. Elle est décrite par M. L. Wray comme ayant des bandes longitudinales rouge sang de 6 $^m/^m$ à 2 cent. et demi sur un fond jaune, transparent, lustré.

Elle résiste aux basses températures et réussit dans des sols légers et sablonneux où un grand nombre de variétés ne pousseraient pas.

On pourrait également, d'après Delteil, ranger dans le deuxième groupe les cannes calédonniennes connues à Maurice et à Bourbon sous les noms de :

Canne tsiambo,

      mapou rayée,

      calédonnienne rayée,

      scavanjérie,

      poudre d'or rayée,

      mignonne rayée,

      tambiaba, etc., etc.

3ᵉ GROUPE.

Canne violette de Batavia.

Canne pourpre de Batavia.

Tebbou moujet (Chéribon).

Tebbou assep ou wœlong (Krawang).

Tebbou itam (Straits settlements).

Purple violet cane (Indes occidentales et Louisiane).

Black impérial cane (Jamaïque).

Canne d'Otahiti (Bourbon, Maurice).

Tô ute (Tahiti. Importée).

C'est une canne très vigoureuse, supportant facilement les basses températures. Sa tige, très grande et très grosse, a une coloration pourpre violacée, plus claire après les nœuds supérieurs ; on la rencontre quelquefois entièrement colorée. Ses feuilles sont très abondantes, d'un vert foncé ; elle produit de nombreux rejetons après la coupe.

Longtemps cultivée à Maurice, elle a été presque détruite par la maladie.

2ᵉ Classe. Canne de Rurutu.

> To Rurutu (Rurutu).
>
> To Rutu (Tahiti).

D'après la tradition maorie, les premiers immigrants malayopolynésiens auraient trouvé cette canne spontanée à Rurutu jusqu'alors inhabitée. Il est probable que la canne actuellement cultivée est une variété de culture de la canne primitivement trouvée à Rurutu, laquelle a dû être détruite par suite des déboisements et des ravages des animaux (Raoul).

Cette canne se distingue par sa tige violette claire, sa pulpe blanche et ses feuilles violettes.

> Canne rouge de Java.
>
> Canne Belonguet rouge (Maurice, Réunion).
>
> Tebbou rood Batavia.
>
> Tebbou Japparah.
>
> Tebbou Merah (Malacca).

Cette canne a le feuillage sombre, la tige à fond grisâtre, marqué de rouge, elle est de taille moyenne ; quoique assez juteuse, elle est peu sucrée.

Delteil range encore dans ce groupe :

> le bois rouge blonde.
>
> la canne reine rouge.
>
> la canne paut Maket.
>
> le mapou rouge, etc. (1).

RICHESSE SACCHARINE ET COMPOSITION DE LA CANNE A SUCRE.

La composition et la richesse saccharine de la canne sont très variables et dépendent des espèces, du climat sous lequel elle a

---

(1) Voir l'ouvrage de MM. Sagot et Raoul « *Manuel des cultures tropicales* » pour la description des variétés de cannes de la Nouvelle-Calédonie.

été cultivée, des circonstances atmosphériques, de l'état de la végétation, de la partie de la canne que l'on considère, etc.

Nous donnons les résultats des analyses faites par M. Delteil,
sur 13 variétés de cannes plantées à la même époque sur le champ
d'expérience de la Réunion, expériences faites au bout de 20 mois
de végétation :

Cannes	Eau	Ligneux	Sucre crist.	Glucose	Mat. org.	Sels
Tamarin............	69.20	9.60	19.88	0.07	0.71	0.54
Bois rouge blonde...	68.86	9.20	21.03	0.10	0.53	0.58
Poudre d'or........	68.60	9.70	20.05	0.07	0.74	0.84
Penang.........	69.00	11.00	18.58	0.10	0.85	0.47
Mapou striée........	69.30	10.60	18.40	0.20	0.80	0.70
Guingham..........	69.20	10.80	18.25	0.28	0.89	0.58
Rouge d'Otaïti......	70.40	8.80	18.67	0.88	0.62	0.63
Soavanjirie....	70.28	9.00	19.16	0.29	0.75	0.58
Diard..............	77.60	6.20	13.32	1.44	0.86	0.58
Reine rouge........	76.30	7.40	12.95	1.48	0.74	0.63
Éléphant....	76.80	7.20	13.24	1.48	0.63	0.63
Esiambo...........	69.60	9.50	18.28	1.04	0.89	0.49
Ribonne........ ...	75.40	8.20	14.13	0.67	0.70	0.90

Bonâme donne les résultats d'analyses faites sur la canne à différents moments de la culture et sur différentes parties de la
canne ; à ces résultats, nous avons ajouté le coefficient glucosique,
c'est-à-dire le rapport du sucre incristallisable au sucre.

1° Cannes plantées imparfaitement mûres, et encore en pleine
végétation.

2° Deuxièmes rejetons, 11 mois, la tige en trois parties égales.

3° Quatrièmes rejetons en végétation.

4° Premiers rejetons, 11 mois, la tige est partagée en quatre parties égales.

	Densité du jus (Baumé)	Sucre	Glucose	Mat. sucrées totales	Coeficient glucosique
1° Partie inférieure..	90.5	1.374	1.78	1.78	12.9
— moyenne...	9.5	14.11	2.44	2.44	17.2
— supérieure.	8.2	8.85	4.11	4.11	46.4
Bout blanc..........	7.5	4.01	6.57	6.57	163.8
2° Tiers inférieur.....	(( ))	16.20	0.94	0.94	5.8
— mediane.....	))))	15.40	1.59	1.59	10.30
— supérieur....	))))	13.60	1.75	1.75	12.8

	Densité du jus Baumé	Sucre	Glucose	Mat. sucrées totales	Coeficient glucosique
3° Partie basse......	» »	19.44	0.37	0.37	1.90
— haute......	» »	16.52	0.78	0.78	4.7
Bout blanc..........	» »	9.07	1.95	1.95	17.6
4° 1er quart inférieur..	11.1	20.73	0.37	0.37	1.7
2e — — ..	11.1	20.41	0.65	0.52	2.5
8e — — ..	10.7	19.44	0.52	0.52	2.6
4e — supérieur..	10.4	17.82	0.71	0.71	3.2
Bout blanc..........	9.2	14.90	1.15	1.15	7.9
5° Tiers inférieur.....	» »	8.74	3.56	3.56	110.7
— médian......	» »	1.24	4.38	4.38	147.5
— supérieur....	» »	4.62	4.56	4.56	275.3
6e 1er quart inférieur.	12.3	22.68	0.51	23.19	2.2
2e — — ...	12.3	22.68	0.52	23.20	2.2
3e — — ...	12.3	22.68	0.52	23.20	2.4
4e — supéreur.	12.0	22.03	0.53	22.56	2.2
Bout blanc (1)........	10.0	16.84	0.70	17.54	4.1

5° Canne créole, la tige a 1 mètre de longueur et 10 centimètres de circonférence.

6° Cannes plantées, très mûres, 14 mois, la tige est partagée en 4 parties égales.

On voit, d'après ces tableaux, que des cannes cultivées dans les mêmes conditions sont plus ou moins saccharifères ; que les mêmes cannes à différentes époques de leur végétation et dans les différentes parties qui les constituent ne contiennent pas la même quantité de sucre ; et en outre que la richesse saccharine va en diminuant de la partie inférieure à la partie supérieure, tandis que la glucose suit le sens contraire.

Si l'on examine les 7 premières variétés de cannes analysées par Delteil, les 6 dernières n'étant pas cultivées pour l'industrie à la

---

(1) Le bout blanc est la partie de la canne qui reste enveloppée de feuilles vertes après la maturité ; cette partie est beaucoup plus tendre que le reste de la canne, mais moins riche en sucre et plus glucosée.

Réunion, on peut donner pour la composition moyenne des cannes de cette île les chiffres suivants :

Eau..........................	69.35
Ligneux......................	9.95
Sucre cristallisable...........	19.01
Sucre incristallisable.........	0.34
Matières organiques..........	0.75
Sels minéraux................	0.60
	100.00

Bonâme donne comme composition moyenne des cannes industrielles de la Guadeloupe :

Sucre cristallisable............	15.00
Sucre incristallisable..........	0.70
Sels..........................	0.35
Ligneux......................	11.50
Matières organiques...........	1.00
Eau..........................	71.45

D'après Icery, les cannes de l'île Maurice auraient la composition moyenne suivante :

Eau..........................	69.73
Sucre........................	19.11
Ligneux......................	10.54

Payen qui analysa un échantillon de cannes envoyées de la Martinique donne les résultats suivants de ses analyses :

1° Analyse d'une tige de canne à sucre non dépouillée de ses feuilles.

Eau..................	75.000	}
Sucre................	15.000	} 99.535 matières organiques conte-
Ligneux..............	9.445	} tenant 1 0/0 de carbone.
Azote................	0.090	}
Potasse...............	9.085	}
Acide phosphorique.....	0.031	}
Chaux................	0.041	} 0.465 matières minérales
Magnésie..............	0.043	}
Silice.................	0.264	}

Les feuilles constituent près du 1/3, soit 30 0/0 du poids de la canne.

2° Analyse d'une tige de canne à sucre en pleine maturité et dépouillée de ses feuilles.

Eau..	71.04
Sucre cristallisable..............................	18.02
Ligneux..	9.56
Albumine et autres matières azotées..............	0.55
Matières résineuses, grasses et colorantes.........	0.48
Total............	100.00

La composition minérale de la canne a été fort bien étudiée par Bonâme à la station agromonique de la Pointe à Pitre ; aussi donnerons-nous les résultats qu'il a publiés dans son ouvrage sur la culture de la canne.

La canne à sucre contient les corps minéraux suivants : de la potasse, de la soude, de la chaux, de la magnésie, de l'oxyde de fer, de la silice, du chlore, des acides phosphorique et sulfurique.

Le chlore et la potasse sont les deux corps qui varient dans les plus grandes limites; très abondants dans la jeune canne, ils disparaissent peu à peu au fur et à mesure qu'elle approche de sa maturité.

Composition centésimale des cendres de la canne.

ACIDES					MOYENNE
Acide phosphorique.....	5.32	16.51	15.33	9.86	11.76
Acide sulfurique	8.04	7.85	8.94	7.35	8.05
Chlore.................	1.35	0.10	0.10	0.45	0.50
Chaux	10.15	7.52	7.13	12.48	9.32
Magnésie	10.34	12.91	12.55	10.59	11.60
Potasse	14.23	11.93	17.30	8.67	13.04
Soude.................	0.53	0.77	1.96	0.31	0.90
Oxyde de fer..........	0.95	1.14	0.82	0.52	0.83
Silice	49.09	41.27	35.87	49.77	44.00
	100.00	100.00	100.00	100.00	100.00

Composition centésimale de 1.000 kg. de cannes

ACIDES					MOYENNE
	kg.	kg.	kg.	kg.	kg.
Acide phosphorique.....	0.160	0.644	0.598	0.316	0.429
— sulfurique........	0.241	0.306	0.349	0.235	0.285
Chlore.................	0.040	0.004	0.004	0.014	0.015
Chaux.................	0.304	0.278	0.278	0.399	0.318
Magnésie..............	0.310	0.489	0.489	0.339	0.410
Potasse	0.427	0.675	0.675	0.277	0.461
Soude.................	0.016	0.076	0.076	0.010	0.033
Oxyde de fer..........	0.028	0.032	0.032	0.017	0.030
Silice.................	1.474	1.399	1.399	1.593	1.519
Matières minérales totales	3.000	3.900	3.900	3.200	3.500
Azote...............	0.500	0.300	0.350	0.510	0.415

Composition centésimale des cendres (feuilles)

ACIDES					MOYENNE
	kg.	kg.	kg.	kg.	kg.
Acide phosphorique......	4.08	7.02	8.62	6.73	6.61
— sulfurique........	3.18	7.07	7.12	3.78	5.29
Chlore	6.57	8.49	4.70	6.63	6.60
Chaux..................	7.32	6.27	7.10	9.96	7.64
Magnésie..............	4.77	4.54	16.12	4.77	5.05
Potasse	24.62	20.93	25.35	29.45	27.58
Soude.................	1.59	0.17	2.23	1.34	1.32
Oxyde de fer..........	0.27	0.87	0.58	1.17	0.72
Silice.................	47.60	34.65	38.27	86.17	39.18
	100.00	100.00	100.00	100.00	100.00

Composition de 1.000 kg. de feuilles

ACIDES					MOYENNE
	kg.	kg.	kg.	kg.	kg.
Acide phosphorique.....	0.690	1.100	1.371	1 050	1.053
— sulfurique........	0.537	1.110	1.132	0.590	0.842
Chlore.................	1.110	1.330	6.747	1.084	1.055
Chaux	1.237	0.990	1.113	1.554	1.223
Magnésie..............	0.806	0.710	0.975	0.744	0.819
Potasse	4.161	4.860	4.031	4.594	4.411
Soude.................	0.269	0.020	0.354	0.209	0.213
Oxyde de fer...........	0.046	0.140	0.092	0.182	0.112
Silice.................	8.044	5.440	6.015	5.643	6.303
Matières minérales totales	16.900	15.700	15.900	I5.600	16.025
Azote.................	1.500	1.230	1.370	2.050	1.532

Composition centésimale des cendres de feuilles et de cannes à sucre de Malaga, d'après Champion et Pellet :

	Cannes	Feuilles
Acide carbonique......................	3.0	1.3
— phosphorique....................	10.1	4.2
— sulfurique.....................	·7.8	5.3
Chlore...............................	12.0	10.0
Potasse.............................	42.7	26.0
Soude...............................	1.0	0.7
Chaux...............................	7.0	4.5
Magnésie............................	5.4	6.9
Oxyde de fer........................	traces	traces
Silice totale.........................	13.5	42.2
Totaux.......	102.5	101.3
Oxygène correspondant au chlore.......	2.7	2.2
	99.9	98.9
Charbon.............................		0.6
		99.5

Les nœuds sont les parties les plus dures et les plus chargées de matières minérales de la canne ; ils sont en outre moins sucrés que les entre-nœuds.

Bonâme donne les chiffres suivants comme richesse saccharine des nœuds et des entre-nœuds d'une même canne :

Nœuds....	Sucre..............	13.34	12.74	16.73
	Glucose.............	0.29	0.28	0.31
	Total..............	13.63	13.02	17.00
Entre nœuds .	Sucre..............	16.51	16.8	19.72
	Glucose.............	0.60	0.84	0.48
	Total..............	17.11	16.92	20.20

Les cannes à nœuds rapprochés sont toujours moins riches que les cannes à entre-nœuds allongés.

CULTURE DE LA CANNE.

Sol. — Quoique la canne pousse dans tous les sols si elle reçoit les soins et les engrais nécessaires à ses besoins, la composition des terres n'en est pas moins une des causes principales de variation dans la richesse saccharine et dans le rendement cultural. Les propriétés physiques et climatériques ont aussi une grande influence : ainsi en Egypte, au Pérou, au sud de l'Espagne si l'on ne pouvait irriguer pendant les sécheresses, les rendements culturaux seraient très médiocres.

Dans les terres meubles, franches, profondes et moyennement arrosées par les pluies ou par l'irrigation, la canne devient belle, grosse et donne beaucoup de sucre.

Dans les terres sablonneuses légères ou les sols volcaniques d'origine récente, le jus est très sucré, mais les cannes sont quelquefois petites.

Dans les terres calcaires, les cannes se développent supérieurement, leur jus est riche et facile à travailler.

Dans les terres d'alluvion, trop aqueuses ou trop riches en principes salins, les cannes ont une belle apparence, mais les vesous sont pauvres en sucre, se travaillent difficilement et produisent beaucoup de mélasse (Delteil).

Nous ne saurions trop recommander aux planteurs soucieux

d'améliorer leur sol, d'obtenir de forts rendements et de la canne riche, de se rendre compte des engrais qui conviennent le mieux à leurs terres, afin de pouvoir donner à ceux-ci la composition la plus favorable.

Une terre riche en azote pourra exiger une plus forte proportion d'acide phosphorique, de même qu'une terre dépourvue d'humus exigera des engrais contenant de l'azote sous ses trois formes.

Préparation du sol. — Nous empruntons à M. Bonâme, la description qu'il a faite du défrichement, les procédés qu'il décrit étant les plus en usage.

« Le défrichement proprement dit est une opération dont l'importance diminue de jour en jour dans les colonies où, à part quelques rares exceptions, toutes les terres les plus favorables à la canne ont été soumises à la culture. Les défrichements actuels se font généralement sur des terres abandonnées depuis plusieurs années.

Le défrichement est une opération fort coûteuse, et à moins de terres profondes, fertiles et bien situées, il est souvent plus avantageux de consacrer le prix qu'il coûte à l'amélioration et à l'amendement des plantations déjà existantes.

La valeur du bois provenant du défrichement peut être assez élevée pour qu'on puisse en tenir compte dans quelques rares localités.

Lorsque l'on veut mettre une terre en culture, les gros bois sont mis de côté pour être employés comme combustible ou bois d'œuvre, et toutes les branches et menus bois sont brûlés sur place pour en débarasser le terrain.

Parfois, afin de diminuer le prix de revient du défrichement on laisse les gros arbres sur pied en les coupant à 1 mètre de hauteur environ, puis on plante les boutures ; quelques années après et lorsque l'on a déjà obtenu quelques récoltes, on arrache les souches ligneuses alors qu'elles sont déjà à moitié décomposées, ce qui rend leur extraction beaucoup plus facile.

Généralement le terrain à mettre en culture ne contient, que des broussailles parsemées d'arbres plus ou moins volumineux ; ces arbres sont souvent épineux (acacias, campêches etc.) et les ouvriers qui sont exposés à se blesser ou à se déchirer travaillent très lentement lorsqu'il s'agit de les couper et de les mettre en tas pour les brûler.

Il convient alors d'opérer de la façon suivante :

Les broussailles et arbustes de petite taille sont coupés ou déra-cinés et laissés sur le terrain sans qu'on prenne la peine de les déplacer et de les mettre en tas ; on a seulement soin de les faire tomber les uns sur les autres et dans le même sens ; les gros arbres sont laissés intacts, et on continue ainsi jusqu'à l'extrémi-té du terrain à défricher. Au bout de quelques jours et quand les feuilles sont assez sèches, on y met le feu ; toutes les herbes et les branchages se consument et il ne reste sur le sol que les plus gros bois dépourvus de leurs brindilles et de leurs épines ou aiguillons ; on les amoncelle ensuite pour les brûler à leur tour. De cette façon l'opération marche plus rapidement ; car le terrain ayant été déblayé par le feu, les ouvriers, qui vont nu pieds, y circulent beaucoup plus facilement.

On enlève ensuite toutes les pierres disséminées sur le sol et on répand uniformément toutes les cendres provenant de la combus-tion des broussailles ; cet épandage doit se faire avant les pluies afin que les sels alcalins solubles se trouvent répartis régulière-ment sur toute la surface de la pièce.

Si le terrain à défricher ne porte point de grands végétaux ligneux, on n'aura qu'à couper les parties les plus touffues des plantes qui y croissent, et lorsque celles-ci seront sèches on les brûlera.

En agriculture, la destruction des matières organiques par le feu est souvent une faute ; mais dans le cas de mise en culture d'un terrain, cette méthode a l'avantage de détruire du même coup tous les insectes et les grains qui pourraient plus tard envahir la plan-tation.

Nous savons que la matière organique contenue dans les terres est le principal élément de leur fertilité, et que lorsqu'elle est épui-sée par un système de culture défectueux, il est beaucoup plus difficile de la remplacer que de reconstituer leur richesse minérale si celle-ci venait à s'épuiser de la même façon. Il faut donc être très prudent et très réservé pour toutes les opérations qui peuvent la détruire et ne les exécuter que si elles doivent procurer, d'autre part, des avantages sérieux : la destruction des herbes adventices qui envahissent les cultures sous les climats tropicaux peut être poursuivie à ce prix.

Après le défrichement, la richesse parfois considérable du sol en matières organiques s'épuise plus rapidement dans les climats chauds que dans les pays froids, par suite des fermentations et des décompositions plus activées qui s'accomplissent ; mais dans la culture de la canne, il est facile, non seulement de conserver cette richesse, mais encore de l'augmenter en raison de la masse de débris végétaux que cette plante laisse chaque année sur le sol.

On peut évaluer en moyenne cette quantité à 10,000 ou 15,000 kilogrammes de matières sèches par hectare si on abandonne toutes les feuilles et sommités et qu'on n'enlève du terrain que la canne proprement dite pour être manufacturée.

La richesse du sol en humus ne doit donc pas s'épuiser avec la culture rationnelle de la canne à sucre.

Le terrain parfaitement nettoyé des bois et des pierres qui l'encombraient, est divisé en pièces d'une plus ou moins grande superficie, séparées par des lisières ou chemins assez larges pour que les véhicules puissent y circuler avec facilité.

A la Guadeloupe, on donne aux pièces ainsi délimitées la valeur d'un hectare ; à Cuba, elle varie de 1 à 5 hectares.

Cette division présente les avantages suivants.

Elle facilite la surveillance de toutes les plantations et elle établit des chemins pour le transport des engrais et de la récolte.

Elle permet de combattre plus facilement les incendies qui se déclarent parfois dans les cannes, soit accidentellement, soit par malveillance. L'incendie est d'autant plus difficile à éteindre et cause d'autant plus de ravages que les feuilles sèches existent dans les cannes en plus grande quantité et que la sécheresse est plus intense.

A la Guadeloupe, on se rend assez facilement maître du feu ; il est rare qu'il se propage d'une pièce à une autre et qu'on ne puisse pas l'arrêter à la lisière où il s'est déclaré. Il n'en est pas de même partout, et à Cuba, soit que la sécheresse y soit plus à craindre, soit que la surveillance y soit moins active, les incendies dévastent souvent des étendues considérables de terrain et durent parfois plusieurs jours.

Les lisières sont donc indispensables et le terrain que l'on y consacre n'est point perdu.

Elles doivent être rapprochées les unes des autres pour que les charrettes n'aient pas besoin de pénétrer dans les pièces lorsque le terrain est détrempé par les pluies ; c'est pourquoi, au lieu de découper la plantation en carrés de 100 mètres de côté, il vaudrait mieux leur donner une largeur moindre et une plus grande longueur tout en conservant la même superficie.

On peut donner aux lisières qui servent de passage et qui aboutissent à un chemin d'exploitation une largeur de 6 à 7 mètres ; mais pour celles qui séparent les pièces seulement et qui ne servent qu'à leur débardage sans donner accès à des terrains plus éloignés, elles peuvent être réduites à 3 ou 4 mètres, c'est-à-dire à la moitié de la largeur des lignes principales.

Par les temps pluvieux, les dégâts causés aux souches par les roues des charrettes sont considérables, et il faut, en cas de nécessité, pouvoir charger les véhicules sans les faire pénétrer dans la pièce. »

Aussitôt après l'épandage des cendres, on doit procéder à un premier labour pour les enterrer et ameublir la terre. Ce premier labour doit être fait à une profondeur normale (15 à 20 centimètres). Un deuxième labour fait perpendiculairement au premier sera plus profond, mais dans un sous-sol infertile ; on doit l'effleurer sans le remonter à la surface, sur une profondeur de 25 à 30 centimètres.

A la Guadeloupe, la charrue de Mathieu de Dombasle est généralement employée ; à Cuba l'on trouve dans les petites cultures la même charrue ; mais la charrue américaine se répand beaucoup, et nous avons vu dans quelques grandes usines centrales employer la charrue à vapeur.

Lorsque l'on défriche une savane anciennement plantée de cannes, et que l'on a abandonnée quelques années pour laisser reposer la terre, on brûle toutes les herbes qui la couvrent au moment de la saison sèche, et on laboure immédiatement après pour enterrer les cendres. On fait suivre la charrue par un homme chargé de ramasser toutes les vieilles souches que celle-ci ramènera à la surface, on procède ensuite à la préparation du sol telle que nous l'avons décrite plus haut ; mais en évitant de donner aux sillons le même emplacement que les précédents; il est même bon de leur donner une autre direction, si c'est possible.

Plantation de la canne. — On emploie généralement deux méthodes pour la plantation de la canne : le *sillonnage* et la trouaison ou *mortaise*.

Plantation en sillonnage. — La terre une fois ameublie par deux labours successifs avec la charrue à double versoir ou la charrue simple, on ouvre des sillons d'environ 25 ou 30 centimètres de profondeur. Avec la charrue simple, on ouvre le sillon, en allant et en revenant dans la même derayure.

Le fond du sillon est généralement très dur, et comme c'est là que l'on placera la bouture, il est utile de l'ameublir soit avec les bras disponibles, soit comme le recommande Bonâme, avec une fouilleuse ordinaire ou une fouilleuse Bazin; celle-ci est composée de trois dents de scarificateur, montées sur un bâti en bois ou en fer qui ameublit le sous-sol en le laissant en place.

En terrain plat, la direction des sillons devra être celle des vents régnants le plus généralement, afin que l'air pénètre facilement à l'intérieur du champ.

Pour les pentes légères, la direction des sillons sera perpendiculaire à la pente; dans les fortes inclinaisons, elle sera dans le sens de la pente, ou ce qui vaut mieux, on lui donnera une légère inclinaison par rapport à cette pente, ce qui permettra l'évacuation facile des eaux dans la saison des grandes pluies, et à l'époque de la sécheresse le maintien d'un certain degré d'humidité aux racines de la canne.

Lorsque l'on est obligé de pratiquer l'irrigation, on donnera aux sillons une direction perpendiculaire au canal d'arrivée des eaux. Nous ajouterons que les irrigations devront toujours être supprimées deux ou trois mois avant la coupe.

Plantation en trouaison. — Ce mode de plantation préconisé par M. Desbassyns est employé à Maurice, à la Réunion, dans tous les pays où la couche arable est insuffisante pour permettre les labours, et dans les terrains pierreux et montagneux.

A cet effet, on fait des trous qui ont à la Réunion 0m65 de long, 0m16 de large, 0m25 de profondeur et 1m30 de distance entre chaque rang ; à Maurice, on donne aux trous 0,575 de long, 0ᵐ25 à 0ᵐ30 de large, et 0ᵐ22 de profondeur. Delteil à qui nous empruntons ces chiffres, fait observer que les plants de nouvelles cannes qu'ils emploient se développent mieux dans de larges mortaises et produisent plus de rejetons.

Engrais

Lorsque la canne est plantée sur un défrichement, la première plantation peut se faire sans engrais. Mais lorsqu'à une première plantation succède une deuxième, puis une troisième plantation, comme cela se pratique à la Guadeloupe, à Maurice, à la Réunion, et dans la plupart des pays qui cultivent la canne, la terre perd peu à peu ses éléments nutritifs, s'épuise rapidement et on est obligé d'employer les amendements pour rendre au sol les éléments que lui ont enlevés les récoltes successives.

Avant de nous livrer à l'étude des divers amendements employés, nous donnerons, d'après Bonâme, le tableau des matières minérales contenues dans une récolte de 50.000 kg. de cannes étêtées à l'hectare.

Ces 4 analyses se rapportent à des cannes mûres, venues dans des conditions normales :

1° Premiers rejetons 11 mois, récoltés en janvier 1880. 100 kg. de récolte donnent : cannes étêtées 70 kg. 12, plants 11 kg. 55, feuilles 10 kg. 33.

2° et 3° Premiers rejetons 12 mois, récoltés en février 1881. 100 kg. de cannes entières donnent : cannes étêtées 66 kg.; sommités 34 kg.

4° Cinquièmes rejetons 12 mois récoltés en avril 1880; 100 kg. de cannes entières donnent : cannes étêtées 76 kg , plants 10 kg., feuilles 14 kg.

On voit par ce tableau (p. 498) qu'une récolte de 50.000 kg. de cannes à l'hectare enlève au sol les 5 éléments principaux dans les proportions suivantes :

Azote	50 à 60	kilog.
Acide phosphorique	45 à 50	—
Potasse	115 à 120	—
Chaux	35 à 40	—
Magnésie	30 à 35	—

Matières minérales contenues dans une récolte de 50,000 kg, de cannes étêtées.

| | POIDS DE LA RÉCOLTE | | Azote | PhO⁵ | SO³ | Cl | CaO | MgO | KO | NaO | Fe²O³ | SiO³ | Matières minérales totales |
	fraîche	sèche											
	kg.	kg.	kg.	kg.	kg.	kg.	kg.	kg.	kg.	kg.	kg.	kg.	kg.
1° Cannes........	50.000	13.640	25.000	8.000	12.050	2.000	15.200	15.500	21.350	0,800	1,400	73.700	150,000
Plants........	8.230	1.575	3.290	4.839	6.617	10.724	5.769	8.600	28.714	0,181	0,350	29.719	95,468
Feuilles........	13.070	3.327	19.605	9.108	7.018	14.508	16.168	10.534	54.385	3,515	0,611	105.046	220,883
Total......	71.300	18.542	47.895	21.947	25.683	27.232	37.137	34.634	104.449	4,496	2,316	208.465	466,351
2° Cannes........	50.000	14.895	15.000	32.200	15.300	0,200	14.650	25.150	23.250	1,500	2,250	80.500	195,000
Feuilles........	25.500	6.846	31.365	28.050	28.305	33.915	25.245	18.105	123.930	0,510	3,570	138.720	400,350
Total......	75.500	21.741	46.365	60.250	43.605	34.115	39.895	43.255	147.180	2,010	5,820	219.220	595,350
3° Cannes........	50.000	15.670	17.500	29.900	17.450	0,200	13.900	24.450	33.750	3,800	1,600	69.950	195,000
Feuilles........	25.500	6.609	34.935	34.961	28.866	19.049	28.381	24.862	102.790	9,027	2,346	155.168	405,450
Total......	75.500	22.279	52.435	64.865	46.316	19.249	42.281	49.312	136.540	12,827	3,946	225.118	600,450
4° Cannes........	50.000	17.730	25.500	15.800	11.750	0,700	19.950	16.950	13.850	0,500	0,850	79.650	160,000
Plants........	6.570	1.710	8.081	5.492	5.545	5.131	4.711	4.172	18.856	1,905	0,309	24.835	70,956
Feuilles........	9.210	2.307	18.880	9.670	5.434	9.523	14.313	6.852	42.311	1,925	1,676	51.972	143,676
Total......	65.780	21.747	52.461	30.962	22.729	15.354	38.974	27.974	75.017	4,330	2,835	156.457	374,632

Éléments que l'on sera obligé de restituer au sol sous peine de voir diminuer la récolte.

Dans les pays où les feuilles sèches servent à chauffer les générateurs et, par suite, ne restent pas sur le champ, on devra naturellement tenir compte du manque de cet élément fertilisant pour fumer les terres.

Les engrais de la canne peuvent être divisés en trois catégories :

Fumiers
Compost, engrais de poissons, cendres, etc.
Engrais chimiques.

Fumiers. — Le fumier de parc, appelé aussi *fumier de paddok* ou engrais d'habitation, devrait être le principal engrais d'une exploitation, l'engrais chimique ne venant que comme complément de celui-ci.

Le fumier de parc bien préparé, et formé principalement par les feuilles de cannes vertes et sèches, employées pour la nourriture des animaux, possède en moyenne la composition suivante (Bonâme) :

	à l'état humide	à l'état sec
Matières minérales..................	44.2	236.7
dont acide phosphorique...	1.9	10.1
Potasse....................	2.3	12.3
Chaux.....................	3.9	20.9
Soude.....................	0.5	3.2
	à l'état humide	à l'état sec
Matières organiques................	14.22	76.33
dont azote................	4.00	21.8

A Maurice, les fumiers auraient la composition suivante, d'après Kœnig et Biard :

	Compost Kœnig 0/0	Engrais de parc Biard 0/0	Engrais de propriété Biard 0/0
Humidité...............	74 à 76	60 à 75	55 à 75
Azote.....................	0.35 à 0.45	0.50 à 0.70	0.30 à 0.40
Acide phosphorique	0.16 à 0.40	0.30 à 0.60	0.15 à 0.50
Potasse..................	0.09 à 0.12	0.25 à 0.50	0.10 à 0.30
Chaux............... ..	1.00 à 1.25	0.75 à 1.50	0.40 à 0.70
Magnésie............. ...	»	0.40 à 0.60	0.15 à 0.30
Cendres.................	»	10 à 15	10 à 25
Matières organiques......	»	18 à 25	15 à 20

Pour fixer les sels ammoniacaux volatils, Bonâme conseille de saupoudrer les fumiers de plâtre en poudre et d'y répandre une faible solution d'acide sulfurique afin de décomposer et de fixer le carbonate d'ammoniaque et même, au lieu de plâtre, de répandre du phosphate de chaux.

Malheureusement, on apporte peu de soin au fumier, parfois même on n'y fait aucune attention, notamment à Cuba.

Compost. — On appelle ainsi les déchets provenant des habitations humaines : débris de cuisine, cendres de bois, matières fécales, écumes de sucrerie, résidus de toutes sortes, etc.

Ces matières doivent être réunies en tas et mélangées avec des vinasses de distillerie ou des eaux résiduaires de sucrerie, qui y déterminent la fermentation.

Les usines qui brûlent la bagasse dans des fours ordinaires devraient utiliser les cendres comme engrais, elles rendraient ainsi au sol les matières minérales qui lui ont été enlevées par la canne.

Les engrais de poissons doivent être enfouis directement dans la terre; ils sont très efficaces pour les rejetons. Les engrais de poissons livrés par le commerce contiennent environ 6 0/0 d'azote et 6 0/0 d'acide phosphorique.

Engrais chimiques. — Depuis que le guano du Pérou a presque complètement disparu du commerce, il a été remplacé par les engrais chimiques.

L'application des engrais chimiques à la canne a été l'objet d'un travail très complet fait par M. Delteil à la station agronomique de la Réunion.

Les résultats obtenus dans les derniers essais faits aux Antilles, à Maurice, à la Réunion et principalement sur les champs d'expériences de la station agronomique de Saint-Denis (Réunion) peuvent se réduire, d'après l'auteur, aux principes suivants :

« 1° L'*engrais* type pour la canne à sucre doit renfermer de l'azote, de la potasse, de l'acide phosphorique, de la chaux et de la magnésie associés à de la matière organique.

2° L'*azote*, dont la dose ne doit pas être inférieure à 50 kg., ni supérieure à 80 kg. par hectare, devra être donné sous trois formes :

Sous celle d'azote ammoniacal : 30 à 40 kg. représentés par 150 à 200 kg. de sulfate d'ammoniaque; sous celle d'azote nitrique : 13 à 26 kg. représentés par 100 à 200 kg. de nitrate de potasse ou de soude; sous celle d'azote organique : 10 à 15 kg. provenant de chair torréfiée, de tourteaux ou d'os dissous, soit 200 à 260 kg.

Chacun de ces éléments joue un rôle différent dans l'engrais.

Le sulfate d'ammoniaque a pour but de favoriser le commencement de la végétation et de donner ce qu'on appelle le coup de fouet.

Le nitrate de potasse ou de soude, qui pénètre facilement dans le sol, devient l'aliment de la seconde période de la plante.

Enfin, l'azote organique, qui se décompose plus lentement, agit vers la fin de la saison et conduit la canne jusqu'à sa maturité complète.

3° L'*acide phosphorique* doit entrer dans l'engrais pour une proportion un peu supérieure à celle de l'azote, afin d'empêcher celui-ci de pousser trop aux feuilles. La dose doit être par hectare de 80 à 100 kg. sous une forme soluble et assimilable.

C'est à l'état de superphosphate d'os ou d'os dissous qu'il agit le mieux. Son acide phosphorique est, en effet, à un degré d'assimilabilité complet, puisqu'il provient des êtres vivants qui l'ont fixé dans leurs tissus après l'avoir emprunté aux plantes, qui, elles-mêmes, l'avaient pris au sol qui les nourrissait. Le phosphate d'os a donc subi deux modifications profondes sans compter celle que l'action de l'acide sulfurique vient y ajouter. De plus, c'est le seul superphosphate qui renferme une quantité relativement considérable de matière organique soluble, analogue à celle du guano et qui peut s'élever jusqu'à 40 0/0 de son poids.

4° La *potasse* doit atteindre entre 40 et 80 kg. par hectare. L'opinion généralement admise aux Antilles est que, dans les terres légères et filtrantes, 44 à 50 kg., représentés par 100 à 200 kg. de nitrate de potasse, suffisent, pourvu que la proportion d'azote et d'acide phosphorique atteigne les chiffres dont nous avons parlé plus haut. Dans les terres épuisées, il est nécessaire d'élever la proportion d'azote d'un tiers ou de moitié.

La *soude* du nitrate de soude paraît se substituer facilement à la potasse; cependant, comme cet élément est indispensable à toutes les plantes qui organisent le sucre, il ne faudrait pas abuser de cette substitution. Nous conseillerons plutôt un mélange par parties égales de l'un et de l'autre de ces sels.

5° Quant à la *chaux* et à la *magnésie* qui doivent aussi faire partie de l'engrais destiné à la canne, elles se trouvent tout natu-naturellement combinées à l'acide phosphorique et à l'acide sulfurique des superphosphates.

Formules type d'engrais chimiques pour la canne. — En résumé, un bon engrais pour la canne à sucre doit contenir les éléments suivants :

25 à 30 0/0 de matières organiques azotées
7 à 7.5 0/0 d'azote dont : 3 à 3.5 d'azote ammoniacal
           1 à 1.5   —   nitrique
           2 à 2.5   —   organique
8 à 10 0/0 d'acide phosphorique des os sous forme soluble et assimilable (1).
5 à 10 0/0 de potasse.

Les formules qui répondent aux règles que nous venons d'établir peuvent être obtenues soit en se servant de superphosphate d'os verts comme base ou du guano dissous.

    1re formule :
Superphosphate d'os azoté ou os dissous (2)...... 730 k.
Nitrate de potasse............................... 120 k.
Sulfate d'ammoniaque........................: ,... 150 k.
    2e formule :
Guano dissous.................................. 700 k.
Nitrate de potasse............................. 150 k.
Sulfate d'ammoniaque.......................... 150 k.

Nécessité d'associer de la matière organique aux éléments minéraux — L'expérience nous a donc conduits à préciser les principes dans lesquels il faut se renfermer pour assurer à la canne une alimentation convenable. Mais en descendant de la théorie à la pratique, nous trouverons encore d'importantes observations à

(1) Dans quelques établissements agricoles de la Réunion, on emploie des engrais chimiques dans lesquels la dose de l'acide phosphorique est poussée à 12 0/0, qui se partagent en 4 0/0 de soluble, 4 0/0 d'assimilable et 4 0/0 d'insoluble.
(2) Le superphosphate d'os azoté s'obtient en traitant les os verts en poudre qui renferment 4 à 5 0/0 d'azote et 45 0/0 d'acide phosphorique par 65 à 70 0/0 d'acide sulfurique à 52°.

faire sur la nécessité d'associer toujours intimement les engrais chimiques au fumier. En effet, l'association des engrais minéraux ou chimiques au fumier est indispensable pour former ce que Grandeau appelle la matière noire.

Ce chimiste agronome a démontré par des expériences décisives :

1º Que la nutrition minérale des végétaux ne se fait que par l'intermédiaire des matières organiques renfermées dans les sols.

2º Que la matière organique, tout en étant le véhicule des substances nutritives minérales des végétaux, n'est point par elle-même un aliment, n'étant pas absorbée par les racines; elle ne produit qu'un effet de présence et finit par disparaître à la longue par l'effet d'une lente combustion.

3º Qu'on peut détruire la fertilité de la terre en lui enlevant son humus et sa matière noire et, réciproquement, rendre fertiles des sols stériles riches en matières minérales, en leur apportant les matières organiques qui leur manquent,

4º D'où il résulte que toute culture continue, faite à l'aide du seul emploi des engrais minéraux doit conduire à la stérilité de la terre.

Dès que la matière organique à disparu, les engrais minéraux restent sans efficacité.

5º Dans un autre sens, le fumier ne contenant que des proportions insuffisantes de sels minéraux, et les matières organiques qui le composent étant par elles-mêmes infertiles, il en résulte qu'une culture continue, faite avec le seul secours du fumier, aboutirait à l'épuisement progressif des matières minérales du sol.

6º Toute culture raisonnée devra donc s'appuyer sur la *combinaison du fumier avec les engrais chimiques*, dans le but de permettre la formation de la matière noire. Pour la culture de la canne, qui dure plusieurs années, l'approvisionnement des matières organiques devra être faite au moyen d'un apport suffisant de fumier pour constituer la réserve d'humus nécessaire pour les 2e et 3e année. Ces considérations sur le rôle de l'humus dans les sols s'appliquent principalement aux sols de la Réunion et de Maurice, dont la majeure partie est devenue stérile à la suite de cultures de cannes faites sans engrais et sans assolement pendant de longues années. Que de temps, d'argent et d'engrais il faudrait aujourd'hui pour les reconstituer (1) ! »

D'après Bonâme, les engrais pour rejetons doivent surtout contenir de l'azote et de la potasse, mais relativement peu d'acide phosphorique, qui, plus lent à s'assimiler, devra être mis principalement dans l'engrais de plantation.

En France, en Angleterre, en Allemagne on applique avec succès, depuis quelques années la méthode appelée *sidération* par M. G. Ville, *culture verte* par M. P. P. Dehérain.

Cette méthode consiste à cultiver certaines plantes de la famille des légumineuses papilionacées (fèves, féverolles, vesces etc.) qui ont la propriété de fixer une certaine quantité d'azote, et à les enfouir ensuite avant leur complète maturité pour servir d'engrais azoté.

Des essais ont été faits, et couronnés de succès, à la Réunion, par M. Dolabaratz directeur des sucreries du Crédit foncier colonial ; par M. Souppe, directeur de l'importante usine de Darboussier à la Pointre-à-Pitre, avec le pois mascate, qui appartient aussi à la famille des légumineuses papilionacées.

M. Thierry, qui, par l'application de la sidération, est arrivé à obtenir de l'indigo dans des conditions assez économiques pour en permettre l'exploitation dans les colonies, recommande d'enterrer tous les détritus de la fabrication, et de donner ainsi à la terre un engrais azoté dont la production et le transport ne coûtent presque rien.

Épandage des engrais. — Le fumier de parc et le compost doivent être réservés aux cannes plantées ; on réserve les engrais chimiques pour les rejetons. A la Guadeloupe, on fume les terres à raison de 70 à 75,000 kg. à l'hectare.

Lorsque l'on emploie les engrais chimiques pour les cannes plantées, on les répand généralement à la volée, les semoirs étant peu connus dans les colonies, puis on donne un léger labour pour les enfouir afin qu'ils ne perdent pas de leur valeur fertilisante, sous l'influence du soleil et des pluies ; quelquefois on les

(1) Les engrais chimiques dont nous avons indiqué les formules peuvent être employés seuls lorsqu'il s'agit de la culture des cannes en terres hautes. Comme il serait impossible de conduire du fumier dans ces lieux élevés, on est bien obligé de recourir à l'emploi des engrais concentrés et actifs sous un faible volume.

place au fond du sillon, on les enfouit dans les derayures latérales ouvertes par la charrue.

A Maurice, à la Réunion et dans tous les pays où l'on cultive à la *trouaison*, le fumier ou l'engrais chimique sont mis à la main.

A Cuba les engrais sont complètement inconnus.

Plantation de la canne. Choix des boutures. — Nous avons vu que les graines de cannes sont d'une culture difficile et combien leur germination est aléatoire ; aussi ne reproduit-on la canne que par bouture.

L'époque de la plantation étant celle de la roulaison, on a naturellement pensé à employer comme boutures, les têtes de canne ou bouts blancs. On choisit les plants dans les meilleures pièces de la récolte, en rejetant toutes les têtes ayant fléché, et on laisse deux ou trois nœuds au-dessous de la tête, le bout blanc très tendre, étant exposé à pourrir s'il est planté dans une terre un peu humide. Certains auteurs réprouvent ce mode de culture qui, d'après eux, doit amener progressivement la dégénérescence de la canne. A la Guadeloupe où toutes les plantations se font par ce procédé, nous n'avons entendu relater aucun cas de dégénérescence.

Autrefois, avant l'établissement des grandes fabriques aux Antilles, alors que l'extraction du sucre était faite par les planteurs eux-mêmes, on faisait la fabrication du sucre à deux époques différentes. Ainsi, lorsque le moment de la plantation était arrivé, on coupait les cannes en les choisissant pour faire des boutures, et alors on était obligé de faire marcher l'usine pour travailler les cannes non employées pour la plantation. On faisait donc une petite roulaison, puis on suspendait la fabrication pour attendre l'époque de la maturité de la canne. Mais, à mesure que la fabrication se centralisait dans les grandes usines, celles-ci trouvèrent onéreux de suivre ce procédé et préférèrent travailler toutes les cannes à la fois ; par suite, la plantation se faisait alors à une époque plus reculée, et ce retard était évidemment nuisible à la qualité de la canne. On a fini par reconnaître que ce procédé présente plus d'inconvénients que d'avantages, et il se produit actuellement à la Martinique un mouvement en faveur de l'ancien mode de procéder ; plusieurs fabricants ont décidé de refaire leur fabrication en deux fois, afin de conserver à la canne ses qualités primitives.

M. Ernest Souques, qui depuis longtemps étudie les moyens d'améliorer les qualités de la canne a reconnu par des analyses que la teneur en sucre des différentes parties de la canne n'est pas constante, c'est-à-dire que c'est tantôt la partie supérieure qui est la plus riche, tantôt c'est la partie inférieure, tantôt enfin celle du milieu, de telle sorte qu'il est impossible de s'arrêter à une partie déterminée de la canne pour le choix des boutures. Ne serait-ce pas là la raison pour laquelle on plante la canne entière, la couchant en long dans les sillons, en Espagne et à Cuba? Car c'est là le seul moyen d'avoir les parties riches de la canne. Ce mode de plantation cependant ne paraît convenir qu'aux terres irriguables.

A Cuba et en Espagne, comme nous venons de le dire, on sacrifie une partie de la récolte et l'on plante la canne entière en la couchant dans le sillon. La canne est coupée en morceaux de 60 à 80 centimètres dans les entre-nœuds.

Don Alvaro Reynoso, chimiste agronome de Cuba, s'est livré à de nombreux essais de bouturage sur des cannes entières ou tronçonnées en morceaux plus ou moins petits; il est arrivé aux conclusions suivantes :

Dans les terrains secs ou simplement frais, on doit planter la canne en tronçons de huit à dix œilletons, car lorsque la sécheresse est longue, les bourgeons moyens sèchent et se développent lentement.

Si le terrain est humide, argileux, peu perméable, on doit planter des cannes entières, car l'eau en pénétrant dans l'extrémité des boutures les fait pourrir et le centre seul de la canne donne des rejets.

Fig. 365. — Boutures de canne.

Si l'on veut planter les cannes avant la roulaison, on peut sans craindre d'abîmer la récolte couper les têtes de cannes nécessaires à la plantation, quelques semaines avant de faire la coupe pour la fabrication.

Les têtes de cannes que l'on voudrait planter après la roulaison ne se conservent pas plus d'une quinzaine de jours, même si elles sont protégées contre le soleil et contre l'humidité.

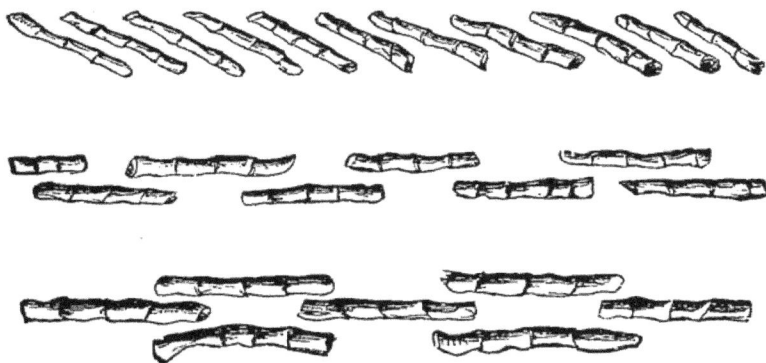

Fig. 366. — Mode de disposition des boutures dans les sillons.

M. le professeur Stubb's, directeur de la Kenner sugar exposition station en Louisiane, a réalisé des expériences, ayant pour but de déterminer qu'elle partie de la canne fournit les meilleures boutures pour la réproduction.

Des tiges de cannes choisies ont été coupées en deux et trois parties. Chacune fut plantée séparément et on prit trois tiges pour chaque détermination ; le tableau suivant donne les résultats obtenus.

	Nombre de tiges plantées.	Nombre de tiges récoltées.	Poids de la canne.	Poids moyen d'une tige.	Tonnes par acres.	Analyse du jus.				
						Matières solides.	Saccahrose.	Glucose.	Glucose %/de sucre.	Coefficient de pureté.
			Livres							
3 essais, moitié supérieure.	1451	1364	3866	2.83	45.10	12.3	9.30	1.67	17.9	75.8
3 — moitié inférieure..	1403	1211	3686	3.04	45. »	12.7	9.60	1.64	17.0	75.5
3 — tiers supérieur....	1379	1065	3018	2.83	35.21	12.4	9.50	1.72	17.1	76.6
3 — tiers moyen.......	1184	1281	3328	2.60	38.82	12.3	9. »	1.89	21 »	73.0
3 — tiers inférieur....	1487	1309	3514	2.68	41.02	12.3	9.15	1.67	18.2	68.8

Ces résultats montreraient que le sommet est préférable à toute autre portion de la canne, et permettent à M. Stubb's de prédire qu'un jour la culture, séparée de la fabrication, plantera tous les tiers supérieurs des cannes et vendra le reste un prix plus élevé.

L'auteur a recherché quelle quantité de tiges devaient être plantées. A cet effet, il a planté des cannes non coupées et d'autres coupées à une longueur de 12 à 18 pouces. Le tableau suivant donne les résultats obtenus :

Nombre de tiges.	Nombre de tiges plantées.	Nombre de tiges récoltées.	Poids de la canne.	Poids moyen d'une tige.	Nombre de tiges par acre.	Tonnes par acre.	Matières solides.	Analyse du jus.			
								Saccharose.	Glucose.	Glucose °/₀ de sucre.	Coefficient de pureté.
			Livres								
1 non coupée........	749	1065	3260	3.06	24.840	38.01	13.2	9.20	1.62	17.6	69.7
1 coupée...........	641	1180	3248	2.80	27.580	37.87	12.4	9 »	1.56	17.3	71.5
2 non coupées.......	909	1200	3698	3.08	28.600	43.14	13.4	9.90	1.57	15.7	73.8
2 coupées..........	775	1180	3208	2.72	27.580	31.42	12.2	8.65	1.53	18 »	70.9
3 non coupées.......	1378	1257	3722	2.91	29.330	43.42	13.4	10.05	1.56	14 2	75 »
3 coupées...........	997	1240	3080	2.48	28.910	35.93	13.3	9.90	1.43	15.2	74.4
4 non coupées.......	1511	1282	3900	3.04	29.890	45.50	13.4	9.50	1.71	18 »	70.6
4 coupées..........	1279	1324	3676	2.70	30.870	42.90	13.6	9.75	1.71	17.5	71.6

Avec de bonnes cannes, deux tiges suffisent pour produire un bon rendement. Si la terre est bonne une tige non coupée donnera un excellent rendement, comme le montre le tableau ci-dessus, les tiges non coupées ayant toujours donné un poids et une richesse supérieure aux tiges coupées (1).

Plantation en sillon. — Lorsque l'on a ouvert les sillons qui doivent recevoir la bouture, sillons généralement espacés de 1ᵐ 30 à 1ᵐ 50 à la Guadeloupe, et de 1ᵐ 70 à Cuba, on fait un trou en terre d'environ 15 à 20 centimètres, dans lequel on place la bouture, on tasse un peu de terre dessus pour l'empêcher de se dessécher, et au fur et à mesure de la croissance des rejets on les couvre de même en rejetant la terre dans le sillon.

Aussitôt que l'on s'aperçoit que des boutures n'ont pas émis de rejets on les remplace pour éviter les vides.

Bonâme donne comme distance entre les plants dans le sillon 0ᵐ90 à 1 mètre, ce qui correspond à 7-8000 pieds à l'hectare.

(1) *Bulletin de l'Association des Chimistes.*

Voici les résultats qu'il a obtenus dans ses recherches sur l'écartement des plants :

Écartement mètres	Rendement à l'hectare		Rendement par touffe	Nombre de plants à l'hectare
	cannes plantées	rejetons		
2.00 sur 2.00	67 k. 300	46.300	27 k.	2.500
2.00 — 1.00	70 — 500	53.400	14 —	5.000

et dans une autre circonstance :

1.50 sur 2.00	57.800	43.100	13	4.400
1.00 — 1.00	57.800	43.700	9	6.600
1.00 — 0.75	59.900	46.400	7	8.800

A Cuba, l'écartement des sillons est de 1ᵐ 70. On ne se sert pas des têtes de cannes, mais on emploie des cannes entières que l'on couche bout à bout dans le sillon. Reynoso estime que ce mode de culture exige 8,000 kg. de tiges à l'hectare.

Plantation en mortaise. — Suivant le moment de la plantation, on plante en couchant la bouture dans le fond d'un trou, ou sur couche de fumier ou d'engrais.

Époque de la plantation. — A la Guadeloupe, à la Martinique et dans toutes les îles des Antilles, les plantations se font généralement à deux époques dont l'une, l'époque de *grande culture*, va de septembre à février et l'autre, dite époque de *petite culture*, va de mai à juin.

La canne de grande culture est généralement plus soignée que celle de petite culture par suite de l'abondance de bras pour donner à la jeune canne les soins nécessaires pour son développement, tandis qu'à l'époque de la petite culture les travaux de la fabrication du sucre occupent les ouvriers pour le transport des cannes. En outre, la canne de grande culture ne sera coupée qu'au bout de 16 à 18 mois, tandis que la canne de petite culture le sera au bout de 12 mois, alors qu'elle sera à peine arrivée à maturité.

A Cuba, il y a trois époques pour la plantation, qui sont :

La plantation de *frio*, c'est-à-dire de froid, de septembre à fin décembre.

La plantation de *medio tiempo*, de janvier à fin avril.

La plantation de *primavera*, ou de printemps, c'est-à-dire de mai à commencement de juillet.

A la Réunion, les plantations se font de septembre à mars.

A Maurice, on plante en trois époques suivant la nature des terres où la canne sera cultivée. On distingue : *la grande saison* (octobre à fin décembre), qui convient aux terres froides et élevées ; la *demi saison* (décembre et janvier) qui convient aux terrains de moyenne altitude ; enfin *la petite saison* (mars à août) où l'on plante dans les plaines chaudes et humides.

Entretien des champs de cannes. — Aussitôt que les boutures ont donné les rejets, on procède au *buttage*, opération qui consiste à rabattre les terres qu'on a rejetées pour former le sillon autour de la canne ; ce travail se fait généralement en deux ou trois fois, au fur et à mesure de la croissance des rejets, de façon à terminer lorsque les rejets auront acquis la force nécessaire pour résister à l'action du soleil et des pluies.

Pendant la végétation, il est nécessaire de procéder à plusieurs *binages*, pour enlever les mauvaises herbes qui viendraient étouffer la jeune canne.

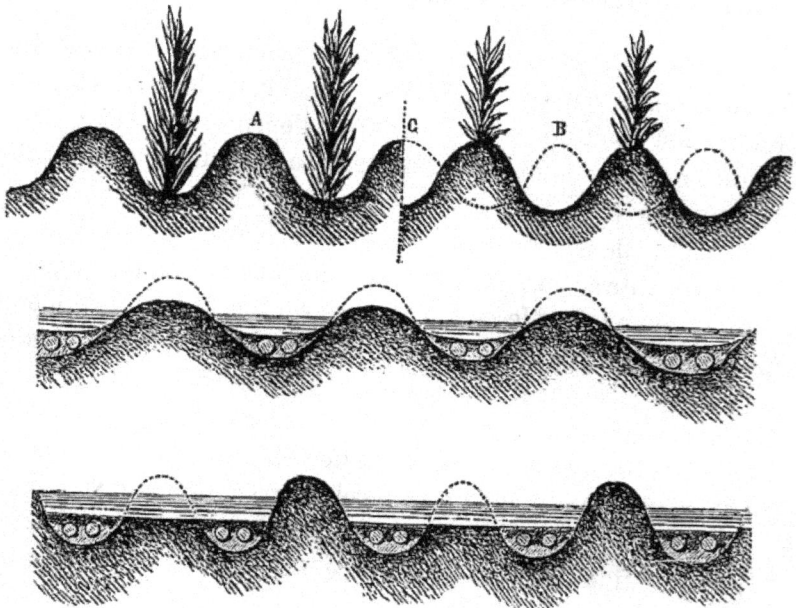

Fig. 367. — Vue des plants de canne.

Ces binages présentent en outre l'avantage d'ameublir la terre autour des souches.

Aussitôt que les feuilles inférieures se dessèchent, on procède à l'*épaillage*, c'est-à-dire à l'enlèvement de ces feuilles, qui retombent, restent adhérentes à la canne, empêchent l'arrivée de l'air jusqu'au milieu du champ et fatiguent la canne.

Maturité. — La maturité de la canne est facilement reconnue par un planteur expérimenté : la canne se dégarnit de feuilles sur toute sa longueur et ne garde que quelques feuilles vertes à la cime ; la tige devient luisante et d'une couleur plus claire.

Au point de vue analytique, nous avons toujours considéré une canne comme mûre lorsque le coefficient glucosique, c'est-à-dire le rapport de la glucose au sucre, était inférieur à 10.

Coupe de la canne. — La canne se coupe, à la Guadeloupe, à l'aide d'une espèce de sabre de 0,50 de long et de 0,08 de large ; à Cuba, on se sert d'un couteau à lame très large, mais n'ayant pas plus de 0^{m}30 de long.

L'ouvrier prend la canne de la main gauche, la couche vers lui ; et d'un seul coup la coupe au ras de terre, le plus horizontalement possible — puis avec le revers de l'outil, il enlève dextrement les feuilles encore adhérentes ; il coupe alors la tige en morceaux de 70 à 80 centimètres et les jette soit en tas, soit en ligne derrière lui. On doit veiller à ce que la canne ne soit pas coupée trop haut à la tête afin de ne pas envoyer à l'usine de bouts blancs.

Les animaux de culture étant très friands des têtes de cannes, on en trouve facilement l'emploi.

Le transport des cannes se fait au moyen de charrettes qui entrent dans le champ pour y être chargées, ce qui présente un grand inconvénient dans les terrains humides ou dans la saison des pluies ; les roues s'enfoncent dans la terre, détériorent les souches et les bourgeons qu'elles rencontrent.

A la Guadeloupe, on a l'habitude de lier les cannes en paquets d'une douzaine de kilos ; on retire les liens lorsque l'on décharge la charrette. A Cuba, on charge directement la canne sur la charrette ; on économise ainsi un homme, et les cannes bien rangées sur le chariot arrivent sans encombre jusqu'au moulin.

La canne, aussitôt coupée, doit être portée à l'usine pour y être mise en œuvre immédiatement, car si on l'abandonne pendant quelques jours dans les champs, elle se dessèche, perd de son poids, et le jus s'altère.

Fig. 368. — Vue d'une installation de transport de la canne par les chemins de fer Decauville.

Voici l'analyse de cannes coupées et transportées le 6ᵉ jour à l'usine centrale :

	Densité Baumé	Sucre	Glucose	Coefficient glucosique
Jour de la coupe......	10.7	16.84	0.556	3.2
6ᵉ jour après la coupe.	12.2	17.84	1.964	11.10

A Cuba, avec les grandes usines centrales, il est fort difficile de mettre en œuvre immédiatement toutes les cannes coupées le jour ou la veille; aussi, il n'est pas rare d'y voir travailler des cànnes coupées depuis quatre, cinq, et même six jours.

La canne brûlée doit être travaillée encore plus vite, car elle se détériore très rapidement; par suite de la chaleur, l'écorce se fend, le jus sucré se répand et coule le long de la tige, et l'air pénètre au centre de la canne. S'il ne pleut pas, on peut travailler la canne brûlée pendant quatre ou six jours après l'incendie; mais, s'il pleut, la pluie enlevant le jus sucré de dessus la cicatrice, permet à l'air de pénétrer encore plus facilement dans la canne qui est dès lors sujette à une fermentation très rapide.

Culture et entretien des rejetons. — La canne une fois coupée, il apparaît immédiatement au pied de la souche de nouveaux rejets qui portent alors le nom de *rejetons*. Aussi, dès que le champ est débarrassé, il faut donner les soins indispensables à la nouvelle végétation ; ces soins consistent :

1° A enlever les feuilles mortes qui couvrent le sol, à les enterrer à la charrue ou à les brûler, comme cela se pratique à la Guadeloupe; mais dans ce dernier cas, il faut procéder avec précaution, car on est exposé à détériorer les bourgeons et même les souches qui sortent du sol.

2° A fumer ou donner à la souche l'engrais qui lui est nécessaire. Cette fumure doit se faire à l'aide d'un léger labour que l'on fait le plus près possible de la ligne de souches; dans la dérayure, on met le fumier ou le guano et on le recouvre immédiatement. Dans quelques colonies, et principalement dans les cultures en trouaison, on met les engrais au pied de chaque souche, et l'on a soin de les recouvrir de terre afin de leur conserver tout leur pouvoir fertilisant.

3° On doit sarcler et biner aussitôt que les mauvaises herbes apparaissent, afin de ne pas leur laisser le temps de nuire aux nouveaux rejets.

Durée des plantations. — A Cuba, une plantation dure de 5 à 7 ans. Comme l'on ne fume jamais et que les soins d'entretien sont presque nuls, on fait sur un même terrain deux ou trois plantations successives, puis on abandonne les terres aux pâturages pour les laisser reposer.

A la Guadeloupe, une plantation dure de 5 à 6 ans ; nous y avons vu cependant quelques pièces de 12 et 15 ans qui étaient encore d'un bon rapport ; mais la culture y est soignée et les engrais y sont très employés.

Dans les Guyanes, les plantations de cannes durent au moins 15 ans.

A la Réunion et à Maurice, les cannes ne donnent que trois récoltes, puis on laisse reposer la terre ou bien on y cultive du maïs et du manioc. L'année précédant une nouvelle culture de canne, on plante des légumineuses que l'on enfouit à l'état vert (procédé de la sidération).

A Java, on cultive la canne sur maïs ou riz, et on ne la laisse produire qu'un an; par suite, on ne travaille guère que de la canne plantée. Nous pensons que ce mode de procéder provient d'une disposition législative.

ANIMAUX ET INSECTES NUISIBLES A LA CANNE

Rats. — Le rat est certainement l'animal le plus nuisible et le plus répandu dans les colonies.

Il commence ses ravages aussitôt que la canne a trois nœuds ; il l'attaque, ronge sa tige à 10 ou 15 centimètres du sol, en faisant une entaille rectangulaire, ayant bien soin de rejeter l'écorce et de ne manger que la moelle sucrée. Lorsque la canne arrivée à maturité, se couche, il l'attaque par le milieu. Quel que soit l'endroit attaqué, la fermentation ne tarde pas à altérer le jus et la canne est perdue.

A Cuba, les dégâts sont peu importants grâce à la présence d'un petit boa appelé *maja* (*Epicrates angulifer*) de 2 à 3 mètres de long, complètement inoffensif à l'homme et aux animaux domestiques. C'est un ennemi implacable des rats.

A la Jamaïque, on a acclimaté le Mangouste, ou Mungoose en anglais. — Cet animal a une très grande ressemblance avec la belette, il fait une chasse acharnée aux rats. Malheureusement, là ne se réduit pas sa chasse, car il fait d'assez fréquentes descentes dans les basses cours des planteurs.

Jusqu'à ce jour à la Guadeloupe, l'on s'est contenté de détruire les rats à l'aide de ratiers, de pièges et de poison, mais les résultats ne sont pas satisfaisants; aussi les champs sont ils dévastés par ces rongeurs.

La journal La *Agricultura de Guatemala* donne, comme étant la meilleure préparation pour détruire les rats, la composition suivante :

Mie de pain	125	grammes
Graisse	60	—
Azotate de mercure cristallisé	30	—

Nous croyons que le procédé employé dans le département de l'Aisne pour la destruction des mulots et des taupes serait plus efficace et plus sûr. Ce procédé consiste à injecter un virus contagieux à quelques rats et à les lâcher dans les champs, suivant la méthode Pasteur, appliquée aux lapins d'Australie.

Les maladies et les insectes nuisibles à la canne à Maurice et à la Réunion (le pou blanc et le borer) ont été étudiés avec le plus grand soin par Delteil.

Nous ne saurions mieux faire que de le suivre dans sa description.

Pou à poche blanche. — Le *pou à poche* blanche (*coccus sacchari*) appartient au genre coccus de Linnée, *dorthésu* de Bosc, ordre des hemiptères, tribu des homoptères.

Le mâle et la femelle diffèrent; le premier seul a des ailes. Le mâle est beaucoup plus petit et plus rare, puisqu'on n'en trouve qu'un sur deux ou trois cents femelles. C'est un insecte très vif, aux ailes tachetées de noir et de blanc et se croissant en dessus. Après l'accouplement, il ne tarde pas à mourir.

La femelle a le corps aplati, mou, convexe en dessus, globuleux. Il est couvert d'une poussière blanchâtre et entouré de poils ou filaments légers qui, à mesure que l'insecte vieillit, durcissent pour lui former une coque. Elle à 3 paires de pattes très petites, à trois articulations. Les œufs, au nombre de 5 à 600, sont fixés sous le ventre de la femelle, serrés en chapelet et entourés d'une *poche blanche* qui s'est enflée progressivement.

Larves. — Attachées à l'épiderme des feuilles, la trompe implantée dans le parenchyme, les femelles et leurs larves épuisent le suc de la plante qui jaunit, se dessèche et meurt comme si elle avait été empoisonnée. Comme pour tous les insectes du genre coccus, les plus grands ennemis des poux à poche blanche sont les pluies continues et les oiseaux. Leurs dévastations s'exercent principalement dans les terrains secs. Quoi qu'il en soit, ce fléau est beaucoup moins à craindre pour la canne que le borer.

Borer. — Le borer (*Tortrix saccharifaga*) se rapporte par ses caractères au groupe des lépidoptères nocturnes, nommé par Fabricius *pyrales* et désigné sous le nom de *tortrix outardensis* par Linnée et la plupart des entomologistes modernes.

A l'état parfait, le borer est un papillon de petite taille, de couleur gris cendré ; l'abdomen, qui ne dépasse pas les ailes dans l'état de repos, est terminé par une houppe de poils. La femelle est plus petite que le mâle; ses ailes sont plus larges et son abdomen est dépourvu de poils; de plus, elle ne peut voler comme les mâles, elle saute.

Ces deux papillons sont essentiellement nocturnes. Le jour, ils restent blottis dans les herbes et les brousses ; ils ne sortent que le soir pour s'accoupler.

Le lépidoptère femelle choisit la partie inférieure des jeunes plants enveloppée par des feuilles engaînantes pour déposer ses œufs.

La petite larve qui éclôt, se creuse d'abord une cellule dans le plan horizontal de la tige ; plus tard elle se fera un terrier du canal médullaire en s'avançant de bas en haut.

La chenille du borer, arrivée à son entier développement (c'est sous cet état quelle exerce surtout ses ravages sur la canne) ressemble à un ver de grand coléoptère ; elle peut atteindre jusqu'à 0^m025 de longueur. Elle est de forme cylindrique et allongée, munie de seize pattes et d'une tête noire, forte, résistante, formée de deux calottes écailleuses aux parties latérales desquelles sont les yeux. La bouche se compose de deux fortes mandibules cornées et tranchantes, deux mâchoires latérales, une lèvre inférieure mince et coupante. Sa couleur est blanche et pâle avec quelques taches noires sur les segments, et trois raies longitudinales parallèles et de couleur rose pâle se dessinent sur le vaisseau dorsal de chaque côté.

La larve subit des mues avant de se transformer en chrysalide. Le borer vit seize jours en cet état ; la chrysalide est molle, cuivrée, à reflet métallique avec les anneaux bien dessinés en dessus, et les ailes en dessous.

Elle se trouve à l'aisselle des feuilles sèches ou dans le fond des trous de cannes.

A peine sortie de son œuf, la jeune chenille se met à ronger la tige des cannes. Des taches, des eschares, des échancrures du tissu végétal révèlent sa présence. — Le mouvement de la sève qui pivote sur les premiers anneaux fait que l'échancrure est toujours taillée sur le même patron dans ses diverses courbures.

« Quand le borer attaque une tige de canne déjà forte, dit Delteil, celle-ci peut à la rigueur résister à ses attaques, bien que la partie perforée soit toujours le siège d'une fermentation et devienne très fragile et susceptible de se briser sous l'influence des fortes brises. Mais quand cette larve, suivant son habitude, se jette sur les tiges jeunes et tendres qui sortent des bourgeons, le mal est sans remède et la dévastation sans limites. Souvent l'habitant pour être assuré d'avoir une récolte au bout de l'année, est obligé de replanter ses champs de cannes dévorés entièrement par le borer.

Cet insecte a été introduit à Java où l'on cherchait des espèces nouvelles.

Dans cette contrée, il existe à l'état endémique pour ainsi dire et ne prélève qu'un tribut modéré sur les champs de cannes.

En Cochinchine, nous l'avons rencontré également, n'exerçant sur les cannes que des désordres peu apparents.

On espère qu'il finira par s'acclimater à Maurice, à la Réunion comme à Java et qu'il deviendra tolérable pour les cultures.

En attendant, on le combat par différents moyens.

D'abord en brûlant les amas d'herbes sèches et de feuilles où les chrysalides et les papillons se réfugient le jour; puis en tenant les champs très propres et en y envoyant des escouades de petits noirs, armés d'un couteau et d'une bouteille, qui fendent toutes les jeunes tiges récemment attaquées par le borer, en retirent la larve et la renferment dans le vase préparé à cet effet. Ce moyen, bien que grossier, réussit encore mieux que tous ceux qu'on a essayés, tels que insecticides, barriques d'eau éclairées au milieu par un petit fallot pour brûler et noyer les papillons nocturnes, etc.

Les borers ont heureusement des ennemis qui leur font, à l'état de larves ou de papillons, une guerre acharnée. Ce sont les martins ou merles des Philippines qui, introduits pour amener la destruction des sauterelles, se sont montrés plus friands des borers. Une sorte de lézard, importé probablement en même temps que les cannes borérées et venant de Java, la *galeote versicolore*, connue à la Réunion sous le nom de *Caméléon* fait également une chasse impitoyable aux borers. Enfin une espèce de libellule, de la tribu des nevroptères, détruit également beaucoup de papillons. Malheureusement elle n'est pas assez commune pour constituer un ennemi sérieux à cet insecte dévastateur. »

Le seréh. — Cette maladie qui apparut il y a une dizaine d'années à Java, fut étudiée par le Dr M. Treub, directeur du jardin botanique de Buitenzorg ; il découvrit deux parasites, l'un végétal, l'autre animal. Le parasite végétal est un champignon appartenant au genre *Pythium* de la famille des Merenesporius ; il se trouve dans les radicelles des plantes malades.

Le parasite animal serait de l'espèce de *Heterodera* et fut nommé par le Dr Treub : *Heterodera Javanica.* Suivant la description qu'il en donne, cet insecte doit beaucoup plus s'éloigner de l'*Heterodera Schachtii* que de l'*Heterodera radicicola*, l'autre espèce jusqu'ici connue. Comme chez cette dernière, la femelle gonflée de l'Heterodera Javanica n'est jamais visible du dehors, et se trouve toujours dans l'intérieur de la racine.

Les œufs et les femelles auraient les dimensions suivantes :

Œuf : longueur moyenne..................	12^{mm} 1/2
— largeur moyenne....................	4^{mm} 1/2
Individu : femelle et gonflée.	
— longueur environ...... :......,.	85^{mm} 1/2
— largeur environ................	45^{mm} 1/2
— largeur vers le grand bulbe.....	45^{mm} 1/2

Les effets du parasitisme du nematode javanais ne se montrent pas par hypertrophies, parce qu'il pénètre dans l'écorce de la racine, mais par des fissures ou des lésions accidentelles, peut-être aussi par les points végétatifs intacts.

Entré dans l'écorce, le nématode se dirige dans une direction parallèle à l'axe du cylindre central jusqu'à ce que, arrivé à l'endroit où une racine latérale commence à prendre naissance, il cesse sa migration et introduit sa tête armée d'un stylet entre les cellules de la jeune racine.

Ainsi logée, la femelle ne bouge plus de place, elle ne tarde pas à se gonfler pour bientôt prendre la forme de citron caractéristique de l'espèce.

Le plus souvent, la présence du nématode ne cause pas d'hypertrophie, et ce n'est que lorsque la racine attaquée est très mince, qu'un léger renflement se produit. Dans une pareille nodosité, l'assise protectrice est entièrement disloquée, jusqu'à rendre méconnaissables les cellules, et par suite, il y a libre accès aux parties perisphériques du cylindre central. Aussi rencontre-t-on généralement plusieurs nématodes à la fois dans une nodosité.

Qu'il y ait ou non une hypertrophie, toujours quelques cellules dans le voisinage de la tête du parasite prennent des dimensions démesurées. Les grandes cellules présentent la particularité de renfermer un grand nombre de noyaux (1).

D'après le Dr Soltivedel, la maladie se reconnaît à la croissance tardive de la canne, à la forme d'éventail ou de jet de fontaine des feuilles qui deviennent molles, minces, étroites, se flétrissent et meurent ; en même temps, tandis qu'il se forme des racines aériennes à la souche, elle donne naissance à un grand nombre de rejets.

Les parois des cellules sont très enflées et désorganisées, de plus on trouve des grains de fécule dans le parenchyme qui entoure les vaisseaux.

Raoul diagnostique les cannes atteintes du seréh aux caractères suivants : 1º les cannes coupées laissent échapper un gaz à odeur ammoniacale ; 2º les cannes présentent des veines rouges.

Le docteur H. J. E. Peclen attribue la maladie aux engrais organiques, il recommande de tremper les boutures pendant quelques minutes dans une solution de sublimé corrosif a 1/1000 et de les laver à l'eau pure avant de les planter.

MM. Aug. Marcks et Kuneman conseillent l'emploi de créoline ; M. Stoop, celui de pétrole brut.

On peut conseiller de brûler sur pied toute canne malade pour ne pas permettre aux parasites d'attaquer les cannes saines. De plus, on devra choisir avec le plus grand soin les boutures pour les nouvelles plantations, et rejeter toute canne même douteuse (2).

Fourmis. — A Cuba, l'on rencontre souvent au milieu des champs de cannes de grandes fourmillières. Les fourmis, en bouleversant le sol, détériorent les racines et causent quelques dégâts.

Criquets. — Le criquet, quoique ne s'attaquant pas plus particulièrement à la canne qu'aux autres plantes, nuit fortement à la culture de la canne à la Nouvelle-Calédonie, et dans quelques îles de la Méditerranée.

(1) Raoul: *Manuel des cultures tropicales,* d'après les annales du jardin botanique de Buitenzorg.

(2) A Natal la fourmi blanche est le pire ennemi du seréh.

CHAPITRE II

EXTRACTION DU JUS DE CANNES PAR LES MOULINS

Les Chinois furent les premiers qui eurent l'idée d'extraire de la canne le jus sucré. Persuadés que par un broyage quelconque ils pourraient utiliser le suc de la plante, ils imaginèrent, après de nombreux autres essais, de broyer la canne entre deux forts cylindres verticaux en bois ou en pierre mis en mouvement par un manège. Ce moyen tout à fait primitif ne leur fournit qu'un rendement de 40 0/0 de jus; ce fut le premier pas de l'extraction du jus pour la fabrication du sucre.

A une époque plus rapprochée de nous, l'industrie de la canne aujourd'hui si riche, quoiqu'encore bien éloignée de la perfection, attira l'attention des ingénieurs et des chimistes qui s'efforcèrent de simplifier le procédé rudimentaire des Chinois

La première machine que l'on employa pour le broyage des cannes se composait : d'un aire circulaire ayant au centre un arbre vertical servant de pivot, c'est-à-dire tournant sur lui-même; à ce pivot était fixée une barre horizontale dont l'une des extrémités passait au centre d'une meule qui broyait la canne sur l'aire en tournant parallèlement avec le pivot central, et l'autre extrémité de l'arbre horizontal formant manège donnait le mouvement à la meule, soit au moyen d'attelage, soit par tout autre moyen alors en usage. La canne était posée sur l'aire et la meule venait la broyer dans son mouvement rotatoire; le jus s'échappait par des rigoles ménagées dans l'aire et était recueilli au dehors. On comprend que ce mode de broyage ne pouvait donner qu'un faible rendement; mais enfin il donnait déjà une idée du parti que l'on peut tirer de la canne à sucre.

Dans un voyage aux îles d'Amérique, en 1656, le père Labat

décrit un moulin à 3 cylindres verticaux posés sur une plate-forme et sur une même ligne ; celui du centre, actionné par le vent ou l'eau, donnait le mouvement aux deux autres. Chacun de ces cylindres était formé d'un tambour en bois de balatras, d'acconas ou de tout autre bois dur ; ce bois était enfermé dans une enveloppe en fonte ou en fer de 2 pouces environ d'épaisseur, solidement fixée pour qu'il ne se produisît pas de gauchissement dans la marche.

Dans un autre passage, il décrit un moulin à eau dont les trois cylindres sont placés horizontalement et l'un au-dessus de l'autre, celui du centre actionnant encore les deux autres.

Se basant sur ce système, Gonzales de Veloza imagina de changer la position des cylindres et de les placer en triangle ; deux inférieurs et un supérieur. Cette modification lui permit d'obtenir une plus grande somme de travail : les cannes amenées sur le moulin purent être broyées sur toute sa surface, avantage que ne pouvaient présenter les cylindres verticaux qui n'avaient d'action que sur une faible quantité de cannes, présentées sur une partie de la surface du rouleau.

Par suite, le broyage était plus régulier, plus complet, et l'extraction du jus fut augmentée considérablement. Ce mode d'extraction fut le point de départ et la base des moulins actuels, auxquels on n'a apporté jusqu'à ce jour que des modifications, sans aucun changement essentiel à leur montage et à leur marche ; on s'est seulement efforcé de supprimer les inconvénients que pouvaient présenter les cylindres verticaux, résultant de leur position et du peu de solidité de leur élévation.

En 1839, Péligot avait démontré que la canne contient 90 0/0 de jus et 10 0/0 de matières ligneuses, et que les nouveaux moulins à trois cylindres horizontaux alors en usage, permettaient d'obtenir un rendement de 50 à 65 0/0, ce qui constituait une augmentation de 10 à 15 0/0 tout en faveur du nouveau procédé d'extraction.

On rencontre encore dans quelques usines la force motrice fournie par un cours d'eau, le vent ou les bêtes de somme (fig. 369), ces moyens sont encore employés en partie par les usines qui les ont à leur disposition.

Comme nous l'avons dit, dépouillées et coupées sur le champ, les cannes propres, arrivent à l'usine soit par charrettes, soit par wagons.

Fig. 369. — Moulin à cannes mu par traction animale.

Le déchargement doit se faire autant que possible directement sur le conducteur de cannes, pour économiser la main-d'œuvre et gagner du temps. Pour le service de nuit, les cannes devront être mises en piles, arrimées en hauteur sur une petite surface et à portée de la main des ouvriers chargés d'alimenter le conducteur pendant la nuit.

La canne doit être répandue uniformément sur le conducteur, afin d'arriver au moulin d'une façon régulière; de cette manière on évite les bourrages.

CONDUCTEUR DE CANNES.

Pour amener les cannes au moulin et assurer son alimentation régulière, on se sert du conducteur de cannes qui se compose (fig. 370) :

1° De deux chaînes sans fin de longueur égale, à maillons plats reliés entre eux par des anneaux venant engrener dans les dents de deux roues à facettes, placées de chaque côté du conducteur.

2° De planchettes en bois mobiles logées dans les maillons.

3° De galets rotatifs soutenant les chaînes au départ et au retour et favorisant ainsi l'entraînement.

Fig. 370. — Conducteur de cannes et de bagasse, pour moulin, construction Cail.

Victor Rose Paris

4° De deux roues à facettes et à dents, placées à l'entrée de la servante, et actionnées par le moulin.

5° De deux autres roues semblables placées à l'extrémité du conducteur et qui, montées sur des tendeurs à glissière, permettent de régler la tension des chaînes.

Fig. 371. — Conducteur de cannes et de bagasse, pour moulin, système Fletcher.

6° D'un débrayage à cône de frottement interne adapté à la roue motrice, et permettant d'arrêter momentanément la marche du conducteur lorsque la canne arrive trop vivement au moulin.

Ce débrayage se compose de deux roues, dont l'une légèrement conique à sa partie intérieure, reçoit l'autre qui est également conique mais à sa partie extérieure, et l'entraîne avec elle par un système de serrage de levier ou de vis. Ce système de débrayage doit se trouver à portée de la main de l'ouvrier chargé de la conduite du moulin.

MOULINS.

Les moulins horizontaux se composent de trois cylindres placés en triangle, un supérieur et deux inférieurs, montés sur deux bâtis en fonte avec entretoises en fer horizontales et verticales donnant de la solidité aux bâtis.

Entre les deux cylindres inférieurs se trouve placé une servante dite bagassière, formant guide pour la conduite des cannes du premier rouleau, dit *roll à cannes,* au deuxième cylindre dit *roll à bagasse.*

Cette bagassière en fer, fonte ou tôle, doit avoir une surface légèrement concave parallèlement à la courbe du cylindre supérieur.

L'angle supérieur, formé par les lignes reliant le centre du cylindre supérieur aux centres des cylindres inférieurs, doit être aussi faible que possible de manière à réduire à son minimum la longueur de la bagassière; il ne doit guère dépasser 80° surtout dans les grands moulins.

Si la bagassière est trop large, il en résulte que les cannes s'y entassent en faisant supporer à cette servante une pression énorme, ce qui augmente la dépense de force motrice par suite du frottement occasionné par l'engorgement, et diminue le travail en ce que la quantité de cannes qui passe au moulin est beaucoup plus faible.

La bagassière doit être d'un règlage facile, la partie touchant au roll à cannes doit s'y appliquer; pour ce faire, il est bon d'adopter une disposition de liaison afin de permettre à la bagassière de suivre tout mouvement d'avance ou de recul donné au cylindre, il doit se trouver à son bord opposé un espace libre pour l'écoulement du vesou. On avait employé d'abord des bagassières en tôle perforée, mais ces appareils présentaient des inconvénients, les trous se bouchant très facilement et l'appareil offrant une faible résistance.

Le dérangement de la bagassière mal assujettie et supportant une trop grande pression par suite de l'entassement de la bagasse, fait « brouter » le moulin, c'est-à-dire occasionne des trépidations qui souvent amènent la rupture des cylindres ou des bâtis.

Ces bâtis sont construits en fonte avec entretoises en fer extérieures et intérieures pour augmenter leur force de résistance. Ils doivent offrir la plus grande commodité pour l'enlèvement des cylindres; le système Rousselot paraît être bien aménagé pour cet effet. Les cylindres inférieurs reposent sur des coussinets fixés par des chapeaux que retiennent les entretoises en fer extérieures et intérieures au moyen de barres à oreillons. Le cylindre supérieur a son chapeau tenu par des boulons traversant le bâti dans toute sa hauteur.

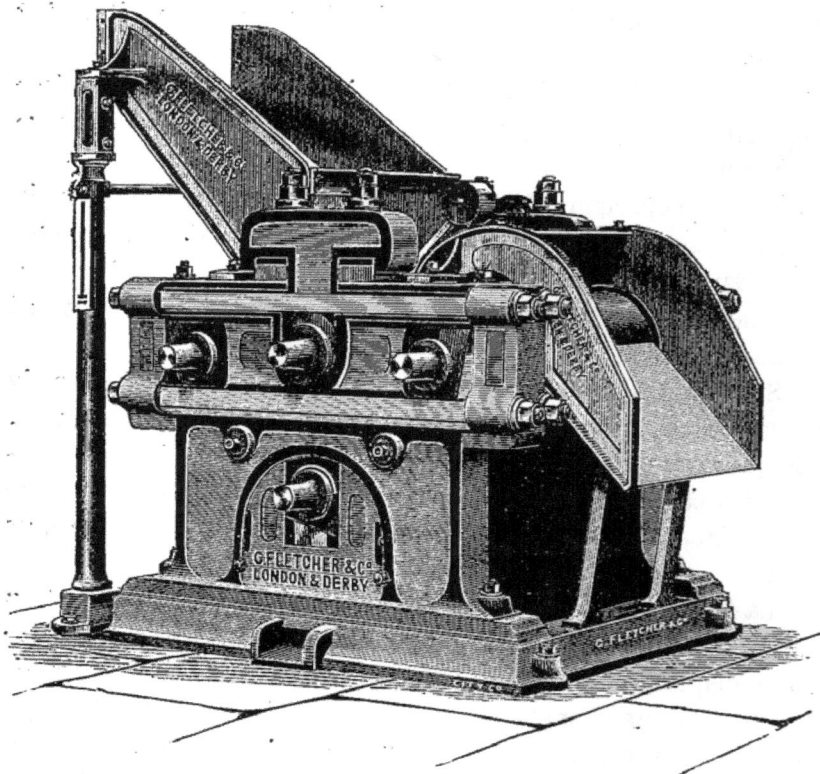

Fig. 372. — Moulin à cannes, système Fletcher.

Au centre du bâti se trouve un orifice pour le réglage de la bagassière.

Les cylindres sont en fonte d'une fabrication spéciale, ne donnant pas à l'acide contenu dans le vesou plus de prise sur la partie saillante que dans les rainures. On fait quelquefois aux cylindres des rainures peu profondes pour donner plus de facilité pour l'appel des cannes et pour le broyage de la bagasse. Leur diamètre doit être aussi grand que possible afin d'augmenter la durée utile des pressions, de faciliter l'entraînement dans les cylindres d'entrée et d'éviter la réabsorption du jus aux cylindres de sortie.

Les arbres qui les traversent doivent être du plus fort cali-

bre, ils doivent être en acier, emmanchés à la pression hydraulique.

La vitesse des cylindres ne doit pas dépasser par vitessse de
3^m50 par minute.

Aux cylindres s'applique ce qu'en terme d'atelier on est convenu
d'appeler le réglage du moulin, qui a pour but de donner la plus
grande somme de travail régulier avec une pression constante et
régulière.

Le problème est dans l'écartement des cylindres qui varie selon
la vitesse, le diamètre des rouleaux et le plus ou moins de dureté
de la canne.

Ainsi, un moulin ayant des cylindres de 0^m800 de diamètre sur
1^m 600 de longueur, actionné par une machine de 55 chevaux
fournira un travail journalier de 240 à 250.000 kg. de cannes.

Le rouleau à cannes qui fournit la pression préparatoire doit
naturellement avoir un écartemant plus grand que le roll à
bagasse qui donne la pression définitive et qui agit sur une matière
déjà broyée.

Un exemple cité par Riffard servira de comparaison :

1° Un moulin régulièrement alimenté, commandé par une
machine de 40 chevaux ayant des cylindres de 1^m 500 de longueur sur 0^m 800 de diamètre, écartés de 21 $^m/_m$ pour la canne
et de 7 $^m/_m$ pour la bagasse pourra broyer 300.000 kg. de cannes
en 20 heures, (soit 15.000 kg. à l'heure).

2° Le même moulin pour la même nature de cannes, avec un
écartement des cylindres de 9 $^m/_m$ pour la canne et de 3$^m/_m$ pour la
bagasse, ne donnera dans le même espace de temps que 180 à
200.000 kg. de cannes (soit donc une différence de 100 à
120.00 kg.)

En dehors des conditions générales établies plus haut, la bonne
marche d'un moulin dépend :

1° du mode d'alimentation des cannes.

2° du réglage de la bagassière.

On ne saurait apporter trop de soins à l'installation d'un moulin, celui-ci étant l'organe principal d'une usine, car la moindre
rupture dans un de ses organes principaux entraîne un chômage
assez long, malgré les pièces de rechange que l'on doit toujours

avoir à sa disposition ; le démontage, la réparation et le remontage exigeant beaucoup de temps.

Les modifications apportées aux moulins par Rousselot constituent un réel progrès ; les avantages de ce système sont les suivants :

1° Démontage et remontage faciles permettant une prompte vérification.

2° Résistance plus grande.

3° Pression régulière et constante obtenue par un écartement constant et régulier.

4° Des bâtis plus légers offrant plus de résistance, et les tourillons des arbres des cylindres augmentés, évitant la rupture des axes.

OBSERVATIONS GÉNÉRALES CONCERNANT LES MOULINS.

L'homme chargé de l'arrivée de la canne au moulin doit veiller à ce que la canne se présente régulièrement sur toute la surface

Fig. 373. — Coupe du moulin à trois cylindres.

du cylindre ; si les cannes arrivent couchées, c'est-à-dire parallèlement aux cylindres, elles tournent sur elles-mêmes à l'entrée du

Fig. 374. — Engrenages pour moulins à cannes.

roll à cannes sans être prises par lui ; une trop grande arrivée de
cannes cause des engorgements, fait « brouter » le moulin et

cause des trépidations qui arrivent souvent à produire soit la rupture des cylindres, soit celle des bâtis.

La bagassière elle-même en se dérangeant peut donner lieu aux mêmes inconvénients ; dans ce cas, elle s'engorge, augmente le frottement et, par suite, la dépense de la force motrice ; on devra donc veiller à ce qu'elle soit toujours bien placée et qu'elle n'ait pas à supporter de trop fortes pressions.

L'homme chargé de l'arrivée de la canne au moulin veillera aussi à ce qu'il ne se glisse pas avec les cannes des barres de fer ou d'acier, qui occasionneraient immédiatement la rupture des cylindres ; la malveillance n'y est souvent pas étrangère, mais quelquefois l'inattention des ouvriers chargeant les charrettes ou wagonnets en est aussi la cause.

A la sortie du roll à bagasse un homme est spécialement chargé de retirer les cannes mal broyées et de les rejeter sur le moulin pour y être repassées à nouveau.

Le moulin est mis en marche par un mouvement d'engrenages droits, monté sur cadre en fonte et assises de pierre ou de maçonnerie (figure 374). Ce mouvement d'engrenages est actionné par une machine à vapeur horizontale d'une grande force (figure 375) ou par une machine à balancier (figure 376), système assez généralement employé.

Quel que soit le système employé, ces machines sont munies d'une coulisse de Stephenson pour le renversement de vapeur et la contre-marche, ce qui permet au machiniste de lancer sa machine ou, au cas où le roll à cannes serait engorgé, de faire machine en arrière jusqu'à ce que tout embarras soit écarté ; il reprendra alors avec modération d'abord, sa marche en avant.

Calcul de la pression des moulins. — Dans une usine où le travail se fait sans imbibition il est facile de se rendre compte de l'extraction du jus.

Connaissant le poids de la canne travaillée, le volume du vesou et sa densité, on aura :

soit P la pression ou l'extraction
C le poids de la canne
V le volume du vesou
D la densité de ce vesou

$$P = \frac{(V \times D)\ 100}{C}$$

Victor Rose

Le premier travail du moulin n'extrayant de la canne que 60 à 65 0/0 de jus normal et laissant encore dans les cellules de 25 à 30 0/0 de vesou, on avait imaginé de recueillir la bagasse à lasortie du deuxième cylindre et de la faire passer une deuxième et même une troisième fois sous les cylindres du moulin. Cette opération tout en augmetant le rendement, avait l'inconvénient de donner des jus produisantdes mousses gênantes pour les opérations ultérieures de la fabrication.

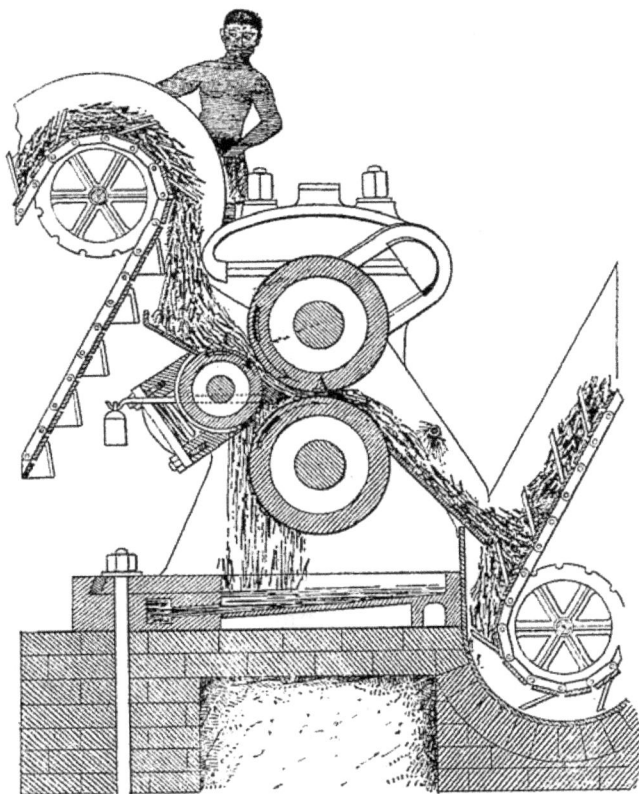

Fig. 377. — Coupe du moulin de repression.

Ce ne fut qu'en 1840 qu'on eut d'abord l'idée de saturer d'eau chaude les bagasses sortant du premier moulin et de les faire passer sous des rouleaux presseurs immédiatement après l'imbibition.

En 1858 Léonard Wray décrit un moulin à deux jeux de rouleaux pouvant donner de 70 à 75 0/0 de jus. Ce procédé, désigné sous le nom de saturation, fut le point de départ de nombreux perfectionnements apportés au traitement de la bagasse par l'eau chaude ou par la vapeur et connu aujourd'hui sous le nom d' « *imbibition.* »

Le moulin avec couples represseurs désigné par Wray est celui le plus généralement employé dans la province de Waleoby, à Maurice et à Bourbon.

On peut faire la pression et la repression dans le même moulin, ce qui dispense d'acquérir les moulins-represseurs. A cet effet, la bagasse est repassée à mesure dans le moulin trois ou quatre fois. Ce n'est que l'avant-dernière fois qu'on l'arrose. On extrait ainsi 70-75 de jus. Mais dans ces conditions il faut un moulin de dimensions plus fortes que pour une pression unique.

Dans une brochure publiée en 1865, le Dr Icery constate que les moulins les plus perfectionnés en usage à l'île Maurice donnent un rendement de 72,6 0/0 de la canne qui en contient réellement 88.5 0/0 et 11.5 0/0 de matières ligneuses. Il restait donc encore 15.9 0/0 de jus perdu dans la bagasse.

En 1875 M. Duchassaing de Fontbressin pour concourir à la prime de 100.000 francs votée par le Conseil général de la Guadeloupe prime qu'il remporta, installa dans son usine de la Guadeloupe un moulin avec deux couples represseurs qui lui permirent d'augmenter l'extraction du jus et d'obtenir 1.50 0/0 de sucre en plus. Ce fut le meilleur résultat obtenu jusqu'à ce jour.

L'imbibition de la bagasse par l'eau chaude amena des modifications dans le traitement des cannes.

L'eau chaude distribuée en pluie sur la bagasse à sa sortie du moulin donne au jus une densité variable suivant la proportion d'eau.

Les reproches que l'on fit à ce mode de traitement furent : l'excès d'eau, l'impureté du jus, son acidification rapide.

Ces griefs, quoique justes, surtout en ce qui concerne l'acidification, n'ont pas empêché le procédé d'imbibition de se généraliser, car les résultats obtenus en firent valoir tous les avantages.

Les causes d'acidification proviennent de la trop longue exposition à l'air des bagasses imbibées pendant leur parcours de la sortie du moulin à l'entrée du couple represseur.

Fig. 378. — Moulin à cannes avec transmission et pompe à vesou, système Cail. Vue en élévation

Tous ces inconvénients peuvent être facilement évités ; il suffit d'apporter des soins et une grande surveillance au travail des moulins represseurs.

Pour obtenir un bon travail il faut : veiller à ce que la pression soit toujours régulière et constante aux moulins, que la bagasse soit bien divisée à sa sortie, que l'alimentation des chaînes soit uniforme, que l'imbibition soit faite sur toute la surface du cylindre et répartie également.

Eviter d'employer des eaux calcaires ou alcalines. On emploiera autant que possible des eaux de retour de vapeur ; on se sert en général de celles venant des défécateurs. En outre, l'eau employée doit avoir une température voisine de 90° ; son action est alors plus efficace : elle dissout le sucre contenu dans les cellules inattaquées et coagule les matières abbuminoïdes, qui restent en partie dans la bagasse, ce qui facilite la circulation du jus contrairement à ce qu'on objectait lors des premières applications du procédé.

Les chaînes doivent être entretenues dans le plus grand état de propreté, débarrassées des amoncellements de bagasse. Pendant le repos du moulin, il sera nécessaire de laver le conducteur avec du lait de chaux pour prévenir toute fermentation.

Les cellules de la canne étant d'une nature spongieuse se prêtent très bien au travail de l'imbibition ; aussi, il faut faire en sorte de régler la quantité d'eau qui est nécessaire pour la dissolution du sucre dans ces différents passages aux couples represseurs. — L'excès d'eau entraîne de nombreux inconvénients que l'on peut résumer ainsi : Altération prompte du jus dilué, impossibilité de l'échange osmotique, dépense inutile de combustible pour l'évaporation.

Toute la valeur de l'extraction dépend :

1° Du coefficient de mélange
2° Du taux de pression
3° De la proportion d'eau

M. Riffard (1) s'appuyant sur les observations que M. F. Lems fit en 1879 sur la technologie sucrière, donne sur ce sujet des indications qu'il est utile de reproduire.

_____
(1) Sucrerie indigène.

Fig. 379. — Moulin à cannes avec transmission et pompe à vesou, système Cail. Vue en plan.

Coefficient de mélange. — « Le coefficient de mélange, dit-il, est la quantité de jus normal de 100 k. de bagasse qui participera au mélange avec l'eau d'imbibition.

Division de la bagasse, intimité du mélange et durée du contact en règlent la valeur.

Il faut apprécier l'influence de ces trois facteurs variables sur l'extraction.

Pratiquement on admet :

Jus normal pour 100 de cannes : 90
Rendement en jus normal au 1er moulin : 60
Bagasse de 1re pression 40 0/0 contenant 75 0/0 de jus normal
Bagasse de 2e pression 26 0/0 correspondant à 65 0/0 de la bagasse
Eau ajoutée pour 100 de cannes : 16 0/0 de 1re pression.

En supposant un mélange absolu avec l'eau, le coefficient du mélange sera 75 et on obtiendra p. 100 de bagasse de 1re pression :

Jus total 75 + 40 = 115
Jus dilué extrait 115 — 40 = 75

En effet, 65 de bagasse contiennent 25 de cellulose, ce qui donne 65 — 25 = 40 de jus laissé dans la bagasse.

Le jus normal extrait est $\dfrac{75 \times 75}{115} = 48.09$ 0/0 de bagasse et correspond p. 100 de cannes à $\dfrac{48.09 \times 40}{100} = 19.23$ 0/0 de cannes.

Au coefficient de mélange 40, on obtient :

Jus de 100 k. de bagasse 40 + 40 = 80 mélange

Jus extrait 80 — 5 = 75 provenant de............,....

Bagasse	65
Cellulose	25
Jus	40

Le jus non participant étant 75 — 40 = 35, le jus est 40 — 35 = 5 dans la bagasse.

Le jus normal est $\dfrac{75 \times 40}{80} = 37.50$ 0/0 de la bagasse et 15 0/0 de cannes.

Influence du coefficient de mélange sur l'extraction du jus normal resté dans la bagasse de 1re pression, dans le travail par imbibition.
— En considérant le traitement de la bagasse sortant naturelle du

1er moulin, la seule qui soit additionnée d'eau, on inscrira comme valeurs fixes :

Jus normal renfermé dans 100 k. de cannes : 90 k.

Rendement de ce jus au 1er moulin : 60 k.

Bagasse de 1re pression 40 0/0 contenant 75 0/0 de jus normal

Bagasse de 2e pression 26 0/0 correspondant à 65 0/0 de la bagasse

Eau ajoutée pour 100 de cannes, 16 0/0 correspondant à 40 0/0 de la bagasse.

En admettant un mélange absolu avec l'eau, on obtient :

Bagasse + eau = 40 + 16 = 56

Jus total dans ; mélange 56 — cellulose 10 = 46

Le rendement en bagasse de 2e pression étant 26, l'extraction en jus dilué sera 56 — 26 = 30 kg.

Ramenant ce poids de 30 k. de jus dilué au poids correspondant de jus normal, on trouve 40 k. de bagasse 1re pression, contenant 75 0/0 jus normal, = 30 k. répartis dans 46 jus dilué,

Soit donc pour 100 kg. de cannes :
46 kg. jus mélangé = 30 kg. jus normal
30 kg. jus extrait = X
$$X = 19.56.$$

Si l'on prend 16 pour coefficient de mélange et si on détermine la valeur de l'extraction, on aura à suivre le raisonnement suivant :

A. — à 40 kg. de bagasse de 1re pression on ajoute 16 kg. d'eau.

On a donc 40 + 16 56 de masse. Dans cette quantité le jus libre est évidemment 56 — 10 (ligneux) = 46, desquels 16 seulement participent au mélange, soit 16 + 16 = 32 de jus dilué.

On obtient 20 kg. de bagasse du mélange 56, on a donc 30 kg. de jus dilué, d'où la proportion
32 (jus total) : 16 (jus normal) : 30 (jus extrait) : X (jus normal).
$$X = 15 \ 0/0 \ \text{de cannes.}$$

Ces raisonnements peuvent être ramenés à une formule très simple ; il suffit de déterminer le coefficient des termes constants qui se présentent :

Cellulose ou ligneux 10 0/0 de cannes

Coefficient de mélange.... variable = K pour bagasse

Eau d'imbibition........ constante   H = 16 0/0 de cannes

Rendement en 1re pression   —   = R = 40 0/0   —

Rendement en 2e pression   —   = R' = 26 0/0 de cannes.

Jus normal p. 100 de cannes dans la bagasse de 1re pression $= N' = 30$
Jus normal p. 100 de bagasse dans la bagasse de 1re pression $= N = 75$,
L'extraction étant représentée par E on a :

$$(1) \qquad E = \frac{[K+H-R]\,(R' \times N)}{K + H - 10}$$

Ou encore

B. — Coefficient de mélange $= 16$
     Jus normal + eau $= \quad 16 + 16 \quad 32.$
     Rendement en jus dilué $= 56 - 26 = 30.$
     Jus normal extrait $\dfrac{30 \times 16}{32} = 15$ 0/0 de cannes.

La formule (1) résolue avec l'application du coefficient absolu 40,
correspondant au mélange parfait, irréalisable, donnera numériquement

$$E = \frac{40 + 16 - 26 \times (40 \times 75)}{40 + 16 - 10} = \frac{30 \times 30}{46} = 19.56 \text{ 0/0 de cannes.}$$

Au coefficient partiel de 26.66 on déduira

$$E = \frac{40 + 16 - 26 \times (26.66 \times 75)}{(26.66 \times 75) + 16} = \frac{30 \times 20}{20 + 16} = 16.66 \text{ 0/0 de cannes.}$$

L'évaluation des rendements de jus normal pour les diverses
valeurs du coefficient de mélange se résoudra simplement par la
formule suivante, et c'est ainsi qu'on pourra présenter la table de
ces variations et déterminer l'influence du coefficient de mélange
sur l'extraction, dans les conditions précitées :

$$E = \frac{K\ 75 \times 30}{K\ 75 + 16} = \frac{K\ 2{,}250}{K\,75 + 16}$$

K étant le coefficient de mélange rapporté à la bagasse.

Pour apprécier les influences successives : du coefficient de
mélange, du rendement en bagasse, de la proportion d'eau, et
représentant la formule générale par :

$$E = \frac{(R + H - R')\,K}{K + H}$$

on fera varier K. R. H.

On leur attribue pour valeur les chiffres suivants :

Variables pour 100 de cannes	K Jus		R		H
Minima en kilog. (40 × 75)	30 —	bagasse 1re	50	—	30
Maxima —	10 —	—	35	—	10

Ces valeurs sont conventionnelles ; si elles sont inscrites comme bases, c'est qu'elles semblent se rapprocher le plus des données pratiques.

On peut les modifier suivant les usines, après expérience.

On se rappelle que K exprimant le coefficient de mélange par rapport à la bagasse représente dans ce cas le jus normal : K 75 0/0. Cette valeur K 75 entrera donc dans les formules si l'on exprime les variations par rapport à la bagasse contenant 75 0/0 de jus normal.

L'établissement des formules est donc :

1° Coefficient de mélange
$$E K = \frac{(40 + 16 - 26) K}{K + 16}$$

2° Rendement en bagasse
$$E R = \frac{(R + 16 - 26) 45}{15 + 16}$$

3° Proportion d'eau
$$E H = \frac{(40 + H - 26) 15}{15 + H}$$

Ces formules se simplifient ainsi :

$$E K = \frac{K. \ 30}{K + 16} \ ; R E = (R + 16 - 26) \ 4838 \ ; E H = \frac{21 + (H \times 15)}{15 + H}$$

Comparaison entre deux usines l'une marchant sans repression, l'autre avec repression et imbibition.

Les deux usines Anna Catharina et Leonora sont situées très près l'une de l'autre et travaillent la même canne.

Plantation « Anna Catharina » (sans répression).

	0/0 de cannes
Matière liquide ou humide contenue dans la canne.........	83.89
Matière fibreuse cellulosique ou ligneuse..................	16.11
	100.00

Du jus initial total 83.89 d'après les expériences, on a extrait par la pression unique..	61.76
Il a donc été perdu dans la bagasse 83.89 — 61.76........	22.13
La bagasse qui se compose de la matière ligneuse et du jus perdu (16.11 + 22.13), ou de la canne travaillée diminuée du jus extrait (100.00 — 61.76), représente....................	38.24
D'après l'analyse, 100 de cannes contiennent sucre........	14.99
Dans le jus non extrait il est resté ainsi sucre.............	3.95
Sucre extrait........................... :	11.04

Plantation Leónora.

1er moulin jus extrait de...	61.81
2e moulin, jus extrait en 2e pression plus eau...............	33.87
Bagasse de 2e pression...	28.96
	124.64
Vapeur et eau ajoutées à la 1re bagasse.....................	24.44

Si de la bagasse de 2e pression on retranche la partie ligneuse 28.96 — 16.11 = 12.85 de liquide composé de jus initial et d'eau qui d'après l'analyse à 6.09 de jus initial ou 1.09 de sucre.

Comme le jus initial contenait sucre...........................	14.99
Et qu'il reste dans la bagasse....................................	1.09
Il a passé dans le jus envoyé dans le travail, sucre...........	13.90
Contre à Catharina...	11.04
Différence en faveur de l'imbibition (1).........................	2.86

Description des moulins represseurs avec imbibition

Dans le chapitre traitant de la description des moulins, le système Rousselot a été cité, comme offrant le plus grande simplicité et le rendement le plus complet. M. Rousselot ne s'est pas contenté d'améliorer le moulin : il a étendu ses modifications au système represseur avec imbibition. Ce système aussi simple que régulier servira de base pour la description des represseurs.

Le moulin répresseur, système Rousselot se compose de :

    1º Une machine à vapeur horizontale
    2º Une transmission de mouvements à engrenages droits
    3º Un moulin à 3 cylindres (déjà décrit)
    4º Deux distributeurs de bagasse
    5º Deux couples presseurs.

La machine à vapeur, la transmission de mouvements de ce moulin ont déjà fait le sujet d'un chapitre antérieur ; leur établissement est absolument le même que pour l'installation d'un moulin simple.

Les couples presseurs se composent chacun de deux cylindres

(1) Sucrerie indigène.

d'un même diamètre superposés et d'un troisième cylindre d'un diamètre plus petit dont le centre est sur la même ligne que la tangente des deux rouleaux presseurs ; il se trouve placé en avant de ces derniers. Le petit rouleau, dit cylindre alimentateur par suite de sa position, sa cannelure disposée à cet effet et son diamètre particulier, tout en servant de broyeur par sa partie joignant le cylindre supérieur, facilite l'entraînement naturel de la bagasse jusqu'à la pression des deux rouleaux presseurs.

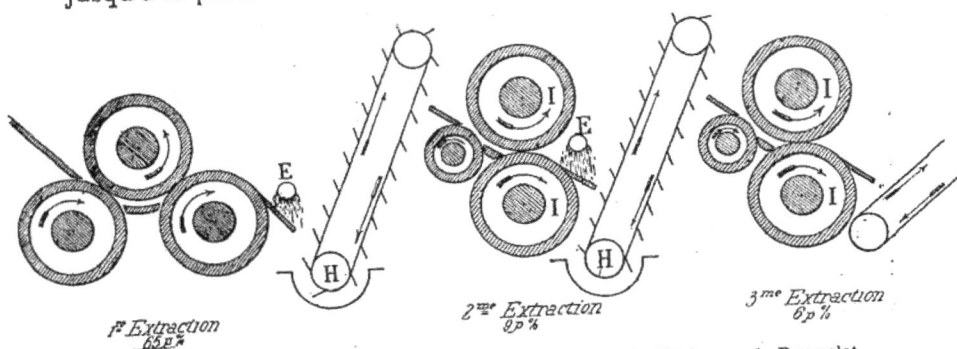

Fig. 380. — Schema démonstratif du moulin represseur avec imbibition, syst. Rousselot.

La bagasse est amenée du moulin au premier couple presseur par un distributeur de bagasse, à chaînes sans fin, monté dans les

Fig. 381. — Moulin represseur avec imbibition système Rousselot.

mêmes conditions que le conducteur de cannes placé à l'avant du moulin. Sa surface est garnie, sur toute la largeur du conducteur et à distances égales, d'augets qui ont pour fonction de recueillir la bagasse à sa sortie du deuxième cylindre du moulin, pour la porter au 1ᵉʳ couple represseur; le 2ᵉ distributeur de bagasse pareil au 1ᵉʳ prend la bagasse à sa sortie du 1ᵉʳ couple presseur, pour la jeter sur le deuxième rouleau.

Chaque couple presseur est actionné par les rouleaux qu'il dessert au moyen d'une chaîne sans fin et de roues à facettes et à dents; chaque distributeur est muni d'un embrayage à cône de frottement interne pour régler à volonté l'arrivée de la bagasse.

La bagasse intimement divisée est, à sa sortie du deuxième cylindre du moulin, arrosée d'eau chaude que distribue un tuyau transversal posé un peu au-dessous de la ligne de centre du cylindre supérieur. Ce tuyau, de la longueur des cylindres, est percé d'une infinité de petits trous permettant d'envoyer l'eau chaude sous pression, en pluie et non en filets. La bagasse, ainsi imbibée tombe dans les augets du distributeur qui va la jeter sur le cylindre alimentateur du premier couple represseur; à sa sortie du précédent couple, un tuyau semblable au premier imbibe une deuxième fois la bagasse, dilate ses cellules en dissolvant le sucre qui y est encore contenu, et le deuxième distributeur porte la bagasse au deuxième couple qui lui fait rendre une nouvelle quantité de jus dilué dans une partie de l'eau d'imbibition.

Dans quelques usines, au lieu de l'imbibition par tuyau comme celle citée plus haut, la bagasse tombe dans des bacs posés au bas de la servante de sortie du moulin. Le distributeur de cannes plongeant à sa partie inférieure dans le bac, ramasse la bagasse et la porte aux rouleaux presseurs. Ce système n'est pas aussi pratique que le système Rousselot, car, malgré les dispositions, prises il reste toujours dans le bac une quantité de bagasse que le distributeur ne peut ramasser.

D'autres établissements, pour éviter les inconvénients du bac, ont établi des bacs en forme d'U qui reçoivent la bagasse tombant des cylindres : dans ces bacs passe la partie inférieure des distributeurs, et les augets recueillent une plus grande quantité de la bagasse imbibée.

Quel que soit le mode d'emploi, l'eau contenue dans ces divers récipients doit toujours être maintenue à une température de 90° environ.

Dans un grand nombre d'usines on emploie au lieu et place des couples represseurs, un ou deux moulins placés l'un à la suite de l'autre après le moulin de première extraction; ces usines font l'imbibition soit par des tuyaux comme ceux des couples represseurs, soit par injection de vapeur ou d'eau sous pression; dans ce dernier cas elles font usage de bagassières perforées, pour l'introduction des jets de vapeur ou d'eau chaude.

D'après Riffard, le procédé d'imbibition donne environ 15 0/0 de vesou en plus. Divers essais faits avec le moulin represseur du système Rousselot ont donné les résultats suivants :

1re Extraction (moulin)........................	65 0/0
2e Extraction (1re repression)................	9 0/0
3e Extraction (2e repression)................	6 0/0
Total du vesou extrait......	80 0/0

Pour obtenir ce rendement, on avait ajouté les quantités d'eau chaude suivantes :

1re Imbibition (sortie du moulin)..........	6 0/0	}	15 0/0 (1)
2e — (sortie du 1er couple repression)	9 0/0	}	

Pour remédier à l'inconvénient d'acidification qui ne peut manquer de se produire dans les bagasses imbibées pendant leur parcours sur le distributeur de bagasses, MM. Lahaye et Brissonneau montèrent un moulin à 8 cylindres accouplés et parallèles, dit moulin à pressions multiples, qui, outre l'avantage de soumettre les bagasses à une pression de plus en plus considérable, permet de les imbiber de vapeur et d'eau chaude entre chaque pression, sans exposition à l'air. On peut au besoin saturer les bagasses de jus dilué recueilli à la chute de l'avant dernier cylindre et élevé pour l'imbibition par des pompes. Ce système outre les avantages énumérés plus haut occupe moins de place que celui à divers couples de presseurs et la dépense de force motrice est bien moins grande (figure 382.)

D'après des chiffres donnés par MM. Dubos frères, propriétaires de l'usine de Courcelle, qui se servent depuis plusieurs années d'un moulin à pressions multiples, on a trouvé une moyenne de rendement supérieur à 10.25 pour 100 pour des cannes dont le jus normal avait une densité de 1.071, ce qui fait environ 15.50 de sucre cristallisable pour 100 kg. de jus.

Fig. 382. — Moulin à pressions multiples, système Lahaye et Brisonneau.

Un résumé des formules de M. L. Biard concernant la pression des moulins a été cité plus haut. Il sera bon de connaître le travail et les formules que le même auteur a donnés pour le système d'extraction par imbibition, et qui paraissent résumer tout ce qui a été dit et fait sur la pression des moulins et des couples presseurs.

Moulin à cannes perfectionné, système Alfred Leblanc. —En 1888 M. Alfred Leblanc fit breveter un moulin à deux jeux de cylindres superposés : le premier jeu, appelé cylindre alimentateur, est composé de trois rouleaux formant un triangle dont la ligne de base inférieure a une inclinaison de 40°; le second jeu composé de deux rouleaux presseurs est placé au-dessous des deux cylindres inférieurs et dans la même pente.

Le tout ne forme qu'un seul appareil.

Trois bagassières en fonte d'acier, ayant une section triangulaire et creuse, avec bouchons de cuivre sur la surface où passe la bagasse et percée de trous de 2 à 3 ^{m}/^{m} de diamètre pour l'écoulement du vesou, et au besoin pour injection de vapeur ou d'eau, relient les cylindres. La première, placée entre le premier cylindre de la partie inférieure du moulin et le deuxième cylindre placé au-dessus et formant base au triangle sert de conductrice pour la deuxième pression de la bagasse. Les deux autres bagassières placées parallèlement l'une à l'autre et légèrement inclinées sur la verticale formant couloir pour mener la bagasse aux cylindres supérieurs et represseurs.

Le vesou s'écoule en montant aux cylindres represseurs, ce qui permet à ceux-ci d'extraire de la bagasse ce qui y reste de jus et à la livrer bonne à brûler sans subir de ventilation.

Les bâtis sont entourés d'une frette en acier qui en augmente la solidité; les rouleaux et bagassières sont réglés comme aux moulins ordinaires.

La canne entre dans cet appareil par la partie inférieure et en sort par la partie supérieure, en suivant une marche verticale.

Les essais de ce moulin faits à la sucrerie de MM. Apezteguia à Cuba (Usine Constancia) ont donné un rendement de 79.64 0/0.

Des cannes coupées depuis 13 jours ont donné $71 \dfrac{185}{1.000}$ 0/0

Ce moulin est actionné par des machines à vapeur jumelles, ou par des machines simples de même puissance. Sur chacun des jeux qui le compose, en réglant convenablement la marche relative des deux machines, on arrive à la pression maxima et on peut éviter de ce fait les engorgements si fréquents dans les moulins ordinaires.

Appareil Fin et Christ (Cambray et Cie concessionnaires). — L'appareil proposé par M. Cambray et Cie est à proprement parler un défibreur de bagasses et non un défibreur de cannes ; cette machine n'agit que sur la bagasse sortant du 2e cylindre du moulin. Cette bagasse, tombant dans une vasque circulaire, est ramassée par une noria ou élévateur à chaîne sans fin muni de godets placés à distances égales les uns des autres, qui la jette dans un bac cylindrique formant la partie supérieure de l'appareil.

Ce défibreur se compose de quatre piliers formant bâti. Au centre est placé l'arbre donnant le mouvement ; il est actionné dans la partie inférieure par un engrenage d'angle mû par un arbre horizontal marchant par transmission. (Voir la figure p. 560.)

Le réservoir fixe en forme d'entonnoir placé au haut de l'appareil est lissé intérieurement jusqu'à mi-hauteur ; sa partie inférieure est armée de dents dont la base quadrangulaire est formée par des rainures. L'arbre moteur porte à son sommet une vis en hélice attirant la bagasse dans le fond de l'entonnoir ; à hauteur des dents de cet entonnoir, se trouve fixé sur l'arbre un cône portant des dents semblables à celles du réservoir ; la bagasse, poussée par l'hélice, se presse dans l'écartement formé par les cônes, commence à être attaquée par les dents, puis finalement elle est broyée et séparée complètement dans le fond du réservoir où les dents resserrées par la fonction des deux cônes font un travail qu'on peut comparer à celui des moulins pulvériseurs (moulins à poivre, etc.).

La bagasse réduite à l'état de bouillie tombe dans une aire cylindrique fixe ; cette aire est en tôle de $1^{m/m}$ 1/2 à $2^{m/m}$ 1/2 d'épaisseur, à fond perforé ; elle est alors pressée par deux rouleaux placés de chaque côté de l'arbre qui les met en mouvement. Le jus s'écoule par les trous dans un autre cylindre fixe placé au-dessous. La bagasse pressée est rejetée au dehors de l'aire par deux racloirs en soc de charrue, placés entre les rouleaux presseurs et formant avec eux un quadrille.

L'arbre porte à ses deux extrémités une vis de serrage permettant de régler l'écartement du cône broyeur.

Après le défibrage, on peut imbiber la bagasse pendant son passage sous les rouleaux presseurs.

La bagasse rejetée par les racloirs tombe dans une trémie, cette trémie la pousse dans un cylindre ayant une inclinaison de 45°, au sommet de ce cylindre une ouverture livre passage à la bagasse, qui tombe sur un appareil qui la réduit en briquettes.

Cet appareil est formé d'un plateau ayant 10 à 12 centimètres d'épaisseur et portant de distance en distance des ouvertures rondes qui le traversent de part en part, il tourne sur un disque fixe en fonte ayant une ouverture sur un de ses côtés et dans l'axe des trous du cylindre supérieur.

La bagasse tombe dans les trous du cylindre mobile, elle est pressée dans sa course sur la partie opposée à la chute par un pilon mécanique donnant 200 k. par centimètre carré. Tous le jus contenu dans la bagasse en est extrait et le cylindre continuant sa marche rotative vient lâcher à l'ouverture de disque inférieur la briquette qui est alors bonne à brûler.

Le disque en fonte a des rainures creuses convergeant vers le centre pour l'écoulement du jus.

D'après le rapport de M. Cambray, nous donnons le résultat de l'essai comparatif de l'application de son procédé avec le rendement d'un simple moulin.

Extraction par moulin.

67 kil. à 17.04..............................	11.41
En admettant une perte de 10 0/0 en fabrication mélasse, etc..............................	1.14
Soit un rendement..........................	10.37

Extraction par le procédé Cambray (d'après ses données)

67 kg. du moulin à 17.04....................	11.41
Les 21 kg. de vesou restant dans la bagasse à 17.04 = 3.58 de sucre auxquels s'ajoutent 30 kg. d'eau ce qui donne 51 kg. de vesou atténué à 7 0/0 de sucre, desquels l'inventeur extrait 43 kg. = 43 × 7....................	3.01
	14.42
En admettant également une perte de 10. 0/0 En fabrication, mélasse, etc................	1.44
Soit un rendement de......................	12.98
Excédent de rendement obtenu par le procédé de l'inventeur..........................	2.71 (1)

Nous terminerons ce chapitre par les lignes suivantes de M. Biard sur la pression des moulins :

« Dans une sucrerie de canne extrayant le jus par des moulins, ce qui est actuellement le cas le plus fréquent, la connaissance de leur pression est le renseignement qui devrait le plus intéresser les fabricants; cependant bien peu pourraient fournir des données exactes sur cette partie du travail. Ceux qui cherchent à s'en rendre compte se contentent généralement de peser la bagasse qui provient d'un poids connu de cannes; ce moyen est défectueux et conduit à une pression trop élevée à cause des pertes inévitables de bagasse pendant le transport et à l'état de folle bagasse qui passe dans les jus et est perdue pour la pesée. On pourrait chercher à contrôler ce premier résultat par le jaugeage des jus, mais il est bien difficile de le faire exactement, soit parce que les bacs de jauge ont une grande surface, soit parce qu'il reste des quantités différentes de vesou dans les tuyaux de la pompe de refoulement, au commencement et à la fin de l'expérience. De plus, dans les sucreries qui, comme à Maurice,

(1) M. Cambray nous informe que l'appareil Fin et Christ installé à l'usine Rivière-Monsieur donne des résultats conformes à ces chiffres.

additionnent d'eau sulfureuse les jus à leur sortie des moulins, il faut tenir compte de la dilution du vesou normal ; le mieux serait dans ce cas de supprimer la sulfuration pendant la durée de l'expérience. Quelles que soient les précautions que l'on prenne, nous nous sommes convaincu par expérience que ce n'est que par hasard que l'on retrouve le poids des cannes écrasées en additionnant le poids de la bagasse et celui du vesou ; c'est pourquoi nous avons cherché à déterminer la pression des moulins par le calcul.

« Déjà en 1865, le Dr Icery avait proposé le moyen suivant dans sa brochure : *De quelques recherches sur le jus de la canne à sucre.* On pèse environ 250 grammes de bagasse sortant des moulins, puis on l'introduit dans un petit sac en forte toile ; on les soumet à un rapide lavage à l'eau tiède, on la dessèche à l'étuve et on la pèse de neuveau.

Soient : B poids de la bagasse humide.

—   B' poids de la bagasse sèche.

—   C le marc insoluble contenu dans 100 parties de canne.

Si C de marc représente 100 de canne, B' en représente $\dfrac{100 \ B'}{C}$ et s'il est le poids des cannes qui ont fourni B de bagasse normale, la quantité de jus extrait est donc :

$$\frac{100 \ B'}{C} - B = \frac{100 \ B' - BC}{C} \; ;$$ pour la ramener à 100 de cannes, il suffit de multiplier par 100 et de diviser par $\dfrac{100 \ B'}{C}$, soit pour la pression cherchée $\dfrac{100 \ B' - BC}{B'}$. Si, pour plus de simplicité on a opéré sur un poids B de bagasse humide égal à 100 grammes, la formule devient $100 \ \dfrac{B' - C}{B'}$.

» Ce procédé est exact à la condition que le lavage de la bagasse humide soit complet, c'est une condition difficile à réaliser, surtout si l'on opère sur 250 grammes de bagasse, comme le propose Icery ; de plus, la dessiccation complète de la bagasse lavée demande beaucoup de temps.

Nous avons cherché à résoudre la question en dosant le sucre dans le vesou et dans la bagasse.

Soient : C sucre contenu dans 100 kil. de cannes.

—   V sucre contenu dans 100 kil. de vesou.

—   B sucre contenu dans 100 kil. de bagasse.

—   P la pression cherchée, c'est-à-dire le poids de jus extrait de 100 kil. de cannes.

La quantité de vesou P ayant une richesse de V p. 100, contient $\dfrac{PV}{100}$ kil. de sucre. La quantité de bagasse est $100 - P$, sa richesse

B pour 100, elle contient donc $\dfrac{(100 - P)\,B}{100}$ kil. de sucre. La somme de ces deux quantités est évidemment égale à C :

$$C = \frac{P\,V}{100} + \frac{B\,(100 - P)}{100}$$

d'où l'on tire :

$$P = 100\,\frac{C - B}{V - B} \tag{1}$$

Cette formule suppose que l'on connaît la richesse de la canne, que l'on déduit généralement de celle de son vesou par l'application d'un coefficient K qui est théoriquement de 0.88 à 0.90.

Après de nombreux essais faits au laboratoire avec un moulin donnant des pressions variables et connues, et pouvant atteindre des pressions industrielles, Biard est arrivé à déterminer le coefficient industriel K pour une pression P.

$$K = 0{,}665 + 0{,}0025\,P. \tag{2}$$

Si on appelle J le poids de jus contenu dans 100 kg. de cannes et m la variation de coefficient K par unité de pression.

Pour une pression complète, c'est-à-dire de J 100, la valeur de K serait $\dfrac{J}{100}$; pour une pression P inférieure à J de J — P, la valeur de K diminue de (J — P) m et devient :

$$K = \frac{J}{100} - (J\,P)\,m$$

qu'on peut écrire :

$$K = \frac{J - 100\,J\,m + 100\,P\,m}{100}$$

ou enfin :

$$K = \frac{J\,(1 - 100\,m) + 100\,P\,m}{100} \tag{3}$$

Nous pouvons maintenant calculer la pression en fonction du sucre V contenu en remplaçant C dans la formule (1) par sa valeur KV. On a alors :

$$P = \frac{JV\,(1 - 100\,m) + 100\,VP\,m - B}{100\,(V - B)}$$

équation d'où l'on tire :

$$P = \frac{JV\,(1 - 100\,m) - 100\,B}{V\,(1 - 100\,m) - B} \tag{4}$$

La valeur de m déterminée par expérience est 0,0025; quant à celle de J, on peut la calculer. En effet, comme nous l'avons dit plus haut, pour une pression J la valeur de K est de $\dfrac{J}{100}$, et l'équation (2) devient :

$$\frac{J}{100} = 0{,}665 + 0{,}0025\,J.$$

D'où l'on tire J = 88,67

C'est une valeur comprise entre celles qu'on admet généralement et qui varient de 88 à 90. La formule (4) devient alors :

$$P = \frac{66.50 \text{ V} - 100 \text{ B}}{0,75 \text{ V} - \text{B}} \tag{5}$$

Telle est la formule qui permet de calculer la pression d'un moulin quand on connaît les richesses en poids du vesou et de la bagasse corres-, pondante.

« On peut maintenant se poser le problème suivant :

« Une canne de richesse connue étant soumise à des pressions variables, on demande de les déterminer, les richesses des bagasses correspondantes étant connues.

« Si la richesse du vesou ne variait pas avec la pression, on pouvait résoudre le problème en appliquant la formule (1), mais cette variabilité nous oblige à rejeter ce moyen.

« Nous avons la relation $C = KV$, d'où $V = \dfrac{C}{K}$ et remplaçant K par sa valeur (3) :

$$V = \frac{100 \text{ C}}{\text{J} (1 - 100 \, m) + 100 \text{ P} \, m}$$

qu'on peut introduire dans la valeur de P (4) qui devient :

$$P = \frac{100 \text{ J} (1 - 100 \, m) (\text{C} - \text{B}) \ 10000 \text{ BP} \ m}{(1 - 100 \, m) (100 \text{ C} - \text{JB}) - 100 \text{ BP} \, m}$$

d'où l'on tire :

$$P = \frac{100 C (1 - 100 \, m) - B(J - 100 J \, m - 10000 m) + \sqrt{\begin{array}{l} 10000 \text{ C}^2 (1 - 100 \, m)^2 + B^2 [(J - 100 J \, m - \\ 10000 m)^2 + 40000 J \, m (1 - 100 \, m)] - BC \ 200 J \\ - 2000000 \, m + 200000000 \, m^2 - 2000000 J \, m_2) \end{array}}}{200 \text{ B}m}$$

« Cette valeur de P se simplifie beaucoup si l'on remplace J et m par leurs valeurs : 88,67 et 0,0025. Elle devient alors :

$$P = \frac{150 \text{ C} - 83 \text{ B} \pm \sqrt{22500 \text{ C}^2 + 33489 \text{ B}^2 - 51500 \text{ BC}}}{\text{B}}$$

« Le radical pris avec le signe négatif donne seul une solution. Telle est la formule qui permet de calculer la pression d'un moulin quand on connaît la richesse de la canne et celle de la bagasse correspondante. »

Résumé des formules :

Appelant C le sucre contenu dans 100 kg. de cannes ;

      V   —   —   — de vesou ;

      B   —   —   — de bagasse ;

      P le poids de vesou extrait de 100 kg. de cannes ;

      K le coefficient par lequel il faut multiplier V pour avoir C, nous avons vu qu'on pouvait établir les relations suivantes :

$$C = K V \tag{a}$$

$$K = 0.665 + 0.0025 \text{ P} \tag{b}$$

$$P = 100 \, \frac{C - B}{V - B} \qquad (c)$$

$$P = \frac{66.50 \, V - 100 \, B}{0.75 \, V - B} \qquad (d)$$

$$P = \frac{150\,C - 83\,B - \sqrt{22500 \, C^2 + 33489 \, B^2 - 51500 \, BC}}{B} \qquad (e)$$

Remplaçant K par sa valeur dans (a), on tire :

$$P = \frac{400 \, C - 266 \, V}{V} \qquad (f)$$

On peut donc calculer la pression en fonction des trois valeurs C, V et B ou de deux quelconques d'entre elles.

Enfin, égalant (c) et (d), on tire :

$$C = \frac{66.50 \, V^2 - 91.50 \, BV}{75 \, V - 100 \, B} \qquad (g)$$

DÉFIBREURS.

Un moulin bien réglé donnant sa force d'extraction *maxima* laisse encore dans les cellules une certaine quantité de sucre que l'imbibition et les repressions successives n'arrivent pas à extraire complètement. En effet, la plus forte extraction obtenue par ces moyens fut 75 0/0; il restait encore dans la canne, outre ses matières ligneuses (10 0/0), 15 0/0 de jus non extrait. Cela dépendait en général de ce que la canne n'était jamais entièrement broyée; son enveloppe très dure et les nœuds qui recouvrent les parties les plus riches en sucre, opposaient une résistance relative aux efforts de la pression. On imagina de déchirer la canne avant son arrivée ou moulin et les machines que l'on construisit pour cette opération furent appelées « défibreurs. »

Ces défibreurs dont la description formera la suite de ce chapitre, ouvrant la canne, la déchirant, mettent à nu les cellules qui, présentées ensuite au moulin, s'écrasent plus facilement et par ce fait augmentent le rendement tout

Fig. 383. — Défibreur Faure.

en facilitant le travail, sans porter préjudice à la qualité du jus extrait.

Le plus employé de ces déchireurs mécaniques dans les Antilles est le défibreur Faure; il est aussi un de plus simples et son travail est des plus réguliers.

Le défibreur Faure (fig. 383) se compose d'un cylindre en fonte revêtu de plaques à dentures héliçoïdales, roulant dans une cuvette portant les mêmes plaques et disposées de façon que la denture des unes soit à l'inverse de celle du cylindre, pendant que l'intervalle va en diminuant de l'entrée à la sortie. Cet intervalle doit avoir de 34 à 40 $^m/_m$ à l'entrée, tandis que la sortie n'offrira que 10 à 14 $^m/_m$ de jeu.

La vitesse ordinaire est de 50 tours à la minute, mais cette vitesse varie selon le débit du 1er moulin, qui lui-même aura un écartement moins fort des cylindres. Après de nombreux essais faits avec le défibreur Faure, on s'est arrêté aux écartements suivants :

13 à 16 $^m/_m$ pour le roll à cannes.

3 à 4 $^m/_m$ pour le cylindre à bagasse.

La canne amenée au défibreur par un conducteur à chaîne sans fin est présentée au cylindre déchireur, horizontalement, c'est-à-dire dans une position parallèle au rouleau ; elle est saisie sur la cuvette par la partie la plus large de la denture, tournée entre les deux surfaces et rejetée sur le conducteur de cannes qui dessert le moulin, décortiquée, les cellules à découvert.

Un défibreur simplifiant ou plutôt aidant au travail du moulin a permis à ce dernier de broyer 18000 k. de cannes à l'heure avec un rendement plus considérable.

Le moulin seul donnait une extraction de 61.50 0/0 de cannes. Aidé par le défibreur le même moulin fournit 73 0/0, soit donc une différence en faveur du défibreur de 11.50 0/0.

Défibreur Krajewski et Pesant. — On trouve principalement à Cuba un défibreur dû à MM. Krajewski et Pesant, et se composant de deux cylindres superposés. Chaque cylindre est évidé à distances égales sur toute sa surface de manière à former une succession de cônes, le sommet des cônes d'un cylindre viendra remplir les parties évidées de l'autre cylindre. Ces cônes sont cannelés, en suivant les pentes, sur toute la surface du cylindre, et les rainures de chaque rouleau sont disposées de manière qu'elles puissent recevoir les parties saillantes, formant dents, lorsqu'elles se présentent, et former ainsi un jeu d'engrenage.

Les cannes présentées par bout au défibreur sont broyées, ouvertes et coupées en tronçons d'environ 10 centimètres, facilitant la pression du moulin et lui permettant une extraction plus considérable.

Fig. 384. — Défibreur Krajewski et Pesant.

Défibreur Bazé. — Le système de M. G. A. Bazé offre un autre mode d'opération que les systèmes Faure ou Krajewski. Cet appareil se compose d'un tambour A, muni d'anneaux en acier portant des dents *a* placées sur toute la surface du tambour et parallèles entr'elles. Une grille C, supportée par deux traverses horizontales D, reçoit, dans sa partie inférieure en forme d'U, du conducteur G, les cannes qui se présentent parallèlement à l'axe du cylindre ; les dents émoussées qui garnissent ce dernier, passant entre les interstices de la grille, broient la canne et la précipitent sur un courrier I.

Le mouvement est donné aux divers organes par l'arbre X qui porte les roues dentées R et P. La roue P entraîne la roue N, l'arbre M et l'arbre O par l'intermédiaire de deux roues dentées d'angle.

La roue dentée H sert à l'alimentation de la trémie G.

On peut convertir cet appareil défibreur en coupe cannes; il suffit de changer la grille C en forme d'U, par une autre grille dont les barreaux sont inclinés, et le tambour A armé de dents par un autre portant des couteaux inclinés vers le centre du cylindre et affutés.

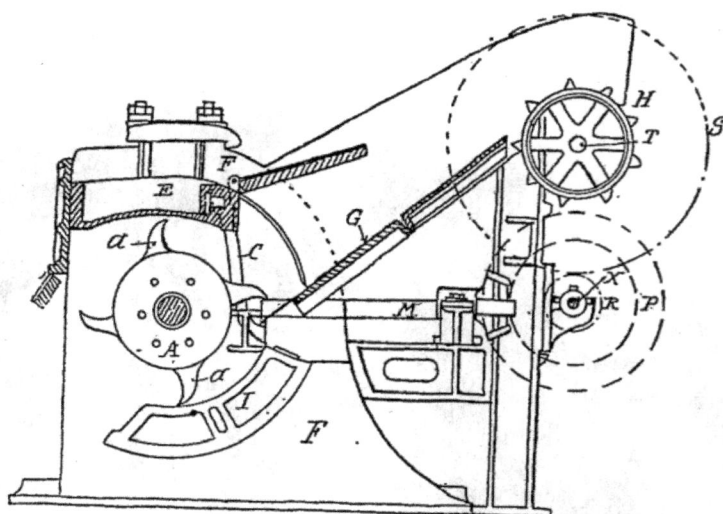

Fig. 385. — Défibreur Bazé.

En 1893 M. G. A. Bazé apporta des perfectionnements au défibreur qu'il avait d'abord appliqué en 1889. Cet appareil se résume ainsi :

Un bâti formé de deux flasques A reliées entr'elle par la traverse supérieure B et à sa partie inférieure par l'entretoise boulonnée c porte un tambour cylindrique D sur lequel sont fixés des anneaux en acier E présentant des dents émoussées a. Les anneaux E se touchent et les dents sont disposées de manière à former une ligne un peu oblique. Ces dernières pénètrent dans les intervalles laissés par une grille F ayant la forme d'un V. Les cannes arrivant parallèlement à l'axe du cylindre par la trémie K, sont broyées dans l'angle du V formé par la grille F.

Un tablier sans fin L, commandé par la roue dentée N, dessert la trémie K et les cannes sont chargées en O. Les cossettes tombent de la grille F sur un coursier H qui les rejette sur le conducteur P qui les porte au moulin M. Le tablier sans fin P passe sous le défibreur entre les flasques A du bâti, ce qui permet, au cas où une avarie se produirait dans l'appareil, de ne pas arrêter le travail, en

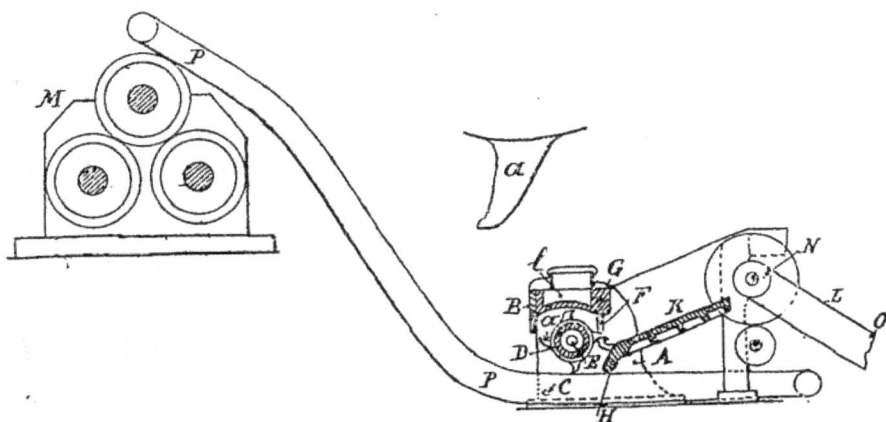

Fig. 386. — Défibreur Bazé modifié.

réunissant le tablier P au tablier L. Les cannes chargées en O vont directement au moulin en passant sous le défibreur.

Défibreur Lambert et Ferron. — La figure 387 représente l'installation d'un moulin à cannes (B), avec un défibreur système Lambert et Ferron (A), construits par les établissements Cail.

Cette disposition permet d'obtenir de la canne à sucre un plus grand rendement en vesou et par suite en sucre, sans nécessiter un appareil d'évaporation d'une force sensiblement plus grande que celle demandée par le moulin seul. En effet, sans aucune addition d'eau superflue sur le moulin à cannes, le défibreur Lambert et Ferron permet d'augmenter de 8 0/0 au minimum le rendement en vesou.

Le travail avec le défibreur et le moulin se fait de la manière suivante :

La canne est placée sur un conducteur de cannes ordinaire C, pour être amenée sur la table D d'alimentation de cannes du défibreur ; les cannes sont alors prises entre les deux cylindres *a* et *b* dont les surfaces extérieures sont tournées en hélices, comme une vis à filets triangulaires ; elles sont disposées de telle façon que les cannes sont forcées de subir un mouvement de torsion, destiné à les ouvrir, pour les préparer à recevoir la pression du moulin.

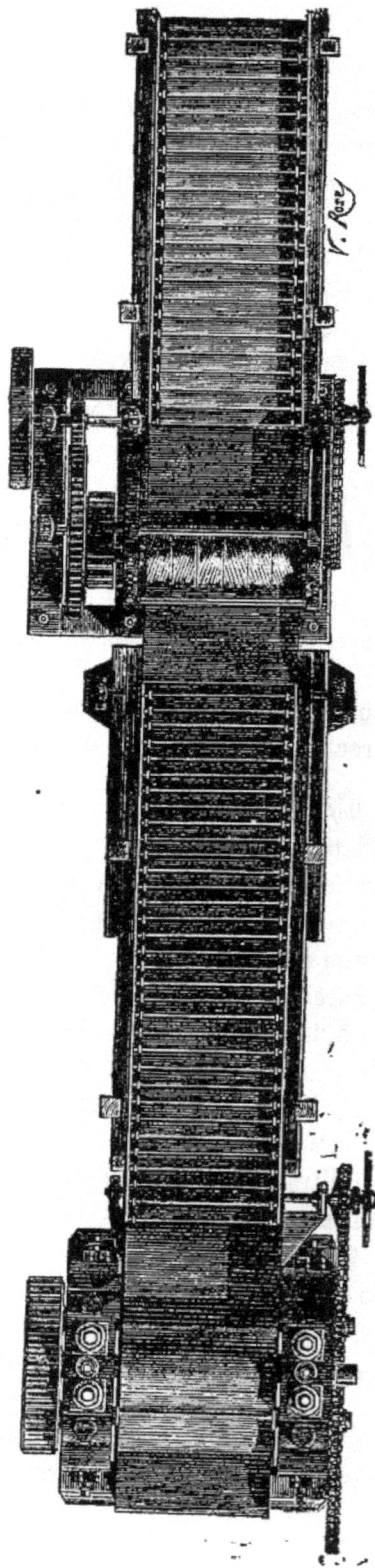

Fig. 387 et 388. — Délibreur Lambert et Ferron, construction Cail.

Le premier travail fait par le défibreur permet alors de diminuer l'écartement des cylindres du moulin (lorsqu'on travaille avec ce dernier appareil seul), ce qui augmente la pression et explique l'augmentation de rendement en vesou.

Le défibreur Lambert et Ferron exige une force motrice relativement faible, qui peut être donnée par la machine actionnant le moulin à cannes.

Les cannes sortant du défibreur glissent sur la table E pour tomber sur le conducteur F qui doit les amener au moulin par l'intermédiaire de la table d'arrivée G; les cannes sont alors prises entre les cylindres c et d, poussées sur la bagassière f, pour venir repasser entre les deux cylindres d et e; l'écartement de ces deux derniers cylindres est excessivement faible. La bagasse pressée qui reste après le passage entre ces derniers cylindres, tombe sur un conducteur qui l'emmène soit au générateur où elle peut être brûlée telle quelle, au moyen de fours spéciaux, soit dans des cours où on la laisse sécher pour la brûler ensuite.

Le jus ou vesou sortant du moulin est reçu par la plaque de fondation disposée en cuvette qui le conduit soit à une pompe, soit à un monte-jus pour le diriger à la défécation.

On obtient ainsi 80 0/0 de vesou par 100 kg. de cannes; les 20 0/0 restant sont constitués par le ligneux (bagasse).

Fig. 389. — Défibreur dit « Le National »

A Cuba, plusieurs usines emploient le défibreur dit « Le National ».

Cette machine fait passer la canne avant son arrivée au moulin entre deux cylindres placés l'un au-dessus de l'autre, mais dont l'un supérieur est posé sur une ligne sortante de 45° par rapport à la ligne verticale.

Chaque cylindre se compose de plusieurs roues dentées d'angle jointes les unes à la suite des autres et dont les arêtes saillantes sont affutées. Un intervalle ne dépassant pas 0.01 c/m, sépare les deux rouleaux.

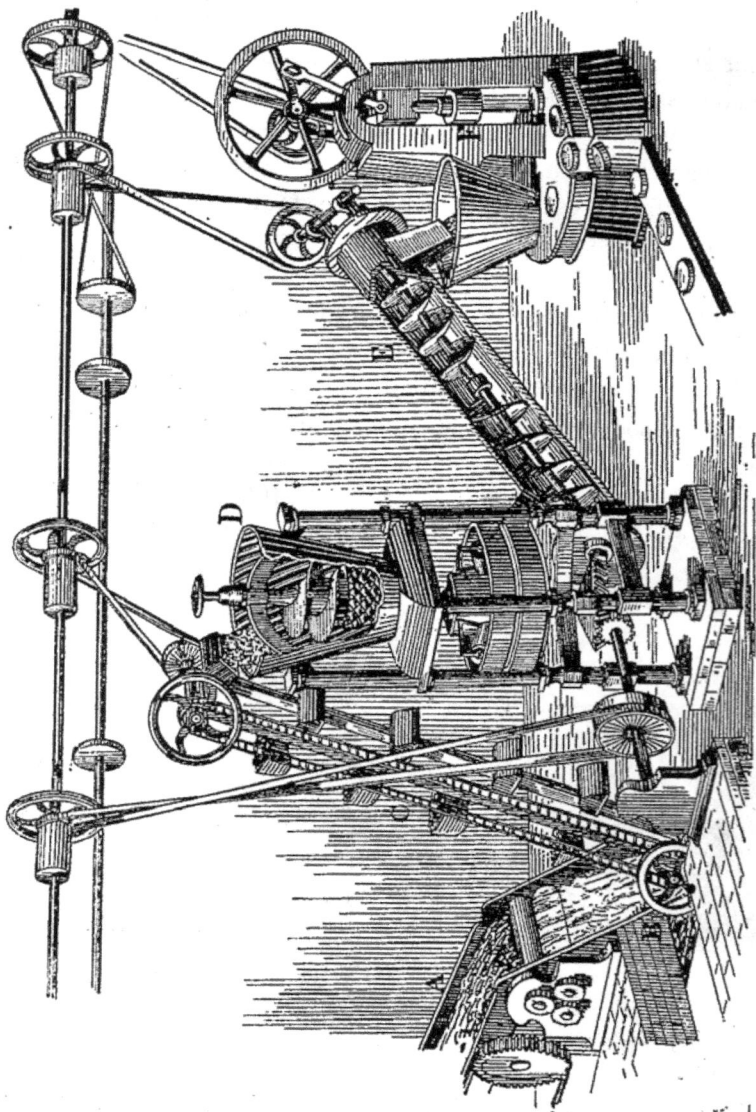

Fig. 390. — Défibreur Fin et Christ (Cambray et Cie concessionnaires) (voir p. 547). A Moulin à cannes ; B Bagasse ; C Elévateur ; D Broyeur ; E Malaxeur ; F Presse pour réduire la bagasse en briquettes.

Chaque cylindre, actionné par une courroie, marche en engrenage c'est-à-dire dans un sens opposé l'un à l'autre; la canne amenée par un conducteur à chaîne sans fin tombe dans un couloir fixe qui par son inclinaison la jette entre les deux cylindres dentés, elle sort décortiquée et tombe sur le moulin par un autre couloir fixe.

Un moteur spécial est affecté à la marche de ce défibreur.

DU VESOU

La canne à sucre écrasée par les moulins laisse couler un liquide sucré appelé *vesou*, plus ou moins pur et plus ou moins dense, et donne une matière ligneuse appelée *bagasse* qui, entraînée par des conducteurs, est portée dans la cour et sèchée au soleil; elle sert ensuite de combustible.

Dans certains pays où les pluies sont rares et la main-d'œuvre facile, comme en Egypte, on étend la bagasse sur le sol pour la faire sécher au soleil avant de la brûler.

Le vesou lorsqu'il sort du moulin est toujours chargé de débris de cannes, de matières organiques; il est louche, d'une couleur jaune verdâtre.

Composition du vesou. — La composition du vesou est très variable et dépend principalement de la nature des cannes, de leur âge, de leur qualité, de la pression du moulin, etc. Il contient en général par litre :

Saccharose ou sucre.....................	16 à 25 gr.
Glucose................................	0.20 à 2 gr.
Matières organiques....................	0.800 à 11 gr. 00
Matières minérales.....................	0.80 à 2 gr. 40

D'après Icery les matières organiques se composent de :

Albumine............................	0.027 pour cent.
Matière granulaire....................	0.100 —
Autres substances végétales........	0.223 —

Albumine. — On donne le nom générique d'*albumine* aux matières albuminoïdes et gommeuses, aux principes muqueux et aux corps pectiques contenus dans la canne. La plupart d'entre eux jouissent de la propriété de se combiner à la chaux et constituent des acides faibles (acide pectique, etc.), dont la solubilité dépend en grande partie de celle des bases auxquelles ils sont liés.

Matière granulaire. — Dans un examen microscopique du vesou, le Dr Icery donne la description de ce qu'il appelle la matière granulaire; nous reproduirons la description qu'il en a faite :

« Le vesou dit-il, n'est pas seulement un liquide dans lequel un certain nombre de substances organiques immédiates et minérales se trouvent dissoutes; il renferme en outre, une matière organisée appréciable au microscope. Lorsque le jus de la canne est exprimé, quel que soit le moyen employé, la presse ou le moulin, il entraîne toujours avec lui des fragments de tissus et des débris de cellules qui, au bout d'un certain temps, forment, au fond du vase où le vesou a été recueilli, un dépôt plus ou moins abondant, selon le degré de compression auquel on a eu recours. A l'œil nu, ces particules étrangères au liquide sont facilement appréciables, et se présentent sous le microscope avec toutes les apparences propres aux matières contuses et déchirées qui proviennent des végétaux soumis à une forte pression. Il suffit généralement d'un repos de trois quarts d'heure pour que toutes ces matières se dégagent du liquide, et se rassemblent dans ses dernières couches. Mais quelque prolongé que soit ce repos, durerait-il jusqu'aux premiers indices de la fermentation, le liquide, même dans ses parties supérieures, ne devient jamais limpide et conserve toujours un aspect lactescent. Lorsqu'on le porte dans cet état sous l'objectif du microscope, on constate cependant que tous les fragments et débris cellulaires en ont entièrement disparu. Si le jus de la canne était seulement formé par de l'eau tenant un certain nombre de corps en solution, il pourrait être plus ou moins coloré; mais après la précipitation des débris organiques, il ne devrait pas conserver cette apparence louche qui le caractérise. Le vesou est en effet formé de deux parties distinctes, l'une liquide et l'autre solide. La première comprend l'eau tenant en solution des principes organiques immédiats et des substances salines ; l'autre est constituée par des corpuscules ou granules tenus en suspension dans toute l'étendue du liquide et ne pouvant pas en être éliminés par les moyens qui servent à séparer les débris cellulaires les plus ténus. Ces petits corps sont globuleux et se composent d'une enveloppe mince, solide et transparente qui renferme une sorte de noyau ou matière semi-fluide. Ils ont de 3 à 5 millièmes de millimètre dans le sens de leur plus grand diamètre. Ces globules, que j'appellerai *matière granulaire* du vesou, font partie intégrante de ce liquide auquel ils donnent l'aspect légèrement lactescent qui lui est propre. Ils proviennent de la sève même de la canne, où on les retrouve à toutes les époques du développement de cette plante. Ils se précipitent à peine des couches supérieures du vesou abandonné à lui-même; mais ils peuvent facilement en être isolés à l'aide d'une filtration sur du papier joseph. Alors le vesou passe dépouillé entièrement de toute substance solide et se montre limpide et d'une nuance légèrement brune rappelant celle du sirop clarifié.

« *Matières organiques.* — Après la séparation, par la chaleur de l'albumine, dit le Dr Icery, il reste dans le vesou une matière organique complexe, précipitable par l'alcool et par l'acétate neutre de plomb, et très soluble dans les alcalis et les acides, même l'acide tannique. Isolée et épurée par plusieurs précipitations au moyen de l'alcool, cette substance est sans odeur ni saveur, blanche, amorphe, sans action sur la lumière polarisée, dégageant de l'ammoniaque, lorsqu'elle est chauffée avec de la chaux ou de la potasse, déliquescente quoique ne se redissolvant qu'en partie après avoir été isolée. Abandonnée dans l'eau, elle forme une solution trouble et visqueuse; mélangée à l'eau sucrée, elle rend celle-ci également visqueuse et m'a paru être la cause réelle de cette consistance visqueuse que prennent le vesou et le sirop avant de subir la fermentation. Cette matière, échappant aux agents qui sont employés pour purifier le vesou, s'accumule dans ce liquide et se retrouve en quantité considérable dans les sirops. Elle doit être considérée comme l'une des principales causes qui s'opposent à l'extraction du sucre de second jet, car elle est un obstacle puissant à la cristallisation régulière de ce corps. Cette substance, de nature complexe, joue donc un rôle important dans la sucrerie coloniale et mérite, à ce titre, de devenir l'objet d'une étude plus complète. »

D'après M. Deghuce, le précipité plombique contient les corps suivants :

Acide formique
— mélassique
— tartrique
— malique
— succinique
Une matière colorante jaune

Un produit nitrogéné
Acide phosphorique
Silice (traces)
Fer (traces)
Alumine (traces).

L'auteur n'a pas trouvé les corps suivants :

Les acides volatiles, à l'exception de l'acide formique qui s'y trouvait en très petite quantité, des acides oxalique, citrique, glucique, et les composés pectiques.

L'acide propionique n'a pas pu être cherché, parce qu'il ne précipite pas avec l'acétate basique.

L'absence de l'acide glucique ne peut être considérée comme probable, parce que ce composé n'est pas précipitable, au moins d'une manière parfaite par l'acide basique et peut très bien être resté dans la liqueur.

Les acides malique et succinique ont été reconnus avec tous les réactifs.

La présence d'une petite quantité d'acide tartrique est intéressante, parce que c'est la première fois que l'on trouve sa présence dans le vesou. Winter ne l'a pas rencontré; et Prinsen Geerligs n'en fait pas mention dans son travail sur la composition de la mélasse de canne (1).

Matières minérales. — On retrouve naturellement dans le vesou toutes les matières minérales contenues dans la canne.

Voici la composition centésimale donnée par Bonàme :

Acide phosphorique	12.37
Acide sulfurique	15.36
Chlore	1.64
Chaux	11.67
Magnésie	16.13
Potasse	19.35
Soude	1.59
Oxyde de fer	1.69
Silice	20.20
Total	100.00

(1) Revista de agricultura. Cuba.

*Relation entre la pression du moulin et la richesse saccharine
du vesou.*

« On croit souvent, dit Bonâme, que la richesse saccharine du
vesou est identique, quelle que soit la pression atteinte par le
moulin, et que la différence que l'on peut observer avec une pression extrême n'est due qu'à une plus forte proportion de matières
organiques dans le liquide sucré. On a même pensé parfois que les
dernières parties du vesou qui restent dans la bagasse étaient d'une
plus grande richesse que celles qui étaient extraites par une pression moins considérable.

« La vérification de ce fait a une certaine importance au point
de vue de l'extraction, car l'augmentation de la pression des
moulins et l'imbibition avant la repression seront d'autant plus
urgentes que les dernières parties du vesou à extraire seront d'une
plus grande richesse saccharine.

« Les essais que nous avons entrepris à ce sujet indiquent au
contraire une diminution de richesse en rapport avec la pression,
et ce qui était naturel, une augmentation proportionnelle dans le
taux des matières organiques.

« Ce résultat est dû à la différence de constitution des différentes
parties de la tige. La partie corticale et la partie nodulaire présentent une plus grande résistance à l'écrasement que la partie
médullaire de la plante, et celle-ci dont le vesou est exprimé plus
facilement et plus rapidement contient un jus plus riche et moins
ligneux que les premiers. Le vesou riche de l'écorce et des nœuds
ne s'extrait que lorsque la pression atteint sa limite extrême. »

Biard, s'appuyant sur les résultats fournis par 1,303 analyses de
vesou de 1re et 2e pression, a établi un tableau et un graphique
présentant le résumé de toutes ses analyses.

« On remarque, dit-il, qu'à partir de la densité de 1,063 les
richesses observées et les richesses calculées sont presque identiques; de plus si l'on compare les chiffres et le tableau moyen
(colonne 9) avec ceux du premier tableau (colonne 5), on voit que
pour les densités comprises entre 1060 et 1080, les différences
dans les richesses calculées sont inférieures à 0,20 0/0.

Relation entre la densité du vesou, sa richesse saccharine et celle de la canne

Poids du litre 15° à C.	Degré Baumé	Vesou de 1re pression			Vesou de 2e pression			Vesou moyen Sucre par hectolitre	Sucre % de cannes
		Nombre d'analyses	Sucre par hectolitre Observé	Sucre par hectolitre Calculé	Nombre d'analyses	Sucre par hectolitre Observé	Sucre par hectolitre Calculé		
1	2.	3	4	5	6.	7	8	9	10
			KILOG.	KILOG.		KILOG.	KILOG.	KILOG.	KILOG.
1052	7.12	1	11.52	10.49	—	—	10.08	10.41	8 21
1053	7.26	1	9.62	10.78	—	—	10.37	10.70	8.43
1054	7.39	—	—	11.08	—	—	10.65	10.99	8.65
1055	7.52	1	10.25	11.38	—	—	10.93	11.28	8.87
1056	7.65	1	10.66	11.66	—	—	11.21	11.57	9.10
1057	7.78	1	10.21	11.96	—	—	11.49	11.86	9.32
1058	7.91	1	11.90	12.25	—	—	11.78	12.16	9.54
1059	8.04	—	—	12.54	—	—	12.06	12.45	9.76
1060	8.17	—	—	12.83	—	—	12.34	12.74	9.98
1061	8.29	1	13.47	13.13	—	—	12.62	13.03	10.19
1062	8.42	3	12.88	13.44	—	—	12.90	13.32	10.40
1063	8.55	3	13.76	13.71	2	14.57	13.18	13.61	10.62
1064	8.67	5	13.77	14.01	2	13.25	13.47	13.90	10.83
1065	8.80	12	14.51	14.30	4	14.24	13.75	14.19	11.05
1066	8.93	22	14.52	14.59	7	13.76	14.03	14.48	11.27
1067	9.05	30	14.69	14.89	20	14.40	14.31	14.77	11.48
1068	9.18	29	15.26	15.18	24	14.56	14.59	15.06	11.70
1069	9.31	31	15.82	15.47	30	14.85	14.87	15.35	11.92
1070	9.43	58	15.57	15.77	36	15.30	15.16	15.64	12.13
1071	9.56	67	16.09	16.06	42	15.78	15.44	15.94	12.34
1072	9.69	68	16.33	16.35	39	15.70	15.72	16.23	12.56
1073	9.81	61	16.75	16.65	26	16.18	16 »	16.52	12.77
1074	9.94	78	16.98	16.94	31	16.38	16.28	16.81	12.99
1075	10.07	68	17.32	17.23	14	16.68	15.56	17.10	13.21
1076	10.19	50	17.55	17.52	4	16.87	16.85	17.39	13.42
1077	10.31	52	17.88	17.82	7	17.10	17.13	17.68	13.63
1078	10.44	37	18.14	18.11	9	17.43	17.41	17.97	13.84
1079	10.56	53	18.47	18.41	2	17.67	17.69	18.26	14.04
1080	10.68	41	18.71	18.70	3	17.86	17.97	18.55	14.24
1081	10.81	33	19.16	18.99	2	18.19	18.25	18.84	14.46
1082	10.93	21	19.21	19.29	2	18.32	18.54	19.13	14.67
1083	11.05	31	19.65	19.58	—	—	18.82	19.43	14.87
1084	11.17	32	19.74	19.87	—	—	19.10	19.72	15.08
1085	11.30	10	20.21	20.17	1	19.77	19.38	20.01	15.30
1086	11.42	17	20.54	20.46	1	19.80	19.66	20.30	15.50
1087	11.54	20	20.69	20.75	1	20 »	19.94	20.59	15.71
1088	11.67	20	21.20	21.04	—	—	20.23	20.88	15.93
1089	11.79	10	21.14	21.34	—	—	20.51	21.17	16.13
1090	11.91	8	21.73	21.63	—	—	20.79	21.46	16.34
1091	12.03	3	22.21	21.92	—	—	21.07	21.75	16.54
1092	12.15	2	22.34	22.22	—	—	21.35	22.04	16.74
1093	12.27	2	22.51	22 51	—	—	21.63	22.33	16.95
1094	12.39	2	22.67	22.80	—	—	21.92	22.62	17.15
1095	12.51	5	23.17	23.10	—	—	22.20	22.91	17.36
1096	12.63	2	23.44	23.39	—	—	22.48	23.21	17.56
1097	12.75	1	23.76	23.68	—	—	22.76	23.50	17.76

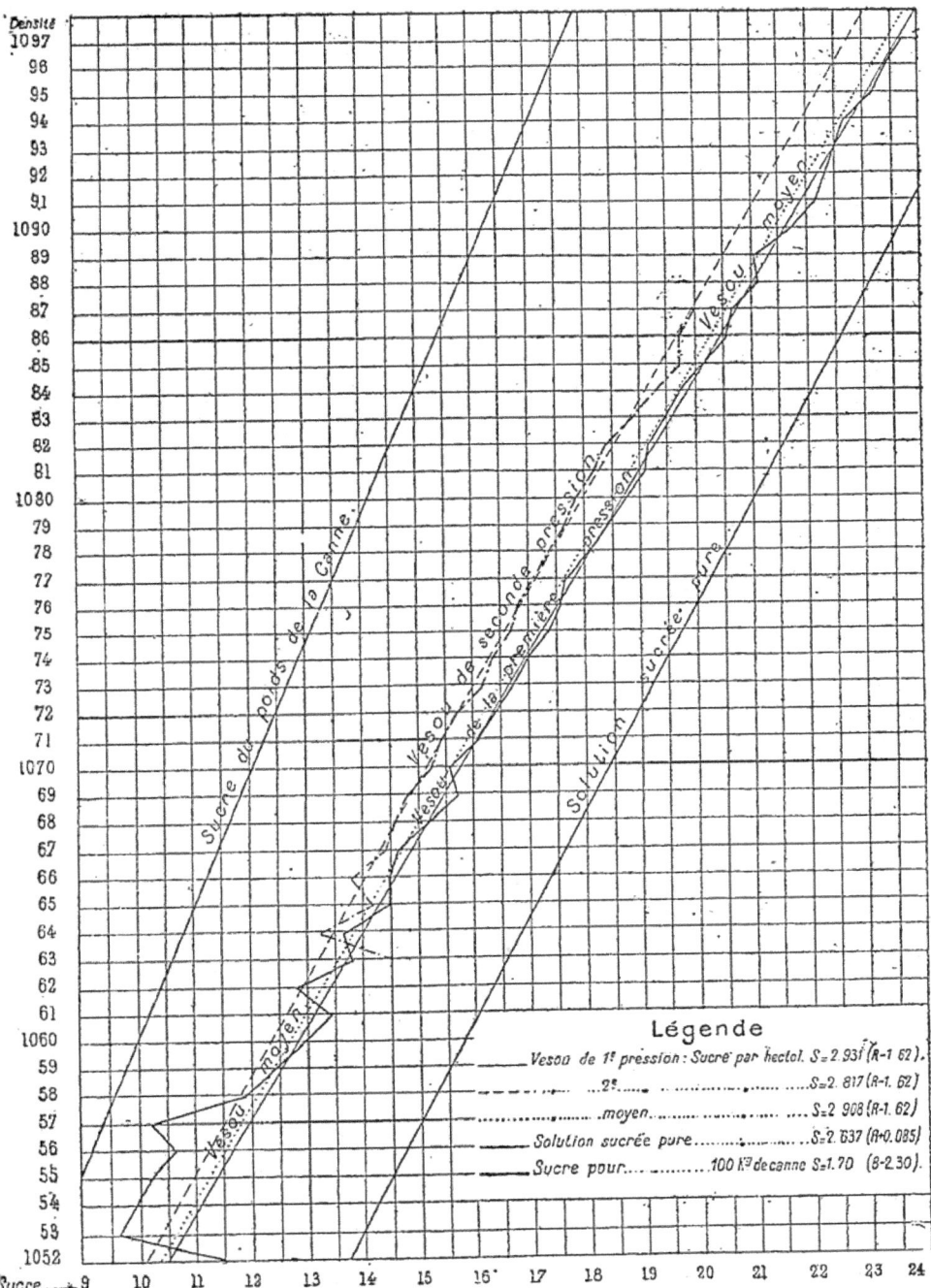

Légende

_____	Vesou de 1ᵉ pression: Sucre par hectol. $S = 2.93i \ (R-1.62)$.
_ _ _ _	,, 2ᵉ ,, ... $S = 2.817 \ (R-1.62)$
....	,, moyen .... $S = 2.908 \ (R-1.62)$
_____	Solution sucrée pure .... $S = 2.537 \ (R+0.085)$
_____	Sucre pour .... 100 k³ de canne $S = 1.70 \ (8-2.30)$.

« Pour calculer la richesse de la canne, nous avons adopté le
coefficient 0,83 correspondant à une pression de 66 0/0.

« Pour faire mieux ressortir les faibles différences qui existent entre les richesses calculées et les richesses observées, nous reproduisons les courbes qui représentent les deux résultats. »

BAGASSE.

La bagasse sortant des moulins se compose des fibres ligneuses qui contiennent la partie de vesou non extraite par la pression.

La richesse saccharine sera donc proportionnelle à la pression exercée par les moulins.

La bagasse, en sortant des moulins contient :

Humidité...................... 45 à 50 0/0 de son poids
Ligneux...................... 50 à 55
Sucre........................ 2,5 à 10

Elle est employée presque universellement pour le chauffage des générateurs comme nous le verrons plus loin.

CHAPITRE III

EXTRACTION DU JUS DE CANNES PAR DIFFUSION

Lors des premiers essais de diffusion de betteraves, on pensa également appliquer le nouveau procédé à la canne; mais, on voulut immédiatement supprimer les vases clos et faire une macération continue.

En 1876, MM. Alfonso et Chénot firent en Espagne des essais de macération; malgré les résultats peu concluants, ils transportèrent leur procédé à la Guadeloupe où, pendant les campagnes 1881 à 1883, de nombreux essais furent faits.

A l'exposition de Paris en 1878, MM. Minchin frères exposèrent du sucre obtenu par la diffusion Robert, dans l'usine d'Aska, district de Ganjain à Madras (Indes-Orientales).

En 1880, M. le marquis de Larios monta en Espagne la première batterie pour diffuser la bagasse en vases clos. Les premiers essais ne donnèrent pas les résultats attendus, et ce n'est qu'en 1884, à la suite d'une série de transformations plus ou moins importantes apportées à l'installation des appareils, qu'on obtint des résultats satisfaisants. Depuis cette époque, un certain nombre d'autres sucreries de cannes ont installé, les unes la diffusion de la bagasse, et quelques autres la diffusion de la canne. Si la diffusion a fait réaliser à la sucrerie de betteraves un progrès énorme; mais son application à la canne suppose un ensemble de circonstances que certains pays coloniaux ne réunissent pas.

COUPE-CANNES.

Dans un grand nombre d'usines, on se sert d'un coupe-cannes dû à la Compagnie de Fives-Lille. L'appareil exposé à Paris en 1889 servira de base à sa description.

Sur une plaque de fondation se trouve un moteur vertical donnant le mouvement par l'intermédiaire d'un engrenage conique à l'arbre vertical du coupe-cannes proprement dit.

Un bâti en fonte supporte une cuve également en fonte dans laquelle tourne un plateau de $2^m 400$ de diamètre ayant une épaisseur de $0^m 070$ $^m/_m$, ce plateau a 16 ouvertures dans lesquelles sont placées les boîtes à couteaux. Chaque boîte mobile contient un couteau en acier trempé fixé par des boulons et disposé de manière à pouvoir être réglé, selon l'épaisseur que l'on veut donner aux cossettes, ou l'usure des couteaux ; des contre couteaux mobiles sont fixés près de ces derniers ; ils réglent aussi l'épaisseur des cossettes.

Sur ce plateau mobile est placé un plateau fixe dans lequel sont percées 8 ouvertures. Au-dessus de la cuve en fonte est boulonné un réservoir en tôle ayant la forme d'un entonoir, divisé en 8 compartiments ou trémies correspondant exactement par la partie inférieurs aux ouvertures du plateau fixe.

Ces trémies, dont l'un des côtés est incliné dans le sens de rotation du plateau mobile, reçoivent la canne qui de son propre poids descend sur ce plateau.

Chaque trémie est divisée à sa partie inférieure par une lame ou diaphragme de tôle qui la partage en deux parties, et qui aide à maintenir la canne dans sa position primitive, la canne tendant toujours à se coucher.

Une crapaudine verticale fixée à l'arbre soutient le plateau mobile et permet de régler exactement la distance qui doit exister entre ce dernier et le couvercle fixe.

Les cossettes tombent dans le fond de la cuve, d'où elles sont rejetées par un racloir ou ramasseur mu par l'arbre avec une vitesse moindre que celle du plateau mobile ; puis elles sont poussées dans un plan incliné par laquelle elles arrivent au transporteur.

Une pierre ou tout autre corps dur se glissant par les trémies sur le plateau coupeur, a pour effet d'ébrécher les couteaux ; aussi lorsque cet accident arrive est-il utile de changer immédiatement les couteaux avariés, car il en résulterait que le couteau ébréché frappant sur la canne ne la couperait plus franchement, et produirait des parties effilées qui entrant peu à peu dans les intervalles du couteau et du contre-couteau, produiraient des bourrages.

La boîte à huile servant à la crapaudine doit être toujours très propre et bien alimentée pour éviter l'échauffement de cette dernière, ce qui entraînerait un arrêt dans la marche.

Fig. 391. — Coupe-cannes de la Cᶦᵉ de Fives-Lille.

Les porte-couteaux sont identiques à ceux dont on se sert pour le coupe-racines.

Un coupe-cannes employé à Java, dans l'usine de Djattivengie a fonctionné pendant une année entière sans autres arrêts que ceux exigés pour le changement des couteaux, qui peut s'opérer en cinq minutes. Un couteau fonctionnant sans cesse est émoussé en 4 heures, on le change, et on le remet en service après affûtage.

L'appareil dont il vient d'être question avait un plateau de 1^m 80 avec des couteaux de 0^m 45 de longueur sur une largeur de 0^m 07, dont la vitesse était de 100 tours à la minute. Six ouvertures et trémies l'alimentaient; il fournissait par minute et par canne 1.000 cossettes, ce qui donnait 150.000 cossettes par minutes pour l'appareil entier.

Les cossettes étant coupées à une épaisseur de 2.5 à 3 millimètres; la machine peut couper 300.000 kg. de cannes en 24 heures

Si l'on désire couper les cossettes à 1 millimètre, il faut changer les couteaux plus souvent, mais le rendement des coupe-cannes sera aussi beaucoup diminué.

L'appareil à 17 couteaux décrit ci-dessus peut donner 500.000 kg. de cossettes en 24 heures.

La Société des anciens établissements Cail construit également des coupe-cannes à plateaux horizontaux. Des appareils de son système fonctionnent à la République Argentine et donnent de bons résultats.

Différents défibreurs, broyeurs et coupe-cannes employés ou proposés

La Société anonyme des anciens établissements Cail a fait breveter en 1884 un coupe-cannes à couteaux doubles amovibles et dû à M. Langlois.

Cet appareil se compose d'un tambour bi-conique B monté sur arbre et porté sur un bâti A. De chaque côté du tambour sont des trémies E et F. Une enveloppe métallique C reçoit les cossettes qui tombent sur une trémie placée au fond de l'enveloppe.

Les porte-couteaux D sont amovibles, portant chacun deux lames H correspondant à leurs deux faces opposées, de telle sorte que les trémies EF étant également doubles, il suffit lorsqu'une série de couteaux est usée de changer le mouvement de rotation et l'appareil fonctionnera en sens opposé sur l'autre série de couteaux jusqu'à ce qu'ils soient usés. Ce changement de marche sans arrêt de la

machine, nettoie les couteaux en les débarrassant par le frottement
en sens inverse, des matières qui les recouvrent.

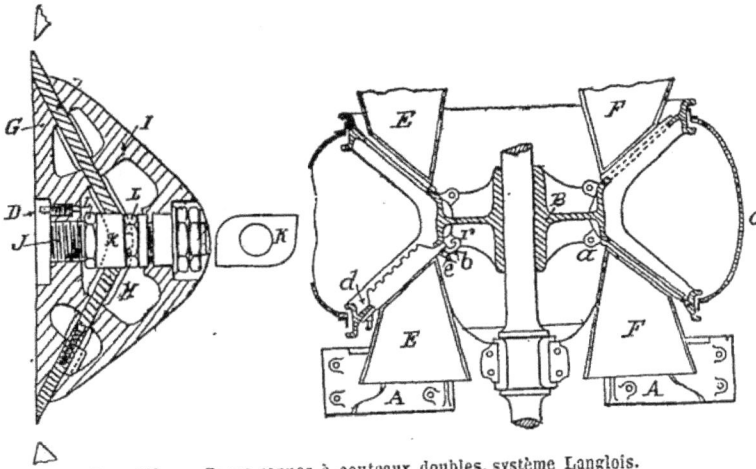

Fig. 392. — Coupe-cannes à couteaux doubles. système Langlois.

La coupe transversale de la figure ci-dessus démontre que les
porte-couteaux sont établis en deux parties dont l'une G, reçoit
les deux couteaux opposés ainsi que leurs accessoires, et l'autre
partie I recouvre le système et se fixe à la pièce G. Une tige
filetée J, avec ses écrous L, maintient une came K poussant
les couteaux au dehors ; ceux-ci sont retenus par des vis M. Les
couteaux ont un réglage facile par K et par M. Chaque porte-
couteaux est muni d'un crochet b adapté aux tourillons r fixés
aux oreilles a.

Coupe-cannes de la Société de Fives-Lille — Cette machine destinée à couper les cannes en forme de cossettes fut brévetée au
nom de la Cie de Fives-Lille, et le resumé du brevet fera mieux
comprendre la figure que toute autre description.

L'appareil se compose de deux disques a supportant des boîtes à
couteaux ; ces disques sont calés sur deux arbres b formant
entr'eux un certain angle. Chacun de ces arbres repose sur deux
paliers c et porte à ses extrémités et à faux du côté intérieur
une roue d'angle dentée d et du côté extérieur un frein e, qui se
trouve à portée des hommes qui alimentent le coupe-cannes. Un
troisième arbre horizontal f portant une paire de poulies g, dont

l'une est fixe et l'autre folle, reçoit le mouvement d'une transmission de l'usine et le transmet aux roues d'angle *d* au moyen de
deux engrenages coniques *h*. Les paliers C sont portés sur chaises *i*

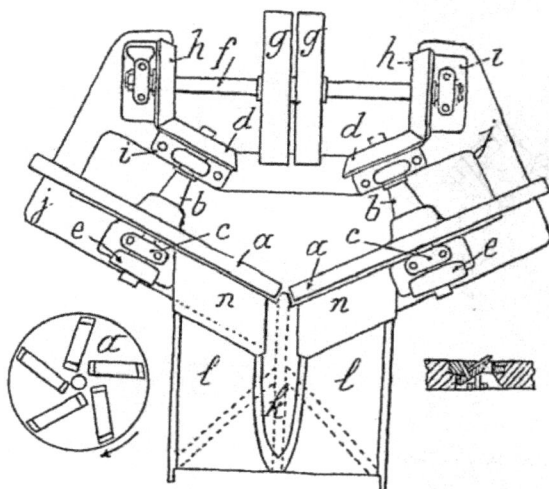

Fig. 393. — Coupe-Cannes de la Compagnie de Fives-Lille.

boulonnées sur une plaque de fondation *j* ; il existe un écartement
suffisant entre cette plaque et le socle pour livrer passage à la canne
coupée. Grâce à l'obliquité des disques *a*, une seule trémie *k* suffit
pour alimenter les deux plateaux circulaires. Les couteaux font un
angle très prononcé avec le plateau, de telle sorte qu'on peut
diminuer leur biseau, ce qui leur conserve toute leur force; ils
sont maintenus par une plaque en fer qui est serrée sur les lames
par des boulons ordinaires. La boîte à couteaux est munie, vis-à-vis
du tranchant, d'une plaque mobile en fer, de façon à pouvoir être
remplacée facilement.

Dans une modification apportée au brevet, la trémie conductrice
des cannes est placée dans l'angle aigu formé par l'intersection des
plans des deux disques *a*. Ces derniers peuvent être remplacés par
des plateaux coniques, ce qui permettrait d'employer une trémie à
fond plat.

Schulze présenta en 1884 un appareil coupe-cannes qui partage
en petites bandes la canne coupée ; il se compose : d'un tambour A à plusieurs pièces *a*, calé sur un arbre *b* supporté par un
bâti. Chacune des pièces *a* du cylindre est garnie de bras *h* ne se

trouvant pas dans le même plan vertical, et que l'on espace à volonté pour commander la longueur des cannes que l'on veut couper, les bras h font l'office de boîte pour les couteaux C qui font saillie au dehors et sont fixés par des écrous C.

Pour diviser en bandes les cannes coupées, M. Schulze se sert d'une machine formée d'un corps de remplissage E, posé sur un disque porteur de couteaux i, ce disque est commandé par un arbre o; sur le côté latéral existe une chambre B divisée en compartiments K par des cloisons verticales, recevant les tronçons de cannes x qui sont saisis par le disque porte-couteaux; du côté p un espace est laissé libre pour retirer les couteaux.

Vers la même époque une machine à diviser la canne à sucre sortit des ateliers de la Société Sudenburger Maschinenfabrik und

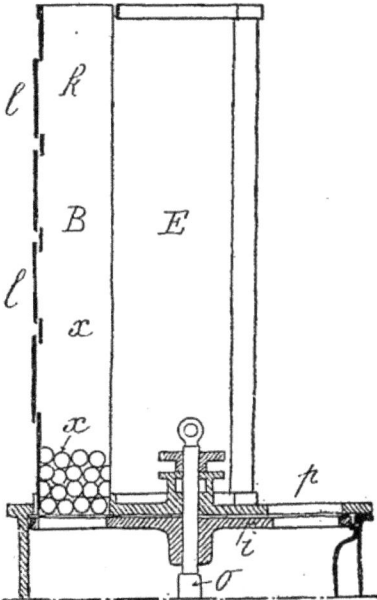

Fig. 394. — Coupe-cannes système Schulze.

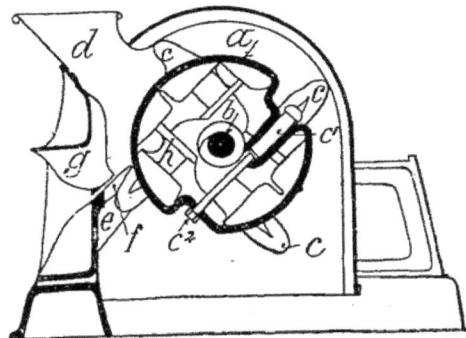

Fig. 395. — Coupe-cannes de Sudenburger Machinenfabrik.

Eisengiesserei Actiengesellschaft. Elle se compose dans sa partie supérieure d'un châssis A. Autour de ce châssis tourne un disque b calé sur un arbre C. Ce disque est muni de fentes servant de boîtes d dans lesquelles sont placés les couteaux e. Le plateau est fermé par un couvercle f ayant deux ou plusieurs ouvertures sur lesquelles s'adaptent à angles droits des trémies g, qui reçoivent les cannes.

La canne presse de son propre poids sur le disque où les couteaux
la partagent. Les cossettes s'échappent sur un plan incliné *h*. Cet
appareil a l'avantage de pouvoir être commandé soit au-dessus,
soit au-dessous par le moyen jugé le plus utile (courroie, engrenages droits ou d'angle, etc.)

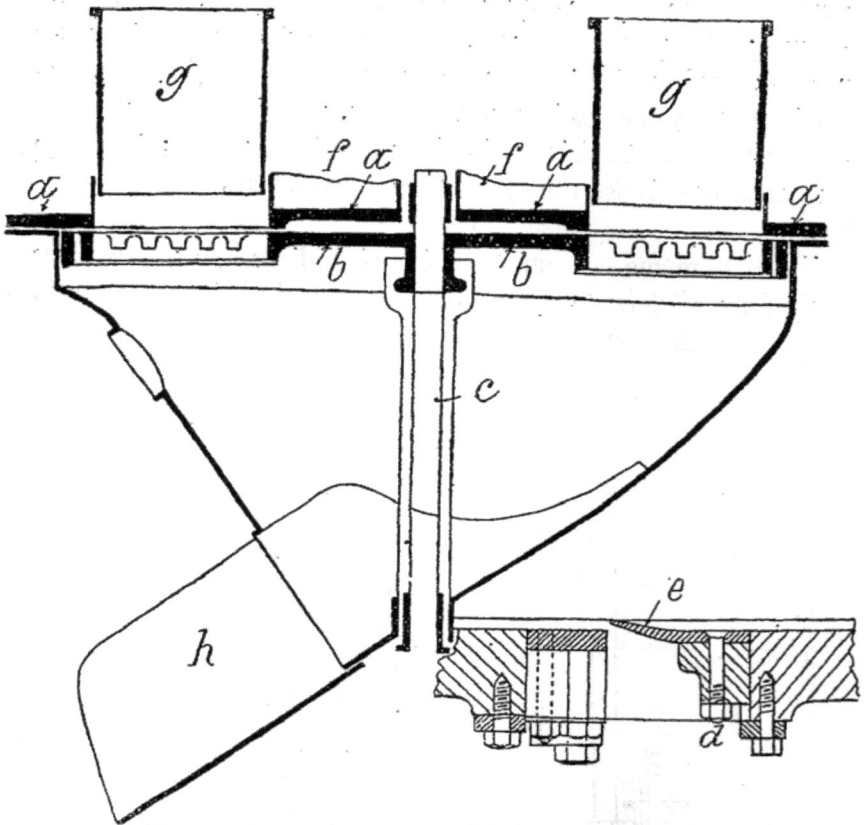

Fig. 396. — Nouveau Coupe-cannes de Sudenburger Maschinenfabrik.

En 1889 la même Société inventait une machine à découper la
canne à sucre, la belterave ou toute autre matière et qui présentait
les avantages suivants :

Un disque *e* porteur de couteaux et muni sur sa periphérie de surfaces inclinées est calé sur un arbre *a*, ce disque tourne dans une
chambre *d* à fonds tronconiques avec bouche de décharge *g* placée
latéralement. La chambre *a* porte des boîtes *i* ouvertes, avec rouleaux *k* placés à l'intérieur des boîtes qui maintiennent la canne U
(que les boîtes reçoivent) en contact avec les couteaux. Le disque *e*

est pourvu d'ouvertures servant de boîtes à couteaux, il est porteur de nervures pour faciliter la chute des tranches dans la boîte d, d'où elles sont dirigées par un racloir f tournant avec l'arbre a dans la trémie g.

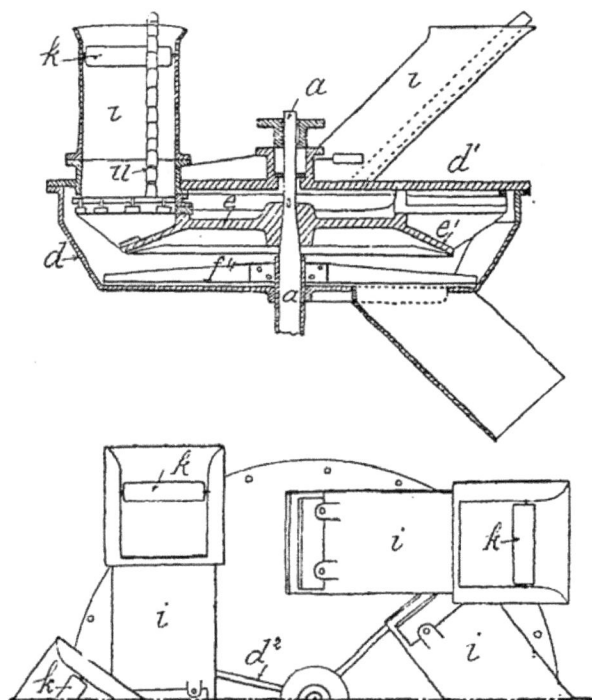

Fig. 397 et 398. — Coupe-Cannes de Sudenburger Maschinenfabrik.

La machine à découper dont la description suit est due à la Société citée plus haut avec la collaboration de M. Schulze; elle se compose de : un arbre horizontal a portant plusieurs disques coupeurs en forme de cônes, b^1 b^2 b^3; elle est munie d'un nombre de trémies d'amenée c^1 c^2 c^3 correspondant à celui des coupeurs et disposées de telle sorte que chaque trémie est placée avec son extrémité inférieure de sortie, parallélement devant la surface de fatigue de chaque disque. Les disques coupeurs portent des évidements o pour recevoir les boîtes à couteaux maintenues par un ressort s. Les épaulements a' empêchent que les boîtes à couteaux t ne s'en aillent par le haut.

L'intervalle entre le bord inférieur des trémies et les disques coupeurs peut être agrandi ou rétréci à l'aide des contre-couteaux ajustables $i^1\, i^2\, i^3$, maintenus solidement sur les pièces de fonte $e^1 e^2 e^3$. Les disques coupeurs sont entourés d'une enveloppe en fer I portant ses ouvertures $k^1\, k^2\, k^3$, permettant de changer les boîtes à couteaux.

La machine est actionnée par les poulies $h\, h'$, elle est alimentée au moyen de goulottes inclinées, recourbées latéralement entre les trémies d'amenée; ces goulottes, qui se dirigent vers le haut, s'adaptent en nombre égal aux trémies d'amenée et permettent en raison de leur forme de les adapter à un transporteur commun placé horizontalement.

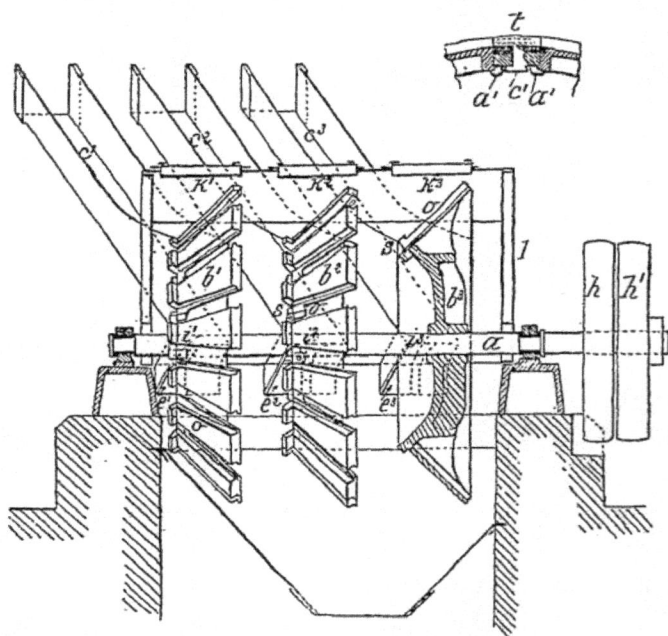

Fig. 399. — Coupe-Cannes Schulze.

BATTERIE DE DIFFUSION DE CANNES.

Nous renverrons le lecteur aux descriptions qui ont été faites au sujet de la batterie de diffusion de betteraves (page 146 du 1er volume), le matériel pour la diffusion de la canne lui étant semblable comme disposition générale. Nous ajouterons cependant que la porte inférieure des diffuseurs doit s'ouvrir entièrement pour laisser tomber les cossettes épuisées, qui, enchevêtrées, les unes dans les autres, forment un cylindre qui descend d'une seule masse; c'est pour cette même raison que l'on donne aux diffuseurs la forme cylindrique. Les anciens établissements Cail les construisent avec un diamètre légèrement plus grand à la base qu'à la partie supérieure.

Élévateur de cossettes fraîches. — Lorsque le coupe-cannes n'est pas placé au-dessus de la batterie de diffusion, mais installé au niveau du sol pour la commodité de la manutention des cannes, on élève les cossettes à l'aide d'un élévateur à godets qui les verse dans une trémie. Cette trémie est placée à 6 ou 8 mètres au-dessus de la batterie. Son extrémité supérieure tournant sur des galets passe par la verticale formant le centre de la batterie, et son extrémité inférieure se termine à la circonférence formée par le haut des diffuseurs; avec cette même trémie l'on peut donc remplir tous les diffuseurs. Pour faciliter la descente des cossettes le long de la trémie, on donne à celle-ci une inclinaison de 40 à 45° sur l'horizontale.

Si la batterie est en ligne, l'élevateur déverse directement sur la courroie sans fin qui passe entre les deux lignes de diffuseurs.

Nombre de diffuseurs. — La batterie de diffusion de cannes se compose de 16 à 18 diffuseurs, d'une contenance très variable, allant souvent jusqu'à 60 hectolitres; mais on ne peut les charger à plus de 40 à 45 kg. de cossettes par hectolitre.

Lorsque l'on doit faire la défécation dans les diffuseurs, la batterie devrait se composer d'au moins 18 diffuseurs, car comme nous l'indiquerons plus tard, avec 16 diffuseurs la densité du jus est toujours faible.

Fosse à cossettes et transporteur à hélice. — Sous les diffuseurs se trouve une fosse à cossettes épuisées dont les bords extérieurs assez élevés évitent les projectious d'eau en dehors, à l'ouverture des portes inférieures. La pente intérieure fortement inclinée est dirigée vers un transporteur à hélice dont les ailettes sont en forte tôle. Si ces ailettes étaient en fonte la cossette épuisée, qui est un ligneux très dur, casserait facilement les ailettes dans un bourrage.

Bacs mesureurs. — Sur le plancher de la diffusion se trouvent deux bacs mesureurs en communication avec la batterie; ces deux bacs sont munis à l'intérieur de deux serpentins destinés à réchauffer les jus déféqués.

Compresseur d'air. — En outre du bac à eau en charge, on est souvent obligé d'employer l'air comprimé pour chasser le jus dans la batterie. Dans les colonies où l'eau fait souvent défaut, l'emploi de l'air comprimé est presque général.

Mise en route et marche de la batterie — Avant de mettre la cossette dans le premier diffuseur, on s'assure que toutes les portes du fond des diffuseurs ainsi que tous les robinets sont bien fermés, et que la pression est mise sur tous les joints hydrauliques.

On remplit les trois ou quatre derniers diffuseurs de la batterie que l'on chauffe à la température de 90 degrés. A cet effet, étant donnée une batterie de 16 diffuseurs, on ouvre le robinet d'eau du diffuseur n° 14; lorsque celui-ci est plein d'eau, ce dont on s'aperçoit lorsque l'eau sort par le robinet d'air situé sur le couvercle du diffuseur, on le ferme, puis on ouvre les robinets de jus des diffuseurs 14 et 15 et en même temps on met la vapeur dans les deux calorisateurs correspondants ; le diffuseur 15 étant plein d'eau, on ouvre le robinet de communication du diffuseur 14 et les robinets de jus des diffuseurs 15 et 16, ainsi que les robinets de vapeur de leurs calorisateurs. L'eau sortant par le robinet d'air du diffuseur 16, a alors atteint une température de 90 à 92 degrés. (Voir le schéma de la diffusion, figure 55 du premier volume.)

On remplit alors de cossettes fraîches le diffuseur n° 1; lorsque la cossette est arrivée à environ un mètre de la partie supérieure du diffuseur, on la répartit uniformément avec une palette, on la tasse jusqu'à ce que le diffuseur soit plein; on doit même laisser le diffuseur se remplir jusqu'au haut, et une fois la trémie enlevée faire tasser par l'homme qui est chargé de la manœuvre des portes; on pousse la trémie sur le diffuseur n° 2, et on ferme la porte supérieure, en laissant ouvert le robinet d'air, qui se trouve sur le couvercle.

On *meiche* alors ce diffuseur, c'est-à-dire qu'on le remplit avec l'eau du diffuseur précédent en la faisant arriver par le fond ; à cet effet, on ouvre complètement le robinet de jus (J^{12}) (schema fig. 55 t. I) et légèrement le robinet de jus du diffuseur n° 1 (J^1), l'eau du diffuseur passe par le tuyau J^{12}-J^1, descend par le calorisateur 1 et entre par le bas dans le diffuseur chassant l'air par le robinet qui est resté ouvert. Lorsque le diffuseur est plein, le jus sort par ce robinet, qu'on ferme; aussitôt on retourne la circulation, en fermant le robinet de jus (J^{12}) et en ouvrant le robinet de circulation (C^{12}), l'eau entre par en haut et pousse le jus dans le sens contraire.

Pendant ce temps, le diffuseur 2 s'est rempli de cossettes que l'on a tassées, la trémie a été mise sur le diffuseur n° 3, et la porte supérieure fermée, on recommencera l'opération décrite plus haut : on ouvrira J^1 en grand, J^2 légèrement et lorsque le jus sortira par le robinet d'air on fermera J^1 et on ouvrira complètement C^1.

On continuera ainsi le remplissage de la batterie en passant successivement d'un diffuseur à un autre .

Lorsqu'on aura rempli 5 ou 6 diffuseurs, on commencera à vider les 3 diffuseurs pleins d'eau; pour cela on fermera le robinet d'eau du diffuseur n° 14 et on remplacera sa pression par celle de l'air comprimé.

Lorsque l'air comprimé arrive dans le diffuseur n° 1, ce dont on se rend compte en ouvrant de temps en temps le robinet d'air situé sur ce diffuseur, on retire la pression de l'air sur le diffuseur 14 et on la met sur le diffuseur n° 1 en ouvrant son robinet d'eau.

Le diffuseur 14 étant plein, on procède au soutirage d'une partie du jus. A cet effet, on retournera le courant dans ce diffuseur, comme nous l'avons dit, en fermant le robinet de jus et en ouvrant le robinet de circulation; on ouvrira complètement le robinet de jus de ce diffuseur et le robinet du bac mesureur. Le jus sortant par le calorisateur 14 suivra le tuyau général de jus et arrivera dans le bac, poussé par la pression soit de l'eau, soit de l'air comprimé; dans ce dernier cas, on aura fermé le robinet d'eau du diffuseur n° 1 et ouvert son robinet d'air comprimé. L'eau chassée du diffuseur n° 1 par l'air passe dans le diffuseur n° 2. Lorsque l'on a soutiré la quantité de jus voulue, on ferme le robinet du bac mesureur, et l'on meiche le diffuseur n° 15.

Le diffuseur n° 1 débarrassé de son eau, sera alors vidé après avoir eu soin de transporter la pression sur le diffuseur n° 2; ce qui se fait en fermant le robinet de circulation de ce diffuseur et en ouvrant son robinet d'eau.

Tous les robinets du diffuseur n° 1 étant fermés et la pression hydraulique étant cassée, l'on peut ouvrir la porte inférieure du diffuseur.

On voit donc que, sauf le diffuseur de queue qui a son robinet d'eau ou d'air comprimé ouvert et celui de tête son robinet de jus ouvert ou fermé, tous les diffuseurs pleins ont leurs robinets de circulation ouverts.

Chauffage. — Le chauffage doit être mené avec un très grand soin; on chauffe en général les 6 ou 7 diffuseurs de tête à 93-95°, laissant descendre ensuite la température jusqu'au dernier qui aura la température donnée par celle normale de l'eau. Pendant le meichage surtout, il faut donner autant de vapeur que possible aux deux calorisateurs dans lesquels circule le jus.

On doit éviter de chauffer au-dessus de 95°, car alors il se forme dans les calorisateurs de la vapeur qui en se condensant et se reformant arrête la circulation. Avec un chauffage à 100°, la vapeur formée faisant pression sur tout le jus, pourrait occasionner des fuites par les portes.

Composition du jus pendant la marche de la diffusion. — Nous donnons ci-dessous les analyses faites en 1888 à l'usine de Wonopringo (île de Java) sur le jus pris en même temps sur tous les diffuseurs en service.

		DENSITÉ	DENSITÉS BRIX	SUCRE CRISTALLISABLE	QUOTIENT DE PURETÉ	TEMPÉRATURE
			13 juillet 1889			
Jus normal.		1.067	16.4	14.35	87.50	
Diffusion.	1	1.054	13.4	11.66	87.01	69
»	2	1.036	9—	7.53	83.66	77
»	3	1.028	7.1	5.95	83.80	92
»	4	1.023	5.8	4.64	80. »	91
»	5	1.019	4.9	3.88	79.18	89
»	6	1.015	3.9	3.09	79.23	88
»	7	1.013	3.4	2.67	78.52	87.5
»	8	1.010	2.6	1.98	76.15	88
»	9	1.007	1.9	1.42	74.73	87
»	10	1.005	1.4	1.02	72.85	90
»	11	1.004	1.1	0.85	77.27	92
»	12	1.0015	0.4	0.29	72.50	92
»	13	1.0005	0.15	0.06	40. »	81

		DENSITÉ	DEGRÉS BRIX	SUCRE CRISTALLISABLE	QUOTIENT DE PURETÉ	TEMPÉRATURE
			13 août 1888			
Jus normal.		1.074	17.9	16.52	92.29	
Diffusion.	1	1.067	16.3	15.03	94.20	72
»	2	1.041	10.2	9.18	90. »	76
»	3	1.032	8.1	7.06	87.16	93
»	4	1.024	6.1	5.34	87.54	92
»	5	1.020	5.2	4.56	87.69	91
»	6	1.017	4.3	3.73	86.74	89
»	7	1.013	3.3	2.68	81.21	92
»	8	1.010	2.6	1.98	76.15	93
»	9	1.007	1.8	1.32	73.33	93
»	10	1.006	1.6	1.14	71.25	74
»	11	1.004	1.1	0.76	69.09	64
»	12	1.003	0.8	0.48	60. »	58
»	13	1.001	0.3	0.14	46.66	48

Si à chaque soutirage on prend un échantillon de jus, toujours sur le même diffuseur, les résultats sont à peu près les mêmes que ci-dessus ; ils sont représentés dans le tableau suivant :

		DENSITÉ	DEGRÉS BRIX	SUCRE CRISTALLISABLE	QUOTIENT DE PURETÉ	
			28 juillet			
Jus normal.		1.081	19.4	17.5	88.40	
Diffusion.	1	1.066	16.1	14.26	88.57	
»	2	1.043	10.7	9.13	85.32	
»	3	1.033	8.4	7.10	84.52	
»	4	1.026	6.6	5.57	84.39	
»	5	1.020	5.2	4.48	86.15	
»	6	1.016	4.2	3.41	81.19	
»	7	1.013	3.4	2.78	81.76	
»	8	1.010	2.6	1.89	72.69	
»	9	1.007	1.8	1.28	71.11	
»	10	1.004	1.2	0.85	70.83	
»	11	1.003	0.8	0.56	70. »	
»	12	1.002	0.6	0.29	48.33	
»	13	1.005	0.2	0.08	40. »	

A différents moments du soutirage on a pris des échantillons de jus sur la soupape isolant la conduite générale et le bac mesureur, afin d'avoir une idée de ce que sont les densités des diverses couches de jus dans le diffuseur. On soutirait 18 hectolitres par diffuseur, le 9 juillet 1888. Les essais ont donné les résultats suivants :

APRÈS SOUTIRAGE DE :	DENSITÉ.	DEGRÉS BRIX.	SUCRE CRISTALLISABLE.	QUOTIENT DE PURETÉ	
0.5 hectolitre..	1.045	11.7	9.99	89.19	
3 »	1.046	11.4	10.13	88.25	
8 »	1.048	11.9	10.52	88.30	
13 »	1.050	12.4	10.77	86.85	
17.5 »	1.051	12.6	11.35	90.07	
Les 18 hectol. dans le bac mesureur..........	1.048	11.9	10.55	88.67	
	1.048	11.9	10.66	89.57	

Le jus le plus dense se trouve donc à la partie supérieure du diffuseur, tandis qu'au soutirage c'est le jus du bas qui est conduit vers la fabrique.

Composition du jus sortant de la diffusion. — Le jus de diffusion est plus pur, moins chargé de matières organiques en suspension et moins coloré que le jus extrait par les moulins.

Voici les résultats que nous avons obtenus à Cuba dans une usine marchant simultanément avec des moulins sans imbibition et avec la diffusion.

	Moulin cannelé Krajeewski et Pesaut	1er moulin	2e moulin	Diffusion
Densité................	108.8	108.0	107.8	106.2
Baumé................	11.6	11.1	10.7	8.6
Sucre 0/0cc de jus.....	20.43	18.62	17.80	14.88
Glucose 0/0cc de jus...	0.34	0.33	0.33	0.28
Non sucre.............	2.01	2.25	2.54	1.32
Glucose 0/0 de jus.....	1.98	1.65	1.85	1.90
Pureté................	89,7	87.8	86.5	90.3

MM. Baldwin et Williams nous donnent des renseignements comparatifs de deux sucreries qui ont travaillé avec les moulins et l'imbibition, et dans deux autres sucreries avec la diffusion, pendant la campagne 1890-1891 aux îles Hawaï.

	MOULINS		DIFFUSION	
	Hamakuapoko	Spreckelsville	Kealia et Kauai	Hamakuapoko
Jus total de la canne..	89.8	86	89	88.7
— extrait............	74.3	72.5	—	—
— dans la bagasse...	15.3	13.5	—	—
Jus normal Brix.....	18.5	19.6	19.12	20.33
Jus normal Sucre....	15.70	18	17.01	17.92
Jus normal Quotient.	85.1	91.7	88.94	88.16
Jus dilué Brix.....	17.7	17.04	14.55	16.45
Jus dilué Sucre....	15	—	12.76	14.39
Jus dilué Quotient.	84.7	—	87.70	87.50
Eau ajoutée (%/o du jus normal)	4.2	11.2	31.4	23.6
Perte dans les cossettes :				
%/o du poids de la canne.	—	—	0.60	0.74
— du sucre...	—	—	—	4.70
Sucre dans la canne..	14.1	15.5	15.14	15.70
— extrait.........	9.54	11.38	13.03	13.16
Perte..............	4.56	4.12	2.11	2.54
— %/o du sucre total.	32.35	26.59	13.93	16.13
— à l'extraction...	17.23 } 32.35	15.69 } 26.59	3.96 } 13.63	4.70 } 16.13
— dans le travail consécutif....	15.12	10.90	9.67	11.43

Le charbon usé a été : 1 tonne de charbon pour 6 tonnes de sucre brut extrait par les moulins, ou pour 3 tonnes de sucre extrait par la diffusion.

Nous donnons les résultats obtenus à la fabrique « Mon Rocher » (île Maurice), avec la diffusion comparée au travail du moulin, du 9 septembre au 28 octobre 1892 selon les livres du laboratoire de M. Marquand (1).

(1) *Rev. de agric.*

Diffusion

Du 9 au 20 septembre

Quantité de cannes diffusées.................... 352 tonnes

Moyenne du jus de cannes

Brix................................... 17.14
Baumé................................... 9.70
0/0 de sucre........................... 13.47
0/0 de glucose......................... 2.14
Coefficient de pureté.................. 78.60
0/0 Sucre dans la canne................ 12.10

Jus de diffusion

Brix................................... 10.74
Baumé................................... 6.10
0/0 de sucre........................... 8.20
0/0 de glucose......................... 1.29
Coefficient de pureté.................. 76.40

Les cossettes épuisées furent passées par 2 moulins pour être pressées; la moyenne de l'eau qui sortait de ces moulins avait 0.38 Brix (2 Baumé). Sucre cristallisable 0.204 0/0, soit 0.200 0/0 de cannes. Comme la canne contenait 12.10 de sucre, qu'il a été perdu par la diffusion 0.200, il a été extrait 11.9, soit 98.4 du sucre.

La bagasse du 2ᵉ moulin contenait en moyenne 69 0/0 d'eau.

Moulins

Du 23 septembre au 28 octobre

Quantités de cannes moulues................. 2.648 tonnes

Moyenne du jus

Brix................................... 17.30
Baumé................................... 9.80
0/0 de sucre........................... 15.38
0/0 de glucose......................... 0.84
Coefficient de pureté.................. 88.90
Sucre dans la canne.................... 13.50

La bagasse contenait 10 0/0 de cristallisable 53.9 0/0 d'eau (équivalent à 65.1 0/0 de jus).

En calculant que 100 de cannes donnent 34.5 de bagasse, il a été perdu 3.4 0/0 de sucre cristallisable 0/0 de cannes, par conséquent

100 de cannes donnèrent 65.8 de jus. (On a extrait 74. 0/0 du sucre contenu dans la canne.

DÉFÉCATION DANS LES DIFFUSEURS.

La conduite de la batterie pour la défécation dans les diffuseurs est identique à celle que nous avons décrite dans le chapitre précédent.

Pendant que l'on remplit un diffuseur de cossettes, on répand dans ce diffuseur un lait de chaux pesant 20° Beaumé et en quantité proportionnée à la quantité de cannes qu'il contient. On doit verser ce lait de chaux pendant tout le temps que l'on charge le diffuseur. (On met en général de 10 à 15 litres de lait de chaux dans un diffuseur de 60 hectolitres.) Une analyse fréquente de l'alcalinité du jus indiquera exactement la quantité de lait de chaux à ajouter.

Comme le jus du diffuseur de tête n'est qu'à 70-75° de température, ce jus ne serait pas défégué si on le tirait ; aussi soutire-t-on le jus du deuxième avant celui –ci.

Supposons que le diffuseur de tête soit le diffuseur n° 9, on aura à soutirer le diffuseur 7. Pour cela on fermera tous les robinets des diffuseurs 8 et 9 ainsi que les valves de vapeur des calorisateurs, on ouvrira le robinet de jus du diffuseur 7 (J^7) et le robinet du bac mesureur, en laissant la vapeur sur le calorisateur 7. — Lorsqu'on aura tiré la quantité de jus voulue, on rétablira la circulation dans les diffuseurs 8 et 9, en ouvrant les robinets de circulation de ces deux diffuseurs. On meichera alors le diffuseur 10 et on recommencera ensuite l'opération décrite ci-dessus pour soutirer le diffuseur 8.

Le jus que l'on a envoyé dans le bac mesureur est réchauffé à 95-98°, il se forme une légère écume gris-blanchâtre, composée de matières albuminoïdes et de parcelles de cannes ; on écume et on envoie le jus sur des filtres à toile (filtres Kasalowski, Philippe, Müller, etc).

Il faut en général 30 à 40 mètres de surface filtrante en toile pour 100.000 kg. de cannes travaillées par 24 heures.

En outre de la chaux, on a aussi employé le carbonate de soude, la baryte, etc., comme épurants dans la batterie ; les résultats ont été identiques à ceux obtenus par la chaux.

La rentrée des égoûts dans le travail a aussi été tentée ; mais, la mélasse de cannes, toujours acide et très chargée d'impuretés, n'a produit que des résultats fort médiocres.

Le soutirage du troisième diffuseur de tête a le grave inconvénient de donner un jus moins dense que le soutirage du diffuseur de tête, et si l'on obtient 105 à 110 litres par 100 kg. de cannes avec ce dernier procédé, en tirant sur le troisième diffuseur l'on arrive forcément à un tirage de 115 à 118 litres ; il est vrai que cet inconvénient est largement compensé par la suppression de la défécation.

Comparaison entre un jus déféqué dans la batterie de diffusion et un jus provenant des moulins et déféqué dans les défécateurs.

	Jus des moulins	Jus de diffusion
Densité	107.6	105.6
Baumé	10.3	7.8
Sucre 0/0 de jus	17.67	13.24
Glucose 0/0 de jus	0.21	0.17
Glucose 0/0 de sucre	1.18	1.28
Pureté	87.7	89.1
Alcalinité par litre	0.09	0.03

Le jus de diffusion est plus jaune, ne contient aucune parcelle de cannes par suite de la double filtration qu'il subit sur les cossettes et sur les toiles des filtres. Il ne s'altère qu'après cinq à six heures d'abandon à l'air libre.

L'alcalinité va toujours en décroissant dans la batterie, le premier diffuseur est fortement chargé en chaux.

Voici quelques résultats que nous avons obtenus à la Guadeloupe.

	chaux par litre			
Diffuseur de tête..	0.60	0.72	0.63	0.65
2e diffuseur	0.15	0.18	0.15	0.14
3e diffuseur	0.03	0.06	0.04	0.04
4e diffuseur	neutre	0.02	neutre	neutre
5e diffuseur	très légt. acide	très légt. acide	très légt. acide	très légt acide

Nous allons nous efforcer de résoudre les quelques problèmes que suscite l'application de la diffusion de la canne dans une usine, en nous posant dans les plus mauvaises conditions.

1° Quelle sera la quantité de vesou extrait de la canne ?

Soit.... 0.500 la quantité de sucre laissé dans la canne

    0.150   —   — perdu dans les petites eaux.

    0.650 le sucre perdu pour 100 kg. de cannes.

Si nous prenons une canne dont le vesou normal contient 17.79 de sucre

$$\text{La perte de vesou sera } \frac{0.65 \times 100}{17.69} = 3 \text{ kg. } 6;$$

et si nous admettons que la conne contient 88 0/0 de vesou et 12 0/0 de ligneux.

$$\text{l'extraction sera } 88 - 3.6 = 84.4$$

2° Quelle sera la densité du jus normal par rapport à un jus normal de densité 1080 en tirant 120 litres pour 100 kg. de cannes ?

$$84 \text{ kg. } 4 \text{ de jus normal correspondent à : } \frac{84.4}{1.080} = 77 \text{ lit. } 94$$

Comme on a tiré 120 litres de jus, on a ajouté

$$120 - 77.94 = 42 \text{ lit. } 06$$

Le poids total du jus de diffusion sera donc

$$84.4 \times 42.06 = 126.46$$

$$\text{Et sa densité sera } \frac{126.46}{120} = 105.4$$

3° Quelle est la quantité d'eau nécessaire pour faire marcher une batterie de diffusion de 60 hectolitres et pouvant travailler 500.000 kg. de cannes par 24 heures ?

Nous avons vu que lorsque l'on tire 120 litres de jus pour 100 kg. de cannes, on a ajouté 42 litres 06 d'eau dans le jus.

La cossette en tombant du diffuseur contient environ 100 pour 100 d'eau ; de plus, lorsque l'on ouvre la porte inférieure, il y a une certaine quantité d'eau située sous le faux fond perforé ainsi que dans la tuyauterie du calorisateur, quantité que l'on peut estimer à environ 1 0/0 du poids de la canne.

Nous aurons donc pour 100 kil. de cannes travaillées

    42 kg. 06 d'eau de dilution

    100 — 00 d'eau imbibant les cossettes

      1 — 00 pour la vidange, le lavage etc. du diffuseur

    143 — 06; soit au maximum 145 litres d'eau pour 100 kg. de cannes, ce qui nous donnera pour le travail indiqué plus haut :

$$\frac{500.000 \times 145}{100} = 7.250 \text{ hectolitres d'eau.}$$

La cossette pressée dans deux séries de moulins abandonne environ 40 0/0 de son eau d'imbibition et brûle assez facilement dans les fours Godillot, Cook, etc.

4° Quelle sera la quantité de charbon ou combustible supplémentaire pour évaporer l'eau de diffusion?

Lorsque l'on travaille avec les moulins, toute la bagasse sert au chauffage et l'on est rarement obligé d'ajouter du combustible aux générateurs.

Le combustible que l'on sera obligé de brûler suffira donc à évaporer l'eau de dilution. Nous avons vu qu'en tirant à 120 litres de jus pour 100 kg. de cannes l'on ajoutait 42 litres 06 d'eau.

Or, on sait que la vapeur produite par 1 kg. de charbon brûlant sur la grille d'un générateur évapore dans un triple effet 15 kg. d'eau.

$$\frac{42.06}{15} = 2 \text{ kg. } 800$$

Si pour le chauffage de la batterie et la marche des coupe-cannes l'on compte qu'il faille la vapeur produite par 1 kg. de charbon, nous trouvons que l'excès de combustible sera au plus de 2 kg. 800.

M. de Faymoreau a publié (1) un rapport sur la diffusion de la canne à l'usine de Britannia (île Maurice), où après avoir décrit tous les appareils et les transformations nécessitées par l'installation de la diffusion de la canne dans cette usine, il résume comme suit les inconvénients et les avantages résultant de la diffusion :

Quels ont été les inconvénients de la diffusion à Britannia. ? —
« 1° Par la diffusion, les 88 0/0 de jus contenus dans la canne sont augmentés de 22 parties quand le soutirage est de 110 litres par 100 kg. de cannes, et de 32 parties quand le soutirage a lieu, comme Fives-Lille en a la latitude, à raison de 120 litres de jus pour 100 kg. de cannes. Dans le premier cas, l'on a 25 0/0 de jus en plus et dans le second, 36 0/0 de jus en plus à évaporer.

(1) *Bulletin des Études coloniales et maritimes.*

2º Les cossettes de cannes, tout a fait dépouillées de sucre, passées dans les moulins et brûlées dans les fours spéciaux, sont un combustible très inférieur à l'ancienne bagasse sortant des moulins.

3º De plus, l'ensemble de la force mécanique nécessaire pour mouvoir les coupe-cannes, les vis d'Archimède, le compresseur d'air, les monte-charges, ainsi que les deux moulins, occasionnent une plus grande dépense de vapeur que celle précédemment employée par les deux moulins broyant seulement les cannes.

Ces trois causes ont nécessité l'emploi de deux nouveaux générateurs de 150 chevaux chacun, en plus des trois générateurs de 150 chevaux qui suffisaient avec l'installation ancienne, pour la même production journalière de sucre.

Enfin, le travail d'usine, au lieu de durer de 15 à 18 heures, suivant les appareils, comme par le passé, est continu, ce qui a forcé de créer une double équipe de travailleurs pour certains appareils.

Quels ont été les avantages de la diffusion à Britannia ? — « Les rendements de la canne en sucre étaient précédemment de 8 kg. 25 par 100 kg. de cannes et, la semaine qui a précédé le fonctionnement de la diffusion, tel était encore le rendement de la canne.

Pendant les deux premières semaines de la diffusion, Britannia a travaillé un mélange de cannes Port-Makay, dont la richesse était de 14 0/0 et de cannes Lousier riches à 16 0/0 (les Port-Makay dominaient dans ce mélange); les rendements ont été de :

11.25 pour la première semaine

12.25 pour la deuxième semaine,

La quantité de charbon brûlée, en y comprenant la période d'essai a été de 750 kg. par 1.000 kg. de sucre produit.

L'accroissement du rendement de la première semaine du travail de la diffusion est rigoureusement proportionnel à l'extraction des jus, si l'on admet que les moulins tiraient 63 à 64 0/0 de jus, du poids de la canne. En effet la proportion

$$64 : 8.25 :: 88 : x \text{ nous donne } \frac{8.25 \times 88}{64} = 11.34.$$

Le rendement de 12.26 de la seconde semaine ne peut s'expliquer que par le travail de cannes sensiblement plus riches (probablement de l'espèce Lousier qui dominait dans le mélange), et par un meilleur rendement des masses cuites. Ce dernier résultat est dû à la pureté des jus de diffusion qui contiennent infiniment moins d'albumine, de pectine, que les jus provenant du broiement de la canne, et qui ne contiennent surtout aucune de ces matières colorantes de l'écorce de la canne, qui rendent si difficile le travail des jus de deuxième et troisième pression des moulins.

Avant la diffusion, Britannia travaillait journellement 218.200 kg. de cannes, qui donnaient 18.000 kg. de sucre.

Depuis la diffusion, pendant la période d'essai, Britannia a travaillé 150.000 kg. de canne par jour, qui ont donné au rendement de 12.25 0/0, 18.375 kg. de sucre.

Britannia, dont la production était précédemment de 2.000 tonnes de sucre, fera donc, avec les mêmes quantités de cannes, 3.040 tonnes de sucre en brûlant 2.250 tonnes de charbon. Le sucre valant à Maurice 485 fr. la tonne et le charbon 80 fr. la tonne au maximum, l'on voit que l'accroissement de recettes sera de 480.000 fr. pour un surcroît de dépenses de 180.080, d'où un bénéfice de 300.440 fr. Tous ces calculs sont faits pour un change de 40 0/0 environ.

« Cette dépense de charbon est celle de la période d'essai, de tâtonnements, il est certain que lorsqu'on aura remédié aux vices des appareils d'évaporation qui empêchent l'usine de fournir le travail prévu de 240.400 kg. de cannes, la dépense de charbon sera diminuée d'au moins 30 0/0. »

DIFFUSION DE LA BAGASSE

La bagasse pour être bien diffusée exige un très grand état de division. Aussi est-il utile de défibrer la canne avant son passage au moulin. Outre les défibreurs décrits plus haut, nous donnerons la description du défibreur Labrousse décrit dans l'ouvrage, « Le Sucre » de Charpentier et qui nous paraît plus apte à préparer la bagasse pour la diffusion que pour la macération.

Le défibreur Labrousse comprend essentiellement un arbre ayant environ 0.200 de diamètre et 2 mètres de long qui porte calées sur lui et dans toute sa longueur un grand nombre de dents à trois branches. Chacune de ces dents, qui peut être en fonte, en fer ou en acier, forme un déchireur puissant. Les dents sont rangées en hélice le long de l'arbre de manière que le calage de l'une retarde sur l'autre d'un angle déterminé par l'expérience. L'ensemble de toutes ces dents forme les différents éléments de trois surfaces héliçoïdales de l'ordre des vis.

Cet arbre garni de lames, tourne dans une enveloppe en fonte sur les parois de laquelle se trouvent fixés des peignes composés de lames semblables entre elles et en nombre égal au nombre des lames de l'arbre. A la gauche de l'appareil où entreront les cannes, il y a trois peignes placés à 90 degrés l'un de l'autre; à la droite par où sortira la canne broyée se trouvent quatre peignes placés aux deux extrémités, de diamètres perpendiculaires entre eux. Les peignes de gauche sont fixes. Les peignes de droite forment chacun un élément mobile, susceptible de se rapprocher de l'axe principal de la machine, de façon à diminuer à volonté l'espace compris entre les lames et les peignes pour obtenir un broyage plus ou moins ample de la canne.

A la partie supérieure, à gauche de l'appareil, se trouve une trémie où la canne entre sans difficulté. Elle y arrive par un petit canal dans lequel un distributeur commandé par la machine la laisse descendre brin à brin. La canne tombe dans la trémie et un simple taquet sur lequel elle bascule la met en prise avec l'une des surfaces héliçoïdales formées par l'arête des lames de l'arbre.

Quoique composée de huit ou douze diffuseurs, la batterie de diffusion de la bagasse est montée comme la diffusion de la canne et sa conduite est identique à celle que nous avons décrite plus haut.

Le chauffage du jus dans les calorisateurs se fait avec la vapeur de retour du moulin.

La bagasse ayant un volume beaucoup plus grand pour un même poids, on ne peut mettre que 20 kg. de bagasse par hectolitre; ce qui correspond, en calculant sur une extraction de 60 0/0 au moulin, à 50 kg. de cannes; tandis que dans la diffusion de la canne on ne met que 40 à 45 kg. à l'hectolitre.

Le mètre cube de bagasse de première pression non comprimée pèse 164 kg. 300; celui de 2e pression dans les mêmes conditions pèse 163 kg. 903. Tassée avec un bâton, la bagasse de 1re pression pèse 277 kg. 67 le m³ et celle de 2e pression 220 kg. 918.

Le jus de diffusion de bagasse au sortir de la batterie a une densité 1034 à 1038 lorsque l'on tire 20 litres de jus par hectolitre de contenance. Ce jus est alors réuni au jus du moulin pour être défequé.

La bagasse épuisée est passée par un seul moulin et envoyée aux générateurs où elle sert de combustible.

On peut se poser deux problèmes au sujet de la diffusion de la bagasse.

1° Quel est la quantité de jus normal qu'on retirera.

2° Quel est l'excédant en sucre de tous jets qu'on obtiendra ?

La 1re réponse nous est donnée par les renseignements publiés par la sucrerie « La Rivière » à La Réunion (1).

On a obtenu par 100 kg. de cannes 58 litres 8 de vesou à 1070 de densité, soit... 62 kg.916

La quantité de bagasse chargée dans chaque diffuseur était celle correspondant à 1.300 kg. de cannes.

On a extrait 550 litres de jus à 1038 de densité, soit 423 litres pour 100 kg. de cannes, ce qui correspond à une quantité de vesou naturel égale pour 100 kg. de cannes à 23 litres 1, soit.. 24 kg.717

Soit jus naturel total extrait................. 86 kg.633

Cette usine qui avant l'installation de la diffusion obtenait 7 à 7 1/2 de rendement, a obtenu avec la diffusion 10.85 0/0.

La canne travaillée à l'usine de La Rivière contenait 89 0/0 de vesou ; la quantité de vesou perdu sera donc de 89.00 — 87.60 = 1.400. Partant de cette dernière donnée nous pouvons facilement résoudre le 2e problème.

Une usine a travaillé en 1891............. 48.098.025 kg. de cannes.

Le vesou produit, y compris celui de répression est de 407.229 hect.

Ce vesou avait une densité de 1052, soit 7° Baumé.

Ce vesou naturel avait une densité de 1071, soit 9° Baumé.

Ce qui donne par kg. de cannes........................ 84 lit. 66.

Et en vesou naturel de 1071 de densité.................. 62 lit.

Cette fabrique a fait en sucre 1er jet.................. 3.653.280 kg.

Soit un rendement de.................................. 7 kg. 59

Avec une extraction de 62 litres ou 66 kg. 400.

(1) Sucrerie indigène.

Si on perd après diffusion, comme à l'usine La Rivière, 1 kg. 400 de vesou, en ne prenant que 83 comme poids du vesou contenu dans la bagasse par suite des pertes que celle-ci subit dans le chemin qu'elle parcourt pour aller du moulin à la diffusion ; on aura : 83 — 1.400 = 81.600. Or, comme avec 66 kg. 40 de vesou on a fait 7 kg. 59 de sucre, on fera avec 81.60 de vesou 9 kg. 33 de sucre 1er jet .

La différence de rendement en 1er jet sera donc de :

9 kg.33 — 7.59 = 1.74.

La proportion de 2e jet est de..... 1.70 à 1.80 0/0 de cannes,
Celle de 3e jet.................... 0.50 à 0.60   —

Soit ensemble....... 2.20 à 2.41

Prenons 2 kg. 20 de sucre de 2e et 3e jets pour les extractions par les moulins, nous aurions alors avec la diffusion comme sucre de 2e et 3e jets

$$\frac{2.20}{7.59} \times 9.33 = 2.70$$

Soit une augmentation de rendement en sucre, pour les 2e et 3e jets, de 2.70 — 2.20 = 0.50.

CHAPITRE IV

DÉFÉCATION

Pendant longtemps dans les colonies on s'est servi pour la défécation et l'évaporation du jus obtenu par le moulin, de ce que l'on appelait l'*équipage* ou les *appareils du Père Labat*.

Voici la description que cet illustre missionnaire, père de la sucrerie coloniale, donne de ses appareils dans son récit de voyage aux îles d'Amérique en 1656. Dans un équipage de cinq chaudières y compris la batterie, la 1re qu'on appelle la *Grande*, et qui est en effet plus grande que les autres, a 4 pieds de diamètre et la 4e n'en a que 2 et 3/4. Leur profondeur suit à peu près les mêmes proportions, de sorte que si la grande a 3 pieds de profondeur, la 4e n'en aura que 2. On fait en sorte de donner un pouce 1/2 de pente à chacun, en commençant par la batterie, afin que le sirop qui s'élève en bouillant s'extravase et coule dans celle qui est à côté sans pouvoir la gâter dans son mélange, comme cela arriverait si la pente allait des premières chaudières où le vesou de cannes est moins purifié, tombait dans celle où il l'est davantage ou entièrement.

Dans une sucrerie à cinq chaudières, la batterie doit avoir 28 pouces de feu, c'est-à-dire que depuis la surface des grilles jusqu'au fond de la chaudière, il doit y avoir 28 pouces de distance pendant que la grande n'en aura que 18.

Les chaudières sont de cuivre rouge de fer ou de fonte; leur épaisseur se règle suivant leur grandeur et la nature du métal.

Dans une sucrerie où il y a 5 chaudières, celle qui reçoit le jus de cannes en sortant du bac ou canot où il a été recueilli en tombant du moulin se nomme la *Grande*. Elle est en effet la plus grande de toutes. Celle qui est à côté de la grande se nomme la *Propre;* on l'appelle ainsi parce que le jus des cannes ayant été écumé dans la grande et ayant subi une épuration partielle par la cendre ou par la chaux qu'on y a mêlée, on le passe à travers une toile avant de le déverser dans cette chaudière, du moins dans les sucreries où l'on travaille en sucre blanc, et comme il est épuisé des plus grosses impuretés et des écumes épaisses et noires dont il s'est déchargé dans la grande, cette seconde chaudière est plus nette et plus propre que la première.

La troisième se nomme la *Lessive*, parce que c'est dans celle-là que l'on commence à jeter dans le vesou une certaine quantité de lessive forte qui le fait purger, qui amasse les impuretés et les fait monter à la surface où elles sont enlevées avec une écumoire.

La quatrième se nomme le *Flambeau*. Le vesou qu'on y transporte de la 1re s'y purifie et comme il est réduit en moindre quantité, plus pur, plus clair et que le feu sous cette chaudière est plus vif, il se couvre de bouillons clairs et transparents qu'il n'y avait pas dans les autres chaudières.

La cinquième est appelée le *Sirop*. parce que le vesou qui y arrive en sortant du flambeau y prend de la consistance et du corps, il achève de s'y purifier et devient du sirop.

La sixième est la *Batterie*. C'est dans cette dernière chaudière qu'on achève la cuisson du sirop et qu'on lui ôte ce qu'il pouvait encore renfermer d'impuretés, par le moyen de la lessive et de l'eau de chaux, ou d'alun qu'on y jette. Lorsqu'il approche de la cuisson, il jette de gros bouillons et s'élève si haut qu'il sortirait de la chaudière, de sorte qu'on est obligé de le prendre avec une écumoire pour lui donner de l'air et pour l'empêcher de se répandre.

On passe le vesou d'une chaudière à une autre à l'aide d'une grande cuillère appelée *louche*.

On juge que la cuite est achevée et que le sirop a acquis la consistance nécessaire pour la cristallisation, lorsqu'en prenant une goutte de sirop entre le pouce et l'index, puis écartant les doigts on obtient un fil qui ne casse qu'à la longueur de 4 centimètres environ et qui forme un petit crochet en se retirant. On verse alors le sirop dans des cristallisoirs en bois dont le fond est muni de trous bouchés par des petits morceaux de canne à sucre; au bout d'un certain temps la masse est devenue grenue, on retire alors les morceaux de canne, et on laisse écouler par ces trous la partie non cristallisée qui est la mélasse. Ce liquide est soumis à de nou-

velles cuites et à de nouvelles cristallisations comme dans la sucrerie de betteraves.

Après trois à six semaines, la masse qui reste dans les cristallisoirs est égouttée. et livrée au commerce sous le nom de *sucre brut*
ou *moscovade*.

Par suite des nombreux perfectionnements apportés aux
appareils d'évaporation dans le vide, la sucrerie de cannes a subi
de très grandes améliorations. A toute cette série de chaudières
situées sur un même foyer, et dans lesquelles on ne pouvait travailler que fort peu de jus à la fois, on a substitué peu à peu les
défécateurs, le triple effet, les appareils à cuire, les centrifuges, etc.

Actuellement, le jus en sortant des moulins est passé sur des

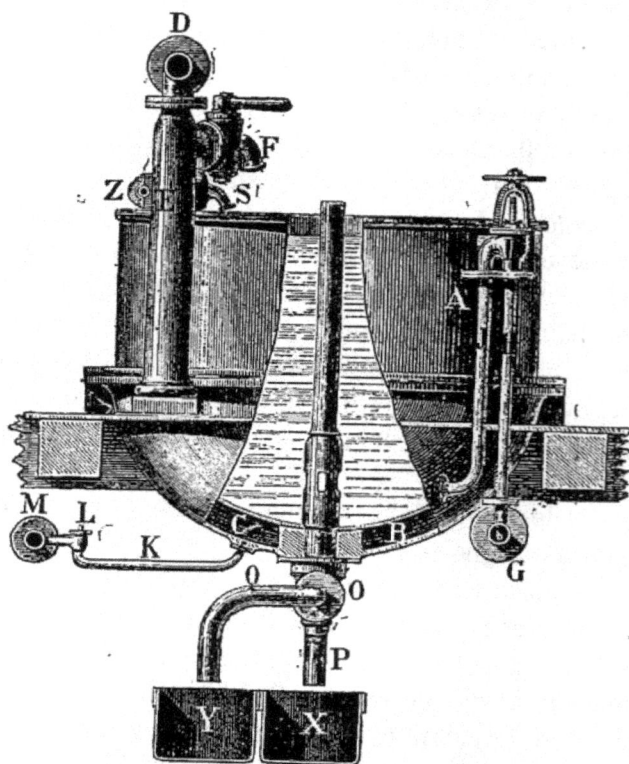

Fig. 400. — Chaudière à déféquer à double-fond pour jus de cannes, système Cail.

tamis en toile métallique, et débarrassé ainsi de ses matières
ligneuses et de sa folle bagasse, . est envoyé par des pompes dans
des chaudières dites *chaudières à déféquer*.

Ces chaudières se composent d'une calandre en cuivre A assem·
blée avec un fond B généralement en fonte, à l'intérieur duquel
se trouve un faux fond en cuivre; c'est par ce faux fond que se
fait le chauffage du liquide; la chaudière est alimentée de vesou
par une tuyauterie D supportée par une colonne d'alimentation E
portant un robinet F pour l'alimentation du vesou. La chaudière
étant remplie, on ouvre le robinet F d'arrivée de vapeur dans le
double fond.

La vapeur est amenée par une conduite générale reliée par
le tuyau H au robinet S; d'où elle passe par un tuyau F dans le
double fond de la chaudière; la vapeur condensée sort par
le tuyau V, passe par une soupape de retour d'eau L, pour s'échapper par une tuyauterie M, conduisant les eaux provenant de la
condensation dans un récipient destiné à l'alimentation des générateurs.

Lorsque le jus contenu dans la chaudière a atteint la température de 70° environ, on ajoute la chaux, soit à l'état de lait de
chaux, soit à l'état de chaux vive. La quantité de chaux varie
suivant la qualité de la canne, sa maturité, etc; l'on doit chercher
à obtenir une alcalinité très faible, de 0 gr. 05 à 0, 10 par litre,
suivant les opérations subséquentes que l'on fera subir au jus.
La quantité de lait de chaux généralement ajoutée est de 25 à
30 litres par 100 hectolitres de jus. Soit 55 à 65 gr. de CaO par
hectolitre. On agite vivement et on continue à chauffer; il se
forme des écumes qui viennent recouvrir la surface du jus.

La masse liquide contenue dans la chaudière est chauffée jusqu'à 90-92°. Lorsque l'on a atteint cette température, on arrête
l'opération en fermant le robinet d'arrivée de vapeur. En aucun
cas on ne doit faire bouillir un jus déféqué. Pendant l'opération
il se produit, outre la couche d'écumes supérieures, des écumes
lourdes qui descendent au fond de la chaudière; leur volume ne
dépasse généralement pas les lumières réservées dans le tuyau
N, et n'obstruent pas le robinet de vidange à plusieurs directions
O, placé au fond de la chaudière.

Si l'opération a été bien conduite, le liquide compris entre
les deux couches d'écumes est clair. On ouvre le robinet O; le jus
qui est généralement trouble au commencement est coulé dans
la gouttière Y; lorsqu'il est devenu clair, on le fait couler dans la

gouttière X, d'où il est envoyé soit à la filtration, soit au bac d'attente du triple effet. Lorsqu'il recommence à couler clair, on dirige le mélange dans la gouttière S, destinée à conduire les écumes aux filtres presses. On retire alors le tuyau à lumières pour vider le reste des écumes; lorsque la chaudière est vide, on la nettoie en faisant arriver de l'eau par la tuyauterie R et le robinet S. L'eau ayant servi au nettoyage est évacuée hors de l'usine par la gouttière S ou par une gouttière spéciale. Une bonne défécation se reconnaît à la teinte ambrée du jus et à la rapidité de la décantation. Une teinte vert clair indique un manque de chaux, une coloration jaune foncée un excès d'alcali.

On trouve aussi dans un grand nombre d'usines des chaudières d'un autre modèle, mais elles sont cependant moins repandues que la précédente.

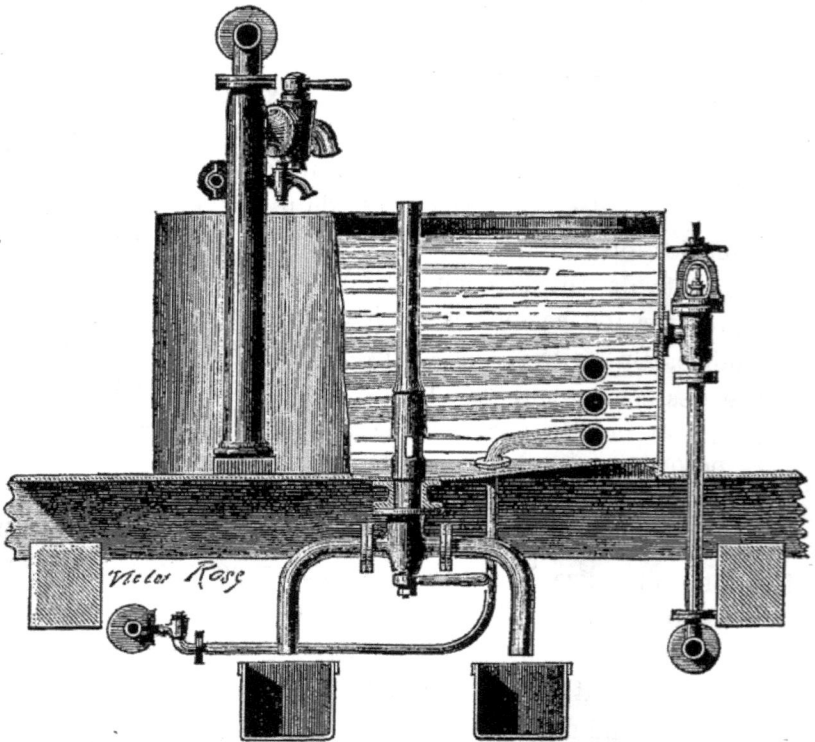

Fig. 401. — Chaudière à déféquer en tôle et à serpentins pour jus de cannes, système Cail.

Ces appareils sont en tôle, d'une seule pièce ayant la forme d'un cylindre et à fond plat; l'arrivée du jus, les gouttières d'écoulement sont en tout semblables à ceux cités plus haut. Ils en diffèrent en ce qu'ils n'ont pas de double fond ; celui-ci est remplacé par un serpentin de vapeur dont le point d'arrivée est fixé au centre du cylindre et dont les spirales ont leur sortie pratiquée dans le fond plat de la chaudière.

Ces chaudières ont le grand inconvénient d'être très difficiles à nettoyer ; lorsque les écumes arrivent sur les serpentins encore chauds, elles y adhèrent, y sèchent et on est obligé de les enlever par un grattage des serpentins, car elles occasionnent alors une notable déperdition de chaleur sur toute la surface des serpentins.

Avec l'emploi du serpentin la masse de liquide à déféquer n'est pas également chauffée dans toutes ses parties et parfois il y a du jus qui n'est pas déféqué.

La défécation étant la base de tout le travail ultérieur de l'usine, on ne saurait y apporter trop de soins.

La défécation est l'opération qui a pour but de séparer dans le vesou, au moyen de la chaleur et d'agents chimiques, toutes les substances étrangères qu'il contient, en dehors du sucre, puis de les enlever soit par décantation, soit par filtration, soit par écumage.

Nous avons vu que le vesou contient, outre le sucre, de la glucose, des matières albuminoïdes, des matières gommeuses, des principes muqueux et des corps pectiques. Nous allons étudier l'action de la chaleur et des agents chimiques sur ces corps.

La plupart de ces corps jouissent de la propriété de se combiner à la chaux et constituent des acides faibles dont la solubilité dépend en grande partie de celle des bases auxquels ils sont liés.

L'*albumine* sous l'action de la chaleur se coagule vers 75° ; en solution très étendue, elle ne se coagule qu'incomplètement.

Les *principes muqueux* ont la propriété de se transformer en glucose sous l'influence des acides faibles bouillants.

La *pectose* est une matière neutre non azotée qui par l'ébullition en présence des acides faibles se change en *pectine*.

La *pectine* en contact des alcalis étendus à froid se change en un acide gélatineux (*acide pectosique*), lequel sous l'influence un peu plus energique des mêmes alcalis devient de l'*acide pectique;*

les mêmes changements se produisent sous l'influence de la *pectose*, ferment pectique, qui transforme la pectine en acide pectique, puis en acide pectosique. Chauffée à 100 degrés centigrades, la pectine se transforme en acide métapectique.

Les alcalis étendus dissolvent l'acide pectique sans altération, mais les alcalis concentrés le modifient de telle sorte que les acides ne le précipitent plus et forment de l'acide *métapectique*.

La chaux agit sur ces différents corps en formant :

1° Avec la pectine et l'acide pectique un *pectate* de *chaux* insobuble.

2° Un pectosate de chaux qui se forme plus facilement à froid qu'à chaud.

3° Un métapectate de chaux que l'on doit éviter de former, car, étant soluble, il nuira à la cuisson et à la cristallisation.

La glucose en présence de la chaux, forme du glucosate de chaux, qui colore les jus en brun.

D'après ce que nous venons de dire, on voit que l'on doit éviter de former de l'acide métapectique, et transformer la pectine en pectate de chaux insoluble, mais qu'un excès de chaux serait nuisible en décomposant l'acide pectique en acide métapectique.

« Certains fabricants, dit M. Riffard, ont une tendance prononcée à vouloir maintenir l'alcalinité dans les vesous. Ils la considèrent comme un préventif de l'acidité. Nous affirmons que c'est une grossière erreur; et certains de nos lecteurs coloniaux se rappelleront l'heureux résultat obtenu (non sans combat, car pour les esprits superficiels la vérité qui blesse l'amour propre n'a pas un accès facile) par le travail du vesou neutre et plutôt voisin de l'acidité. Il faut ajouter que la conduite du travail réclame une sollicitude générale, ne s'accomodant pas de l'insouciance et de la passivité du personnel ».

CHAPITRE V

FILTRATION DES JUS ET DES ÉCUMES

Le jus clair, en sortant des défécateurs, est filtré ; la filtration a pour but d'enlever toutes les matières mucilagineuses qu'il contient en suspension.

A Maurice, on se sert beaucoup du décanteur Portal, malgré ses graves inconvénients.

Cet appareil se compose d'un réservoir rectangulaire en tôle, cloisonné, c'est-à-dire formant 6 à 8 compartiments séparés par des cloisons de même métal, fixées sur le fond et les côtés du bac ; ces cloisons laissent à leur partie supérieure une ouverture pour l'écoulement du jus d'un compartiment dans un autre ; les ouvertures sont pratiquées sur la droite des cloisons dans les numéros impairs, en supposant que l'arrivée du jus dans le bac se fasse sur la gauche du réservoir, et les cloisons paires ont leurs ouvertures faites sur les côtés gauches, de manière que le jus forme un jeu de serpentin dans son écoulement d'une partie à l'autre. Dans sa marche lente, le jus laisse tomber au fond des réservoirs les parties lourdes et impures qui y sont mêlées et le liquide, plus ou moins bien décanté, sort du bac par un réservoir disposé sur la partie opposée à l'ouverture de la cloison précédente.

Depuis quelques années, on se sert dans les colonies des filtres mécaniques en usage dans les sucreries de betteraves ; nous renverrons le lecteur à ce chapitre du 1er volume pour la description des appareils. Nous nous bornerons à relater les essais comparatifs qui ont été faits à Maurice par MM. Biard, Bonnin et Koenig avec ces différents filtres.

1° M. Biard fit des essais avec un filtre Puvrez à double filtration. Chaque filtre contient 25 toiles doubles et chaque toile est composée de deux portions inégales qui servent la plus grande à la première filtration et la plus petite à la seconde.

Le débit du filtre de 46 hectolitres par filtre et par heure donne jus filtré par m² et par heure

    347 litres pour le 1ʳᵉ filtration ayant 13 m² de surface filtrante

    658 — —   2ᵉ —   6 m² 95   —

La 2ᵉ filtration étant la seule à être considérée, le débit est de 11 litres par m² et par minute.

2° M. Bonnin employa un filtre Danek Kasalowski à filtration simple se composant de 30 cadres suspendus dans le filtre, sans adhérence; celui-ci avait une surface filtrante de 30 m² 24.

Son débit par filtre et par heure est de 195 litres 52, soit 3 litres 26 par m² et par minute.

3° M. Kœnig se servit des filtres coloniaux. Chaque filtre comprenait 27 toiles doubles dont 17 servant à la 1ʳᵉ filtration et 10 à la 2ᵉ, d'une surface totale filtrante de 30 m² 32.

Le débit n'était que de 25 hectolitres par heure et par filtre.

La 1ʳᵉ filtration fournit 131 par m² et par heure.

La 2ᵉ   —   —   223   —   —   soit 3ˡ 70 par m² et par minute.

La surface filtrante de la 1ʳᵉ filtration étant de 19 m² 09.

                2ᵉ   —   —   11 m² 23.

Durée de la filtration.

Filtres Puvrez. — Elle est de 1 h. 30 en moyenne, variant entre 52′ et 136′ selon la limpidité du jus. Sur une batterie de 4 filtres, 2 1/2 travaillent à suivre pour un volume de 1,600 hect. par jour, soit un débit de 45 à 46 hectolitres par heure et par filtre.

Un filtre fournit donc sans interruption 67 à 69 hectolitres de jus.

Filtres Danek. — Un filtre fonctionne environ 8 h. 30 minutes, moyenne entre 4 h. 30 et 11 h. Sur une batterie de 3 filtres, 2 fonctionnent à suivre pour un production de 118 hectolitres par heure, soit 59 hectolitres par heure et par filtre.

Le filtre donne un minimum de 354 hectolitres sans interruption.

Filtres coloniaux. — Un filtre fonctionne de 40 à 50 minutes en moyenne. Sur une batterie de 5 filtres, 3 fonctionnent à suivre et ne peuvent fournir qu'au 3/5 du volume de jus produit par heure (125 hectolitres). Soit 25 hectolitres par filtre et par heure.

Température du jus avant et après filtration.

Filtres Puvrez. — Au départ du filtre, la température baisse de 2° 3/4 en moyenne; mais après 30 minutes de marche, elle varie peu. Il estime donc une chute moyenne de 1°5.

Filtres Danek. — La température, pendant l'opération, tombe de 80° à 78°.

Filtres coloniaux. — Chute de 8 à 9 degrés pendant la filtration.

Sucre perdu par le filtre.

M. Biard suivant ses calculs, estime la perte en sucre à 1 k. 700 par filtre.

M. Bonnin reconnaît 3 k. 997 en moyenne par filtre.

M. Kœnig est arrivé au chiffre de 4 k. 400 par filtre.

Composition du jus avant et après filtration.

M. Biard établit dans la moyenne des moyennes de ses analyses les chiffres suivants :

	Densité	Sucre	Inverti	Pureté	Glucose % sucre
Avant filtration.	1060.91	13.29	1.21	82.70	9.15
Après filtration.	1060.65	12.26	1.22	82.82	9.22

M. Bonin.

	Sucre	Inverti	Inverti % sucre
Jus entrant....	16.18	0.478	2.95
Jus sortant....	16.28	0.465	2.85

M. Kœnnig.

	Sucre	Inverti	Inverti % sucre
Entrant....	17.69	0.767	4.33
Sortant....	18.07	0.767	4.24

Cette moyenne n'offre pas grand intérêt, le quotient glucosique est tantôt plus haut, tantôt plus bas. Les résultats nous paraissent difficilement appréciables, et nous approuvons la conclusion de M. Biard qui dit que l'amélioration produite par la filtration ne peut être constatée par l'analyse.

Jus imprégnant les toiles.

M. Biard reconnaît que les matières en suspension rendent plus denses les jus imprégnant les toiles que ceux filtrés, que ces jus sont moins purs et d'un quotient glucosique 4 fois plus élevé; il a trouvé à l'analyse une moyenne de :

Densité	Sucre	Glucose	Pureté	Glucose % sucre
1066.4	9.90	4.10	57.57	41.41

Ces eaux de lavage, abandonnées à elles-mêmes pendant huit heures, ont donné la composition suivante :

Composition initiale.

Densité	Sucre	Glucose	Pureté	Glucose % sucre	Sucre et glucose
1005.2	1.07	0.23	68.1	21.1	(1.30)

Après 8 heures.

1005.2	0.78	0.33	50.3	42.8	(1.11)

D'après M. Bonnin, la composition du petit jus obtenu par le lavage des toiles Danek est :

Densité	inférieure à 1.010
Sucre	— 1.635
Glucose	— 0.109
Quotient glucosique	— 6.66

D'après M. Kœnig, 4 essais sur les jus imprégnant les toiles ont donné à la moyenne :

Densité	1104.6
Sucre	19.31
Pureté	70.4

Des échantillons pris immédiatement après le lavage ont donné :

Densité	1029.3
Sucre	4.75
Pureté	60.4

Ces petites eaux s'altèrent rapidement, et chercher à récupérer le sucre qu'elles contiennent serait une perte de temps.

De tout ce qui précède, M. Kœnig rapporteur a tiré les conclusions suivantes que nous reproduirons textuellement.

	1 Puvrez 4 filtres de 25 cadres	2 Kasalowski Danek 3 filtres de 30 cadres	3 Filtres coloniaux 5 filtres de 27 cadres
Temps de fonctionnement.	1 h. 30	8 h. 30	45 m.
Volume du jus filtré par h..	46 hectol.	59 hectol.	25 hectol.
Surface du filtre	19 m²95 {13 m²00 1re / 6 95 2e} litre	30 m²24 30 m²32	{19 m²09 1re / 11 23 2e} litre
Volume par m² par heure.	230 litres	195 litres	82 litres
Sucre perdu par filtre....	1 k. 700	3 k. 997	4 k. 400
Volume total des jus.....	1600 hectol.	1300 hectol.	1620 hectol.
— par heure.	114 —	118 —	125 (3/5) hectol.
Sucre perdu par hectolitre.	0 k. 025	0 k. 018	0 k. 119
Sucre perdu par 100 cannes	0 k. 015	0 k. 012	0 k. 080
Surveillance, entretien, lavage de toile................			6 hommes et 5 femmes.

Les mauvais résultats donnés par le n° 3 sont dus en partie à la vétusté des toiles et en partie au peu de résistance au travail qu'ont offert des cadres construits avec de mauvais bois.

Le filtre n° 2 est, par contre, celui qui présente le plus d'avantages industriels.

La quantité de sucre perdu par filtre peut atteindre des chiffres assez élevés si les changements de toile sont trop fréquents.

On voit, en effet que pour une manipulation de 2,500 tonnes de cannes la perte sera de 3,000 kilog. avec le filtre Kasalowoki, 3,770 avec le Puvrez et 20,000 pour le filtre colonial. Le lavage des toiles ne ferait récupérer qu'une très faible partie du sucre qu'elles entraînent et la plupart du temps cette opération sera plus tôt nuisible à la fabrication.

La composition comparée des jus, avant et après la filtration, n'offre pas grand intérêt. C'est plutôt dans ses conséquences qu'il importerait d'en étudier les effets (*Société des chimistes de Maurice*, mars 1892) (1).

Filtration sur bagasse.

M. Kœnig, dans un autre rapport concernant la filtration sur bagasse, donne les conclusions suivantes sur ce mode de travail.

Le débit le plus fort d'un filtre atteint à peine 20 hectolitres par

(1) *Bul. as. ch.*

heure et par filtre. En outre, il fait un résumé des pertes totales occasionnées par le filtre : augmentant de 50 0/0 sur le filtre à toile coloniale sans tenir compte de la fermentation pectique qui, après un certain laps de temps, convertit le jus en gelée.

M. de Coubhac-Mazerieux, dans un autre rapport ayant trait à la filtration sur bagasse, combat l'adoption de ce système et il s'appuie sur les données suivantes.

Un filtre, quelle que soit sa forme, quand il est bien conduit, ne peut donner qu'une moyenne de 20 hectolitres par heure.

Si les jus, avant d'arriver au filtre, passent par un bac décanteur, dans lequel ils laissent la plus grande partie de leurs impuretés, ce filtre doit fonctionner de 18 à 20 heures, mais si les jus proviennent directement des défécateurs, son fonctionnement ne dépasse jamais 5 heures.

Les jus déféqués arrivent au filtre à une température de 96° C. environ, mais ils tombent rapidement à 84° C., et à leur sortie, ils n'ont plus que 73° C.

Les filtres sont remplis de jus le soir, leur température tombe de 84° C. à 32° C., soit une perte de 104,000 calories nécessitant 17 k. 68 de charbon.

Il se produit donc une grande altération des jus. En outre, pour procéder au dessucrage de la bagasse, on a employé environ 1,300 kilog. d'eau nécessitant environ 87 kilog. de charbon pour l'évaporation.

M. de Mazerieux n'approuve pas la repression des bagasses provenant des filtres ; il donne l'analyse du jus provenant de la bagasse après filtration. Voici ses chiffres :

Moyenne de 4 essais sur filtres cylindriques pareils à celui dont il est parlé plus haut.

Densité à 15° C..............................	1.076
Degré Baumé...............................	10.19
Sucre cristallisable 100 lit...................	15.43
Glucose p. 100..............................	0.67
Sels.......................................	0.81
Pureté.....................................	75.11
Quotient glucosique..........................	4.36
Quotient salin..............................	5.38

Plusieurs séries d'essais faits sur ce mode de filtration ont donné les moyennes des moyennes ci-dessous, pour la circulation du jus à travers le filtre.

Avant filtration.

Densité	Beaumé	Sucre hectolitres	Glucose	Pureté	Glucose °/₀ sucre
1071.7	9.64	16.83	0.596	89.08	3.54

Après filtration.

1072.0	9.69	16.82	0.604	88.67	3.59

Il y a peu de différence dans la composition des jus, il n'en est pas de même pour les jus conservés la nuit dans les filtres.

Les deux exemples ci-dessous serviront de comparaison en ne donnant que la moyenne des moyennes :

Densité 15° c.	Baumé	Sucre hectolitre	Glucose	Pureté	Glucose °/₀ sucre
			LE SOIR		
1072.3	9.73	16.70	0.589	87.63	3.51
			LE LENDEMAIN		
1074.4	10.00	16.64	0.671	84.86	4.03

Le lavage des filtres a été poussé jusqu'à obtenir des jus à 1,018 de densité à 15° C.

Départ	Densité 15°	Baumé	Sucre hectolitre	Pureté
4 h 45	1076.5	10.25	17.80	88.38
5 15	1064.0	8.67	13.36	79.14
5 30	1035.0	4.87	6.54	70.09
3 50	1018.0	2.65	3.38	68.83

(Extrait du rapport de M. C. de Mazerieux du 4 juillet 1892) (1).

D'après les rapports précités, nous comprenons que ce mode d'opération ait été rejeté.

M. Philippe dont le filtre est peu répandu à Cuba et dans les colonies vient de découvrir un tissu filtrant très bien et pouvant servir de 12 à 15 heures sans exiger le démontage de l'appareil.

Le filtre Bouvier, à crin végétal, a rendu à Cuba, où il a été

(1) *Bul. as. ch.*

expédié cette année, quelques services, surtout pour la filtration du vesou à la sortie des moulins (1).

Filtration sur noir. — Le noir ne sert qu'à décolorer les jus, il absorbe toujours une certaine quantité de chaux alcaline; son prix d'achat, de revivification, la main-d'œuvre, pour l'entretien des filtres, etc., etc., ont amené le plus grand nombre de sucreries à abandonner ce mode de filtration.

Nous renverrons le lecteur à l'article du 1er volume donnant la description des appareils de filtrage et de revivification du noir.

FILTRATION DES ÉCUMES

Les écumes sortant des défécateurs sont envoyées directement dans des bacs d'attente munis de serpentins, où elles sont réchauffées, puis, prises par une pompe ou un monte-jus, elles sont envoyées dans des filtres-presses. Ces chaudières doivent être au nombre de deux, pour permettre de remplir l'une pendant que l'on chauffe, vide et nettoie l'autre.

La quantité d'écumes produites varie, suivant le mode de travail; une usine marchant avec un moulin fera moins d'écumes qu'une usine marchant avec la répression et l'imbibition. En général on fait 1 kg. à 1 kg. 200 d'écumes pour 100 kg. de cannes.

Il est nécessaire de passer les écumes le plus vite possible dans les filtres-presses car, ce jus en contact avec des matières très fermentescibles, s'acidifie rapidement. En outre, il se forme à la partie supérieure du bac un chapeau excessivement dur que la pompe ne peut refouler.

Voici les résultats de jus resté pendant quatre heures dans la même chaudière avant d'être filtré :

Alcalinité à l'arrivée.........	0.09	
— 1re heure.........	0.09	
— 2e heure..........	0.04	les écumes durcissent à la partie supérieure.
— 3e heure	jus acide	
— 4e heure	jus acide	

(1) La durée de la filtration dans un filtre quelconque dépend de la nature du liquide à filtrer autant que de celle de la toile ; le filtre Kasalowski de 30 mètres carrés filtre par jour 3000 hectolit. de jus et travaille six jours sans changer les toiles. (Notes de l'éditeur).

Le jus très acide forme en passant à travers les tôles perforées des sels de fer qui colorent le jus en brun.

Les filtres-presses employés dans les colonies étant semblables à ceux décrits dans la 1re partie de cet ouvrage, nous y renverrons le lecteur.

On emploie généralement des filtres de 15 à 20 plateaux du genre de ceux de Trinks (Construction Cail).

Nous croyons que l'emploi des grands filtres de 50 cadres est une faute dans les colonies; ces filtres mettent beaucoup de temps à se charger (quatre à six heures); les jus s'y refroidissent et s'y acidifient (1).

Ayant eu à nous servir de ces filtres, nous avons recherché quelle était la marche décroissante de l'alcalinité des jus filtrés.

Commencement	1re heure	2e heure	3e heure	4e heure	5e heure	6e heure
0.09	0.10	0.08	0.03	acide	acide	acide
0.12	0.12	0.08	0.06	0.03	neutre	acide
0.10	0.09	0.07	0.05	0.02	acide	acide

Dans le 2e cas, on avait ajouté de la chaux en réchauffant les écumes.

Dans le 3°, on réchauffait de temps en temps les écumes pour éviter le refroidissement.

La Cie Fives-Lille construit depuis quelques années des filtres de 30 cadres qui permettent de démonter un filtre toutes les deux heures et de conserver une alcalinité constante.

Quelques usines se servent de bacs décanteurs munis de trois robinets placés diagonalement à 10 centimètres les uns des autres, le premier étant situé à 15 centimètres du fond pour éviter l'entraînement du précipité qui se trouve au fond.

Ce procédé très recommandable dans les usines faibles en filtres presses, ne doit pas faire rejeter complètement les autres.

On ajoute quelquefois, et à grand tort, de la chaux dans le bac réchauffeur pour empêcher l'acidification, ce qui a pour effet de produire des sels de chaux sans obvier au mal.

En principe, on ne doit jamais ajouter de chaux à un jus déjà

(1) Depuis 1889, les établissement Cail, ont construit pour Cuba un grand nombre de filtres-presses qui donnent toute satisfaction aux fabricants de sucre. Les plaques perforées sont en cuivre à cause de l'acidité des jus (Note de l'Editeur).

déféqué et qui deviendrait acide ; il devra être immédiatement envoyé aux appareils d'évaporation, où le départ de l'acidité aura lieu sans le moindre danger.

On a essayé de mettre les écumes sur la bagasse avant la repression ; nous croyons ce procédé absolument irrationnel, car c'est remettre dans le jus normal la plus grande partie des impuretés que l'on a retirées à l'aide de la défécation. Les partisans de ce nouveau procédé assurent que le fait de mettre les écumes et jus troubles sur la bagasse destinée à être repressée, est très rationnel, car la bagasse agit comme un filtre et que seule la partie liquide contenue dans les cannes se mélange au vesou ?

Dans une usine où nous avons essayé ce procédé, la pureté du jus déféqué simplement à la chaux était de 88, et avec l'addition d'écumes sur les moulins elle est descendue à 82 et 80. Ces simples résultats sont assez concluants.

Les écumes sont rarement lavées, et contiennent de 2 à 8 pour 100 de sucre.

A la Guadeloupe, en Espagne (1) et ailleurs les écumes sont fort recherchées pour la nourriture des animaux.

« Il est en effet remarquable, dit Riffard, de suivre la transformation qui s'opère dès l'ouverture de la roulaison sur les mulets étiques ou les chevaux au poil terne. Nourris de cannes, dont l'échauffement est modéré par les amarres et débris de la canne, leur constitution gagne rapidement en force et ils fournissent une somme de travail considérable et qu'on ne pourrait assurément exiger d'eux sans cet aliment.

Aussi ce produit est-il avidement recherché par les habitations ; mais dans bien des usines, on laisse perdre ou altérer une si précieuse nourriture par incurie et par défaut de soins pour l'abriter des eaux pluviales. »

Analyse des écumes de défécation du vesou de la canne à sucre

		o/0 de matières sèches.	
Matières organiques.	Albuminoïdes (contenant azote 1.80).......	11.70	
	Non azotées............................	19.80	
	Sucre.................	15.10	
	Folle bagasse, débris de cannes...........	39.00	85.60

(1) En Espagne, les contrats de transports de cannes prévoient que l'usine devra fournir une certaine quantité de tourteaux d'écume à chaque animal.

Matières minérales.	Chaux totale	6.16
	Acide phosphorique	3.83
	— silicique	2.84
	Oxyde de fer	6.85
	Acide carbonique	1.38 14.46
		100.00

Voici d'après Bonâme la composition immédiate des écumes :

		Moyenne
Humidité	53.80 à 70.95	60.85
Cellulose	2.29 à 6.94	5.08
Cendres	2.45 à 9.65	6.05
Matières azotées	2.26 à 4.68	3.37
Graisse	2.73 à 7.73	4.61
Sucre	1.35 à 8.47	4.75
Matières non azotées diverses		15.19
		100.00

Les cendres d'écumes sont remarquables par leur richesse en acide phosphorique ; cet élément est complètement éliminé des jus à l'état insoluble par la défécation. Les alcalis restent au contraire en dissolution dans les vesous et passent ensuite dans les mélasses ; les cannes n'en contiennent qu'une quantité insignifiante.

Composition minérale des écumes (1)

Acide phosphorique	17.66
— sulfurique	2.54
Chlore	0.18
Chaux	31.56
Magnésie	2.35
Potasse	0.79
Soude	0.32
Oxyde de fer	7.45
Silice	23.78
Acide carbonique	13.37
	100.00

On voit que dans un pays comme Cuba, où l'on considère les écumes de filtre-presse comme une matière encombrante et sans valeur, on passe à côté de la fortune sans la ramasser, et que ce produit pourrait être donné avantageusement aux animaux ou porté dans les champs pour amender les terres.

(1) Bonâme.

CHAPITRE VI

CLARIFICATION

Dans certaines colonies où les fabricants de sucre ont supprimé la filtration sur le noir et produisent du sucre blanc en 1ᵉʳ jet, ils font subir au jus après la défécation, ou au sirop après la concentration, une opération complémentaire analogue a une défécation, mais sans emploi de chaux et que l'on appelle *clarification*.

Cette opération s'effectue dans des appareils appelés *clarifica-*

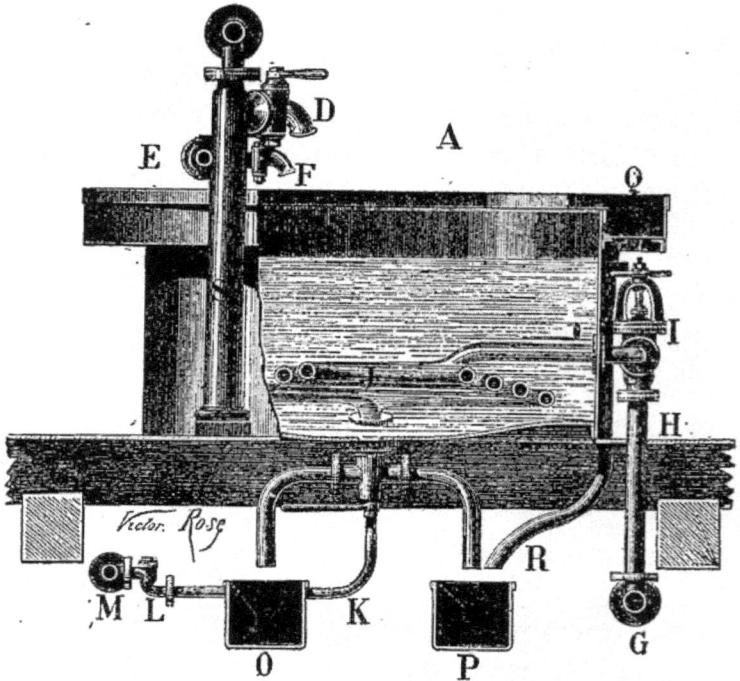

Fig. 402 . — Chaudière à clarifier, à serpentin, construction Cail.

teurs. — Nous donnons ci-dessous la description et la marche de ces appareils, dont l'un (fig. 402) est en tôle et à serpentin l'autre (fig. 403), en cuivre et fonte à double fond, sont semblables aux chaudières à déféquer décrites plus haut.

On fait arriver dans la chaudière le jus ou le sirop par le robinet D (fig. 402); lorsqu'elle est pleine, on ouvre le robinet de vapeur, pour porter la température à un degré très voisin de l'ébullition. La vapeur arrive par le tuyau général C et les tuyaux H pour passer par le robinet I dans le serpentin ou dans le double fond D.

L'eau de condensation sort par le tuyau K, le clapet de retour L et le tuyau collecteur M, pour retourner au récipient de retour d'eau et aller alimenter les générateurs.

Lorsque le liquide est chauffé à une température voisine de l'ébullition, il se forme à la surface des écumes légères qu'on enlève à l'écumoire et qu'on jette dans la gouttière circulaire Q, placée autour de la chaudière; ces écumes se rendent par le tuyau R dans la gouttière P pour être traitées avec celles de défécation.

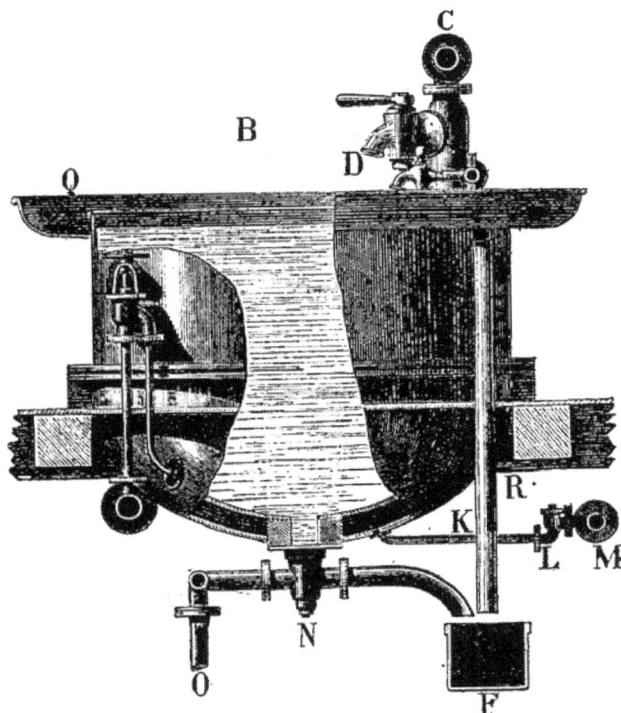

Fig. 403. — Chaudière à clarifier, à double fond. Construction Cail.

On répète cette opération deux ou trois fois au besoin sur le même liquide. Le jus clair, restant seul dans la chaudière, est vidangé par le robinet N à trois eaux, dans la gouttière O, pour être conduit de là à l'évaporation s'il s'agit de jus, et à la cuite s'il s'agit de sirop.

Nous croyons qu'il est préférable de clarifier les sirops ; car nous avons vu, en parlant de la défécation, que l'albumine en solution étendue se coagule très incomplètement par la chaleur ; on coagulera donc plus facilement les matières albuminoïdes dans un sirop pesant 20° Baumé que dans un jus ne pesant que 7°.

Dans la purification du sirop, on observe deux faits importants : le sirop devient plus clair et plus limpide ; la glucose ou les matières agissant sur la liqueur cuivrique diminuent ; en même temps la pureté augmente.

Voici les résultats comparatifs que nous avons obtenus à la Guadeloupe, sur des sirops, avant et après la clarification.

Analyse des sirops avant la clarification.

BAUMÉ.	SUCRE % c c.	GLUCOSE % c c.	GLUCOSE % de sucre	ALCALINITÉ chaux par litre	QUOTIENT de pureté.	OBSERVATIONS
23	40.98	3.13	7.5	0.08	83.2	
19	31.59	2.00	6.3	0.06	81.7	
20	34.92	1.78	5.0	0.06	84.5	
19	31.71	2.31	7.2	0.08	82.0	
19	32.61	1.70	5.2	0.10	84.3	
18	29.75	2.18	7.0	0.08	81.4	
19.7	33.59	2.02	6.35	0.08	82.8	Moyenne.

Analyse des sirops après clarification.

BAUMÉ.	SUCRE % c c.	GLUCOSE % c c.	GLUCOSE % de sucre	ALCALINITÉ CaO par litre	QUOTIENT de pureté.	OBSERVATIONS
23	41.14	2.93	7.1	0.08	83.8	
19	31.80	1.84	5.8	0.06	82.2	
20	35.68	1.64	4.6	0.05	84.9	
19	31.96	2.17	6.8	0.07	82.7	
19	32.68	1.53	4.6	0.10	84.5	
18	29.90	1.94	6.5	0.07	81.9	
19.7	35.19	2.01	5.9	0.07	83.3	Moyenne.

M. Dewing, dans un excellent travail présenté à l'Association des Planteurs de la Louisiane, constate que pour coaguler entièrement les matières coagulables du jus de la canne, une température de 110 à 115° est nécessaire : il suffit pour cela d'une pression de 0 k. 843 par centimètre carré.

A cet effet, le comité des Planteurs de Hawaï a étudié un appareil destiné à recevoir le vesou après chaulage, pour le porter à la température voulue. Le vesou circule d'une façon continue dans des tubes entourés de vapeur à ladite température de 116° C. Au sortir de l'appareil, il arrive dans des tubes qui le refroidissent à 93° C et le déversent dans les réservoirs de la filtration. Pour éviter une perte de calorique, il suffit de plonger ces tubes dans le vesou ou dans les eaux de la macération ou de la diffusion.

De ce qu'un jus est parfaitement limpide, on ne doit pas conclure qu'il est absolument pur. En effet, les matières albumineuses échappant au chaulage et à la filtration peuvent nuire à l'évaporaration, à la cuite et à la cristallisation des sucres, en s'accumulant dans les mélasses. Le procédé ci-dessus est seul capable d'éliminer ces matières coagulables (1).

EMPLOI DES EPURANTS EN SUCRERIE DE CANNES

Acide sulfureux. — L'acide sulfureux est employé sous deux formes en sucrerie de cannes : à l'état gazeux et à l'état de dissolution dans l'eau.

L'acide sulfureux gazeux est produit soit par l'appareil Cambray, Vivien et Messian, etc., décrits dans le tome I, soit par des appareils construits dans les pays mêmes, mais qui sont généralement très défectueux.

En général, les jus sont sulfités après défécation ou à leur sortie du triple effet. Il serait cependant plus avantageux de faire agir l'acide sulfureux sur le jus sortant du moulin ; il aurait ainsi pour effet d'amener une première coagulation des matières albuminoïdes, et, lors de la défécation à la chaux, le coagulum se trouverait entraîné avec les matières étrangères qui viennent surnager au-dessus du vesou.

Biard dit qu'à Maurice on emploie l'acide sulfureux en dissolu-

(1) *Bull ass. chim.*

tion dans l'eau avant la défécation à la chaux, dans la proportion de 7 d'eau sulfureuse 0/0 de vesou. Ce procédé a l'inconvénient d'augmenter la quantité d'eau à évaporer au triple-effet, inconvénient que ne présente pas l'emploi de l'acide sulfureux gazeux.

Fig. 404. — Vue de la sucrerie centrale Isabel, Media Luna, à Manzanillo (Cúba).

L'*acide sulfureux* ne semble pas modifier la composition du vesou normal, il paraît seulement agir sur le pouvoir réducteur des dérivés de la glucose et sur les matières colorantes, en même temps qu'il coagule les matières albuminoïdes.

Fig. 405. — Vue de la sucrerie centrale Isabel à Manzanillo (côté postérieur, vue du four Cook).

Voici les résultats comparatifs d'un jus de moulin avant et après sulfitation :

Jus normal du moulin		Jus traité par SO^2
Densité..	10 57	105.2
Degré Baumé........... ,...	7.80	7.30
Matières solides totales.......	10.35	13.24
Eau......................	85.92	86.76
Sucre cristallisable..........	10.35	9.79
Glucose....................	1.89	1.78
Non sucre.................	1.84	1.67
Coefficient de pureté.........	73.51	73.94
Glucose 0/0 sucre...........	18.26	18.18

Si l'effet de l'acide sulfureux sur le vesou se fait peu remarquer à l'analyse, il n'en est plus de même dans la suite du travail : à la cuite et au turbinage on obtient des masses cuites beaucoup plus sèches, des sucres plus secs et un rendement plus élevé.

A la Martinique, dans une des usines où M. Cambray a monté ses appareils de sulfitation, le rendement en sucre blanc s'est élevé de 5.38 à 6.62.

Outre l'acide sulfureux on a aussi employé le trisulfite de chaux « Labarre ». Des essais furent faits avec ce produit par M. Orchetti, ingénieur chimiste à l'usine de Santa-Lucia (île de Cuba) ; en voici les conclusions :

« Le trisulfite de chaux ajouté au vesou à la dose de 1 pour mille en permet la conservation pendant un temps qui peut varier de 10 à 36 heures, suivant la qualité et l'état des cannes dont il provient.

« Le vesou se trouve en outre en grande partie décoloré; chacun sait que l'acide sulfureux et les sulfites détruisent très facilement les matières colorantes des végétaux et donnent par conséquent des produits plus beaux et plus faciles à travailler.

Bien que le trisulfite possède par lui-même une réaction acide, il n'augmente pas d'une manière sensible l'acidité naturelle du vesou (employé à la dose de 1 à 5 pour mille). A mesure que son acide sulfureux se transforme en acide sulfurique aux dépens des matières organiques qu'il décompose, l'acide sulfurique formé se trouve absorbé par la chaux que renferme le trisulfite et par les alcalis combinés avec les acides les plus faibles que renferme le vesou (acide silicique, etc., etc.), et il ne reste en liberté que des matières à peu près sans action sur le sucre de canne. Voici les résultats de quelques essais comparatifs faits sur du vesou naturel et du vesou renfermant 1 millième de trisulfite de chaux.

1re *série des expériences (cannes récemment coupées.)*

1° *Échantillons pris à la sortie du moulin*

Vesou naturel		Vesou avec trisulfite	
Densité............ 1.090 Bmé 12		Densité............ 1.090 Bmé 12	
Acidité.............	0 75	Acidité.............	0.80
Polarisation........	20.30	Polarisation........	20.30
Coefficient de pureté apparent........ .	94.00	Coefficient de pureté apparent...........	94.00

2° *Les mêmes échantillons après 16 heures dans des vases ouverts*

Pas de variation dans les poids spécifiques.

Acidité.............	2.50	Acidité.....	0.80
Polarisation................	18.50	Polarisation................	20.30
Coefficient de pureté apparent	85.30	Coefficient de pureté apparent	94.00

L'échantillon présente des traces évidentes de fermentation et a une saveur acide assez prononcée.

L'échantillon a le même aspect et la même saveur qu'au commencement de l'expérience.

L'échantillon renfermant le trisulfite n'a commencé à entrer en fermentation qu'après 32 heures. Ce vesou était, on le voit, très dense et très riche.

2e *série d'expériences (cannes coupées depuis 6 jours.)*

1° *Échantillons pris à la sortie du moulin*

Vesou naturel		Vesou avec trisulfite	
Densité.... .... 1.080 Bmé 11.5		Densité........... 1.080 Bmé 11.5	
Acidité......... .	0.9	Acidité............	0.9
Polarisation..	17.73	Polarisation........	17.75
Incristallisable.....	1.50	Incristallisable.....	1.50
Coefficient de pureté apparent	85.00	Coefficient de pureté apparent..	85.00

2° *Les mêmes échantillons après 6 heures de séjour dans des vases ouverts*

Acidité........... ...	1.60	Acidité...........	0.09
Polarisation....,...	17.00	Polarisation... ...	17.50
Incristallisable.. ..	1.70	Incristallisable.....	1.50
Coefficient de pureté apparent.	81.80	Coefficient de pureté apparent.	84.50

3º *Les mêmes échantillons après* 20 *heures de séjour en vases ouverts*

Acidité......	3.00	Acidité.......	1.00
Polarisation.......	15.00	Polarisation.........	17.50
Incristallisable....	2.80	Incristallisable......	1.50
Coefficient de pureté apparent 72.20		Coefficient de pureté apparent. 84.50	

L'échantillon présente une saveur acide et est en pleine fermentation.

L'échantillon ne présente aucune modification,

Nota. — Dans tous les essais, les échantillons filtrés ont montré que le vesou additionné de trisulfite se trouve décoloré environ de moitié.

« On voit ajoute M. Orchetti, qu'il suffit de quelques heures pour que l'acidité du jus de canne se trouve doublée, qu'une certaine partie du sucre se trouve détruite, et que l'acidité et l'inversion suivent à peu près une proportion géométrique.

Dans quelques usines le vesou a séjourné 6 heures et plus avant de pouvoir être déféqué. En adoptant cette moyenne et en examinant les résultats ci-dessus on peut calculer la perte de sucre que le trisulfite de chaux peut éviter.

1º 4 pour cent de sucre renfermé dans le vesou qui disparait par l'inversion ;

2º Il se forme 1.12 pour cent d'incristallisable, empêchant au moins une fois et demi son poids de sucre de cristalliser, soit 1.70 ;

3º La quantité de chaux nécessaire pour neutraliser l'acidité du vesou et faire une bonne défécation se trouve presque doublée, et il se forme une plus grande partie de sels de chaux empêchant au moins une fois et demie leur poids de sucre de cristalliser ; mettons qu'il faille en plus 0 gr. 4 de chaux pour 100 parties de sucre (et je ne compte que la chaux pure, faisant abstraction des impuretés renfermées dans la chaux commune), ces 0.4 donnent au moins 0.8 de sels qui immobilisent 1.20 0/0 de sucre cristallisable.

Total : 4 + 1.76 + 1.20 = 6.96 0/0 ou en chiffres ronds 7 p. 100 de perte sur la totalité du sucre contenu dans le vesou.

Le chiffre de 1 1/2 que j'adopte pour le sucre immobilisé par l'incristallisable et les sels est basé sur le coefficient d'impureté des mélasses bien épuisées. Les coefficients adoptés en Europe sont 2 pour l'incristallisable, et 5 pour les sels.

On voit qu'indépendamment de son action décolorante le tri-sulfite de chaux augmente les rendements, et qu'en résumé son emploi donne un bénéfice sur la quantité comme sur la qualité. Il permet en outre d'employer n'importe quel système de défécation ou de clarification.

Employé à une dose plus élevée il permet la conservation du vesou beaucoup plus longtemps, qualité précieuse en cas d'acci-dents. »

Acide phosphorique. — A Maurice, et dans quelques usines à Cuba, on emploie aussi le superphosphate de chaux pour saturer l'excès de chaux que l'on a ajouté à la défécation.

Lorsque le vesou est déféqué, on ajoute du superphosphate de chaux, il se forme en présence de la chaux contenue dans le vesou du phosphate neutre de chaux qui est insoluble ; on filtre alors le mélange.

L'acide phosphorique comme l'acide sulfureux coagule les ma-tières albuminoïdes contenues dans le vesou ; aussi serait-il plus avantageux d'ajouter le superphosphate dans le vesou sortant du moulin, puis de saturer son acidité par la chaux.

Baryte. — Depuis 1890, on travaille à l'usine de Constancia (Cuba) par un procédé à la baryte connu sous le nom de *procédé Manoury.*

La mélasse sortant des turbines est diluée, additionnée de baryte, puis envoyée sur les moulins de 2e pression où elle se mé-lange avec le jus sortant de la canne ; on fait alors la défécation dans les défécateurs comme avec la chaux. La baryte est alors précipitée par un sulfate, (sulfate de soude ou de magnésie) et le mélange envoyé dans les filtres-presses.

Ce procédé offrirait l'avantage de faire disparaître la glucose au moins en partie, car d'après M. Courtonne : « quelle que soit la con-centration des liqueurs glucosiques, la glucose et la levulose sont détruites à chaud par la baryte et par la strontiane.

La quantité de baryte et de strontiane employée exerce une influence sur la composition et aussi sur la solubilité de la glu-cose et de la lévulose transformées.

La précipitation du produit le plus basique et le moins so-luble dépend uniquement de la concentration des liqueurs. »

Par suite de cette diminution de glucose, le coefficient de pureté augmente et le rendement en 1er jet devra être certainement plus élevé.

D'après M. Manoury, pendant les trois mois de fabrication (février, mars et avril) par ce procédé, l'on ne produirait plus de mélasse ?

Depuis deux ans ce procédé s'est un peu répandu dans l'île, mais les rendements totaux n'ont généralement pas été beaucoup plus élevés que dans les usines travaillant à la chaux.

D'après les renseignements que nous avons pu obtenir, voici les rendements de deux usines assez voisines travaillant l'une avec la chaux et l'acide phosphorique, l'autre avec le procédé à la baryte, toutes les deux travaillent avec un seul moulin, par conséquent sans repression.

Travail à la chaux		*Travail à la baryte*
Sucre 1er jet.	8.75 sucre 96	9.10
— 2e jet.	1.05 — 89	0.55
Sucre total..	9.80	9.65

Sulfite acide de magnésie, procédé Saillard. — M. Saillard a étudié et fait breveter un procédé de travail des vesous par le sulfite acide de magnésie ; nous donnons la description qu'il en a fait lui-même dans le *Journal des fabricants de sucre.*

« Depuis longtemps le faible pouvoir mélassigène des sels de magnésie a été reconnu ; aussi, à différentes reprises, a-t-on essayé d'employer soit la base, soit un de ses sels, pour l'épuration des jus sucrés.

L'emploi de la magnésie sur les jus crus de betterave ou de canne offre des inconvénients : 1° Son prix relativement élevé ; 2° une action incomplète sur certaines matières organiques et minérales qui seraient précipitées par la chaux.

On a essayé l'emploi de la magnésie colloïdale ou naissante, c'est-à-dire précipitée de l'un de ses sels au sein même de la solution sucrée que l'on veut épurer ; la magnésie a ainsi un grand pouvoir décolorant.

Le sulfate de magnésie, étant donnés son abondance et son bas prix, était tout indiqué. Ayant ajouté le sulfate à la solution sucrée, on ajoute soit un lait de chaux, soit un lait ou une solu-

Fig. 406. — Vue de la sucrerie centrale Senado (Cuba). (Avec figures, voir texte de la page...)

tion de baryte; il se forme de la magnésie hydratée et les sulfates de la base employée, sulfate de chaux ou sulfate de baryte. Si on a employé de la chaux, le sulfate formé n'est pas complètement insoluble; il en reste environ 5 à 6 grammes par litre de mélasse épurée, et si on ne veut pas encrasser les appareils à cuire, il faut se débarrasser de ce sulfate par un peu de baryte, ce qui entraîne la nécessité d'une double décantation ou filtration.

Si on a employé la baryte, du premier coup on atteint le but avec une seule décantation, mais la baryte coûte fort cher et dans ce cas, il faut en employer beaucoup, de 1 à 1 1/2 0/0 de canne; c'est là un des écueils de la méthode de travail proposée par M. Manoury pour la rentrée des égouts dans le travail des premiers jets.

Après bien des essais, je me suis convaincu que le sel de magnésie offrant le plus d'avantage est le sulfite acide, ou plus exactement, la solution de sulfite de magnésie dans l'acide sulfureux; ce sel, traité par la chaux ou un sel de chaux, donne un sulfite de chaux insoluble; l'acide sulfureux qu'il contient a par lui-même un pouvoir antifermentescible qui n'est pas à dédaigner pour le travail des bas produits. Enfin, la solution est facile à préparer à la sucrerie même, avec des matières premières peu coûteuses.

Nous décrirons trois modes opératoires différents, suivant que l'on veut obtenir du sucre blanc de consommation directe, du sucre roux de raffinerie, ou du roux de consommation.

Sucre blanc. — Le vesou est traité par le gaz sulfureux comme dans le travail courant de la sucrerie mauricienne. On défèque à la chaux en ayant soin de laisser le jus légèrement acide, très près de la neutralité; le jus défèqué et séparé des grosses écumes doit être ou décanté ou mieux filtré. La filtration sera beaucoup aidée par le traitement suivant : On ajoute au jus de 500 à 1,000 grammes de sulfite acide (supposé sec) par 100 hectolitres de jus, puis on ajoute de la chaux en quantité suffisante pour obtenir un jus très légèrement acide, presque neutre, au papier sensible de tournesol; on réchauffe à une température voisine de l'ébullition et on envoie aux filtres mécaniques; si l'installation permet de faire du sirop ne dépassant pas 18° à 20° Baumé, il peut être filtré après réchauffage; s'il dépasse 20° Baumé, la filtration est difficile, il faut recourir à une bonne décantation; cette décantation sera aidée puissamment, si l'on fait subir au sirop le même traitement qu'au jus : addition de sulfite acide de magnésie, neutralisation par la chaux, mais en laissant au sirop une légère acidité; réchauffer, envoyer aux bacs décanteurs; si on tient les bacs et la tuyauterie dans un état de propreté suffisante, on n'a pas à craindre d'inversion ou d'altération.

La cuite et le turbinage ont lieu comme d'ordinaire.

Les égouts de 1er jet sont dilués de façon à les amener à 30° Baumé; on les additionne de 3 0/0 de sulfite acide de magnésie, on ajoute un lait de chaux en quantité telle que l'égout reste légèrement acide, on chauffe à l'ébullition et on envoie aux bacs décanteurs; la partie claire, notablement décolorée, peut être directement mélangée aux sirops de 1er jet. La pratique indiquera à quel moment il faut faire la liquidation; cela dépend de la composition de la canne.

Sucre roux. — Dans les pays où l'objectif du fabricant est l'obtention d'un sucre blanc de bel aspect, il n'y a pas avantage à traiter les bas produits très colorés par le sulfite magnésien acide pour les retourner en travail. Il n'en est pas de même lorsque l'on fait un sucre roux de 95° à 98° pour la raffinerie, types 11, 12, 13 14, 15, et 16 de l'échelle hollandaise, auquel cas le haut rendement en premier jet est avant tout recherché.

C'est le cas de la fabrication cubaine.

Mode opératoire : La défécation est faite comme à l'ordinaire, à la chaux seule. Le jus défequé doit être très légèrement alcalin au papier sensible de tournesol. Si la capacité de la défécation est insuffisante, le jus défequé doit être décanté de préférence dans un bac spécial, ou filtré, ce qui est de beaucoup préférable. Le sirop doit être réchauffé à 100° et décanté avant de passer à la chaudière à cuire; si le jus a été filtré, la décantation sans réchauffage préalable suffit, on turbine plus ou moins froid, suivant la qualité de la cuite, l'égout de turbinage est dilué à 30° Baumé, on l'additionne de 3 0/0 de sulfite acide de magnésie, on laisse en contact 2 heures environ, on ajoute de la chaux parfaitement hydratée et bien délayée dans l'eau.

La solution doit rester très légèrement acide au papier sensible de tournesol ; on élève la température à 100° et on envoie aux bacs décanteurs. La partie claire peut être mélangée au jus déféqué, ou, ce qui est de beaucoup préférable, envoyée dans un bac spécial pour alimenter les appareils à cuire. Lorsque la granulation est faite, d'après mes expériences il n'y a aucun intérêt à laisser baisser le coefficient de pureté de la masse cuite de 1er jet au-dessous de 80 ; cela tout au moins dans le cas de la fabrication cubaine où l'on travaille des jus dont la pureté moyenne atteint 90 et 92.

Sucre roux à grain fin pour la consommation. — Dans beaucoup de pays, la consommation locale réclame un sucre de canne jaune, non raffiné, à grain fin ayant un arôme et un goût spécial très agréable. On peut l'obtenir facilement avec une très belle apparence, au moyen des égouts de 1er jet auxquels on fait subir l'épuration indiquée dans le cas précédent. Pour obtenir la couleur jaune dorée qui plaît au consommateur, il faut neutraliser le sulfite acide de magnésie ajouté à l'égout dilué par la chaux, pour avoir une solution légèrement alcaline; la cuite devra être peu serrée et jetée dans de grands cristallisoirs; le refroidissement étant plus lent que dans les wagonnets, on obtient un grain plus sec, mieux formé, facile à sécher au turbinage. »

Épuration par l'électricité. — Depuis quelques années, on a multiplié les essais d'épuration des jus sucrés par l'électricité. Le procédé Maigriot-Sabatier est à l'étude depuis plusieurs années, et nous croyons savoir que les résultats acquis actuellement promettent un plein succès. Nous empruntons la description de ce procédé au *Bulletin de l'Association des Chimistes.*

Procédé électrolytique pour purifier le vesou, par MAIGRIOT-SABATIER. — *Description des appareils.* — « Les appareils comprennent : 1° des canaux de bois de 4 m. de long, 0,30 de largeur et 0 m. 35 de hauteur intérieure, placés en groupe de dix à douze, et communiquant entre eux au moyen de tubes et avec les parois internes parafinées ; 2° chaque canal est divisé en trois compartiments longitudinaux, au moyen de deux parois en papier parcheminé endosmotique; 3° les compartiments centraux de chaque canal sont en communication entre eux de canal en canal du groupe et ont pour but exclusif la circulation du vesou ; 4° les deux compartiments latéraux de chaque canal qui communiquent entre eux, en même temps qu'ils sont en communication avec ceux des canaux des autres, ont pour but d'amener un courant d'eau, servant à constituer le circuit électrique, et de renouveler l'eau quand elle est saturée par les alcalis mis en liberté par l'électrolyse ; 5° les électrodes de chaque compartiment reçoivent le courant électrique au moyen de conducteurs réunis en dérivation sur les deux cables positif et négatif de la dynamo génératrice d'électricité.

Marche de l'opération. — Les vesous, à la sortie du moulin ou de la diffusion sont élevés dans des bacs qui sont placés à un niveau permettant leur sortie directe vers une cuve de réception pourvue de clés avec graduation angulaire, laquelle facilite l'augmentation ou la diminution de la sortie du vesou : cette clé est reliée avec un compteur de volume et cet instrument avec le compartiment central du premier canal du groupe. Le vesou passant dans les dix à douze canaux, parcourt une longueur de 30 à 48 mètres, sur une superficie de contact avec les électrodes de 27 à 39 mètres carrés d'électrolyse effective ; ce trajet doit s'effectuer environ dans une heure, laps de temps dans lequel se fera la décomposition des sels de potasse et de soude. Les alcalis passent par dialyse dans les courants d'eau latéraux, tandis que les matières albumineuses (protéines), converties en albumine insoluble, restent en suspension dans le vesou. Les eaux des canaux latéraux qui circulent en un sens inverse à celui du vesou sont évacuées à mesure qu'elles se saturent de potasse et de soude.

La bonne marche de l'électrolyse du vesou dans chaque groupe, s'observe en prenant à l'extrémité du dernier canal quelques gouttes du vesou, que l'on brûle dans une petite cuillère de platine sur la flamme d'une lampe à alcool, une fois cette opération faite, on mouille les cendres qui restent dans la cuillère avec quatre gouttes d'eau distillée ; avec une baguette de verre, on prend une goutte de ce liquide et on la laisse tomber sur un morceau de papier de tournesol sensiblement rouge, dont le réactif indique, s'il ne change pas de couleur, que toute la potasse et la soude des sels sont éliminées; si la couleur rouge se change en bleu, cela indique que le vesou contient encore de la potasse et de la soude.

Dans le premier cas, il n'y a plus qu'à noter le volume du vesou accusé par le compteur et les compteurs d'électricité pour voir les ampères et le potentiel du courant qui traverse le vesou, et suivre dans le même ordre, en répétant de temps en temps cette sommaire analyse, surtout quand l'opérateur suspecte un changement dans la nature du vesou; dans le deuxième cas, on diminue le volume du vesou qui sort du compteur pour entrer dans les canaux au moyen de la clé graduée jusqu'à ce que le papier de tournesol ne change pas de couleur. La régularisation de la marche de l'électrolyse, établie dans le premier groupe, donne les renseignements nécessaires pour régler les autres groupes qui reçoivent le même vesou.

Quand l'électrolyse est régularisée dans les différents groupes de canaux, les vesous qui en sortent sont dirigés vers des récipients où l'on ajoute de la chaux dans le but de saturer les acides mis en liberté, et de former avec la matière albuminoïde modifiée des composés calciques insolubles, et par conséquent plus facilement éliminables par filtration.

Une fois cette opération terminée, on dirige le vesou dans des filtres mécaniques, et de ceux-ci, dans les récipients d'alimentation des appareils d'évaporation ou de concentration.

1° L'application du procédé électrolytique augmente la pureté du vesou de 5,27 sur le vesou normal :

	VESOU		Sirops.	Masses cuites.
	Normal.	Electrolysé.		
Densité...............	1079	1075.40	1194.86	
Baumé corrigé........	10.80	10.40	24.10	
Brix	19.40	18.50	42.50	
Sucre 0/0 cc..........	16.98	17.05	43.86	
Sucre 0/0 gr..........	15.73	15.85	36.70	72.40
Glucose 0/0 cc........	1.32	1.35	3.10	5.32
Glucose 0/0 gr........	1.22	1.25	2.67	7.36
Glucose 0/0 sucre crist.	7.74	7.89	7.37	
Cendres 0/0 gr........	0.2298	0.148	» »	
Pureté	81.08	85.67	86.35	

2° La quantité de glucose en 0/0 du sucre cristallisable, indique qu'il n'y a pas inversion pendant les opérations ;

3° La quantité de cendres a diminué de 35 0/0, sans compter que le procédé électrolytique a justement éliminé les alcalis potasse et soude, qui sont les plus préjudiciables à la fabrication du sucre.

L'alcalinisation et autre manipulation du vesou électrolysé et la filtration se font à froid.

En résumé, la méthode électrolytique peut produire une augmentation de rendement de sucre » (1).

CARBONATATION.

On a souvent essayé de carbonater des jus de cannes comme on carbonate les jus de betteraves. A cet effet, on se servait des gaz de la cheminée de l'usine ; mais le jus de cannes est fort délicat : l'alcalinité à obtenir pour un bon travail est excessivement faible et l'on est très exposé à dépasser le point de carbonatation. De plus, l'attaque de la glucose par la chaux sera toujours un écueil pour ce mode de travail.

A Java, où les cannes sont d'une qualité très inférieure, on pratique cependant la carbonatation avec succès (2).

---

(1) Au moment où nous mettons sous presse, M. Dupont secrétaire de l'association des chimistes de sucrerie, vient de partir pour l'Égypte pour appliquer en grand son nouveau procédé d'épuration des jus par l'électricité sur le vesou de canne ; nous regrettons de ne pouvoir donner les résultats de ses expériences.

(2) A Java, on emploie la carbonatation dans toutes les usines, soit comme carbonatation simple, soit comme double carbonatation ; mais nous avons lieu de croire que ce mode de traitement est indispensable à cause de la nature des cannes, qui contiennent beaucoup de sels. Or, ces sels ne peuvent être éliminés que par ce mode de travail. Les cannes étaient cultivées dans des terrains fraîchement défrichés et contenaient beaucoup de sels.

Nous nous rappelons qu'en Espagne où une fabrique de sucre avait été montée (elle n'existe plus actuellement) avec la défécation ordinaire, on a dû par suite, monter la carbonatation pour arriver à faire cristalliser les masses cuites. (*Note de l'éditeur.*)

CHAPITRE VII

ÉVAPORATION — CUITE — BAS PRODUITS.

Nous avons vu, en parlant de la défécation, la description des appareils du Père Labat qui, par une série de chaudières placées les unes à côté des autres, permettaient de déféquer le jus, de le faire passer au fur et à mesure de sa concentration de l'une dans l'autre, jusqu'à la dernière où se faisait la cuite.

C'est en partant de ce principe et en rendant cette suite d'opérations continues que M. Fryer a construit « le *Concretor.* »

Cet appareil a pour but de convertir le vesou en très peu de temps en une masse concrète renfermant le sucre et la mélasse.

Il consiste en trois parties principales, le plateau, le cylindre et le tambour (Fig. 407).

Le plateau est placé aussi près que possible du moulin à cannes et reçoit le jus directement des rouleaux. Traversé par des nervures ou cloisons qui partent alternativement de chaque côté, et laissant un intervalle du côté opposé, ce plateau n'est pas fondu d'une seule pièce, mais composé de différentes parties qui s'ajustent les unes contre les autres, et qui, en cas d'accidents, peuvent se démonter et se remonter facilement.

Le plateau est légèrement incliné sur son axe de manière à ce que le jus reçu à la partie antérieure coule en jet continu sur une faible épaisseur de compartiment en compartiment, en avant et en arrière, jusqu'à ce qu'il soit arrivé à l'extrémité de l'appareil. La longueur totale du trajet est d'environ 110 mètres.

Sous le plateau se trouve un fourneau et la flamme s'étend tout le long du fond en le léchant constamment.

Le temps mis par le vesou à franchir tous les compartiments est de 5 minutes environ, et dans cette courte période, les 5/6 de l'évaporation s'accomplissent et le jus commence à passer à l'état de sirop.

En quittant le plateau, le vesou concentré passe dans le cylindre.

Celui-ci est en cuivre, il a 7 mètres de long sur 1 mètre de diamètre environ, et tourne autour de son axe. Partiellement ouvert
à ses extrémités, une étroite bague à rebord concentrique y est
adaptée pour retenir le sirop dans la partie inférieure d'où le mouvement de la machine l'élève sur une très mince épaisseur. Ce
cylindre est chauffé par la vapeur qui s'échappe du vesou. La
liqueur entre continuellement dans le cylindre et en sort également
d'une manière continue. L'évaporation est extrêmement rapide.

Après un séjour de quelques minutes dans le cylindre, le vesou
concentré et à l'état de sirop, est à l'abri de la fermentation, mais
il contient encore une notable quantité d'eau. Pour l'en débarrasser, on lui fait subir une troisième opération dans la partie de l'appareil appelée tambour.

C'est un cylindre en fer chauffé intérieurement par la vapeur
d'échappement.

Le sirop s'y transforme finalement en une masse concrète. Dès
qu'il est refroidi, il acquiert une dureté remarquable et peut alors
être emballé et expédié en sacs.

Le concret ne demande plus d'autre travail que le raffinage ;
le sirop de travail ordinaire en sortant de la chaudière à cuire,
est amené dans la purgerie qui est un vaste bâtiment au rez-
de-chaussée duquel une cave sert de réservoir aux mélasses.
Cette citerne est doublée en plomb ou garnie de ciment. Son fonds
est légèrement incliné; elle est en partie recouverte d'un massif
solide sur lequel reposent debout les tonneaux à empoter. Ces
tonneaux sont simplement des barriques à sucre vides et sans
couvercles, dont le fond est percé de huit ou dix trous dans chacun desquels est enfoncé un bouchon qui dépasse d'environ
0 m. 200. On appelle empotage l'acte qui consiste à verser le
sucre concret dans ces barriques. Les trous du fond et les bouchons spongieux qui y sont enfoncés permettent aux mélasses de
couler peu à peu dans la citerne placée au-dessous. Ordinairement,
on laisse le sucre de qualité moyenne pendant trois ou quatre
semaines dans la purgerie. Celui dont le grain est gros et mou y
reste un mois à six semaines. La purgerie doit être bien close et
bien chauffée, afin que la liquéfaction et l'écoulement des matières
visqueuses s'opèrent bien.

ELEVATION

ELEVATION

PLAN SUIVANT A.B

PLAN

SCALE

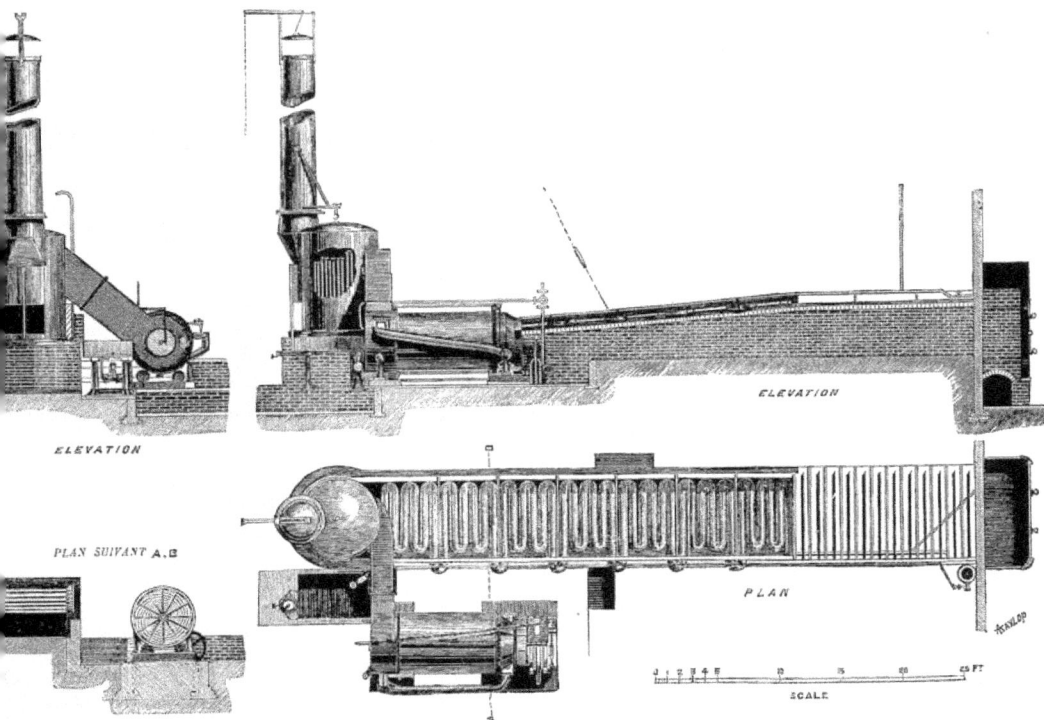

Fig. 567. — Ensemble des appareils Fryer pour l'évaporation des jus de cannes (p. 632)

Lorsqu'on veut du sucre *terré*, on concentre davantage le sirop, et quand on a envoyé trois ou quatre cuites au rafraîchissoir, on les brasse afin d'obtenir un grain uniforme. Des ouvriers transvasent ensuite ce sucre chaud dans des vases coniques appelés « formes », qui sont en poterie grossière, et ont à leur extrémité un petit orifice que l'on bouche avec une cheville en bois enveloppée dans une feuille de maïs. On range ces formes la pointe en bas en les appuyant l'une contre l'autre. Comme la capacité des plus grandes est plus petite que celle des moindres barriques d'empotage et que le travail dure plusieurs semaines, il est nécessaire que les chambres à terrer soient très spacieuses. Quand le sirop est convenablement pris, ce qui a lieu ordinairement au bout de dix-huit à vingt heures, on ôte aux formes leurs tasses ou bouchons, et on les met chacune sur un pot en terre pour les faire égoutter. Au bout de vingt heures, on remplace les pots pleins par des pots vides, et l'on porte la mélasse contenue dans les premiers dans la chambre de fermentation pour la fabrication du rhum.

On procède alors au terrage. Cette opération consiste à verser sur le sucre, à la base de la forme, une couche de terre argileuse délayée en bouillie un peu épaisse. L'eau qui se trouve dans la glaise, s'en échappe par une infiltration lente, et se répandant également dans toute la masse du sucre, entraîne avec elle le sirop visqueux qui s'y trouve, et qui est plus prompt à se dissoudre que les cristaux.

Quand la première couche de terre est entièrement sèche, on la remplace par une seconde, et souvent on en emploie une troisième, jusqu'à ce que le sucre soit assez blanc et assez purifié. Alors, on le fait sécher à l'étuve, puis l'ayant brisé par morceaux, on le réduit en poudre grossière et on l'embarque pour l'Europe (1).

Nous n'entrerons pas dans la description des appareils à triple-effet et à cuire, qui employés en sucrerie de cannes, comme en sucrerie de betteraves, ont été décrits de main de maître par notre collègue et ami Beaudet, dans le tome I de cet ouvrage; nous nous contenterons de donner la description d'une vue d'ensem-

(1) *Le Sucre.* Charpentier.

Fig. 408. — Installation de chaudières à déféquer, à clarifier et d'un appareil à triple-effet avec pompe à air, système Cail. Vue en élévation.

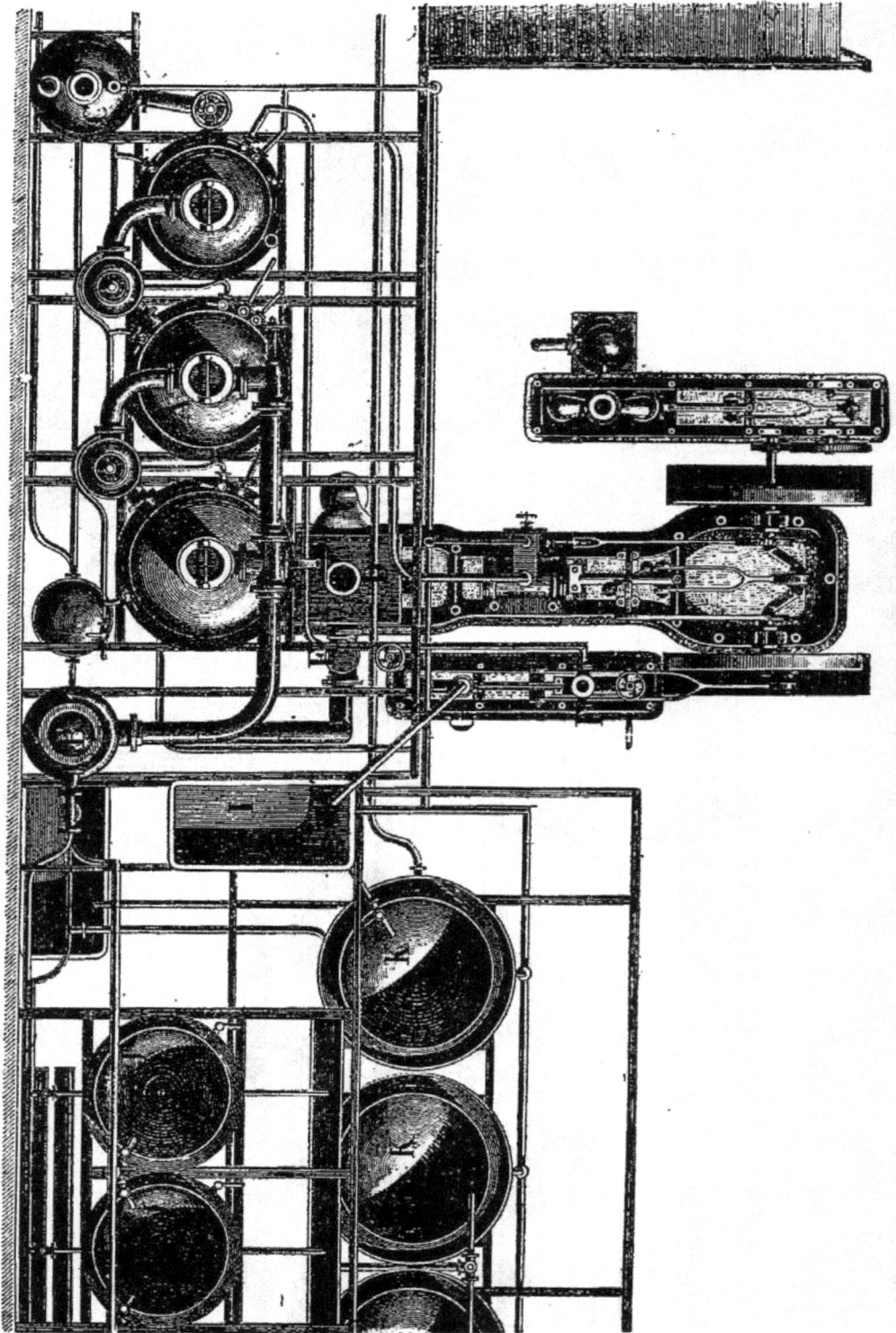

Fig 409. — Installation de chaudières à déféquer, à clarifier, et d'un appareil à triple-effet avec pompe à air. Système Cail (Plan)

ble d'une usine avec chaudières à déféquer, clarificateurs, triple-effet, etc.

Les défécateurs situés sur le plancher le plus élevé de l'usine déversent le jus clair dans les nochères situées au-dessous K ; ce jus est aspiré des bacs d'attente par le triple-effet ou refoulé par une pompe F dans la 1re caisse de cet appareil.

Le jus est évaporé dans le triple effet A, dans lequel le vide est obtenu par la pompe à air D, avec son condenseur E ; les eaux de retour des 2e et 3e caisses sont enlevées par la pompe H et refoulées dans le ballon d'eau chaude de l'usine.

En C se trouve le ballon de vapeur d'échappement pour chauffer le triple-effet, et en B le condenseur réchauffeur dans lequel l'on fait souvent passer les jus sortant des moulins avant de les envoyer dans les défécateurs.

La pompe G aspire le sirop de la troisième caisse du triple effet et le refoule dans le bac I, d'où il est envoyé dans les clarificateurs K, pour être clarifié avant d'entrer dans l'appareil à cuire.

En sucrerie de cannes, on n'emploie qu'accidentellement de la vapeur directe pour l'évaporation, la vapeur de retour des machines motrices de l'usine étant plus que suffisante pour évaporer dans le triple-effet.

Les triple-effets s'incrustent facilement ; aussi doit-on nettoyer les appareils fréquemment. D'après Biard les dépôts des tubes sont formés en grande partie de phosphate de chaux.

Voici, d'après ce chimiste, la composition moyenne des dépôts des différentes caisses d'un quadruple-effet à la sucrerie de l'Alma (Ile Maurice.)

	1re caisse.	2e caisse.	3e caisse.	4e caisse.
Humidité......................	18.06	17.47	19.88	21.23
Matières organ. et eau combinée.	20.40	17.89	14.76	13.68
Chlorure de potassium..........	0.47	0.40	0.53	0.60
Non dosé......................	2.02	3.20	3.87	3.37
Silice............	2.47	1.54	1.26	10.78
Oxyde, fer et alumine...........	1.60	2.68	1.35	1.98
Carbonate de chaux.......	3.49	5.10	4.98	2.73
Sulfate de chaux	4.54	6.59	8.20	14.37
Phosphate de chaux	40.86	43.32	44.87	31.22
Phosphate de magnésie	6.09	1.81	0.20	0.02
	100.00	100.00	100.00	100.00
Cuivre sur 1 échantillon	1.87	2.46	2.00	1.19

M. Pellet de son côté, a analysé les dépôts provenant d'un vesou qui, après défécation avait été traité par le superphosphate de chaux. Voici la composition de ce dépôt.

Eau..	3.20
Matières volatiles	20.30
Acide sulfurique..........	30.11
— phosphorique	5.90
Silice...	14.20
Chaux totale.................................	23.31
Cuivre.......................................	0.72
Fer......, ...	0.09
TOTAL..........	97.91

On voit que ces dépôts, variables suivant les cas, se composent pour la plus grande partie de phosphate de chaux, silice et alumine. Tous ces corps sont attaquables par le carbonate de soude ou l'acide chlorhydrique; H. Pellet recommande d'opérer comme suit pour désagréger les dépôts qu'ils forment: mettre dans la chaudière assez d'eau pour couvrir les tubes ; ajouter à cette eau une quantité de carbonate de soude telle que la solution marque 5° à 6° Baumé; porter à l'ébullition; laver l'appareil avec de l'eau légèrement acidulée par l'acide chlorhydrique.

Le dépôt est alors suffisamment désagrégé pour pouvoir être enlevé sans l'emploi de la gratte. M. Biard a essayé ce procédé à la sucrerie Alma, mais en supprimant l'acide chlorhydrique ; il a fallu, dans ce cas, laisser tremper le dépôt dans la solution alcaline pendant 24 heures environ ; il sortait en crême, et l'on a pu nettoyer complètement les tubes du triple-effet sans avoir à les gratter.

CUITE

L'appareil à cuire des sucreries de cannes est semblable en tout point aux appareils à cuire des sucreries de betteraves ; il comporte généralement deux jeux de robinets de vapeur accolés l'un à l'autre et permettant de cuire, soit avec la vapeur directe, soit avec la vapeur d'échappement qui est presque toujours en excès sur le travail du triple-effet.

Le magasinage de la masse cuite se fait, soit dans des bacs

fixes, soit, comme à Cuba, dans des bacs roulants qui permettent de les conduire auprès ou au-dessus d'un malaxeur.

Dans certaines colonies, notamment à Cuba, l'appareil à cuire se trouve situé au deuxième étage, ce qui permet de faire passer les wagonnets sous l'appareil pour les remplir, et de les conduire au-dessus d'un malaxeur sous lequel se trouvent les turbines. Ce procédé permet de réaliser une grande économie de main-d'œuvre.

Le turbinage de la masse cuite n'a jamais lieu à chaud ; on attend généralement de 24 à 36 heures avant de turbiner.

Voici la composition de masses cuites de premier et deuxième jets obtenues dans une usine de Cuba pendant la campagne 1890-1891.

	Masses cuites de 1er jet		*de 2e jet*	
Sucre..............	82.86	81.97	62.90	57.91
Glucose.............	3.44	2.49	6.22	10.52
Cendres.............	1.78	1.98	4.50	5.52
Eau...............	9.50	7.52	13.50	16.75
Matières organiques..	8.62	6.02	12.88	9.24
Pureté..............	87.90	88.60	72.70	69.60
Coefficient salin......	46.30	41.60	13.90	13.30
Glucose 0/0 de sucre..	1.11	2.90	9.80	18.10

Souvent, avant de cuire les mélasses de 2e ou de 3e jets, on les clarifie en opérant de la même façon que pour les jus et les sirops. A Cuba, où nous avons fréquemment employé cette méthode, nous nous en sommes très bien trouvé ; surtout lorsque l'on fait la rentrée des mélasses dans le travail.

Voici ce que dit M. Brunings dans le *Bulletin de l'association des chimistes de sucrerie* au sujet de ce traitement des mélasses fort usité aussi aux Indes.

Élimination des sirops. — On chauffe ces sirops en y introduisant un jet de vapeur, qui fait monter à la surface une écume visqueuse qu'on peut enlever.

Si l'on supprime ce traitement, et qu'on aspire ces sirops tout de suite dans l'appareil à cuire, cette mousse se forme là-dedans, et englobe plus tard les cristaux du sucre, les empêchant de grossir, et formant ainsi un sucre gras qui se turbine mal.

M. Geerligs a soumis cette écume à une analyse et il est arrivé aux résultats suivants.

Cent parties de matières sèches contiennent :

	Mélasse	Mousse
Saccharose..........................	71.02	68.72
Glucose............................	14.74	13.06
Cendres............................	2.99	4.57
Cendres solubles....................	1.85	1.67
Cendres insolubles..................	1.14	2.90
Acide silicique..	0.24	0.78
Phosphate de chaux................	0.12	0.53
Carbonate de chaux................	0.60	1.35
Carbonate de magnésie..............	0.17	0.32
Graisse............................	» . » »	2.20

Ceci démontre que la mousse et le sirop ont à peu près la même composition, mais que la mousse se trouv e dans un état très visqueux par la présence de quelques corps étrangers en petite quantité, à savoir les parties insolubles des cendres et de la graisse. Les cendres de la mousse étaient surtout riches en carbonate et en phosphate de chaux. La mousse elle-même ne contenait pas de carbonate de chaux. Il faut donc qne celui-ci se soit formé, pendant la calcination, à l'aide des matières organiques. La graisse provient de la graisse qu'on a employée dans les différentes stations de l'usine.

L'auteur a essayé de provoquer une mousse analogue dans du sirop clair, en y introduisant du phosphate et du carbonate de chaux, et de la graisse, et en y faisant barbotter la vapeur. Il ne fut pas formé de mousse.

En ajoutant aux sels susdits du bicarbonate de soude, et en répétant le traitement, on voyait se former la même mousse que celle formée dans l'usine pendant le barbottage. De ceci M. Geerligs déduit qu'il y a dégagement d'acide carbonique, et que c'est à ce dégagement qu'il faut attribuer la formation de la mousse. Les bulles de gaz en montant entraînent les corps à la surface non dissous, et forment une espèce d'émulsion fort visqueuse. D'où vien t ce dégagement d'acide carbonique? D'après M. Geerligs c'est l'acide glucique qui est décomposé par la température élevée, en dégageant de l'acide carbonique.

Il conseille donc de conserver ce traitement, mais de rassembler les écumes et de les laisser déposer. Après un certain temps, on récupère le sirop qui s'en écoule.

A la sucrerie de l'Alma (Ile Maurice) M. Biard purifiait les égoûts avec de la chaux qu'il saturait avec de l'acide sulfureux.

La rentrée des mélasses dans le travail, très répandue à Cuba, est généralement très mal faite par les cuiseurs qui, lorsque la cuite est bien grainée et au-dessus du deuxième serpentin, font une, deux ou même trois injections de mélasse de 2ᵉ jet, sans savoir exactement la quantité qu'ils entrent dans l'appareil.

La rentrée des mélasses, si elle n'est pas faite dans le vesou avant défécation (nous sommes loin de partager l'opinion de quelques chimistes qui mettent la mélasse sur les moulins), doit être faite dans le jus déféqué avant l'évaporation ; mais il faut opérer avec une grande circonspection, car l'addition d'une trop grande quantité de mélasse, loin d'augmenter le rendement, viendrait le diminuer.

La masse cuite de bas produits n'est jamais chauffée dans des emplis ; abandonnée à elle-même à la température de l'air ambiant, elle cristallise et peut être (pour les 2ᵉ jets) turbinée au bout de 6 à 7 jours.

On fait en général 4 à 5 jets ; à Cuba cependant on ne fait cristalliser qu'une fois les mélasses.

Les mélasses, après leur complet épuisement, sont envoyées aux distilleries pour servir à la fabrication du rhum. On trouvera plus loin un excellent chapitre sur ce sujet, dû à M. Fritsch, notre éditeur.

A Maurice, les mélasses qui ne sont pas employées à la fabrication du rhum sont expédiées dans l'Inde ou elles sont mélangées au tabac pour former une pâte à fumer.

TURBINAGE

Le turbinage s'effectue avec les turbines centrifuges décrites page 521 et suivantes du 1ᵉʳ volume.

Le sucre recueilli est emballé suivant les pays, dans des boucauts, sorte de grands tonneaux contenant 6 à 800 kg. de sucre, à la Martinique et à la Guadeloupe ; dans des canastres, espèce de paniers de joncs contenant 50 ou 60 kg., à Maurice et dans les Indes.

A Cuba, dans le but d'économiser la main-d'œuvre, on se sert des turbines Hepworth, Weston-Cail, etc., qui permettent de décharger la turbine par en dessous. Le sucre en tombant, soit sur une chaîne, soit dans un entonnoir, est entraîné vers un élévateur à godets qui l'élève à environ deux mètres du plancher, et le déverse dans un deuxième entonnoir qui le fait tomber dans un sac que l'on doit avoir soin de tenir toujours au-dessous.

CHAPITRE VIII

GÉNÉRATEURS POUR SUCRERIES DE CANNES

Nous n'entrerons pas dans la description des diverses classes de générateurs généralement employés en sucrerie de cannes cette description appartenant plutôt à un ouvrage de mécanique. Nous ne décrirons que les divers appareils employés pour brûler la bagasse.

Avant l'abolition de l'esclavage, la main-d'œuvre était abondante et bon marché, dans toutes les colonies et le chauffage se faisait avec la bagasse séchée au soleil.

La bagasse sortant des moulins était transportée, soit avec des voitures traînées par des animaux, soit portée dans des paniers à tête d'hommes, sur un vaste terrain où, répandue et retournée plusieurs fois par des femmes et des enfants elle était, après plusieurs jours d'exposition au soleil, mise en tas et portée aux générateurs.

Outre l'inconvénient de la grande quantité de bras nécessaires pour la manutention, lorsqu'une pluie survenait l'usine se trouvait arrêtée, n'ayant plus de combustible assez sec pour chauffer les générateurs.

Pour remédier à cet état de choses, des ingénieurs cherchèrent un moyen plus rapide et plus économique de brûler la bagasse sortant des moulins.

Les fours Marie et Blandin employés à la Martinique et à la Guadeloupe étaient un acheminement vers les découvertes récentes, pour sécher et brûler la bagasse verte.

SÉCHERIE DE BAGASSE ENAUD

M. Enaud, fabricant de sucre a l'île Maurice, a pensé à utiliser la chaleur des gaz sortant des générateurs pour sécher la bagasse, au lieu de recourir à l'emploi de fours. A cet effet il a imaginé un appareil qui lui permet de renvoyer directement la bagasse aux générateurs où l'on peut la brûler dans des foyers ordinaires.

Son appareil est constitué par une étuve en maçonnerie ayant environ 2 mètres de largeur intérieure et 7 à 8 mètres de hauteur. Cette étuve est surmontée de 4 cheminées H (fig. 410) ayant environ 1 mètre de diamètre et 5 mètres de hauteur.

Dans l'étuve se trouvent trois tabliers métalliques T_1 T_2 T_3 munis de tendeurs et constitués par des palettes en fer engagées dans des chaînes sans fin E roulant sur des galets. La distance d'axe en axe des roues extrêmes varie de 10 à 15 mètres suivant l'importance de l'usine.

Les palettes sont formées d'un fer plat P et de traverses en fer plat t ; dans lesquelles s'engagent des fers ronds f. Ces fers doivent être en nombre suffisant pour éviter que la bagasse fine passe au travers des palettes.

Ces trois tabliers doivent être montés avec beaucoup de soin et convenablement tendus ; ils sont actionnés extérieurement par des chaînes Gall.

Le mouvement a lieu dans le sens des flèches.

La bagasse est amenée à la sortie des moulins par un conducteur G dans l'entonnoir E où elle est prise par les deux rouleaux r

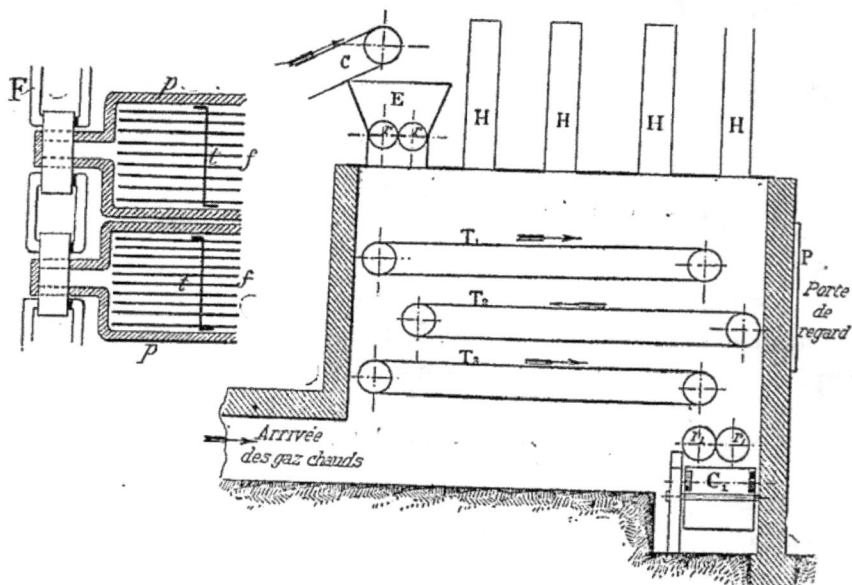

Fig. 410. — Sécherie de bagasse, système Enaud.

qui l'introduisent dans l'étuve ; elle s'étale en couche mince sur T_1, vient tomber sur T_2, ensuite T_3 et enfin par l'intermédiaire des deux rouleaux r_1 sur le conducteur C_1 placé à la partie inférieure et qui l'envoie aux générateurs.

Pendant tout son parcours la bagasse est soumise à l'action des gaz sortant des générateurs. Ces gaz sont refoulés dans l'étuve par un ventilateur Guibal.

Un registre P permet d'envoyer directement une partie des gaz à la cheminée quand la température de l'étuve devient trop forte. La bagasse arrive aux générateurs parfaitement sèche.

CHAUFFAGE AVEC LA BAGASSE VERTE.

Les résidus de cannes à sucre contiennent au sortir des moulins de 25 à 40 0/0 de fibres ligneuses, de 6 à 9 0/0 de sucre et de 54 à 66 0/0 d'eau. Dans cet état, la bagasse ne peut être brûlée dans les foyers sans avoir été préalablement séchée au soleil, comme il a été dit plus haut. Elle perd à la dessiccation 8 à 9 dixièmes de son eau et presque tout le sucre disparaît par suite de la fermentation. Or, ce sucre est un excellent combustible qui, utilisé comme tel, suffirait à vaporiser l'eau dans laquelle il est en dissolution. Il y a donc tout lieu de croire que la dessiccation au soleil détruit plus de matières combustibles qu'il n'en faudrait pour opérer artificiellement le séchage, et si l'on veut tenir compte du sucre qui se perd dans les différentes manipulations, on demeure convaincu que si la bagasse pouvait être brûlée au sortir des cylindres, elle donnerait de meilleurs résultats qu'à l'état sec.

Les appareils en usage donnent ces avantages qui se résument ainsi :

Economie de main-d'œuvre et de temps, pour le séchage au soleil.

Un chauffage régulier, sans fumée et à haute température.

Combustion des gaz, provenant de l'humidité de combustible, utilisée en partie au chauffage de l'air forcé dans le foyer.

Étant donné que la quantité d'humidité qui sature l'air à 90° est deux cents fois plus grande qu'à 15°, l'air nécessaire à la combustion de la bagasse, s'il est refoulé dans le foyer à 15°, emportera l'excès d'humidité du combustible, sans dépenser d'autre chaleur que la sienne propre. Si donc le vent forcé est chauffé à cette température à l'aide de la chaleur des gaz perdus, on est certain de disposer pour la production de la vapeur de toute la puissance calorifique du combustible. Dans une plantation bien conduite, la bagasse devrait suffire sans autre combustible.

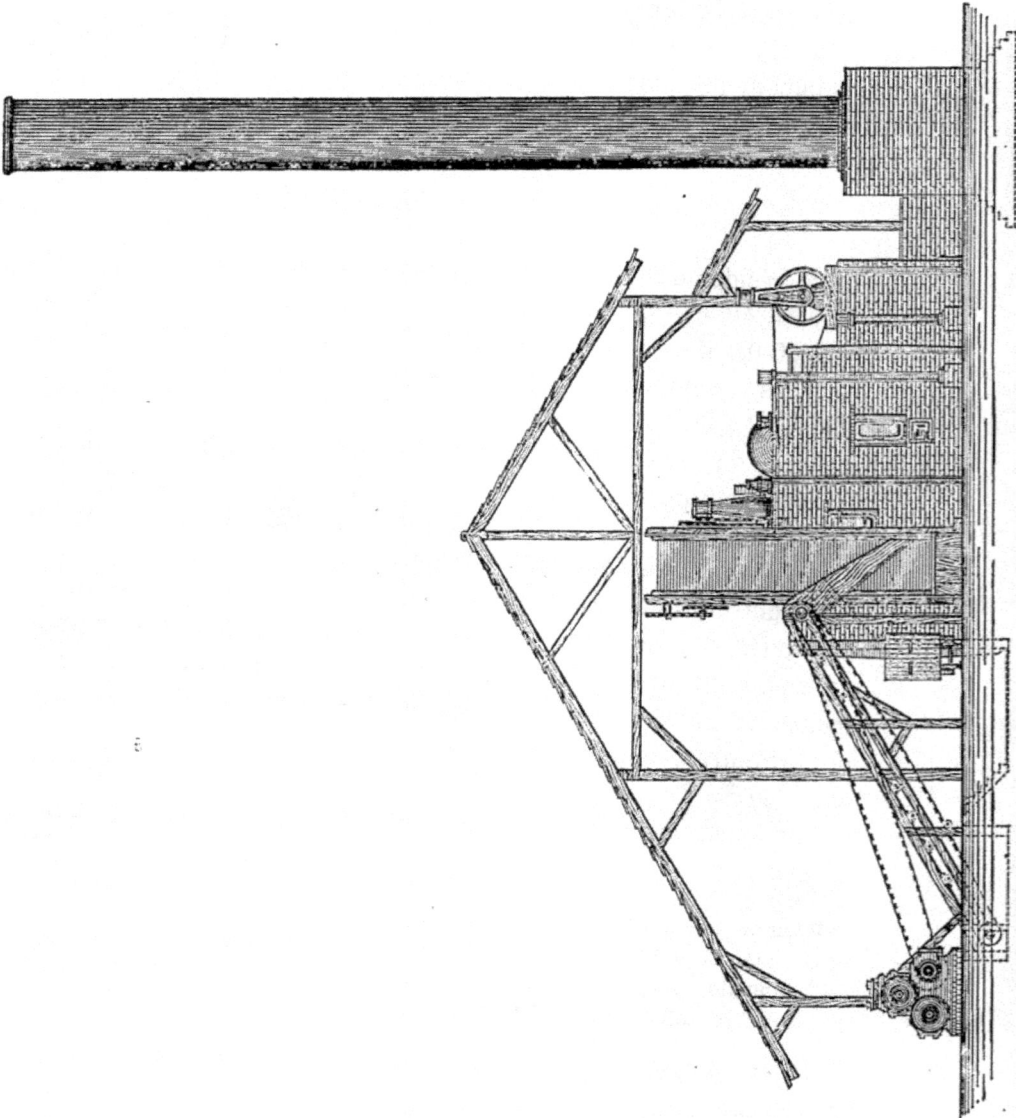

Fig. 412. — Vue du four Cook.

Appareil Cook. — Le foyer de l'appareil Cook (fig. 411 et 412) consiste en un fourneau de briques au-dessous duquel se trouve une chambre plus petite, dans laquelle l'air préalablement chauffé est introduit à travers une claire voie.Des ouvreaux ménagés dans les murs du fourneau permettent aux gaz de la combustion de se rendre sous les chaudières. Avant d'arriver à la cheminée, ces gaz passent sous un faisceau de tubes réchauffeurs, dans lesquels un ventilateur chasse l'air qui se rend au foyer. On ramène ainsi au foyer une bonne partie de la chaleur perdue et on exalte la température de combustion.

Il faut nettoyer les foyers toutes les 24 heures. Les cendres provenant de la combustion de 250 tonnes de bagasse, donnent quatre brouettées d'une masse vitrifiée (silice), preuve de la haute température qui a été atteinte.

La bagasse est amenée automatiquement dans les foyers par des tabliers sans fin, qui la prennent à la sortie des cylindres et la distribuent également aux différents foyers, par un jeu de tôle établi au-dessus de chacun d'eux et qui permet à la bagasse de passer aux autres fourneaux tout en laissant au dernier sa charge nécessaire.

Quand la bagasse est en excès, le surplus est mis en réserve pour servir lorsque les moulins ne fonctionnent pas.

De nombreux appareils Cook avec chaudières Babcok-Wilcox fonctionnent depuis plusieurs campagnes à la Louisiane et à Cuba sans réparations ni arrêts.

Le ventilateur est mis en mouvent par un moteur vertical.

Nous résumons les avantages de ce four à bagasse :

1° Un seul foyer pour plusieurs chaudières.

2° Un foyer sans barreau de grille.

3° Envoi de l'air chaud en jets multiples aux foyers à bagasse et mod de chauffage de cet air.

4° Le système de répartition automatique de la bagasse dans les foyers.

5° L'emmagasinnage de la bagasse non utilisée.

Four à bagasse, système de M. Alexis Godillot. — M. G. Alexis Godillot a imaginé un foyer qui brûle les matières ligneuses les plus humides. Cet appareil dénommé « foyer à combustion méthodique » brûle la bagasse toute humide, telle qu'elle sort des mou-

Fig. 413. — Vue des générateurs Babcock et Wilcox, avec four Cook.

lins, sans qu'il soit besoin de la sécher, tout en conduisant les générateurs à une allure aussi vive que le charbon.

L'appareil se compose d'une grille D en forme de demi-cône, « grille pavillon », supportée par des nervures et par des tenons cylindriques venus de fonte à l'intérieur et à chaque branche des barreaux qui viennent s'emmancher librement dans un œil pratiqué dans le barreau suivant. Les barreaux de la grille sont disposés de façon qu'il ne puisse rien tomber dans l'intérieur de la grille.

Cette grille est posée un peu au-dessus d'une grille plate et annulaire F, placée au-dessus du cendrier C.

Le tout enfermé dans un fourneau en briques communiquant avec la chaudière qu'il s'agit de chauffer, ledit fourneau B servant de foyer.

A *Trémie de chargement.*
B *Foyer.*
C *Cendrier.*
D *Grille pavillon*
E *Trou d'allumage.*
F *Regard.*
G *Circulation d'air*

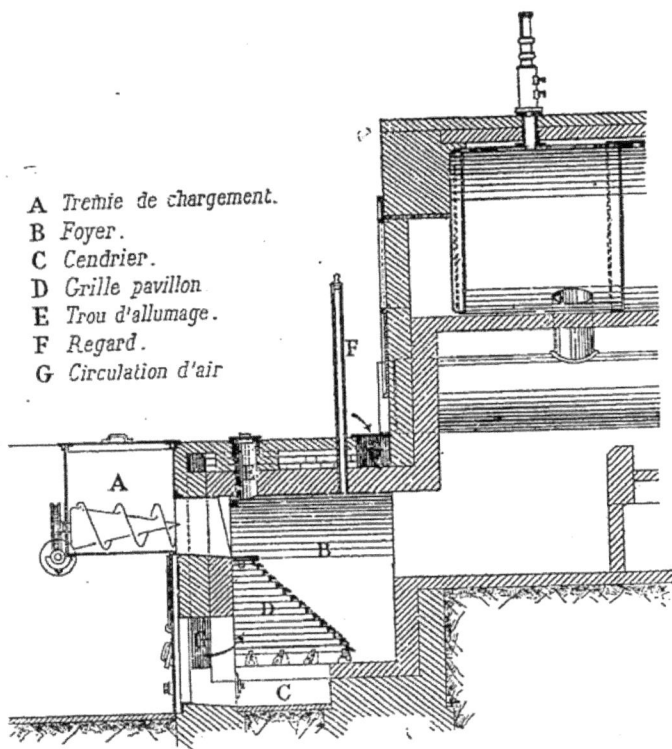

Fig. 415. — Foyer à bagasse système Godillot.

Un hélice A dite « hélice à augets croissants » est combinée pour débiter la bagasse; elle tourne dans une trémie A dans laquelle arrive la bagasse. Cette hélice peut être réglée à volonté par un jeu de crémaillère et de taquets, permettant un débit plus ou moins grand de combustible, elle pousse la bagasse dans un conduit B qui la jette sur le sommet de la grille tronconique.

Une prise d'air G est placée au-dessus du fourneau. Cet air, circulant dans les parois ménagées dans le bâti en brique, vient aviver la combustion par un passage pratiqué au-dessous de la grille. Un trou E est destiné à l'allumage et un regard F pour la surveillance.

La bagasse arrive au sommet de la grille pavillon et, toujours poussée par le courant continu que donne l'hélice, se dessèche, s'enflamme et tout en descendant la pente du cône au fur et à mesure que celle qui est au-dessous se consume, finalement sa combustion s'achève au bas de la grille.

Cet appareil appliqué il y a plus de dix ans à la bagasse a donné d'excellents résultats. On peut estimer qu'un kilogramme de bagasse sortant des moulins contenant alors 50 0/0 d'humidité vaporise dans la chaudière plus de 2 k. d'eau (eau d'alimentation 15°, pression 5 kil.) De telle sorte que sans séchage, sans addition d'autre combustible, bois ou charbon, la bagasse produite chaque jour suffit à conduire les usines qui ne font pas trop d'imbibition.

La cossette de canne sortant des diffuseurs n'est pas combustible; mais passée aux moulins à cannes devenus sans emploi, ou mieux, sous des cylindres spécialement disposés, la majeure partie de l'eau est enlevée et on obtient ainsi une cossette contenant moins de 60 0/0 d'humidité et convenant pour conduire les chaudières à une allure vive.

On peut estimer qu'un kilogramme de cossettes à 60 0/0 d'humidité vaporise plus de 1 kil. 500 dans la chaudière (eau d'alimentation à 15° pression 5 kil.)

La bagasse est toujours chargée au-dessus du four par des conducteurs de bagasse, quelle que soit la disposition du fourneau. Nous donnons l'aménagement d'un système Godillot pour brûler la bagasse construit par les anciens établissements Cail, la description donnée plus haut aidera à l'intelligence de la figure.

Pour les générateurs brûlant la houille, ou simultanément la houille et la bagasse, nous prions le lecteur de se reporter au chapitre sur les générateurs pour sucreries de betteraves.

A ces générateurs chauffés par de la houille ou par de la bagasse

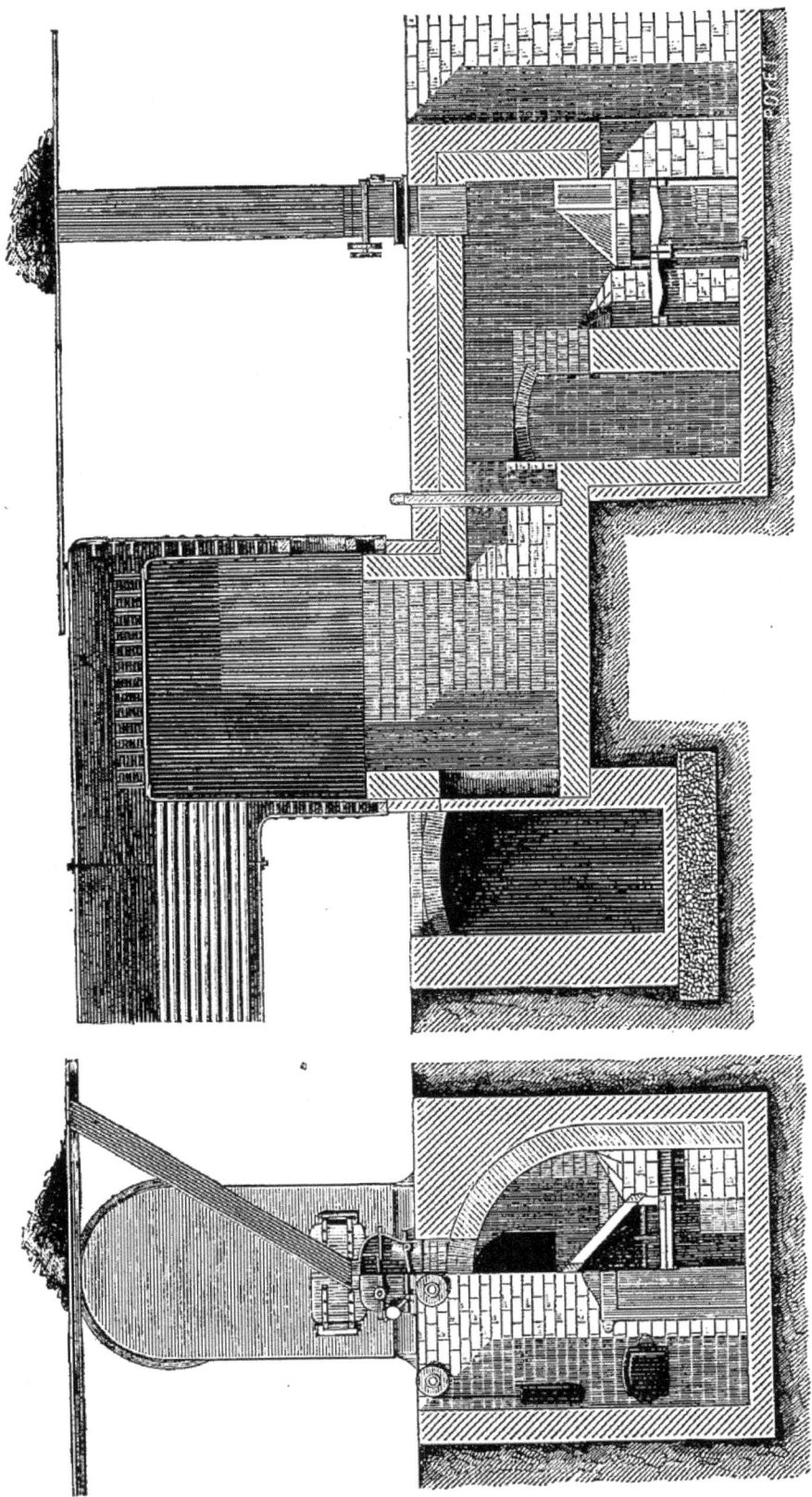

Fig. 416. — Foyer système Godillot, pouvant brûler la bagasse humide telle qu'elle sort du moulin, construction Cail.

préalablement séchée au soleil, on peut facilement adjoindre un des fours précédemment décrits pour l'emploi de la bagasse verte ; tout aussi bien peut-on leur appliquer ceux moins connus, mais relativement bons dont nous donnons ci-après la description.

Système Del Monte. — Cet appareil fonctionne de la manière suivante :

La bagasse est introduite par le tuyau E dans lequel elle se sèche avant d'arriver au foyer A, où les gaz de combustion se forment et d'où ils s'échappent par les tubes en terre cuite H, qui se trouvent chauffés presqu'au blanc.

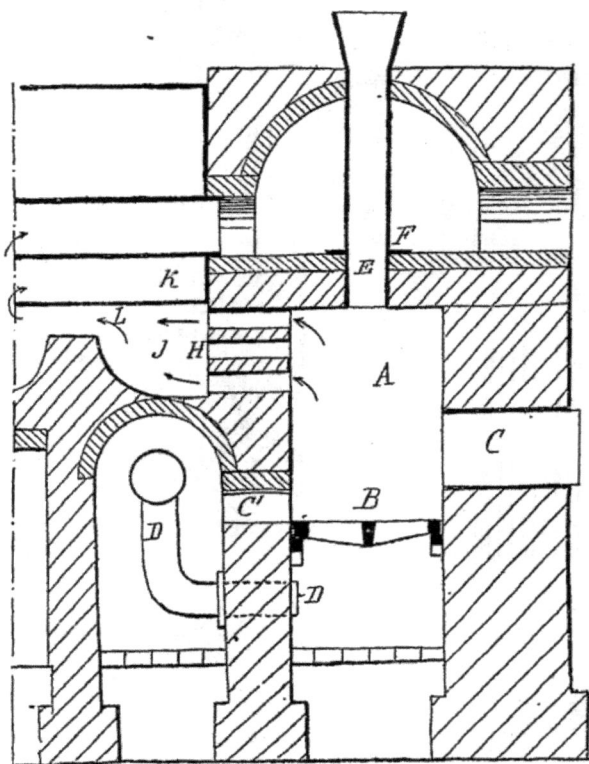

Fig. 417. — Four à bagasse, système Del Monte.

Les gaz, après avoir franchi ces tubes H, brûlent dans la chambre J, passent au-dessus du pont de chauffe L et se rendent dans les carneaux de la chaudière K qui les conduisent dans la chambre de fumée F que traverse le conduit E d'arrivée de la bagasse.

Pour alimenter d'air le foyer à bagasse A, on envoie par le tuyau D un courant d'air forcé qui traverse la grille B et qui arrive au contact des bagasses desséchées qui tombent d'une manière continue du tuyau E.

Système Clerc et Abell. — Four à brûler la bagasse progressivement et méthodiquement.

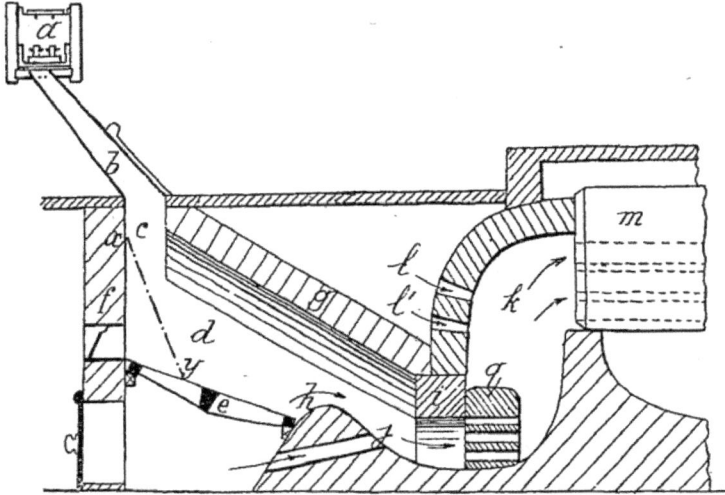

Fig. 418. — Four à bagasse, système Clerc et Abell.

Ce four comprend une ou plusieurs chambres de combustion des gaz. La bagasse sortant du conducteur incliné que comporte tout moulin à cannes, tombe sur un transporteur horizontal *a* muni d'un plancher fixe et de râteaux en bois qui la transportent progressivement dans le conduit *b*, d'où elle glisse et tombe par l'orifice *c* dans le four *d* en s'inclinant suivant la ligne *x y*; la réverbération de la voûte inclinée *g* sèche la bagasse au fur et à mesure que la combustion se fait. Comme elle est plus rapide vers l'autel *h*, le vide tend à se faire et la bagasse glisse sur la grille *e*, ce qui permet ainsi à la bagasse nouvelle de venir prendre sa place pour se dessécher à son tour. Les vapeurs entraînées par le tirage en même temps que les gaz de la combustion qui passent sous la voûte *i* se mélangent avec de l'air chaud arrivant par le tuyau *j*, passent au travers de conduits pratiqués dans le seuil *q* avant d'entrer dans la chambre de combustion *k*. Là, les gaz sont de nouveau additionnés d'air chaud arrivant par les tuyères *l l'* pour pouvoir brûler complètement et former un combustible gazeux capable de circuler dans le faisceau tubulaire de la chaudière ordinaire *m*. L'air est chauffé avec les produits de la combustion qui s'échappent dans la cheminée.

Perfectionnements aux fours à bagasse ; système Knight. — Ce four à bagasses est placé directement sous la chaudière ; il se combine avec des fours auxiliaires allumés à la main avec du bois ou tout autre combustible. Ces fours sont construits avec des tuyères et conduits latéraux qui laissent entrer l'air froid, l'air chauffé forcé, ou le tirage naturel ; ils peuvent être employés indépendamment du four à bagasse lorsqu'il ne fonctionne pas. Le jet d'air pour le four à bagasse ou les auxiliaires est chauffé par la chaleur perdue des chaudières, circulant parmi les tuyaux d'un chauffeur situé sur la ligne de parcours des gaz de la chaudière à la cheminée.

Ces perfectionnements consistent en un brûleur de bagasse ayant une base rétrécie et des tuyères pour le jet d'air dans ses parois latérales ; sur chaque côté de ce brûleur est un four à chaudière en relation avec le brûleur par des ouvertures latérales à registre.

On a estimé qu'au point de vue de la production industrielle de vapeur, un kilogramme de houille équivaut à 2 kg. 5 à 3 kg. de bagasse séchée au soleil, et à 5 à 6 kg. de bagasse verte sans défection de la combustivité des gaz ; on voit qu'il est de toute nécessité d'avoir recours, comme combustible, à la bagasse et de se servir des fours qui auront bientôt, par leur action économique, remplacé leurs frais d'installation.

M. J. T. Crawley, a recherché les avantages que l'on peut retirer de la mélasse employée comme combustible.

Il en tire les conclusions suivantes :

Il faut, en brûlant 100 kg. de mélasse, évaporer 66 kg. d'eau ; et on peut utiliser la mélasse dans les contrées où le charbon revient trop cher.

On a établi qu'un kilog. de houille équivaut à 4 kg. 6 de mélasse.

Les cendres peuvent être utilisées comme engrais contenant :

> 37.»» 0/0 de potasse.
> 2.50 0/0 d'acide phosphorique.

L'azote est entièrement perdu par la combustion.

Voici, d'après M. Lublowch, la valeur comparative de la bagasse à double et simple pression, par rapport au charbon d'Écosse (1).

Admettant que la canne contient 12.5 0/0 de fibre ligneuse; et le jus, 16 0/0 de sucre; que la double pression exprime 72 0/0 de jus et la simple pression 66 0/0, nous aurons pour la bagasse :

	Simple pression.			*Double pression*		
Fibre ligneuse..	12.5 =	37	0/0	12.5 =	45	0/0
Eau...........	17.5 =	53	—	13 =	46	—
Sucre.........	4 =	10	—	2.5 =	9	—
	34	100		28	100	

Dans le calcul suivant la température des gaz passant par la cheminée est estimée à 232° centigrades et la quantité d'air 30° c. à 24 kg. par kg. de charbon. La fibre ligneuse contient 51 0/0 de carbone.

Bagasse de double pression :

Composition :

Fibre ligneuse........	45
Eau.................	46
Sucre...............	$\dfrac{9}{100}$ (renfermant 42.1 p. 100 de carbone).

Unités de chaleur :

Fibre ligneuse..........	$45 \times 51 \times 12.906 = 296.800$
Sucre	$9 \times \dfrac{42.1}{100} \times 12.906 = 48.400$
	345.200

Il faut retrancher :

Eau à évaporer........ $46 \times (212 - 86 + 966) = 50.200$
Vapeur.............. $46 \times (450 - 212) + 0.475 = 10.050$
Air pour la fibre. $45 \times 12.25 \times (450 - 86) \times 0.238 = 47.950$
Air pour le sucre $3.8 \times 11 + (450 - 86) \times 0.238 = 7.950$ 116.150

Reste............................ 229.050

(1) *Bull. Ass. cn.*

Bagasse de simple pression

Composition :

Fibre ligneuse.............................. ... 37
Eau.. 53
Sucre...................................... 10
                                          ——
                                          100

Unités de chaleur :

Fibre ligneuse........ $37 \times 0.51 \times 12.906 = 243.500$

Sucre................. $\dfrac{42.1}{100} \times 12.906 = 50.334$ 297.834

Il faut retrancher :

Eau à évaporer........ $53 \times (212 - 86 + 966) = 57.876$
Vapeur................ $52 \times (450 - 212) \times 0.475 = 5.878$
Air pour la fibre. $37 \times 12.25 + (450 = 86) \times 0.238 = 40.040$
Air pour le sucre $4.21 \times 24 \times (450 - 86) \times 0.238 = 8.752$ 112.546
                                          Reste................... 185.236

Charbon d'Écosse

100 livres donnent .... 1.300.600 **unités**
Il faut retrancher pour l'air $100 + 22.4 \times (450 - 86) \times 0.238 =$ 194.055 —
                                          ————————
                                          1.106.545 **unités**

Ainsi donc, une livre de charbon d'Écosse donnera autant de chaleur que :

4.83 livres de bagasse de double pression.
5.98 livres de bagasse de simple pression.

M. Descamps, ingénieur à la Havane, dans un ouvrage intitulé « Los hornos de Bagaza verde », a recherché la valeur compara-tive comme combustible de la bagasse verte de différentes pres-sions.

D'expériences directes, on a déduit que :

La valeur combustible étant........................... 100
Celle de la bagasse séchée au soleil est de............... 36.80
Celle de la bagasse, sortant du moulin pour { 70 est de 20.40
des extractions de......................... { 65 — 16.50
                                           { 60 — 14.50

L'auteur admet, d'après les essais de la Compagnie Babcock et Wilcox, que les chaudières multitubulaires perfectionnées vaporisent par

Kilogramme de charbon...................... 12 kg. d'eau
Les multibulaires ordinaires................. 10.5 —
— à bouilleurs.............. 10.0 —

D'après la relation précédente et pour la chaudière multitubulaire.

Ordinaire 1 kg. de bagasse provenant d'une extraction de............. .... $\begin{cases} 70 \text{ vaporisera } 2.15 \\ 65 \quad — \quad 1.73 \\ 60 \quad — \quad 1.52 \end{cases}$

Un cheval vapeur effectif est représenté par: 30 litres d'eau vaporisée et avec une pression constante de 5 atmosphères.

Admettant une usine ayant des générateurs représentant 600 chevaux, combien faudrait-il de bagasse pour utiliser cette force pendant 24 heures ?

Il faudra vaporiser (30 × 600 × 24) soit 432,000 litres d'eau ; connaissant la quantité d'eau vaporisée par kg. de bagasse, on trouve que, pour vaporiser cette quantité d'eau, il faut en chiffres ronds :

Bagasse provenant d'une extraction de........ $\begin{cases} 70 \quad 130.650 \text{ kg.} \\ 65. \quad 114.530 — \\ 60 \quad 92.770 — \end{cases}$

On sait, par expérience, qu'une usine disposant de 600 chevaux et d'une pression de 4 atmosphères 7/10 peut facilement travailler 402,500 à 460,000 kilos par 24 heures. Si on admet le minimum 402,500 kg. la quantité de bagasse produite par 24 heures sera :

Pour une extraction de........................ $\begin{cases} 70. \quad 120.750 \\ 65 \quad 140.875 \\ 60 \quad 161.000 \end{cases}$

La différence entre la bagasse produite et la bagasse nécessaire à la vaporisation sera :

Pour une extraction de........................ $\begin{cases} 70 \quad 27.980 \\ 65 \quad 26.340 \\ 60 \quad 30.350 \end{cases}$

M. Descamps, appliquant le même calcul aux chaudières les plus perfectionnées et du modèle à bouilleurs, arrive aux conclusions suivantes :

Même avec la chaudière à bouilleurs et avec de la bagasse provenant d'une mauvaise extraction 60 0/0 ; il doit rester non utilisé 15 0/0 du poids de la bagasse. — Avec une extraction de 70 0/0 et les chaudières multitubulaires les plus perfectionnées, il devra en rester environ 32 0/0.

Les fours à bagasse verte, outre la suppression des équipes d'ouvriers employées à la manutention de la bagasse ont d'autres avantages :

1° Ils obligent à un travail continu, avec le moins possible d'interruption ;

2° Ils obligent à ne pas laisser passer aux moulins plus de cannes que la quantité nécessaire pour fournir au travail de l'usine sous peine de nécessiter du combustible étranger, bois ou charbon ;

Comme le combustible sera d'autant moins bon que la pression au moulin sera elle-même plus défectueuse, le mécanicien à qui incombe le soin des générateurs soignera ainsi son extraction (1).

(1) Saillard. *Sucr. Ind.*

CHAPITRE IX

CONTROLE DE FABRICATION

Le contrôle du travail dans une sucrerie de cannes, pour être complet, doit se diviser en deux parties.

Le contrôle industriel renfermant tout ce qui concerne le travail de l'usine.

Le contrôle chimique comprenant tout ce qui a rapport au laboratoire : prise de densité, analyses, etc.

Nous renverrons le lecteur à la description qui a été faite dans ce deuxième volume pour la betterave (page 117 et suivantes) des appareils servant dans un laboratoire de sucrerie.

ANALYSE DES CANNES

L'analyse de la canne au laboratoire se fait généralement par la méthode indirecte.

L'échantillonnage des cannes au moulin est fort difficile, les cannes d'un même champ, d'une même touffe, ayant souvent une composition fort différente.

On passe dans un moulin de laboratoire, à deux-cylindres, le plus de cannes possible et l'on recueille le jus. Si l'on n'a pas de moulin à sa disposition, on hâche la canne très menue et on la soumet à l'action d'une forte presse.

Nous ne décrirons pas la prise de densité, ni les différentes phases de l'analyse du vesou, les différents dosages étant les mêmes que ceux décrits pour la betterave.

On doit ajouter dans les résultats d'une analyse de cannes le dosage de la glucose.

Ce dosage se fait soit à l'aide de la liqueur de Fehling, soit à l'aide de la liqueur de Violette.

Nous nous sommes servi avec avantage de la liqueur employée par M. Boussingault.

1º Sulfate de cuivre cristallisé...................... 40 grammes
Dissoudre dans 200 centimètres cubes
2º Tartrate neutre de potassium..................... 160 —
Soude caustique sèche.............................. 130 —

Dissoudre dans 600 centimètres cubes d'eau, mêler et compléter 1 litre, faire bouillir après la préparation.

Dans toutes les analyses concernant la sucrerie de cannes, il est important de connaître le coefficient glucosique, c'est-à-dire le rapport de la glucose au sucre ; ce rapport s'obtient par la formule suivante.

$$\text{Coefficient glucosique} = \frac{\text{Glucose}}{\text{sucre}} \times 100$$

Le procédé Pellet est applicable au dosage direct de la canne.

Pour cela, il suffit de diviser les cannes au moyen d'une râpe en acier, construite par MM. Gallois et Dupont, taillée comme les râpes dites à taille Keil. Ces râpes demandent une grande vitesse pour réduire la canne en pulpe fine.

La matière recueillie, bien mélangée, est analysée au moyen de la digestion aqueuse.

Mais comme le volume occupé par le ligneux est plus considérable que dans la betterave il faut, après la digestion, faire un volume plus considérable pour en tenir compte ou bien prélever un poids moindre de pulpe de cannes pour terminer à 200 cc.

Soit donc le poids normal français ou allemand mis avec 5 à 6 cc. de sous-acétate de plomb. On chauffe une demi-heure au bain-marie bouillant, on refroidit, on complète le volume définitif, on agite et on filtre. On polarise au tube de 400 pour avoir la richesse directe de la canne en sucre cristallisable.

Si on admet 89 0/0 de jus, soit 11 0/0 de ligneux, on calcule que ces 11 0/0 de résidu occupent un volume approximatif de 10 cc.

Par conséquent, si l'on pèse 16 gr. 20 de matières il faudra faire 201 cc 6 après la digestion terminée.

Si on emploie le poids de 26 gr. 048, ce sera sensiblement 202 cc. 6.

Enfin si on ne veut utiliser que des ballons de 200 cc. on réduira le poids normal du

Saccharimètre français à 16.07.

Saccharimètre allemand à 25.71.

On peut aussi peser 3 fois 16 gr. 20, soit 48 gr. 60, et les introduire dans un ballon de 304 cc 8 ; ou bien peser 3 fois 16 gr. 07 sait 48 gr. 21 et les introduire dans un ballon jaugé à 300 cc.

Dans bien des usines, il est fort difficile d'avoir le poids de cannes passées au moulin, les usines dont les champs de cannes appartiennent aux mêmes propriétaires ne pesant pas les cannes ; les bascules sur lesquelles on pèse les charrettes ou les wagons donnent de trop grandes différences de tare, sans compter les fraudes. Il y a donc nécessité de recourir à d'autres moyens.

En ayant soin de mesurer le vesou sortant du premier moulin dans le cas d'imbibition, de faire au laboratoire l'analyse de ce vesou, on obtiendra le sucre total extrait. Pour ce faire, on prend de quart d'heure en quart d'heure ou de demie-heure en demie-heure un volume constant du jus dont on fait l'analyse, toutes les deux ou trois heures. Le jus de cannes gardé dans un endroit frais peut se conserver sans altération de trois à quatre heures (1).

Ensuite on mesurera et analysera le jus sortant des moulins après imbibition ; la somme des poids de sucre contenu dans les différents vesous donnera le sucre total entré dans l'usine.

Lorsque l'on ne travaillera pas avec l'imbibition, le volume du jus total et son analyse donneront immédiatement le sucre entré dans l'usine.

Connaissant l'extraction au moulin d'après les formules données précédemment, en pesant la bagasse après sa dernière pression on peut se rendre compte du poids des cannes entrées en fabrication ; mais ce procédé est souvent erroné, par suite de la perte subie par l'entraînement de la folle bagasse, et l'absorption de l'humidité par la bagasse pendant son transport à la bascule.

---

(1) Un de mes amis, M. Ruckebusch ancien chimiste à l'usine Hormiguero, (Cuba) mettait dans le flacon destiné à recevoir les échantillons de vesou, une très petite quantité de bichlorure de mercure, ce qui permettait d'analyser ses jus plus rarement, et de conserver ceux de la nuit intacts.

ANALYSE DE LA BAGASSE

1er *Méthode*. *Humidité*. — On pèse immédiatement à la sortie du dernier moulin un poids de bagasse que l'on fait sécher à 100-110° dans une étuve. La différence de poids donne l'humidité.

Sucre contenu dans la bagasse. — On tare une grande capsule que l'on remplit d'un poids connu de bagasse sortant du moulin, on ajoute le volume d'eau nécessaire pour baigner complètement la bagasse et on met quelques gouttes de lait de chaux pour rendre le liquide alcalin, on tare, on chauffe à 100° et on laisse digèrer ; on pèse et on remplace l'eau qui s'est évaporée.

Lorsque le liquide est refroidi, on presse la bagasse et on en fait le saccharimètre.

Soit C. le poids de la capsule.
     P. le poids de la bagasse.
     E. le volume et par suite le poids d'eau.
     S. le sucre contenu dans 100cc du liquide.
Le sucre contenu dans 100 de bagasse sera égal à :

$$\frac{S \times E}{P} = A$$

Et si l'on connaît l'extraction on aura :
Sucre perdu dans la bagasse. $= (100 - \text{extraction}) \times 100$.

2e *Méthode* — On pèse 50 gr. de bagasse préparée comme il est dit pour la canne et on les introduit avec 5 cc. de sous-acétate de plomb dans un flacon jaugé de 520 et 530 sur le col. L'espace compris entre ces deux jauges est divisé en cc. Quand la bagasse contient 50 0/0 d'humidité, on remplit le ballon avec de l'eau jusqu'au trait 525 ; cc. on a ainsi 500 cc. de liquide, les autres 25 cc. sont occupés par la cellulose dont la densité peut être égale à 1. Si la bagasse contient 46 0/0 d'eau, par conséquent 54 0/0 de cellulose, on remplit d'eau le ballon jusqu'au trait 527 cc. de manière à avoir 500 cc. de liquide. L'échelle de 520 à 530 est suffisante pour toute espèce de bagasse dont la teneur en eau varie généralement de 45 à 55 0/0.

Le ballon rempli, on chauffe pendant une demi-heure au bain-marie bouillant ; après refroidissement complet, on filtre.

Sur une partie du liquide on dose la glucose par la liqueur cuivrique; sur une autre partie on dose le sucre cristallisable par la méthode Clerget en faisant l'observation dans un tube de 40 ou 50. et en appliquant la formule $P = \frac{P' \pm P}{144 - \frac{1}{2}t} \times F$

Les résultats sont multipliés par 10, car 100 cc. de liquide correspondant à 10 gr. de bagasse (Dupont).

3e *Méthode.* — Prendre un échantillon bien gros et fort exact, le mélanger et le découper dans un hache-paille.

1° Doser l'eau dans 20 grammes de cette bagasse découpée; on trouve par exemple eau 0/0 bagasse = 48,3.

2° Dans une capsule, en porcelaine, peser 100 grammes de bagasse découpée, l'imbiber avec l'eau chaude, ajouter 5 centigrammes d'une solution aqueuse de chaux, réchauffer pendant une heure et demie sans dépasser 90° C, laisser refroidir, neutraliser la chaux et ajouter de l'eau froide jusqu'à ce que le poids total de bagasse et de l'eau ajoutée = 1300 grammes; donc eau ajoutée = 1200 grammes. Presser la bagasse humide, remplir un ballon de 100-110 avec 100 centimètres cubes de l'eau sucrée de la bagasse, ajouter 4 centimètres cubes de sous-acétate de plomb, et enfin de l'eau distillée jusqu'au trait de 110. Polariser.

Supposé qu'on lise au polarimètre 1.7 degrès + 1/10 = 1.87 degrés, il y a donc dans 100 centimètres cubes de l'eau sucrée 26,048 + 1,87 = 0.427 grammes de sucre; or la densité de cette eau sucrée est si minime qu'on peut dire 100 centimètres cubes = 100 grammes, d'où 0.427 grammes de sucre sur 100 grammes de l'eau sucrée.

En tout, il y a : eau ajoutée........ 1200 grammes
dans 100 grammes de bagasse à 48.3 0/0   48.3
Eau : 1248.3 grammes à 0.427

grammes de sucre pour 100 grammes de l'eau sucrée = 5.32 grammes de sucre, d'où.....

Sucre 0/0 bagasse = 5.32 (1).

ANALYSE DU VESOU.

Peu d'usines sont montées pour mesurer exactement la quantité de vesou extrait; généralement, on se contente de connaître le

(1) (J. A. Maronier) *Bulletin de l'Ass. des Ch.*

volume des défécateurs et de considérer ce volume comme constant, de multiplier le nombre de défécateurs remplis pendant un temps donné par le volume, pour avoir le nombre d'hectolitres de jus obtenu pendant ce laps de temps. Nous n'avons pas besoin de dire combien cette manière de procéder est défectueuse. Il est de toute nécessité, dans une usine où le contrôle chimique et de fabrication doit être fait sérieusement, d'établir des appareils mesureurs, pouvant garantir les résultats que l'on trouvera.

Les analyses du vesou se font exactement comme celles du jus de la betterave, mais on devra toujours doser la glucose et calculer le coefficient glucosique.

On doit toujours doser l'acidité du vesou avant la défécation, ce dosage déterminera la quantité de chaux à ajouter pour faire une bonne défécation.

Dans le jus déféqué, l'on doit doser l'alcalinité en chaux comme il a été dit pour le dosage de l'alcalinité du jus de betterave; on emploiera alors la liqueur sulfurique de 2e carbonatation; mais comme indicateur, on ne pourra employer que le papier de tournesol sensible, le phénolphtaléïne et l'acide rosolique en dissolution dans les liqueurs titrées ne donnant aucune indication dans les jus de cannes.

ANALYSE DES ÉCUMES.

Poids des écumes. — Les écumes forment, en général, de beaux tourteaux; en pesant deux ou trois de ces tourteaux à leur sortie des filtres-presses, on obtiendra la quantité d'écumes pour un poids donné de cannes.

Analyse. — On prélève, sur un des tourteaux, un petit échantillon, on mélange bien tout l'échantillon prélevé, on pèse le poids saccharimétrique d'écumes, que l'on introduit dans une petite capsule de porcelaine; on triture la masse avec un peu d'eau et on la fait passer dans un ballon 100-110; on ajoute quelques gouttes de sous acétate de plomb, on filtre, on fait la lecture saccharimétrique; on multiplie les degrés lus par 0,95 pour tenir compte du volume occupé par la partie insoluble, le chiffre obtenu représente le tant pour cent de sucre.

Filtration. — Lorsque l'on filtre les jus déféqués, on doit prendre le volume des eaux de lavage des toiles et rechercher la quantité de sucre contenu dans ces eaux.

Poids des masses cuites. — A Cuba, la masse cuite, sortant de l'appareil à cuire, est reçue dans des wagonnets contenant environ 7 hectolitres; il est alors facile, avant de jeter la masse cuite dans le malaxeur, de la peser; mais ce procédé est encore peu répandu et, en général, on évalue le poids de la masse cuite par son volume; ce mode de procéder est sujet à un grand nombre d'erreurs.

Nous ne décrirons pas la méthode d'analyse des masses cuites, mélasses et sucres, ce sujet ayant été traité d'une façon très complète pour la betterave.

Nous donnons ci-après une série de tableaux concernant le contrôle chimique et le contrôle de fabrication dans une sucrerie de cannes.

MÉTHODE DE CONTROLE CHIMIQUE

DANS UNE SUCRERIE DE CANNES

CANNES ET VESOUS

DATES	Poids des Cannes kilog.	Vesou normal		Vesou après imbibition		Eau 0/0 du Vesou normal	Vesou après imbibition Quantité d'hectolitres	Vesou normal Quantité d'hectolitres	Pression
		Poids du litre à 15°	Degré Baumé	Poids du litre à 15°	Degré Baumé				

CANNES, BAGASSE, ÉCUMES

DATES	CANNE			BAGASSE				ÉCUMES				OBSERVATIONS
	Poids kilog.	Sucre p. 100 kg.	Sucre contenu	Poids kilog.	Sucre par 100 kg.	Sucre contenu	Eau par 100 kg.	Poids kg.	Sucre p. 100 kg.	Sucre contenu	P. 100 de cannes	

VESOU DES MOULINS

DATES	Poids du litre à 15° c.	Degré Baumé	COMPOSITION PAR HECTOLITRE					Glucose % de sucre	Glucose % de cannes
			Sucre	Glucose	Eau	Cendres	Matières organiques		

MASSES CUITES ET MÉLASSES

DATES	MASSE CUITE de 1er jet			MASSE CUITE de 2e jet			MASSE CUITE de 3e jet			MÉLASSES kilogrammes
	Poids kilogrammes	Volume hectolitres	Poids de l'hectolitre	Poids kilogrammes	Volume hectolitres	Poids de l'hectolitre	Poids kilogrammes	Volume hectolitres	Poids de l'hectolitre	

SUCRES

DATES	SUCRE DE 1er JET kilogrammes	SUCRE DE 2e JET kilogrammes	SUCRE DE 3e JET kilogrammes

RENDEMENT DES MASSES CUITES AU TURBINAGE

DATES	MASSE CUITE de 1er jet			MASSE CUITE de 2e jet			MASSE CUITE de 3e jet			MÉLASSES kilogrammes
	Volume hectolitres	Sucre kilogrammes	Rendement par hecto itre	Volume hectolitres	Sucre kilogrammes	Rendement par hectolitre	Volume hectolitre	Sucre kilogrammes	Rendement par hectolitres	

COMPOSITION DES PRODUITS

	VESOU DES MOULINS					SIROP	MASSES CUITES				SUCRES			BAGASSE	ÉCUMES
	1er moulin	2e moulin	Moyen	Après imbibition	Filtré		1er jet	2e jet	3e jet	MÉLASSE	1er jet	2e jet	3e jet		
Densité à 15° c.															
Degré Baumé															
Sucre															
Glucose															
Eau															
Cendres															
Matières organiques															
Acidité CaO															
Alcalinité CaO															
Glucose °/₀ de sucre															
Pureté															
Coefficient salin															
Coefficient organique															

CHAPITRE X

FABRICATION DU RHUM.

Le rhum est le produit de la distillation des mélasses et autres résidus de la fabrication du sucre de cannes.

Partant de ce fait, certains industriels avaient pensé qu'il suffirait d'importer en Europe des mélasses de cannes pour pouvoir fabriquer sur place des rhums absolument authentiques ; mais ils n'ont réussi qu'à faire du 3/6 d'industrie, n'ayant aucune des qualités du rhum produit dans les pays chauds.

Il résulte de là que, outre l'origine de la mélasse, il entre dans la fabrication du rhum d'autres facteurs importants qui tiennent vraisemblablement aux circonstances climatériques. Dans les pays producteurs de cannes à sucre, c'est-à-dire sous les tropiques, règnent constamment des températures élevées qui exercent une action toute spéciale sur la fermentation et, par suite, sur ses produits. Le ferment lui-même diffère des races de levure connues en Europe. En outre, l'addition de matières aromatiques diverses faite aux jus fermentés avant de les soumettre à la distillation, multiplie la grande variété des types de rhum des divers pays ; ces types sont nombreux, presque aussi nombreux que ceux de nos vins.

Le rhum authentique, quelle que soit sa provenance, se caractérise par un arôme et un goût qui sont communs à tous les crus, plus ou moins fins, suivant la qualité des matières premières et les soins apportés à la fabrication.

FABRICATION DU RHUM.

Dans la fabrication du rhum, la pratique n'a pas encore été devancée par la théorie ; on travaille toujours d'après les anciennes recettés. La mélasse diluée avec de l'eau et de la mélasse, est abandonnée à elle-même et fermente spontanément. Ce mélange fermenté est soumis à la distillation et fournit le rhum.

La nature du ferment est encore peu connue. Une étude, faite récemment sur ce sujet par Marcano, vient seule jeter un peu de lumière sur cette question si peu étudiée.

« En regardant au microscope, le dépôt qui tombe au fond d'une cuve de *vesou* fermenté, dit l'auteur (1), on le trouve composé de cellules beaucoup plus petites que celles de la levure de bière, rondes, très brillantes, parsemées de granulations et isolées les unes des autres, ne formant pas de grappes ou de chapelets. Après une série de cultures, les levures restent identiques à elles-mêmes aussi longtemps qu'elles sont cultivées dans le même milieu. Mais si on les transporte dans des liquides de culture plus riches en sucre, dans des solutions d'amidon ou de dextrine, on voit apparaître, parfois en quarante-huit heures, un mycelium d'apparence feutrée, dont les filaments envahissent bientôt tout le liquide. Il est aisé de revenir de la moisissure aux levures en la reportant dans le vesou.

« Dans toutes les fermentations industrielles épuisées, surtout dans celles qui ont marché avec une certaine lenteur, ou dans lesquelles l'accès de l'air a été exagéré, on trouve simultanément le mycelium et la levure.

« La morphologie du ferment permet de le différencier de la levure de bière; les produits qu'il excrète sont également différents.

« Cette levure manifeste son intensité maxima entre 30 et 35° centigrades. Elle est très sensible à un abaissement de température. Vers 18-20° C. déjà, la fermentation se ralentit, les liquides tendent à s'acidifier et le rendement en alcool est médiocre.

« Le degré de concentration du liquide sucré a une action marquée; la proportion qui donne le meilleur rendement est celle de 18 à 19 de sucre 0/0 d'eau; c'est à peu près la richesse saccharine moyenne du jus de la caune.

« Quand on soumet à la distillation une grande quantité d'alcool brut de canne, on aperçoit, bien avant que toute ébullition ait

(1) Comptes rendus, 7 mars 1889.

lieu dans le liquide, un dégagement notable de gaz à odeur désagréable, qui cesse bientôt pour faire place au passage des *mauvais goûts de tête*, formés presque exclusivement par de l'alcool méthylique.

« Le produit qui vient après est de l'alcool éthylique pur.

« Les *mauvais goûts de queue* ont une odeur infecte due à un acide huileux qui distille avec l'alcool faible.

« Même en faisant usage de produits fournis par des appareils industriels de rectification, on n'a pas pu déceler par des distillations fractionnées successives, la présence d'alcools supérieurs.

« L'acide gras qui infecte l'eau-de-vie de canne se présente sous forme d'une huile insoluble dans l'eau, soluble dans l'alcool et l'éther et qui forme avec les alcalis des sels solides insolubles dans l'alcool aqueux. On peut ainsi le séparer presque en totalité avant la rectification, qui donne alors un produit d'une plus grande pureté.

« Ce qui précède fait voir que l'eau-de-vie de cannes brute diffère des autres alcools d'industrie : 1° par la présence de quantités notables d'alcool méthylique ; 2° par l'absence d'alcools supérieurs ; 3° par la présence d'un acide à odeur *sui generis*. »

D'autre part, il résulte des recherches récentes faites en Louisiane par M. Dechamp, chimiste au laboratoire d'agriculture de Washington, que le ferment de la canne est adhérent à la surface de la canne même sous forme de poussière grise et blanchâtre, plus dense aux approches des nœuds. Ces poussières sont analogues à celles qui se trouvent sur les grains de raisins, et en général, sur tous les fruits sucrés. Ce fait semble justifier la coutume, usitée dans les rhummeries de la Jamaïque, d'ajouter des morceaux de canne aux jus pendant la fermentation.

Une anecdote assez typique vient corroborer l'opinion de M. Marcana sur la probabilité de l'intervention d'un ferment spécial dans la fabrication du rhum. Un planteur de la Jamaïque n'ayant plus de ferment à sa disposition, se trouva réduit à en demander à son voisin. Détail à noter, il s'était fait accompagner d'un petit nègre à son service. Le voisin, peu charitable, opposa à son visiteur un refus catégorique.

Notre homme ne savait comment sortir de son embarras. Il eut alors une idée sublime : il prend son petit nègre et vous le jette dans une des cuves en pleine fermentation qui se trouvaient devant lui. Après cet exploit, il retourne chez lui, heureux de trouver dans la culotte du petit nègre le précieux ferment. Inutile d'ajouter que ses cuves marchèrent à merveille.

D'après Herzfeld, ce fait prouverait seulement que le ferment ne peut toujours se développer suffisamment en fermentation spontanée. Il n'accorde pas, en tout cas, au ferment une importance suffisante pour déterminer des différences aussi grandes que celles que l'on constate entre le rhum de Cuba et celui de la Jamaïque. Ces différences proviendraient, avec bien plus de probabilité, de la différence de qualité des matières premières et des soins apportés au travail.

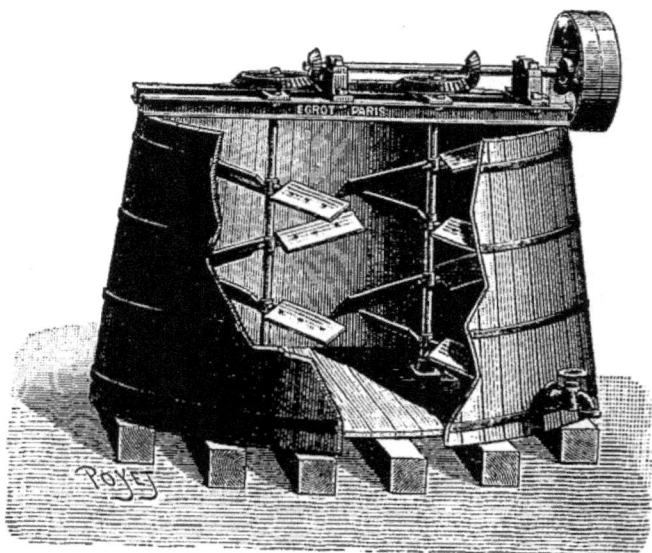

Fig. 419. — Cuve de préparation des moûts, construction Egrot.

Emploi d'un levain artificiel. — La fermentation spontanée du moût est souvent imparfaite, et en tous cas, exposée à l'envahissement par les ferments vicieux. On a donc songé à remplacer le ferment spontané par un ferment cultivé qu'on prépare avec des éléments faciles à réunir dans les pays producteurs de canne à sucre.

Ce levain se compose : 1° de raisins secs, 2° de bagasse de canne, 3° de vinasse. Voici la manière de le préparer :

1° Dans une petite cuve, on verse 50 kg. de raisins secs non avariés et 4 hectol. d'eau à la température de 40° C. La fermentation ne tarde pas à s'y établir et à donner naissance à une nouvelle génération de ferments alcooliques.

Lorsque la fermentation est en pleine activité, on retire de la cuve 100 litres de liquide et on les met dans une autre cuve à levain.

2° D'un autre côté, on a fait macérer de la bagasse récemment sortie du moulin, avec de la vinasse chaude extraite de la chaudière et réfroidie à une température de 40° C. Pour 100 kg. de bagasse, on emploie 200 à 300 litres de vinasse qui s'empare des principes solubles du résidu de la canne, matières sucrées, azotées, salines, aromatiques, et du ferment. Après une heure de macération, on décante la vinasse pour la faire concourir à la formation du levain.

3° A 100 litres de la vinasse précédente, on ajoute 25 kg. de mélasse.

En réunissant dans la cuve à levain 100 litres de vin de raisins secs en grande activité de fermentation, 100 litres de vinasse macérée sur la bagasse et additionnée de 25 kg. de mélasse, on dispose ce mélange à un mouvement fermentatif énergique.

On a ainsi, au bout de quelques heures, un liquide servant de levain.

C'est avec une partie de ce levain qu'on met en fermentation la mélasse diluée. Le résultat est toujours favorable, si l'on prend soin de fabriquer chaque jour la quantité de levain nécessaire aux besoins journaliers.

Dans le cas où l'on ne peut pas se procurer des raisins secs, on se contentera de vinasses chargées des principes enlevés à la bagasse macérée.

En améliorant la fermentation, on améliore en même temps le rendement et la qualité du tafia.

Fermentation des mélasses de cannes. — La mélasse de cannes contient ordinairement 55 à 65 0/0 de sucre fermentescible qui, par la fermentation, se transforme en alcool.

Cet alcool emprunte à la mélasse plusieurs de ses éléments odorants, sapides, communiquant à la partie spiritueuse l'arôme, le goût qui caractérisent le rhum.

Aux colonies, le traitement de la mélasse est presque à l'état primitif, comme nous l'avons déjà dit plus haut; il se réduit à la mise en fermentation du sirop et à la distillation du mélange fermenté.

On dilue la mélasse avec de l'eau dans la proportion de 1 partie de sirop, 4 volumes d'eau froide et 1-2 volumes de vinasse d'une opération précédente, sans y ajouter de levure qu'on ne peut pas se procurer dans les pays chauds.

Sous l'influence de la température élevée, ce mélange entre rapidement en fermentation, ordinairement au bout de 12 heures.

Pour éviter que la levure ne s'épuise trop vite, il faut avoir soin de réfroidir les cuves au moyen d'un serpentin réfrigérant de façon à ne jamais laisser la température s'élever au-dessus de 30-32° centigrades.

Lorsque la fermentation est achevée, on distille le liquide dans un appareil perfectionné, système Egrot, avec rectification simultanée, de manière à produire de 1er jet et sans interruption, de l'eau-de-vie à 60-70° centésimaux.

Ce liquide constitue le tafia; on l'améliore en le laissant vieillir.

D'après Porter, le procédé usité à la Jamaïque est le suivant :

On emploie 6 gallons de mélasse = 27 litres 25
36 gallons d'écumes = 163 litres 54
par 100 gallons (= 454 litres) de liquide à fermenter, dont la richesse serait ainsi d'environ 18 0/0.

D'après une autre recette, indiquée par Porter et contrôlée par lui, 100 parties de liquide à fermenter contiennent :

10 parties de mélasse
30 parties d'écumes
ce qui fait environ 20 0/0 de sucre.

On emploie, dans les deux cas, 25 à 50 0/0 de *dunder* (vinasse) à la place d'eau.

La fermentation dure de 8 à 12 jours.

D'après Marewood, on opère comme suit dans les Indes-Occidentales :

Les écumes de sucrerie sont mises dans un bac avec un peu de vesou et 25 0/0 de mélasse et d'eau. On mélange bien le tout, et on abandonne le liquide à lui-même pendant 3-4 jours ou plus, lorsqu'on n'a pas de ferment à sa disposition, ce qui arrive toujours au commencement de la fabrication. La fermentation s'établit peu à peu. Lorsqu'elle est achevée on distille le liquide, puis on le repasse.

Aux îles sous le vent, on emploie.

> 1 partie d'écumes
> 1 partie d'eau
> 1 partie de vinasse d'une opération précédente.

La vinasse, comme dans les cas ci-dessus, fait fonction de ferment. Le mélange commence à fermenter au bout de 24 heures. On ajoute alors 6 kg. de mélasse par 100 litres de liquide. Au bout de 1-2 jours on fait une nouvelle addition de même importance, on règle la température par des additions d'eau froide ou chaude, suivant le cas.

Au commencement de la campagne de distillation, on emploie souvent une certaine quantité de vesou.

Cette pratique a sa raison d'être, car la vinasse qu'on a conservée de la compagne précédente a perdu beaucoup de son activité, et d'autre part les écumes sont moins riches en sucre qu'aux mois de mars et d'avril. Au début, on observe les proportions suivantes :

Dans une cuve de 617 litres, on met 270 litres d'écumes, 32 litres de mélasse et 310 litres d'eau.

Lorsqu'on possède de bonne vinasse, on emploie parties égales d'écumes, d'eau et de vinasse, et on ajoute 10 litres de mélasses par 100 litres de liquide. A défaut d'écumes, ce qui arrive en dehors de la campagne sucrière, on prend de l'eau et de la vinasse par parties égales, et on ajoute 122 litres de mélasses par 617 litres de liquide.

Le rendement en rhum varie entre 10 et 15 0/0 du mélange.

En présence de la haute température qui règne sous les tropiques, il arrive souvent qu'une partie de l'alcool formé se transforme en acide acétique. Celui-ci n'exerce aucune action sur l'alcool à froid, mais à une température élevée, il en transforme une partie en éther acétique qui, on le sait, contribue à la formation du bouquet du rhum, mais dont l'excès est nuisible.

L'arôme particulier du rhum de la Jamaïque provient vraisemblablement de l'addition aux jus en fermentation d'une certaine quantité de vesou et même de morceaux de canne. Les huiles volatiles contenues dans la canne se communiquent au mélange, et sont entraînées dans le produit par la distillation. Herzfeld attribue l'effet utile des morceaux de canne à ce fait, que la canne constitue une matière première plus pure que la mélasse et qu'elle offre au ferment une alimentation plus riche.

Rôle de la vinasse. — Aux yeux des producteurs de rhum, la vinasse (dunder) joue un rôle très important dans la fabrication ; c'est pourquoi on la conserve soigneusement d'une campagne à l'autre, dans les cuves de fermentation même. Après quelque temps, elle se couvre d'un voile épais qui empêche l'accès de l'air et constitue, lorsqu'elle est clarifiée, un liquide jaunâtre, d'une saveur amère. Certains fabricants même, surtout à la Jamaïque, considèrent qu'il est impossible d'obtenir du rhum fin sans employer de vinasse. Il est certain que le rendement quantitatif et qualitatif en est toujours augmenté.

Herzfeld fait remarquer à ce sujet que la vinasse, étant une décoction de levure, constitue un liquide très nutritif pour le ferment. Mais la vinasse vieille a encore d'autres avantages : elle renferme de l'acide butyrique qui, se transformant en éther butyrique, contribue à la formation du bouquet ; en second lieu, elle contribue à améliorer la fermentation par son acidité ; par suite la levure reste plus pure et le liquide est plus à l'abri des fermentations vicieuses.

FERMENTATION DU VESOU

Le vesou ou jus de cannes est traité de la même manière que les mélasses. On peut le faire fermenter spontanément ou de préférence avec du levain préparé comme il a été dit plus haut. Le vesou étant plus pur que la mélasse, qui n'en est que le résidu, fermente mieux, et fournit un rhum plus fin qu'on emploie généralement pour relever la qualité des rhums de qualité moins bonne.

Pour la distillation du rhum, on se sert des appareils que nous allons décrire.

Ces alambics sont généralement d'une construction très simple ; la chaudière présente une grande surface de chauffe, elle est en cuivre très épais pour résister aux attaques des jus qui sont toujours fortement acides. Le serpentin réfrigérant, enfermé dans une bâche en tôle, est en cuivre étamé.

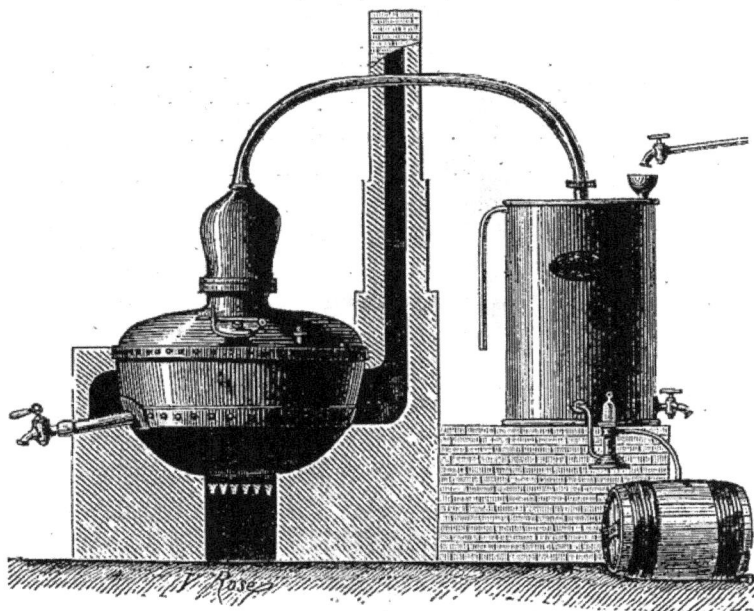

Fig. 420. — Appareil à rhum, simple.

La distillation s'effectue avec cet appareil comme avec un brûleur simple. On met à part les produits qui coulent au commencement et à la fin de l'opération et on les repasse dans une chauffe suivante.

On n'obtient du premier jet que des flegmes à faible degré ; pour en obtenir du rhum à 50 ou 60°, on est obligé de les repasser.

En employant le chapiteau rectificateur (fig. 421) on obtient du premier jet du rhum rectifié, au degré voulu. Cette modification

consiste dans le remplacement du chapiteau ordinaire par un chapiteau spécial, entouré d'une enveloppe de cuivre dans laquelle on
fait couler un courant d'eau pendant la distillation. Des diaphragmes placés à l'intérieur du chapiteau contrarient la marche des
vapeurs, dont la partie aqueuse et empyreumatique se condense

Fig. 421. — Appareil à rhum avec chapiteau rectificateur.

et retombe dans la chaudière, tandis que les vapeurs épurées se
rendent au serpentin.

Fig. 422. — Appareil à rhum à chauffe-vin, avec pompe bâche pour élever les jus.

La figure 422 ci-dessus représente le même appareil avec chauffe-vin et pompe pour élever les jus; il est plus économique que les précédents, dépense peu d'eau et de combustible.

En même temps qu'on charge la chaudière, on emplit le chauffe-vin de liquide à distiller. Les vapeurs, avant de se rendre au serpentin réfrigérant traversent un serpentin placé dans le chauffe-vin, où elles se condensent en partie, en cédant une certaine quande de leur chaleur au liquide qui y est contenu.

Lorsque la distillation est achevée, on vide la chaudière et on la recharge avec le jus déjà chauffé dans le chauffe-vin; on remplit de nouveau ce dernier de jus frais qui servira à charger l'alambic pour l'opération subséquente.

Ce liquide, déjà très chaud, est rapidement mis en ébullition; on se rend facilement compte de l'augmentation du nombre des opérations qu'on peut ainsi faire, et des économies d'eau et de combustible qui en résultent.

Pour les appareils d'une certaine importance, il est utile de se munir d'une *pompe* pour élever les vins dans le chauffe-vin, et l'eau dans le bassin qui alimente le réfrigérant.

Les rhummeries importantes ont intérêt à travailler d'une façon suivie en employant les appareils continus dont suit la description.

Appareil de distillation continue, système Egrot. — Les appareils de distillation continue imaginés par M. Egrot, ont été établis dans le but de réduire le nombre des plateaux et les dimensions générales de l'appareil, tout en assurant l'*épuisement complet* du liquide soumis à la distillation et la *production d'eaux-de-vie ou à volonté de trois-six*, de très bonne qualité.

Ce résultat est principalement obtenu par la construction spéciale des plateaux de distillation, dans lesquels le chemin parcouru par le liquide à distiller est considérable; en même temps les vapeurs alcooliques, divisées par un grand nombre de petits bouilleurs, sont soumises à un lavage énergique qui produit un enrichissement très rapide.

Le nombre des plateaux n'est que de 4 ou 5 pour les vins ordinaires, tandis que les autres systèmes à colonnes employés nécessitent 18, 25 plateaux et plus.

La pression dans la colonne se trouve donc diminuée de beaucoup, ce qui permet un travail plus régulier, une production meilleure, et moins d'entraînements. Enfin les frais d'installation ainsi que les frais de transport sont rendus beaucoup moindres.

L'appareil de distillation continue, système Egrot, se compose de 4 parties essentielles :

La *chaudière*, où le liquide à distiller est porté à l'ébullition ;

La *colonne*, où les vapeurs alcooliques sont concentrées et purifiées ;

Le *chauffe-vin* et le *réfrigérant*, qui analysent les vapeurs alcooliques et les condensent ensuite.

La particularité la plus grande de cet appareil réside surtout dans la disposition intérieure de la colonne et aussi dans l'heureuse proportion de ses diverses parties qui assurent l'épuisement complet du vin soumis à la distillation.

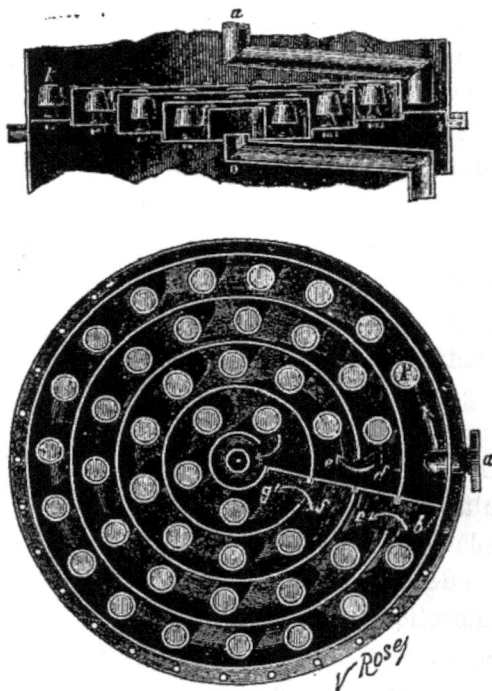

Fig. 423. — Coupe d'un plateau Egrot.

La colonne est formée de 4 ou 5 plateaux superposés, montés sur la chaudière qui est placée dans un fourneau, ou reçoit un serpentin dans le cas de chauffage par la vapeur.

La figure 423 représente en coupe la disposition d'un plateau. Le liquide arrivant d'un plateau supérieur par le tuyau *a*, parcourt dans le sens des flèches l'anneau extérieur *ab*, descend en *c* et parcourt en sens inverse *cd*. Il suit de même les quatre anneaux concentriques disposés les uns au-dessous des autres, comme le montre la coupe de l'appareil. Enfin, arrivé au centre du plateau, en O, ce liquide descend sur le plateau inférieur où il recommence une circulation semblable. La surface du plateau est donc utilisée de telle sorte que le vin y parcourt un chemin très long; de plus, la disposition en cascades lui permet d'effectuer ce long parcours avec une grande régularité de niveau; enfin, le grand nombre des petits bouilleurs *k*, interposés sur le passage du liquide, le divisent, le brassent et font que toute la masse du liquide est bien exposée aux vapeurs montantes.

Marche de l'appareil (fig. 424). — Pour mettre cet appareil en marche, il suffit de remplir le bac supérieur du vin ou du jus que l'on veut distiller, au moyen d'une pompe; puis on ouvre le robinet qui laisse couler le vin dans le réfrigérant G, le chauffe-vin F, et les plateaux de distillation AAAA, en ayant soin de remplir également la chaudière *a*.

Quand l'appareil doit marcher à feu nu, on remplit la chaudière *a* avec de l'eau, en l'introduisant par le tampon, puis on chauffe; l'eau de la chaudière entre en ébullition et les vapeurs qu'elle fournit passent au travers de chacun des plateaux de distillation AAAA, et dépouillent le vin de l'alcool qu'il contenait; de là les vapeurs alcooliques s'élèvent dans la colonne à rectifier D, où elles s'épurent, puis arrivent dans le serpentin rectificateur contenu dans l'enveloppe F, en passant par le tuyau E; enfin, les vapeurs alcooliques après avoir été plus ou moins déflegmées dans ce serpentin et à la volonté de celui qui conduit l'appareil, arrivent dans le serpentin réfrigérant contenu dans l'enveloppe G pour sortir à l'état de liquide reçu dans l'éprouvette V, où se trouve un pèse-alcool qui marque le degré auquel arrive l'eau-de-vie ou alcool.

A Plateaux de distillation — *a* chaudière en cuivre — *b* syphon; sortie des vinasses. — *D* Colonne de rectification — *E* Col de cygne — *F* chauffe-vin — *G* réfrigérant — *J* entonnoir d'entrée du vin — *J'* entonnoir entrée d'eau — *k* tuyau de circulation du vin — *N* robinet de rétrogradation — *R* cuvette régulatrice — *V* éprouvette de sortie.

Fig. 424. — Installation à feu nu d'un appareil de distillation continue, système Egrot.

Le vin suit une marche en sens opposé à celle de l'alcool; on l'introduit dans l'appareil en ouvrant le robinet à cadran; l'entonnoir J qui le reçoit, le porte à la base de l'enveloppe F. Le vin après avoir soulevé successivement toutes les couches de liquide contenues dans l'enveloppe F, se déverse à la partie supérieure du chauffe-vin par le tuyau K, qui le porte dans le premier plateau de distillation A, où après avoir parcouru toutes les galeries, il se déverse sur celui inférieur et successivement sur les autres plateaux jusque dans la chaudière a; d'où il s'échappe en b, à l'état de vinasse complètement épuisée.

Le vin, en parcourant les galeries intérieures dont se trouvent formés les plateaux AAAA, rencontre une grande quantité de petits bouilleurs qui divisent fortement la vapeur en distillation et agitent sans cesse le vin, ce qui fait que ce dernier se dépouille facilement de l'alcool qu'il contient; c'est aussi à cette nouvelle disposition que l'on doit la qualité des produits que donne cet appareil. On fait arriver par le robinet J' l'eau du réfrigérant, qui, par un tuyau est conduite à la partie inférieure du réfrigérant G, d'où elle s'écoule par un trop-plein.

Et ce fait est facile à expliquer si l'on considère que le vin, pour subir un épuisement complet, ne séjourne pas plus de dix à quinze minutes; il a très peu subi l'action calorique, et les huiles empyreumatiques ou mauvais goûts n'ont pu se former et passer avec le produit; c'est sur ce fait que reposent les avantages de cet appareil (distillation prompte sous un petit volume). Lorsque le degré alcoolique du vin à distiller ou sa température n'est pas très élevé, on peut n'employer à la réfrigération que le vin. Il suffit de faire communiquer l'entrée du vin J avec un tuyau qui le porte à la partie inférieure du réfrigérant G, et d'ouvrir une communication intérieure entre le réfrigérant G et le chauffe-vin F.

Dans les appareils de petite dimension (jusqu'à n° 1 inclus) le réfrigérant G est supprimé et le vin peut seul être employé à la réfrigération.

Quand les vins ou jus fermentés quelconques que l'on veut soumettre à la distillation sont très alcooliques et qu'ils dépassent 8° centésimaux, il peut devenir nécessaire de mettre un ou plu-

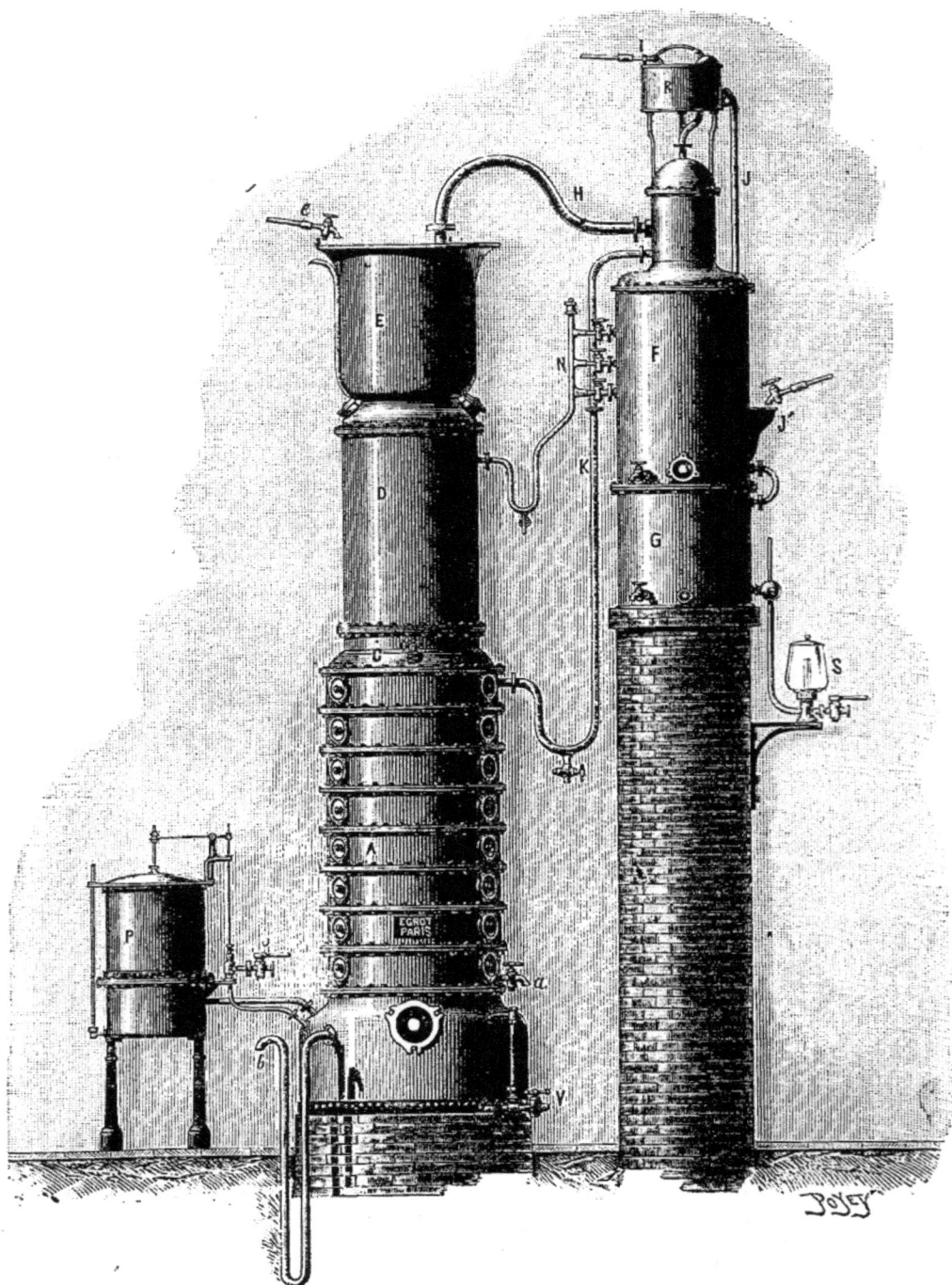

Fig. 425. — Appareil Egrot produisant de 1er jet des alcools à 95°

sieurs plateaux de distillation en plus pour le parfait épuisement des vinasses.

Appareil continu, système Egrot produisant de 1ᵉʳ jet des alcools à 95° Gay-Lussac (39° à 40°) Cartier. — La nécessité de produire des *alcools à très haut degré de premier jet*, a conduit le constructeur à étudier et à construire cet appareil, qui permet d'obtenir de premier jet, même avec des vins très faibles, des alcools à 95° Gay-Lussac. La finesse des produits obtenus par cet appareil, constitue sa supériorité.

Les jus fermentés sont complètement épuisés à leur sortie de l'appareil dont la colonne de distillation à été calculée pour arriver à un épuisement complet. — L'emploi, pour le chauffage à la vapeur de ces appareils, du *régulateur automatique de vapeur, système Egrot*, est indispensable. Le montage de cet appareil ne présente d'ailleurs aucune difficulté et ne nécessite pas la présence d'ouvriers spéciaux.

L'inventeur se tient à la disposition de nos lecteurs pour leur donner tous les renseignements qu'ils pourraient désirer sur le prix, la marche et l'encombrement de ces appareils.

Appareil Egrot de distillation continue chauffé par la vapeur d'échappement. — Cet appareil (fig. 426) est construit sur les mêmes principes que les appareils continus décrits plus haut. Mais, il s'en distingue par cette particularité qu'il est chauffé par les vapeurs d'échappement des machines de la sucrerie, ce qui constitue un grand avantage dans les pays d'outre-mer.

Appareil à rectifier, Système Egrot, Breveté S. G. D. G., produisant, avec des flegmes de première distillation, des alcools extra-neutres à 96-97° Gay-Lussac exempts de tout goût d'origine. — L'appareil de rectification, système Egrot, permet d'obtenir avec des flegmes de première distillation des alcools extra-neutres à 96-97° centésimaux complètement dépourvus de goût d'origine. Cet appareil se compose : d'une chaudière A, en tôle forte (que sur demande spéciale, on construit en cuivre), et qui reçoit les flegmes obtenus préalablement dans un appareil de distillation, et dont le degré est abaissé à 40°, 45° ou 50° selon les cas.

Les vapeurs montent dans la colonne de rectification B, et ren-

contrent un grand nombre de plateaux de rectification. — Elles
passent ensuite dans l'analyseur C, où elles se séparent en deux

Fig. 426. — Appareil Egrot chauffé par les vapeurs provenant de l'échappement des machines à vapeur dans une sucrerie.

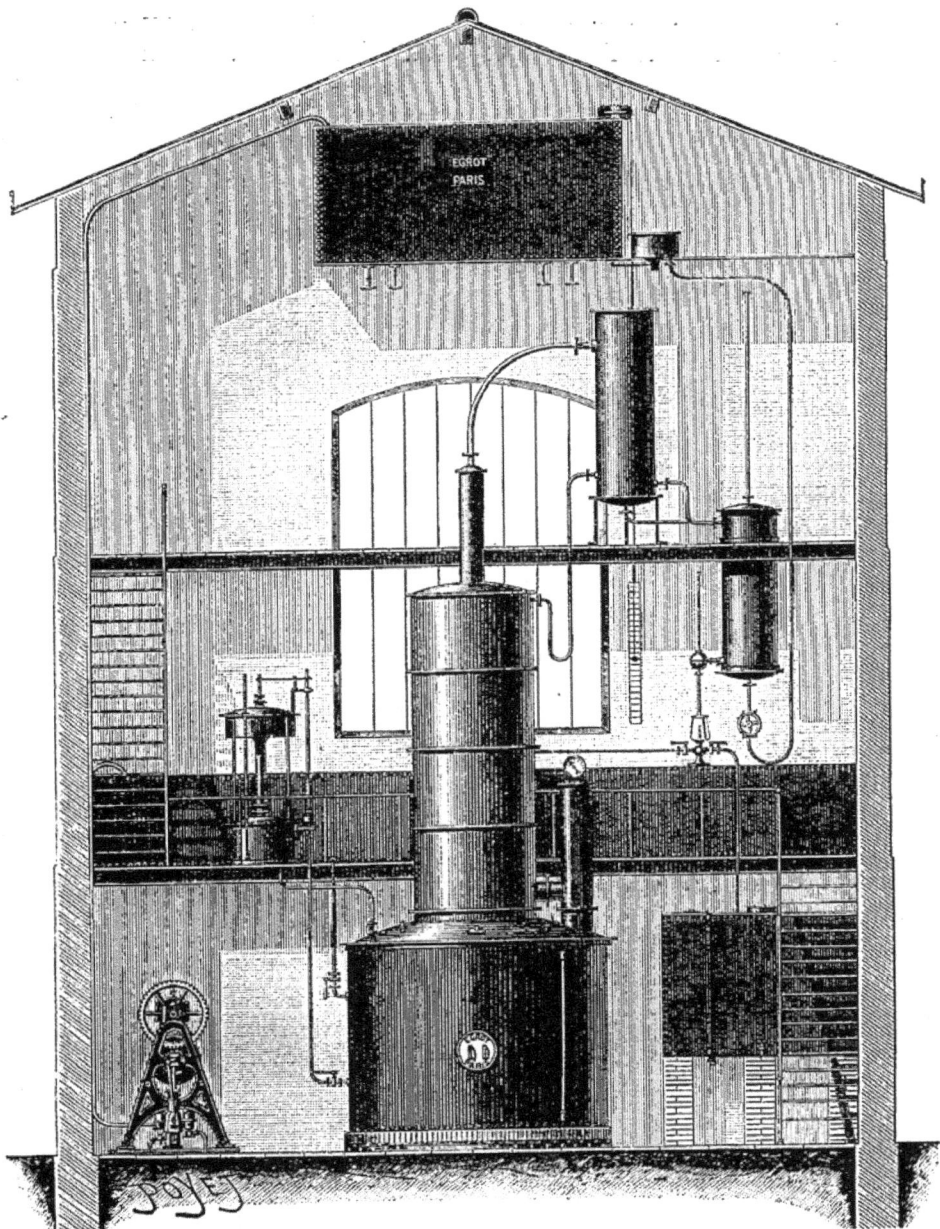

Fig. 427. — Appareil à rectifier à colonne réduite, modèle 1893, système Egrot — breveté S G D G.

A Chaudière. — B Colonne de rectification. — C Analyseur. — D Réfrigérant. —
E Robinet régulateur d'arrivée d'eau. — F Réservoir d'eau. — G Cuvette régulatrice. — H Brise-mousses. — I Ensemble de pompes, type America. — K Régulateur automatique de vapeur. — L M N — Réservoirs de charge et de bons
et moyens goûts. — P Éprouvette.

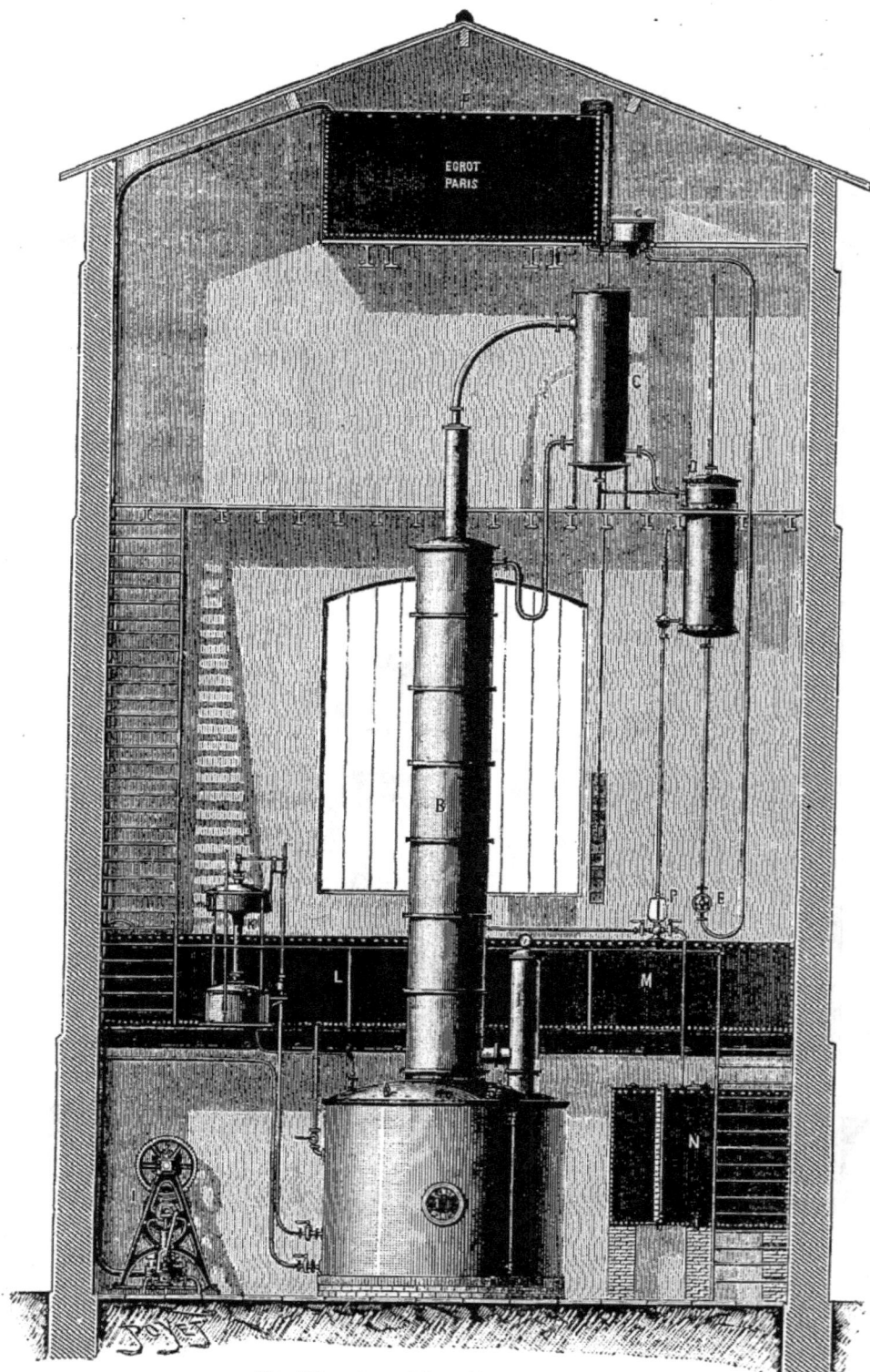

Fig. 428. — Appareil à rectifier, système Egrot.

parties : l'une qui s'y condense, et retourne par le tube de rétro-gradation dans la colonne rectificatrice et l'autre qui se rend dans le réfrigérant D, d'où elle sort liquide et refroidie, par l'éprouvette P qui contient un thermomètre et un alcoomètre.

La régularité de fonctionnement est obtenue par la cuvette régulatrice du débit de l'eau G, et par le régulateur automatique de vapeur K.

Une pompe élève l'eau dans le réservoir F, et une autre conduit les flegmes à rectifier. On emploie très souvent, à cet effet, l'ensemble de pompes dit « type America. »

Les réservoirs L, M et N, servent à recevoir : les mauvais goûts qui coulent à la fin de l'opération et qui sont séparés pour être retravaillés ensuite dans l'appareil ; les bons goûts ou alcools extra-fins, dont la proportion est supérieure à celle des appareils ordinaires et enfin une certaine proportion de mauvais produits qui ne sont pas retravaillés (1).

Traitement et bonification des tafias à leur arrivée en France

A leur arrivée en France, les rhums et tafias offrent de grandes irrégularités de logement, de goût, d'arôme et de nuance. On trouve, dans les sortes ordinaires, des barriques dont le contenu a une couleur noirâtre, ou des goûts de fût, d'empyreume, de brûlé, d'eau croupie, provenant soit du manque de soins et de logement convenable, soit des mauvaises méthodes de fabrication.

A leur réception, après dégustation, on opère un triage : les fûts qui présentent une couleur noirâtre, qui ont des goûts défectueux, sont mis à part, et on les traite de deux manières, selon leur emploi.

Lorsque les tafias qui sont de couleur noirâtre ou affectés de mauvais goûts sont destinés à être réexpédiés en nature, on les réunit ensemble en les opérant, et on les fouette en y répandant 500 grammes par hectolitre de noir animal lavé ; on roule ensuite les fûts plusieurs fois par jour pendant une huitaine. Au bout de ce temps, les tafias sont décolorés, et les goûts défectueux sont

---

(1) Pour plus de détails sur la distillation, voir le *Traité de la Distillation des produits agricoles et industriels* par J. Fritsch et Guillemin. Paris 1890. Prix : 8 fr.

moins sensibles. Toutefois, ce traitement fait perdre du goût et de l'arome naturels du tafia.

Lorsque les tafias sont noirâtres et en même temps affectés de goûts de fût, de chaudière et de brûlé, on détruit leur couleur par le même procédé que ci-dessus, et on corrige leurs mauvais goûts en les dédoublant avec des eaux-de-vie communes.

Quant aux tafias choisis et francs de goût, on augmente leur arôme et leur moelleux en les reduisant avec de l'eau distillée dans laquelle on a fait dissoudre à froid (ou à une chaleur de digestion ne dépassant pas 60°, afin d'éviter l'évaporation de l'arôme), pour chaque litre de tafia réduit, 10 grammes de sucre brut Bourbon, 1er choix. Les sucres bruts des Antilles ont une odeur moins agréable et un goût prononcé de mélasse, qui donne au rhum un goût fâcheux. Cette quantité de sucre correspond à environ 1 litre par hectolitre le sirop à 35°, ce qui affaiblit les rhums de 2° centésimaux.

On emploie avec avantage les préparations suivantes, qui produisent un bon effet, lorsqu'elles sont faites longtemps à l'avance et quand les doses en sont bien réparties selon la nature des tafias :

1° Les sirops de sucre Bourbon; on les fait à froid et avec la plus petite quantité d'eau distillée possible; lorsque le degré en est faible, on les vine à 18° avec des rhums, afin d'éviter qu'ils n'entrent en fermentation; 2° les teintures alcooliques de girofle, de pruneaux, de cuir neuf tanné et râpé, de Tolu, de cachou, de muscade râpée; 3° le goudron de Norvège 1er choix; on l'emploie à la dose de 18 grammes par hectolitre sur les tafias ordinaires; 4° l'esprit de goudron, l'infusion de goudron à l'eau de fumée, dissoute et décolorée ensuite; enfin, le tan de chêne bouilli à l'eau et viné ensuite à 20 0/0 avec du rhum.

L'usage de ces préparations exige beaucoup de pratique, parce qu'elles ne s'emploient pas simultanément; il faut déguster avec attention et discerner, selon la nature des tafias, les substances et les doses convenables. Quant aux ·soins usuels, les tafias et les rhums se traitent comme les eaux-de-vie.

ERRATA

TOME PREMIER

			Au lieu de :	Lisez :
Page IX	Ligne	18 (haut)	electrobytique	électrolitique
— XIII	—	3 (bas)	Magnin	Maguin
— XIV	—	6 (haut)	double accrochage des diffuseurs	diffuseur et calorisateur (type Fives - Lille)
— XIV	—	15 (haut)	Wothington	Worthington
— XVI	—	16 (haut)	Steamloup	Steamloop
Page 11	Ligne	4 (haut)	Schützenberg	Schützenberger
— 13	—	6 (bas)	est dosé	et dosé
— 14	—	20 (haut)	$O^{12}H^{22}O^{11}$, BaO	$C^{12}H^{22}O^{11}$, BaO
— 21	—	3 (bas)	C	C^1
— 22	—	4 (haut)	C	C^1
— 22	—	5 (haut)	stériaisomère	stéréoisomère
— 22	—	7 (haut)	—	
— 23	—	15 (haut)	polyméryse	polymérise
— 24	—	1 (haut)	$COOH - \overset{OH}{\underset{OH}{C}} - \overset{H}{\underset{H}{C}} - \overset{H}{C} - COOH$	$COOH - \overset{OH}{\underset{H}{C}} - \overset{OH}{\underset{H}{C}} - \overset{H}{\underset{OH}{C}} - COOH$
— 24			$CH^2OH - CHOH - CHOH - \overset{}{\underset{}{C}} - \overset{}{\underset{}{C}} - H$ $C^6H^5 - A^2 - A^2 - A^2 - A^2 - C^6H^5$	
— 24	Ligne	18 (bas)	glucosane	glucosone
— 24	—	16 (bas)		$CH^2OH - CHOH - CHOH - CHOH - CO - CH^2OH$
— 24	—	13 (bas)	stériochimique	stéréochimique
— 26	—	3 (haut)	gluconique	gulonique
— 26	—	3-4 (haut)		$COOH - \overset{H}{\underset{OH}{C}} - \overset{H}{\underset{OH}{C}} - \overset{OH}{\underset{H}{C}} - \overset{H}{\underset{OH}{C}} - CH^2OH$
— 26	—	8 (haut)	arabinose	Xylose
— 26	—	8-9 (haut)		$CH^2OH - \overset{H}{\underset{OH}{C}} - \overset{OH}{\underset{H}{C}} - \overset{H}{\underset{OH}{C}} - C = 0$
— 26	—	9-10 (haut)	d gulose	l gulose
— 26	—	13 (bas)	stériaisomère	stéréoisomère
— 26	—	10 (bas)	—	
— 27	—	5 (haut)	albuminique-tolommique	allomucique-talonique
— 27	—	6 (bas)	et les	de la
— 75	—	11 (haut)	au	du
— 76	—	7 (bas)	cela	celui
— 89			Tout ce qui concerne l'élévateur vertical de la Compagnie Fives-Lille doit être placé p. 104 avant pesage à la regie	
— 96	Ligne	7 (bas)	et ne forment pas	ne formant pas
— 96	—	3 (bas)	chaînes	chicanes
— 110	—	5 (bas)	chaînes	cames
— 125	—	8 (bas)	le disque	la contre plaque du porte couteaux

694   ERRATA

			Au lieu de ;	*Lisez :*
Page 172	—	11 (bas)	plus pauvre	moins épuisée
— 175	—	13 (haut)	(se carbonataient mal et passaient difficilement aux filtres presses ; de plus ils) à supprimer	
— 209	Ligne	9 (haut)	A, A,	A A1
— 209	—	9 (haut)	C, C,	C C1
— 210	—	8 (haut)	D, D,	D D1
— 234	—	13 (haut)	Schlœsnig	Schlœsing
— 237	—	2 (haut)	carrés	cubes
— 237	—	11 (haut)	ce cas	ces cas
— 241	—	4 (bas)	15000 kg	1500 kg
— 241	—	—	5 %	0.5 %.
— 248	—	5 (haut)	solides	solubles
— 260	—	18 (haut)	1 kg. 539	1 gr. 539
— 273	—	3 (haut)	sulfurique de dix	sulfurique étendu de dix
— 276	—	10 (haut)	de 0,10 à 0,30	de 0,010 à 0,030 % ce
— 277	—	8 (haut)	l'avantage	l'inconvénient
— 311	—	10 (haut)	deuxième	première
— 313	—	10 (haut)	poussée trop loin	trop peu poussée
— 316	—	1 (haut)	deuxième	sixième
— 318	—	15 (bas)	éliminer ses sels de soude	stransformer ses sels de chaux en sels de soude
— 322	—	15 (haut)	Beaumé	Baumé
— 347	—	15 (haut)	supprimer	remplacer
— 377	—	2 (bas)	calaient	collaient
— 438	Fig.	151	Condenseur barométrique	condenseur à cascades
— 445	Ligne	5 (haut)	Fives-Lille qui diffère	Fives-Lille diffère
— 445	—	7 (haut)	et 158	et 159
— 447	—	1 (haut)	voir page 416	voir page 445
— 447	—	2 (haut)	voir pages 449 et 450	voir pages 448 et 449
— 484	—	9 (haut)	en coule	en quinconce
— 494	—	10 (bas)	J	I
— 494	—	8 (bas)	J'	J
— 523	—	3 (bas)	au centrifuge	aux centrifuges
— 551	—	1 (haut)	et au-dessous de	et au-dessus du
— 555	—	6 (haut)	Vivien	Martin
— 569	—	6 (bas)	1re colonne Messiau	Messian
— 569	—	2 (haut)	Magnin	Maguin
— 570	—	1 (haut)	de	du
— 570	—	6 (bas)	Horsi	Horsin
— 572	—	23 (bas)	salée	sale
— 574	1re col.	14 (haut)	Seelowit	Seelowitz
— 578	1re —	1 (haut)	Squiéra	Siquiera

TABLE DES MATIÈRES DU TOME II

―――

CHAPITRE XIII

PROCÉDÉS SPÉCIAUX DE TRAVAIL DES MÉLASSES

CHAPITRE XIV

PROCÉDÉS DIVERS DE FABRICATION DE SUCRES BLANCS ET RAFFINAGE EN FABRIQUE

――――――

DEUXIÈME PARTIE

CONTROLE DU TRAVAIL DE LA FABRICATION DU SUCRE DE BETTERAVES

CHAPITRE I

APPAREILS SERVANT DANS UN LABORATOIRE DE SUCRERIE. — DESCRIPTION ET USAGE

CHAPITRE II

ANALYSE CHIMIQUE

CHAPITRE III.

SÉLECTION DES BETTERAVES. — ANALYSE DES PORTE-GRAINES

CHAPITRE IV

ANALYSE DES JUS DE DIFFUSION. — COSSETTES ÉPUISÉES. — PETIT JUS

CHAPITRE V

PIERRE A CHAUX. — COKE. — CHAUX. — GAZ. — ACIDE CARBONIQUE

CHAPITRE VI

LAIT DE CHAUX. — JUS DES RAPERIES. — JUS CHAULÉS. — JUS DE 1re ET DE 2e CARBONATATION. — SIROP

CHAPITRE VII

ÉCUMES ET EAUX DE LAVAGE

CHAPITRE VIII

MASSES CUITES

CHAPITRE VIII *bis*

SUCRES. — MÉLASSES. — ÉGOUTS RICHES

CHAPITRE IX

ENGRAIS

CHAPITRE X

ANALYSE DES PRODUITS SECONDAIRES EMPLOYÉS EN SUCRERIE

CHAPITRE XI

PRODUCTION ET CONSOMMATION DE LA VAPEUR EN SUCRERIE

CHAPITRE XII

APPAREILS DE CONTROLE

CHAPITRE XIII

TROISIÈME PARTIE

FABRICATION DU SUCRE DE CANNES

CHAPITRE I

LA CANNE A SUCRE

CHAPITRE II

EXTRACTION DU JUS DE CANNES PAR LES MOULINS

CHAPITRE III

EXTRACTION DES JUS DE CANNES PAR DIFFUSION

CHAPITRE IV

DÉFÉCATION

CHAPITRE V

FILTRATION DES JUS ET DES ÉCUMES

CHAPITRE VI

CLARIFICATION

CHAPITRE VII

ÉVAPORATION. — CUITE. — BAS PRODUITS

CHAPITRE VIII

GÉNÉRATEURS POUR SUCRERIES DE CANNES

CHAPITRE IX

CONTROLE DE LA FABRICATION DU SUCRE DE CANNES

CHAPITRE X

FABRICATION DU RHUM